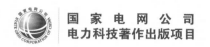

国家电网公司
电力科技著作出版项目

中国列电丛书编纂委员会

主　编　赵文图

副主编　刘乃器　谭亚利

编　撰　原世久　唐莉萍

列电志略

中国列电——新中国建设开路先锋丛书

一

中国电力出版社
CHINA ELECTRIC POWER PRESS

U0261565

内容提要

本丛书首次详实记述了一个鲜为人知的行业——中国列电。在它存续的 30 余年间，转战全国各地，为各行各业重点工程服务，在实现国家工业化，尤其是在国防科技、抢险救灾等应急用电中，发挥了不可替代的作用，不愧为新中国建设的开路先锋。

本丛书由《列电志略》《列电岁月》《列电名录》三册组成。《列电志略》以志为主、纵横结合，通过概述、单位分述、专题、大事记和附录等篇章，全面梳理列车电站产生、发展、高峰、调整、撤销的历史脉络，记述引进、制造、调迁、服务、体制、管理、队伍等基本情况，以其丰富、详实的资料，成为本丛书的主体。

本丛书的出版发行，填补了中国电力史的空白，可作为电力企业及相关单位馆藏书目，为电力及经济发展史研究人员提供珍贵的史料，为电力行业和社会思政教育提供生动的教材。

图书在版编目（CIP）数据

列电志略 / 赵文图主编；中国列电丛书编纂委员会组编 . —北京：中国电力出版社，2019.11
（2021.2重印）

（中国列电——新中国建设开路先锋丛书）

ISBN 978-7-5198-4033-4

Ⅰ.①列… Ⅱ.①赵… ②中… Ⅲ.①列车发电－电站－概况－中国 Ⅳ.① TM624

中国版本图书馆 CIP 数据核字（2019）第 270257 号

出版发行：中国电力出版社
地　　址：北京市东城区北京站西街 19 号（邮政编码 100005）
网　　址：http://www.cepp.sgcc.com.cn
责任编辑：王惠娟　王金波　张　玲
责任校对：黄　蓓　李　楠　郝军燕
装帧设计：王英磊
责任印制：吴　迪

印　　刷：三河市百盛印装有限公司
版　　次：2019 年 12 月第一版
印　　次：2021 年 2 月北京第二次印刷
开　　本：787 毫米 ×1092 毫米　16 开本
印　　张：44.5　8 插页
字　　数：864 千字
定　　价：150.00 元

1

2

1 从苏联进口 4000 千瓦列车电站。

2 从捷克斯洛伐克进口 2500 千瓦列车电站。

3 从瑞士进口 6200 千瓦燃气轮机组列车电站。

3

1 国产 2500 千瓦列车电站。
2 国产 6000 千瓦燃气轮机组列车电站。
3 国产 6000 千瓦列车电站。

1 从英国进口 23000 千瓦燃气轮机组列车电站。

2 从加拿大进口 9000 千瓦燃气轮机组列车电站。

1 1000 千瓦船舶电站。
2 4000 千瓦船舶电站。
3 拖车电站。

1 1952 年老 2 站紧急赶赴安东发电。

2 1954 年老 2 站支援武汉防汛。

1 1959 年 5 站为许家洞 711 铀矿发供电。

2 1963 年 13 站在青海海晏原子城发电。

1. 8站职工在甘肃玉门为油田发电。
2. 6站等6台电站先后聚集广东茂名支援石油会战。
3. 31（32）站参加大庆石油会战。

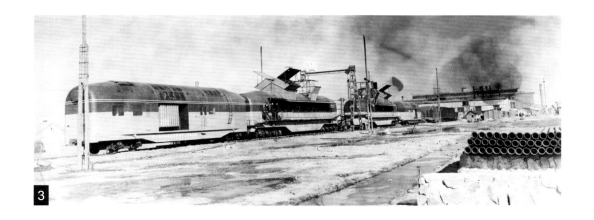

1 1959 年 24 站为青铜峡水利工程发电。

2 45 站等 5 台电站为葛洲坝工程建设发供电。

3 3、7 站为新安江水电站工程建设发供电。

1 黑龙江省委第一书记 欧阳钦为哈尔滨电业局列车发电厂剪彩。

2 从苏联进口的 4000 千瓦列车电站在佳木斯落成典礼。

3 1955 年 6 月 3 日，《人民日报》头版报道列车发电厂投产。

1 1956 年列车电业局在保定选址建局。

2 首台捷制列车电站安装落成。

3 6 站支援三门峡水利工程建设，职工与捷克专家合影。

4 保定市委书记张鹤仙为首台国产列电机组投产发电剪彩。

1 列车电业局化学训练班合影。
2 7 站在永登水泥厂发电全景。
3 11 站大修职工合影。

1 老2站检修人员合影。
2 16站在湖南邵阳。
3 7站工人在检修中。
4 34站在扎赉诺尔。

1 季诚龙副局长在广东英德 43 站与职工合影。

2 值守运行的工人。

3 维护设备的工人。

4 调迁中的列车电站。

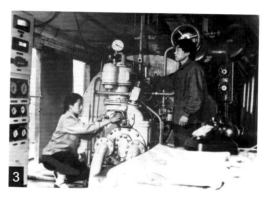

1 1958 年 1 站建设社会主义积极分子合影。

2 1960 年 37 站红旗车间职工合影。

3 1977 年度 12 站先进集体合影。

1 1964 年列电局电气专业会议。
2 1964 年列电局学习大庆参观团
   在 31 站合影。
3 1963 年列电局举办车辆维护
   训练班。

1 保定电力学校师生合影。
2 1979 年列电局宣传培训班在密云干校结业。

《中国列电》丛书编纂委员会

主　任　郭要斌

副主任　解居臣　赵文图

顾　问　余卫国　杨文章　张增友　杨　信　车导明　肖　兰　陈孟权
　　　　　　高鸿翔　邱子政　张宗卷

委　员　王现鹏　王强跃　刘乃器　刘建明　刘振伶　杜尔滨　李　桦
　　　　　　杨文贵　何自治　汪晓群　陈义国　陈光荣　周　密　孟庆荣
　　　　　　郝永华　谭亚利　霍福岭

编辑部

主　编　赵文图

副主编　谭亚利　刘乃器　周　密

《列电志略》

主　编　赵文图

副主编　刘乃器　谭亚利

编　撰　原世久　唐莉萍

《列电岁月》

主　编　赵文图

副主编　周　密　闫瑞泉

编　撰　唐莉红　曾庆鑫

《列电名录》

主　编　赵文图

副主编　谭亚利　曹以真

编　撰　万　馨　王树山　孔繁寅

综合通联　孙秀菊　张淑云　孟庆荣

"列电人"公众号　谭亚利　周　密　闫瑞泉　唐莉红　谢殿伟　王秀荣

前言

1983年4月，列车电站管理体制改革，水电部所属列车电业局撤销，虽然少数列车电站仍在不同地方持续发挥作用多年，但列电作为一个整体已经消失了。如今，我们的国家已经彻底改变了"一穷二白"的面貌，正以全面小康的崭新形象屹立于世界之林。列电早已成为过往，然而列电为共和国大厦拓土奠基、添砖加瓦的历史不应该忘记，列电人志在四方、甘于奉献的家国情怀和吃苦耐劳、艰苦奋斗的创业精神更值得传承。这也正是列电丛书出版的意义所在。

列电是新中国电力事业的重要组成部分，在特定的时期以其机动灵活的特性发挥过特殊作用，作出过重要贡献，不愧为新中国建设的开路先锋。然而，现有电业书籍中列电内容很少；地方志及地方电力志对列电多有涉及，但仅是只言片语，缺乏全面系统的反映。2016年，在列电局撤销30多年之后，一群列电人又集聚起来，打开回忆，钩沉历史，编纂列电志略，梳理列电岁月，征集列电名录。由此构成的列电丛书，记载列电事业筚路蓝缕、以启山林的发展历程，描绘列电人四海为家、艰苦创业的精神风貌，在共和国的创业史上填补上列电应该拥有的那一页。

本丛书的编纂指导思想是，以辩证唯物主义和历史唯物主义的历史观为指导，以新中国经济社会发展为宏观背景，真实地展现中国列车电站事业的发展过程和特殊贡献，记录一代列电人四海为家、艰苦奋斗、勇于奉献、开拓进取的创业历史。编纂中贯彻以人为本的思想，记录列电历史，传承列电精神，为中国列电事业树碑，为八千列电人立传，以告慰先人，激励来者。

《中国列电》丛书分为《列电志略》《列电岁月》《列电名录》3个分册。以志为主、史志结合，侧重不同、互为补充。我们的目标是编纂一部真实性、史料性、思想性兼备，统一性、规范性、可读性共有的列电丛书。

《列电志略》由概述、列电单位分述、专题、大事记和附录等构成。概述是纵向分段梳理列车电站产生、发展、高峰、调整、撤销的历史脉络，横向简略介绍列车电站的引进、制造、调迁、服务、体制、管理、队伍等基本情况，适当加以论述与评说。列电单位分述是列电局所属单位的介绍，包括各电站、基地、中试所和电校、干校共76个单位。专题则是专项记述某一方面的情况，6个专题分为两类，一类反映列电自身的经营特点和技术改造等，另一类反映列车电站的服务及贡献。大事记依年代顺序，择要记载列电局及所属单位的大事要情。附录则是若干重要文件、资料的集纳。

如果说《列电志略》是列电事业的主体和躯干，那么《列电岁月》就是列电事业的血肉和细胞。《列电岁月》以列电人回忆录、访谈录为主，辅以追忆文章，提倡有特点、有意义、有故事性、有历史价值的典型题材。它是根据个人的亲身经历、从个人的视角，微观诠释《列电志略》中的宏观叙事，书写列电的历史，具体反映列电人"四海为家、艰苦创业"的精神，反映列车电站机动灵活的特点和应急供电的作用。

列电事业是列电人共同创造的，编纂《列电名录》的初衷，就是为列电人"树碑立传"。《列电名录》收录了列电人名册和列电人简历。名册以原列电单位为收集单元，凡是在本单位工作过的职工都收录在内，77个单位共收集不同时期的列电职工12000多人，达到了从业人数的95%以上。简历不同于一般的志书名录，不分职级，以老列电人为采集重点，共收录3500多份。每份简历基本包括被收录人的自然状况、工作经历、特殊贡献等。

编纂列电丛书的建议是2016年年初提出的，启动之初编纂工作面临不少困难。一是没有依托单位，缺少行政或组织的推动。二是参与者基本为退休人员，受精力、身体状况和技术手段等多种限制。三是缺少经费支持，需要花很大心思筹集经费。四是时间久远，列电解体已经30多年，这恰恰也是它存在的年限，老人故去或状态不佳者较多，失去了很多有价值的信息源。但这项工作得到了国家电网有限公司领导的支持，也吸引了越来越多列电朋友的参与。

"大家的事情大家办"，这是编纂大纲明确的工作原则，也是列电丛书编纂中的群众路线。我们成立通联组织，负责宣传、动员、组织工作；建立了微信工作群，物色并形成了文稿撰写和名录采集骨干队伍；以原列电单位为基础，建立起数十个基础网群，实现了工作面的广泛覆盖；在"列电人"公众号开展列电岁月征文，征集刊发了大批作品，加强了编纂工作支持系统。

在编纂过程中，自始至终强调以丰富、准确的资料，保证丛书的品味和内涵。花大功夫查阅列电档案，实现档案资料的"深耕细作"；同时采访一批老列电人，广泛征集列电图片及相关资料，特别是搜集到流散到社会的列电统计资料汇编，以及60年前拍摄的列电科教片；还从地方、行业及企业志中搜集到大量与列电有关的资料，为列电丛书撰写和补充完善提供了借鉴。

以编委会、编辑部为核心的工作团队，是一个"老弱病残"的团队，也是一个志同道合的团队。各位同仁珍惜几十年后再次共事的缘分，勇于担当、甘于奉献、团结协作、取长补短、埋头苦干、精益求精，不怕困难、任劳任怨。可以说，大家是在以列电精神编纂列电丛书。

列电事业融入了列电人的青春甚至毕生付出，列电丛书是他们的精神寄托，因此丛书编纂工作得到了积极响应、热情支持，直接参与编纂工作的有数百人之多。编纂《列电志略》的不辞辛苦、反复修改；撰写《列电岁月》的史海钩沉、突出亮点；收集《列电名录》的解困排难、耐心动员。特别是一些"老列电"，提供资料、接受采访、撰写回忆，从他们的热心参与中我们感受到温暖，增添了力量。更不能忘记，曾为主编《中国列电三十年》而呕心沥血的刘冠三同志，他对列电的挚爱和忘我工作精神，一直鞭策着我们。

我们十分感谢国家电网有限公司及华北分部领导，为列电丛书编纂提供的良好工作条件，华北分部综合及财务部门给予的具体支持，使我们免除了后顾之忧。十分感谢国网办公厅、国网档案馆、离退休工作部等部门，在档案资料查阅和使用方面提供的帮助，使我们获得了不可或缺的宝贵资料。十分感谢中国电力出版社在编纂、出版、发行方面给予的热心指导和鼎力支持，使得这套丛书得以精彩面世。

列电丛书是通过列电历史、列电人故事，弘扬幸福源自奋斗、成功在于奉献、平凡造就伟大的价值理念。在本套丛书付梓之际，谨以这套丛书，告慰那些在新中国创业年代，曾经为列电事业、为电力工业、为祖国繁荣富强而努力奋斗的人们，激励后来者发扬创业精神，继承光荣传统，不忘初心、继续奋斗，实现中华民族伟大复兴，创造祖国更加美好的未来。

　　由于列电丛书编纂任务艰巨，时间相对紧迫，更由于编纂力量不足和编纂水平所限，虽然我们以精品为目标，努力追求完美，但遗憾在所难免。敬请包括列电人在内的所有读者，在给予几分谅解的同时，不吝严正的批评和指正。

《中国列电》丛书编纂委员会

2019 年 10 月

编写说明

　　一、《中国列电》丛书由《列电志略》《列电岁月》《列电名录》三个分册构成。它以辩证唯物主义和历史唯物主义的历史观为指导，以新中国经济社会发展为宏观背景，真实地展现中国列车（船舶）电站事业的发展过程和特殊贡献。

　　二、上限起于1950年10月第2列车电站的启用，下限断至1983年4月列车电业局的撤销。为了事件的完整性，部分内容的时限适当后延。列电人简历内容未加时限。

　　三、《列电志略》分册，主要结构由五大块组成，即概述、列电单位分述、专题、大事记、附录。其中，概述纵横结合，描述中国列车（船舶）电站事业的发展脉络及综合面貌；列电单位分述分别记述列电系统76个单位的基本情况，是本书的主体部分；专题从六个方面记载列车电站的功能、特点和奉献；大事记以编年体为主、辅以纪事本末体，记录列电系统的大事、要事；附录是重要文件资料的辑录。

　　四、《列电岁月》分册，通过创业征程（1950—1959）、家国情怀（1960—1969）、永远列电（1970—1983）三大部分，辑录了160余篇列电人的访谈、追忆文章，以此展现列电人"四海为家、艰苦创业"的精神风貌，反映列车电站机动灵活的特点和应急供电的特殊作用。力求内容真实，主题鲜明，结构顺畅，文字可读，并注意选材的典型性、广泛性和覆盖面。

　　五、《列电名录》分册，按单位收录了1983年4月前入职列电的职工名册和以老列电人为主的3500多份职工简历，卒年不确定的用"？"标示。简历排序，不分单位，11位局级领导按任职先后列前，3500多位员工按进入列电系统时间排序。由于列电系统解体多年，职工散落四面八方，职工简历未能完整收集。

　　六、单位名称首次出现使用全称，此后除特别需要外，一般用简称。

如燃料工业部简称燃料部，水利电力部简称水电部，电力工业部简称电力部。列车电业局简称列电局。以此类推。

列车电站序号一律用阿拉伯数字，如第1列车电站，简称1站。新第3、4、5、19、20列车电站，简称新3站、新4站、新5站、新19站、新20站。跃进1号船舶电站，简称船舶1站，跃进2号船舶电站，简称船舶2站。拖车电站保养站，简称拖电。"三七"站是为新安江水电站工程供电的第3、7列车电站合称。两站或多站合并机构供电时，表达方式为4（5）站，31（32）站，6（8、9、15、21、46）站等。

保定列车电站基地，简称保定基地；西北列车电站基地，简称西北基地；武汉列车电站基地，简称武汉基地；华东列车电站基地，简称华东基地。

列电人简历中，涉及单位名称时可直接用简称。1956年前的第2列车电站，主管部门更替多，自身名称变化大，均可简称老2站。1963年前的保定基地，体制及名称也多次变化，除涉及职务任命外，一般用保定基地。

七、《列电志略》行文以中国电力企业联合会1989年3月25日印发的《关于编写电力工业志行文规范与格式的若干统一要求》，1992年4月8日补发的《关于编写电力工业志行文规范与格式的若干补充要求》的规定为准。

计量单位使用，符合1984年《中华人民共和国法定计量单位》有关规定。数字、标点符号使用，由《出版物上数字用法》（GB/T 15835—2011）、《标点符号用法》（GB/T 15834—2011）规范。

地名、行政区名称、单位名称等，均按记事当时名称书写。地名一般不加"省""市""区""县"等字。

根据《列电岁月》的文体特点，力求规范性与灵活性的统一。

八、资料来源于国家电网有限公司档案馆、原列电企业档案、电力工业志书和地方志记载、媒体报道，以及列电人的人事档案、笔记和回忆。多数资料通过"列电人"微信公众号和列电人微信群进行了审核。

目 录

概　述

　　列电是列车电站的简称。所谓列车电站，就是把发电设备安装在列车上，能沿着铁路线流动到各地发电的发电厂。中国的流动电站主要是列车电站，还有少量的船舶电站、拖车电站，习惯上统称列车电站。列车电站是新中国电力工业的重要组成部分，被誉为电力系统的"尖兵""轻骑兵"，新中国建设的"开路先锋"。

　　中国的列电事业肇始于中华人民共和国成立之初，从20世纪50年代初到80年代中期，经历了从无到有、发展壮大，直到撤销的过程。在存续的30余年中，八千列电职工不惧艰险、不怕困难，"哪里需要哪里去"，充分发挥列车电站机动灵活特性和战备应急作用，转战祖国四面八方，服务于各行各业，在国家社会主义建设，特别是国防科技、工业基地、三线建设以及抢险救灾中，作出了特殊的不可磨灭的贡献。

一、列电事业的初创

　　中国的电力事业发轫于19世纪80年代初，在社会动乱、战争频发的旧中国，经过近70年的坎坷发展，到1949年，全国发电装机容量不过184万千瓦，年发电量仅43亿千瓦·时。

　　新中国成立之初，百废待兴。电力工业千疮百孔，设备残缺，出力不足。经过三年经济恢复，电力设备利用率有了较大提高，发电量增长较多，但装机容量并没有多少增加，除少数地区外，大多是以城市为中心的孤立电厂和低压电网，多数地区无电少电。

　　电力是国民经济的基础产业、先行产业。早在1950年2月，第一次全国电业会议就明确指出，"电气事业是恢复和发展工业生产最重要的前驱部门"。1953年11月，中共中央在批准燃料工业部工作报告时明确指示，"煤、电、石油是国家工业化的先行工业"。

　　国民经济恢复任务完成之后，实现国家工业化成为新中国经济建设最主要的任务，随着"一五"计划的实施，大批重点项目开工建设。建设事业发展、人民生活改善，特别是实现工业化，迫切需要电力支持，需要电力工业有一个较大的发展。当时发电装机少，电网规模小，加上战争、灾荒等应急需求，更需要一种机动灵活电源的支持。

为了适应这种需求，列车电站这一特殊的电力生产方式应运而生。伴随新中国电力工业的恢复和发展，中国的列电事业开始起步，并迅速发展起来。列车电站是社会需求的产物，同时也借鉴了苏联和英美电业的发展经验。列车电业局所属2、3、4、5、19、20、22、50站等列车电站，都是由英美移动发电设备和快装机改装而成。这些机组是20世纪三四十年代购进的，适应应急需要，用于流动发电。而1站则是从苏联进口的，是苏联使用过的旧机组，苏联用于二战及经济建设的列车电站曾经达到百台以上。

1950年10月，燃料部电业管理总局修建工程局，组建第四工程队，决定从戚墅堰电厂无锡双河尖发电所接收一套移动发电设备，正式组建中国第一台列车电站。这台2500千瓦英制列车电站，对中国列电事业的发展产生了重大影响。

1946年10月，国民政府经济部所属扬子公司从英国茂伟公司购进一台移动发电机组，1947年2月运抵上海，之后安装在江苏常州戚墅堰电厂。当年10月试运，11月1日并入电网。为防止国民党飞机轰炸，这套设备于1949年12月拆迁至无锡双河尖发电所。1950年10月，燃料部电业管理总局修建局第四工程队拆迁这台机组，开始执行流动发电任务，成为中国第一台列车电站。这台列车电站在列车电业局成立时编为2站，又称"老2站"。老2站虽然屈居第二，但成立之初的表现令人刮目相看。最突出的是两次应急调迁发电。

一次是1952年7月上旬，由于鸭绿江水丰发电厂在大规模空袭中被炸，位于抗美援朝前哨的安东失去主要电源，老2站奉命从河北石家庄急调安东。在安东市鸭绿江边就位，伪装隐蔽，取鸭绿江水为冷却水，经过7天紧急安装，开机发电，保障了空军机场、高炮部队、防空雷达等重要军事设施以及安东市用电。老2站冒着敌机轰炸的危险，坚持安全生产。为了表彰电站职工英勇卓越的贡献，燃料部特制"抗美援朝纪念章"，每人一枚。

另一次是1954年7月初，在湖北武汉防汛抗洪关键时刻，老2站接到紧急调迁命令。电站昼夜兼程，开进汉口，停靠在长江边丹水池列车机务段。经过72小时紧张安装，7月10日投产发电，承担市区水泵排水供电任务。电站职工多次排除生产故障，保证安全供电，同时参加紧急抢险，直到10月8日防汛斗争取得完全胜利。在武汉防汛中，老2站获得二等红旗奖，一批职工立功受到表彰。

老2站发挥的应急作用及电站职工的不凡表现，对列电事业的发展有着重要的示范和先导作用。华东、东北、中南等地区电力部门，几乎同时开始组建列车发电厂，4

台列车电站相继改装、进口，投入运行。

1954 年 9 月，上海电业管理局成立 4106 工程处，将浦东电气股份有限公司 1946 年从英商安利洋行购买的一台移动机组，从张家浜发电所厂房内搬到列车上，改装轮对，组建中国早期的另一台列车电站。组建后不久，即调到河北邯郸发电。该电站与老 2 站同型，列电局成立时编为第 3 列车电站。

1954 年 10 月，哈尔滨电业局从苏联进口一台 4000 千瓦汽轮发电机组，翌年 4 月，在苏联专家的帮助下安装调试，6 月在佳木斯电厂投产，称为哈尔滨电业局列车发电厂。列电局成立时，这台电站因其容量最大，又是从苏联进口的，从而编为第 1 列车电站。

1955 年 7 月，武汉冶电业局从上海南市电厂拆下两台美制 2000 千瓦汽轮发电快装机组，在武昌改装为列车电站。这两台电站于 1956 年年初先后调往河南洛阳，为正在那里兴建的几项国家重点工程发电。3 月移交列电局后，编为第 4、第 5 列车电站。

截至 1955 年年底，中国已有 5 台列车电站投运，总容量 1.3 万千瓦，职工 678 人。而且，电力工业部已经开始考虑国外订购、国内改装、自己制造列车电站的雄伟计划了。当年 7 月第一届全国人大二次会议通过的国民经济发展"一五"计划，就列入"购置流动发电设备 5 套"，并计划增订 20 套流动发电设备，共 6.5 万千瓦。

显然，在这种形势下，列车电站的统一管理提上了议事日程。1955 年年底，受电力部委托，北京电管局抽调淮南电业局局长康保良及韩国栋、谢芳庭、车导明等，开始筹建列车电站的管理机构，时任北京电管局副局长季诚龙负责筹建工作。

1956 年 1 月 14 日，电力部以（56）电生高字第 004 号文，发布《关于成立列车电业局统一管理全国列车电站的决定》。同年 3 月 1 日，列车电业局正式成立，康保良担任列电局首任局长。临时办公地点设在北京南营房北京电管局内。

筹建工作首当其冲的是建局选址。建局地址除设有局本部机构外，还需考虑建设具备多台列车电站同时安装和试运条件的装配厂，以及后勤基地。在北京及其周边几经踏勘、难以满足需要的情况下，最后选定河北保定市西南郊、京广线北侧、清水河两边 50 余万平方米的土地。局址一经选定，1956 年春夏之交，即开始了基建施工。年底，一期工程基本竣工。

列电局组建前后，不仅是基本建设，其他各项工作，诸如原有列车电站移交、电站经营管理、人员调配及培训、今后发展规划，以及配合列车电站进口的对外谈判等事宜，均进入紧锣密鼓的筹划和具体的操作之中。

1955 年 11 月，有关方面商定老 2 站移交事宜。

1955 年 12 月，电力部制定《列车电厂管理暂行办法草案》。

1956 年 2 月，电力部批准列电局计划任务书。

1956 年 4 月，安徽八公山电厂首批支援人员调入列电局工作。

1956 年 7 月，列电局党组第一次扩大会议，决定开办训练班，开展新学员培训。

1956 年 9 月，列电局机关从北京迁往保定，并公布各科室任职名单。

1956 年 12 月，在保定新建生产区，正式成立保定修配厂。

1956 年 12 月，任命第 1 至第 9 列车电站厂长、副厂长。

列电局成立之后，各项工作立即进入快车道，呈现出一派开基创业的形势。列电事业即将迎来一个大发展的时期。

二、列电事业的发展

列车电业局 1956 年 3 月成立，1983 年 4 月撤销。在存续期间，先后拥有列车电站 67 台、船舶电站 2 台，另有拖车电站 13 台，总容量近 30 万千瓦，曾经占到全国发电装机总容量的 1.9%。列电机组是列车电站发挥作用最重要的物质基础，它的投产状况反映了列电事业的兴衰和发展脉络。这其中既有初期的大踏步前进，又有中后期的步履蹒跚；在"文革"中建制几乎撤销，随之又有振奋人心的百万千瓦发展规划；数年之后，完成其使命的列电事业终于成为历史。

列车电站就其发展速度而言，大体可以分成两大阶段：第一个阶段是列电局建立前期，这个阶段大致是列电局成立之初的六七年间，即国家实施国民经济发展"一五"计划后期和"二五"计划期间。这个阶段列电事业发展迅速，电站台数和容量有了显著增长。至 1962 年年底，列车电站已经发展到 50 台，总容量 14.28 万千瓦；第二个阶段是列电局的中后期，从三年经济调整、"三五"计划，直到"六五"计划期间。这个阶段前后 20 年，列车电站发展缓慢，但单机容量增大，国产 6000 千瓦机组成为主力机组。

列电发电装备的发展主要采取三种方式：机组改装、国外进口和自己制造。这三种方式相互补充，在不同的阶段侧重不同。第一阶段以机组改装、国外进口为主，第二阶段以自己制造为主。

为什么在第一阶段短短的几年内，而且经历了国家经济困难时期，列车电站能够得到迅速的发展呢？一方面是经济发展客观需要，国家重视，把有限的资金投入到电力、投入到列电中；另一方面是正逢"大跃进"前后，形成了大发展的氛围，虽然后来贯彻国民经济调整方针，下马了很多基建项目，包括一些电力项目，特别是水电项目，但列电机组进口计划全部得以落实；还有一方面是以康保良局长为首的列电人发扬开创精神，抓住了发展的大好时机，在实践中选择了比较切合中国实际的列电发展方针。

快装机改装是现实的选择。初期的列车电站，5台中有4台是由移动机组或快装机组改装的。列电局成立之初，在自己尚不能制造的情况下，选择了改装的办法。1957年4月，电力部就调拨快装设备改装为流动电站专门发文，安排1957年内第一批4个电厂4套设备改装。从1957年12月到1959年6月，依次有19、22、20站和船舶1站，以及煤炭部2站投运发电。这5台电站除22站为2000千瓦外，其余均为1000千瓦，而且都是美制快装机组。电力部安排的4套机组改装任务，因设备老化等原因，2套没有落实。2套改装成功，即无锡双河尖发电所机组改装的22站、贾汪电厂机组改装的20站。而且增加了西安第一电厂机组改装的船舶1站、湘潭杨家桥发电所机组改装的19站，以及山东新汶矿务局孙村电厂机组改装的煤炭部2站。

进口列车电站是第一阶段列电发展最主要的途径。在20世纪40年代，中国就进口英美流动发电机组，新中国成立后，最早进口的是苏联机组，即哈尔滨电业局列车发电厂。列电局成立之初，列入国家进口计划的主要是捷克斯洛伐克2500千瓦和苏联4000千瓦列车电站成套设备。捷克机械制造业比较发达，上海汽轮发电机制造装备和技术也是从捷克引进的。当时的国际关系也决定了同是社会主义国家的捷克，成为中国列电机组的主要来源。那时中苏友好是最重要的对外关系，苏联工业发达，拥有多台列车电站，从苏联进口列电机组不言而喻。

从捷克进口列车电站共5批。第一批进口5台，其中第一台1957年2月到达国内，当年3至4月在保定基地安装试运，5月调河南三门峡工程首次发电。这批电站依次编为列电局所属6、7、8、9站，以及煤炭部第1列车电站，先后于当年的5至9月投产发电。第二批6台，1958年进口，编为列电局所属13、14、15、16、17、18站，先后于当年6至8月投产发电。第三批5台，1959年进口，编为列电局所属23、24、25、26、27站，先后于当年4至7月投产发电。第四批4台，1960年进口，编为列电局所属33、34、35站及煤炭部所属第3列车电站，先后于当年4至7月投产。第五批6台，1961年进口，编为列电局所属36、43、44、45、46站，以及煤炭部所属第4列车电站，先后于当年3至8月投产。至此，我国从捷克进口2500千瓦列车电站共26台，总容量6.5万千瓦。

列电局成立后，先后从苏联进口2批列车电站。第一批3台，1957年9月至1958年年初进口，编为列电局第10、11、12列车电站，1958年3至4月投产。第二批2台，1960年12月进口，编为列电局第38、39列车电站，分别于1961年的5月、1月投产。连同最早进口的第1列车电站，共进口苏联机组6台，总容量2.4万千瓦。

1960 年 4 月下旬，中国从瑞士 BBC 公司进口两台 6200 千瓦燃气轮发电机组，分别编为第 31、32 列车电站。这两台机组是当时国内单机容量最大、自动化程度最高的单循环燃气轮发电机组，而且改变了中国列车电站单一汽轮发电机组的状况。燃气轮发电机组具有调迁便捷、启动快速的特点，更适应战备应急和调峰需要，进口后不久就在大庆油田开发中发挥了重要作用。

与此同时，为实现列电国产化，有关部门进行了大胆实践和积极尝试。早在 1957 年 11 月，第一机械工业部、电力工业部和电机制造工业部，就发布了《关于列车电站设计与试制工作的联合决定》。三部同意在京成立列车电站设计试制委员会，在上海成立设计试制工作组，并明确了设计试制工作分工。根据这个决定，华东电力设计院负责设计，上海三大动力设备厂提供锅炉、汽轮机和发电机等主机设备，齐齐哈尔车辆厂提供车辆。1959 年年末如期试制出首台国产 LDQ–Ⅰ 型 6000 千瓦汽轮机组列车电站，即列电局所属第 29 列车电站。该电站于 1960 年 3 月在湖北黄石投产发电。另一台国产同型号 6000 千瓦列车电站，即第 28 列车电站，1962 年 5 月在河南鹤壁投入运行。

与此同时，根据部领导关于列车电站发展到 300 台的指示，列电局决定自制列车电站。1958 年 7 月，适应"大跃进"形势，列电局成立新机办公室，保定装配厂扩展为包括锅炉制造、汽轮机制造、发电机制造在内的 7 个厂，主要任务是制造列车电站。从 1958 年 8 月开始，采取边练兵、边设计、边备料、边制造的方针，发扬协作精神，克服重重困难，终于自制成功第一台列车电站。1959 年 10 月，这台列车电站在保定并网投运，即列电局所属第 21 列车电站。这也是第一台国产 2500 千瓦列车电站。此后，又完成了 37、40、41 站和船舶 2 站 4 台电站机组的设计制造，总容量 1.55 万千瓦。

由于技术条件所限，相对于国家专业制造厂，列电局自制电站的质量和成本都不占优势，所以基地工厂的工作重点逐步转移到备品备件制造及电站检修安装上。但当时自制列车电站弥补了电站数量和容量的不足，特别是解放了思想，锻炼培养了列电队伍的技术创新能力，为以后的检修、安装和制造打下了基础。在列电以后的发展中，列电机组制造一直以国家专业大厂为主，而列电基地则承担了大量的机组安装任务，并担负了一定的制造任务。

列车电站制造的国产化体现了"独立自主、自力更生"的建设方针，具有重要意义。特别是国产 6000 千瓦机组的制造成功和投运，不仅使中国燃煤列车电站的单机容量和效率提高了一个等级，而且给国家节约了大量外汇和资金。国产列车电站的造价远低于进口价格，容量单价仅为苏联、捷克进口电站的二分之一或者更低。因此，

1962 年以后，列电的发展以增加国产 6000 千瓦电站为主。

1963 到 1982 年，即列电发展的第二阶段，列车电站共增加 21 台，除 1963 年投产的 41 站和船舶 2 站为 4000 千瓦汽轮发电机组外，其他均为 6000 千瓦及以上机组。其中 1964 年投产的 30 站、1966 年投产的 42 站、1967 年投产的 52 站，均为 LDQ-Ⅰ型 6000 千瓦汽轮发电机组；1969 年投产的 54 站，1970 年投产的 53 站，1971 年投产的 55、56 站，1972 年投产的 57、58 站，1978 年投产的 59 站，1980 年投产的 60 站，以及 1975 年落地安装的新 19、新 20 站，1983 年下放伊敏河的 61 站，均为 LDQ-Ⅱ型 6000 千瓦汽轮发电机组；1980 年投产的 62 站为国产 LDQ-Ⅲ型 6000 千瓦汽轮发电机组；1968 年投产的国产 6000 千瓦燃气轮发电机组 51 站，1975 年投产的加拿大进口 9000 千瓦燃气轮发电机组新 4 站、新 5 站，1977 年投产的英国进口 2.3 万千瓦燃气轮发电机组新 3 站。总共 21 台机组，总容量 14.5 万千瓦。

这 20 年间，平均每年投产一台列车电站，比初期的发展速度明显降低。这一方面是由于三年经济调整，主要任务是"填平补齐"，国家投资减少。但主要是由于"文革"破坏了国民经济正常发展，不仅因停工停产一度降低对列电的需求，而且严重干扰了列电发展计划。1970 年前后甚至要解散列车电业局，搞散了人心。但这期间列电的单机容量显著提高，6000 千瓦汽轮机组列车电站成为主力机组。汽轮机组列车电站不再进口，主要由一机部所属制造厂制造，列电局也承担了部分制造任务。安装调试主要由保定、西北、武汉等几个基地承担。LDQ-Ⅱ型、LDQ-Ⅲ型与 LDQ-Ⅰ型比较，增加了锅炉容量，减少了锅炉车厢，由 4 台锅炉减少到 3 台、2 台，增强了机动性能，减少了占地面积，这反映了技术上的进步。在燃气轮机组方面，不仅制造出了 6000 千瓦燃气轮机组列车电站，而且密切关注世界燃气轮机技术的发展，70 年代进口的加拿大 9000 千瓦燃气轮发电机组和英国 23000 千瓦燃气轮发电机组，都代表了当时世界燃气轮发电机组发展水平。这些机组利用率不高，国家进口主要着眼于国外先进技术的引进，以及自己的长远发展。

这期间，在 6000 千瓦及以上机组不断投产的同时，一些老旧列车电站退出了列电系统。1973 年 7 月，根据国家计委批复，水电部同意将第 2、4、5、19、20、50 列车电站和跃进 1 号船舶电站下放地方使用。从当年 10 月到翌年 8 月，这 7 台电站机组先后下放地方，连同 1970 年下放韩城的 3 站、1971 年下放海南的 22 站，共 9 台机组下放。这些机组全部是列电局成立前后由移动或快装机组改装的列车电站，容量小，服役时间长。因后来投产的新机组填补了电站序号，才有了新 3 站、新 4 站、新 5 站、新 19 站、新 20 站等称谓。

随着列车电站的增加，作为大后方的列车电站基地也逐渐建立。1956 年，与列电局机关同时建设了保定列车电站基地。此后，又相继在 1958 年建设武汉基地，1965 年建设西北（宝鸡）基地。配合列电十年发展规划，1975 年开始建设华东（镇江）基地，并筹建东北（双城堡）基地，扩建武汉基地。到 70 年代末，除东北（双城堡）基地没有完成外，其他各基地都已成为具有一定规模的电力修造企业。四个基地承担了列车电站安装调试、大修（返厂或就地）及事故抢修、备品备件制造、协助电站调迁、开展电站分区管理，以及流动职工安置等多项任务。此外还承担了系统内外大量机电设备制造任务，除列车电站制造任务外，还曾批量生产水轮发电机、风力发电机、电动机、铁路吊车、行车、矿用翻斗车、底开门车，以及多种机床设备和电厂专用消声器等产品。

回顾列电的发展，还有一些情况值得记载、说明。一个是列电前期发展设想。1960 年 1 月，列电局向水电部专题报送列车电站发展计划设想报告。该报告提出，"二五"末列车电站发展到 100 台，容量 36 万千瓦。这反映了当时水电部某些领导的意见，仍旧是"大跃进"思维的产物，脱离现实需求和实际制造能力。实际情况是，列车电站的发展远远没有达到这个目标，但这个阶段落实进口机组计划，电站台数和总容量的确得到了较大的增长，为列电作用的发挥奠定了物质基础。这个期间还有煤炭部列车电站的划转。1962 年 5 月，煤炭部和水电部联合指示，煤炭部所属 4 台列车电站，总容量 8500 千瓦，随车职工 300 名，自当年 7 月 1 日起，全部移交列电局统一管理。这 4 台电站分别编为第 47、48、49、50 列车电站。这是打破行业界限，整合流动电站资源，统筹发挥列车电站作用的重要举措。

另一个是后期的列电十年发展规划。1975 年 7 月，为了扭转电力短缺的严峻局面，国务院发出加快电力工业发展的通知。当月，水电部转发国务院批准的国家计委《关于列车电站十年规划意见的报告》。这个《报告》是经国务院领导批示，国家计委牵头，会同水电部、一机部和铁道部共同研究制定的。《报告》对中国列电事业的作用和贡献给予了高度好评，称"列车电站解决临时性用电有很大作用，战时更是不可缺少的机动电源。无论平时和战时，国家拥有一定数量的列车电站作为机动电源都是十分必要的"。按照这个《报告》，今后十年列车电站拟增加 80 万千瓦，其中"五五"期间增加 30 万千瓦，燃煤凝汽式机组和燃气轮机组各占一半。汽轮机单机容量达到 1.2 万千瓦，并计划发展一些汽车拖车电站和内河船舶电站。水电部要求，要着重落实"五五"期间计划增加的 30 万千瓦的主机、配套设备、车辆等条件。但实施并不顺利，1977 年 6 月、1978 年 8 月，列电局两次向水电部报告，"主机安排少，车辆不落实"，还有燃气轮机电站燃油供应等问题。从根本上讲，是当时并不具备大发展的条件。到 1979 年国民经济调整，列电供求关系发生较大变化，十年发展规划"无疾而终"。

三、列车电站的作用

列车电站作为战备应急电源，曾经为中国的国防科技、三线建设、抢险救灾，为石油、水电、煤炭、铁路、钢铁、化工、纺织各个行业，为严重缺电的城市和农业抗旱，应急调迁，发供电力。30 余年间，历经 425 台（次）调迁，足迹遍及全国 29 个省（直辖市、自治区），解决各行业用电之困难，满足各地区用电之急需，发挥了特殊的作用。

编纂人员花费很大工夫整理并反复核实的列车电站调迁发电统计表，为了解列电打开了一个窗口，也为研究列电提供了一条路径。我们不妨从这个统计表入手，结合经济社会背景，来具体认识列电留下的足迹、服务的领域、发挥的作用、作出的贡献。

从年代分析，30 余年间，列电历年调迁次数及服务地区，反映了列车电站供求关系在不同时期的变化。随着列车电站数量的增加，调迁服务的地域越来越广阔，发电服务的地区越来越多。1957 年为 7 个省（市、区）的 14 个地区，1958 年为 14 个省（区）的 28 个地区，1959 年为 20 个省（市、区）的 34 个地区，1960 年为 21 个省（市、区）的 45 个地区。自此以后，每个年份列电支援的省（市、区）均在 20 个左右，发电服务地区在 40 个以上。进入 20 世纪 70 年代，每年发电服务地区均达到 50 个以上。

从地域分析，30 余年间，列电在全国各省（市、区）租用情况，反映了不同地区对列电的需求及列电发挥的作用。据统计，除西藏、台湾以外，列车电站足迹遍布全国各省（市、区）。其中，租用列电较多的省（区）是黑龙江、内蒙古、河北、河南、山东、山西、湖北、湖南、江苏、广东、四川、贵州、福建、甘肃等。而且，电站租赁分布在不同时期也呈现了较大的变化。如 20 世纪 50 年代主要服务于国家重点项目、大型工业企业，多分布于内地省份；60 年代主要服务于国防科技及三线建设，多分布于西北、西南省区；70 年代特别是后期的分布，一方面是黑龙江、内蒙古等边远省区，另一方面是江苏等经济发达省份。

从行业分析，30 余年间，列电服务不同行业的情况，反映了各行业对列电的需求及列电在其发展中的作用。据统计，在列电调迁的 425 台（次）中，除返基地大修或待命 70 次外，支援国民经济各部门共 355 次。其中：煤炭行业 67 次，占 19%；水利电力 60 次，占 17%；钢铁冶金行业 42 次，占 12%；石油化工行业 30 次，占 8%；国防军工 26 次，占 7%；铁路交通 21 次，占 6%；轻工纺织 13 次，占 4%；农业林业 13 次，占 4%；社会用电包括建材、食品加工等 83 次，占 23%。

概述

这些统计分析数据，反映了各地区、各行业的发展状态及其对电力的需求，反映了电网的发展水平及电力供求关系，反映了列电发挥的应急补缺作用及其重要贡献。

在 20 世纪 60 年代初，台湾海峡形势一度紧张。1962 年 6 月、7 月，列电局两批共 20 台列车电站，奉命做好了人员和设备等各种准备，快速进入战备状态。人员经过严格政审，进行了调整；发电设备和车辆，经过彻底检修，全部处于良好状态。列电局还统一规划储备战备物资，做好战备电站防空、防弹改造计划。因为列电承担战备应急重要任务，为便于调度指挥，1962 年列电局机关又从保定迁入北京。1960 年 4 月，27 站奉命从三明调到厦门，在炮声中坚持生产，保证了前沿炮兵阵地、雷达等军事设施的用电。1979 年 2 月，西南战事发生，根据上级指示，列电局确定 19 台电站作为战时第一批战备应急电站，要求各电站做好准备，一旦需要保证顶得上。拖车电站派员赴广西那坡野战医院，以 6160 型发电机组承担保障电源，出色地完成了任务。

从 1957 到 1970 年，列车电站共有 21 台（次），在黑龙江、湖南、甘肃、青海、山西、江西等地，服务于国防科技、军工企业。早在 1958 年，就有列车电站参加湖南铀矿的开采。20 世纪 60 年代初，4 台电站先后调到甘肃酒泉、青海海晏，为我国核工业基地浓缩铀提炼，核弹的研发、试验提供电力支持。1968 年年初，又有一台电站急调酒泉，为远程火箭和卫星发射基地工程建设供电。1964 年 10 月我国第一颗原子弹试验成功，1970 年 4 月我国第一颗人造卫星发射成功，都有列电的贡献。

1960 年，在国家最困难时期、最艰苦条件下，大庆石油会战拉开了序幕。当年 6 月，进口不久的 34 站就率先调往萨尔图，为大庆石油会战供电。翌年 1 月，36 站进口后即在萨尔图安装发电。当年又有 31、32 站两台瑞士进口燃气轮机组列车电站先后到达萨尔图。4 台电站总容量 1.74 万千瓦，成为油田最可靠的主力电源。其中 31 站在大庆服务达 12 年之久。从 1957 年 8 站为玉门油矿发电开始，列车电站先后为甘肃玉门、广东茂名、湖南长岭、黑龙江大庆、山东胜利等多个石油企业发供电。1958 至 1969 年间，先后有 6 台电站参与茂名石油会战。电站在艰苦恶劣的条件下，克服重重困难，担当起供电重任，为国家石油工业的开发建设作出了历史性贡献。

1964 年前后，国家提出"备战备荒为人民"方针，开始实施三线建设战略。多台列车电站流动在大西南等地区，支援三线重点项目建设。从 1964 到 1971 年，共计 16 台电站、23 台（次），为三线的军工、铁路、钢铁、煤矿、电厂建设服务。贵州六盘水是三线建设的特区，全国近 11 万建设者集聚这里。从 1964 年开始，先后有 7 台列车电站在这里支援特区建设。贵昆、成昆、湘黔、阳安等铁路施工，多以列电为主要施工电源。43 站在贵州 7 年多时间，随铁路建设的进展，先后搬迁六枝、水城、野马寨、贵定等地，在极其艰苦的条件下，含辛茹苦，克服困难，为贵昆和湘黔两条铁路建设近距离供电。

列电在水利电力工程，尤其是大型水利枢纽工程建设中，也发挥了重要作用。据不完全统计，1957 至 1982 年的 25 年间，有 20 台电站先后参加三门峡、新安江、新丰江、青铜峡、丹江口、葛洲坝等大型水利水电工程建设。1957 年，首台进口捷制电站便开往刚开工的三门峡工地供电。在我国自行设计、制造、建设的首座大型水电站新安江水电站建设中，3、7 站联合供电，直到水电站首台机组投产。在汉江大型水利枢纽丹江口工程建设中，先后有船舶 1 站和 2、3 站十余年间持续供电。在黄河上游青铜峡工程建设中，曾有 5 台电站供电，其中 24 站服务近 10 年之久。长江干流上第一座水利枢纽葛洲坝工程建设中，5 台列电为大坝浇筑和水泥生产提供电力，全力服务工程建设。在广东新丰江、辽宁清河水库等水利水电建设工地，也都曾留下列电的足迹。

在列电服务的用户中，就行业划分看，煤矿用户占据最大的比例。黑龙江双鸭山、勃利，吉林蛟河，山西大同、晋城，陕西韩城，内蒙古平庄、乌达、海勃湾、扎赉诺尔、伊敏河、大雁，河南平顶山、鹤壁，山东枣庄、济宁，江苏徐州，江西萍乡、高坑，湖南资兴、白沙、涟邵，广东曲江、火烧坪，四川永荣、荣山，贵州水城等数十座大中型煤矿，都曾租用列电。煤矿租得列电，相当于获得了自备坑口电厂。有的矿务局数次租用列电，有的同时租用电站两台以上。11 站在枣庄煤矿多次续租，历时 23 年，创造了列电在一地发电时间最长的纪录。在列电存在期间，全国数十个矿务局依靠列电获得了安全稳定的电力供应。

列电不仅在国家经济建设，特别是工业化过程中，为各行各业的重点项目、重点企业发供电，还曾多次奉国家领导人之命，完成紧急供电任务。除前述老 2 站 1952 年急调安东为军用机场和高炮部队供电、1954 年急调武汉为抗洪排涝供电外，还有不少实例。1962 年，周恩来总理在东北视察中得知，伊春林区引进的纤维板厂因缺电无法投产，指示尽快解决，随后 45 站紧急调迁至林区，为纤维板厂供电。1972 年广交会开幕在即，因广州严重缺电，影响了电讯传送，遵照国务院领导指示，32 站从济南紧急调迁，在广交会开幕前赶到广州，保证了广交会顺利进行。1976 年唐山大地震，伤亡惨重的 52 站第 4 天就修复柴油发电机发电供水，在大连的新 5 站奉命紧急调迁至秦皇岛，以 9000 千瓦的电力供应地震灾区。

长期以来，列车电站承担的另一大任务是，为缺电地区的电业部门租用后，与当地电网并列运行，而成为"公用电厂"，用来填补当地的电力缺口。这种情况，在改革开放初期，尤为突出。大批列车电站由边远地区，转移到发生严重"电荒"的大城市和沿海经济发达地区，如北京、南京、镇江、苏州、无锡和昆山等地，一定程度地填补了这些城市的电力缺口，犹如向严重"贫血"的电网，输进了新鲜"血液"，为改革开放作出了贡献。

　　需要说明的是，从列车电站的发电量看，设备利用率并不高。列电调迁是影响发电设备利用率的一个因素。除此之外，还与用户负荷性质、电网调度、供需形势，甚至社会状态等很多因素有关。有些用户急需电力，但用电负荷不大，而电站单机运行，设备利用率不可能高。三线建设时期，西南一些电站根据用户需要，开开停停，设备利用率也不高。特别是"文革"期间，一些地方停工停产，导致用电量大幅下降，对电站发电生产影响比较大。因此，虽然与常规火电厂一样，列车电站也有发电量、供电煤耗、厂用电等生产指标的统计，但电站租金并不与这些指标挂钩。因为对列电的主要要求，不是发电量，而是一旦需要能调得动、动得快、发得出，及时满足用户需求。这也正是列电的特殊作用。

四、列车电站的管理

　　从列电局建立直到解体撤销，列车电站的管理贯穿始终，经历了制度建立、管理完善、曲折反复、整顿提高的全过程，并形成了一套适应流动发电的管理体制和管理方法。

　　建局之初，列电局便出台了《列车电站暂行管理办法》，对人事、劳资、生产等工作研究部署，并着手各项规章制度的建立。1957年9月，开办经营管理研究班，涉及物资、财务、人事、劳资、调迁等24项内容。当年11月，先后制定了《列电局内部劳动规则》，颁发了《列电局物资技术供应办法》。1958年3月，提出列电局组织机构与随车人员定员方案。当年8月，各电站开始实施生产固定费用包干办法。

　　20世纪60年代初，结合国民经济调整、贯彻《国营工业企业工作条例（草案）》，列车电站管理逐步完善。1961年7月，列电局转发水电部厅局长会议《关于列车电站管理方面若干问题的意见（草稿）》。12月又转发《列车电站技术管理手册》，要求各电站结合各自实际，建立健全21种基本生产制度。其中有基础工作管理制度8项、责任制管理制度2项、日常生产管理制度6项、其他管理制度5项。此期间，列电局还以13站为试点，提出了电站"五定五保"管理意见，1962年1月向水电部报告，4月在全局推广。1963年3月的列车电站厂长会议，讨论部署开展增产节约、争创"五好企业"劳动竞赛。1964年8月，又决定对21种基本制度进一步调整完善。至此，列车电站的管理日臻成熟。

　　"文革"十年，与全国电力企业一样，随着政治经济形势的变化，列电管理也走过了一段曲折反复的历程。在"文革"初期，规章制度作为"管卡压"受到冲击，企业管理一度削弱。1972 年 10 月，列电局召开电站生产管理座谈会，落实中央《关于加强安全生产管理的通知》的要求，批判极"左"思潮和无政府主义，研究提出了加强列车电站生产管理的意见。生产管理等方面的规章制度逐渐恢复，并制定了化学、热工等技术监督工作条例。此后，虽然又有一些反复，但总体上看，列车电站的各项管理进一步改进。

20 世纪 70 年代中后期，通过企业整顿、工业学大庆，列车电站管理步入正轨。1978 年 9 月，根据《中共中央关于加快工业发展若干问题的决定（草案）》（简称《工业三十条》）和列车电站实际，讨论制定了《关于加强列车电站管理的初步意见》和《列车电站厂长职责条例》。1979 年 1 月，颁发了《列车电站安全监察员职责条例》，印发了《列车电业安全工作规程》。当年 8 月，为加强经济核算、增收节支，修订了电站固定费用定额。1979 年全局完成清产核资工作，并于翌年重新核定各单位流动资金定额。1981 年各基地开始实行亏损包干、减亏提成暂行规定。这个期间，还修改了选建厂规程，颁发了《列车电站租金管理暂行规定》。这些都是为适应新形势而采取的管理措施。

列车电站与固定发电厂都是电力生产企业，在国民经济发展中都具有基础地位、先行作用；都贯彻"人民电业为人民"的宗旨，以用户为中心；都实行严格的生产管理和集中统一调度，追求安全、经济发供电。这是他们的共性。鉴于列车电站流动发电的性质，及其担负的战备应急任务，对列车电站的管理又提出了特殊的要求，采取了不同的经营管理方式。

一般发电厂固定在一地，与电网并列运行，面向一般用户，保障安全、经济发供电即可。而列车电站，面对的用户是国防军工、战备应急、抢险救灾、重点工程施工，以及严重缺电的地区和工矿企业。列车电站发供的是"应急电"，要应用户之所需，解用户之所急。因此，列车电站除安全经济外，还要做到灵活机动。对列车电站最重要的要求是：哪里需要，就到哪里去。只要一声令下，就要立即行动，以最短的时间，为用户发供电力。

中央领导对列电的要求是，"哪怕平时无事，一旦有事，它可以抵挡一阵"。水电部曾对提高列电的机动性能特别提出要求。列电局的历任领导者和广大列电职工，始终都把服从调令、机动应急看作是最崇高的使命、最重要的工作要求。列电局从建局之初就把列车电站的机动性作为根本，从管理体制、经营方式、设计改进、设备革新、队伍配备、技能提高、规章制度等多方面，采取多项措施，提高列电机动灵活性能，并取得了显著效果，满足了各类用户的需要。

1．列车电站实行集中统一和分区属地相结合的管理体制

列车电站分布在全国各地，服务于各行各业，必须实行集中统一的管理。1956 年成立列电局，就是为了统一管理全国的列车电站。列车电站的调动均由列电局的主管部决定，其他管理均由列电局负责。针对列车电站流动发电的性质，1956 年中央致电各省（区、市）党委，明确列电局及列车电站党组织同时接受所在地党委领导。

随着列车电站数量的增加，列电局直接管理电站力不从心，于是分区管理提到了议事日程。1960 年开始实行中心站管理体制，全国分 4 个区域，列电局在各区域列车电站的厂长中任命一位厂长兼任中心站长，协助列电局管理本区电站，主要是帮助、指导、监督、检查。1962 年，为加强对列车电站的领导及电站间的技术协作，根据水电部《关于加强列车电站领导的规定》，撤销中心站，在电站集中的地区设立 5 个驻省（区）工作组。各组设组长、工程师、秘书、办事员各 1 人，在列电局和省局（厅）共同领导下开展工作。驻省（区）工作组"文革"中撤销。

1965 年下半年，列电局颁发《关于武汉基地代局管理部分电站试行方案》，但因形势变化而没有贯彻实施，10 年后才真正实行。1975 年，保定、武汉、西北、华东等基地相继建设完善，根据列电局和基地管理电站的权限与职责分工，开始实行基地代局分区管理全国各地列车电站，一直到列电系统解体。

为了保证列车电站机动灵活地执行发电任务，所有电站均采用精简的机构设置和精干的人员配备。

列电局成立不久，就基本形成了不同于一般电厂的组织机构。列车电站的组织机构，可概括为"一二三二四"制：

一个厂部，设正、副厂长，1964 年后设正、副指导员。党支部书记多为兼职，电站领导一般为 2 人。

二个管理组织，即一个生产技术组，一个综合管理组。生产技术组设组长和机、炉、电、化等专业工程师或技术员，4 人左右；综合管理组设组长和劳资、财务、材料、总务等，4 人左右。

三个工段，即汽机、锅炉、电气工段，每工段有工段长 1 人，运行人员若干和少量维修工。

二个专业室，即化验和热工两室，化验室 4~5 人，热工室 2 人。

四个运行班，是发电生产组织，运行班中设有锅炉司炉长和司炉、汽机司机和副司机、电气正副值班员，以及化验员。运行班（值）长，多由电气正值班员兼任。调度电话一般安装在电气车厢，电气值班员负责与调度的联系。

电站日常管理工作由生产技术组和综合管理组两组具体负责：

生产技术组简称生技组，在厂长或副厂长领导下管理全厂的生产技术工作，包括运行、检修、设备、安全、调迁等管理，以及技术培训、技术革新、生产制度等。电站安全员也由生技组人员兼职。生技组的职能几乎囊括了固定电厂全部生产技术业务科室的工作。

综合管理组简称管理组，在厂长或副厂长领导下负责经营管理及行政后勤工作。建局初期，电站设秘书1人，1965年取消秘书岗位，在管理组设组长1人。管理组负责劳资、财务、材料、总务、保卫等工作，人员大多兼职，一人多岗，各站情况不尽相同。

早期的列车电站，生产与管理机构层次较多，摊子较大，内部有车间和业务股的设置，后精简规范。先是撤销股的设置，后车间改为工段。

2. 列车电站实行租赁经营

一般发电厂实行售电制，即发电厂按核定的电价和售电量取得发电收入，初期的列车电站也是这样核算经营。列电局筹建之初也曾这样考虑，如1955年12月电力部制定的《列车电厂管理暂行办法草案》就提出，"列车电厂的售电单价原则上实行两部制电价"，仍然是售电经营。

列电局成立之后的第一次电站厂长会议，总结电站流动发电的经验，就提出改自营售电制为电站租赁制，即列车电站流动发电不是按电量收取电费，而是收取租金。电力部批准的《列车电站暂行管理办法》明确规定，"各列车电站由列车电业局按租赁形式出租给建设单位使用，电站作为使用单位的一个生产单位，并由双方签订合同、协议，有关事项共同遵守执行。"

列车电站的租赁经营方法，是通过标准租约和标准协议书来约束甲乙双方（租方为甲方，列电为乙方）的供求关系的。甲乙双方签订租用合同和建厂协议，组成发电生产统一体。乙方在租赁期间作为甲方的一个生产单位，服从甲方的生产调度，甲方则按月向乙方支付租金。租金并不是全部生产费用，主要包括固定资产折旧、大修基金、闲置准备金（设备改进费）、管理费等项目。建厂费用、燃料费用以及辅助用工开支等均由甲方支付。租金相对稳定，以1975年为例，2500千瓦燃煤机组每月租金3.95万元，4000千瓦燃煤机组每月租金5.88万元，6000千瓦燃煤机组每月租金7.72万元，9000千瓦燃气轮机组每月租金5.3万元。

列电租赁经营是在计划经济体制下采取的市场经济办法，具有创造性。这种经营方式自1956年4月实行，在以后的20多年中不断完善。租赁合同在"文革"中曾一度被认为是"资产阶级法权"而失效，但实践证明，它有利于规范甲乙双方关系，保持电站的机动灵活性能，稳定电站收入，保障用户用电需求，减轻用户负担，是一种适应列车电站流动发电需要的经营方式。

3. 列车电站的调迁管理是一项特殊的管理

调迁是列车电站的一项重要工作，也是考验电站组织协调能力和机动性能的艰巨任务。列电局由计划部门归口管理调迁工作。为了规范和指导电站调迁，1956 年颁发了《列车电站调迁规程》，并根据实践经验，不断修改完善。《调迁规程》对电站调迁的工作程序、选建厂技术要求、设备拆迁运输、职工调迁组织、机组安装试运，以及甲乙方关系等，都做了明确规定。

列车电站调迁工作的主要内容是：用户向列电局及其主管部提出申请，列电局主管部根据用户需求、性质和列车电站的现状，综合平衡做出是否同意出租的决定。如果同意用户申请则下达调令，列电局根据调令发出组织调迁工作的通知，并负责与用户签订租赁合同。相关电站根据上级调令和通知，组成选建厂小组，在甲方配合下选择厂址，签订建厂协议。甲方负责生产、生活设施的建设施工，电站负责设备的检修、拆迁，并申请专列运输计划。建厂施工基本完成后，电站组织设备运输和职工调迁。列车进场定位后，立即进行安装、调试，一般三五天内可对外供电。

为保证列电能够随时调动，建局初期请铁道部车辆局安排相关铁路局协助检修列车电站台车。1961 年列电局颁发了《列车电站台车维护暂行制度》，并开始在保定等基地设立车辆班，按照铁道部有关规定，定期对电站车辆进行轴制检和保养，电站调迁时，基地派员随电站押运组"保驾护行"。

为了免除电站快速调迁中的后顾之忧，1963 年 6 月，国务院发文批转水电部报告，同意列车电站随车职工、家属等，50 人以上的跨省调动，由水电部直接审批，不再经劳动部批准。该文件解决了电站调迁中随车职工及家属户口、粮食关系转移问题，为快速调迁创造了条件。

列车电站必须服从调令，哪里需要哪里去。这是对电站调迁工作的根本要求，也是列电职工的共识。列车电站多在条件艰苦的边远地区发电，每次调迁都需要强有力的思想动员工作，对不服从调令的现象严肃批评。虽然"文革"中出现过调令失效的情况，但那是极个别的现象。30 余年间，数百次调迁，列电职工不讲条件，服从调动，做到了"调得动、动得快、发得出"，及时满足了用户的应急需求。

4. 列车电站生产技术管理的特殊要求

列车电站往往担负着应急发供电任务，多在电网没有延伸到的地区或电网可调出力不能满足需求的地区发供电，这对电站的机动灵活性和安全可靠性提出了更高要求。

针对列车电站生产特点，列车电站建立起一套完整的生产技术管理机制，制订了一整套自成体系的规章制度，如安全规程、运行规程、检修规程，以及巡回检查、交接班、事故处理等规章制度，并严格执行。电站安全生产管理、生产指标统计考核、设备检修改造、人员培训、职称评定、考工定级等，均能做到有章可遵、有规可循。

列车电站执行计划检修制度，一般每季度一次小修、每年一次大修和必要时的返基地大修。后来根据设备运行小时和设备健康状况确定检修间隔，编制大小修计划及检修进度。凡是计划检修，都要制定安全和技术措施计划、检修质量标准、检修专用工具及材料计划、人员组织计划等。有的电站20多年未返基地大修，保持了设备的良好状态。

列车电站针对自身的生产特点，坚持进行技术革新、技术改造。60年代初攻克进口燃气轮机组试烧原油难关，为大庆油田会战提供了主力电源，节省了大量柴油。70年代对冷却塔持续进行革新改造，大大提高循环水冷却效率，可使全局减少冷却塔80台，该项目获得1978年全国科学大会奖。此外，不同类型除尘器的不断改进、晶体管技术在继电保护和自动装置的普遍应用、差压计无汞化改造的全部完成、胶球清洗凝汽器技术的广泛推广，以及后期开展的2500千瓦捷制机组"两机合并"、列车电站的集中控制、汽动给水泵的制造、列电新型锅炉的设计等，都提高了电站安全、经济水平，增强了电站的机动灵活性能。

1959年6月成立的列电局保定中心试验所，作为全局唯一的技术单位，为列车电站提供技术服务，成为全局技术监督、技术改进、技术调试、技术培训和技术情报等工作的中心。由于长期有效地坚持开展技术监督工作，遍布全国不同自然条件下发供电的列车电站，基本上消灭了绝缘事故、雷害事故和化学腐蚀等事故。

5. 列车电站的经营管理也有别于一般电厂

列车电站实行定员管理。不同机型的电站随车定员不同，且根据人力资源和机组发展状况会有小幅变动。1972年的定员是：2500千瓦汽轮机组69人，4000千瓦汽轮机组77人，LDQ–Ⅰ型6000千瓦汽轮机组88人（Ⅱ型80人），燃气轮机组大体在35~44人之间。电站人员的配备、调动均由列电局管理。上煤、除灰等辅助生产岗位，则由甲方负责。全国工资标准按地区分为11个类别，根据国家政策，列车电站执行6类地区标准。为鼓励职工在艰苦地区工作，电站调迁到6类以下地区时工资不减，调迁到6类以上地区时按照当地标准补差。电站职工流动发电期间，享有每月12元的流动津贴。

列车电站生产运营发生的费用，除按合同规定由甲方负担的费用外，由列电局负担的费用实行定额管理。根据电站类型和容量大小，核定不同数额的固定费用和流动资金。电站费用按月向列电局报销。1960年4月，列电局开始实行《大修费用及四项费用管理的规定（草案）》。1962年9月，列电局正式颁发《四项费用暂行管理办法》。

这些规定或办法，明确了大修费用的概念和使用原则，以及技术组织措施、劳动安全保护措施、新种类产品试制、零星固定资产购置等四项费用的使用办法。列车电站固定资产的折旧和大修费按国家规定，由列电局统一提取，大修及更新改造资金实行计划管理，由列电局统筹安排。

列车电站的物资管理采取集中与分散结合的办法。计划内物资如钢材、木材及备品备件等，由列电局按计划分配供应；计划外物资，如低值易耗品等，由电站自行采购。列电局在北京及保定、武汉设有物资仓库，电站配备材料车厢一节，存放随车备品备件、材料及五金工具等。遇到紧急抢修，甲方往往也会热情提供帮助。列电局重视仓库管理、备品管理，多次开展全局性的清产核资，以加强物资供应，减少资金占用，保证电站生产需要。

五、列电队伍建设

特殊的工作性质和艰苦条件，锤炼了一代又一代特别能战斗的"列电人"。30余年中，列电职工胸怀报国之志，肩负应急发电之责，四海为家、艰苦奋斗，爱岗敬业、一专多能，在频繁流动及各种艰苦条件下，出色地完成了各项任务，取得了引以为荣的不朽成就。

1956年列电局成立之初，全局共有职工678人，主要是5台电站的随车职工。1979年，全局职工8279人，其中随电站流动职工4812人，这是最多时的人数。1982年年底，列电局撤销之前，因部分流动职工已经下放地方，全局职工数已经不足8000人。大体上讲，列电系统解体前后有职工8000名，这就是"八千子弟兵"的来历。

列电局组建之时，职工主要来自几个方面：一是老2站的人员，即电业管理总局修建局工程队的人员，不少来自张家口下花园电厂、解放区兵工厂，老工人居多，带有红色基因；二是1站的人员，即哈尔滨电业局列车发电厂的人员，以去苏联学习列车发电技术的一批人为代表，东北人为主，年纪较轻，文化程度相对较高；三是3站的人员，即上海电管局列车发电厂的人员，以上海电业人为主；四是4站、5站，以及15站人员，以武汉、衡阳等中南电业人为主；五是建局之初从淮南调来的两批人员，当时淮南电业局归北京电管局管辖。这些来自五湖四海的电业人，有管理干部，有专业技术人员，有工匠式的技术工人，具有较高的综合素质，成为列电事业的骨干力量，其中很多人成为独当一面的各级领导干部。

列电局成立之后，列电机组发展迅速，职工队伍也随之迅速壮大。到1960年年底，职工总数已增加到5600多人。在这个期间，进入列电系统的，一部分来自电力部、水电部及北京电管局等管理机关，主要是管理人员；一部分来自电力专业学校，如南京电校、北京电校、郑州电校、西安电校、上海动校、芜湖工业学校，以及沈阳电力技校等；一部分是招收的学员，1956年在北京、济南等地招收学员400多名，经过几个月的集中培训，成为接新机的有生力量。当年还接收复转军人60名。1958至1960年，均成批招收学员，特别是1958、1959两年，招收学员总数有千名以上，1960年学员占到职工总数的近1/3，这些学员边培训边担负起岗位工作。

1961年10月，保定电校第一届毕业生进入列车电站，自此以后，列电职工队伍的来源转变为以中专、中技毕业生为主，他们来自保定电校、北京电校、郑州电校、长春电校、泰安电校、旅大电校、长沙电校等。分配到列电系统的大学毕业生也逐渐增加，职工队伍的专业素质逐步提高。1962年，根据上级精简职工的要求，下放新招职工近300人，但煤炭部4台电站划归列电局，随车职工增加了300名。此后，为了弥补电站人员的不足，招收了几批学员。比较集中的一次是1964年，主要从河北省3个地区招收高中毕业生200名。1970年以后，列车电站在各地也招收一批学员，其中不少上山下乡知青。为了照顾随车流动职工子女就业困难，根据国家政策，也招收了一批列电职工子女，形成了"列二代"。

列电的领导干部和一般管理人员，除最初5台电站配备及上级机关调入以外，主要是从工人和专业技术人员中培养、选拔。列电前期，电站领导干部中还有一定数量的战争时期参加革命的老干部，后期则主要是在列电工作实践中锻炼成长起来的中青年干部。因为社会原因，不同时期人才选拔也存在一些问题，但总体上看，列车电站的基层领导，熟悉生产，与职工联系密切，能担负起相应的职责。劳资、财务、材料等管理干部也多是列电局自己培养的。在20世纪60年代初期，列电干部队伍的调整、补充还有几个渠道：一是1962年战备期间，为加强电站领导，由地方党委负责配备了一些电站领导干部；二是从水电部所属三门峡工程局、长江水利委员会输入了一批干部；三是1964年学习解放军，接收了一批部队转业干部，此前此后，也曾接收、安置一些部队转业干部。

从列电队伍的大体来源可以看出，列电这支队伍来自五湖四海，而且在不断的接机、分站中互相交融。一个电站几十名职工往往来自十多个省（区、市）。不同地域、不同文化、不同背景的职工，一起工作、一起学习、一起生活，形成了一个取长补短、团结战斗的集体。

列电系统重视职工队伍建设，列电局自成立起便把队伍建设置于重要位置。几十年中，尽管有形势的变化、领导的更迭，但对职工队伍建设及教育培训都比较重视。1956年7月，列电局第一次党组扩大会议，人事、劳资、教育便是主要议题，并作出开办各类培训班的决定，当年招收的 400 名学员普遍进行了为期数月的专业培训。1963 年 11 月，列电局发布《列车电站大练基本功考试办法（草案）》，列电系统掀起了持续的大练基本功热潮。1964 年 4 月列电局召开工作会议，贯彻全国电力工业和全国水利电力政治工作会议精神，提出要突出政治，以大庆为榜样，实现企业革命化，做到开得动、送得出、顶得住，成为能应付任何紧急任务的电业突击队。1981 年 10 月，处在调整中的列电系统仍召开全局教育工作会议，着眼职工未来，研究部署文化教育和专业培训计划。

列电系统不仅从全国各地引进技术和管理人员，而且成立专业学校培养人才，开办各种培训班提高政治和业务水平，坚持生产一线的实践锻炼和现场培训，加强思想政治工作和良好作风的养成，整个列电队伍保持了较高的专业文化水平和综合素质。

首先是学校教育。列电局成立不久，就设想建立培养列电人才的学校。1958 年 7 月，经水电部批准，列电局开办动力学院。动力学院计划先设预科和动力系，后设电机系、机械制造系和冶炼系。学制预科 2 年、本科 4 年。翌年 5 月，动力学院改为全日制中等专业学校，即保定电力学校。虽然保定电校的学制及隶属关系几度变化，但它为列电提供了最主要的人力资源。从 1961 年开始，大多年份都有保定电校毕业生分配到列电。据统计，从建校到 1983 年，除去因"文革" 7 年没有招生外，保定电校共输送中专中技毕业生 4895 人，其中分配到列电系统的占到 80% 以上。除机、炉、电等 3 个主要专业外，1964 年开始，还开设劳资专业，输送了 3 期毕业生。保定电校可称为列电系统的"黄埔军校"。1975 年，列电局还在武汉基地、西北基地、中试所开办"七二一"大学，2 年学制，培养毕业生近百名。

其次是开办培训班。一类是领导干部培训班，主要是中层以上领导干部培训班，培训内容包括政治理论、方针政策、经营管理、专业知识等。一类是管理干部培训，主要是财务管理、物资供应等培训。如 1959 年举办的经营管理培训班，1964 年举办的财会培训班，1973 年举办的物资供应培训班。一类是专业技术培训，这是最多的。从专业看，主要是学校设置比较少的化学、热工专业，1962 年以后，全局性的化学班、热工班都举办过 8 次以上。还有电气试验、电气仪表以及焊接、钳工、电子、英语等培训，也有青工补习类的锅炉、汽机、电气专业集中培训。培训班一般由列电局主管科室统筹，保定中试所、保定电校、密云干校及有关基地承办。

第三是生产一线培训。为了做到队伍精干、提高电站机动性能，列电局建局伊始，就实行"运检合一"的生产模式，要求电站所有生产人员，做到"一工多艺、一专多能"。列车电站与固定电厂不同，生产运行与设备检修不分家，不配备专职检修工种，要求所有生产人员，开起机来能运行，停下机来会检修。鼓励职工通过大练基本功，不仅熟悉本专业的知识，掌握生产运行技能，还能兼任机修、焊工、起重工等工作。各电站普遍建立起职工培训制度，签订师徒合同，形成了学习上进的氛围。针对列车电站发展迅速、新人员多的特点，各电站根据自己的设备特点，分专业编制练功图册，定期开展技术培训和安全培训，开展专业性和全厂性事故演习。列电工人普遍具有技术"多面手"的素质和能力。

第四是思想作风建设。电站历来重视职工队伍的思想作风建设，电站党支部负责思想政治工作，大多数电站保持了良好的站风。列车电站思想政治工作的内容与形式，与不同时期的社会形势密切相关。如20世纪60年代的学大庆、学雷锋、学毛主席著作，创五好企业、当五好职工，70年代的创建大庆式企业，加强领导班子和职工队伍建设，等等。这些活动有一定的时代局限，但在列电精神的形成和传承中发挥了重要作用，促进了职工队伍综合素质的提高，培养和保持了良好作风，保证了各项艰巨任务的完成。1959年，为新安江水电站建设供电的"三七站"的代表参加了全国群英会；1964年，最早为大庆会战供电的34站被评为水电部系统学大庆先进企业；1979年，37站被评为全国电力系统大庆式企业标兵单位……这些先进单位以及大批先进模范人物，就是列电人精神风貌的代表和集中体现，也是思想作风建设成效最好的诠释。

列电精神是列电职工在长期工作实践中形成的共同理念、追求和价值观，是"人民电业为人民"服务宗旨集中而特殊的体现。由于经历和认识的不同，人们对列电精神有不同的理解和概括，但也形成了基本的共识：

——四海为家，听从召唤。列电是机动电源，承担着经济建设、国防战备、抢险救灾等应急供电的特殊任务，发电地点不分东西南北，紧急调迁是工作常态。"哪里需要哪里去，哪里艰苦哪安家"是列电的真实写照。只要祖国需要，一声召唤，就像军队服从命令一样，不论天南地北，不论千里万里，不讲条件，不讲价钱，不提要求，招之即来，来之能战，战之能胜。

——艰苦奋斗，不畏艰险。列电所到之处，多是边远、贫困地区，自然环境恶劣，生活条件艰苦，往往是"先生产，后生活"。列电人独立作战，"特别能吃苦，特别能战斗"，艰苦奋斗、自力更生。"有条件要上，没有条件创造条件也要上"。无论在什么条件下，都能够凭着这种拼搏精神、优良作风和过硬技术，应对各种挑战，克服一切困难，坚决完成发供电任务。

——家国情怀，甘于奉献。列电人对国家和人民有深情大爱，以国家富强和人民幸福为理想追求，勇于担当，甘于奉献。责任感、使命感和担当奉献精神，成为列电人强大的精神动力。因此才能舍小家、顾大家，以厂为家，爱岗敬业；因此才能认真负责，勤勉工作，精益求精，不断创新；因此才能在艰苦条件下，克难攻坚，30年奋斗不已、奉献不止。

——团结战斗，集体观念。列车电站流动发电，来自五湖四海的列电人，背井离乡，为了共同的目的，不仅结成紧密的生产关系，而且生活在一个集体之中。他们朝夕相处、利益相关、荣辱与共，需要团结一致，共同应对遇到的困难和挑战。在长期的工作、生活中，互相关心，互相帮助，建立了深厚的友谊，形成了强烈的集体荣誉感以及团结战斗精神。

列电精神具有传承性和时代性。它既是中华民族优秀传统文化的继承，也是社会主义时代精神在列电行业的体现。列电的建立和发展正处在全国人民艰苦创业的时期，列电精神正是在这样一个时期，为适应列电工作性质需要而形成的。列电精神与列电队伍的构成及长期的队伍建设相关，更是南北转战、历经磨练的结果，是在30年艰苦而丰富的实践中形成并趋于完善的。列电精神是列电队伍所特有的，是各级领导提倡引导、老列电人言传身教、八千列电人共同锤炼而形成的。

列电精神是列电的灵魂，是鼓舞八千列电人奋进的旗帜和号角。它孕育了一支能征善战的列电队伍。用列电精神武装起来的列电人，有理想、有担当，作风强、技术精、眼界宽、肯创新，有超常的适应能力。在列电精神的激励下，数十年来，他们或拖家带口、或孤身一人，在频繁的流动中，在天寒地冻、战争硝烟、地震洪水、饥饿疾病等各种困难条件和恶劣环境下，顽强应对，出色地完成任务。细数每一台电站，都有它的光辉历程，都有引以为荣的建树和业绩。列电人在奋斗中耗去了青春甚至毕生，但他们无怨无悔，以苦为荣、以苦为乐，在奋斗中展示了才华，在奉献中实现了价值。

列电精神并没有伴随着列电事业的终结而消失。列电解体后，列电人特别是年轻一代，在不同的行业和不同的岗位上积极进取，成就卓然，业绩突出，这与列电工作的锻炼、列电精神的激发密切相关。列电精神是宝贵的精神财富，已经成为"人民电业为人民"精神的组成部分，作为文化积淀汇入中华民族精神的大海。四海为家、艰苦创业的列电精神永存！

六、列电事业的终结

1983年4月30日，根据水电部决定，列车电业局机关停止办公，人员及资产、设备分别移交给部有关部门和部属单位。以此为标志，列电调整基本完成，列电局完成了它的历史使命，列电系统就此解体。

为了了解和认识列电为何解体，有必要梳理一下有关背景和情况。

早在"文革"中的1970年，电网体制下放、部直属规划设计及科研院所解散之时，水电部军管会就先后两次向国务院报送关于列车电站管理体制的报告，建议撤销列车电业局，电站分别划归各省区领导和管理。理由是打破"独家办电"，"条条专政"，"认真搞好斗批改"。由于李先念、余秋里等领导明确反对才没有实施。从1970到1973年，根据国家计委批复和水电部决定，列电局将9台列电初期改装的机组下放，那是技术装备的更新，与列电局撤销无关。

1975年7月，水电部转发国务院批准国家计委《关于列车电站十年规划意见的报告》。这个规划及国务院领导的批示，给广大列电职工极大的鼓舞和激励。全局上下，从规划设计、企业整顿、基地建设等多方面，着手进行大发展的准备。这个规划反映了国务院领导对列电事业的重视，比50年代末提出的列电发展300台的目标要切实得多。但1975年是全面整顿、国民经济恢复发展特殊的一年，此后由于计划统筹、资金安排、主机和车辆生产能力等都存在问题，列电发展规划落实的条件并不充分。到1979年，贯彻国民经济调整方针，压缩基本建设。1974至1979年，列电年均基建投资都在2000万元，1980年要降到600万元，十年发展规划落空成为必然。

1979年以后，贯彻国民经济调整方针，列电供求形势发生变化，闲置电站逐渐增多，列电经营问题逐渐突出。1979年实际租金收入2800万元，虽然没有完成收入计划，但完成了上缴470万元的任务，还超额20万元。当时认为列电局不是没有调整任务，但列电不属于关停并转范围。从1980年开始，形势逐渐严峻。当年运行电站下降到32台，1981年下降到27台，1982年下降到24台。虽然电力部批准1980年上交任务降低到100万元，但财务算账，当年计划收入只有2500万元。这2500万元，除上缴100万元，需支出成本2452万元，而西北、武汉、保定三个基地需要补贴230万元。

面对这种从来没有过的情况，列电局领导层深刻反思列电存在的问题，思考解决问题的办法，认识到列电的生命线在于机动，列电的主要矛盾不是发展问题，而是管理问题。同时多次召开会议，研究列电调整工作，提出实事求是是列电调整的根本出发点，早认识、早动手、早主动。

1980年7月，列电局向电力部领导汇报情况，反映列电存在的主要问题是，电站闲置，队伍人多，设备老化。应对办法是，从增加数量转变为提高质量，精简队伍，广开门路，安置职工。10月21日，电力部副部长李鹏来到列电局，进一步了解情况，指导工作。他肯定列电发挥的作用，具体分析了供求形势，认为调整加强一部分、淘汰下放一部分的工作方针是正确的。提出具体问题具体分析，不要一刀切，流动职工一定要妥善安置，基地要发挥优势，广开门路，希望有步骤地进行调整。

1981 年 1 月，列电局向电力部报送《关于列车电站调整工作的报告》。李鹏与列电局领导一起进行了研究。5 月 12 日部长办公会通过，并以（81）电生字第 57 号文批复列电局，原则上同意列车电站调整意见，要求按照该意见与有关单位具体联系，分期分批办理。按照这个报告，列车电站要分 4 类情况，采取不同对策，保留 40% 的台数、50% 的容量。6 月初，列电局召开工作会议，传达电力部关于列电调整的批复意见，统一列电调整势在必行的认识，明确了减少电站数量、精干职工队伍、增强机动性能、降低能源消耗、提高工作水平的调整任务，强调在调整过程中必须加强思想政治工作。

与此同时，按照列电调整的精神，两次召开基地生产和工作座谈会、调迁租赁工作会议，就加强列电经营管理、改善经营状况进行深入研究，并采取了多项改进措施。1981 年 3 月，颁发《列车电站租金管理暂行规定》，强调电站租金是财务计划的重要经济指标，要求各基地电管处要专人负责办理。4 月，颁发《列车电站基地实行亏损包干、减亏提成的暂行规定》，拖车电站保养站、中试所参照执行。6 月，发布《列车电站固定费用定额全年包干结余提成试行办法》修改补充规定，强调在保证设备健康水平、安全运行的前提下节约开支、降低费用。鉴于出租电站减少、收入下降，基地任务不足、亏损增加的情况，水电部同意对列电局实行亏损包干责任制。核定亏损包干基数为 300 万元，减亏分成比例为 25%。

列电调整，电站职工安置是上下关注的大事。1982 年年初，列电局召开流动老职工安置会议。会议讨论通过了《电站职工安置试行办法》，并提出机组有价调拨、基地自筹资金等工作建议。1981 年年底，全局有职工 7763 人，其中电站流动职工 4383 人，45 岁以上、1956 年以前参加工作的干部 132 人、工人 110 人。《安置试行办法》明确了基地安置主要对象，以及安置方法、措施，要求在 1983 年前将符合安置条件的职工安置完毕。

1982 年 5 月下旬，列电局召开工作会议，中心议题是列电调整。29 日，水电部副部长李代耕到会讲话，他肯定了列车电站 30 年的突出贡献，传达了列电局与机械制造局合并的决定，表示水电部要对大家负责，安置好流动职工。他称列电局与机械局合并，是水电部着眼机构改革、体制调整作出的决定，同时明确列电局牌子不摘。这次工作会议强调，列电压缩比发展更困难，要充分认识调整的艰巨性，做好思想政治工作，严格组织纪律，搞好安全生产。

列电工作会议之后，列电局会同各基地，抽调工作骨干数十人，组成华北（含东北）、华东、中南 3 个工作组，开始进行全面的列电调整调查研究工作。调研内容包括电站基本情况、设备划拨进展、职工思想状态，特别是人员摸底，包括电站领导和职工的籍贯、安置意愿等，以及职工子女就业等各种各样的问题。根据李鹏、李代耕等部领导加快列电调整的要求和调研情况，列电局于1982年10月下旬向水电部报送《列电所属单位调整方案》和《列电局机关人员调整方案》。

1982年11月3日，水电部以（82）水电劳字第85号文，发布《进一步调整下放列车电站管理体制的决定》，同意列车电业局进一步调整的方案。按照这个决定，列车电站要分区打捆下放。列电局随即又派工作组到各省区进行交接工作，并于12月30日向水电部报送贯彻85号文的报告，反映列电移交范围、管理机构设置、亏损补贴、库存基建设备处理、职工户口迁移等具体问题。

1983年1月，李代耕在北京主持召开相关网省局局长参加的列电交接座谈会。会议要求抓紧做好列车电站交接工作，除华北地区外，原则上在哪个省的电站由哪个省电力局负责接收或协助就地安置。水电部以（急件）（83）水电劳字第17号文转发了会议纪要。2月下旬，水电部又连发4个加急文件，分别就江西、山东、江苏境内电站和基地的交接和安置作出决定，明确自1983年1月1日起移交相关省电力局，3月底前办理完毕。4月15日，水电部发布列电局在京单位管理体制改变的决定，明确列电局于4月30日停止办公，在部内设立列电管理处，自5月1日办公，负责电站移交及职工安置未了事宜。

至此，成立27年的列车电业局，在经历蓬勃发展、取得辉煌业绩之后，在电力体制调整中终于落下帷幕。此后几年内仍有一些电站在水电部有关部门管理下调迁发电，但列电作为一个系统就此解体了。

这样的结局自有其必然的原因。

从内外两方面看，至少有这样一些因素在发生作用：从外部看，随着电力工业的发展，电网覆盖面扩大，电力供求矛盾缓和，电源结构变化，应急补缺的需求减少。在列电解体后，虽然随着经济调整结束电力需求增加，随之掀起的集资办电热潮中又有不少小火电上马，但这不过几年的光景。虽然因自然灾害及电力发展不平衡等，今后仍需要一定的备用机动电源，但总的趋势是电网扩展、电力供应增加，对应急电源的需求减少。

从内部看，随着电力工业的发展，列电机组容量小、能源消耗高、环保水平低的问题逐渐凸显，而且列电初期进口的机组大多接近使用寿命。电站队伍庞大，超定员较多，与20年前相比平均年龄增长十岁以上，拖家带口的增多，子女上学就业问题突出。建厂费用增加，机动性能减弱。虽然在设备改造及电站管理上作了不少努力，但机动性能没有明显增强。

一个现实的问题，是电站退租增加，租金收入锐减。列电3.57亿元的固定资产，

1979 年租金收入 2951 万元，上缴利润 561 万元；1980 年租金收入 2852 万元，上缴利润 429 万元；1981 年租金收入 1914 万元，上缴利润不到 133 万元；1982 年继续减少，面临亏损境地。在日益讲求经济效益的条件下，这种状况显然不能持续下去。

1980 年 5 月，电力部副部长李鹏在江苏无锡曾到列车电站，指出小火电只能是权宜之计。此时华东 30 万千瓦汽轮机组已经投运，全国发电装备发生很大变化，早已不是 25 年前，上海电管局局长李代耕为 3 站送行的时节了。熟悉电力生产管理的这些电力部门的主政者们，在决策列电的去留时自然会有更多的比较。至于抢险、救灾、战备等应急需要，此后电力部门配备的大批机动电源已经承担起这些职责。理性地看，列电事业的终结，是我国电力工业发展和企业改革的必然结果。

面对最终的结果，列电人更多的是无奈与遗憾。所幸在各级领导的重视和关心下，电站流动人员大多有了较好的归宿，并以列电人特有的奋斗精神，在新的岗位继续发挥作用。

中国的列电事业诞生于新中国成立之初，30 余年间完成了它的使命，已经成为过往的历史，但高耸的社会主义共和国大厦基础中，有列电人以血汗竭诚贡献的浆石。共和国的史册上铭记着新中国建设的开路先锋——中国列电！

第一章
英美移动及快装机组

　　中国列车电站，起始于英美移动汽轮发电机组。在 20 世纪 50 年代初，开始从江苏、上海及湖南等地发电厂拆迁英国、美国制造的移动及快装机，装备了 8 台列车电站和 1 台船舶电站，总容量 1.5 万千瓦。70 年代初，这 9 台电站先后下放地方。他们为新中国经济建设，特别是国防、救灾等应急用电作出了历史贡献，在列电事业发展中发挥了重要作用。

第一节

第 2 列车电站

　　1950 年 10 月，燃料部电业管理总局修建工程局，接收一台英制移动式发电机组，正式组建第一台列车电站，开创了中国的列电事业。1956 年 3 月，该站编为列车电业局第 2 列车电站，俗称"老 2 站"。"老 2 站"先后为辽宁、陕西、山西、江西、江苏、广东、湖北、湖南 8 省的 15 个缺电地区服务。1974 年 7 月，机组移交给湖南耒阳白沙煤矿。建站 24 年，累计发电 1.45 亿千瓦·时，为抗美援朝、武汉防汛应急用电，为水利电力等重点工程，以及三线建设作出重要贡献，同时锻炼培养了一支骨干队伍，为列电事业的发展打下基础。

一、电站机组概况

1. 主要设备参数

　　设备为 2500 千瓦汽轮发电机组，英国茂伟公司制造。

　　汽轮机为冲动、凝汽式，额定容量 2500 千瓦，过热蒸汽压力 2.55 兆帕（26 千克力 / 厘米 ^{2}），过热蒸汽温度 357 摄氏度，转速 6000 转 / 分。

　　发电机为减速箱连接、同轴励磁、空冷式，额定容量 3215 千伏·安，频率 50 赫兹，功率因数 0.8，额定电压 6300 伏，额定电流 286 安，转速 1500 转 / 分。

锅炉为水管、闸板炉，额定蒸发量 2×7.5 吨 / 小时，过热蒸汽压力 2.65 兆帕（27千克力 / 厘米²），过热蒸汽温度 365 摄氏度。

2. 电站构成及造价

主机由 5 节平板车组成，汽轮发电机及控制设备 1 节，锅炉 2 台，每台炉主体、辅助设备各 1 节。机电车和锅炉车由原配元宝型专用车辆承载，5 节车辆排成两列。停机待命或调迁运输时，车上的设备用苫布罩盖。为保证水质，1953 年大修后，配备水处理车厢。无水塔车，采用一次循环方式，有条件的地方，辅以冷却水池。

辅助车辆：后配修配车 1 节，办公车 1 节，办公、寝室、厨房于一体。

附属设备：直流电动引风机 1 台，以备无交流电源时启动锅炉。输煤机、除渣机各 2 台，循环水泵、电动给水泵、汽动给水泵和给水预热器各 1 台，还有 30 车床以及台钻等简单设备。

设备造价约 170 万元。

二、电站组织机构

1. 人员组成

该站在北京组建初期，对外先称第四工程队，又称第一工程队，后称 50 工程队。人员主要来自平旺电厂和下花园电厂。1951 年 7 月，从北京电业职工学校分配 12 名学员。1953 年从燃料部培训班分配一批上海籍学员。1957 年 2 月，有职工 84 人。

自 1956 年到 1959 年，该站先后为 7、11、13、20 等 6 个新建电站输送领导干部、技术骨干近百名。

电站定员 61 人。

2. 历任领导

该工程队组建初期，高昌瑞任队长，李德、韩国栋、郝森林等任副队长，秦中华任党支部书记。1956 年 10 月以后，列电局先后任命李生惠、叶如彬、孙照录、尹喜明、张门芝、王世春、李汉征、廖国华、汤名武、肖绍良、朱开成等担任该站党政领导。

3. 管理机构

（1）综合管理组（股）。

历任组长（股长）：贾增明、马洛永、韦德忠、徐祖福、易云等。

历任成员：李长春、朱武辉、龚成龙、张凤祥、邓义、王阿毛、张兴有、杨喜昌、赵洪恩、王志贞、张全华、毛俊荣、张开涌、朱桂英、吕兴华、常宝琪、徐祺梅、张庆云、陈伦德、王庆贤、任来增。

（2）生产技术组（股）。

历任组长（股长）：张仁、陈孟权、成源沪等。

历任成员：关伟耀、孙梅忠、叶素红、朱兆忠、孟钺、尹德新、于行信、关太平、孙玉琦、刘明耀、王永学。

4. 生产机构

（1）汽机工段（小队、分场）。

历任工段长（队长、主任）：范成泽、刘长明、逯振燕。

（2）电气工段（小队、分场）。

历任工段长（队长、主任）：贾占启、舒占荣、安德顺、汤名武。

（3）锅炉工段（小队、分场）。

历任工段长（队长、主任）：赵祯祥、刘元、陶开杰、杨永均、王文长。

（4）热工室。

历任负责人：王士湘等。

（5）化验室。

历任负责人：郑永忠、李恒松。

5. 工团组织

历任工会主席：毕万宗、孙玉泰、陶开杰。

历任团支部书记：毕万宗、黄松良等。

三、调迁发电经历

1. 开赴辽宁安东

1952年6月23日，鸭绿江水丰发电厂被美国飞机轰炸，安东地区全部停电。6月25日晚21点开始，通过220千伏东连线由大连向安东送电。但每天只能晚19点30分至次日凌晨3点30分送电。

7月11日，第四工程队奉命从石家庄紧急抵达安东，发电列车停在鸭绿江大桥下游8公里处的铁轨上。那里紧邻鸭绿江，是安东纺织厂的一个仓库，发电列车就位仓库外专用线上。经过7昼夜的紧张安装，并将列车伪装隐蔽，18日正式发电，保证了安东军事设施及安东市的用电需求。电站在那里发电，以自来水为锅炉用水，以江水为循环水。

同年9月，本溪钢铁厂自备电厂至林家台变电所66千伏本林线建成，电站停机备用。水丰电厂修复、供电稳定后，电站于翌年1月返石家庄检修。电站在此服务6个月，发电351万千瓦·时。

2. 调迁陕西咸阳

在石家庄返厂检修时，第四工程队更名为华北电管局修建工程局第一工程队。1953年3月，第一工程队调到陕西咸阳，为咸阳棉纺厂发电。

该厂是国家兴建的第一座国营棉纺织厂，后称西北国棉一厂，1951年5月动工，1952年5月建成投产，后来成为全国纺织行业的一面红旗。

灞桥电厂首台机组投产后，1953年10月9日，电站退出运行。该站在此发电1100万千瓦·时。在停机过程中，汽轮机调速汽门和自动主汽门因结垢严重不能关闭，发生汽轮机超速飞车事故，造成主机设备严重损坏。

同年12月电站返回石家庄第一发电厂大修，大修后又更名为50工程队。

3. 调迁山西榆次

1954年3月，50工程队大修后调到山西榆次郭家堡，为经纬纺织机械厂基建施工发电。该厂是国家第一座现代化大型纺织机械厂，1951年年初开始建设，由榆次电灯厂供应有限的电力，不能满足施工需要。电站在此服务4个月，解了用电之困，发电374万千瓦·时。

7月，电站奉命紧急赴武汉执行防汛抢险任务。

4. 支援武汉防汛

1954年6月30日，50工程队接到太原中调命令，紧急停机，立即拆迁，准备调往武汉支援防汛救灾。电站从山西榆次，昼夜兼程，7月6日抵达武汉，停靠在长江边丹水池江岸车辆段。经过3天的紧张安装，10日发电，专为排洪水泵站供电。同年10月完成防汛任务。发电400万千瓦·时，在抗洪抢险的关键时刻发挥了重要作用。

5. 重返山西榆次

1954年11月，50工程队完成防汛任务，返回榆次郭家堡经纬纺织机械厂继续发电。1955年3月，太原至郭家堡33千伏线路及变电站建成投用后，电站退出运行，在此发电1000万千瓦·时。之后调往山西阳泉。

6. 调迁山西阳泉

1955年4月，电站调到阳泉，为阳泉火力发电厂建设发电。据《阳泉电力志》记载，列电基建工程1955年2月26日开工，同年4月25日全部竣工。

4月27日，由李生惠担任总指挥，组织列电机组试车发电。阳泉市副市长焦剑心隆重主持试车剪彩仪式。电站与阳泉发电厂并列运行，对外送电。根据太原电管局指示，列电到阳泉后与电厂合并，实行统一领导，但保持列车发电厂的编制。

1956年1月16日，太原至阳泉输电线路建成，电站退出运行。在阳泉地区服务近9个月，发电1100万千瓦·时。

7. 调迁江西萍乡

江西萍乡高坑煤矿，有"江南第一大煤矿"之称，是萍乡矿务局的主力煤矿。1956年2月，2站调到萍乡高坑煤矿，为煤矿续建工程建设发电。甲方是萍乡高坑煤矿。该站在此服务近1年，发电1900万千瓦·时。

8. 调迁江苏戚墅堰

1956年下半年，苏南地区电力负荷增加，用电紧张。10月，电力部决定调列车电站到苏南。1957年1月，2站由江西萍乡调到江苏常州戚墅堰，重回故里。甲方是戚墅堰发电厂。

戚墅堰发电厂抽调检修人员，会同电站人员一起安装。机组仍安装在原列车发电的位置，1月27日投入运行。在此服务5个月，发电257.1万千瓦·时。

9. 调迁江苏新海连

1957年7月，电站调到新海连海州，为国产6000千瓦燃煤发电机组工程建设发供电。甲方是新海连发电厂。电站在此服务1年余，累计发电约606.7万千瓦·时。

10. 调迁广东曲江

曲仁煤矿位于广东曲江县境内，是广东省重要煤炭生产基地。1959年3月，为解决运输问题，广东省政府与煤炭部共同投资，修建一条标准轨距的铁路。

1958年9月，电站调到曲江，为煤矿生产及新建煤矿铁路专用线施工供电。甲方是曲仁煤矿。该站在此服务4年余，累计发电1949.9万千瓦·时。

11. 为韶关电厂发电

韶关电厂与曲仁煤矿同在曲江区内。时值韶关电厂扩建期间，运行机组急需检修，但用电紧张而不能停机，因此申请调用列车电站。1963年2月，电站甲方由曲仁煤矿改为韶关发电厂，电站在原地为韶关发电厂建设发电。

1965年1月，韶关发电厂2号机组投产发电后，电力紧张局面得到缓和。3月电站调离。电站在此服务两年，累计发电约1096.6万千瓦·时。

12. 调迁湖北丹江口

湖北丹江口水利枢纽工程于1958年9月1日开工，1962年停工，1964年复工。1965年3月，2站调到丹江口，甲方是丹江口工程局。同年11月，3站也调到这里，两台电站组网，为丹江口工程建设发电。2站在此服务5年余，累计发电2416.2万千瓦·时。

13. 调迁陕西西乡

西乡县位于陕西南部，隶属陕西省汉中市。阳安铁路，西起宝成铁路的阳平关车站，东抵陕南安康，1969 年 1 月开工建设，工程代号为 1101。

1970 年 11 月，根据水电部（70）水电电字第 56 号文，2 站从湖北丹江口调到陕西西乡，为阳安铁路建设施工发电，甲方是 1101 修建指挥部。

当时阳平关至西乡的铁路还没有通车。1101 修建指挥部负责用汽车将机组设备从公路拖运至西乡，路程 66 公里。电站在此服务 1 年，发电 282 万千瓦·时。

14. 调迁湖南株洲

铁道部株洲车辆厂始建于 1958 年，是以生产铁路货车为主的国家大型一类企业。该厂生产用电紧张，1971 年 11 月，根据水电部（71）水电电字第 143 号文，2 站调到湖南株洲，甲方是株洲车辆厂。该站在此服务两年余，累计发电 2021 万千瓦·时。

15. 调迁湖南耒阳

1974 年 5 月，2 站调到湖南耒阳，为白沙煤矿发电，甲方是白沙煤矿。同年 7 月 1 日，机组下放给甲方，2 站建制撤销。

四、电站记忆

1. 赶赴安东抗美援朝

1952 年 6 月 23 日，水丰发电厂被炸，安东电力告急。7 月 11 日电站抵达鸭绿江畔，经过紧张安装和伪装隐蔽，于 18 日正式投产发电，保证了安东空军防空雷达、机场、保卫鸭绿江大桥的高炮部队等重要军事设施用电，也为安东市区提供了电力。

一次，机组正常发电期间，接到上级通知，称将有美军飞机轰炸安东，电站也是美军轰炸的重点目标。值班人员立刻行动起来，立即做好种种应对措施。结果，那天敌机没来，值班人员紧张的心情才松弛下来。

又一次，机组正常运行中，瞬间负荷猛增，声音骤然异常，汽轮机转速下降，短暂坚持后不得不拉闸中断送电。事后得知，是我方战机准备迎战敌机时，甩掉的副油箱砸在送电线路上造成。这是在安东发电期间唯一一次停电事故。

安东的生活十分艰苦。职工衣着单薄，缺少御寒的棉衣和棉被，打地铺住在四面透风、地面冰凉的大仓库里，睡觉时不得不互相挤在一起，靠体温抱团取暖。也没有洗澡的条件。

在安东发电任务即将完成之时，副队长李德不幸患上了脑膜炎，病情危重。电业总局副局长张彬得知后，立即指示安东电业局竭尽全力抢救。安东局一位副局长带领医务人员护送李德到沈阳抢救，后又转送北京治疗。经医务人员全力抢救、悉心治疗，李德病情转危为安。

为表彰全队职工为抗美援朝作出的贡献，燃料部特别制作"抗美援朝纪念章"，每人一枚。

2. 汽轮机飞车事故

1953 年 10 月 9 日，电站机组在咸阳棉纺厂停机过程中，发生汽轮机超速飞车事故，造成主机设备严重损坏。事故发生后，燃料部责令华北修建局，尽快查明事故原因和设备损坏情况，返回石家庄组织力量抢修，尽早恢复生产能力。修建局派遣工程科工程师戴策奔赴石家庄，全权负责主机修复工作。

电站决定成立以戴策为主的抢修小组，成员有该站汽机小队的老队员，还有第 2 工程队热机技术员何以然、石家庄电厂 8 级汽机工范成泽，同时聘请良乡修造厂一位钳工技师为顾问。经解体检查，发现汽轮机转子损坏严重。第 4 道叶轮已沿着一个平衡孔边缘破碎，叶片也基本脱落，俗称"剃光头"，隔板和喷嘴也都有不同程度的损坏。抢修小组仔细研究后决定，采取将事故叶轮从平衡孔位置整体切除，只保留该段隔板的方案。方案报批后，由当地一家工厂协助完成事故叶轮的切割。之后，在石家庄第一发电厂机修厂房内，再对转子进行一系列的修复工作。机组抢修任务完成，空载试运行正常，但已经达不到额定出力。

此次汽轮机飞车事故的值班员李士义，在 1955 年全国工业领域"反事故"运动中，以"反革命破坏罪"被抓捕。经阳泉市人民法院审理，判处有期徒刑 15 年。后阳泉法院对案件复查，发现原认定事实与量刑不当，1959 年 4 月 9 日改判为"严重责任事故罪"，减刑为 5 年。"文革"结束后，李士义的冤案得以平反。吸取此次事故的教训，机组添置了水处理设备，以改善水质，防止此类事故再发生。

3. 武汉抗洪救灾

1954 年夏季，武汉地区暴雨成灾。长江水位连续增高，鄂城丁桥、樊口分洪，武昌至大冶 66 千伏线路被洪水冲断，造成全市停电。市区也多处被淹，因无电不能排水，汛情十分严重。

6 月 30 日，根据中央指示，太原中调命令 50 工程队在榆次解列停机，立即调迁武汉，支援防汛救灾。7 月 6 日，50 工程队昼夜兼程火速开进汉口，停靠在汉口长江边丹水池列车机务段。翌日《长江日报》作了报道。机组经过紧张的安装，7 月 10 日并网发电。

7 月 29 日，下夜班的职工正要入睡，忽然传来大堤出现险情的广播声，工棚里所有的人都跑出来，奔向长江大堤。不远处堤坝被汹涌的洪水冲垮一段，洪水从决口涌出。电站职工奋不顾身地跃入水中，同解放军指战员一同堵挡决口。危急之时，指挥部从上游调来一艘装满沙石料的大船，"破釜沉舟"，成功封堵了决口。

10月8日，武汉防汛指挥部宣布，防汛任务胜利结束。50工程队被评为二等红旗获奖单位。孙玉泰、王会、王来法、王志贞等荣膺二等功，陈孟权、孟瑞祥、唐杰功、谷清河、张凤祥、范成泽、李振水、朱武辉、张仁、席连荣、季祥生、钱小毛等荣膺三等功。毕万宗等一批青年被批准加入共青团，杨文章光荣地加入中国共产党并作为新党员代表登台发言。

4．无轨调迁的经历

1970年11月，2站奉命调往陕西西乡，支援阳安铁路建设。2站从丹江口出发，经京广线、陇海线、宝成线来到阳平关车站。阳平关距西乡还有66公里，铁路还没有通车，机组无法达到。1101指挥部用电心切，与电站领导协商，决定用汽车将机组设备从公路拖运至西乡。

该段公路路面狭窄，沿途有40多处陡弯，5座桥涵最大允许载重仅为60吨。电站由8节车厢组成，主体车厢重达100吨，高6米。为保证安全，分成三批缓慢拖运。前面有警车开道，1101修建指挥部负责人和2站老职工张庆玉坐在指挥车上指挥。途中曾几次出现压断车轮螺丝、爆胎的险情，用千斤顶顶起车辆，更换螺丝、轮胎后继续前行。经过10天的拖运，机组设备安全到达西乡。

这次无轨调迁是列电调迁史上仅有的一次，给2站职工留下深刻的记忆。

五、电站归宿

1974年7月1日，根据国家计委（73）计生字第240号和水电部（73）水电生字第67号文，以及湖南省（73）湘计办字第461号文指示精神，列电局与湖南煤炭局就2站交接签订协议，明确电站设备和人员去留等事宜。自协议签订之日起，2站建制撤销，电站移交给湖南省煤炭局，最终落地白沙矿。电站职工大部分由列电局重新安排，少数人自愿留在白沙矿。

第二节

第 3 列车电站

第 3 列车电站，1954 年 9 月由上海浦东电气公司张家浜发电所一台移动式发电机组改装而成。从张家浜发电所厂房内搬到列车上，改装轮对，成为我国第二台列车电站。电站初建名为上海电业管理局列车发电厂（4106 工程处）。1955 年 1 月开赴河北邯郸发电。1956 年编为列车电业局第 3 列车电站。该站先后为河北、河南、陕西、浙江、湖北 5 省 7 个缺电地区服务。1970 年 5 月，机组下放陕西韩城煤矿。建站 16 年，累计发电量 1.99 亿千瓦·时，为国家经济建设，特别是水利水电工程建设作出了应有贡献。

一、电站机组概况

1. 主要设备参数

电站设备为 2500 千瓦汽轮发电机组，英国茂伟电机厂制造。

汽轮机为冲动、凝汽式，额定功率 2500 千瓦，过热蒸汽压力 2.55 兆帕（26 千克力 / 厘米 ^{2}），过热蒸汽温度 357 摄氏度，转数 6000 转 / 分。

发电机为减速箱连接、同轴励磁、空冷式，额定容量 3215 千伏·安，频率 50 赫兹，功率因数 0.8，额定电压 6300 伏，额定电流 286 安。

锅炉属水管、闸板炉，英国汤姆森锅炉厂制造，额定蒸发量 2×7.5 吨 / 小时，过热蒸汽压力 2.65 兆帕（27 千克力 / 厘米 ^{2}），过热蒸汽温度 365 摄氏度。

图 1-1 为 3 站汽轮机机前设备。

图 1-1　3 站汽轮机机前设备

2．电站构成及造价

机组有 6 节车厢，包括汽轮发电机车 1 节、锅炉本体车 2 节、锅炉辅机车 2 节、水处理车 1 节（后配）组成。

汽轮发电机车、两台锅炉本体车，由原配元宝型专用车辆承载。两台锅炉附属设备车、水处理车（后配）均为平板车。

辅助车厢：修配车 1 节（后配）及办公车 1 节。办公车由铁路工厂配备，办公、寝室、厨房于一体，调迁押运专用。

该站未设水塔车。凝汽器循环水一次开放式。有条件的地方，辅以循环水冷却池。

修配车配有 $\phi 30$ 的车床 1 台，以及台钻、砂轮机等简单设备。

机组设备造价 170.8 万元。

二、电站组织机构

1．人员组成

人员组成，以上海浦东电气公司张家浜发电所随机调配的运行、检修人员为主，另从上海南市电厂、杨树浦电厂抽调少量人员予以补充。上海电管局为电站配备了领导班子和管理人员。

1956 年列电局成立初期，电站分别从北京、上海、焦作、西安，以及济南等地招收 100 余名学员，接收复员军人 15 名。那时，电站青年比壮年多，当班新学员比师傅多。

1956 年 12 月，支援 8 站部分人员；1957 年 6 月，除支援 11 站部分人员外，还支援浙江衢州化工厂十几名技术工人。

电站定员 69 人。

2．历任领导

电站组建初期，上海电管局任命杜树荣、王林森、孙品英为该站首任厂长、副厂长和党支部书记。1956 年 12 月以后，列电局先后任命王阿根、叶如彬、陶晓虹、孙书信、杨文章、范成泽、程克森、康丕允等担任该站党政领导。

3．管理机构

（1）综合管理组。

历任组长：袁健、刘子谨、陈恒德、王东林。

历任成员：徐良甫、胡观涛、田锡三、王阿根、陈冲、赵荣根、徐敏德、徐文明、王浩川、方仁根、汪慧、王远赛、叶纪、来壮秋、童爱珠、李雪英、董春芝。

（2）生产技术组。

历任组长：谢芳庭、胡惟法、周元芳。

历任成员：孙诗圣、顾天麟、王锦秋、陆敏华。

4．生产机构

（1）汽机工段（机电分厂）。

历任工段长（主任）：任仲贵等。

（2）电气工段（机电分厂）。

历任工段长（主任）：朱福地等。

（3）锅炉工段（锅炉分厂）。

历任工段长（主任）：王炳兴等。

（4）值长组。

历任值长：周妙林、高颂岳、潘庚年、马妙福等。

（5）化验室。

历任负责人：胡惟法、郑炳华、胡传慧。

5．工团组织

历任工会主席：潘庚年、任仲贵。

历任团支部书记：张桂生、王东林等。

三、调迁发电经历

1．调迁河北邯郸

1954 年 9 月，机组从上海拆出后，因车辆行走部分是英国制式，不符合中国技术规范，于是送往戚墅堰铁路车辆厂，改装轮对。

1955 年 1 月，轮对改装完毕出厂，机组当月到达邯郸，在棉纺一厂内安装，2 月发电，甲方是峰峰发电厂。发电至 1955 年 8 月，停机待迁。该站在此发电 1066.7 万千瓦·时。

2．调迁河南焦作

1955 年 8 月底，电站紧急调迁至河南焦作，为焦作煤矿发电，甲方是焦作发电厂。焦作发电厂机组小，技术落后，事故频发，电力紧缺。电站 10 月并网发电，缓解了电厂的压力，矿区领导给予很高的评价。

该站在此 3 个月，发电 500.3 万千瓦·时。1956 年 1 月，停机待迁。

3. 调迁陕西西安

1956 年 2 月 19 日，电站职工在大年夜乘火车去西安，初一下午到达西安。电站调到西安，在第一发电厂旁，紧靠陇海铁路线，建简易厂房。甲方是西安第一发电厂。

1956 年 4 月，值长周妙林因贡献突出，参加了全国电力工作者表彰大会。

该站在此 3 个多月，发电 525.4 万千瓦·时。1956 年 6 月，停机待迁。

4. 重返河南焦作

焦作发电厂主力机组设备发生故障，电力供应紧张。1956 年 6 月，3 站重返焦作，甲方是焦作发电厂。在原址稍加修缮就开始安装发电。该站在此近 1 年，发电 1592 万千瓦·时。1957 年 5 月停机待迁。

5. 调迁浙江新安江

新安江水电站位于浙江建德市新安江镇以西 6 公里的桐官峡谷中，始建于 1957 年 4 月，第一台机组投产于 1960 年，是我国第一座自行设计、制造、施工的大型水力发电站。

1957 年 11 月，3 站调迁新安江，为水电站建设服务，甲方是新安江工程局。1958 年 1 月，7 站也调此，两个电站合并，对外统称"三七站"，水电工程局有 1 万余名职工，大型施工机械上千台。所有的生产、生活用电均由"三七站"提供。该站在新安江 2 年余，发电 2967.5 万千瓦·时。水电站投产后，该站撤离。

6. 调迁浙江宁波

1960 年 9 月，3 站调到浙江宁波，甲方是宁波永耀电力公司。1960 年 10 月，7 站也调这里，两站又合并管理，共同为宁波提供电力。

1965 年 11 月 19 日，水电部（65）水电计字第 818 号文，决定两站分别调湖北丹江口和福建邵武发电。当时宁波永耀电力公司希望继续租用 3、7 电站，但鉴于全国多地区用电紧张，水电部未同意。3 站先于 7 站调离。该站在宁波服务 5 年余，发电 7706.84 万千瓦·时。

7. 调迁湖北丹江口

丹江口水利枢纽位于汉江与其支流丹江汇合处，始建于 1958 年 9 月。1962 年停工，1964 年复工。1965 年 11 月底，电站调到丹江口，甲方是丹江口工程局。此时 2 站已在此发电，两站共同为丹江口工程建设服务，承担工程用电的大部分负荷。该站在丹江口服务近 5 年，发电 5559.1 万千瓦·时。

四、电站记忆

1."工业野战军"当之无愧

这台发电机组与老2站是同一型号的机组，是浦东电气股份有限公司1946年从英商安利洋行购买的一台移动机组。汽轮机、发电机、锅炉等主要设备，安装在专用平板车上，组成简易列车发电站。

1954年12月组装好，发电队伍配齐后，于1955年1月6日，在厂长杜树荣、副厂长王林森，主任工程师谢芳庭等带领下，从上海出发，奔赴缺电地区。时任华东电管局局长李代耕，前往车站送行。

1955年1月7日，上海《解放日报》头版就此刊发消息，并给了一个光荣的称号："工业野战军"。这个称号，老3站是当之无愧。他们在两年内调迁4次，解决了4个地区的紧急缺电问题，发挥了列车电站机动灵活的作用。

2. 为祖国建设离开大上海

随电站出征的员工，年龄大多数都在40岁以上，有的年近50岁。他们离开繁华的上海，抛下家中的妻儿老小，为国家建设，背井离乡，到祖国最需要的地方。

在河南焦作，职工住的是日本人留下的铁路厂房。房顶是原有的瓦楞铁皮，墙体用高粱秆编扎、表面抹泥而成，已破烂不堪，稍事修缮就当宿舍、做伙房。阴雨天，外面大下屋里小下，外面不下里面还滴答。临时间隔的房子不隔音，上夜班的常常休息不好。光线也很暗淡，偶尔从破残的瓦楞板透入一线阳光。在新安江时，职工住在小山头上，道路高低不平，下雨刮风、上夜班，走路都很困难。

列车电站是电力"尖兵"，每到一处条件都比较差，等到建设好了也是他们离开的时候。虽然生活环境艰苦，但职工对发电任务总是一丝不苟，全力保证安全生产。

3. 新老交替中突显青工作用

由于接新机多，上海来的老职工大都抽调走，青工成为电站主力。电站重视工会和共青团工作，特别是青年工作。针对他们朝气蓬勃的特点，成立青年监督岗，结合生产、生活实际加强思想政治工作，及时刊出板报，对负面的人或事进行批评和提醒，起到很好的作用。

在生产上，电站青年也是生力军。老3站没有配备起重设备，每次调迁安装，输煤机、循环水泵及其他大件的装运，都靠青年人的肩膀。汽轮机揭大缸盖，也靠年轻人的力量完成。三四个月调迁一次，虽然他们很累，但总能及时圆满地完成任务。

电站锅炉属于闸板链条炉，锅炉工段职工在保证安全的基础上管好煤场，保持燃煤适当的水分，运行中精心操作，稳定火床燃烧，稳定汽温汽压，努力降低煤耗和厂用电。1958 年，在新安江发电时，电站锅炉曾创造 598 克 /（千瓦·时）的煤耗纪录，受到列电局的表彰。

五、电站归宿

根据水电部军管会（70）水电军生综字第 31 号文件，1970 年 5 月，第 3 列车电站设备及人员下放陕西韩城煤矿。

1975 年 12 月，已经脱离列电系统的 3 站从韩城调到河南西平，与 36 站一起为地方服务至 1984 年。1986 年，3 站又调到江苏昆山，与 38 站一起发电。两年后再次易手，机电主设备落到广东一家企业，用于余热发电，其余设备就地报废。至此，从上海走出的第 3 列车电站最终完成了它的历史使命。

第三节

第 4 列车电站

第 4 列车电站是 1955 年 7 月，武汉冶电业局从上海南市电厂拆迁的两台快装机组之一，在武昌赵家墩组装成列车发电厂，翌年 1 月投产发电。1956 年 3 月，移交列车电业局，编为第 4 列车电站。该站先后为湖北、河南、安徽、江苏、广东 5 省 8 个缺电地区服务。1974 年 4 月，机组设备下放到信阳地区电业局。建站 19 年，行程 1 万余公里，累计发电 1.52 亿千瓦·时，在我国经济发展、水电站建设及应急救灾中，作出了应有贡献。

一、电站机组概况

1. 主要设备参数

汽轮机为凝汽、水冷直排散热式，美国享德公司制造，额定功率 2000 千瓦，过热蒸汽压力 2.74 兆帕（28 千克力 / 厘米 ^{2}），过热蒸汽温度 380 摄氏度，转速 3979 转 / 分。

发电机为减速箱连接、同轴励磁、自然冷却，美国克拉克公司制造，额定容量

2500 千伏·安，额定电压 6900/3450 伏，额定电流 209/418 安，频率 50 赫兹，功率因数 0.8，凸极，磁极 3 对，转速 1000 转 / 分。

锅炉为水管、翻板炉，美国西屋公司制造，蒸发量 2×6.8 吨 / 小时。过热蒸汽压力 2.82 兆帕（29 千克力 / 厘米^2），过热蒸汽温度 400 摄氏度。

2. 电站构成及造价

汽轮机、电气、锅炉、水处理等设备安装在 5 节特制平板列车上，另有修配、材料车各 1 节。没有水塔车厢，配备 2 台循环水泵，凝汽器冷却水采用一次循环或另配循环水池运行。锅炉配备上煤机。

设备造价 125.6 万元。

二、电站组织机构

1. 人员组成

电站组建初期，人员主要来自上海南市电厂，以及中南 4 省电力系统。1956 年 4 月，列电局分配复员军人若干名。同时还有原护厂警察进厂当工人，1956 年和 1958 年分别在南京、武汉招收部分学员。

电站定员 72 人。

2. 历任领导

电站组建初期，武汉冶电业局任命刘晓森、李炳星为该站首任厂长、副厂长。1957 年 9 月以后，列电局先后任命孙品英、邵晋贤、赵坤皋、王鹤林、荆树云、王汉英、蒋龙清等担任该站党政领导。

3. 管理机构

（1）综合管理组（股）。

历任组长（股长）：张荣良、潘顺高等。

历任成员：王虹、步同龙、王玉忠、陈焕芝、龚博环、周荣和、李惠光。

（2）生产技术组。

历任组长：游本厚、宋昌业、郜复昆、陈秉山。

历任成员：李永熙、张宗卷、陈洪奎、蔡俊善、王兆秦、陈鸿德、韩树全、姚菊珍、李先引、柴昌官、马正奇、梁子富、谭胡妹、李吉良。

4. 生产机构

（1）汽机工段（车间）。

历任工段长（主任）：刘长喜、叶方剑、勾殿忠、陈宏奎。

（2）电气工段（车间）。

历任工段长（主任）：钱小毛、李铭锐、张辛酉、韩树全。

（3）锅炉工段（车间）。

历任工段长（主任）：殷维启、张振帮、侯玉卿、李登富、谭胡妹。

（4）检修车间主任：张振帮。

历任机炉检修班长：史庭凡、陈秉山、苏理平。

（5）热工室。

历任负责人：马百克等。

（6）化验室（水化）。

历任负责人：司秀英、李玉淦、于振声、李广、李伯盛、夏冬蓉。

5. 工团组织

历任工会主席：笪连友、王鹤林（兼）。

历任团支部书记：宋克勤、陈芳文等。

三、调迁发电经历

1. 武昌改装发电

1955 年 7 月，武汉冶电业局将上海南市电厂拆迁的美制快装机组，在武昌赵家墩改装并试运成功，1956 年 1 月并网发电。当时武汉市正值洪灾后恢复期，电力供应紧张，4 站投产后缓解了电力供需矛盾。该站在武汉服务 5 个月，发电 432 万千瓦·时。之后调往河南洛阳。

2. 调迁河南洛阳

洛阳位于河南省西部、黄河中下游，是河南的工业重镇。洛阳拖拉机厂、矿山机械厂、轴承厂等企业均是"一五"重点项目，急需电力。1956 年 5 月，4 站调到洛阳涧西工业区，甲方是洛阳热电厂。5 站已先期到达那里，厂址就在涧河边，工业用水方便。两站与洛阳热电厂并网发电。

同年 6 月，4 站奉命调安徽蚌埠抗洪发电，8 月底又返回河南洛阳。该站在洛阳发电 140 万千瓦·时。

3. 急调安徽蚌埠

蚌埠地处皖北、淮河中游。1956 年 6 月，蚌埠暴雨成灾，造成大量农田被淹，城区供电中断。

4 站接到电力部紧急命令，要求 7 天内迁到蚌埠，以解抗洪用电之急。电站紧急动员，急调蚌埠。蚌埠市没有电厂，电力由淮南电网供给。正值倾盆暴雨，淮河水位猛涨，淮南电网停电。为了尽快供电，电站职工昼夜安装，不到三天机组就安装就绪，合闸送电，恢复了蚌埠电力供应。

电站在蚌埠抗洪两月余，发电 240 万千瓦·时，圆满完成应急供电任务。

4. 调迁江苏浦口

浦口属江苏省南京市的一个区，位于南京市西北部，地处长江北岸。1956 年 9 月，4 站离开洛阳调往南京浦口货站，机组列车安置在江边的铁路上。甲方是南京电业局。当年 10 月 18 日，人民日报曾报道"列车电厂开到了南京。"

浦口货站承担着火车过江的轮渡任务，这里昼夜都能听到车站调度和火车的隆隆声。全站职工不分领导干部，还是检修和运行人员，同住一座铁皮仓库里。里面是大通铺，夏天闷热，冬天冰冷。

电站在浦口服务不足两年，累计发电 1351.9 万千瓦·时，有效地缓解了当地电力紧张状况。

5. 调迁广东河源

1958 年 6 月，4 站奉命从浦口调到广东河源龙王角，为新丰江水电站建设发供电，甲方是新丰江工程局。河源别称槎城，为广东省地级市。新丰江水电站位于河源市境内，是国家重点建设项目，1958 年 7 月工程开工。当时只有新丰江上的流溪河水电站发电，电力供应紧张。

机组先运到广州黄埔港，装上改装后的渡轮，在拖轮拖拽下，逆东江而上，到河源龙王角紫金渡口。发电列车用大型拖拉机拖上岸，再运到已建好的发电专用线上。为确保电站安全，新丰江水电局特调武装班执勤，保卫电站。电站经 4 天的紧张安装，投入运行。1958 年 10 月，列电局长康保良来电站调研、检查工作，慰问电站职工。

该站在河源服务两年余，累计发电 1825.2 万千瓦·时。1960 年 9 月，新丰江水电站首台 5 万千瓦机组并网发电后，电站调离。

6. 调迁广东坪石

1960 年 10 月，4 站调到广东坪石狗牙洞煤矿，为坪石矿务局发电。甲方是坪石矿务局。坪石镇隶属广东省韶关市，距韶关市区 103 公里，是广东北部的交通枢纽。

电站到坪石火车站，和煤炭部 2 站（1962 年以后编为列电局 50 站）在同一个山坡发电。4 站安装工作得到煤炭部 2 站的协助。从发电列车进厂房就位、安装，到试运发电只用 5 天时间。正式发送电后，甲方领导亲临电站感谢、慰问。

电站在此服务 1 年余，发电 760.2 万千瓦·时。

7. 调迁火烧坪发电

1962年1月，4站从狗牙洞煤矿迁移到火烧坪煤矿发电，甲方是火烧坪煤矿。火烧坪与狗牙洞相距6公里，都属坪石矿务局。

在火烧坪煤矿发电时，发生发电机线包匝间短路事故，被迫停机。电站自己动手，原地修复发电机，为国家节省了资金，及时恢复了发电。电站在火烧坪服务半年多，累计发电963.8万千瓦·时。

8. 调迁河南新乡

新乡属河南省地级市，地处河南省北部，南临黄河。1962年9月，4站调到新乡，与新乡发电厂并网发电，甲方是新乡市经委。电站办公室设在市内新街口的两层楼里，职工、家属住在已停产的钢铁厂大院内。

电站在新乡市老火车站安装发电，并将两炉连接的主蒸汽母管改为欧姆形膨胀伸缩装置，方便快速拆迁安装。锅炉工段利用检修机会，为皮带输煤机滚筒自制了冲压轴承座。

该站在新乡服务4年，累计发电4260.3万千瓦·时。

9. 调迁河南信阳

信阳为河南省地级市，地处豫南地区，位于淮河上游。1966年9月，电站调往信阳，甲方是信阳地区电业局。

电站在此发电6年，累计发电4876.6万千瓦·时，支援了当地工业生产。

由于4站存在发电机绝缘缺陷，加之设备年久失修，1972年10月，根据水电部的决定，电站返武汉基地进行恢复性大修。

10. 大修后重返信阳

1973年4月，4站根据水电部（73）水电生字第37号文件要求，从武汉基地再次返回信阳发电。甲方是信阳地区电业局。在此发电302万千瓦·时。

1974年7月，电站原地下放信阳地区电业局。

四、电站记忆

1. 快速抢修设备

1958年6月，4站奉命从浦口调到广东河源龙王角，为新丰江水电站建设发供电。

河源的3月，已进入雨季。电站的循环水泵安装在东江岸边的一条船上。从泵出口到汽轮机凝汽器入口，用一根直径8吋、长30多米的波纹胶管连通。随着江水涨落，每天都要起锚、抛锚，移动水管，是一项十分费劲的维护工作，一刻都不得疏忽。

翌年4月中旬，连续3天大雨，加上海水倒灌，江水陡然上涨3米，此时循环水泵电机突发故障，循环水中断，造成停机。事故就是命令，汽机主任叶方剑、电气主任钱小毛、技术员张宗卷等，立即拆解电机，仔细检查，测量绝缘，很快找出击穿部位。根据故障情况，制定修复方案，不足24小时就修复电机开机送电。

在河源发电时，曾因汽动给水泵轴瓦故障而被迫停机。运行人员发现给水泵异常，立即报告水电局调度室，要求停机检修。当时因大坝浇铸混凝土，不能中断作业，故未同意停机。此时只能对水泵加强监视，坚持运行，但最后终因给水泵损坏而停止运行。工程师宋昌业和检修班长带领检修人员，立即投入抢修工作，连续三天两夜，给水泵终于修复，启动后机组正常运行。

1962年11月，在新乡发电时，2号锅炉炉管爆破，检修人员冒着六七十摄氏度的余热进炉检查，确定为第11排炉管爆破。之后立即投入抢修，修后水压试验一次成功。

2. 水路铁路押运机组到坪石

1960年9月，电站完成支援新丰江水电站建设的任务，奉命调迁广东坪石发电。电站安排陈秉山、张辛酉等负责水路押运发电列车。

发电列车装在一艘改装的大渡轮上，船负重大，吃水深，自身没有动力，靠拖轮牵引。渡轮顺东江而下，一天一夜就到了惠州东江大桥。这座桥桥底到水面的净空不到6米，轮船过不去，需等海水退潮。半夜潮落，即刻鸣笛起航，顺流而下，渡轮在国庆节前夕的清晨，到达黄埔港码头。

发电列车从黄埔港码头被拉到港口编组站待运。机组车辆是用帆布包扎好的，铁路调车员并不清楚，只管列数，把车辆分开，分别编到不同发车线上准备拉走。押车人员发现后，要求调车员将7节车辆一起运走。一番周折后，调车员最终同意电站押车人员要求，并安排调度线路，使列车顺利驶出。

发电列车当晚到达坪石火车站，调度立即调派车头挂带机组车辆驶入矿区专用线。机组车辆到达矿区时已是黎明，历经4昼夜的舟车劳顿，他们圆满完成押车任务。

3. 生活艰苦度荒年

1960年10月，4站调到广东坪石矿务局。发电机组在半山坡，职工家属都分住农户家。这个山区的房子都建成两层，上层住人，下层圈养牲畜，居住环境是臭气熏天，蚊蝇遍布。

当时，正值国家困难时期，列电职工同样艰苦。4站汽机车间一名职工和锅炉车间一名司炉，因没有买到一斤饼干闹意见，起纠纷，双双被电站开除。为解决饥饿问题，职工们千方百计寻找替代食品，他们把稻草切断、捣碎，水泡火煮，以此充饥，共度荒年。

五、电站归宿

根据水电部（73）水电生字第 67 号《关于将一部分列车电站下放落地使用的通知》和水电部（73）水电生字第 93 号文，决定将 4 站设备与人员原地下放给河南信阳地区电业局。

1974 年 4 月，该站归属信阳地区电业局，继续发电。除就地留在电站的人员外，部分人员调到信阳平桥化肥厂、广东石化自备电厂，还有部分人员调到西北基地、武汉基地工作。

第四节

第 5 列车电站

第 5 列车电站是 1955 年 7 月，武汉冶电业局从上海南市电厂拆迁的两台快装机组之一，在武昌赵家墩组装成列车发电厂，同年 12 月投产发电。1956 年 3 月，移交列车电业局，编为第 5 列车电站。该站先后为湖北、河南、河北、湖南、广东 5 省 6 个缺电地区服务。1974 年 7 月，机组设备下放湖南白沙矿务局。建站 19 年，累计发电 1.24 亿千瓦·时，为支援国家核工业建设及重点工程作出重要贡献。

一、电站机组概况

1. 主要设备参数

汽轮机为凝汽、水冷直排散热式，美国亨德制造厂制造，额定功率 2000 千瓦，过热蒸汽压力 2.74 兆帕（28 千克力 / 厘米 ^{2}），过热蒸汽温度 380 摄氏度，转速 3979 转 / 分。

发电机为减速箱连接、同轴励磁、自然冷却，美国克拉克工厂制造，额定容量 2500 千伏·安，额定电压 6900/3450 伏，额定电流 209/418 安，频率 50 赫兹，功率因数 0.8，凸极，磁极 3 对，转速 1000 转 / 分。

锅炉为水管、翻板炉，美国西屋制造厂制造，额定蒸发量 2×6.8 吨 / 小时，过热蒸汽压力 2.82 兆帕（29 千克力 / 厘米 ^{2}），过热蒸汽温度 400 摄氏度。

2. 机组构成及造价

机组构成：汽轮发电机、电气、变电、锅炉、水处理设备，分别安装在 6 节特制的平板车上，另有材料车、钢篷车、寝车、修配车各 1 节，共计 10 节车厢组成。

该电站没有水塔车厢，只配备 2 台循环水泵，采用一次循环方式，或利用冷却循环水池取代水塔车厢。

锅炉配备上煤机，供锅炉用煤。

修配车厢配备普通车床 1 台，8 齿 210×1350 立式钻床 1 台，E35 牛头刨床 1 台，350 毫米砂轮机 1 台。

总造价为 130.1 万元。

二、电站组织机构

1. 人员构成

电站组建初期，职工主要来自上海南市电厂，以及中南 4 省电力部门。列电局成立后，调配有领导干部、技术人员、工人，列电局分配复员军人及电校毕业生。电站定员 72 人。

2. 历任领导

电站组建初期，武汉冶电业局任命刘晓森为该站首任厂长。1956 年 12 月至 1973 年 1 月，列电局先后任命邵晋贤、杨成荣、赵立华、李树玉、余志道、李辅堂、贾生、文士昌、蒋国平、王胜文等担任该站党政领导。

3. 管理机构

（1）综合管理组。

历任组长：成少坤、谢学修、潘清甫。

历年成员：杨有才、陈昌兴、张永贤、胡代庆、贾延梓、刘宝堂、许正德、杨玉斌、谢继贤、王德生、刘莲芬。

（2）生产技术组。

历任组长：游本厚、陈自恭、江尧成。

历年成员：梁子富、刘六合、夏定一、芮晋泉、洪清、陈瑞龙、周秋季、王金铁、王仲元。

4. 生产机构

电站组建初期，汽机、电气、锅炉为车间制，1962 年以后，车间改为工段制。

（1）汽机工段（车间）。

历任工段长（主任）：刘长喜、张后生、王仲元。

（2）电气工段（车间）。

历任工段长（主任）：钱小毛、陈瑞龙、李毅。

（3）锅炉工段（车间）。

历任工段长（主任）：张振邦、任俊生、刘玉柱、刘凤枝。

（4）化验室。

历任负责人：周秋季等。

（5）热工室。

历任负责人：王金铁等。

5. 工团组织

历任工会主席：任俊生等。

历任团支部书记：刘玉琴、沙宗俊、张永。

三、调迁发电经历

1. 在武昌改装发电

1955 年 7 月，机组从上海南市电厂拆迁到武昌赵家墩，在此组装成列车发电厂。8 月 9 日《文汇报》以"武汉着手建设两座发电厂"为题予以报道。当年 12 月调试结束，并网发电。运行时间不长，发电 220 万千瓦·时。

2. 调迁河南洛阳

河南洛阳是中南地区的重要工业基地。洛阳拖拉机厂、矿山机械厂、轴承厂等，都是国家"一五"计划重点项目，这些项目的建设和生产急需电力。

1956 年 3 月，5 站由武昌调往洛阳市涧西区，与洛阳热电厂并网发电，甲方是洛阳热电厂。同年 5 月，4 站随后调来，两台电站就在几个大厂的中间位置。电站紧邻涧河，为电站生产及冷却用水提供了便利。

电站在此服务 1 年多，发电 1118.9 万千瓦·时。

3. 调迁河北保定

1957 年 8 月，5 站调往河北保定市发电，厂址在保定列电基地。甲方是保定热电厂。当时，保定正建设西郊八大厂，保定热电厂尚未建成，全市用电紧张。电站的到来，缓和了保定市电力紧张局面。

电站在此服务 10 个月，发电 240.94 万千瓦·时，支持了工业和民生用电。

4. 调迁湖南郴州

郴州位于湖南省东南部，素称湖南的"南大门"。许家洞现隶属郴州市苏仙区，位于郴州市东北部。

1958 年 10 月，5 站调往郴州许家洞，甲方是二机部许家洞 711 矿，该矿是生产铀的核工业原料矿。当时 711 矿急需上马，附近没有电网，电力供应成为瓶颈。电站的到来，解了 711 矿用电的燃眉之急。为早日发电，电站职工克服生活和气候不适应的困难，加班加点，安装调试，向矿区送出急需的电力。

该站在此服务 7 年余，发电 3324 万千瓦·时，有力地支援了国家核工业建设。

5. 调迁广东韶关

1965 年 9 月 28 日，水电部以（65）水电计年字第 689 号文，决定调 5 站从湖南许家洞到广东韶关。10 月 7 日，列电局发出调 5 站到韶关的通知。同年 12 月，5 站调到韶关河边厂曲仁煤矿发电，甲方是曲仁煤矿。

该站在此服务不足两年，发电 2764.1 万千瓦·时，为粤北地区的煤炭生产提供了电力支持。

6. 调迁湖南耒阳

耒阳是湖南衡阳市下辖县级市，位于衡阳市南部，因地处耒水北岸而得名。1967 年 5 月 3 日，根据煤炭部要求，水电部军管会以（67）水电军计年字第 101 号文，调在广东韶关的 5 站到湖南耒阳，解决白沙煤矿建设用电问题。9 月 9 日，列电局通知电站安排有关调迁事宜。

同年 10 月，5 站调到耒阳白沙，甲方是白沙煤矿。白沙煤矿是新建单位，电站的到来，为煤矿的建设注入了动力。1973 年 6 月 25 日，列电局同意白沙煤矿续租申请，续租电站到 1973 年年底。

该站在此服务 6 年余，累计发电 4781 万千瓦·时。

四、电站记忆

1. 为了祖国的需要

5 站是在列电局成立之前组建的几个电站之一。20 世纪 50 年代中期，全国各地普遍缺电，需要电站的地方较多。电站 72 名职工来自全国 10 个不同省市，为了国家的建设，为了实现自己的理想，他们放弃优越的生活条件，自愿跟随电站出征，到祖国最需要的地方去。

电站所到之处，大都远离城市，偏远落后，生活条件艰苦。1958 年 10 月，电站来到许家洞为711矿发电。这里地处丘陵地带，电站附近没有一条像样的路，晴天一堆土，雨天一滩泥。电站生活区地处山坡，修整平地搭建成"宿舍"，房子是用竹片、泥巴、杉树皮建成的，透风漏雨，夏不生凉，冬不保暖。夏天炎热潮湿，蚊虫、老鼠、蟑螂、毒蛇等成了这里的"常客"。每间二十多平方米，一家五六口挤在其中。没有像样的家具，被子在夏天打包挂在屋梁上，会生出鼻涕虫、蜈蚣。在这样恶劣的环境下，职工们一住就是7年多。

5站职工多数来自北方，短时间内很难适应当地的环境。职工们克服生产和生活中的种种困难，坚持安全稳定生产，得到甲方的一致好评。

2. 爱站如家的敬业精神

1960年5月1日，20时许，锅炉主给水母管法兰垫圈突然破裂，喷出的高温高压汽水笼罩了半个厂房。当时电站在湖南许家洞发电，单机运行，情况万分紧急。汽机当班司机李瑞恒及副司机李玉贵，当即顶着军用雨衣、戴着石棉手套，不顾高温、高压汽水的危险，果断地冲向给水管道关闭阀门，冲了几次不成，只好打闸停泵，导致机组停机。工人们冒着高温抢修，电站领导及休班职工也赶到现场，仅用3个小时就恢复送电。对于这种敬业精神，矿部领导给予很高评价。

5站机组是20世纪40年代美国制造的设备，技术含量较低，自动化程度不高，工人们劳动强度很大。锅炉是翻板式炉排，排灰时非常辛苦，又脏又累。为改善职工工作环境，降低劳动强度，专业技术人员开动脑筋，查阅资料，将两台炉炉排由翻板式改造成振动式，大大减轻了运行人员的劳动强度。

在许家洞发电时，发电机转子磨损了，急需补焊，当时银焊条短缺，电气工段长陈瑞龙把祖上留下的银链子拿去当焊条，修好发电机转子，确保按时开机发电。这在电站传为佳话。

3. 建设一支好队伍

5站历来重视培养一支作风好、技术硬的职工队伍。电站各专业、班组利用业余时间，经常组织学习上级发来的各种文件，如兄弟电站的先进经验、事故通报等，结合本站的具体情况进行讨论。学习报纸刊登的有关文章，开展工业学大庆，培养"三老四严""四个一样"的作风。

生产技术部门配合厂里的安排，组织开展技术练兵活动。各专业利用业余时间，大练基本功，由生技组人员负责讲课，开展现场技术问答、反事故演习，学习各种规章制度等，提高职工的理论水平、实际操作及事故处理能力。

电站在远离城市的深山沟里发电。工会、团支部积极想办法，先后建立图书馆、广播室、乒乓球室和灯光篮球场等活动场所，并设专人义务管理，以丰富职工业余文化生活。篮球、乒乓球的水平在当地技压群雄，既给电站争得荣誉，也锻炼了身体，活跃了职工的业余文化生活。

五、电站归宿

根据国家计划委员会（73）计生字 240 号文件精神，1973 年 7 月 23 日，水电部以（73）水电生字第 67 号文，决定 5 站下放湖南省煤炭局白沙矿务局。

1974 年 7 月，列电局与湖南煤炭局就 5 站交接签订协议，明确了电站设备和人员去留等事宜。自协议签订之日起，5 站机组和部分人员下放耒阳白沙矿务局，其余人员由列电局安置，同时撤销列电局第 5 列车电站建制。

第五节

第 19 列车电站

第 19 列车电站，1958 年春组建，设备是 1957 年从湖南杨家桥发电所拆迁的美制快装机组，由列电局保定装配厂改装成简易电站。1958 年 6 月，在四川江油二郎庙投产发电，该站先后为四川及山西两省 4 个缺电地区服务。1974 年 6 月，机组下放山西电力局。建站 16 年，累计发电 4665 万千瓦·时，在支援国家煤炭、钢铁等工矿企业用电中发挥了应有作用。

一、电站机组概况

1. 主要设备参数

汽轮机为冲动、凝汽式，美国华盛顿工厂制造，额定功率 1000 千瓦，过热蒸汽压力约 2.76 兆帕（28.2 千克力 / 厘米^2），过热蒸汽温度 399 摄氏度，转数 4528 转 / 分。

发电机为变速箱连接、同轴励磁、空冷式，美国西屋制造厂制造，额定容量 1250 千伏·安，频率 50 赫兹，功率因数 0.8，额定电压 6300 伏，额定电流 114.5 安。

锅炉为水管、翻板炉，美国西屋工厂制造，额定蒸发量 1×7.3 吨 / 小时，过热蒸汽压力约 2.84 兆帕（29 千克力 / 厘米^2），过热蒸汽温度 400 摄氏度。

2．电站构成及造价

电站设备是由汽轮机、电气、锅炉、水处理、冷水塔，以及修配、材料等10节平板车厢组成，属于简易电站。

附属设备：修配车厢内配有车床1台、台钻1台。

电站设备造价为84.3万元。

二、电站组织机构

1．人员组成

电站组建初期，在保定装配厂改装、试运完成后，列电局从保定装配厂等单位配备职工40余人。1968年年底，分配保定电校毕业生3名。1970年在武汉招收学员10名。

电站职工约60人。

2．历任领导

1958年年初，列电局委派陶晓虹负责该站的筹建，并任命为厂长兼党支部书记。1958年4月至1972年5月，列电局又先后任命王克均、黄时盛、虞良品、张广笙、于学周、侯玉卿、陈精文、袁健等担任该站党政领导。

3．管理机构

（1）综合管理组。

历任组长：吕兴华、张雨桐、李银。

历任成员：张凤祥、程文荣、李维家、曾定文、李前锡、王炳森、杨上尊、李吉生、公玉祥、李志玉、项如。

（2）生产技术组。

历任组长：张毓梅、成源沪、孙长根、陈刚才、姜国芳。

历任成员：王维森、彭良举、徐慰国、贺元祥、刘楷、姬惠芬、赵国绪、徐秀生、李任伍、董润茹、马洪恩。

4．生产机构

（1）汽机工段。

历任工段长：刘学斌、王瑞芳等。

（2）电气工段。

历任工段长：舒占荣、白治帮等。

（3）锅炉工段。

历任工段长：沈来昌、文永根、彭良举、秦金培、孟宪泰。

（4）热工室。

历任负责人：姚圣英等。

（5）化验室。

历任负责人：刘世燕、刘楷、袁履安。

5. 工团组织

历任工会主席：侯玉卿、张德利。

历任团支部书记：彭良举、王凤武。

三、调迁发电经历

1. 在四川江油投产

江油，四川省下辖县，现为县级市，位于四川盆地西北部，涪江上游，距成都 160公里。1958 年 6 月，19 站调到江油水泥厂发电，甲方是建工部西南第五公司。

该站在此服务 1 年，累计发电 158.3 万千瓦·时。

2. 调迁四川广元

广元，四川省下辖县，现为地级市，位于四川省北部，自古为入川的重要通道。1959 年 6 月，19 站调到广元，为荣山煤矿发电。甲方是广元电厂。该站在此服务两年余，累计发电 1003.4 万千瓦·时。

1962 年 11 月，该站返列电局武汉装配厂进行设备大修。

3. 重返四川广元

由于广元供电格局没有变化，用电仍十分短缺，1963 年 6 月，19 站大修后，从武汉装配厂重返广元荣山煤矿发电。甲方是荣山煤矿。

1964 年 2 月，20 站也调到广元，按列电局要求，两站合并，统一管理，以 19 站名义对外，直到 1967 年 6 月，20 站调离。

1963 年 10 月 14 日，列电局以（63）列电局生字第 1481 号文，对保持安全生产记录 1000 天以上的 19 站电气工段通报表扬。

1968 年 4 月 25 日，根据水电部（68）水电军计年字第 90 号文的批复，19 站就地大修。电站在荣山煤矿、广元电厂的支援下，完成大修任务。

该站在此服务 6 年余，累计发电 2697.7 万千瓦·时。1970 年 3 月，电站返武汉基地检修待命。

4. 调迁山西临汾

临汾，属晋南专区，现为地级市，因地处汾水之滨而得名，是华夏民族的重要发祥地之一。1971年8月，根据水电部（71）水电电字第34号文，19站调到临汾钢铁厂发电，甲方是临汾钢铁厂。

9月30日，准备开机，锅炉升压至2.2兆帕（22.5千克力/厘米^2）时，炉管爆裂，停炉检修。在保定基地、武汉基地的协助下，更换82根炉管，10月底，锅炉修复，开机发电。就此，临汾钢铁公司以临钢革发（1971）4号文，向临汾地区革委工交组、水电部列电局等部门作了通报。

1973年6月，因锅炉省煤器腐蚀严重，汽轮机振动超标，机组退出电网。9月19日，西北基地组织人员对机组进行就地大修。该站在此发电不足两年，累计发电806万千瓦·时。

四、电站记忆

1. 无电源情况下的开机发电

1958年6月，19站调到四川江油水泥厂。水泥厂坐落在距江油55公里的二郎庙，宝成铁路从此而过。这里远离城区，是个小山村，职工宿舍是由稻草盖成的大棚，四面透风，雨后一片泥泞。但职工们不顾这样艰苦条件，电站设备一到，便投入到紧张的安装工作中。在没有起重设备的情况下，人抬肩扛，仅用一天时间就完成了全部安装工作。

19站的设备是二战期间美国为战时需要而制造的，在全国列车电站中设备最为简陋，而且没有启动电源。

电站要启动，当时地方上没有可用电源。在这个几乎无法克服的困难面前，电站急用户之所急，集思广益，决定采用人工上水，点火升压、开机发电的办法。在电站党支部的号召下，职工们拿来自家的脸盆端水，排成长龙，一盆接着一盆地向锅炉灌水。锅炉灌满水后，接着点火、升压、送汽、开机，实现了首次发电。在没有任何启动电源情况下的开机发电，这在列电发展史上也是少有的。

2. 两站合并精兵简政

1963年5月，19站重返荣山发电之前，列电局以（63）列电劳字第590号文，作出"关于统一19站、20站组织机构和领导的决定"，通知19站、20站到荣山煤矿发电时两站合并，提前做好各项准备工作。

同年5月7日，第3工作组组长陶晓虹向列电局领导作了书面汇报。汇报中表明，

19 站检修工作基本结束，调迁准备工作全部完成。5 月 3 日，选建厂人员赴四川广元。19、20 站职工存在不愿回四川的思想问题，基本得到解决。

19、20 站在武汉基地大修后，即先后调迁四川广元发电，根据列电局决定，两站彻底合并。统一后的电站，以 19 站名义对外。20 站公章暂送列电局封存。

合并后的领导机构，由黄时盛担任党支部书记兼厂长，设一套管理机构，陈刚才任生技组长，吕兴华任秘书，统一两站的计划与技术管理工作。两站的财务账目、固定资产及流动资金结账封存，合并后建立新账。

两站建厂基建投资约 16 万元，在一个厂址发电。1967 年 6 月，20 站调离，两站合并发电 3 年余。实践证明，两站合并，精兵简政，统一安排生产、生活，加强了电站管理，减轻了甲方负担。

3. 电站下放职工坚守职责

19 站在临汾钢铁厂发电时，正值"文革"后期，钢铁厂用电紧张，经常是满负荷发电。1973 年 6 月，当部分电站下放的消息传到电站时，在职工中产生较大的思想波动。设备因缺陷停机后，全站一直笼罩在机组下放的气氛中。不愿留下的职工，自找接收单位，有的联系本地，有的回原籍，保定、武汉两个基地仍是热门归宿。职工们朝夕相处一二十年，但还是怀着依依不舍的心情，默默地走向自己的归途。

1973 年 10 月，水电部决定 19 站下放山西电力局管理，机组调到晋北朔县，为建设中的神头电厂发电。留下的职工随下放机组到朔县。那里远离县城，举目荒凉，生活条件很差。刚到时，没有食堂，需职工自己动手做饭。电站附近没有商店，买瓶酱油，都需坐火车去县城才行。在这样的生活条件下，他们仍然坚持安全发电，为晋北电力建设，为神头电厂早日投产，继续辛勤工作。

五、电站归宿

根据国家计委（73）计生字 240 号文"关于批复一部分电站落地使用"的精神，1973 年 10 月 25 日，水电部（73）水电生字第 94 号文，决定 19 站下放到山西省电力局。1974 年 6 月，机组落地山西朔县。

留在电站的人员由山西省电力局安置，另有 30 余人分别调到保定基地、武汉基地及兄弟电站，还有的去了河南信阳等地。

第六节

第 20 列车电站

第 20 列车电站，1958 年 7 月组建，设备是从徐州贾汪发电厂拆迁的美制快装机组，由列电局保定装配厂改装成简易电站。1958 年 12 月，在山西临汾投产发电，该站先后为山西、青海、四川、河北、甘肃、陕西 6 省 8 个缺电地区服务。1974 年 8 月，机组下放西安交通大学。建站 16 年，累计发电 4331 万千瓦·时，在支援国家煤炭、钢铁、电力企业生产建设，以及天津抗洪救灾中发挥了应有作用。

一、电站机组概况

1. 主要设备参数

汽轮机为冲动、凝汽式，美国华盛顿工厂制造，额定功率 1000 千瓦，过热蒸汽压力 2.76 兆帕（28.2 千克力 / 厘米 ^{2}），过热蒸汽温度 399 摄氏度，转数 4528 转 / 分。

发电机为变速箱连接、同轴励磁、空冷式，美国西屋制造厂制造，额定容量 1250 千伏·安，频率 50 赫兹，功率因数 0.8，额定电压 6300 伏，额定电流 114.5 安。

锅炉为水管、翻板炉，美国西屋工厂制造，额定蒸发量 1×7.3 吨 / 小时，过热蒸汽压力 2.84 兆帕（29 千克力 / 厘米 ^{2}），过热蒸汽温度 400 摄氏度。

2. 电站构成及造价

电站由汽机、电气、锅炉、水处理、冷水塔、材料及修配等 9 节平板车厢组成，属于简易电站。

附属设备：修配车厢内配有车床 1 台、台钻 1 台。

电站设备造价 83.7 万元。

第一章 英美移动及快装机组

二、电站组织机构

1. 人员组成

20 站组建初期，职工队伍以 2 站、11 站接机人员为主组成。后来以招收学员及分配电校毕业生等作为补充。

电站定员 63 人。

2. 历任领导

1958 年 7 月，列电局委派李生惠负责该站的筹建，并任命为首任厂长。1958 年 10 月至 1972 年 12 月，列电局又先后任命贾增明、黄位中、于学周、黄时盛、侯玉卿、赵国绪等担任该站党政领导。

3. 管理机构

（1）综合管理组。

历任组长：李建民、吕兴华。

历任成员：于涵俊、李雪英、邓义、赵省华、谷慎、刘俊生、王志友、葛中华、朱平永、王殿真、谢宏。

（2）生产技术组。

历任组长：孙长根、陈刚才、张绪杰。

历任成员：赵国绪、沈伍修、马洪恩、周国政、郭忠堂、薛建德、马正奇、祁尉周、姬惠芬、阎熙照。

4. 生产机构

（1）汽机工段。

历任工段长：李克真、孟宪泰、尚金韶。

（2）电气工段。

历任工段长：舒占荣、沈伍修。

（3）锅炉工段。

历任工段长：秦金培、陈俊生、冯学信。

（4）热工室。

历任负责人：文友、张宝全。

（5）化验室。

历任负责人：张秀云、史湘云、王敏桂。

5. 工团组织

历任工会主席：侯玉卿等。

历任团支部书记：彭良举、张钧玉、王敏桂。

三、调迁发电经历

1. 在山西临汾投产

临汾，当时是晋南专署所在地，后为地级市，位于山西省西南部。临汾钢铁厂始建于 1958 年，曾是全国 56 家地方骨干钢铁企业之一。1958 年 9 月，电站在临汾钢铁厂安装。12 月 11 日投产，为临汾钢铁厂建设和生产发电。甲方是临汾钢铁厂。该站在此服务 1 年余，发电 395.3 万千瓦·时。

2. 调迁青海西宁

西宁市，取"西陲安宁"之意，古称青唐城，是青海省会。地处青海省东部，古"丝绸之路"南路和"唐蕃古道"的必经之地。1959 年 11 月，20 站调到西宁，甲方是青海电业局。该站在此服务 5 个月，发电 597.7 万千瓦·时。

3. 调迁四川绵阳

绵阳市，位于四川盆地西北部，涪江中上游地带，因城址位于绵山之南而得名"绵阳"。1960 年 4 月，20 站调到绵阳，甲方是天池煤矿。该站为天池煤矿发电两年余，累计发电 152.1 万千瓦·时。

1962 年 8 月，电站返列电局武汉装配厂大修。

4. 紧急调迁河北唐官屯

1963 年 8 月上旬，海河流域发生特大洪灾，引发山洪，直接威胁天津。20 站奉命紧急调迁静海唐官屯，为分洪、导洪入海，排除内涝发电。电站在此救灾两个月，发电 62.8 万千瓦·时。同年 10 月，汛情结束，调往衡水。

5. 调迁河北衡水

衡水，河北省地级市，位于河北省东南部，地处河北冲积平原。1963 年 10 月，衡水电厂被淹，电力紧缺。20 站调到衡水，支援灾后恢复用电，甲方是衡水电厂。电站在此服务 3 月余，发电 125.5 万千瓦·时。

6. 调迁四川广元

广元，四川省下辖县，现为地级市，已有 2300 余年的建城历史。广元位于四川省北部，自古为入川的重要通道。1964 年 2 月，20 站从河北衡水调到广元，与先期到达的 19 站共同为荣山煤矿发电，甲方是荣山煤矿。

按列电局（63）列电局劳字第 590 号文要求，两站合并，以 19 站名义对外，设一套管理机构，统一管理两站的计划、财务与技术管理工作。

20 站在广元服务 3 年余，累计发电 1798.4 万千瓦·时。

7．调迁甘肃甘谷

甘谷县，属于甘肃省天水市，位于天水市西北部，渭河上游。甘谷县内有 28 个民族之多。1967 年 6 月，20 站调到甘谷，为甘谷电厂建设工程发电。甲方是甘谷电厂工程指挥部。该站在甘谷服务两年余，累计发电 497 万千瓦·时。1969 年 10 月，电站返西北基地大修。

8．调迁陕西韩城

韩城，古称"龙门"，位于陕西东北黄河西岸，隶属于陕西渭南专区。1971 年 2 月 25 日，水电部以（71）水电电字第 23 号文，决定调 20 站到韩城地区发电。

同年 2 月，20 站调到韩城下峪口，为支援韩城煤矿建设发电。甲方是韩城煤矿建设指挥部。韩城煤矿始建于 1970 年 3 月，由工程兵 301 大队施工，1975 年建成投产。该站在韩城服务 3 年余，累计发电 702 万千瓦·时。

四、电站记忆

1．支援天津抗洪救灾

1963 年 8 月上旬，海河流域连续暴雨引发洪水，王快水库等引发山洪，洪水漫过河堤，在广大平原行洪，一片泽国。天津地区地势低洼，南系洪水均集中天津海河汇流入海，给天津市防洪造成巨大压力。

中央防汛指挥部对海河流域罕见暴雨洪水极为关注，8 月 11 日，确立"保卫天津市，保卫津浦铁路，尽量缩小灾害范围"的指导方针，及时动员流域内军民奋力抗洪救灾。

根据中央的要求，水电部紧急调迁在武汉基地待命的 20 站，于 8 月 13 日连夜奔赴天津。电站在天津南部的静海唐官屯车站安装发电，职工们日夜坚守在发电现场。20 站为天津分洪、导洪入海，排除市内积水提供应急用电，在保卫天津市、保卫津浦铁路的防汛抗洪中发挥了重要作用，受到当地政府的好评。

2．调迁阳平关的变故

1970 年 8 月 7 日，根据国务院和中央军委有关指示，水电部以（70）水电电字第 24 号文，决定将 2、19、20 站下放地方，支援襄渝铁路施工。

1970 年 11 月 5 日，水电部（70）水电电字第 56 号文，决定改调 2、19、20 站到陕西阳平关1101阳安铁路修建指挥部发电。这个决定是根据陕西省革委会基建指挥部意见，并经国家建委同意而作出的。这3台电站按一般调动办理，运输问题由1101阳安铁路修建指挥部负责。

1971年年初，20站在西北基地大修结束后，奉命调到陕西阳平关。阳平关位于陕西汉中盆地中部，隶属于汉中市宁强县，地处宝成铁路与阳安铁路的交汇处。西乡县距阳平关66公里，同属汉中市管辖。因阳平关到西乡县没有铁路，需用汽车拖带板车运输发电车辆，难度颇大，所以只把2站机组运到西乡，而19、20站则与西乡无缘。

1971年2月25日，水电部（71）水电电字第23号文，又决定20站改调韩城地区。于是20站调韩城下峪口，为工程兵301大队施工供电，支援韩城煤矿开发建设。

3. 落户西安交大的交接协议

1973年10月，水电部将20站下放到陕西省电业管理局。陕西省电管局于1974年8月6日，以陕电革生字（74）22号文，同意20站调拨给西安交通大学教学实习使用，要求尽快与列电局办理交接手续。关于西安交大要求随机组下放部分工人问题，可根据有关文件与列电局协商解决。

1974年8月28日，列电局与西安交大签订"关于20站交接协议书"。协议内容共计10条，主要包括机组设备应具有正常发电的条件，连同相应的车辆及技术资料一并移交；原20站职工，由列电局负责统一安排；随车固定的职工，由列电局连同工资总额一并办理调转手续；固定资产和流动资金核实造册移交，报水电部办理划转手续；现有备品、备件和材料，双方清点造册移交，设备维修由接收单位负责；电站接收地点为陕西省韩城下峪口，交接时间自1974年9月15日开始至10月15日结束。从签订协议之日起，列电局撤销20站番号。

五、电站归宿

根据国家计委（73）计生字240文"关于批复一部分电站落地使用"的精神，水电部以（73）水电生字第95号文，将20站下放到陕西省电管局。陕西省电管局将电站无偿调拨给西安交大。

1974年10月18日，根据西安交大的要求，列电局以（74）列电局办字第536号文，同意20站的12名职工，包括家属8人，共计20人固定到西安交大。其余人员由列电局另行安排工作。

第七节

第 22 列车电站

第 22 列车电站，组建于 1958 年 4 月。设备是从江苏无锡双河尖发电所拆迁的美制快装机组，由列电局保定装配厂改装成列车电站。同年 11 月，在广西柳州投产发电，1961 年年底，调到广东海南岛昌江发电，1971 年 8 月，机组设备就地下放。建站 13 年，累计发电 3665 万千瓦·时，在支援两地的工矿生产建设中发挥了应有的作用。

一、电站机组概况

1. 主要设备参数

汽轮机为冲动、凝汽式，美国制造，额定功率 2000 千瓦，过热蒸汽压力 2.76 兆帕（28.2 千克力 / 厘米^2），过热蒸汽温度 400 摄氏度，转速 3979 转 / 分。

发电机为变速箱连接、同轴励磁、空冷式，美国克拉克工厂制造，额定容量 2500 千伏·安，频率 50 赫兹，功率因数 0.8，额定电压 6900 伏，额定电流 362 安，转速 1500 转 / 分。

锅炉为水管、翻板炉，美国西屋制造厂制造，额定蒸发量 2×6.8 吨 / 小时，过热蒸汽压力 2.84 兆帕（29 千克力 / 厘米^2），过热蒸汽温度 410 摄氏度。

2. 电站构成及造价

机组由汽轮发电机车厢 1 节、电气车厢 1 节、锅炉车厢 2 节、水处理及热力系统车厢 1 节组成。该机组没有水塔车厢，需外接凝汽器循环水系统。

辅助车厢：材料车（含修配）和办公车各 1 辆。

附属设备：随主机调拨，有吊车、上煤机以及碎煤机等设备及其附件。

电站设备造价 118.3 万元。

1. 人员组成

22 站组建，除双河尖发电所配备部分骨干外，电站中层干部及职工，大多数来自 2、8、15 站等单位。

运行正值，一般为有级别的工人，或是电校及高中毕业生；运行副值，则为从江苏和广西招进的学员。1960 年 3 月分站，叶如彬带领一部分人去接 35 站新机组。

电站定员 58 人。

2. 历任领导

1958 年 4 月，列电局委派叶如彬、肖绍良负责 22 站的筹建，并分别任命为首任厂长、副厂长。1962 年 5 月至 1971 年 5 月，先后任命张广笙、计万元、郭守海、刘恩硕等担任该站党政领导。

3. 管理机构

（1）综合管理组。

历任组长：刘子久、陈恒德、田孝平。

历任成员：于银堂、陆玲娣、徐世范、何其枫、耿协森、杨成柏、马国惠、刘玉霞。

（2）生产技术组。

历任组长：孟钺、顾锡良。

历任成员：朱玉华、负志国、胡祥珍、胡尚均、黄国秀、刘聚臣、张宏逸、景茂祥。

4. 生产机构

（1）汽机工段（车间）。

历任工段长（主任）：康存生、曹炳文、肖绍良（兼）、朱玉华、范存心、刘志辉。

（2）电气工段（车间）。

历任工段长（主任）：张广笙、杨守恭、李鸿生、胡尚均。

（3）锅炉工段（车间）。

历任工段长（主任）：唐杰功、王锦福、胡腾蛟。

（4）热工室。

历任负责人：温俊英。

（5）化验室。

历任负责人：任惠英、夏竞芳。

5. 工团组织

历任工会主席：唐杰功。

历任团支部书记：胡祥珍、吕玉梭。

三、调迁发电经历

1. 调迁广西柳州

柳州市地处广西壮族自治区偏西部，是重要的工业城市和铁路枢纽。柳江绕柳州城半圈儿而过，分成了柳南、柳北两部分。

1958年10月，22站从保定调到柳州，甲方是柳州电厂。当时，柳州正进行大规模经济建设，柳北雀儿山工业区的钢厂、化工厂、电厂等，因建设施工电力供应紧张，所以电站的到来，受到热烈欢迎。

电站厂址选在柳北区柳江东岸柳州贮木厂厂区内，由该厂铁路专用线上引出电站停放线。电站的生活区就在电站两侧，职工宿舍和食堂均由木板搭建。1960年9月，电站进行为期一个月的大修。

1961年8月，柳北发电厂首台1.2万千瓦机组投产发电。同年9月，电站发电合同解除，退出电网。该站在此服务近3年，累计发电2282.2万千瓦·时。

2. 调迁海南岛石碌

石碌镇隶属海南岛（后为海南省）昌江县。海南铁矿地处石碌镇，是冶金部直属企业，也是海南行政区最大国营企业。

海南铁矿的用电主要依靠容量4800千瓦的广坝水电站，以及石碌镇1500千瓦发电厂、义河水泥厂的1500千瓦自备电厂，一起联网供电。主力电源广坝水电站需要检修，为了不影响铁矿生产，所以申请调列车电站发电。

1962年1月，电站到石碌后，立即进行安装、调试。1962年5月底，投入运行，甲方是海南铁矿。1962年8月，广坝水电站检修竣工后投产，22站开始冷备用。

在机组冷备用期间，电站进行两项技术改进。一是两台锅炉除尘器由旋风式改成水幕式；二是组装了1台备用给水泵。由于机组冷备用，22站只留少数人维护、保养设备，大部分人支援在茂名发电的电站、在福州的船舶2站，以及在四川的19、20、23站。还有部分人支援克山农场秋收。

1965年7月，由于海南铁矿生产发展和技术改进，铁路部门将窄轨改造为1.43米的标准轨，使用了电动机车运输，用电负荷增加，22站又恢复发电。该站在石碌期间，累计发电1383.1万千瓦·时。

1. 应对柳州雨季发电难

1958 年 11 月，22 站开始在柳州发电，为保证机组安全运行，有两个难题必须经常面对。一是锅炉用煤质量得不到保障。南方雨水多，干煤棚小，燃煤含水分高，影响燃烧，加之锅炉炉排是翻板式的，劳动强度大，要求锅炉供汽压力、温度稳定，运行人员要作出艰苦努力。二是进入夏季，柳江的水位涨落频繁，循环水泵船的维护工作非常繁重。在柳江边，甲方配备两艘木船，各装一台水泵。一台运行，一台备用，向汽轮机凝汽器供冷却水。当水涨船高时，水泵出水胶管接到母管的高位接口上，水落时则需要接到母管的低位接口上。这项工作往往要伴着风雨在水里进行。

1960 年 7 月，连续暴雨引发大洪水，水位突然涨了十多米。平常河床只有约百米宽，而此时一望无际，平静的水面变得波涛汹涌。除了不停地拆装水泵出水管外，人们还要拿着竹竿，防范江上漂流的圆木撞坏水泵船。圆木大多是 10 多米长、30~50 厘米粗的杉木，是上游林场放流的。它们翻滚着乘水势奔腾而下。其情景，既壮观，又惊心动魄。汽机车间全体职工竭尽了全力，保障水泵船稳定供水，确保电站安全运行。

2. 不寻常的海南岛调迁

1961 年 9 月，22 站在柳州退出电网，原计划调往丹江口。突然接到水电部生产司电话，通知调往海南岛海南铁矿发电。海南铁矿的矿石品位很高，世界闻名。其矿石主要供给首钢、鞍钢、包钢、武钢等钢铁企业使用。

电站停放在一座未投产就下马的炼铁厂铸造车间内。其厂房长约 80 米，宽、高各 11 米，正好放进 4 辆机组车厢。厂房外有足够的场地建干煤棚，并且有相应的办公室和适合机电炉专业的维修房。在离厂房 50 多米处，有一个炼铁高炉用的贮水池和水泵房，可以改装成循环水冷却池。对于这样的安排，甲方也很满意。

电站设备调迁分四段路程。柳州铁路局先把电站运到广州黄埔港；甲方租用黄埔港万吨轮船和黄埔港打捞局百吨浮吊装船，并护送到八所港后卸船；从八所港运至石碌火车站，这段铁路是米制窄轨，电站车辆要在卸船的同时更换车辆转向架，从石碌火车站通过新修的铁路引线，将发电列车推进厂房里。

1961 年 10 月中旬，电站职工和家属跟随机组离开柳州，12 月底，陆续到达石碌，历时两个多月。运输电站机组过海，要等合适的轮船，时间较长。甲方在黄埔港一个叫大沙地的地方租了 3 个大仓库，用木板隔成小间，作为临时职工宿舍。等到设备装船运走后，电站职工和家属才离开黄埔港，到广州客运港乘客运轮船，到海口的秀英港，再由海口的客运站乘汽车，沿着 G225 国道，经 200 多公里路程到达石碌。

3. 有惊无险的生活区火警

在海南期间，电站新建的生活区，依据当时当地的条件，职工宿舍均为茅草房。整个区域成 L 形，一排南北向，女职工和有家属的职工住在那里；另一排东西向，为单身职工居住。中间，则是电站的食堂。

1962 年 6 月的一天下午，距生活区东约二三百米的一幢铁矿职工茅草房宿舍突然着火，火势凶猛。电站职工见此情况，忙着跑去救火。未想到，着火的房顶上一片片带着烟火的茅草腾空而起，乘着东风，呼呼地蹿向电站的生活区方向。救火的人们又往回跑。此时，生活区人们已经乱成一片。

大多数人忙着把宿舍里的东西往外搬，院子里堆满了行李和家具，一片狼藉。然而，如鬼使神差般，一簇簇火团只是从房顶上飘过，并未落下，而是继续向西呼啸而去，在约 300 米处落下，又点燃了一排草房。

电站职工精疲力尽地望着新火情，再也无力去救了。后来，听当地人说，草房着火不用去救，也无法救。虽然草房没被烧掉，但电站职工并未在此居住多久。此后，电站进入冷备用，留守电站的人员很少，草房也就被拆除了。等到再发电时，回来的职工被分散安排到铁矿职工生活区宿舍里。

五、电站归宿

1971 年 4 月 6 日，水电部以（71）水电电字第 41 号文，就 22 站下放海南致函广东省革委会。7 月 21 日，列电局革委会与海南铁矿革委会签署移交纪要，明确 22 站租用关系截至 1971 年 7 月底，8 月 1 日正式由海南铁矿管理。人员由海南铁矿安排工作。刘恩硕带领 28 名职工暂留在电站工作。计万元、郭守海带领 30 名职工到新机 58 站。

1973 年 2 月，列电局调刘恩硕、齐秀荣到 9 站，朱玉华、刘惠荣到 34 站。1974 年，李品先、吕长海、袁国昌、肖金发又调到 9 站。肖金良任海南铁矿驻上海办事处代表，张宏逸调往浙江镇海电厂。

留在海南铁矿的人员，均为广东、广西籍的职工。1983 年 4 月，海南铁矿得知列电局撤销的消息，又申请调来 60 站。此时，留下的职工成为技术骨干。

第 50 列车电站

第 50 列车电站，1958 年 6 月，由煤炭工业部组建，属煤炭部第 2 列车电站。机组由山东新汶矿务局孙村电厂的美制快装机改装而成。1958 年 9 月，该站在江西萍乡投产。1962 年 7 月，划归列车电业局。该站先后为江西、广东、湖南、河南、山西等 5 省 7 个缺电地区服务，1974 年 6 月，调拨给山西省电业局。建站 16 年，累计发电 4102 万千瓦·时，在国家重点工程建设中发挥了应有作用。

一、电站机组概况

1. 主要设备参数

电站设备为额定容量 1000 千瓦的汽轮发电机组，属美制快装机。

汽轮机为冲动、凝汽式，美国华盛顿工厂制造，额定功率 1000 千瓦，过热蒸汽压力 2.74 兆帕（28 千克力 / 厘米 ^{2}），过热蒸汽温度 399 摄氏度，转速 4528 转 / 分。

发电机为变速箱连接、同轴励磁、空冷式，美国西屋制造厂制造，额定容量 l250 千伏·安，频率 50 赫兹，功率因数 0.8，额定电压 6300 伏，额定电流 114.5 安。

锅炉为水管、翻板炉，美国西屋工厂制造，额定蒸发量 1×7.3 吨 / 小时，过热蒸汽压力 2.84 兆帕（29 千克力 / 厘米 ^{2}），过热蒸汽温度 400 摄氏度。

2. 电站构成及造价

主机由汽轮发电机车厢 1 节、配电车厢 1 节、锅炉车厢 1 节、水处理车厢 1 节、水塔车厢 2 节组成。

辅助车厢：修配车厢 1 节、材料车厢 1 节。

附属设备：车床 1 台、台钻 1 台。

机组设备造价 92.3 万元。

二、电站组织机构

1. 人员组成

该站组建时，职工队伍主要由煤炭部配备，列电局各电站支援部分人员。

1962年7月移交列电局时，该站职工40余人。1964年年初，列电局分配保定电校毕业生5人；1970年6月，分配保定电校毕业生5人；1971年下半年，从山西榆次招收学员10人。

电站定员58人。

2. 历任领导

1958年6月，该站由煤炭部委派谢德亮组建，并担任党支部书记兼厂长。

1962年以后先后有张荣良、张广笙、蔡根生、乔勤、韩天鹏等担任该站的党政领导。

3. 管理机构

（1）综合管理组。

历任组长：范仲禹、石春青、孙汝庚、张光瑛。

历任成员：孙尔玺、宋顺昌、钟铁凡、耿协森、陆来祥、赵起福、崔荣菊。

（2）生产技术组。

历任组长：韩天鹏、杨永林。

历任成员：丁菊明、陈敖虎、杨树基、陈树庄、高玉莲、耿蔚新。

4. 生产机构

（1）汽机工段。

历任工段长：丁菊明、吴庆玉。

（2）电气工段。

历任工段长：袁慎、曹洪新。

（3）锅炉工段。

历任工段长：陈振茂、吕宗侠、秦贞序。

（4）化水组。

历任负责人：李汉珍、高玉莲、李德泉、张国庆。

（5）热工室。

历任负责人：耿蔚新等。

5. 工团组织

历任工会主席：蔡根生、曹洪新。

历任团支部书记：陈树庄、申永连、吕仲侠、阳满福、李金旺。

三、调迁发电经历

1. 在江西萍乡投产

1957年12月17日，煤炭部（57）煤生机字第650号文，决定将新汶矿务局孙村电厂3号汽轮发电机和4号锅炉改装为列车电站。1958年8月，机组在江西省萍乡泉江电厂安装。负责安装的技术人员有张荣良、韩天鹏、丁菊明、杨树基、陈树庄等。28天即完成安装任务，9月10日开机并网，向电网供电。甲方为萍乡煤矿。

该站在萍乡服务1年余，发电583.2万千瓦·时。

2. 调迁广东坪石

广东南岭煤矿，地处湘粤两省交界处的乐昌县坪石镇。1959年11月，电站由萍乡调到广东坪石狗牙洞，为南岭煤矿发电。机组是单机运行。1962年7月，电站划归列车电业局，改编为列电局第50列车电站。甲方是坪石矿务局。

该站在此服务3年余，累计发电476.5万千瓦·时。1963年2月，返武汉基地大修。

3. 调迁湖南金竹山

1964年7月，50站从武汉基地调到湖南新化金竹山，为涟邵矿务局金竹山煤矿发电。甲方是涟邵矿务局。1966年2月，汽机工段创安全运行500天纪录。

该站在此服务4年，累计发电1876.8万千瓦·时。1968年8月，返武汉基地大修。

4. 调迁河南漯河

漯河市地处河南省中部，历史悠久，自古是繁华的水路交通要道，商埠重地。1970年3月5日，水电部军事管制委员会（70）水电军字第66号文，决定调50站到漯河发电。

1970年3月末，电站调到漯河市，为漯河电厂扩建工程发电。甲方是漯河电厂。该站在此服务8个月，发电103万千瓦·时。

5. 调迁山西娘子关

娘子关地处山西、河北两省交界处，隶属山西省阳泉市平定县。1970年11月3日，根据160工程的需要，水电部以（70）水电电字第52号文，决定调50站到山西娘子关供热。

同年11月末，电站调到山西省娘子关，为160工程供热。甲方是娘子关160工程。

160 工程系战备电厂，属三线建设工程。主设备全部安装在山洞中。该站在此供热 10 个月。

6. 调迁山西闻喜

闻喜县地处山西省西南部，隶属山西省运城市。1971 年 7 月 7 日，水电部（71）水电电字第 72 号文，决定调 50 站到山西闻喜。同年 9 月，电站调到闻喜县，为该县生产及社会发供电，甲方是闻喜县革委会。该站在此服务两年余，发电 804 万千瓦·时。

7. 调迁山西朔县

朔县地处山西省西北部，西、南、北三面环山，中部和东部是平川，隶属山西省雁北专区。根据神头电厂建设用电需要，1973 年 9 月 4 日，水电部以（73）水电生字第 81 号文，决定调 50 站到神头。

同年 11 月，电站调到朔县，为神头发电厂基建工程发供电。甲方是神头电厂。该站在此发电仅半年多，发电 258.5 万千瓦·时。1974 年 6 月，下放山西省电业局。

四、电站记忆

1. 哪里需要哪安家

在煤炭部时期，电站人员大多来自矿区或具有在矿区工作的经历。在十几年的调迁发电中，其特有的那种能吃苦耐劳、淳朴豪爽、团结互助、甘于奉献的精神，以及尊重知识、注重学习、尊师爱徒的良好作风得到很好的继承和发扬。

50 站从划归列电局到机组下放的 12 年里，调迁广东、湖南、湖北、河南及山西 5 省的 7 个地区，平均不到两年就调动一次。频繁的调动，严重地影响职工子女的入托、升学、学习和就业，乃至个人婚姻。

该站职工一半以上是南方人，在晋北神头电厂发电时，生活上遇到的困难远大于生产。雁北的气候低温、少雨、风大、沙多，"一年就刮一场风，从春刮到冬"，是对当地气候特点的写照。方圆十里没有一所像样的小学，中学则远在神头镇上。电站的孩子们每天上学，风里雪里早出晚归。当地的蔬菜只有土豆、卷心菜，肉类则常年不见。主食以玉米面、高粱米、莜面等粗粮为主，只有 10% 的细粮，根本没有大米。电站领导为改善职工的生活，想方设法，依靠甲方，争取一些大米、肉类等，让职工和孩子们能喝上白米粥，吃上一顿肉。

电站在不同地区，气候、环境、生活条件的巨大反差，虽然给工作、生活带来种种困难和不适应，但是电站职工无怨无悔，不提困难，不讲条件，只要上级一声令下，打起行装就出发，真是"哪里需要哪里去，哪里艰苦哪安家"。

2. 领导班子的模范带头作用

50站党支部是一个团结有力、能密切联系群众的领导集体。在"文革"中，党支部成员大都受到冲击，但是当党支部重新恢复组织活动后，他们在恢复电站正常生产秩序、确保安全生产、化解群众对立情绪、促进职工队伍团结、继承发扬电站尊师爱徒、爱厂敬业的好传统上，都作了很多有益的工作，以实际行动赢得大多数群众的信任和拥护。

在历次调迁工作中，电站领导班子加强组织领导，保证机组安全准时到位，为各地区，各类用户安全发供电。建站16年，为严重缺电地区及重要工程发电和供热，有力地支援了国家建设。

电站1974年下放地方时，做到所有人员的安置、分配得以顺利进行，圆满完成了电站的历史使命。

3. 改造翻板式炉排

电站设备是19世纪40年代美国制造的快装机组，单机单炉，锅炉的汽温、汽压、风压、给煤、排灰等，全由人工控制、调整操作。炉内经常发生煤层结焦或燃煤堆积现象，需要司炉工用四五米长的铁耙，在炉前人孔门处冒着灼热的炉温扒火。机组设备老旧，特别是锅炉燃烧设备，还是极为原始的人力翻板式炉床，工人劳动强度大，工作环境恶劣，燃烧效率低。

1968年，利用返武汉基地大修的机会，参考沸腾式燃烧理论，在充分利用原设备结构的基础上，拆除原来的翻板，改造为机械往复振动式炉排，这一改造成功，减轻了运行人员的劳动强度，对保证锅炉安全运行，提高热效率，降低煤耗，减少环境污染起到关键作用，深受锅炉值班人员的欢迎。

五、电站归宿

1974年6月3日，根据国家计委（73）计生字240号文和水电部（73）水电生字第67号文的指示精神，列电局与山西省电力局签订50站交接协议书。根据该协议，该电站划拨给山西省电力局管理。从签订协议之日起，列电局撤销50站建制。

该站人员由列电局统一分配安置，主要安置到新5站、武汉基地，部分调往10、11、12、25、48、51等电站，也有少数人员调回原籍或地方工作，他们在新的岗位上继续做出新的业绩。

跃进 1 号船舶电站

　　跃进 1 号船舶电站，1958 年 7 月筹建，设备是从西安第一电厂拆装的美制快装汽轮发电机组，同年 10 月，整机在江南造船厂组装完成。1959 年 6 月，该站在湖北丹江口投产发电，先后为湖北、浙江两省的 4 个地区服务。1974 年 1 月，移交给浙江临海电业局。建站 15 年余，累计发电 2729.9 万千瓦·时，为国家重点工程，尤其是对丹江口水利枢纽工程建设作出应有贡献。

一、电站机组概况

1. 主要设备参数

　　汽轮机为冲动、凝汽式，美国华盛顿工厂制造，容量 1000 千瓦，过热蒸汽压力 2.74 兆帕（28 千克力/厘米^2），过热蒸汽温度 399 摄氏度，转速 4528 转/分。

　　发电机为变速箱连接、同轴励磁、空冷式，美国西屋制造厂制造，额定容量 1250 千伏·安，频率 50 赫兹，功率因数 0.8，额定电压 6300 伏，额定电流 114.5 安。

　　锅炉为水管、翻板炉，美国西屋工厂制造，额定蒸发量 7.3 吨/小时，过热蒸汽压力 2.84 兆帕（29 千克力/厘米^2），过热蒸汽温度 400 摄氏度。

2. 电站构成及造价

　　船舶 1 站，是将整套发电机组安装在一条驳船上。驳船船体总长 32.6 米，船宽 11 米，船深 3 米，吃水深度 1 米，排水量 337 吨。驳船可以在江河上拖曳行驶，任何水域、口岸均可停泊发电。

　　船体由上海江南造船厂制造。机电炉主机安装在底层，驳船上部设两层塔楼，上层有上煤舱、舵手室、播音室及船员休息室，下层有配电室、卫生间及洗浴室等。

　　电站设备造价 952 万元。

1. 人员组成

船舶 1 站职工队伍，主要由 15、5 站的接机人员组成。投产前又从武汉装配厂抽调了部分运行人员。以后，从保定、泰安等电校分配若干名毕业生。

电站定员 58 人。

2. 历任领导

1958 年 7 月，列电局委派褚孟周、吴兆铨在上海江南造船厂筹建该站，并分别任命为厂长、副厂长。同年 9 月至 1972 年 7 月，列电局又先后任命贾生、朱开成、杨武寅、管金良、吴永规等担任该站党政领导。

3. 管理机构

（1）综合管理组。

历任组长：吴文清等。

历任成员：魏广德、叶梅鑫、石春青、刘平、钱惠芳、刘光有、黄满照、杨永霞、赵宝印、赵清海、李春仙、杜小毛。

（2）生产技术组。

历任组长：江尧成、黄润荣、吕鸿才。

历任成员：吕鸿才、白耀弟、刘兴汉、曾广墅、彭树华、刘爱卿。

4. 生产机构

（1）汽机工段。

历任工段长：朱家胥、尹和明、吕鸿才。

（2）电气工段。

历任工段长：吴世菊、王子杰。

（3）锅炉工段。

历任工段长：解赤强、李竹云。

（4）热工室。

历任负责人：高敏兰等。

（5）化验室。

历任负责人：黄佩荣、李国才、刘爱卿。

5. 工团组织

历任工会主席：李竹云等。

历任团支部书记：王子杰等。

三、调迁发电经历

1. 在湖北丹江口投产

丹江口水利枢纽工程具有防洪、发电、灌溉、航运等综合效益，是南水北调中线工程水源地，是开发治理汉江的关键工程，1958 年 9 月开工建设。

1959 年 2 月，春节刚过，船舶 1 站接机人员先期抵达丹江口。同年 3 月，船舶 1 站从上海江南造船厂沿长江抵达武汉，停泊在汉江江边。在汉口电厂的协助及列电局专业人员指导下，机组通过了并网试验。之后电站船舶驶入丹江口，停泊在水电站下游的汉江边。同年 6 月底，电站正式为工程施工供电，成为丹江口工程的主力电源。甲方是丹江口工程局。

丹江口工程局原有两台小型发电机供电，但只能用于少量的照明。船舶 1 站的到来，缓解了工程对电力的急需。当时该站人员严重不足，电站通过列电局，向武汉装配厂借调多名专业人员，满足了运行需要，为急需电力的丹江口工程建设提供了电力保证。

电站离岸有较大距离，上煤路径较远。后利用坡度与电站高低之差，架设钢架，用钢缆做出溜索，挂上自制翻斗，解决了上煤难题，保证正常生产。

1960 年 8 月下旬到 9 月上旬，汉江遭遇 40 年不遇特大洪水，电站数次陷于危险境地。职工们排除了一次次险情，确保了发电船的平安。船舶 1 站被丹江口工程局评为抗洪先进集体，水手杜小毛被评为先进个人。为表彰该站在这次抗洪中的表现，1960 年 9 月 24 日，列电局以（60）列电局站字第 2220 号文，通报表扬了船舶 1 站全体职工战胜汉江特大洪水，保护国家财产的先进事迹。

该站在此服务 3 年余，累计发电 852.6 万千瓦·时。1962 年 6 月，该站返武汉基地进行设备大修。

2. 再赴丹江口

在武汉基地进行了一年的大修后，1963 年 6 月，船舶 1 站再次驶入丹江口，继续为复工后的丹江口工程发电。在此又服务近两年，发电 321.3 万千瓦·时。

1965 年 9 月，该站告别了丹江口，驶往湖北省汉阳晴川阁船厂进行船体大修。

3. 调迁湖北枝城

枝城长江大桥，位于湖北的焦柳铁路线上，是继武汉、南京、重庆之后，在长江上修建的第 4 座大桥。1965 年 11 月动工，1971 年 9 月竣工通车。

1965 年 12 月，船舶 1 站驶入湖北枝城，停泊在江心 5 号桥墩旁，为枝城长江大桥江心桥墩工程的施工、浇筑发电。甲方是枝城大桥工程局。该站在江心单机运行，及时给施工提供了电力保障，为枝城长江大桥的建成发挥了重要作用。该站在此服务近两年，累计发电 513.8 万千瓦·时。

1967 年 9 月，该站根据水电部（67）水电计军字第 350 号文，与甲方解除租用合同，做好去上海检修的准备工作。

4. 调迁浙江临海

1968 年年初，船舶 1 站驶入上海江南造船厂，进行船体外壳防护及设备大修，为调迁浙江临海作准备。

大修中，全体员工积极参与、密切配合江南造船厂的检修工作。从发电机组的大修，到船体外壳防护，无不仔细认真。该站船体是按内河设计的，要进入浙江临海，首先需通过舟山群岛，这里风大浪高。为确保万无一失，职工们将船体上部的设备尽量拆除，以降低船体的重心。

1969 年年底，该站通过东海，逆灵江而上到达浙江临海，停泊在临海县西郊松山坳的灵江江畔，并按时投产并网发电。甲方是临海县革委会。临海县位于浙江沿海中部，四季分明，夏秋之交台风活动较频繁。

该站在临海服务至 1973 年年底，累计发电 1042.2 万千瓦·时，有力地支援了国防建设和沿海山区的发展。

四、电站记忆

1. 诞生于大跃进年代

20 世纪 50 年代，国家掀起建设高潮。为了解决内河沿岸工程用电需求，列电局决定组建船舶发电站。鉴于当时的技术和实际情况，第一台船舶电站由上海 708 所设计，将原西安第一发电厂的美式快装机组拆卸后，安装在水运驳船上，成为可移动的船舶电站。

1958 年 8 月，列电局从衡阳的 15 站抽调部分技术骨干，由褚孟周、吴兆铨负责，在上海江南造船厂筹建船舶 1 站。1958 年年底，列电局又抽调 5 站厂长贾生、工程师江尧成，以及部分运行检修人员到船舶 1 站。从 15 站调来的筹备人员，除吴兆铨留下担任船舶电站的副厂长外，其余人员则随褚孟周厂长调往武汉，负责参加武汉装配厂筹建工作。

1957 年 10 月 8 日，列电局与西安电业局第一发电厂签订 3 号机拆迁协议。根据电力部（57）电劳组程字第 245 号文指示，该厂 3 号机 1000 千瓦美式快装全套设备调拨给列电局。随即主机由西安发电厂拆卸后运至保定装配厂进行整修。在筹建人员配合下，保定装配厂将运来的发电设备进行逐一清理、整修、造册登记，然后运往上海江南造船厂安装。机组高低压配电盘柜由北京开关厂生产供给。

1958 年 10 月，电站机组在江南造船厂安装完毕。电站全称"跃进 1 号船舶电站"，人们习惯称之为"船舶 1 站"。

2. 经受台风海啸考验

浙江临海是一个靠近东海的山区，每年夏秋之季，都会遭遇几次台风袭扰。大风、洪水会对发电船舶带来一定的危险，而强对流天气产生的雷电，更威胁着发电机组的安全。每当出现这种天气，电站员工都会不约而同地聚集到船上，时刻关注发电船只和机组的安全。发生强对流天气时，发电船是最危险的地方。在开阔的江面上，高大孤立的金属船体是极易被雷电击中的。尽管有危险，但谁也不会因此而退却。

1972 年夏秋之交，7 号台风登陆浙江，暴雨引发山洪，同时台风引发海啸，海水涌入灵江。江水迅速上涨，漫过了码头，涌上了公路，一时间电站储煤场变成了泽国。凌晨 4 点，机组停机进入抗洪抢险应急状态。洪水已淹过路面，固定船的钢缆全部淹没在水下，必须尽快地在高于水面的地方重新加固钢缆。早上不到 6 点，电站所有人员都紧急投入到抗洪抢险中。厂长朱开成在船上组织人员不断地调整锚链及钢缆，防止船舶被拖入水下。书记管金良则在江岸边的公路上，带领职工蹚着没过膝盖的洪水，一边用沙袋围堵煤场，一边加固钢缆，就这样连续守候数日。洪水退去的当天，机组立即重新开机，恢复送电。

这次洪水在临海历史上是罕见的。由于来得突然，职工食堂没有及时储备蔬菜等食品。在抗洪抢险的日子里，职工们只能白开水就馒头充饥。

为表彰船舶 1 站"战洪水，保电站"的事迹，洪水刚过，列电局局长俞占鳌亲自到临海，对该站全体职工进行慰问，并对全体职工在海啸洪水中的表现，给予充分肯定和表彰。

五、电站归宿

1973 年 7 月底，根据水电部（73）水电生字第 67 号文，以及浙江省革委会有关文件要求，列电局与浙江临海电厂签订船舶 1 站交接协议。按照此协议，固定资产、流动资金无偿调拨。该站职工除少数留地方外，其余人员由列电局安置；自签订协议起，列电局跃进 1 号船舶电站建制撤销。1974 年 1 月，船舶 1 站正式移交给浙江省临海县电业局。

第二章

苏联机组

1954 年至 1960 年，先后从苏联进口了 6 台列车电站，均为 4000 千瓦的汽轮发电机组。苏联机组因其容量较大，进口较早，一度成为列电系统的主力机组，肩负着重要的应急发电任务，也为后期国产列车电站机组的制造提供了主要参考。

第一节

第 1 列车电站

第 1 列车电站，1954 年 10 月组建，设备是由苏联进口的首台列车电站汽轮发电机组。1955 年 4 月到达佳木斯，由哈尔滨电业局组织安装，6 月在佳木斯电厂投产，称为哈尔滨电业局列车发电厂。1956 年 3 月，列车电业局成立后，该厂被编为电力工业部列车电业局第 1 列车电站。1 站先后为黑龙江、河北、甘肃，四川、北京 5 省市的 8 个缺电地区服务。1983 年 1 月，该站成建制调拨给北京煤矿机械厂。建站 28 年，累计发电 3.53 亿千瓦·时，为国防工业、三线建设和经济发展，以及列电事业作出重要贡献。

一、电站机组概况

1. 主要设备参数

汽轮机为冲动、凝汽式，由苏联克鲁日斯基工厂制造，额定容量 4000 千瓦，过热蒸汽压力 3.33 兆帕（34 千克力 / 厘米 ^{2}），过热蒸汽温度 435 摄氏度，转速 3000 转 / 分。

发电机为同轴励磁、空冷式，由苏联基洛夫电力工厂制造，额定容量 5000 千伏·安，频率 50 赫兹，功率因数 0.8，额定电压 6300 伏，额定电流 458 安。

锅炉为水管、抛煤链条炉，由苏联布良斯克运输机械制造厂制造，额定蒸发量 3×8.5 吨 / 小时，过热蒸汽压力 3.72 兆帕（38 千克力 / 厘米 ^{2}），过热蒸汽温度 450 摄氏度。

2. 电站构成及造价

机组由汽轮发电机组车厢 1 节、配电车厢 1 节、水处理车厢 1 节、锅炉车厢 3 节、水塔车厢 4 节构成。

辅助车厢：修配车厢 1 节、办公车厢 1 节、寝车 1 节、材料车厢 1 节（后配）。

附属设备：15 吨龙门吊 1 台，55.2 千瓦（75 马力）履带式铲车 1 台，75 千瓦柴油发电机组 1 台，120 万能车床 1 台。

设备造价 703.3 万元。

二、电站组织机构

1. 人员组成

电站组建初期，从以东北为主的十几个电厂抽调 18 名骨干，并提前赴苏联实习，其余大部分人员从佳木斯、哈尔滨、北安三个电厂及东电大修队抽调，共有职工 100 余人。

1956 年 6 月，在佳木斯招收学员约 50 人，这批人进厂后几个月便赴保定学习，之后分配到多个电站。1957 年 6 月支援 10、11、12 等新建电站，生产骨干不断被调走，职工人数逐渐减少，由各地电校毕业生、学员及其他电站人员陆续补充。1982 年 8 月，电站落地时职工为 72 人。

电站定员 77 人。

2. 历任领导

电站由王桂林负责组建，并任厂长。截至 1983 年 1 月落地，先后有李恩柏、张静鹗、王再兴、张兴义、范世荣、卢焕禹、宫振祥、苏振家、孙玉泰、高文纯、葛君义、黄时盛、张平安、谢希宗、梁世闻等担任该站党政领导工作。

3. 管理机构

建站初期，电站设生技、财务、计划、材料、人事及总务等 6 个股，1957 年 5 月以后，电站的管理机构合并为两组，即综合管理组和生产技术组。

（1）综合管理组。

历任组长（股长）：梁远基、陈子南、陈嘉芝、董椿瑞、王作山、张金玉等。

历任成员：董书坤、王维先、王毅刚、石清润、张增厚、陈庆祥、姜美来等。

（2）生产技术组。

历任组长：王再兴、李恩柏、尹仲田、梁巨森、周冰、徐琦、贯瑞安、方簦德。

历任成员：张增友、黄忠海、赵在玑、王忠铁、李臣、杨绪飞、陈德义、吴标荣、李强、蒋仁祥、陈鸿森、王兴、张昭泗、战广学、徐宗善、黄鹤田、邱同福、李沧生等。

4．生产机构

建站初期，电站由汽机车间、电气车间、锅炉车间、化验室、热工室及4个运行班组成。1958年以后，各车间改为工段。

（1）汽机工段（车间）。

历任工段长（主任）：安守仁、马荫卿、赵陟华、崔富、高文纯、李德福、郭化民、徐敦宏、韩志华、吴怀光等。

（2）电气工段（车间）。

历任工段长（主任）：郭广范、李应棠、葛君义、蒋仁祥、徐琦、才朋久、李建伦、李裕善、于德利等。

（3）锅炉工段（车间）。

历任工段长（主任）：张静鹗、周国吉、周春霖、宫振祥、黄忠海、王兴等。

（4）热工室。

历任负责人：李庭元、刘述臣等。

（5）化验室。

历任负责人：白乃玺、周冰、刘立华、石艳荣、佟惠兰等。

5．工团组织

历任工会主席：李庭元、黄忠海、薛大国、武少英等。

历任团支部书记：王春华、范桂芳、李德福、战广学、薛大国、张如新、刘肖燕、姜世甲等。

三、调迁发电经历

1．在黑龙江佳木斯投产

1955年4月，在苏联专家的协助下，机组由哈尔滨电业局组织安装、调试。1955年6月，机组在佳木斯电厂投入运行，实现首次发电。

佳木斯造纸厂和佳木斯制糖厂是国家"一五"计划重点建设项目，当时仅有2000千瓦容量的佳木斯发电厂，远不能满足企业生产的需要。列车发电厂的投产，有效地缓解佳木斯用电的紧张局面。

机组投产后，因存在转子匝间短路问题而不能满负荷运行。运行1年后，1956年6至8月间停机，对发电机、汽轮机解体大修。消除了发电机匝间短路和汽轮机叶片及低压缸缺陷，机组恢复铭牌出力。至 1957 年 1 月底，共发电 1552 万千瓦·时。

2. 调迁河北通县

由于北京缺电严重，由铁道部运输局军运科指挥调度。1957 年 4 月，电站从佳木斯，调到河北通县（现属北京）行程 2000 公里。甲方是北京电业管理局。

电站在此服务 1 年余，发电 2141.5 万千瓦·时，之后调往保定。

3. 调迁河北保定

保定地处河北省中部，古称"保定府"，是历史悠久、文化底蕴深厚的古城，也是列车电业的发祥地。

1958 年 5 月，电站调到保定并网发电，甲方是保定电力局。在保定服务两年，累计发电 3892 万千瓦·时，有力地支持了当地的经济发展和民生用电。

4. 调迁甘肃酒泉

酒泉为甘肃省地级市，位于甘肃西北部，新中国石油工业和核工业发祥地。

1960 年 5 月，电站奉命从保定调到甘肃酒泉，甲方是甘肃酒泉钢铁公司。酒泉钢厂始建于 1958 年，是国家"一五"期间重点建设项目。当时电网尚未健全，电站的到来缓解了酒泉钢铁公司缺电的局面，支持了酒泉钢厂的生产。

1961 年 7 月，因 3 台锅炉炉排严重损坏，返回武汉基地大修。电站在此服务 1 年余，发电 721.5 万千瓦·时。

5. 二次调甘肃酒泉

1962 年 5 月，电站大修后，奉命从武汉二次调到甘肃酒泉，为酒泉低窝铺 596 工程 404 厂发电。甲方是二机部十四局。596 工程是核生产计划代号，404 厂是原子能联合企业。

在 404 厂的大力支持下，机组安装进行得很顺利。电站开机发电后，仍满足不了军工企业用电需求。1963 年 12 月，12 站也调到酒泉，按列电局的要求，两站合并统一领导，共同为 404 厂发供电。

1966 年 6 月，404 厂自备电厂投产后，电站停机待命。1 站在此服务 4 年余，累计发电 4359 万千瓦·时，为国家第一颗原子弹成功试验作出特殊贡献。

6. 调迁甘肃陇西

1967 年 1 月，电站调到甘肃陇西，甲方是冶金部 113 铝合金加工厂。该厂地处陇中黄土高原中部，渭河上游，是西北地区最大的铝加工基地，主导产品与航空军工企业配套。电站为 113 厂单机发供电，无电网依托。有力地支援了三线军工企业生产。

该站在此服务 3 年余，累计发电 1921.4 万千瓦·时。甘谷电厂投产后，113 厂有了可靠的电源，1970 年 8 月，该站返回西北基地大修。

7. 调迁四川泸沽

泸沽镇位于四川与云南交界处，隶属四川省凉山州冕宁县。1970年12月，电站从西北基地调到四川泸沽，甲方是四川泸沽铁矿。泸沽铁矿始建于1966年，属国有重点企业。电站的到来，解决了铁矿的供电不足问题。

1972年2月，附近水磨沟水电站投产。水电部曾调1站去西昌发电，后因西昌供电紧缺问题缓解，1972年7月，又改调1站返保定基地大修。

该站在此服务1年余，发电187.6万千瓦·时。

8. 调迁北京房山

1973年9月，电站由保定基地调到北京房山。甲方是北京煤矿机械厂。1972年，京津唐电网供电紧张，工矿企业不能正常生产。为了保证煤炭生产和援外任务的完成，北京市革委会工交组租用列车电站，租期为5年。

由于当时的能源供应条件，需要将燃煤锅炉改装成燃油锅炉。经过3个月的改造、安装、调试，1974年1月28日正式并网发电。1978年12月31日，5年合同期满，双方又签订4年的续租合同。

该站在此发电8年余，累计发电20531.7万千瓦·时，对煤矿机械厂的生产发挥了重要作用。

四、电站记忆

1. 隆重投产位居列电序列之首

1955年4月，电站成套设备从苏联进口后，在佳木斯发电厂安装，被称为哈尔滨电业局列车发电厂。哈尔滨电业局选派技术骨干组成的安装队，在苏联专家的协助下，开始紧张的安装工作。在没有吊车的条件下，利用卷扬机及人拉肩扛，将输煤机以及烟囱、煤斗等大件设备安装在3台锅炉的顶部。安装工作持续一个多月，6月1日完成安装、调试，投产试运行。

6月12日，举行了隆重的投产典礼。所有电站安装试运人员、佳木斯电厂职工，以及苏联专家等1000余人参加了典礼。黑龙江省委书记欧阳钦、省长韩光等领导亲临现场，为电站投产剪彩，并慰问和感谢苏联专家及所有参加安装试运人员。社会各界人士的代表也应邀参加了典礼。电站在热烈的气氛中正式投产发电。

1956年3月，列车电业局成立，哈尔滨电业局列车发电厂由于容量大、机组新，又来自苏联，被编为"列车电业局第1列车电站"。

2. 消除先天缺陷恢复铭牌出力

机组投产后，发现不能满负荷运行，只能达到额定功率的 85%，其原因是汽轮机、发电机转子线圈都存在先天性缺陷。对此苏联专家也予以承认。之后发现机组为二战时期用过的旧机组，厂长王桂林等就此提出索赔要求。苏联曾派专业人员对机组检修，但仍无效果。

机组断续运行一年后，于 1956 年 6 至 8 月间停机大修，处理存在缺陷。汽轮机揭盖后，发现速度级两排叶片中存在严重扭曲、变形、残缺等损坏，低压汽缸下部有一条 100 多毫米长的裂纹，对这些缺陷逐一进行修复；发电机解体后，拆除转子线圈，找出短路部位，重新做绝缘处理。这次大修消除多项缺陷，经开机试验，机组各项参数恢复正常，达到铭牌出力。

3. 为国防工业作出特殊贡献

1962 年 5 月，1 站再次开进甘肃酒泉，为核工业基地的 404 厂发电。对外说是酒泉，其实在玉门关以西 60 多公里的荒漠戈壁上，名为低窝铺。那里气候严酷恶劣，干旱少雨，温差极大，没有树木，寸草难生，只有沙蓬和芨芨草的点滴绿色抹在荒漠戈壁上。电站厂区和生活区距离 404 一厂只有 1 公里，与二厂、三厂相距 15 公里。

职工们恪尽职守，精心操作，始终保持机组在安全良好的运行状态。锅炉工段提前改造了 3 台炉的省煤器、过热器，提高了热效率，降低了燃煤消耗。4 年中坚持安全满发多供，没有发生一起责任事故。

1964 年 10 月 16 日，我国第一颗原子弹成功爆炸。中央军委、国防科工委、甘肃省委以及兰州军区领导到场祝贺。孙玉泰、管金良、高文纯、宫振祥、苏振家等被邀请参加。会后还举办了庆祝宴会。1、12 站分别受到表彰，每人奖励 10 元现金和 10 斤植物油。

4. 果断处置事故和突发事件

1 站在甘肃陇西为 113 厂单机发供电，无电网依托。1968 年年初，一台锅炉因炉排拉断而被迫停炉抢修。为减少停炉时间，工段长王兴没等炉膛温度完全降下来，就带领刘德林等两名工人，身披蘸过水的草袋，钻进炉膛抢修。在炉膛七八十摄氏度烘烤、时有未燃尽煤屑掉落情况下，将炉排修复，及时投入正常运行。

电站在四川泸沽发电时，厂址选在成昆线铁路东北侧、与成昆铁路平行的山坡中部，山坡的两侧挖有排水沟。1972 年 6 月底，下了一整天的大雨，次日凌晨 3 时 40 分，山体发生滑坡，山石直扑发电列车。值班人员果断处置，机组安全停了下来。泥石流的主流正对着配电车厢，配电车脱轨移位，由于车厢之间有主蒸汽管道相连，未被推倒，铁轨成了 S 型。电站澡堂被堆埋冲毁，所幸无人员伤亡。除铁轨由铁路专业人员修复外，现场大量的滑坡山石，都由电站职工清理平复。

5. 解决设备疑难问题

循环水泵叶轮是易损件，但没有备件及图纸，如果损坏，只能连同泵体一同更换。大学毕业的张昭泗负责汽机工段的技术工作。为节约生产成本，他在检修期间，对循环泵叶轮进行测绘，由水泵厂按图纸加工，定制叶轮。

汽轮机后轴承底座因有砂眼长期漏油。技术员张昭泗测绘了轴承底座的图纸，到渡口（现改为攀枝花）钢厂铸造，解决了苏制轴承润滑油长期泄漏问题。

电站在泸沽发电时，铁道兵正在修建通往西昌卫星发射基地的铁路。施工部队的4台柴油发电机，无法解决并机运行技术问题，找电站求助。电站指派电气工段徐琦和于德利，帮助他们解决了并机运行难题，受到部队的赞誉。

6. 创建大庆式企业

1973年9月，1站奉命调到北京房山，为北京煤矿机械厂发电。厂领导带领职工搭建木板房，安装机组，按照甲方要求对锅炉进行燃煤改燃油改造。职工们对设备精心维护，认真巡查，始终保持安全满发多供。截至1978年4月，创造了锅炉工段安全运行1000天无事故、汽机工段安全运行2000天无故障的好成绩，被命名为"全国电力工业大庆式企业"，受到列电局表彰。

在1976年唐山大地震中，职工们坚持安全生产，大力支援灾区抗震救灾，被北京市评为抗震救灾先进集体，厂长谢希宗被评为抗震救灾先进个人，并出席在人民大会堂召开的抗震救灾表彰大会。

7. 为列电培养输出骨干力量

为了承接从苏联进口的第一台电站，电业管理总局提前半年就从全国电力系统中抽调了一批技术骨干，从中选派王桂林、李恩柏、张兴义、张静鹗、范世荣、安守仁、郭广范、张增友、周国吉、李元孝、周春霖、何立君、王克均、唐存勖、李应棠、周冰、赵陟华、葛君义等18名人员，到苏联培训学习。

这批技术骨干回国后，王桂林担任这台电站的首任厂长，其他人员担任各车间的主任或技术骨干，参加了由苏联专家指导的机组安装、调试和试运行。投产后由他们组织领导电站的生产工作，以后陆续走上列电系统领导岗位。为适应列电事业的快速发展，1958年以后，电站组织机构进行改革精简，原来的车间改为工段，科室改为小组。骨干人员不断支援新建电站，定员由当时的100人左右缩减为60余人。

建站28年，1站为各电站、基地、电校等单位，输送领导干部和技术骨干100余名，为列电事业的发展壮大作出历史性贡献。

五、电站归宿

1981 年 5 月 8 日，就电站归属问题，北京煤矿机械厂向煤炭部书面汇报，请求将电站拨给该厂长期借用。随后，煤炭部向电力部发出（81）煤制字第 810 号文，要求将 1 站调拨给北京煤矿机械厂。

1982 年 1 月 20 日，电力部以（82）电生字第 4 号文通知煤炭部，同意于合同期满后，将人员及设备无偿调拨。1982 年 8 月 23 日，列电局与煤矿机械厂达成 1 站调拨协议书。

1982 年 8 月 31 日，水电部以（82）列电局计字第 480 号文，决定 1 站调拨给北京煤矿机械厂。1983 年 1 月 1 日，列电局与煤矿机械厂正式办理移交手续，自此 1 站成为煤机厂的一个生产车间。

电站移交煤机厂后，发电至 1985 年 2 月，淘汰原锅炉，更新燃油锅炉，继续发电至 1997 年。

第二节

第 10 列车电站

第 10 列车电站，1957 年 6 月组建。机组 1958 年年初从苏联进口，同年 4 月，在黑龙江省哈尔滨市安装、投产。该站先后为黑龙江、吉林、山东、山西、湖北等 5 省 6 个缺电地区服务。1983 年 8 月，机组调拨给煤炭部伊敏河矿区，人员由华中电管局安置。建站 26 年，累计发电 4.11 亿千瓦·时，为国家的国防事业、重点工矿企业建设作出重要贡献。

一、电站机组概况

1. 主要设备参数

汽轮机为冲动凝汽式，苏联克鲁日斯基工厂制造，额定功率为 4000 千瓦，过热蒸汽压力 3.33 兆帕（34 千克力 / 厘米^2），过热蒸汽温度 435 摄氏度，转速 3000 转 / 分。

发电机为同轴励磁、空冷式，苏联基洛夫电力工厂制造，额定容量 5000 千伏·安，频率 50 赫兹，功率因数 0.8，额定电压 6300 伏，额定电流 458 安。

锅炉为水管抛煤链条炉，苏联布良斯克运输机械制造厂制造，额定蒸发量 3×8.5 吨／小时，过热蒸汽压力 3.72 兆帕（38 千克力／厘米²），过热蒸汽温度 450 摄氏度。

2. 电站构成及造价

机组由汽轮发电机车厢 1 节、配电车厢 1 节、锅炉车厢 3 节、水处理车厢 1 节、水塔车厢 4 节构成。

辅助车厢：修配车厢 1 节、办公车厢 1 节、寝车 1 节、平板车 1 节。

附属设备：20 吨电动轨道吊车 1 台、40 千瓦（54 马力）履带式铲车 1 台、55 千瓦（75 马力）柴油发电机 1 台、120 万能车床 1 台。

机组设备造价为 707.1 万元。

二、电站组织机构

1. 人员组成

电站组建初期，队伍以 1 站接机人员为主组成。按列电局要求，10 站与 12 站人员合并，统一管理，对外称 10 站。

1958 年 8 月，在哈尔滨平房的 10、12、17、18 站人员合并，统一管理。由于人员严重短缺，在当地招收 100 余名新学员。1959 年 10 月，分配来电校毕业生、招收地方学员作为补充人员。

电站职工定员 77 人。

2. 历任领导

在哈尔滨平房电站群发电期间，电站领导由列电局分站任命，4 个电站统一领导，分工负责。

自 1957 年 6 月组建到 1982 年落地，列电局先后任命王桂林、张增友、宋玉林、张桂生、陈嘉芝、王维先、张彩、张喜乐、范惠智、李绍文、张贵堂等担任该站党政领导。

3. 管理机构

（1）综合管理组（综合办公室）。

历任组长：肖月堂、张德林。

历年成员：张长发、姚维兰、叶年治、赵惠云、王儒、张聚臣、林莉、宋锦荣、李会贤、范桂芳、郑殿甲、崔存石、郭树清、郑德蓉、陶德祥、郑玉山、王永生、李希先。

（2）生产技术组（生技股）。

历任组长：赵陟华、张增友、陈德义、谢希宗、刘明远、李顺东、王奇昌。

历年成员：臧尔谦、徐学琴、朱若虹、徐长发、童喜林、郭忠堂、李福湖。

4．生产机构

在哈尔滨平房发电期间，4台机组统一建制，集中管理。为适应分站需要，1959年3月，将机、电、炉各1个车间，分成各2个车间，同年6月，又分成各4个车间。7月以后，车间改为工段建制。

（1）汽机工段（车间）。

历任工段长（主任）：陈德义、崔富、谢希宗、隋光华、闵恩营、刘宝生、陈维祥、刘宝臣、张贵堂、刘跃华。

（2）电气工段（车间）。

历任工段长（主任）：宋玉林、张兴义、崔振华、傅相海、王春富、李焕新、唐凤羽。

（3）锅炉工段（车间）。

历任工段长（主任）：周国吉、周春霖、李顺东、李家骅、吴长龄、李绍文、戚务田、刘志民、安智仁。

（4）热工室。

历任负责人：谢时英、李胜功、余世雍、李秀英、王克俭、王伏林。

（5）化验室。

历任负责人：周冰、田发、李秀云、李宗民、王保国。

5．工团组织

历任工会主席：陈士平、谢希宗、张彩、吴长龄、张贵堂。

历任团支部书记：田发、谢希宗、张聚臣、崔存石。

三、调迁发电经历

1．在黑龙江哈尔滨平房投产

平房区位于哈尔滨市南部，距市区中心25公里，是哈尔滨市市辖区。

1958年年初，机组从苏联引进，同年4月，在平房安装后与12站并列发电。10站与12站均由哈尔滨电业局租用，甲方是黑龙江电业局。

1957年10月26日，列电局（57）列电局办字1347号文件，要求10站与12站在哈尔滨的人员、行政、生产机构合并，统一管理，对外称10站，由10站厂长王桂林全面负责。

第二章

苏联机组

87

1958 年 6 月和 8 月，17、18 站与 10、12 站并网发电。4 台电站组成电站群，总装机容量 1.3 万千瓦，主要用户为 101 厂，属军工企业，生产军机用铝合金材料。

10 站在此服务 18 个月，累计发电 4522.5 万千瓦·时。1959 年 8 月至 10 月，哈尔滨热电厂两台 2.5 万千瓦机组投产，电站完成任务，4 台电站先后调离。

2. 调迁黑龙江牡丹江

牡丹江市，位于黑龙江省东南部，为黑龙江省地级市。1959 年 10 月，电站调到牡丹江市，并入 35 千伏电网，为新建的钢铁公司供电。甲方是牡丹江电业局。

10 月的牡丹江，已进入初冬，职工住房尚未完工，家属及带孩子的女职工只能留住哈尔滨。职工只身来到牡丹江，住进原日本兵营的木板仓库后，立即投入紧张的设备安装工作。11 月 5 日，电站在钢铁公司高炉投产前并网发电。市委书记和电业局领导到电站祝贺，并向职工表示慰问。11 月中旬，3 间检修室和推土机库相继完工，单身职工蜗居寝车和检修室度过第一个寒冬。

1960 年 8 月下旬，牡丹江地区遭遇特大洪水，电站被淹，人员安全转移。灾后仅用 28 天，就消除水患，检修好设备，机组正常启动，顺利并入电网，恢复送电。

10 站在此服务 3 年余，累计发电 5633.29 万千瓦·时。

3. 调迁吉林蛟河

蛟河县位于吉林省东部，长白山西麓。1963 年 2 月，电站调到吉林蛟河奶子山镇，为蛟河煤矿发电，甲方是蛟河煤矿。

1965 年，10 站设备大修，在检修锅炉引风机、水膜除尘器风道时，需要钢板加工。锅炉工段长刘志民带领职工一起自制卷板机，解决了卷板问题。

电站在此服务 4 年余，累计发电 6460.3 万千瓦·时，支援了蛟河煤矿的生产。1967 年 5 月返保定基地大修。

4. 调迁山东济宁

1971 年 7 月，根据水电部（71）水电电字第 46 号文件，10 站调到山东济宁地区发电，甲方是济宁电力局。

济宁市位于山东省西南部。由于国家战备需要，济宁地区进行战备机场山洞机窝的紧急施工。当时济宁电厂工程尚未完成，电力供应严重不足，战士们需要打着马灯施工。根据国防科委和国家计委的要求，水电部调 10 站到济宁，为战备机场以及新建电厂施工供电。

经过紧张安装调试，当年 8 月并网发电。电站在此发电 3 年，累计发电 5828.5 万千瓦·时，为战备机场建设作出特殊贡献。济宁发电厂投产后，电站调往山西。

5. 调迁山西大同

为解决大同矿务局用电需要，1974 年 4 月 6 日，水电部以（74）水电生字第 20 号文，决定调 10 站由济宁到大同发电。1974 年 7 月，电站调到山西大同，主要为口泉煤矿发电，甲方是大同矿务局。

在唐山抗震救灾中，电站接到列电局命令，派人员带着燃油、食品等救灾物资，连夜赶赴唐山灾区，抢救伤员。

电站在大同服务 4 年余，累计发电 11958.7 万千瓦·时。1979 年 2 月，按水电部（79）水电生字第 8 号文件要求，电站返武汉基地大修。

6. 调迁湖北安陆

安陆县位于鄂中腹地，属孝感市管辖。1980 年 2 月，10 站从武汉基地调到湖北安陆，甲方是五七纺织厂。电站为五七纺织厂发电近 3 年，累计发电 6652 万千瓦·时。

四、电站记忆

1. 电站群时期的生产管理与业余生活

在哈尔滨平房区组建电站群初期，4 台机组在一地发电，管理干部和生产人员严重不足。在当地突击招收了 100 多名学员，经过两三个月的技术培训，即上岗值班，与老职工共同担负起 4 台机组的发电任务。

进入第一个冬季，因为机组新投运，设备异常和事故时有发生，许多职工下班后，主动参加车间设备检修、处理设备缺陷或事故抢修。车间干部和老职工对学员值班不放心，常常两三天不回家，住在厂里，在现场巡视，帮助和指导他们操作。新学员勤奋学习，较快地掌握了监控和操作技能。

根据运行需要，电站群设立运行值长，对 4 台机组的运行管理进行统一指挥。同时增设燃料车间，将上煤除灰由小班制改成大班制，既受车间领导，又服从于值长的调度指挥。经历第一个严冬后，电站的生产秩序进入正常平稳状态。

电站群近 300 名职工中大多数是单身，搞好职工业余生活是一件重要的事情。在列电局领导的支持下，拨专款购置多种乐器，每周末举办舞会，生活区内设立篮球场地、乒乓球台，党支部、工会定期组织比赛活动。

1958 年秋天，101 厂邀请电站参加运动会，电站的篮球队荣获第四名，职工赵国良获得乒乓球单打冠军，不足 300 人的电站选手与拥有万人的 101 厂的选手比拼，能取得这样的好成绩令人钦佩。

2. 经受洪水考验

1960 年 8 月下旬，牡丹江流域大面积暴雨，牡丹江市部分地段出现内涝，防洪形势严峻，固堤抢险成为全市的中心工作。电站受命，保障江边防汛护堤的供电。牡丹江超过警戒水位，上游部分地县遭水淹。24 日，受洪水冲击，大面积溃堤。

当日，按照钢铁公司防汛指挥部的指示，厂长张增友果断下令，职工及家属全部转移上车。180 多人有组织地提前转移到电站生产车厢。不久洪水水位达到 2 米多高，职工住房全部淹没，机组被迫紧急停机。地势较高的生产车厢里水深也有 1.5 米左右。人们都爬到锅炉顶部，避免了人员伤亡。

水灾后，地市领导提出钢铁公司 40 天恢复生产，要求电站保证提前供电。电站对电气线路、元器件、端子排进行测试检修，对转动机械的轴颈、轴承等设备就地清洗防腐，把被水浸过的电机运往牡丹江发电厂大修。

职工们每天要从暂住地往返 14 公里到厂区，投入"恢复生产、重建家园"的紧张工作中。没有更换一个部件，没有报废一台设备，灾后第 28 天机组就正常启动，并入电网，实现了提前恢复送电的要求。

3. "文革"对电站调迁的影响

1967 年 5 月，10 站返回保定基地大修。电站大修后，水电部决定调 10 站到河北邢台煤矿发电。因"文革"中派性斗争，电站两个群众组织意见不一，只有一派职工遵照调令到达邢台煤矿，而机组和另一派职工滞留保定基地 4 年之久。其间，列电局派工作组，协同保定基地、保定市、保定地区、河北省革委会对两派组织频繁做工作，但调迁仍未成行，水电部被迫废除该调令。

1971 年 6 月，根据国防科委和国家计委的要求，水电部列电局决定改调 10 站到山东济宁为战备机场施工供电。济宁地区革命生产指挥部军代表，以及在机场施工的 8011 部队军代表，分别给在邢台和保定的两派职工做工作，使他们认识到国家战备需要的重要性和急迫性，求同存异，进行大联合，赴山东济宁执行发电任务。

4. 经济困难时期的职工生活

10 站在牡丹江发电期间，正值国家经济困难时期，副食品短缺，职工营养不良。在当地电业局和钢铁公司的支持下，电站养三头猪、十几只羊。还自己制作板车，去乡下买两头毛驴，担负电站生产生活物资运输任务。

面对饥荒，职工们采取各种措施，去山上采来树叶，掺入玉米面中充饥。1960 年至 1961 年冬，电站两次到阿城县糖厂求助，买回八九吨甜菜榨糖后的废料"甜菜丝"，与粮食混合加工食品。1961 年冬，在电站围墙外大水坑里，破冰抽水，捞出杂鱼和青蛙六七百斤，改善职工和家属生活。

1971 年 7 月，电站调到济宁。宿舍处在南阳湖区老运河畔，卫生条件不好，蚊虫非常多。初期，不少职工因水土不服，患上肝炎、疟疾、肠胃炎等疾病，造成值班人员短缺，严重影响正常生产。列电局领导及时给电站调配专业医生和汽车，以解决职工家属的应急就医问题。

电站有了汽车，经常去市区采购食品、副食品，定期去兖州肉联厂采购肉食品，丰富职工、家属生活，提高食堂饭菜质量。夏季又自制冰糕机，解决职工防暑降温问题。经过半年多的工作，职工健康状况得到明显好转。

五、电站归宿

根据水电部（83）水电劳字第 17 号文及水电部（83）水电财字第 137 号文的精神，1983 年 3 月，10 站人员由华中电管局安置，除少部分调往其他地方，大部分安置在武汉基地。同年 8 月，机组设备调拨给煤炭部伊敏河矿区。

第三节

第 11 列车电站

第 11 列车电站，1957 年 6 月组建。机组从苏联进口，同年 11 月，在保定装配厂完成安装、试运。1958 年 3 月，电站在福建南平投产，先后为福建、山东两省 3 个缺电地区服务。1983 年 4 月，电站设备及人员成建制调拨给山东滕县发电厂。建站 25 年，累计发电 6.15 亿千瓦·时，为国家经济发展及战备，尤其是对山东枣庄煤炭工业作出重要贡献。

一、电站机组概况

1. 主要设备参数

汽轮机为冲动、凝汽式，苏联克鲁日斯基工厂制造，额定功率 4000 千瓦，过热蒸汽压力 3.33 兆帕（34 千克力/厘米^2），过热蒸汽温度 435 摄氏度，转速 3000 转/分。

发电机为同轴励磁、空冷式，苏联基洛夫电力工厂制造，额定容量 5000 千伏·安，频率 50 赫兹，功率因数 0.8，额定电压 6300 伏，额定电流 458 安。

锅炉为水管、抛煤链条炉，苏联布良斯克运输机械制造厂制造，额定蒸发量 3×8.5 吨 / 小时，过热蒸汽压力 3.72 兆帕（38 千克力 / 厘米^2），过热蒸汽温度 450 摄氏度。

2. 电站构成及造价

机组由汽轮发电机车厢 1 节、电气车厢 1 节、锅炉车厢 3 节、水处理车厢 1 节、水塔车厢 4 节组成。机组出厂时为双列排列，1965 年改为单排列。

辅助车厢：修配车、办公车、寝车，以及吊车附件车、低帮车各 1 节，投产后，列电局为电站配备 2 节材料车。

附属设备：55 千瓦（75 马力）柴油发电机组 1 台，20 吨电动吊车 1 台，随机进口的 40 千瓦（54 马力）推土机 1 台、碎煤机 1 套，万能车床（带摇臂钻床）1 台。

机组设备造价 695 万元。

二、电站组织机构

1. 人员组成

电站组建时，人员由第 2、3、5、6 等电站抽调部分职工，以及淮南电厂、包头电厂、石家庄电厂调来的部分老工人，共计 22 人组成，列电局配备管理和技术人员及各专业负责人。

1957 年 8 月，列电局分配上海动校、西安电校中专毕业生 9 人，12 月，分配技工训练班学员 24 人。1959 年 6 月，分配保定列电动力学院肄业学生 13 人，同期从浙江、福建等地招收学员 107 人。1960 年 9 月至 1961 年年初，先后在山东鲁南地区招进50 人，1972 年和 1975 年，先后在山东招进学员 30 人。

1958 年 6 月，支援 20 站 8 人；1959 年 1 月至 3 月，分两批支援新机 24 站共 32人；1961 年 1 月，支援新机 38 站 66 人；1975 年，支援新 19 站 17 人。

电站定员 77 人。

2. 历任领导

1957 年 6 月，列电局委派田润、李生惠负责组建该站，并分别任命为首任厂长、副厂长。1958 年 6 月至 1981 年 1 月，列电局先后任命孙玉泰、胡德望、席连荣、张桂生、刘子德、尹喜明、余竺林、宋新泽、鲍成训、石建国等担任该站党政领导。

3. 管理机构

（1）综合管理组。

历任组长：张沛、龙秀德、王连池、管昶裕、陈清、李振迎。

历任成员：颜俊珍、李枝荣、吕兴华、魏广德、范红梅、洪淼、卢锡久、陆金龙、赵省华、项永泉、韩月珠、王志贞、唐若蕴、孟金钟、汪彩银、史文玉、骆光金。

（2）生产技术组。

历任组长：郑永忠、魏长瑞、廖汉、许振生、瞿润炎、宋遵道。

历任成员：车导明、何本兆、王俊乙、姬惠芬、张学义、何自治、潘健康、康德龙、王重旭、裴悌云、徐武英、刘光裕、苏东京、马恩波。

4. 生产机构

（1）汽机工段。

历任工段长：孙玉泰、范奎凌、王凤梧、远玉岱、裘东平、王通和、韩国英。

（2）电气工段。

历任工段长：胡德望、庞明凤、季祥生、郑源芳、卢久明。

（3）锅炉工段。

历任工段长：刘芝臣、席连荣、王良祥、彭芳风、宋新泽、朱廷国、李杰、俞凤兴、谢景福、李保胜、李绪刚。

（4）热工室。

历任负责人：王俊乙（兼）、裴悌云、李国珍、徐井水、邵钦岳。

（5）化验室。

历任负责人：罗时造、刘光裕（兼）、刘纯福。

5. 工团组织

历任工会主席：孙玉泰、庞明凤、宋新泽、张荣科。

历任团支部书记：何自治、刘振旺、王连池、史文玉、孟金钟、倪诗勇。

三、调迁发电经历

1. 首调南平

南平属福建省地级市，地处福建北部，位于闽、浙、赣三省交界处。1958年1月初，11站奉命从保定调迁至南平，在该市后谷发电，甲方是南平电厂。电站主要为新建的南平造纸厂发电。

南平造纸厂属国家重点项目，是全国三大新闻造纸厂之一。11站发电后，成为南平造纸厂初期试车的供电主力。同年年底，古田溪水电站机组投产，南平的缺电情况得到缓解。该站在此服务近1年，发电2225万千瓦·时。

2. 急调三明

三明属福建省地级市，位于福建省中部，北距南平约 100 公里。

1958 年 12 月下旬，11 站接到紧急调令，要求该站立即退出南平电网，以最快速度调迁至三明，支援福建首座炼钢厂——三明钢厂，保证钢厂在 1959 年元旦投产。甲方是正在建设的三明电厂筹备处。

1958 年 12 月底，电站主车到三明新厂址，开始紧急安装。29 小时即完成安装、发电，保证三明钢厂元旦出钢。1959 年 7 月，27 站奉命调来，接替 11 站。11 站随即退出三明电网，在三明期间发电 362.5 万千瓦·时。

电站在三明为福州电厂代培 30 名学员。1959 年 6 月，发生电站擅留委培人员之事，委培单位将此事反映到水电部。水电部于 6 月 13 日，以（59）水电劳字第 126 号文，要求列电局将代培人员送回原单位。列电局要求 11 站与委培单位协商。经协商，委培单位同意留电站 10 名，将其余 20 名送回原单位，此事得以解决。

3. 长供鲁南

1959 年 7 月下旬，电站奉命由福建三明调迁山东鲁南枣庄，厂址位于枣庄市滕县官桥。甲方最初是官桥矿务局，1961 年以后该局撤销，改为枣庄矿务局。

在调迁途中，因发生轮对烧瓦，去汉阳修车轴，又因列车超高，枣庄薛城一座铁路桥过不去，在徐州揭去机炉车厢顶盖，所以途中断断续续行车达两个月之久。1959 年 9 月，到达官桥，安装调试，10 月 3 日正式运行发电。

电站主要为枣庄矿务局八一煤矿供电，一直租用到 1983 年 4 月电站落地，落地后继续发电一年。11 站在官桥八一煤矿发电近 24 年，创列电系统在一地发电时长纪录，累计发电 58864.8 万千瓦·时。

20 多年中，11 站对枣庄矿务局建设和生产，以及煤炭出口创汇作出重要贡献。11 站多次被八一煤矿、枣庄矿务局评为先进单位。1963 年年底，宋新泽被评为山东省劳模，出席省群英会。1976 年电站获山东煤炭工业局颁发的奖状。1979 年电站被命名为全国电力工业大庆式企业。

四、电站记忆

1. 保定初装庆落成

1957 年 9 月，11 站成套设备从苏联进口，9 月 12 日到达列电局保定装配厂，安装试运。列电局局长康保良及各部门对电站的筹建和新机安装非常重视，及时配备电站领导，配齐各车间负责人，并从几个老电站和固定电厂调配有丰富经验的老工人。

其中，从老 2 站抽调管理干部、技术人员和老工人共 12 名。建站初期，职工已达 83 人，各岗位人员均能配套。

在安装、调试和试运期间，苏联厂家布良斯克机器制造厂派来专家组进行技术指导，包括组长副总工程师巴什玛尼奇科夫、汽机专家安德烈依奇科夫、电气专家什茨科考、锅炉专家法米钦科、化验专家玛洛佐娃（女），共 5 人。列电局为他们调配了以杨志超为组长的翻译小组。

1957 年 9 月 14 日，机组开始安装，10 月底完成安装调试。试运时，因保定电网系统原因不能并网，采用由车导明设计的水抵抗装置，利用保定装配厂北侧清水河的水源作负载，调整发电机组负荷。列电局与苏方办理了交接手续。

1957 年 11 月 4 日，列电局隆重召开庆祝大会，举行电站落成典礼。局长康保良、苏联专家组长巴什玛尼奇科夫、电站厂长田润，在大会上作了热情洋溢的讲话。康局长宣读周恩来总理给苏联专家的慰问信，并邀请他们参加在北京举行的十月革命 40 周年庆祝大会。当晚在列电局礼堂举办联欢会。11 月 5 日，《保定日报》头版报道了 11 站落成典礼的盛况。

图 2-1 为 11 站在列电局保定装配厂安装后试运行。

2. 发电练兵在南平

11 站在南平主要供南平造纸厂用电。南平造纸厂设计日产新闻纸 50 吨，有数台 1400 千瓦的磨木机，电站为主力电源。在该厂试车投产阶段，电站机组负荷波动甚大，机组经受了较大负荷波动的考验。坚持数月后，古田溪水电站投运，电网才趋于稳定。为感谢电站贡献，该厂将一卷初产新闻纸样品，作为礼物赠送给电站。

1958 年 6 月，福建前线日趋紧张。电站成立以厂长田润为连长的民兵连。还从青工中抽调骨干力量，成立基干民兵排，由团支部书记何自治任排长。车间主任孙玉泰、胡德望、席连荣任普通民兵排长。

南平的备战，军事化的训练，提高了职工素质，锻炼了职工队伍。电站在南平首发投运后，就创

图 2-1　11 站在保定装配厂安装后试运行

造了 200 天安全运行纪录。

1958 年 7 月，席连荣由列电局推荐，参加水电部先进生产者大会。

3. 快速发电受表彰

1958 年 10 月，田润厂长调走，新提升的孙玉泰、胡德望、席连荣继任厂长、副厂长。1958 年 12 月下旬，电站接到紧急调迁命令，要求电站赶赴三明，保证 1959 年元旦前发电，以确保三明钢厂元旦出钢。

厂领导先后召开各车间负责人及技术员、老工人会议，作出周密部署，各车间制订具体计划，拆装工作责任到人，管道、电缆接头作好记号，并详细记录，为快速安装创造条件。

三明距南平约 100 公里，职工乘长途汽车赶到三明新厂址，12 月 30 日，电站主车在三明新厂址定位。全厂职工立即拉电缆、吊管道，开始紧张有序的安装。全员上阵，没有轮班，苦战 29 小时，完成安装调试，一次启动成功。1959 年元旦，机组以专线向三明钢厂供电。三明钢厂于 1959 年元月 2 日炼出福建省第一炉钢。

电站发电，钢厂出钢，福建省水电厅授予电站一幅长约 3 米、宽 1 米的大红锦旗。水电部授予电站"列车电站是尖兵，快拆快装快运行"的锦旗。以宋新泽为队长的青年突击队被授予"青年野战军"称号。三明钢厂给电站每个职工发放奖金 10 元。三明热电厂（甲方）筹建处召开庆祝大会，为电站庆功并联欢。

电站团支部书记何自治获福建团省委"红旗青年突击手"奖章。电站青年集体及个人的表彰事迹，在《三明日报》报道。

4. 满发长供鲁南情

山东省枣庄地区，是鲁南煤炭储量丰富的产煤区。11 站自 1959 年 9 月在官桥八一煤矿发电，至 1983 年落地，历时 23 年零 6 个月，创下列车电站在一地发电时间最长的纪录。

电站刚调迁至官桥时，正值三年困难时期，最艰苦时只能吃到为数不多的野菜饼。职工多数是来自浙、苏、闽、粤的南方人，他们克服了种种困难，坚守发电岗位。"文革"时期，枣庄矿区曾停产 22 天，社会秩序混乱，电站仍坚持发电不停产，保证矿区职工及家属的基本生产、生活用电。

1974 年机组大修后，电站设备经过改进完善，长期坚持满发满供。1976 年至 1981 年 6 年间，累计发电 19350.8 万千瓦·时，在列电同类机组中居领先地位。1977 年，列电局在该站召开现场会，推广 11 站连续多年满载运行的先进经验。

1983 年 2 月 26 日，水电部（83）水电劳字第 19 号文，决定将 11 站设备及人员移交山东省电力局。根据 1983 年 4 月 2 日，山东省电力局（83）鲁电劳字第 255 号文，11 站机组及 89 名职工并入滕县发电厂统一管理。11 站更名为山东滕县发电厂官桥列车电站，继续发电。1983 年 12 月 31 日，机组调拨海南海口市，电站人员考虑个人愿望，由山东省电力局妥善安排。

11 站移交山东省电力局后，89 名职工具体安置情况如下：

陈忠华等 8 人调至滕县地方，石建国等 57 人调至山东邹县电厂，张凉等 8 人调入枣庄十里泉电厂，鲍成训等 6 人调至枣庄矿务局官桥机厂，徐光祥等 10 人调至兖州矿务局。

机组在海口发电 14 年后，于 1998 年停止发电。

第四节

第 12 列车电站

第 12 列车电站，1957 年 6 月组建，机组 1958 年年初从苏联进口。是年 5 月在黑龙江省哈尔滨市安装、投产。该站先后为黑龙江、安徽、甘肃、内蒙古 4 省区 6 个缺电地区服务。1983 年 10 月，机组调拨给内蒙古扎赉诺尔矿务局。建站 26 年，行程 2 万余公里，累计发电 4.66 亿千瓦·时，为国家国防工业、重点工矿企业建设作出重要贡献。

一、电站机组概况

1. 主要设备参数

汽轮机为冲动凝汽式，苏联克鲁日斯基工厂制造，额定功率为 4000 千瓦，过热蒸汽压力 3.33 兆帕（34 千克力 / 厘米 ^{2}），过热蒸汽温度 435 摄氏度，转速 3000 转 / 分。

发电机为同轴励磁、空冷式，苏联基洛夫电力工厂制造，额定容量 5000 千伏·安，频率 50 赫兹，功率因数 0.8，额定电压 6300 伏，额定电流 458 安。

锅炉为水管抛煤链条炉，苏联布良斯克运输机械制造厂制造，额定蒸发量 3×8.5 吨／小时，过热蒸汽压力 3.72 兆帕（38 千克力／厘米²），过热蒸汽温度 450 摄氏度。

2. 电站构成及造价

机组由汽轮发电机车厢 1 节、配电车厢 1 节、锅炉车厢 3 节、水处理车厢 1 节、水塔车厢 4 节组成。

辅助车厢：修配车厢 1 节、办公车厢 2 节、后配材料车厢 1 节。

附属设备：20 吨铁道电气吊车 1 台，40 千瓦（54 马力）推土机 1 台，碎煤机 1 台，55 千瓦（75 马力）柴油发电机 1 台，苏式车床、牛头刨床、35 毫米摇臂钻床各 1 台。

电站设备造价 696 万元。

二、电站组织机构

1. 人员组成

建站初期，职工队伍由 1、2 站等电站接机人员组成。

1958 年，在哈尔滨招收 15 名学员；1962 年，分配保定电校毕业生 10 名；1967 年，分配大连电校毕业生 7 名；1971 年，在满洲里扎赉诺尔地区招收学员 24 名；1976 至 1979 年，先后分配保定电校毕业生 13 名。电站老职工陆续调回原籍，职工人数基本保持在 80 人左右。

电站定员为 77 人。

2. 历任领导

在哈尔滨平房电站群发电期间，电站领导由列电局分站任命，4 个电站统一领导，分工负责。

自 1957 年 6 月组建到 1982 年落地，列电局先后任命郭广范、张兴义、崔富、高文纯、管金良、荆树云、张文忠、周冰、乔勤、刘万山、彭玉宗等担任该站党政领导。

3. 管理机构

（1）综合管理组。

历任组长：杨保家、刘兰亭、韩春礼等。

历年成员：姜叙全、刘宗敏、乐秀珠、李树武、杨玉林、樊登成、孙汝庚、孙玉华、王世明、孙钊、谢宏、邢守良、王文清、廖复勋、车喜英、薛贵良、赵亚丽、任尚义。

（2）生产技术组。

历任组长：周冰、王生安、宫成谦、惠天祥、刘存德、钱如高、张家寿。

历任成员：周俊峰、崔庆山、闫守正、何自治、赵俊元、王树元、赵宝忠。

4. 生产机构

（1）汽机工段（车间）。

历任工段长（主任）：高文纯、张宝玉、韩志华、曹树斌。

（2）电气工段（车间）。

历任工段长（主任）：张兴义、王太福、潘禹然。

（3）锅炉工段（车间）。

历任工段长（主任）：李元孝、葛春成、黄忠秀、魏克明、赵泮增。

（4）热工室。

历任负责人：陈云书、高文勇、赵宝忠。

（5）化验室。

历任负责人：周冰、孙丽兰、李怀伦、亓汝爱、周秋季。

5. 工团组织

历任工会主席：魏克明、田从文、闫守正。

历任团支部书记：李德田、马德会、张向奎、邢守良。

三、调迁发电经历

1. 在黑龙江哈尔滨平房投产

1958 年年初，12 站从苏联进口，在哈尔滨平房安装，同年 5 月投产，与 10 站并列发电。两站由哈尔滨电业局租用，甲方是黑龙江电业局。根据列电局要求，10 站与 12 站合并，统一管理，对外称 10 站，由 10 站厂长王桂林全面负责。

1958 年 8 月，12 站与 10、17、18 站等 4 台电站组成电站群，设立机、炉、电三个车间，以及热化室、生技股、办公室。1959 年 7 月后，哈尔滨热电厂两台 2.5 万千瓦机组陆续投产，电站完成任务，同年 8 月至 10 月，4 台电站先后调出。

12 站在此服务 16 个月，累计发电 4502.3 万千瓦·时。

2. 调迁安徽合肥

合肥地处江淮之间，环抱巢湖。1959 年 10 月，12 站调到合肥，甲方是安徽省电力厅电业局。厂址远离市区，机组在合肥化工厂铁路专用线上。

当时合肥地区严重缺电，电站的到来，有效缓解了电力紧缺的局面。机组 10 月 30 日到合肥，11 月 26 日正式发电。电站职工克服生活环境的各种困难，努力完成发电任务，受到甲方的好评。

电站在此服务近 1 年，累计发电 2400 万千瓦·时。

3. 调迁安徽濉溪

濉溪位于安徽省北部，地处苏鲁豫皖 4 省交界，历史悠久，隶属淮北市。

1960 年 10 月，12 站调到安徽濉溪，甲方是安徽濉溪矿务局。

时值国家经济困难时期，粮食供应十分紧张，职工身体严重营养不良，很多人出现浮肿。濉溪又是疟疾高发区。职工们克服困难，保证设备安全运行。

电站在此服务 3 年，累计发电 3701.44 万千瓦·时。

4. 调迁甘肃酒泉

1963 年 12 月，电站从安徽到达甘肃酒泉地区（对外称兰州），为酒泉低窝铺 596 工程发供电，甲方是二机部十四局（404 厂）。1 站已先期调到此地，两个电站统一领导，并网发电。1 站机组位于核工厂附近 200 米的地方，12 站离核工厂稍远些。

调迁前电站对锅炉省煤器、过热器等设备进行更换，改善设备状况，为安全生产打下基础。电站在这里一直保持安全运行，保证了国家重点项目用电。电站职工在戈壁滩恶劣环境中，服务 3 年余，累计发电 4291 万千瓦·时，为我国第一颗原子弹成功爆炸作出特殊贡献。

1967 年 2 月，电站调西北基地大修。

5. 调迁内蒙古平庄

平庄地处内蒙古、辽宁、河北三省区交汇处，为内蒙古赤峰县级镇。平庄矿务局成立于 1959 年，隶属煤炭部，煤炭地质储量 18 亿吨，属国家大型煤炭企业。1964 年之前，47 站曾在这里发电 6 年。

1967 年 4 月，12 站调到平庄煤矿，甲方是平庄矿务局。当时，正值"文革"期间，电站领导受到冲击。全体职工始终坚守工作岗位，坚持正常发供电。该站在此服务 4 年余，累计发电 8400 万千瓦·时。

6. 调迁黑龙江扎赉诺尔

扎赉诺尔，一般称扎赉诺尔区，简称扎区，属呼伦贝尔盟，由满洲里市代管。扎赉诺尔煤矿，1902 年建矿，当时属黑龙江省煤炭局所辖大型煤炭企业。

1971 年 12 月，12 站根据水电部（71）水电电字第 150 号文，调到扎赉诺尔矿区，甲方是扎赉诺尔矿务局。1977 年年底就地大修，得到列电局及保定基地和甲方的大力支持。

该站为扎赉诺尔矿务局服务 10 年余，累计发电 23326 万千瓦·时。

1. 困难时期坚持安全生产

12 站在安徽濉溪，正值国家经济困难时期，当地粮食极度短缺，除年节外，一日三餐都是混有杂质的红薯面，且不能吃饱，常年没有油水，身体严重营养不良，绝大多数职工出现浮肿。

电站领导千方百计地想办法，从列电局调来大豆煮水喝，与当地农场协调，购买青菜补充粮食不足。为了让职工多吃上几斤地瓜干，上煤除灰工种减少的名额不及时上报。主管部门到电站来审查，发现职工长期营养不良，在身体状况堪忧的情况下仍在坚持工作，很受感动，决定一次性发给职工每人 5 斤全粉面。

为能填饱肚子，职工下河摸河蚌，挖野菜充饥。潘禹然时隔 50 多年，还清楚记得忍饥挨饿的经历，一次和另一位同事去濉溪购买配件，路上饥饿难忍，无奈买 5 斤大葱，两人一路吃光，辣的眼睛流泪，舌头僵硬，很长时间见到大葱就有作呕之感。

濉溪还是疟疾多发区。为了避免感染疟疾，支部书记管金良身上经常背着两样东西——奎宁药片和水壶，一旦发现有发烧迹象，立即送上药和水，有效防治疟疾发生。在艰苦环境下，职工仍能坚守岗位，保证机组安全运行，获得当地政府和群众的好评。

2. 为我国首颗原子弹成功研制发电

1963 年 10 月，一份特殊的调令，调 12 站去西北甘肃，与先期到达的 1 站共同为二机部十四局（404 厂）发电。

404 厂是国防保密单位，实行军事管理。电站进入后，首先进行保密教育，要求职工必须做到"不知道的不问，知道的不说"。仅电站生产厂区就有一个连的解放军负责警戒保卫，出入都要出示证件。生活区距离生产厂区 10 多公里，电站绝大多数是单身职工，都住在生产厂区，活动空间也仅限于生产厂区。严格的保卫措施，使单调寂寞的生活又增添了几分森严和约束。

戈壁深处，一眼望去是无尽的沙漠，气候变化无常。喝的是没有净化的地下水，并有不同程度的污染，后期有 4 成的职工肝脏出现问题。在 404 厂发电的 3 年里，电站职工克服各种困难，保证安全发供电，没有发生一起事故。

1964 年 10 月 16 日，第一颗原子弹爆炸成功。12 站和 1 站分别受到表彰。

3. 不畏严寒解煤矿用电之急

1971 年年底，正值寒冬，扎赉诺尔电厂（两台 1500 千瓦机组），因设备陈旧，

1台停运检修，1台不能满负荷运行，仅能维持井下保安用电。矿务局停产，居民没有照明。12站紧急调到扎赍诺尔矿务局。铁路局一路绿灯，从平庄到扎赍诺尔只用两天时间。扎赍诺尔矿务局也非常重视，派军代表前来接车。

电站到达后立即开始安装。扎赍诺尔属高寒地区，当时气温已是零下40多摄氏度，生活设施不配套，电站职工被临时安排在多处居住。随身携带的衣服难以抵御那里的严寒，车厢如同冰窖寒气逼人。有时因空间狭小无法戴手套工作，如手潮湿，稍不小心碰到冰冷的管道即刻被冻上，轻者冻伤，严重的一块肉皮会被撕下。就是在这样的恶劣条件下，只用7天就安装完毕，一次启动成功，解决了煤炭生产、居民用电之急。

当地政府和矿务局领导称赞电站职工是铁人队伍，在物质条件十分匮乏的情况下，送来牛、羊、鱼、肉，慰问电站职工。

4. 就地恢复性大修打设备翻身仗

1967年4月，12站在西北基地大修后，一直在边疆地区发电，由于供电始终处于紧张状态，致使设备严重失修。1974年年末，列电局对12站领导进行调整。党支部书记乔勤顾全大局，一身正气、敢抓敢管，率先垂范。矿务局用电十分紧张，电站领导审时度势，作出不返厂大修、大打设备翻身仗的决定。

电站选调10多名技术骨干，对设备存在的隐患进行逐一排查，在进行充分准备的基础上，于1977年进行就地大修，列电局及保定基地在人力、物力上给予大力支持，派出各专业优秀人员前来支援。其中4台水塔车除外壳外，全部零部件进行彻底更换。甲方主管矿长亲自到现场，并要求矿务局修配厂对电站加工的零部件要"特事特办，立等可取"。在各方支持下，电站职工全力以赴，只用28天就完成大修任务。大修后设备完好率达到100%，面貌焕然一新。矿务局领导十分满意。

在此基础上，电站又对设备进行自动化升级改造，学习兄弟电站经验，结合12站实际，自筹资金，先后完成电气中央控制盘、汽机集中控制盘、锅炉仪表盘等自动化改造，以及电气设备远程监控、锅炉自动给水、给煤自动调节、蒸发器自动给水、凝结泵自动调节等改造项目。

1977年大修后，12站年年超额完成发电任务，实现安全运行1000天无事故。1978年被评为保定管区先进电站、列电局物资管理先进单位。1980年5月，是列电局向电力部报送的安全生产电站之一，同年被命名为全国电力工业大庆式企业。

1983 年 7 月，根据水电部（83）水电财字第 101 号文，12 站机组设备调拨给内蒙古煤炭厅所辖扎赉诺尔矿务局。

1983 年 10 月，根据水电部（83）水电劳字 126 号文，该站人员由华北电管局、东北电管局负责安置。其中，去河北张家口下花园电厂 26 人，去辽宁锦州电厂 16 人，随机组留在扎赉诺尔 5 人，调到东北基地 4 人。

第五节

第 38 列车电站

第 38 列车电站，1960 年 9 月组建。同年 10 月机组由苏联进口，1961 年 5 月，在山西运城投产发电。该站先后为山西、甘肃、广东、江西、河北及江苏 6 省的 6 个缺电地区服务，1983 年 2 月，机组设备及人员成建制移交给江苏省昆山县。建站 22 年，累计发电 3.10 亿千瓦·时，为国家电力、钢铁等工业建设和生产作出重要贡献。

一、电站机组概况

1. 主要设备参数

汽轮机为冲动、凝汽式，苏联克鲁日斯基工厂制造，额定功率 4000 千瓦，过热蒸汽压力 3.33 兆帕（34 千克力／厘米^2），过热蒸汽温度 435 摄氏度，转速 3000 转／分。

发电机为同轴励磁、空冷式，型号 T2-4-2，苏联雷斯文斯克汽轮发电机厂制造，额定容量 5000 千伏·安，频率 50 赫兹，功率因数 0.8，额定电压 6300 伏，额定电流 458 安，励磁机容量 50 千瓦。

锅炉为水管、抛煤链条炉，苏联布良斯克运输机械制造厂制造，额定蒸发量 3×8.5 吨／小时，过热蒸汽压力 3.72 兆帕（38 千克力／厘米^2），过热蒸汽温度 450 摄氏度。

2. 电站构成及造价

机组由汽轮发电机车厢 1 节、配电水处理车厢 1 节、锅炉车厢 3 节、水塔车厢 4 节组成。

该套设备出厂时即改为单列排列，较以前的苏机大有简化，没有寝车和办公车，并且将电气和水处理合并在一节车厢（各占一半）。1972 年，武汉基地制造并配备一节配电车厢。

辅助车厢：修配车 1 节，吊车附件的低帮车 1 节，1961 年保定基地配备 30 吨材料车 1 节，1972 年西北基地配备 60 吨材料车 1 节。

附属设备：电动吊车 1 台，随机配备进口的 40 千瓦推土机 1 台、碎煤机 1 套。50 千瓦柴油发电机组 1 套，万能车床（带摇臂钻床）1 台。

电站设备造价 631.7 万元。

二、电站组织机构

1. 人员组成

建站初期，由 11 站抽调 66 人，组成 38 站的基本队伍。其中 57 人先到保定基地筹建，另外 9 人为 11 站新招学员，1961 年 1 月调入 38 站。

历年分配至 38 站的大中专和技工学校毕业生共计 35 人，其中大专毕业生 1 人，中专毕业生 27 人（保定电校 26 人），技工学校毕业生 5 人，列电局办的财会班、劳资班学生 2 人。

电站屡经调迁，人员调动频繁，尤其是从迁安调至昆山期间，人员变动更多，招收新工人也较多。从建站到 1983 年年底落地，累计 227 名职工在该站工作。落地前实有职工 80 人。

电站定员 77 人。

2. 历任领导

1960 年 9 月，列电局委派席连荣组建 38 站，并任命为该站首任厂长。自 1964 年 5 月至 1982 年 1 月，列电局先后任命李生惠、周健、邓发、刘贵传、张鸿夫、张桂生、李晋文、冀景荣、蔡根生等担任该站党政领导。

3. 管理机构

（1）综合管理组。

历任组长：范克卫、何自治（兼）、王金祥。

历任成员：范红梅、张庆耀、张俊英、孙香瑞、刘平、刘振旺、张玉清、吴玉华、吴清云、洪淼、卢锡久。

（2）生产技术组。

历任组长：廖汉、王重旭、孟广安。

历任成员：何自治、方箴德、陈忆明、马增荣、郭家强、战广学、顾耀勋、刘聚臣、马洪恩、马同顺、沈福祥。

4．生产机构

1966 年至 1971 年"文革"期间，成立大检修班，1972 年又恢复工段制。

（1）汽机工段。

历任工段长：范奎凌、周长岭、李德、刘学安、吴荣福、徐海明。

（2）电气工段。

历任工段长：庞明凤、田振华、朱志香、赵海胜、夏水泉、田银芝、林盛灵。

（3）锅炉工段。

历任工段长：朱廷国、黄开生、殷文辉。

（4）热工室。

历任负责人：李国珍、张瑞林、赖梅芳。

（5）化验室。

历任负责人：罗时造、李善仪、刘桂荣、李秀文、杜桂兰、计宝龙。

5．工团组织

历任工会主席：庞明凤、范奎凌、朱廷国、何自治、李德、冀景荣。

历任团支部书记：何自治、马新发、李国珍、黄开生、吴忠旺、郭占军、王培元、田桂珍。

三、调迁发电经历

1．晋南抗旱

运城位于山西省西南部，现为山西省地级市。1961 年 3 月，38 站从内蒙古包头调至山西运城。甲方是晋南电业局。

电站主要任务是给黄河夹马口排灌站供电，支持晋南地区农业抗旱。与先期进口的同类机组相比，新机设备多有改进。电站职工在厂长席连荣带领下，克服各种困难，自行安装试运，于 1961 年 5 月投产发电，与运城电厂并列运行。

该站在运城服务近 1 年，发电 153 万千瓦·时。

2. 鏖战金川

金川地处甘肃省河西走廊东端，金昌市北部，原属永昌县，现为甘肃金昌市辖区。1962年3月，电站由运城调至永昌金川，替换在永昌因设备等原因未能正常发电的40站，甲方是金川有色金属公司，又称冶金部886厂。

金川公司是国家在困难时期坚持上马的重点企业，主要开发生产镍矿，还有20多种伴生有色金属，如金、银、钛等。电站职工克服生活、工作各方面的困难，为缺电的金川公司送去急需的电力。1965年年底，永昌电厂建成发电后，该站调离，在此服务近4年，累计发电4357.9万千瓦·时。

3. 砥砺韶关

1966年1月，38站从甘肃金川调至广东韶关，支援当地生产建设用电之不足，甲方是正在建设的韶关电厂。

广东地处热带，多雷雨天气，在酷暑条件下，电站坚持安全发电。在韶关发电期间，正值"文革"时期，电站取消工段编制，改为四个运行班及大检修班体制。职工队伍经受了考验，生产一度受到影响，停产一个月。后经韶关派军宣队进驻电站，调整领导班子，电站又逐渐恢复了正常生产秩序。

该站在韶关服务近5年，累计发电4245万千瓦·时。

4. 调援九江

九江是江西省地级市，位于江西省最北部，赣、鄂、皖、湘四省交界处，有"三江之口、七省通衢"之称。

1970年年底，根据水电部（70）水电电字第59号调令，38站由韶关调迁至江西九江，甲方是九江电厂。电站在庐山脚下、长江边上的"赛城湖"畔发电。当时九江电力负荷主要是轻纺工业，还有国防重点建设单位，用电紧张。该站和此后调来的船舶2站并网运行，有效缓解当地用电的供需矛盾。

1971年，电站就地大修，将各车厢改为直接挂钩，并对4节水塔车的木结构进行更新。

该站在九江服务两年，累计发电3069万千瓦·时。1972年12月13日，水电部以急件（72）水电电字第160号文，决定调38站返保定基地大修。

5. 保钢迁安

38站从九江返保定基地大修3个月后，1973年4月，调至河北迁安大石河铁矿，为矿山建设及选矿生产提供电力，甲方是首钢矿山公司。

1976年7月28日，唐山发生大地震，38站经历一日两次强震考验。因系统瓦解，出线多处倒杆，水源中断，电站被迫停机。直至3天后，修复线路，由在同地区的 42 站送来电源，恢复供水，才重新发电。

由于震前采取了一系列的防震措施，全套设备未受损坏。震后 3 天，派 20 多人，带着饮用水，驰援唐山市遭受重灾的 52 站，慰问伤员，掩埋尸体。

该站在迁安服务 6 年余，累计发电 17310.5 万千瓦·时，有力支持首钢矿山公司的生产用电。1979 年 6 月，电站退出电网，准备调往江苏昆山。

6. 收官昆山

昆山为江苏省直辖县级市，地处江苏省东南部，位于上海与苏州之间。1979 年 5 月 31 日，电力部以（79）电生字 22 号文，调 38 站到昆山，8 月初安装发电。甲方是昆山县经济委员会。

调昆山后，电站对 4 台水塔车进行了改造。以汽机工段为主，全厂会战，质量好，速度快，花钱少，总计花费 11.5 万元。

该站在此发电一年多，1981 年后停机待命，累计发电 1876 万千瓦·时。

四、电站记忆

1. 二连口岸接新机

38 站与 39 站，是列电局引进的最后两套苏制机组。1960 年 10 月，正值困难时期，列电局易云带领 38、39 站的接机人员，在内蒙古集二线的二连浩特口岸，接收从苏联引进的两台新机组设备。

当时集二线和苏蒙铁路一样，都是轨距 1524 毫米的宽轨，而我国大部轨距都是 1435 毫米的国际标准轨，因此在二连接机后即拉至集宁车辆段换装轮对。

因车辆段换装设备（电镐）能力有限，又不能影响铁路正常运行，两台电站的换轮对工作断续进行了两个月，直到 1960 年 12 月下旬才全部完工。当时 38 站已在甘肃永昌的金川选厂，但后来调令两次变更去向，第一次准备调至甘肃白银市，第二次决定调至山西运城，因去向不定，主车在集宁更换完轮对后，暂发至包头车站待命 3 个月。

2. 总理过问解难题

电站从接机开始就得到水电部及列电局领导的关怀，令人难忘的是还得到周恩来总理的亲自关注。1960 年电站筹建时，是中苏两国关系恶化的时期。该站是列电局从苏联引进的最后一台机组，设备大大简化，主车少了 3 节，备件大量减少，设备质量下降，但仍然价格不菲。

更出乎意料的是，38、39 两个电站的制造厂家未按订货合同约定，设备提前出厂。中方接机人员时间仓促，来不及办理去苏的护照，苏方押车人员将两台机组主车押至苏蒙边境拉乌什基，借口等不见中方接车人员，而由苏方外贸部门向中国驻苏大使馆提出意见。大使馆即向周总理作了汇报。周总理指示水电部迅速处理。水电部立即通知北京电管局驻蒙古乌兰巴托工作组，将两台列电车接过来。于是，这两台列车电站同时从拉乌什基直接拉到二连浩特口岸。

1963 年到 1965 年电站在金川发电期间，水电部副部长李代耕曾来电站指导工作，并指示电站领导"要好好学大庆，学 34 站"。列电局局长俞占鳌和副局长刘国权也先后来电站检查工作。电站在韶关、九江时，局长俞占鳌又先后两次来站检查指导工作，还作长征报告，鼓舞职工战胜困难的斗志。

3. 技术改造攻难关

电站机组在运城安装时，未进行全面检查验收，一些隐形设备缺陷在运行中逐渐暴露出来。在运城试运中，发电机油开关（弹簧储能式）机构严重失灵而拒跳，电气负责人在停机过程中误操作，带厂用电负荷拉刀闸导致严重后果。后来，由保定基地电气技师胡兆清将该开关机构调整正常，消除了这一较大缺陷。

在金川时，即发现汽轮机振动逐渐增大，到迁安发电后，汽轮机振动已超标。经中试所和保定基地汽机专家来站共同会诊，并征求电站技术人员意见，最后一致决定，将汽轮机和发电机靠背轮按原来厂家所打记号"77"倒换 180 度，从而彻底消除了这一甲类设备缺陷。这是因厂家出厂调试打号失误造成的隐患。

1971 年，电站在九江大修时，由武汉基地配备该站一节配电车厢，电站自行将配电设备改装在新车厢内，实现电气与水处理设备分离。改装后，明显改善了值班人员工作条件，且便于维修，也避免了水电同车的隐患，以及水处理设备对配电的噪声影响，提高了设备运行的安全性。

在迁安发电时，利用大修机会，将 2、3 号炉操作室打通，实现两台炉集控。将原来的苏式热工仪表，全部改换成新型 DDZ– Ⅲ 型电动组合仪表，提高了自动化程度。炉排改用调速电机，甩掉了笨重的炉排变速箱。电气加装机电型半自动同期装置。汽机、电气人员共同改造成功吊车卷电缆滚筒，解决了吊车长期以来拖动电缆，易磨损短路，电气维修量大，维护费用高的问题。通过一系列技术改造，提高了设备完好率，减轻了运行人员的劳动强度，为安全生产创造了条件。

4. "开刀治心"满发电

1965 年在金川大修时，由列电局中试所领导带队，对电站发电机进行温升试验，结论是在额定参数条件下，发电机达不到额定出力，只能发 3200 千瓦。主要原因是受转子温升的限制。

为改善发电机转子的冷却条件，1968年在广东韶关大修中，由武汉基地对发电机转子两端护环打孔，并改装转子端部风扇。这一措施对改善转子工况效果有限，只提高了17千瓦。1977年在迁安大修时，由保定基地负责对电站发电机转子进行彻底改造，拆除原转子线圈，在天津加工成新的扁铜线，在保定基地重绕，比原先的23匝多绕了2匝，绝缘材料由B级改为H绝缘，完成发电机转子改造工程。

装复后，先后进行两次温升试验，确认恢复铭牌出力。至此，历经17年的发电机缺陷彻底消除，终于达到铭牌出力4000千瓦，治好多年的"心病"。

5. 多彩文体炫斑斓

在甘肃金川发电时，38站积极参加金川总公司组织的各项文体活动。其中一次集体登山活动，电站青年登山队名列前茅。民兵步枪实弹射击比赛中，电站参赛三名选手何自治、周长岭、马新发分获优秀、良好、合格的良好成绩。在金川总公司举行的首届田径运动会上，电站选手曾学岩手榴弹投出57米的好成绩，获得冠军。电站组织的文艺节目《长征组歌》大合唱、表演唱《女民兵》，参加了金川总公司的文艺汇演，受到好评。

在迁安矿山发电期间，电站领导张鸿夫、李晋文亲自参与文艺活动，并组织职工开展业余文艺作品创作，如诗歌、话剧、快板剧等。在矿山组织的两次大型文艺演出活动中，电站单独包演全场，获得矿山领导及职工的普遍赞扬。其中，由马增荣、刘桂荣和田桂珍自编自演的快板剧《一代新风》，被选拔去首钢总公司参加文艺汇演。

由高斐和何自治主编的电站文艺刊物《列电文艺》共出版五期，内容均系电站职工自己创作的诗歌、散文、剧本、小演唱等形式。其中蒋庆贵创作的小小说《开刀》，被选登在《北京少年文艺》杂志上。

五、电站归宿

1983年2月26日，水电部（83）水电劳字第21号文，决定38站设备及人员成建制移交给江苏省昆山县。1985年电站恢复发电，对昆山县生产建设作出较大贡献。

1987年，3站调来与38站合并，成立昆山县列车电厂，职工人数230人。1997年停产。

第六节

第 39 列车电站

第 39 列车电站，1960 年 6 月组建。设备为苏联进口的汽轮发电机组，1961 年 1 月，在内蒙古赤峰市平庄投产发电。该站先后为内蒙古、湖南、河北、山东等 4 省区的 4 个缺电地区服务。1983 年 2 月，机组调拨给内蒙古大雁矿务局，人员由山东省电力局安置。建站 22 年余，累计发电 4.78 亿千瓦·时，为国家煤炭、化工等企业的生产建设作出重要贡献。1979 年被评为全国电力工业大庆式企业。

图 2-2 为 39 站在鲁南化肥厂全景。

一、电站机组概况

1. 主要设备参数

汽轮机为冲动、凝汽式，苏联克鲁日斯基工厂制造，额定功率 4000 千瓦，过热蒸汽压力 3.33 兆帕（34 千克力 / 厘米^2），过热蒸汽温度 435 摄氏度，转速 3000 转 / 分。

发电机为同轴励磁、空冷式，苏联雷斯文斯克汽轮发电机厂制造，额定容量 5000 千伏·安，频率 50 赫兹，功率因数 0.8，额定电压 6300 伏，额定电流 458 安。

锅炉为水管、抛煤链条炉，苏联布良斯克运输机械制造厂制造，额定蒸发量 3×8.5 吨 / 小时，过热蒸汽压力 3.72 兆帕（38 千克力 / 厘米^2）过热蒸汽温度 450 摄氏度。

图 2-2　39 站在鲁南化肥厂全景

2. 电站构成及造价

机组由汽轮发电机车厢 1 节、电气及水处理车厢 1 节、锅炉车厢 3 节、水塔车厢 4 节组成。

辅助车厢：材料车厢 2 节、修配车厢 1 节、办公车厢 1 节。

1967 年 5 月，在武汉基地大修期间，将办公车厢改造成为电气配电车厢，水处理单独一个车厢。

附属设备：15 吨电力轨道抓斗吊车 1 台，55 千瓦履带式推土机 1 台，75 千瓦柴油发电机组 1 台，万能车床、牛头刨床、35 毫米摇臂钻床各 1 台。

电站设备造价 627.2 万元。

二、电站组织机构

1. 人员组成

建站伊始，职工队伍由 1、6 站接机人员，以及保定、上海、沈阳等电校分配的毕业生组成。

1971 年年底至 1972 年年初，在山东滕县及鲁南化肥厂招收学员 10 人；1975 年年底至 1976 年年初，在山东等地招收知青学员 15 人，从 34 站调来 15 人；1975 年 12 月，列电局分配保定电校毕业生 9 人；1977 年 3 月，从 23 站调来学员 9 人。1976 年 8 月，地震后支援 52 站 12 人；1977 年 8 月，接新机 59 站调出 15 人。

电站定员 77 人。

2. 历任领导

1960 年 6 月，列电局委派 1 站副厂长葛君义负责组建该站，并主持工作。1965 至 1978 年，列电局先后任命刘万山、贾永年、沙德欣、张永喜、张宝忠、王敏桂、毕孝圣等担任该站党政领导。

3. 管理机构

（1）综合管理组。

历任组长：李玉玺、富玉珍、韩安臣。

历任成员：程美娥、孙克昌、王文清、陆宝祥、田正春、郝世凯、房德勇、杜瑞来、米丰敏、董桂枝、贾永秀。

（2）生产技术组。

历任组长：刘福生、崔振国。

历任成员：王英连、王满照、吴士发、郁维哲、倪华庭、姚占祥、刘英贤、支广森、马德惠、高福增。

4. 生产机构

（1）汽机工段。

历任工段长：王庆才、曹树斌、齐兴海、陈昌。

（2）电气工段。

历任工段长：倪华庭、张宝忠、邱治贤、吴宏良、马鉴。

（3）锅炉工段。

历任工段长：刘万山、郑录、赵贵才、张永喜、刘安富、李广忠。

（4）热工室。

历任负责人：高福增、王茸、李国珍。

（5）化验室。

历任负责人：王贤成、马德惠、阮国珍、郎青荣。

5. 工团组织

历任工会主席：张义贵、马德惠。

历任团支部书记：刘福生、张永喜、王敏桂、孙成军、毕孝圣、王新华、于庆英。

三、调迁发电经历

1. 在内蒙古平庄投产

1960年12月，39站在内蒙古平庄矿务局安装，翌年1月投产，甲方是平庄矿务局。主要为平庄矿务局西露天矿供电，平均负荷在2150千瓦左右。煤炭部1站当时已在那里发电3年余。

发电伊始，由于是进口机组，职工们一面学习，一面生产。为克服机组运行的不稳定性，运行和检修人员特别是主要技术骨干不分昼夜，24小时守护在现场，发现问题及时消除，运行操作水平逐步提高，机组运行趋于稳定。

平庄矿务局十分重视电站的各项工作，多次派出有关领导到电站慰问，在生产、生活上给予多方面照顾。生活困难时期，十多人患浮肿，矿党委特例开小灶，每天供应豆浆，患浮肿职工逐渐消除浮肿，恢复了健康。

39站为平庄煤矿服务近6年，累计发电9593.8万千瓦·时。

2. 调迁湖南衡阳

1966年10月，39站调到湖南衡阳，甲方是湘南电业局。因湖南严重干旱，水力发电处于停滞状态，为解决衡阳"电荒"，电站急速调往湖南。当到达衡阳后不久，连日大雨，旱情解除，水电站恢复发电，39站即由运行改为备用。该站在此仅半年，发电 1287.6 万千瓦·时。

1967 年 5 月，电站返武汉基地大修。在武汉大修期间，受"文革"的影响，职工内部曾发生过派别斗争和批斗厂领导的情况。

3. 调迁河北束鹿

1968 年 7 月 3 日，水电部以（68）水电军计年字第 163 号文，调 39 站到河北石家庄地区发电。7 月 19 日，列电局发出 39 站调迁的通知。

同年 8 月，电站调到束鹿县。甲方是石家庄电业局。电站到达束鹿后，职工全力以赴安装设备，投入发电后精心维护，精心运行操作，及时调整设备运行参数，确保机组安全发电，受到了当地政府和列电局领导的好评。

该站在此服务 3 年余，累计发电 4023.8 万千瓦·时，圆满地完成发电任务。

4. 调迁山东滕县

根据水电部（71）水电电字第 107 号文，1971 年 9 月，39 站调到山东滕县，甲方是山东鲁南化肥厂。

鲁南化肥厂是全国八大化肥厂之一，属三线企业。39 站到来之时，鲁化正处试投产阶段，用电缺口较大。电站职工急鲁化用电之所急，加班加点安装，10 月 5 日即并网发电。

1977 年 6 月，鲁化氨罐发生严重泄漏事故，方圆 1 公里内的树木、庄稼都不同程度受到氨气熏蚀而萎蔫枯黄。电站距离氨罐不到 300 米，在事故处理中，鲁化生产调度 3 次打电话，急切要求电站尽一切可能保证供电，以免氨罐泄漏事故扩大，甚至爆炸造成人员伤亡。电站职工坚守岗位，用湿毛巾等捂住口鼻，保证事故处理中的电力供给，受到鲁南化肥厂的通报表彰。

电站职工出色的工作业绩，受到鲁化领导及职工的赞誉，年年被鲁化评为先进单位、模范集体。电站职工的福利与鲁化职工同等待遇，鲁化用化肥换来的米面、鱼肉等主副食品，电站职工都可分享。

该站在鲁化服务 11 年，累计发电 32872.65 万千瓦·时。

四、电站记忆

1. 一支朝气蓬勃、积极向上的职工队伍

39 站的历任领导，始终重视职工队伍建设。尤其是在鲁南化肥厂期间，被鲁化领导赞赏为"一支朝气蓬勃、敬业爱岗，有良好风气、积极向上的职工队伍"。

坚持安全生产教育，时时绷紧安全生产这根弦。全站职工大练基本功，默画系统图，坚持干部顶岗制度，保证电站发得出、运行稳。开展反事故预想、"我来讲一课""每班一题"及技术比武等活动。职工的技术水平不断提高。坚持素质教育，办政治夜校，气顺风正。班组学习，人人参与，人人发言。坚持传统教育，电站领导亲自动手编写提纲，搞职工教育展览，请老工人、老党员、老模范作专题报告。学大庆活动搞得有声有色，女子"三八"运行班享誉列电局，班组建设特色突出。

文体活动常年不断，红红火火。多次参加鲁化组织的文艺演出，自编自演、反映电站工作生活的节目大受欢迎。男女篮球队、乒乓球队在四千多人的鲁南化肥厂比赛中都名列前茅。

电站年年超额完成生产任务，多次受到甲方的嘉奖，也是列电局的先进典型。在鲁化发电期间，西北基地组织召开现场会议，肯定了 39 站在职工队伍建设方面取得的经验，兄弟电站人员多次前来学习参观。1979 年被水电部命名全国电力工业大庆式企业。

2. 女子"三八"运行班

70 年代中后期，"工业学大庆"运动广泛开展，鼓舞了列电职工的工作热情，39 站女子"三八"运行班应运而生。女子"三八"运行班以大庆人为榜样，厉行增产节约，比学赶帮，开展社会主义劳动竞赛。工作中，不论是运行小指标竞赛，还是设备检修、技术比武，都走在各班前列，业余时间文体活动样样出色，巾帼不让须眉。

女子"三八"运行班是一个团结战斗的集体。在班组建设中，按照人格上相互尊重，工作上相互关心，生活上相互照顾的原则，建立一套符合实际的工作方法，解决了生活与工作上的后顾之忧，激发了大家工作、学习的积极性，汇集了全班职工的智慧与力量。1979 年，39 站女子"三八"运行班被评为全国电力工业学大庆先进集体。

3. 改造机组设备提高发电效率

1969 年，在借鉴地方电厂和兄弟电站经验的基础上，39 站对机组进行了改进。对三台锅炉炉膛加装二次风，提高了热效率，烟道加装水膜除尘器，降低排烟浓度及减少飞灰量。汽机增加喷嘴，减少主汽门、调速汽门压降。凝汽器在酸洗的同时加装胶球清洗装置，提高真空。冷水塔淋水装置改为聚丙烯波纹板结构，提高了冷却效率。发电机原设计有功功率 4000 千瓦，经中试所试验，实际出力只有 3640 千瓦，达不到铭牌出力，原因是受发电机温升限制。发电机转子绝缘材料更换为硅有机材料，发电机温度从 130 摄氏度提高到 160 摄氏度以上时，保证绝缘强度合格；护环打孔、转子增加轴流风扇等，提高冷却效率。改造后，发电机达到铭牌出力。

自 1978 年 8 月开始，电站一直燃用枣庄矿务局八一煤矿洗选厂的副产品中煤。中煤灰分平均 32% 左右，而且颗粒小，粘度大，易结焦。由于锅炉已进行改造，以及运行人员的精心调整，逐步摸索出燃烧中煤的条件和方法。中煤比原煤价格每吨低 17 元左右，1979 年全年节约煤款 35 万余元。

4. 支援十里泉发电厂抢修

山东十里泉发电厂位于山东省枣庄市南郊，是 20 世纪 80 年代初建设的大型坑口火力发电厂，当时以 5 台 12.5 万千瓦机组连续投产而闻名全国。

1982 年 11 月，该厂因输煤系统故障造成全厂停电。已经退出运行的 39 站职工支援十里泉发电厂抢修，没想到却遭到"白眼"。毕竟，39 站只有 4000 千瓦，与 12.5 万千瓦不在一个量级。但 39 站职工没退缩，主动承揽该厂输煤系统最脏最累的工作。他们群策群力，经过认真分析，精心调整，最后解决了输煤系统皮带跑偏、撕裂，皮带因石块、木块、铁丝卡停影响输煤等一系列问题，受到该厂领导的高度赞扬，并留下深刻印象，为电站职工下放安置创造了条件。

五、电站归宿

1983 年 2 月 7 日，水电部以（83）水电讯字第 10 号文，将 39 站机组调拨给内蒙古大雁矿务局，隶属大雁矿务局电厂。同年 8 月底，受大雁矿务局邀请，电站派出近 20 人的专业技术队伍，到大雁协助机组安装。经过近一个月的安装调试，9 月 21 日机组正式发电，该机组 1988 年改为备用，1993 年退出运行。

1983 年 2 月 26 日，根据水电部（83）水电劳字第 19 号文件，39 站人员成建制移交山东省电力局。经过近一年的多方协商，其中 40 余人由列电局与山东电力局协商，安置到山东十里泉发电厂、邹县电厂等。山东鲁南化肥厂同意接收 12 人，山东烟台合成革厂同意接收 9 人到其自备电厂，职工自找门路调到济宁、济南、昆明等地 23 人。

第三章

捷克斯洛伐克机组

1957 年至 1961 年，我国先后分 5 批从捷克斯洛伐克进口了 26 台列车电站，均为 2500 千瓦的汽轮发电机组，总容量达 6.5 万千瓦。这 26 台列车电站的集中进口，形成了列电事业迅速发展的一个特殊时期。捷克机组以其数量多、性能先进、安全可靠，在各行业的生产建设中发挥了重要作用。

第一节

第 6 列车电站

第 6 列车电站，1956 年 5 月组建，是列车电业局成立后从捷克斯洛伐克进口的首台列车电站。1957 年 2 月始，在列电局保定修配厂安装、试运行，同年 5 月赴河南三门峡首次发电。该站先后为河南、广东、湖南、新疆、河北 5 省区的 6 个缺电地区服务。1984 年 4 月，电站设备无偿调拨给新疆鄯善县。建站 27 年，累计发电量 2.29 亿千瓦·时，为国家水电、石油、煤炭等工业，尤其边远地区的建设，作出应有贡献。

一、电站机组概况

1. 机组设备参数

电站设备为 2500 千瓦汽轮发电机组，出厂编号 601。

汽轮机为冲动、凝汽式，捷克列宁工厂制造，额定功率 2500 千瓦，过热蒸汽压力 3.63 兆帕（37 千克力 / 厘米 ^{2}），过热蒸汽温度 425 摄氏度，转速 3000 转 / 分。

发电机为同轴励磁、空冷式，捷克列宁工厂制造，额定容量 3125 千伏·安，频率 50 赫兹，功率因数 0.8，额定电压 6300 伏，额定电流 287 安。

锅炉为水管、抛煤链条炉，捷克塔特拉工厂制造，额定蒸发量 2×8.5 吨 / 小时，过热蒸汽压力 3.82 兆帕（39 千克力 / 厘米 ^{2}），过热蒸汽温度 450 摄氏度。

2. 电站构成及造价

机组由汽轮发电机车厢1节、电气车厢1节、锅炉车厢2节、水处理车厢1节、水塔车厢3节组成。

辅助车厢：修配车厢1节，寝车1节，办公车厢1节，在茂名电站自制材料车厢1节。

附属设备：刮板式输煤机2台，履带式吊车1台，龙门吊车1台，55千瓦柴油发电机1台，车床、牛头刨床、台式钻床各1台，后配嘎斯卡车1辆。

机组设备造价554.4万元。

二、电站组织机构

1. 人员组成

建站初期，职工队伍以淮南八公山电厂成建制调进人员为骨干，列电局又配备部分人员。

1960年年初，接新机34站调出50余人，1966年调离茂名时，淮南来的老员工基本调出，有的提拔到领导岗位，有的调去接新机或筹建列电基地。电站缺员由上海电校、北京电校、保定电校等毕业生来补充，其中保定电校分配毕业生最多。在平顶山、茂名、宝鸡、沧州等地招收多批学员，其中在沧州先后招收学员50余人。1976年8月，支援52站震后重建29人。1979年8月，接新机61站调出13人。

电站定员69人。

2. 历任领导

1956年5月，列电局委派陶瑞平、负责组建该站，并为首任厂长。以后，先后有胡德望、林俊英、马洛永、刘广忠、吴锦石、陆锡旦、李满、孙旭文、宋智、李秋乐、邹积德、王龙等担任该站党政领导。

3. 管理机构

（1）综合管理组。

历任组长：平浩德、于学哲、陈精文、苗文彬、于庆祥、王明喜、周明生、张庆玉。

历任成员：王殿仕、樊宝璐、范红梅、樊泉先、平多芳、吴兴义、李文玲、罗凤珍、闫庆湘、李敬敏、杨立滋、蔡克强、王秀兰、王士云、周鸿遼、陈树潮、宋成立、潘家絮、魏金梅、吴淑珍、王春华、赵金荣。

（2）生产技术组。

历任组长：于鸿江、路国威、李赞昌、龚荣春、张书林。

历任成员：范志明、许振声、王才、孟广安、邱子政、李逢朝、郭孟寅、陆锡旦、陆佩琴、张达人、孙齐文、怀道良、王家俊、李志鹏、赵光秀、黄欣、邹大芬、谢晚生、王通。

4．生产机构

（1）汽机工段。

历任工段长：段成玉、张炳宪、路国威、段荣昌、杨传金、张宝辰、齐殿礼。

（2）电气工段。

历任工段长：胡德望、许振声、杨跃义、常金龙、郑汉清、李志钧、刘钦敬、曹福祥、杨守恭、伊田。

（3）锅炉工段。

历任工段长：刘文和、段友昌、盛怀恩、王恩余、忻礼章、沈金林。

（4）热工室。

历任负责人：谢世英、吴煜杰、蔡学邦。

（5）化验室。

历任组长：孙齐文、郭孟寅、陈煜志、于志学、徐宗民、吴玉珍。

5．工团组织

历任工会主席：樊泉先、屈耀武、王恩余。

历任团支部书记：邱子政、张平安、张秀婷、吴玉珍、李桂春、原世久、张云生。

三、调迁发电经历

1．首战黄河三门峡

三门峡水电站是国家第一个五年计划的重点工程，于1957年4月正式开工。当年5月，6站通过72小时满负荷运行试验后，首次调迁黄河三门峡水电工程工地。甲方是三门峡工程局。

当时工程建设万事俱备，只欠电力，电站6月13日发电，保证了工程的开工建设。同年11月，三门峡与郑州、洛阳联成郑洛三电网，工程有了可靠的电源，电站停机待调。该站在此服务半年，发电354.5万千瓦·时。

2．调迁河南平顶山

1957年11月，6站调到河南平顶山煤矿发电。甲方是平顶山矿务局。平顶山煤矿是列入国家"一五"计划的156个重点项目之一，是当时我国探明储量最大的煤矿。

由于供电不足，煤矿不能正常生产。电站的到来，提供可靠的电力，保证了煤矿正常生产。1958年11月，平顶山连接郑洛三电网后，电站退出电网。该站在此服务1年，发电1014.1万千瓦·时。

3. 调迁广东茂名

20世纪50年代末，国家石油短缺，广东茂名开展石油大会战。为解决电力紧缺问题，1958年12月，6站调到茂名，甲方是茂名石油公司。茂名石油公司始建于1955年5月，是国家"一五"期间156项重点项目之一。

随着会战用电量的增加，1960年5月以后，分别调来21站和46站。1962年因国民经济调整，茂名石油公司缓建，为此茂名热电厂1号机组同年2月停产，暂由列车电站供电。1963年以后用电负荷增加，21站返基地大修，又先后调来15、8、9站。同时由5台电站联合供电，这是电站集中最多的一次。

1963年12月后，第6、46、15、8、9列车电站合并，对外统称6站。以吴锦石厂长为首，组成一个领导班子，干部和人员统一调配。内部分成两个生产区，总计三四百名职工。

6站在茂名会战时，组建修造车间，张炳宪兼主任，李明川为副主任。修造车间加工备品备件，还制作了材料车厢。

1965年9月，茂名热电厂1号机组恢复发电，各电站陆续退出。6站在此服务近8年，累计发电8017万千瓦·时。

4. 调迁湖南衡阳

1966年10月，6站调到湖南衡阳市发电，甲方是衡阳电业局。当时，衡阳地区电力主要依靠水电站提供，枯水期供电严重不足。电站调来后保证了衡阳市，特别是探矿机械厂等重点企业用电。翌年5月电站调离，在此发电852万千瓦·时。

5. 调迁新疆哈密

1967年5月，6站调到新疆哈密市雅满苏铁矿发电，甲方为雅满苏铁矿。

雅满苏铁矿储量丰富，品位很高，是露天矿。该矿区地处戈壁深处，方圆一百多公里都渺无人烟。偌大的铁矿未有电网支持，只靠一台480千瓦的老旧柴油发电机供电，电力严重不足，制约铁矿生产。电站的到来，有了充足的电源，铁矿产量翻了好几倍。

1972年，雅矿自备电厂建成，电站帮助自备电厂培训人员、协助开机调试。当地电厂投产后，电站于同年10月返回西北基地大修。这是6站奔波征战17年后，唯一的一次"休养生息"。该站在雅矿5年余，累计发电1417.9万千瓦·时。

6. 调迁河北沧州

1973年10月，6站调到河北沧州市发电，甲方为沧州电力局。20世纪70年代初，沧州市经济发展较快，但电厂增容滞后，供电严重不足。当时电站单机运行，专门供新华路一条街用电。这是沧州市具有标志性的街道。虽然生活用电多，负荷比较平稳，但是沧州火车站和地、市医院等重要用户都在这里。1977年后，沧州大化肥厂投产后，电站又兼为大化的保安电源。

电站在此服务11年，累计发电11231.1万千瓦·时，有力地支援了沧州市的经济发展。

四、电站记忆

1. 首台捷制列车电站的诞生

6站是列电局成立后从捷克进口26台机组中的第一台，在当时这是一套技术相当先进的设备，中捷双方都十分重视。

1957年2月17日，6站机组抵达保定。2月28日开始在新建的保定列电装配厂安装，7名捷克专家现场指导。在此期间，不断有省、市直机关人员和学校学生等组织集体前来参观，参观队伍排成长龙，应接不暇。

4月6日，电站72小时试运行顺利结束，举行了隆重的落成典礼。中共保定市委书记陈子瑞宣读了国务院总理周恩来对捷克专家的感谢信，并代表周总理把7枚金色的"中捷友谊纪念章"，分别赠送给7位捷克专家。列电局局长康保良致辞并总结讲话，捷克专家代表和电站职工代表先后发言。参加典礼的还有保定市各界代表，共计1000余人。

5月7日，电站开赴三门峡时又举行了隆重的出厂仪式，河北省委书记、省长林铁亲临现场剪彩。电站车厢披红戴花，在人群欢呼声中缓缓离厂，在陶瑞平厂长带领下首次踏上征途。

对第6列车电站试运和出厂的消息，新华社曾做报道。

2. 甘愿奉献的职工队伍

6站的原班人马主要是来自淮南八公山电厂。他们为了国家建设，舍弃家乡的亲友和稳定的生活，跟随电站四处奔波，四海为家，亲历了列电事业的发展与兴衰。在三门峡发电时，没有宿舍，家属只能留在保定，全部是单身赴任。住在黄河边刚搭起的工棚里，啃的是窝窝头，生活十分艰苦。

1969年6月，在新疆刚开机发电时，因"文革"影响，一度人手不够。在厂的职工不计较工时报酬，主动加班加点，甚至吃住在车厢里"连轴转"，保证甲方生产用电。

雅满苏地处戈壁滩深处，天上无飞鸟，地上无青草，地下打井上千米都不见一滴水，生产生活用水要靠火车从100多公里外的盐墩运来。这里常年与风沙相伴，特别是沙尘暴来时，遮天蔽日，白天能见度不足 50 米，夜间能见度更低，打着手电都看不见路。上夜班的职工必须多人一起结伴而行，否则很容易迷失方向。曾有一位职工走散掉队，不慎迷路，本来 15 分钟的路程，在戈壁滩上转了一个多小时，才找到电站。他们就在这样恶劣的环境下，坚持工作 5 年之久，但无怨无悔。

3. 避免一次矿难事故

1958 年 11 月，平顶山市与郑洛三电网连接后，6 站退网，准备拆迁。正在这时，煤矿突然停水停电。陶瑞平厂长接到甲方命令，由于井下断电，要求电站停止拆迁，立即开机送电，保障矿井下人员安全。

陶厂长立即组织紧急开机。没有启动电源，立即启动自备的柴油发电机，没有水，矿务局立即调来消防车向备用水箱注水。幸好汽包内的水还未放掉，随即锅炉点火升压。当时向锅炉补水的活塞泵故障，一时又找不到原因，关键时刻，青工李明川看出症结所在，迅速排除故障，锅炉得以继续升压，机组及时启动，只用一个小时就送电到井下，避免了一次矿难事故。同时，也为电网恢复提供了启动电源。为此，电站集体和李明川个人分别受到平顶山矿务局的表彰。

4. 一次意外撞车引发的事故

1973 年年底，机组在西北基地大修后，奉命调到河北沧州。机组就位后立即安装，准备在春节前并网发电。开机时汽轮机发生意外，真空只能抽到 120 毫米汞柱。汽机工段长、技术员及维修人员全部到现场，查找原因，把所有可能影响真空的设备全部检查一遍，真空仍不见上升。

厂领导孙旭文、宋智到现场组织分析原因，查找问题。到大年二十九晚上 9 点多，一位员工钻到车厢下面检查时，听到下汽缸保温层内有吸气声。经检查，发现汽轮机低压缸有多条横向裂纹，每条宽约 3 毫米左右，导致真空建立不起来。厂长孙旭文及时向甲方领导和列电局领导汇报。

大年初二，列电局副局长刘国权赶到 6 站。他一边组织事故分析，一边电话通知保定基地来人准备更换汽缸。恰好保定基地有一个捷克机低压缸铸件备品，经加工后运抵沧州，替换后开机正常。

经认真分析，事故原因起于一次意外撞车。1973 年，6 站机组在西北基地大修后，汽机车厢在备用轨道线上停放。基地的蒸汽吊车在拖拽车皮时，不慎与汽机车厢相撞，撞出十几米远，导致低压缸受损。此次事故，成为前车之鉴。

5. 安全生产屡创纪录

电站在茂名发电时，针对大量老职工去接新机，新学员补充过多，技术力量薄弱的情况，电站积极组织技术培训和技术比武活动及反事故演习。1962 年战备时，苦练战时黑灯操作，做到开关按钮、阀门手轮等一摸就准。刚到茂名时，6 站单机运行，负荷摆动很大。在单机运行条件下，相继创造了安全运行 300 天、500 天的纪录，受到列电局和甲方的表彰。

在沧州发电时，实行值长制，健全运行体制，开展运行值之间的小指标劳动竞赛。每到月底逐项考核评比，并与奖金挂钩，有效地促进了安全经济运行。1977 年至 1979 年，电站创造了安全生产 1000 天的纪录，连续三年被评为沧州市先进单位。1979 年又被评为列电局技术革新先进单位。1980 年被命名为全国电力工业大庆式企业。

五、电站归宿

1984 年 4 月，根据水电部（83）水电财字 162 号文和（83）水电老字 126 号文，该站设备无偿调拨给新疆鄯善县使用，人员全部由河北省电力局安置。一部分人留在沧州电力局或沧州电厂工作，另一部分人员安置在河北电建公司。还有 5 名员工自愿跟随电站去新疆鄯善县指导运行，培训人员。鄯善县负责为这些员工解决家属户口，并答应三年后去留自由。

第二节

第 7 列车电站

第 7 列车电站，1956 年 12 月组建。机组从捷克斯洛伐克进口，1957 年 7 月，在甘肃永登安装投产。该站先后为甘肃、浙江、福建 3 省 5 个缺电地区服务。1983 年 11 月，调拨给内蒙古乌达矿务局。建站 26 年，累计发电 1.70 亿千瓦·时，在水电工程建设、社会用电及地方经济发展中发挥了应有作用。

一、电站机组概况

1. 主要设备参数

该电站为汽轮发电机组，额定容量为 2500 千瓦，出厂编号 604。

汽轮机为冲动、凝汽式，捷克列宁工厂制造，额定功率 2500 千瓦，过热蒸汽压力 3.63 兆帕（37 千克力 / 厘米 ^{2}），过热蒸汽温度 425 摄氏度，转速 3000 转 / 分。

发电机为同轴励磁、空冷式，捷克列宁工厂制造，额定容量 3125 千伏·安，频率 50 赫兹，功率因数 0.8，额定电压 6300 伏，额定电流 287 安。

锅炉为水管、抛煤链条炉，捷克塔特拉工厂制造，额定蒸发量 2×8.5 吨 / 小时，过热蒸汽压力 3.82 兆帕（39 千克力 / 厘米 ^{2}），过热蒸汽温度 450 摄氏度。

2. 电站构成及造价

机组由汽轮发电机车厢 1 节、电气车厢 1 节、锅炉车厢 2 节、水处理车厢 1 节、水塔车厢 3 节组成。

辅助车厢：修配车厢 1 节、寝车兼办公车厢 1 节，在茂名时电站自制柴油发电车厢 1 节、材料车厢 1 节。

附属设备：刮板式输煤机两台，履带式吊车、龙门吊车各 1 台，55 千瓦柴油发电机 1 台，车床、牛头刨床、台式钻床各 1 台。1972 年列电局配置苏式嘎斯 51 型卡车 1 辆。

机组设备造价 566 万元。

二、电站组织机构

1. 人员组成

建站初期，职工队伍以老 2 站 30 多人为骨干，同时在保定基地补充部分人员。1958 年年初，支援 13 站部分人员。同年，招收部分学员。1962 年以后，陆续分配保定电校毕业生补充。

电站定员 69 人。

2. 历任领导

1956 年 12 月，列电局委派郝森林负责组建该站，并任命为厂长兼党支部书记。1958 年 9 月至 1982 年 6 月，列电局先后任命戴丰年、杨文章、毕万宗、孙书信、范成泽、程克森、张鸿夫、陈成玉、郭厚本、蒋龙清、刘恩硕、李赞民、蔡保根、郑汉清等担任该站党政领导。

3. 管理机构

（1）综合管理组。

历任组长：葛磊、陈恒德、陈庆祥、宫银东、郭星。

历任成员：李雪英、王朝美、来壮秋、赵玉华、李正蓉、张明达。

（2）生产技术组。

历任组长：朱召忠、李汉明、金志钰、孟繁志、廖汉。

历任成员：李选引、李国华、马海明、顾耀勋、邓秀中、闫熙照、李壬午、陈光荣、张书益、郭长寓、张俊等。

4. 生产机构

（1）汽机工段。

历任工段长：马洛永、吴国良、罗法舜、胡振双、张德臣。

（2）电气工段。

历任工段长：李祥生、朱福弟、方有元、张俊。

（3）锅炉工段。

历任工段长：莫德灿、徐济安、王寿章、王有才。

（4）热工室。

历任负责人：张赖民、金肇基、余爱贤、刘述臣、倪世绥。

（5）化验室。

历任负责人：李怀伦、杨庆俭、任惠英、许石山。

5. 工团组织

历任工会主席：李元孝、程克森、郭长富。

历任团支部书记：初丽华、李汉明、苑俊珍、张俊。

三、调迁发电经历

1. 在甘肃永登投产

永登县位于甘肃省中部，1955 年后划归定西专区，1958 年以后属兰州市。

1957 年机组进口后，直接开往永登县水泥厂安装调试，当年 7 月正式投产发电。甲方为永登水泥厂，该厂全套设备从德国引进，是当时国内特大型水泥厂。

电站在永登服务仅 4 个月，发电 259.3 万千瓦·时。

2. 调迁浙江新安江

新安江水电站位于浙西山区，1957 年正式开工建设。总装机容量 66.25 万千瓦，是我国 50 年代开工建设的第一座大型水电工程。

1958 年 1 月，电站根据电力部调令调到新安江，甲方为新安江工程局。在此与先期到达的 3 站合并，组成一套管理班子，以第 3 列车电站对外，俗称"三七站"，共同为新安江水电站建设发电。

该工程局有 1 万余名职工，大型施工机械上千台。所有的生产、生活用电均由"三七站"提供。用电负荷变化频繁，波动幅度很大。一次，因燃煤供应不上，全体职工到煤场去打扫煤底，以保证不减负荷、不停机。运行人员精心调整，认真操作，为水电站的施工提供可靠稳定的电力，受到甲方的好评。

1959 年，电站被新安江工程局推荐为浙江省先进单位，后又被浙江省推荐为全国先进单位，7 站副厂长孙书信代表"三七站"，参加在北京人民大会堂召开的"群英会"，列电局发专电致贺。

1960 年 6 月，新安江水电站蓄水发电后，第 3、7 列车电站先后调离新安江。该站在此服务两年余，累计发电 2044.5 万千瓦·时。

3. 调迁浙江杭州

1960 年 6 月，电站调往浙江杭州市发电，甲方是杭州电业局。电站在此运行 4 个月，发电 433.9 万千瓦·时。

4. 调迁浙江宁波

1960 年 10 月，7 站调往浙江宁波市发电。甲方为宁波市重工业局永耀电力公司。3 站已于 6 月先期到达宁波。地方电网紧张，电站作为补充电源并网发电，缓解用电供需矛盾。该站在宁波服务 5 年多，累计发电 2594.24 万千瓦·时。1965 年 11 月 19 日，水电部以（65）水电计年字第 818 号文，决定将 3 站、7 站调离宁波。

5. 调迁福建漳平

漳平位于福建省西南部，九龙江上游，地处闽西的东大门，隶属福建省龙岩市，1990 年 8 月，撤县建市。

1965 年 11 月 29 日，列电局发出调 7 站到漳平发电的通知。同年 12 月，7 站调到漳平。甲方为漳平电厂。当时闽西电网是个小网，由几个小型发电厂组成，电力紧张。电站主要为麦园煤矿供电，用电负荷波动较大，电站必须频繁调整才能满足用户要求。

随着电网扩容和漳平顶郊电厂投运，供电情况逐步好转，电站于 1981 年年底退网待命。该站在漳平服务 16 年，累计发电 11638.9 万千瓦·时。

四、电站记忆

1. 列车电站集控运行的尝试

当时新电站不断建立，电站运行人员不足。为减少运行人员，提高生产效率，1958 年 9 月，7 站利用机组大修机会，对电站设备进行集控技术改造。经 25 天的改造工作，机组于 9 月 30 日以集控方式投入运行。

首先对配电车厢进行改造，移走柴油发电机组，调整厂用变压器、厂用盘和蓄电池的位置，利用腾出的空间布置3面热力控制盘（2炉1机），构成集中控制室。将锅炉原有压力、温度、水位、给煤机等仪表指示与控制设备移到集控室，并增加锅炉负荷、汽压及水位控制装置，远方调整炉排速度及送、引风风量，适时调整运行工况。

改造、安装水压控制的排汽门，防止汽压超压，以保证安全运行；给水泵故障时，可以远方启停汽动活塞泵；锅炉水位过高时，可以远方启闭水压控制的排污总门。汽轮机在轴向位移继动器上加装电磁泄油阀，危急情况下，可以在集控室进行紧急停机操作。集中控制的实现，在减人增效方面进行了有益的尝试。

该站搞集控运行在列电系统中属首次，由于年代较早，受当时技术和设备条件限制，并不能实现真正意义上的集控，但为电站今后搞集控运行积累了经验。《电业技术通讯》对这一革新尝试进行了报道。

2. 水处理运行实现无人值班

1975年，电站为实施水处理运行无人值班，成立以汽机、热工专业为主的技术革新小组。他们参照汽轮机主汽门的动作原理，加工制作汽动泵主汽门，使汽动泵主汽门从手动操作改为水压控制自动操作。并加装波纹管水压控制器和自启动装置，实现两台汽动泵自动暖机、自动升速、自动稳压和故障情况下自启动功能。

小除氧器水位波动较大，且不易调整，是水处理无人值班的又一难题。他们对小除氧器进口电动截止阀门芯进行改造，改善了调节特性。在小除氧器罐体上加装水位发讯器，以实现水位闭环控制，并加装阀位反馈装置，实现小除氧器进口电动门与蒸发器进口电动门的跟随功能，以进一步减小小除氧器的水位波动。

1976年年初，这一改造工作完成，经过3个月的运行，汽动给水泵运行情况良好，小除氧器水位波动控制在正负50毫米之内。水处理运行人员巡回检查即可，实现无人值班。6月初，列电局生技处在漳平召开现场会，将此革新成果向全局介绍推广。为此，7站被评为1978年列电局技术革新先进单位和水电部1979年科技先进集体。

3. 为漳平制造小型水电机组

福建小水电资源丰富，是最早发展小水电的省区之一。漳平县地处闽西山区，有几个边远乡村尚未通电，群众生产生活十分不便。1972年，7站应漳平县政府之邀，在不影响发电的前提下，为漳平县制造小型水轮发电机组。

水轮发电机组发电机外壳由外协加工，其余部分从模具制造、冲压矽钢片，到线圈绕制、下线及转子制作等，全部自己动手完成，并研发了发电机调速装置及可控硅励磁装置。当时为了冲压矽钢片，电站特意制造了 1 台 60 吨冲床。冲床后来调拨给龙岩市劳动技工学校，继续发挥作用。

电站先后为地方制作两台 12 千瓦发电机组，安装发电后，给山村带来一片光明，受到地方政府的好评。

五、电站归宿

1983 年 11 月 5 日，水电部（83）水电财字第 195 号文，决定将第 7 列车电站机组设备调拨给内蒙古乌达矿务局。同年 12 月，电站 67 名职工在华东基地重新分配工作。

电站派出 8 人组成技术队伍，到乌达矿务局指导电站设备安装、检修，直到调试发电后撤回。

第三节

第 8 列车电站

第 8 列车电站，1956 年 12 月组建。机组从捷克斯洛伐克进口，1957 年 5 月在甘肃玉门安装，7 月投产发电。该站先后为甘肃、宁夏、广东、河北、湖北、北京等 6 省市自治区的 7 个缺电地区服务，1983 年 3 月，电站成建制调拨给北京新型建筑材料厂。建站 26 年，累计发电 3.14 亿千瓦·时，为国家石油、钢铁等工矿企业建设作出应有的贡献。

一、电站机组概况

1. 主要设备参数

电站设备为 2500 千瓦汽轮发电机组，机组编号 602。

汽轮机为冲动、凝汽式，捷克列宁工厂制造，额定功率 2500 千瓦，过热蒸汽压力 3.63 兆帕（37 千克力 / 厘米^2），过热蒸汽温度 425 摄氏度，转速 3000 转 / 分。

发电机为同轴励磁、空冷式，捷克列宁工厂制造，额定容量 3125 千伏·安，频率

50 赫兹，功率因数 0.8，额定电压 6300 伏特，额定电流 287 安。

锅炉属水管、抛煤链条炉，捷克塔特拉工厂制造，额定蒸发量 $2×8.5$ 吨 / 小时，过热蒸汽压力 3.82 兆帕（39 千克力 / 厘米 ^{2}），过热蒸汽温度 450 摄氏度。

2. 电站构成及造价

机组由汽轮发电机车厢 1 节、电气车厢 1 节、锅炉车厢 2 节、水处理车厢 1 节、水塔车厢 3 节组成。

辅助车厢：材料车厢 1 节、修配车厢 1 节、寝车 1 节、办公车厢 1 节。

附属设备：刮板式输煤机两台，55 千瓦柴油发电机 1 台，履带式吊车 1 台，龙门吊车 1 台，车床、牛头刨床各 1 台，大立钻和小台钻各 1 台。

机组设备造价 558 万元。

二、电站组织机构

1. 人员组成

建站初期，该站职工队伍由 3 站接机人员组成。首批人员于 1956 年 12 月 28 日到达保定，1957 年春人员逐步到齐。1959 年 2 月，支援 25 站部分人员。1961 年以后，陆续有分配的保定电校毕业生补充。1962 年，从嘉峪关调入部分职工。

电站定员 69 人。

2. 历任领导

1956 年 12 月，列电局委派杜树荣负责组建该站，并任命为厂长兼党支部书记。1958 年 3 月至 1982 年年底，列电局先后任命王阿根、袁健、曹德华、高鸿翔、张成发、王守玉、吕存芳、张兆义、张树美、郭长明等担任该站党政领导。

3. 管理机构

（1）综合管理组。

历任组长：袁健、王瑄、潘清圃、郭守海、施莲舫。

历任成员：徐良甫、崔正芳、于庆祥、冯淑德、刘智广、程茂江、张恒造、张修伦、董国祥、赵荣根、付树群、马凤美、刘恩硕、王文。

（2）生产技术组。

历任组长：李德浩、宋昌业、龚荣春、陆义文、陈洪奎、魏文超。

历任成员：郑乾戍、杨仁宇、宋宁宏、陈廷璋、范茂凯、李志强、郜复昆、要九合、赵世祺、陆佩琴、怀道良、张健新、蔡菊平、马承鳌、李志鹏、赵金库、贾铁流、张慎荣、杨克鹤、李新生、朱海泉。

4．生产机构

（1）汽机工段。

历任工段长：高颂岳、张桂生、陈宜豹、李国璋。

（2）电气工段。

历任工段长：胡兆青、汪大义、余占儒。

（3）锅炉工段。

历任工段长：王炳兴、高鸿翔、刘恩硕、张东振、樊改明。

（4）热工室。

历任负责人：李新生、李北杨、朱海泉、张健、庞秀淑。

（5）化验室。

历任负责人：贾铁流、杨克鹤、计宝龙。

5．工团组织

历任工会主席：高鸿翔、王恩余、郭守海、余占儒。

历任团支部记：张桂生、郑乾戍、刘恩硕、丁敬义。

三、调迁发电经历

1．调迁甘肃玉门

1957 年 3 月 24 日，8 站人员离开保定，前往山东淄川洪山煤矿。4 月上旬机组到达，开始检查安装。4 月下旬，在安装即将结束时，一连两次接到列电局电报，要求电站立即拆迁，调往甘肃玉门。电站随即启动调迁程序，玉门的代表也赶来接机。

1957 年 5 月，电站紧急调到玉门，甲方是玉门油矿。机组经安装、调试，7 月初向油矿供电。由于单机运行，机组经常处于满负荷状态。新设备刚投入运行，缺陷时有暴露，特别是输煤和给煤系统故障频发。电站开展技术革新，对易发故障的设备进行改造完善，改变了不安全的局面。当年在全市动力系统评比时被评为标杆单位。

1958 年 9 月，油矿自备热电站投产，电站退出电网。该站在玉门服务 1 年余，发电 1624.58 万千瓦·时。

2．调迁甘肃酒泉

1958 年 10 月，电站调到甘肃酒泉嘉峪关，甲方是酒泉钢铁公司。酒泉钢铁公司在建规模宏大，是国家重点项目。8 站的到来，为酒钢如期开工提供了保证。1959 年 5 月，酒泉钢铁公司举行开工大会，地点在电站边的戈壁滩上。

在此期间，职工住的是"两木搭"和"干打垒"。生活用水十分困难，安装现场没有水喝，没有饭吃，搭伙的食堂，在戈壁深处，往返一趟需要一个多小时，十分不便。职工克服重重困难，完成了发电任务。

电站在嘉峪关服务 4 年余，累计发电 2882.9 万千瓦·时。

3. 调迁宁夏青铜峡

1962 年 12 月底，电站调到青铜峡，顶替在此发电的 24 站就地大修。甲方是青铜峡工程局。青铜峡离银川不远，是地处腾格里沙漠边缘的城市，风沙大，如遇大风，沙尘遮天蔽日。

1963 年年初开始安装，正逢数九寒冬，安装现场处在黄河东岸的"五大台"山坡上。露天作业，天寒地冻，职工们为早日发电，斗风沙、战严寒，1 月 22 日电站向外送电。

机组运行 3 月余，发电 276.8 万千瓦·时。5 月中旬接列电局指示，一部分人员去商都农场劳动，另一部分人去武汉基地做返厂大修准备。7 月，该站返武汉基地大修。

4. 调迁广东茂名

电站完成返厂大修之后，1964 年 2 月接列电局通知，调往茂名发电。春节过后落实调迁准备，主要是铁路运输计划。3 月 15 日车辆发运，3 月 17 日人员离开武汉。4 月初电站到达茂名，甲方是茂名石油公司。

茂名是一个新兴的工业城市，是从油母页岩中提炼石油。8 站到达前后，6、46、15、9 站也先后到此发电。5 台电站合并，以 6 站名义对外。共分成两个生产区，第一生产区有 6、46 站，第二生产区有 8、9、15 站。

8 站在茂名服务近 5 年，累计发电 3211 万千瓦·时。

5. 调迁河北衡水

1968 年 12 月，电站调往衡水。1969 年 1 月，电站到后即开始安装。在 2 月 17 日春节前向外送电，甲方是衡水电力局。

衡水属于冀中平原，以农业为主，工业比较弱。衡水老电厂有 3 台老旧机组，一台 1500 千瓦，两台 1000 千瓦，都是清末产品，已经不能满负荷运行。因此，当地主要发电任务由电站承担。电站职工在广东茂名工作生活 5 年，刚到北方时缺少御寒的棉衣。甲方给每位职工发一件棉大衣、一顶栽绒帽，使人倍感温暖。

电站在衡水发电 10 年，累计发电 15899.4 万千瓦·时，有力地支援衡水地区的工农业发展。

6. 调迁湖北武汉

1978 年，武汉第二棉纺厂因缺电而停产近 5 个月，生产任务难以完成，产品质量波动大，特向水电部申请列车电站。

1979 年 4 月 20 日，水电部以（79）水电生字第 42 号文，决定将 8 站和已在武汉基地的 43 站调至武汉第二棉纺厂发电。同年 7 月、9 月，43 站和 8 站先后开始发电，甲方是武汉第二棉纺厂。1980 年 10 月，列电局决定两站合并，以 8 站对外，取消 43 站建制。

由于武汉原煤供应日趋紧张，电网供电情况好转，为节约能源，经电力部同意，两电站于 1981 年 3 月 27 日提前停机退租退网。

8 站在此服务 1 年半，两台机组累计发电 4769 万千瓦·时。

7. 调迁北京

1981 年 11 月，8 站调到北京清河西三旗，甲方是北京新型建筑材料厂。该厂是大企业，建厂初期缺电、缺人才，电站到来之后，两个问题都得以缓解。

电站进京，自身也遇到不少困难。当时，因户口解决不了，吃粮、工资、孩子上学及就业等方面，都困难重重，坚持数年之久，才在各方领导重视与努力下得到解决。

截至 1983 年 3 月，该站发电 2385 万千瓦·时。

四、电站记忆

1. 扭转安全生产被动局面

1957 年 7 月，电站在玉门发电。对玉门油矿来说，来了列车电站那真是如获至宝，采油工作全面铺开。

机组刚刚引进，首次发电，存在新设备还在磨合期、新人员操作不适应、单机运行负荷波动大等问题。运行中故障频发，形成了电没有少发，而事故也没有少出的局面，刚投产就戴上了"事故大王"的帽子。

当地旱峡煤矿的煤，发热量高，煤中的鹅卵石非常多。给煤机常被石块卡死不能进煤，造成锅炉汽压急速下降。由于单机运行，只能拉掉次要线路开关减负荷，才能恢复正常运行。每拉一次开关，就计事故一次。每次拉闸限电，市长杨拯民总会出现在生产现场。

面对生产被动局面，在电站党支部的带领下，全站职工连同管理干部都到生产一线，协助解决问题。输煤、给煤、炉排系统经常发生故障，其中输煤机链条轮子因无轮沿运行中掉链子卡死问题最多，电站对此进行彻底改造。维修人员分成两班，一班人在刨床上加工炉排片，另一班人在车厢下面更换，并对炉排进行整体调整。

在输煤机改造期间，为了不减负荷，职工冒着凛冽的寒风，站在炉顶排成队人工上煤，从这台炉煤斗往另一台炉煤斗运煤。厂长兼党支部书记王阿根在那段时间不回家，吃住在现场，每日三次交接班碰头会都参加。

第三章　捷克斯洛伐克机组

电站还充分利用小修机会，改进设备、消除缺陷，终于改变了电站安全生产被动局面。1958 年 3 月，在玉门市动力系统评比中，电站被树为标杆，夺得标杆锦旗一面。

2. 克服生活困难保发电

从 1959 年下半年开始，河西走廊地区生活逐渐困难。那时全国都困难，而这里更甚。1960 年酒泉钢铁厂被迫临时下马。人员口粮供应一减再减，管理人员吃粮 27 斤，还要节约 2 斤变成 25 斤。粮食品种由玉米面儿变成了青稞面，再由青稞面变成莜麦面。3 年不知肉味。就连食油、黄豆面，都变成了药品，要医生开证明才能给一点。职工中犯浮肿病的达百分之九十以上。

1959 年 2 月电站人员调整，抽调部分人员去接 25 站新机，剩余人员不足 40 人，每班只剩 5 到 6 人。幸好宿舍就在机组的旁边，宿舍区都装有喇叭。只要喇叭一响，人们会迅速跑到车间，帮助当班人员处理设备异常。职工们克服生活困难，保证了安全发电。

3. 快速拆卸显机灵

8 站在青铜峡发电 3 个多月，到 5 月初就应结束了。1963 年 4 月 29 日，青铜峡工程局召开快速动迁会议，明确要求 8 站于 5 月 1 日 16 点准时停机，拆卸设备，5 月 2 日天明前撤离现场，为 24 站主车和附属设备进入现场安装创造条件。

8 站职工按要求作出周密而详细的安排，各工段根据项目、时间、人力排好工作进度，能做的工作先做完，如将煤斗上满煤（能运行 8 小时），先将输煤机拆下运走等。同时，做好技术措施，如停炉后加速降压、降温，做到工作忙而不乱，紧张有序。全体职工连续奋战 22 小时，终于在次日 6 时前，安全、圆满地完成任务，受到工程局的赞扬。

4. 甲乙方联合管理燃煤

在衡水发电期间，打破甲乙方界限，地方上配备一定人员，由电站统一燃煤管理。即从煤矿催运、货场看管、分类堆放，到计量和化验等，实行闭环管理。

开始发电不到 3 个月，筛出的大块儿煤堆集如小山。为不影响安全生产，由 12 名技术骨干组成的突击小组，每天工作 16 小时，开展技术革新，仅用 8 天仿制出一台碎煤机。此碎煤机轻便好用，在衡水发电近 10 年，一直在使用它，解决了烧大块煤与安全生产问题。同时，还改造磅称一台，解决了燃煤计量问题。

5. 艰苦奋斗勤俭办厂

8 站调迁衡水后，为了解决职工浴室、汽机电气维修房、家属探亲住房等问题，电站仿制两台制砖机，自己制砖盖房，解决了生产、生活用房紧张的困难。利用发电排水形成的 20 多亩水面养鱼。3 年时间，鲤鱼能长到 7 斤重，小鱼不计其数。利用鱼塘种植莲藕、水稻，改善了职工生活。

电站处处精打细算，坚持自力更生、艰苦奋斗的作风，感动了衡水地区的领导。1972年5月，全地区基建工作会议组织与会代表到电站参观生产现场，听取电站介绍艰苦奋斗、勤俭办厂的经验。

五、电站归宿

根据水电部（83）水电劳字第27号文的精神，1983年3月14日，8站设备和人员成建制下放给北京新型建筑材料厂，成为该厂的一个车间。电站继续为新型建筑材料厂发电14年，直到1997年2月，北京电力供应相对宽松后，设备退役。

第四节

第9列车电站

第9列车电站，1956年12月组建。1957年机组从捷克斯洛伐克进口，同年9月，在四川成都投产发电。该站是建站较早的电站之一，调迁频繁，先后为四川、广东、山西、山东、内蒙古及黑龙江6省区的12个缺电地区服务，1981年6月，机组调拨给黑龙江省嫩江县。建站25年，累计发电1.82亿千瓦·时，为国家经济建设和发展作出应有的贡献。

一、电站机组概况

1. 主要设备参数

电站机组为2500千瓦汽轮发电机组。机组编号603。

汽轮机为冲动、凝汽式，捷克列宁工厂制造，额定功率2500千瓦，过热蒸汽压力3.63兆帕（37千克力/厘米^2），过热蒸汽温度425摄氏度，转速3000转/分。

发电机为同轴励磁、空冷式，捷克列宁工厂制造，额定容量3125千伏·安，频率50赫兹，功率因数0.8，额定电压6300伏，额定电流287安。

锅炉为水管、抛煤链条炉，捷克塔特拉工厂制造，额定蒸发量2×8.5吨/小时，过热蒸汽压力3.82兆帕（39千克力/厘米^2），过热蒸汽温度450摄氏度。

2. 电站构成及造价

机组由汽轮发电机车厢 1 节、电气车厢 1 节、锅炉车厢 2 节、水处理车厢 1 节、水塔车厢 3 节组成。

辅助车厢：修配车厢 1 节、材料及备品车厢 1 节、办公车厢 1 节。

附属设备：刮板式输煤机两台，履带式坦克吊车 1 台，55 千瓦柴油发电机 1 台，C120 车床、摇臂钻床、牛头刨床各 1 台。

机组设备造价 569.6 万元。

二、电站组织机构

1. 人员组成

建站初期，主要由 4、5 站抽调人员组建。1957 至 1958 年间从四川、河北、河南、山西等地招收学员 4 批。1961 年后，列电局先后分配保定电校毕业生多批，1970 年接收一批复员军人。管理干部和技术人员均由列电局调配。

电站定员 69 人。

2. 历任领导

1956 年 12 月，列电局委派刘晓森负责组建该站，并任命为首任厂长。1957 年 9 月以后，先后任命王虹、安守仁、曹德华、陶晓虹、侯玉卿、王克钧、何世雄、李华南、丁敬义、刘恩硕、陈本生、邹积德、沙德欣、闫春安、张喜乐等担任该站党政领导。

3. 管理机构

（1）综合管理组。

历任组长：贾同军、曹德华、程文荣、张怀志、张平安、谢克千、谭连刚。

历任成员：李正蓉、王思华、刘宗敏、郭永沛、王才旺、任春贵、项如。

（2）生产技术组。

历任组长：吕卓华、殷国强、范茂凯、范志明。

历任成员：尹仲田、虞良品、梁子富、许道纪、张连福、张达仁、邹大芬、孟庆国、李印春、殷国强、叶钧、徐鸿升、陈弢、李秀。

4. 生产机构

（1）汽机工段。

历任工段长：余志道、吴和臣、李成章、陈必金、刘忠义、张连福。

（2）电气工段。

历任工段长：赵平、郑久义、于志学。

（3）锅炉工段。

历任工段长：侯玉卿、张英杰、樊改明、唐开福、赵贵财、梅清和。

（4）热工室。

历任负责人：袁秀英、佘玉瑾、张健、王建章、马百克。

（5）化验室。

历任负责人：赵佩贞、陈弢、李秀、许贯忠。

5. 工团组织

历任工会主席：张英杰、唐开福、冯福禄。

历任团支部书记：张庆春、周伟建、梁荣、谭连刚。

三、调迁发电经历

1. 在四川成都投产

1957 年 8 月，9 站设备从捷克进口后，在四川成都跳蹬河安装、调试，9 月投产发电。甲方是成都电业局，发电 54.2 万千瓦·时。

2. 调迁四川金堂

1958 年 1 月，9 站从成都调到金堂。甲方是四川肥料厂。金堂县在成都东北部，距成都市区 28 公里，有"天府花园水城"之美誉。电站为四川肥料厂服务 8 个月，发电 544 万千瓦·时。

3. 调迁四川德阳

1958 年 10 月，9 站从金堂调到德阳。甲方是建工部德阳第一工程局。德阳县地处成都平原东北部，别称旌城，属绵阳专区。该站在德阳服务 4 个月，发电 263.4 万千瓦·时。

4. 调迁四川江油

1959 年 3 月，9 站由从德阳调到江油。甲方是江油钢铁厂。江油县位于四川盆地西北部，涪江上游，龙门山脉东南，距成都 160 公里。电站为江油钢铁厂发电至 1961 年年初，累计发电 1035.8 万千瓦·时。

5. 调迁四川广元

1961 年 2 月，9 站由从江油调到广元。甲方是荣山煤矿。广元原为四川省辖县，现为地级市，位于四川盆地北部。9 站调来后，与先在这里的 19 站一起为荣山煤矿发电。该站在广元服务两年半，累计发电 1697.3 万千瓦·时。

1963 年 8 月初，该站返保定基地大修。电站到达保定基地卸车后，正逢洪水泛滥，保定基地被淹。1964 年 1 月，电站改调武汉基地大修。

6. 调迁广东茂名

1964 年 9 月，9 站从武汉基地调到广东茂名，甲方是茂名石油公司。此前，已有 6、46、15、8 站在这里，为石油公司发电。9 站在去茂名前，原准备调往宁夏青铜峡，选厂人员已于 8 月先期去青铜峡选厂，但因茂名石油会战急需，又改调茂名。

该站在茂名发电半年多，发电 501.32 万千瓦·时。

7. 调迁广东湛江

1965 年 4 月，9 站由广东茂名调到湛江。甲方是湛江化工厂。湛江位于中国大陆最南端雷州半岛，东与茂名市相接。该站为湛江化工厂服务近 3 年，累计发电 3404.9 万千瓦·时。

8. 调迁山西宁武

1968 年 5 月，9 站由亚热带的广东湛江调到山西宁武，支援三线铁路建设。甲方是铁道部三局第五工程处。该站在此处服务近两年，发电 811 万千瓦·时。1970 年 3 月，调回保定基地大修。

9. 调迁山东莱芜

1970 年 11 月 25 日，水电部（70）水电电字第 64 号文，决定调 9、49 站到山东莱芜地区发电，列电局随即作出安排。同年 12 月，9 站由保定基地调到山东莱芜，为 701 工程发电，甲方是山东莱芜钢厂指挥部。701 为莱芜钢铁厂的起始名称，是经周恩来总理亲自批准的重点工程，于 1970 年 1 月动工，由于战备和保密原因，对外统称 701 工程。该站在莱芜钢铁厂服务两年多，累计发电 3581.2 万千瓦·时。

10. 调迁山东烟台

1973 年 9 月，9 站与 49 站同时调到烟台，并入烟台电网。甲方是烟台机械工业局。两年后 49 站调往集宁，9 站继续在此服务至 1978 年，累计发电 4527.25 万千瓦·时。

11. 调迁内蒙古呼伦贝尔

1978 年 9 月，9 站由山东烟台调到内蒙古呼伦贝尔盟，甲方是扎赉诺尔矿务局。扎赉诺尔煤矿毗邻边疆，属煤炭部在内蒙古的大型煤炭基地。该站为扎赉诺尔煤矿服务两年半，经受了严寒的考验。累计发电 1778 万千瓦·时。

12. 调迁黑龙江嫩江

嫩江县位于黑龙江西北部，在黑河市西部 250 公里处，隶属黑河市。

1981 年 5 月，9 站由内蒙古调往黑龙江省嫩江县。甲方是嫩江电业局。

1983 年 1 月，9 站机组落地嫩江，建制取消，继续在嫩江地区发电。

1. 频繁调动四海为家

第 9 列车电站，建站较早。在 25 年的沧桑岁月里，从祖国西部天府之国的四川，到东部山东半岛的港口烟台，从南海之滨的湛江，到北国边陲扎赉诺尔，调迁次数之多，跨越地域之广，是列车电站中具有代表性的。电站职工历尽风风雨雨，千辛万苦，行程 1.5 万公里，为 6 个省、自治区的 12 个能源短缺地区发供电，有力地支援了国家建设。

每一次调迁，刚到现场都是"先生产、后生活"。在四川住帐篷，吃炒盐巴拌饭；在湛江住四面透风的闲置厂房，用苇席隔离成所谓房间；到山西住大帐篷，男女各一顶，双职工只能分居。在湛江防台风、战高温、抗雷暴，而到了扎赉诺尔却要抗严寒、斗风雪、战冰冻。在零下 40 摄氏度的恶劣环境下，要冷炉开机，谈何容易。但是，这支身经南征北战的队伍，几经磨炼，苦干加巧干，适应了祖国东西南北的各种艰苦环境，经受住了种种严峻的考验。

2. 三个"从来没有"

电站领导历来重视职工队伍的建设。职工们个个都是一工多艺、一专多能，发电时是运行工，检修时是检修工，调迁安装时又是拆装搬运工。

建站 25 年，9 站做到了三个"从来没有"。

一是始终坚持学习运行操作规程，日班下班后，经常安排反事故演习，所以从来没有发生过因误操作或人为的停机事故。

二是始终坚持严格执行起重机械、高空作业、电气设备等各项安全生产规程，所以从来没有发生过重伤以上人身事故。

三是从来没有发生过桃色丑闻。

职工来自全国 16 个省市，双职工或带家属的极少，绝大多数都是已婚的单身职工。夫妻长期远隔千里，分居两地，过着牛郎织女般的生活。这些孤男寡女工作在一起，说说笑笑、打打闹闹，虽有许多趣闻轶事，但是从来没有发生过桃色丑闻，甚至连传闻都没有。朴素诚实的道德底线甚为坚固，这种自珍、自重、自爱的品质难能可贵。

3. 排除"铁月饼"故障

机组自 1957 年安装发电后，许多司炉工都感觉 1 号炉不好烧，可是谁也说不清是什么问题造成的。

第三章　捷克斯洛伐克机组

直到 1962 年"五一"节后，发现过热蒸汽和饱和蒸汽之间的压力差忽然增大。正常负荷下压差应在 0.2 兆帕上下变化，但当时压差最大值曾达到 1.1 兆帕。压力表、给水硬度等确认没有问题，最后决定停炉检查。

停炉后，对汽包内部及过热器进行割管检查，一切都正常，没有发现任何问题。保定中试所派人到站查找原因，无果而回。最后，列电局派出工程师戴耀基到站指导。他建议在不同部位增设压力表测点，以判断压力差的变化情况。采用此办法，重新点火升压，果然发现了问题。压差主要发生在过热器出口集箱至主汽门之间的主蒸汽管段，从而判断这一段管内有异物。停炉后在靠近弯头处开孔，钩出一块锈迹斑斑如节流孔板状的圆形铁饼，厚 6 毫米，形态粗劣，中间有一圆孔，外径与主蒸汽管内径几乎相同。此异物在管内处于动态，不同的状态便造成不同的压力差，1 号炉不好烧的原因终于真相大白。

因为取出此异物的日期是 1962 年 9 月 12 日，第二天就是中秋节了，所以大家将这块异物称为"铁月饼"。

4．一次发电机雷击事故

1963 年电站在四川广元荣山煤矿发电。4 月 28 日，机组单炉运行，出线 651# 送电，652# 备用，事故前设备运行正常。当日第三值 16 时接班时，天气阴雨，雷电交加。18 时 25 分荣山煤矿变电所遭雷击，部分线路开关被击跳闸，电站负荷由原来的 850 千瓦降至 400 千瓦。19 时 20 分，电站出线遭雷击，发电机差动保护动作，导致主油开关和励磁机自动灭磁开关跳闸。汽机司机发现发电机处有闪光和焦糊味，随即停机拆发电机端盖检查，发现发电机励磁机侧绕组有多处绝缘烧焦，并有绕组铜线裸露现象。

事故发生后，列电局立即派技改所车导明、莫润民，保定基地陈敬亮三人，赶赴广元抢修发电机，并对事故进行调查分析。对故障点进行修复后，经试验各项指标合格，机组于 5 月 14 日恢复供电。这次事故，使重要用户荣山煤矿全矿停电约 1 小时，电站停机 16 天。

对事故调查分析查明，此次事故主要原因是电站对防雷监督工作不力；未按列电局（63）列电局站科字第 108 号文要求，采取规范有效的防雷保护措施，发电机母线和中心点所装避雷器均不符合防雷要求。事故后电站按列电局指令，当即对防雷措施进行整改，并对事故责任人给予处分，将这次事故通报全局，吸取教训，以免类似事故重复发生。

5. 一次特殊的紧急安装发电

1980年元月初，内蒙古呼伦贝尔盟一片冰天雪地。呼盟第二电厂因事故突然停止供电。整个呼盟面临缺煤挨冻的威胁。要煤要电的报告频频飞进矿务局大楼，矿党委决定，已待命调迁的9站紧急安装启动。

此时安装启动谈何容易，气温降到零下40摄氏度。为帮助电站开机，地方领导调来两台机车头，提供蒸汽供暖，并赶制火炉，放进车厢内加温，准备喷灯、气焊和胶皮管供急用。

元月6日，电站临时组织了暖气组、汽机组、炉排组和电缆组，分别进入紧张而艰苦的工作中。暖气组在组长钟清云的带领下，冒着刺骨的寒风，连夜接通了暖气。炉排组牛录林等人在车厢底下检修炉排，穿堂风带着哨音刮到人们的脸上，刀割一样，车厢下面不能坐、不能蹲，只能趴在地上，坚持干完工作。塑胶电缆在低温下又硬又脆，电缆组在组长王忠立和技术员李印春带领下，边加热边拉伸，半天功夫就把十来条又粗又重的电缆敷设完毕。汽机组在室外已连续工作5个多小时，把所有的护板顶盖拆卸完，又装水塔车管道及汽机油箱，进行凝汽器的解冻工作。此时，他们都是霜染眉毛，冻得嘴巴青紫，话不成声。

元月10日，安装就绪，准备点火启动。启动过程中，又遇给水泵、管道和逆止门结冻不通。经三番五次地蒸汽加热、喷灯烘烤，职工们干到12日16点，机组终于启动成功，强大的电流送到矿区。

经过7天7夜的艰苦奋战，比计划提前8天送电。矿务局为电站召开了祝捷大会，呼盟党委向电站表示热烈祝贺。

五、电站归宿

1981年6月5日，根据电力部（81）电财字第87号《关于四台列车电站无偿调拨给外单位的批复》，将该站机组调拨给黑龙江省嫩江县。1983年1月25日，根据水电部（83）水电劳字第17号文，职工一部分自愿留在嫩江工作，其他人员按个人意愿，由东北电管局安置。

电站在嫩江一直运行至1998年以后。据1996年统计，14年间发电10271万千瓦·时，供电8713万千瓦·时，供热4790亿千焦，为嫩江县上缴利税200余万元，实现产值532万元，为嫩江地区的经济发展作出了重要贡献。

第五节

第 13 列车电站

第 13 列车电站，1958 年年初组建。机组从捷克斯洛伐克进口，同年 5 月在河南新乡 760 厂安装，7 月投产。先后调迁河南、青海、云南、广东、山西 5 省 8 个缺电地区服务。1984 年 3 月，机组调拨给内蒙古查干诺尔碱厂。建站 26 年，行程 2.4 万公里，累计发电 1.57 亿千瓦·时，为国防科技和重点工矿企业的建设作出重要贡献。

一、电站机组概况

1. 主要设备参数

电站设备为 2500 千瓦汽轮发电机组，出厂编号 606。

汽轮机为冲动、凝汽式，捷克列宁工厂制造，额定功率 2500 千瓦，过热蒸汽压力 3.63 兆帕（37 千克力 / 厘米^2），过热蒸汽温度 425 摄氏度，转速 3000 转 / 分。

发电机为同轴励磁、空冷式，捷克列宁工厂制造，额定容量 3125 千伏·安，频率 50 赫兹，功率因数 0.8，额定电压 6300 伏，额定电流 287 安。

锅炉为水管、抛煤链条炉，捷克塔特拉工厂制造，额定蒸发量 2×8.5 吨 / 小时，过热蒸汽压力 3.82 兆帕（39 千克力 / 厘米^2），过热蒸汽温度 450 摄氏度。

2. 电站构成及造价

机组由汽轮发电机车厢 1 节、电气车厢 1 节、锅炉车厢 2 节、水处理车厢 1 节、水塔车厢 3 节组成。

辅助车厢：修配车厢 1 节、寝车厢 1 节、办公车厢 1 节，后来列电局配备材料车厢 1 节和送电变压器车厢 1 节。

附属设备：刮板式输煤机两台，履带电动吊车 1 台，10 吨龙门吊车 1 台，6S110 型柴油发电机 1 台，车床、牛头刨床、台式钻床各 1 台，空压机 1 台。

机组设备造价 557 万元。

二、电站组织机构

1. 人员组成

电站组建时，职工队伍主要由2、1、7站的接机人员组成。

1958至1960年，招收的新学员较多。1959年接29站，1960年接36站，共计调出60余人。1960至1970年，先后从保定、北京、西安、郑州及泰安等5个电校分配毕业生27人。1970年、1973年及1977年先后招收新学员26人。

1965年12月，该站调迁广州，与35站分站时人员变动较多，新分到该站的有30余人。由于工作需要，领导人员调配，解决夫妻两地分居，老职工安置等原因，电站人员在系统内调动较为频繁。

电站定员69人。

2. 历任领导

该站组建初期，列电局委派韩国栋负责组建，并任首任厂长。1959年1月至1979年3月，列电局先后任命陈本生、郭荣德、陈荣文、李汉征、李庚辛、邵晋贤、周国吉、米淑琴、刘润轩、李玉强、王占东、邓发、刘广忠、冯炎申、陈成玉、李汉明等担任该站党政领导。

3. 管理机构

（1）综合管理组。

历任组长：易云、朱开成、杨喜昌、年延生、郝士英。

历任成员：许兆龙、林树田、孙建国、熊应臣、宋步桥、李凤鳌、王昌民、王惠敏、李敬敏、王维茂、李武超、李维亭、邱秀泽、刘培岩、张开润、郭计锁、李玉强、蒋厚良、谭辉、邵荣贵。

（2）生产技术组。

历任组长：陈孟权、徐文忠、李汉明、邓秀中。

历任成员：刘明耀、王广韬、王赞韶、姚菊珍、孙绪策、陈光荣、朱学山、徐文忠、董春元、王宪均、郜复昆、李选引、马景斌、马锦璋、邓秀中、徐瑾、陈敖虎、杜继松、闫琪。

4. 生产机构

（1）汽机工段。

历任工段长：郭荣德、王文华、姜林林、李新田、孙彦斌。

（2）电气工段。

历任工段长：贾占启、李汉征、杨守恭、冯炎申、刘增禄。

（3）锅炉工段。

历任工段长：白义、丁泉根、王永顺、田殿艮。

（4）热工室。

历任负责人：王超群、米鸿恩、薛德宏、樊明德、王克勤。

（5）化验室。

历任负责人：沈嵘、徐瑾、贾素珍、闫琪、袁士君、朱秀兰。

5. 工团组织

历任工会主席：李汉征、马景斌、常金龙、周文友、孙彦斌。

历任团支部书记：张连瑄、黄泉计、王占东、宋建国。

三、调迁发电经历

1. 在河南新乡投产

新乡属河南省地级市，位于河南省北部。1958年年初，机组进口，5月在河南新乡760厂安装，7月投产，甲方是新乡工业局。

新乡760厂，是1956年建厂的军工企业。正值大跃进年代，新乡地区急需电力供给。毛泽东主席1958年8月视察新乡七里营公社时，专列曾停在列电专用线上。

13站在此服务1年，发电1181.27万千瓦·时。

2. 调迁河南鹤壁

鹤壁属河南省地级市，位于河南省北部。1959年5月，13站调到河南鹤壁，为鹤壁煤矿发电，并入邯峰安电网。甲方是鹤壁矿务局。厂址在鹤壁火车站南侧，紧靠车站的主干线。鹤壁矿务局1957年成立，属国家大型煤矿。为了满足煤矿生产用电，机组经常满负荷运行。

1960年冬，列电局化学现场会议在此举办，白乃玺、杨绪飞负责组织，全国各电站派专业人员参加。会议对该站化学专业管理经验给予很高评价，并在全系统推广。

1962年6月，该站被定为战备电站而退出运行。电站在此服务3年余，累计发电2809.4万千瓦·时。

3. 调迁青海海晏

海晏县地处青海省东北部的青海高原，隶属海北藏族自治州，距西宁有100多公里。1963年4月，13站奉命调到海晏，为研制核武器基地发电。甲方是二机部九局青海机械厂，代号221厂。对外通信地址是西宁886信箱，后改为540信箱。

1963年5月开始发电，厂址在当地电厂的西侧。当地小电厂由于运行不可靠而停机，电站承担当地的全部负荷。1964年7月，35站也调到海晏，两站合并，以35站名义对外。

1965年7月，221厂自备电厂的第1台1.2万千瓦机组正式投产。当年11月，电站圆满完成发电任务，返武汉基地检修。电站在此服务两年半，累计发电1221.7万千瓦·时，为国防工业作出特殊贡献。

4. 调迁广东广州

1965年12月，13站调到广州。甲方是广州供电公司。厂址在广深铁路线上的石牌火车站北边，离棠下变电站较近。翌年1月，37站也调来广州发电。

1969年7月，由于中国援建非洲的坦赞铁路，需要13站的厂址作为货栈，因此电站结束发电任务。电站在广州服务3年余（1966至1967年，因无煤停机），累计发电2185.9万千瓦·时。

5. 调迁云南妥安

妥安乡隶属楚雄彝族自治州禄丰县，位于云南省中部。1969年7月，13站调到云南禄丰妥安，甲方是牟定十四冶十二井巷公司。电站为建设中的牟定铜矿工程发电。

当时成昆铁路尚未全线通车，从广通下车，到妥安还有25公里距离，职工是乘坐新线管理处运送施工物资的轨道专用车到达目的地的。

电站在此服务3年，发电949.2万千瓦·时。1972年7月，铜矿如期建成，电站圆满完成发电任务。

6. 调迁广东韶关

韶关市地处广东省北部，北江上游，浈江、武江、北江三水交汇处，与湖南、江西交界，素有"三省通衢"之称。1963年2月至1966年年初，先后有2站、5站及38站在此发电。

1972年9月，13站调到韶关市发电。甲方是韶关电业局。电站厂址在十里亭附近，是原38站使用的厂址。

该站在韶关服务1年半，累计发电1609.33万千瓦·时，有力地支援了粤北重镇的经济建设。

7. 调迁山西大同

大同位于山西省北部大同盆地的中心，晋冀蒙三省区的交界处，为全晋之屏障，北方之门户，有"中国煤都"之称。

1974年4月，13站调到大同发电。甲方是铁道部大同机车厂（428厂）。该站与前期在那里发电的 23 站，一起在机车厂院内向机车厂供电。

始建于 1954 年的铁道部大同机车厂，是铁道部的重点厂，是制造"前进牌"蒸汽机车的唯一工厂，是亚洲最大的蒸汽机车研制基地。13 站在此服务 1 年余，发电 1866.42 万千瓦·时，支援了机车厂的生产和发展。

8. 调迁河南商水

商水县属周口市，位于河南省东南部。1975 年 8 月，该地区突发洪灾，人民的生命、财产遭受严重损失。同年 12 月，13 站调到商水县，支援那里的救灾用电。甲方是商水电业局。厂址在离县城不远的汤庄公社马口大队周桥生产队。

这里缺电非常严重，系统经常低频率供电。为了多发电，机组长时间满负荷运行。每年均提前完成年发电任务，并实现安全运行 500 天，为当地的救灾和经济发展作出重要贡献。

由于国家经济调整，电力供需矛盾缓和，1979 年该站就处于闲置状态，直到列电系统解体。该站在商水期间，累计发电 3866.3 万千瓦·时。

四、电站记忆

1. 列电局管理试点电站

1961 年 9 月，中央制定了《国营企业工作条例（草案）》，即"工业企业七十条"。同年冬，列电局委派以林俊英主任为首的工作组，到该站进行贯彻实施条例的试点工作。电站领导发动和组织全体职工积极参加，每天晚饭后都按工段、组、室学习文件，结合电站情况进行讨论，工作组人员分头参与指导。经过 3 个月的不懈努力，比较全面地总结出列车电站管理的经验和措施。

1962 年 2 月 18 日，列电局以（62）列电局办字 0123 号文，向水电部报送《〈国营企业工作条例（草案）〉学习与试点工作报告》。列电局以 13 站为试点，提出了确定设备综合出力、人员机械、消耗定额、固定资产和流动资金、搞好协助关系，确保安全生产、机组设备良好、五项指标完成、工资总额不超和培训工作经常化的"五定五保"管理意见，向全局推广 13 站试点经验。

2. 在特殊环境下确保安全发电

青海海晏地处青海高原，海拔 3200 米，空气稀薄，冬季严寒，气候恶劣。甲方是国防军工企业，属保密单位，对保密工作要求很严。13 站领导组织职工学习、讨论有关文件，并不折不扣地执行保密纪律。在此发电期间，未发生任何泄密事件。

职工们住帐篷，生活条件艰苦，物资供应全靠外部支援。1964 年 7 月，电站结束一年多住帐篷的历史，与 35 站共同住进列电院内，各方面的条件都得到改善。为军工企业发电，对电站安全生产要求更严。每个职工都知道自己肩上担子的分量，丝毫不敢怠慢，战胜种种困难，圆满地完成了发电任务。1964 年 10 月 16 日 15 时，我国第一颗原子弹爆炸成功，也有列电职工的一份贡献。

13 站对安全生产常抓不懈，针对不同情况，及时做好职工的思想工作。每到一处工地，立即与当地主管部门沟通，将形势、中心工作以及要求，及时传达到每个职工。在广州发电时，由于邻近港澳，电站领导不失时机地对职工进行思想教育，要求职工遵守国家法律和单位的规定。在特殊环境中，电站职工未发生任何意外或造成不良的社会影响。

3. 自力更生改造设备

建站 26 年，除 1965 年 11 月返武汉基地进行过短短 1 个多月的检修外，没有再返基地大修。大修的改造与更新项目都是在发电现场完成的。

1965 年调离青海前，对发电列车由双排列改为单排列。这项改进由保定基地派人员协助完成。这为以后租用单位节省场地和投资打下基础。

由于冷却水塔木结构中结水垢严重，降低了循环水的冷却效率。1969 年上半年在广州发电时，电站决定对 3 台冷却水塔进行彻底大修。除了循环水泵房外，所有的木质结构全部更新，并进行金属部件除锈防腐和水塔外表涂漆。通过机组设备的检修与改造，提高了设备的健康状况，锻炼了职工队伍的专业技能。

五、电站归宿

1984 年 2 月 25 日，水电部以（84）水电劳字第 17 号文，决定将 13 站职工移交给河南省电力局管理。1984 年 3 月 1 日，水电部以（84）水电财字第 12 号文，决定将机组无偿调拨给内蒙古锡盟查干诺尔碱厂。

电站人员安置情况：分配河南省内电厂 20 余人；调到列电基地或其他电站 20 余人；调到河南省周口纱厂电站 7 人；调回原籍 14 人；为解决家属户口，调到内蒙古查干诺尔碱厂和大雁 42 站 10 人。

第三章　捷克斯洛伐克机组

第六节

第 14 列车电站

第 14 列车电站，1958 年 2 月组建。机组从捷克斯洛伐克进口，同年 6 月，在四川成都投产。该站先后为四川、内蒙古、黑龙江、宁夏、甘肃、陕西、江苏 7 省区的 10 个缺电地区服务。1983 年 3 月，机组调拨给内蒙古乌达矿务局。建站 25 年，行程 2 万余公里，累积发电 2.24 亿千瓦·时，为三线铁路建设和国家重点钢铁、煤炭企业的发展作出重要贡献。

一、电站机组概况

1. 主要设备参数

电站设备为 2500 千瓦的汽轮发电机组，出厂编号 608。

汽轮机为冲动、凝汽式，捷克列宁工厂制造，额定功率 2500 千瓦，过热蒸汽压力 3.63 兆帕（37 千克力 / 厘米^2），过热蒸汽温度 425 摄氏度，转速 3000 转 / 分。

发电机为同轴励磁、空冷式，捷克列宁工厂制造，额定容量 3125 千伏·安，频率 50 赫兹，功率因数 0.8，额定电压 6300 伏，额定电流 287 安。

锅炉为水管、抛煤链条炉，捷克塔特拉工厂制造，额定蒸发量 2×8.5 吨 / 小时，过热蒸汽压力 3.82 兆帕（39 千克力 / 厘米^2），过热蒸汽温度 450 摄氏度。

2. 电站构成及造价

机组由汽轮发电机车厢 1 节、电气车厢 1 节、锅炉车厢 2 节、水处理车厢 1 节、水塔车厢 3 节组成。

辅助车厢：材料车厢 1 节、修配车厢 1 节、办公车厢 1 节、寝车 1 节。

附属设备：刮板式输煤机两台，履带电动吊车 1 台，龙门吊车 1 台，6S110 型柴油发电机 1 台，车床、牛头刨床、台式钻床各 1 台，空压机 1 台。

机组设备造价 541.8 万元。

1. 人员组成

1958 年 2 月，职工队伍由淮南田家庵电厂人员成建制组成。同年 8 月，列电局决定由邓嘉厂长率全站职工从事列车电站制造，由范世荣领导部分 9 站职工和学员接 14 站生产工作。以后不断有人员调出接新机，又陆续从各电站调进人员补充。先后从四川、内蒙古、江苏、上海等地招收学员，从保定电校、沈阳电校分配毕业生。1982 年 11 月，下放前电站职工 82 人。

电站定员 69 人。

2. 历任领导

电站组建初期，列电局委派淮南田家庵电厂副厂长邓嘉负责组建，并任命为 14 站首任厂长。1958 年 10 月至 1978 年 6 月，列电局先后任命范世荣、何立君、杨武寅、贾占启、苏振家、刘福生、孙学海、梁子富等担任该站党政领导。

3. 管理机构

（1）综合管理组。

历任组长：钱仁福、邝振英、田秋。

历任成员：应惠英、李瑞兰、郭文海、刘连祥、郭洪鑑、杜瑞来、刘金梅、程淑兰、王浩、陈瑞、叶德兴。

（2）生产技术组。

历任组长：戴耀基、顾经纬。

历任成员：白皙、施惠林、盛林春、徐琦。

4. 生产机构

（1）汽机工段。

历任工段长：梁洪滨、袁天成、纪敦忠。

（2）电气工段。

历任工段长：何立君、张尹林。

（3）锅炉工段。

历任工段长：梁子富、陈琇云、彭洪章、周纯密。

（4）热工室。

历任负责人：黄玉金、沈跃鑫。

（5）化验室。

历任负责人：司秀英等。

5. 工团组织

历任工会主席：何立君、刘焕、梁子富、白皙。

历任团支部书记：梁洪滨等。

三、调迁发电经历

1. 在四川成都投产

1958年5月，机组在四川省成都市跳蹬河安装调试，6月投产发电。甲方是四川省电业局。电站在成都服务4个月，累计发电525万千瓦·时。

2. 调迁四川荣昌

荣昌是工业重镇、文化名镇，隶属四川永川地区（现属重庆市），煤炭资源丰富。1958年10月，14站调到荣昌广顺场永荣煤矿发电。甲方是永荣矿务局。

永荣矿务局自备电厂不能满足生产用电需要，14站仍满足不了要求，1960年9月31站调来，因燃油供应困难，只试运行几天即停止运行。1961年1月，23站又调来荣昌，为永荣矿务局发电。

该站为永荣矿务局服务4年余，累计发电2065.3万千瓦·时，支援了西南煤炭工业的发展。

3. 调迁内蒙古平庄

平庄隶属内蒙古赤峰市，是国家重要的煤炭基地。1963年5月，14站从四川荣昌调到内蒙古平庄，甲方是平庄矿务局。47、39站曾先期在此服务。

该站在平庄矿务局服务7个月，发电260.5万千瓦·时。

4. 调迁黑龙江牡丹江

牡丹江是黑龙江省辖地级市，位于黑龙江东南部。1963年12月，14站从内蒙古平庄调到牡丹江，甲方是牡丹江电业局。该站在牡丹江服务不足1年，发电666.9万千瓦·时。

5. 调迁宁夏青铜峡

青铜峡水电站，位于宁夏黄河中游青铜峡谷口处。1958年8月开工建设。1964年9月，14站从牡丹江调到青铜峡，为青铜峡水电站建设发电。甲方是青铜峡工程局。

该站在此服务3个月，发电375万千瓦·时。

6. 调迁甘肃酒泉

1965 年 3 月，14 站调到甘肃酒泉发电，甲方是酒泉三九公司（酒泉钢铁公司）。电站作为补充电源，为酒泉钢铁公司发电，缓解当时电力紧张局面。该站在此服务不足两年，累计发电 2098.67 万千瓦·时。

1966 年 11 月，返西北基地大修。

7. 调迁四川甘洛

甘洛县隶属于凉山彝族自治州，位于四川西南部。1967 年 3 月，14 站调到四川省甘洛，为修建成昆铁路工程发电。甲方是铁道部第二工程局。成昆铁路 1958 年 7 月开工建设，后下马，1964 年复工建设。

该站在此服务两年余，累计发电 203 万千瓦·时。

8. 调迁陕西阳平关

阳平关位于宝成、阳安铁路交汇处，隶属汉中市宁强县。1969 年 11 月，14 站调往陕西阳平关，机组安置在阳平关车站，为阳安铁路工程施工发电，甲方是铁道部第一工程局。阳安铁路 1969 年 1 月开工建设，1971 年年底全线通车。工程代号为1101，由铁道部一局负责施工。该站在此服务 1 年半，累计发电 1285 万千瓦·时，有力地支援了阳安铁路建设。

1971 年 5 月 22 日，水电部（71）水电电字第 53 号文，致函 1101 指挥部，决定调14 站从阳平关返保定基地检修。

9. 调迁江苏徐州

1971 年 6 月 25 日，水电部以（71）水电电字第 67 号文，致函江苏省革委会，决定调 14、21 站到江苏徐州地区发电。1971 年 12 月，14 站从保定基地调往徐州双楼港煤矿发电，甲方是徐州电业局。该站在此服务 4 年，累计发电 5000.4 万千瓦·时。

1974 年 2 月，北京京西发电厂借调 14 站一台锅炉为该厂供热，数月后返回。

10. 调迁徐州旗山煤矿

旗山煤矿与双楼港煤矿同在徐州市贾汪区大吴镇。徐州电网严重缺电，旗山煤矿处于电网末端，电压降很大，直接影响煤矿正常生产。为保证电源质量，1975 年 9 月3 日，水电部以（75）水电生字第 66 号文，同意徐州矿务局申请，调 14 站从双楼港煤矿到旗山煤矿发电。

1976 年 1 月，14 站由双楼港煤矿调到旗山煤矿。甲方由徐州电业局变为徐州矿务局。该站在旗山煤矿服务 6 年余，累计发电 9947.3 万千瓦·时。

1976 年 7 月至 1979 年 11 月，电站提前 85 天完成 1979 年发电任务，锅炉工段创造安全运行 1234 天纪录，受到列电局的表彰。1980 年 3 月，华东管区 9 个电站评比，该站被评为唯一全面优胜电站。

四、电站记忆

1. 支援成昆铁路建设

1967 年 3 月，14 站调往四川甘洛，支援成昆铁路建设。甘洛地处大凉山彝族自治州少数民族山区，崇山峻岭，山路陡峭，河谷幽深，生活条件十分简陋。

职工宿舍建在两河相会的牛日河畔，与生产厂区隔河相望，由一条铁索桥相连。职工宿舍是用竹竿、苇席和茅草搭建的简易草房，透风漏雨，潮湿阴冷。职工上下班，不管风霜雪雨、日夜星辰，都要跨桥往返。每遇风雨天气，铁索桥摇晃得像荡秋千，有的职工只好匍匐过桥。虽然十分艰难，但没有一个迟到的。

2. 艰难的三线调迁

1969 年 11 月，14 站从甘洛调迁陕西阳平关时，职工急工作之急，全力以赴拆迁设备。大件装车后，吊车装上铁路平板车难度非常大。因为铁路货运平板车几乎与吊车履带等宽，加上爬车梁窄、坡度大，吊车电源电压低、动力不足，装车非常危险。工程师盛林春亲自操车，工段长彭洪章指挥，孙桂宗等老师傅在车旁吊线，五六个青年工人拉电缆。大家齐心合力，全神贯注，相互照应，一寸寸爬行，一次次调整，经过一个多小时精心操作，终于安全地把吊车开上平板车，到此完成全部装车任务。

机组到达阳平关车站后，全站职工全力以赴，争分夺秒地投入卸车、安装、调试工作，12 月底并网发电，继续为三线铁路建设作贡献。

3. 检修改造锅炉设备

1964 年 4 月，机组在牡丹江检修，对两台除尘设备进行改造。通过对防磨材料的实验比较，选用辉绿岩砌筑除尘器内壁，解决水膜除尘器内壁磨损及腐蚀问题。设计制作不锈钢喷嘴，反复调试喷水角度，提高水膜除尘器除尘效果。依靠自己的力量，设计制造二次风机。专业技术人员反复计算参数，选择叶轮线形和能耗效率曲线，工人加工制作叶轮、轮轴和风机外壳，夜以继日，齐心合力，终于把风机赶制出来，组装调试后，成功投入运行。除尘系统的改造，既改善了发电环境，又提高了职工技术水平。

锅炉水冷壁泄漏点常发生在地方狭小、紧贴炉墙之处，焊口既看不到，焊条又难伸进去。焊工吴明华，把小镜子塞到夹缝里，把焊条剪成三段，并折弯，用电焊钳夹紧，绕伸到炉管后部，借着电筒光线打到镜子上的反光，凭着日常练就的真功夫，弯臂挥钳，将承压水管的漏点焊好，保证承压设备正常运行。

4. 体验风情寓教于乐

四川甘洛大凉山是彝族聚居地，彝族同胞风俗别样，职工们尊重彝族风俗习惯，与彝胞关系融洽。电站组织篮球队、乒乓球队、参加地方组织的比赛，多次为电站争得荣誉。文艺宣传队表现更为突出，能歌善舞的白晳为导演，编演新疆歌舞《我们新疆好地方》《新疆亚克西》，藏族舞蹈《逛新城》《洗衣歌》等节目。范桂琴、盛丽娟、刘金梅等热情参与，以活泼、欢快、优美向上的歌舞鼓舞士气，活跃职工业余生活，并沿成昆铁路汇演数百公里，获得铁路建设者的热烈欢迎和赞誉。

5. 珍贵记载

1958 年 10 月，八一电影制片厂摄制组，奔赴成都电站发电现场，摄制《列车电站》新闻纪录片。当时正值电站准备调迁荣昌，摄制组在成都拍摄了电站拆装、调迁的场面。在现场，列电车厢上挂着两幅大字条幅，红布白字，十多米长，条幅上写着"到祖国最需要的地方去!""艰难困苦全不怕，哪里需要哪安家"，充分表达了列电人的情怀。

途经 250 余公里，达到荣昌广顺场，摄制组拍摄了电站从安装、调试到启动发电的全过程，记录了列电职工不畏艰苦、连续奋战的精神。片中还纪录到老厂长邓嘉与即将调保定的老职工挥手告别的情景，以及欢送范世荣厂长带队奔赴荣昌新厂址的场面；留下了不少职工精心监视操作盘、认真操作、巡回检查、取样分析等珍贵镜头。纪录片摄制完成后，在全国各地放映。该片宣传了列电事业及其在国家经济建设中的作用，也成为列电职工永久的记忆。

五、电站归宿

1982 年列电局体制改革，根据列电局（82）列电局劳字第 682 号文，华东基地与江苏仪征化纤联合公司就 14 站职工成建制调到江苏仪征化纤联合公司达成协议。同年 11 月，电站大部分职工调到该公司工作。另有部分人员按个人意愿调到南京、徐州、保定、宝鸡、镇江等地。

1983 年 3 月 29 日，水电部以（83）水电讯字第 17 号文，将电站设备无偿调拨给内蒙古乌达矿务局。

第 15 列车电站

第 15 列车电站，1958 年 2 月组建。机组从捷克斯洛伐克进口，同年 6 月，在湖南衡阳安装、投产发电。该站先后为湖南、广东、陕西、福建 4 省 5 个缺电地区服务。1982 年 10 月，机组调拨给内蒙古阿尔山林业局。建站 24 年，累计发电 2.63 亿千瓦·时，对国家石油、钢铁等重点企业，以及地方经济建设作出重要贡献。

一、电站机组概况

1. 主要设备参数

电站设备为 2500 千瓦的汽轮发电机组，出厂编号 607。

汽轮机为冲动、凝汽式，捷克列宁工厂制造，额定功率 2500 千瓦，过热蒸汽压力 3.63 兆帕（37 千克力 / 厘米 ^{2}），过热蒸汽温度 425 摄氏度，转速 3000 转 / 分。

发电机为同轴励磁、空冷式，捷克列宁工厂制造，额定容量 3125 千伏·安，频率 50 赫兹，功率因数 0.8，额定电压 6300 伏，额定电流 287 安。

锅炉，为水管、抛煤链条炉，捷克塔特拉工厂制造，额定蒸发量 2×8.5 吨 / 小时，过热蒸汽压力 3.82 兆帕（39 千克力 / 厘米 ^{2}），过热蒸气温度 450 摄氏度。

2. 电站构成及造价

机组由汽轮发电机车厢 1 节、电气车厢 1 节、锅炉车厢 2 节、水处理车厢 1 节、水塔车厢 3 节组成。

辅助车厢：材料车厢 1 节、修配车厢 1 节、办公车厢 1 节及寝车 1 节。

附属设备：刮板式输煤机 2 台，履带电动吊车 1 台，10 吨龙门吊车 1 台，6S110 型柴油发电机 1 台，车床、牛头刨床、台式钻床各 1 台，空压机 1 台。

机组设备造价 554.4 万元。

1. 人员组成

电站组建时，职工队伍主要由衡阳电厂，包括褚孟周、吴锦石、陈启明等48名接机人员组成。

1958年在衡阳招收学员约40名，1963年在柳州、茂名招收学员7名。以后历年分配保定电校毕业生共12名，1978年年初有职工72人。

电站定员69人。

2. 历任领导

1958年2月，由褚孟周、吴锦石组建电站，并分别任该站厂长、副厂长。1958年6月以后，列电局又先后任命文世昌、赵廷泽、陈启明、蒋龙清、胡在清、张平安、苗文彬、李秋乐、李保军、余竺林等担任该站党政领导。

3. 管理机构

（1）综合管理组。

历任组长：李文魁、苗文彬、于庆祥。

历任成员：王才旺、刘志英、吴兴义、王金涛、王孝全、王幼华、胡桂生、陈棣辉、罗茂华、刘宝善、罗风珍、王征良、董国祥、李雪航、张友英、柳宏福。

（2）生产技术组。

历任组长：计万元、李志鹏、袁克文、张达人、吴高华。

历任成员：李祖培、郭建平、范茂凯、刘合。

4. 生产机构

（1）汽机工段。

历任工段长：胡在清、文世昌、赵云浩、杨新款。

（2）电气工段。

历任工段长：吴兆铨、陈启明、郑汉清、许宏发、李文明。

（3）锅炉工段。

历任工段长：廖国华、胡国清、付碧辉、张秋传、邢玉荣。

（4）热工室。

历任负责人：杨佑卿、李北杨、张惠霄。

（5）化验室。

历任负责人：胡耀喜、刘龙珠。

5. 工团组织

历任工会主席：武建礼、胡在清。

历任团支部书记：胡国清、蒋忠义、陈棣辉。

三、调迁发电经历

1. 在湖南衡阳投产

衡阳地处湘南地区，湖南省地级市，城区横跨湘江，是湖南省以及中南地区重要的交通枢纽之一。1958 年 4 月，机组抵湖南衡阳玄碧塘，甲方是衡阳发电厂。5 月，由衡阳发电厂负责修建路基和组装，6 月 3 日投产，为衡阳发电厂建设供电。

当时衡阳地区用电负荷集中，缺电较多。后随着双牌、白渔潭等水电站和衡阳发电厂的陆续投产，衡阳的电力供应开始好转。1961 年 8 月，15 站停止运行，在此服务 3 年余，累计发电 5199.8 万千瓦·时。

2. 调迁湖南鲤鱼江

鲤鱼江镇位于湖南东南部，隶属于郴州专区（现为郴州市）资兴县。1961 年 10 月，15 站由衡阳调到湖南鲤鱼江镇，为鲤鱼江火电厂建设工程供电。甲方是鲤鱼江电厂。鲤鱼江电厂是国家"一五"计划重点工程之一。

1963 年 3 月，鲤鱼江电厂机组投产后，电站调往广东。该站在此服务 1 年余，发电 883.9 万千瓦·时。

3. 调迁广东茂名

茂名市位于南海之滨、广东省西南部，是华南地区最大的石化基地。1963 年 3 月，15 站继 6、21、46 站之后调到茂名，甲方是茂名石油公司。21 站同时返保定基地大修。

1963 年年底，为便于管理，将几个电站统一管理，对外统称 6 站。截至 1964 年 9 月，8、9 站先后调入，总共 5 个电站联合供电，这是列车电站集中最多的一次联合供电。

1968 年 3 月，茂名热电厂 2.5 万千瓦 2 号机组投产。之后，列车电站逐渐调离，15 站最后一个退出运行。该站在此服务 5 年余，累计发电 5248 万千瓦·时。

4. 调迁陕西略阳

略阳县位于陕西省西南部，地处陕甘川三省交界地带，隶属于汉中市。1969 年 3 月 12 日，水电部军事管制委员会以（69）水电军电综字第 112 号文，调 15 站到略阳地区发电，3 月 18 日，列电局就此作出具体安排。同年 4 月，15 站调到略阳，甲方是略阳钢铁厂。

在此发电期间，正值"文革"中，胡在清为革委会主任。1970年后，在钢铁厂党委的领导下，由蒋龙清、胡在清及张平安组成电站党支部。该站在此服务近3年，累计发电1253.5万千瓦·时。

5. 调迁福建厦门

厦门位于福建省东南端，与台湾岛隔海相望。1972年1月8日，水电部以（急件）（72）水电电字第2号文，调15站到福建厦门发电。1972年1月，15站调到厦门浦南。甲方是厦门电业局。2月10日，电站职工放弃春节休假，投入紧张的设备安装工作。2月18日，电站并网发电。机组常年保持满负荷运行状态。

由于输电线路电压太低，解放军对台广播的48只高音喇叭传声距离不够。电站布专线，直接为前线解放军供电，保证对台广播的宣传效果，支援福建前线军事设施建设。

1980年3月，电站被厦门电业局党委评为先进党支部。1980年12月，电站租赁期满后，机组转为冷备用。该站在此服务8年余，累计发电1.37亿千瓦·时。

四、电站记忆

1. 抓生产管理　创大庆式企业

该站领导班子平时注重各项管理工作，规程制度汇编人手一册，并严格执行。坚持安全日活动，定期开展安全检查，发现设备缺陷及时消除。常年坚持开展运行能耗小指标竞赛，半年初评，年终总评。1971年11月，电站在略阳发电时，开展节能活动，锅炉掺烧劣质煤达到10%，原煤耗率下降140克/（千瓦·时），节约原煤630吨，节省厂用电累计超3万千瓦·时，两项合计节约2.7万元。

1977年前后，厂部组织各工段人员，利用检修的机会完成3项重大技改项目，一是实现水处理无人值班；二是上煤除灰机械化；三是对8节车厢翻新，让机组面貌焕然一新。

电站重视设备管理，在1978年检查评比活动中，该站一类设备达114台件，占96.6%；二类设备4台件，占3.4%，设备完好率100%。1975年至1977年，汽机创造安全运行1000天纪录，1980年10月，电站创造安全生产500天纪录。

1975年至1977年，连续三年被评为列电系统先进单位。1977年度，被评为厦门市工业学大庆先进单位。1978年，被评为列电局技术革新先进集体。1979年，被评为全国电力工业大庆式企业。

2. 建站 24 年未返基地大修

15 站自成立到落地的 24 年里，机组从未返回基地大修，皆为就地进行大、中、小修，以及各项技改工作。

1979 年 9 月，电站在厦门进行设备大修。大修一开始，就遇多日雷雨天气。检修人员汗水夹着雨水，投入紧张的大修工作中。中秋佳节之夜，检修现场依然灯火通明。这次大修前，从大修计划、方案、人员，到后勤管理部门的备品备件、各种材料，都做了充分准备，大修材料执行定额管理。大修中，领导干部深入现场，解决难题，管理人员送料上门，送饭到现场。此次大修除规定检修项目外，还对发电机风叶、冷水塔风扇，以及锅炉引风机等设备进行技术改造。电站职工凝心聚力，计划工期 45 天，结果仅用 30 天完成全部大修项目，受到厦门市政府的表扬。

3. 为电站职工体检成常态

电站领导把搞好职工生活及保障职工身体健康当作大事来抓。最突出的是每年定期为职工进行体检。此项工作从 1972 年到 1976 年连续进行 5 年，由电站配备的保健大夫专门负责，深受职工欢迎。

体检项目包括视力、听力、血压、血常规、透视、超声波等。在 1976 年的体检中，发现职工中有 2 人患有慢性肝炎，3 人患有胃溃疡，患有高血压、低血压的共 15 人。每年体检为患病职工及时治疗提供了保证。

电站对计划生育、婴幼儿疫苗接种工作也非常重视。不论是职工或家属，都要接受国家计划生育政策的宣传教育，并向她们发放避孕药具。及时了解掌握育龄夫妇生育情况，电站职工从未发生超生现象。根据当地卫生部门的通知，按季节及时为婴幼儿接种疫苗或注射预防针，确保儿童健康。

五、电站归宿

1982 年 10 月 15 日，水电部（82）水电讯字第 34 号文，决定将 15 站设备调拨给内蒙古阿尔山林业局。职工随电站去阿尔山 40 余人，自愿调到列电系统外 20 余人，由厦门电业局安置 57 人。

1983 年 4 月 4 日，列电局与厦门供电局签署移交商谈纪要。4 月 27 日，水电部以（急件）（83）水电劳字第 43 号文，决定 15 站职工连同流动资金，成建制移交福建电力局。电站职工由厦门电业局安置工作。

第八节

第 16 列车电站

第 16 列车电站，1958 年 1 月在保定基地组建，设备从捷克斯洛伐克进口，同年 4 月，在河南兰考投产发电。该站先后为河南，湖南、内蒙古、广西 4 省区的 7 个缺电地区服务。1984 年 2 月，机组调拨给新疆电力工业局，人员由华北电管局安置。建站 24 年，累积发电 2.78 亿千瓦·时，在重点水利电力工程及经济建设中发挥应有的作用。

一、电站机组概况

1. 主要设备参数

电站容量为 2500 千瓦汽轮发电机组，出厂编号 609。

汽轮机为冲动、凝汽式，捷克列宁工厂制造，额定功率 2500 千瓦，过热蒸汽压力 3.63 兆帕（37 千克力 / 厘米 ^{2}），过热蒸汽温度 425 摄氏度，转速 3000 转 / 分。

发电机为同轴励磁、空冷式，捷克列宁工厂制造，额定容量 3125 千伏·安，频率 50 赫兹，功率因数 0.8，额定电压 6300 伏，额定电流 287 安。

锅炉为水管、抛煤链条炉，捷克塔特拉工厂制造，额定蒸发量 2×8.5 吨 / 小时，过热蒸汽压力 3.82 兆帕（39 千克力 / 厘米 ^{2}），过热蒸汽温度 450 摄氏度。

2. 电站构成及造价

机组由汽轮发电机车厢 1 节、电气车厢 1 节、锅炉车厢 2 节、水处理车厢 1 节、水塔车厢 3 节组成。

辅助车厢：材料车厢 1 节、修配车厢 1 节、办公车厢及寝车各 1 节。

附属设备：刮板式上煤机 2 台，履带电动吊车 1 台，龙门吊车 1 台，6S110 型柴油发电机 1 台，车床、牛头刨床、台式钻床各 1 台，空压机 1 台。

机组设备造价 556.8 万元。

第三章 捷克斯洛伐克机组

二、电站组织机构

1. 人员组成

建站初期，职工队伍由老 5 站接机人员，以及保定基地部分人员组成。

在河南兰考发电时招收学员 6 人，在湖南鲤鱼江发电时招收学员 20 余人。1959 年 3 月，抽出约半数人员接新机 26 站，不足人员由列电系统内、外调入和历届保定电校毕业生补充。1964 年列电局分配高中毕业生 10 人，1972 年在广西宜山发电时，招收学员 15 人。

电站职工定员 69 人。

2. 历任领导

1958 年 1 月，列电局委派杨成荣负责该站组建，并任命为厂长兼党支部书记。1958 年 5 月至 1980 年 11 月，列电局先后任命屈安志、吴锦石、马洛永、邱子政、刘广忠、支义宽、董文生、阳树泉、黄石林、郭守海、孙伯源、王卫东、曹志文等担任该站领导。

3. 管理机构

（1）综合管理组。

历任组长：施莲芳、董文生、章汪盛、张树仁。

历任成员：陈金生、翟伯超、沈琴珍、刘曼琴、许正德、任毅、黄平湘、詹元、周鸿逵、沈惠明、盛迪武、刘元西、曹天秋、孙家瑶、郭永沛、强俊英、张世廉、周恩玉、李刚。

（2）生产技术组。

历任组长：赵学增、邱子政、杨聚明、支义宽、易承寄。

历任成员：宋宁弘、张耀忠、高炳武、张松茂、刘增泉、沈懿琳、景明新、李忠才、张益群、陶洁、王召南、薄向东。

4. 生产机构

（1）汽机工段。

历任工段长：马洛永、张耀忠、阳树泉、赵国檀、胡德选。

（2）电气工段。

历任工段长：李应棠、张国强、邱子政、李忠才、陶洁、王卫东、连伟参、李进。

（3）锅炉工段。

历任工段长：刘芝臣、汪火平、黄石林、王锦福、孙伯源、吴德好。

（4）热工室。

历任负责人：郑汉强、杨文翔、闫瑞泉。

（5）化验室。

历任负责人：董庆云、杨克鹤、黄福琴、张宝莲、茅亦沉。

5. 工团组织

历任工会主席：汪火平、董文生、曹天秋。

历任团支部书记：孙伯源、王卫东、文毅民、张富中。

三、调迁发电经历

1. 在河南兰考投产

1958年2月，16站在保定基地刚刚组建，就接到调令，紧急赴河南兰考为东坝头引黄蓄灌工程发电。该工程是为了实现豫东及鲁西南1.3万余平方公里沙碱干旱地区的水利化而修建的，是当时国家最大的灌溉工程。为此列电局派出副局长邓致遂、工程师周良彦以及保定装配厂的邓嘉、李应棠等协调指导电站工作。

启程之前，在列电局本部，召开庆祝16站成立暨赴兰考发电动员大会。局长康保良及保定装配厂领导到会指示，电站厂长杨成荣做动员讲话，提出了"苦干十昼夜，送电黄河边"的口号。会后即开赴河南兰考夹河滩村。电站于同年3月到达兰考，甲方是引黄蓄灌工程指挥部。

现场条件十分艰苦，但全站上下一心，不分昼夜抓紧进行设备安装和调试工作。经过8个日夜，一次试车成功，将电力送到引黄工地，受到有关部门的表彰。该站在此服务仅5个月，发电271.5万千瓦·时。

2. 调迁湖南鲤鱼江

鲤鱼江镇位于资兴市与苏仙区交界处，东江湖下游东江河畔，隶属湖南省郴州市。1958年7月，16站调鲤鱼江，甲方是鲤鱼江发电厂，实际用电单位是20公里外的资兴煤矿。甲方是个老电厂，生产生活条件较好，地方党委也很重视和关心电站。水电部生产司齐明司长经过长沙时，要求电站和电厂的领导去长沙汇报工作，希望电厂领导对列电的工作生活多予协助。

1959年3月，根据列电局指令，16站一分为二，在厂长杨成荣的领导支持下，技术负责人赵学增带领半数人员去内蒙古赤峰接新机26站，分站顺利。

1960年10月，该站完成在鲤鱼江的发电任务，累计发电2493.3万千瓦·时。

3. 调迁湖南邵阳

邵阳位于湘中西南部，是湖南省辖地级市，史称"宝庆"。1960 年 11 月，16 站调到邵阳，为地方发供电，甲方是邵阳发电厂。

电站建在一个已经停产的钢厂附近，职工宿舍安排在原钢厂仓库和另一处简易工棚内，条件十分简陋。当时国家正处于困难时期，粮食定量低，职工忍着饥饿坚持工作。在这种条件下，仍保证了安全生产。该站在此服务近两年，累计发电 826.1 万千瓦·时。

4. 调迁内蒙古乌达

1962 年 9 月，16 站调到乌达，甲方为乌达矿务局。

乌达位于内蒙古自治区西部，自然条件恶劣，风沙、冰雪、严寒，时刻在考验着人们。电站发电后，根据当地的气候特点，加强设备维护和管理，尽量缩短小修时间，延长小修间隔，并采取措施，保证电站安全生产，满足矿区连续稳定用电需求，得到矿务局的多次表扬。

该站在此服务近两年，累计发电 1220.4 万千瓦·时。1964 年 5 月，返回保定基地大修。

5. 调迁广西桂林

1965 年，桂林电力供需矛盾开始加剧，向水电部申请租用电站。同年 5 月，16 站调广西桂林，6 月 22 日电站发电，并网运行，甲方是桂林发电厂。

桂林自然条件优越，桂林电厂生产、生活设施齐全。甲方投资 20 多万元，在桂林电厂二车间北侧为电站建设铁路线，生产、生活基本上和电厂融为一体。"文革"中，当地派性斗争激烈，虽然对电站的生产有一定的影响，但绝大多数职工自始至终坚守岗位，保证了安全生产。这在当时的桂林是少有的。

该站在桂林服务 5 年，累计发电 3369 万千瓦·时。

6. 调迁广西宜山

宜山县属广西河池地区，现为宜州区，广西北部重要粮、蔗产地和工业县。1970 年 8 月，根据水电部（69）水电军综字第 525 号文，以及列电局（70）列电局革生字第 116 号文，16 站从桂林调到宜山，甲方是宜山发电厂。

当地煤种适合电站锅炉燃烧，因此在宜山发电期间，电站生产、生活最为稳定。在此服务近 3 年，累计发电 1780 万千瓦·时。

1973 年 3 月，电站调离宜山，返回武汉基地大修。在大修期间，配合列电局嵇同懋工程师，完成机组备品备件的清理，做好物资管理的基础工作。

7. 调迁内蒙古丰镇

丰镇县（现为丰镇市），位于内蒙古中南部，属内蒙古乌兰察布盟管辖，素有"塞外古镇，商贸客栈"之称。1973 年 10 月，根据水电部（73）水电生字第 80 号文，16 站调到丰镇，甲方是丰镇县水电局。

机组到达现场后，全站职工全力以赴进行安装调试，昼夜施工，11 月与山西大同电网并网发电。丰镇水电局专门成立列电办公室，负责燃料供应及其他车下管理工作。电站的投产，解决了丰镇县电力供应不足的问题，并支援山西电网部分负荷。

1982 年 5 月 30 日，电站退出电网。该站在此服务近 9 年，累计发电 17805.4 万千瓦·时。

四、电站记忆

1. 在艰苦环境中锻炼队伍

16 站自成立之日起，始终保持着列电人"不怕苦、不怕累"和"先生产、后生活"的艰苦奋斗作风。在紧急赴河南兰考发电时，没有宿舍，职工就住在农民腾出的草屋，甚至是牛棚或猪圈里。把圈里打扫干净后，垫上土，四周加上围挡，装上门，上面盖个顶，就是房子。把行李安置到这个"房子"里，立即赶到现场，进行设备安装。为抢工期，起重设备不够用，就人拉肩扛，终于提前发电。

在湖南邵阳发电时，赶上三年困难时期。由于营养不良，很多职工得了浮肿病。为填饱肚子，下班后，职工带上挖掘工具，到农民已经收获过的红薯地里挖遗落的红薯。不管是成块的还是头头尾尾的，全部拿回来煮了吃。电站还从糖厂买来榨过糖的甘蔗渣，磨成粉掺在粮食里面吃，结果吃的满嘴渣滓，而且吃下去解不出大便来。就是在这种条件下，坚持工作，按时完成投产发电任务。

电站两进内蒙古，经历塞外严寒和风沙的考验。乌达地处乌兰布和沙漠的边缘，是寸草不生之地。职工每天上下班，都要经过一段沙地，冬季大风吹得沙尘弥漫，行走困难，只能倒退着慢慢走，几百米的路，要走很长时间。在丰镇发电时，冬季滴水成冰、朔风大作，气温经常在零下 20 多摄氏度。水管、汽管被冻住是常有的事，值班员要冒着寒风进行巡视和处理。20 多位南方籍职工，更是经历严峻的考验，但他们始终保持了高昂的工作状态。

2. 困难条件下改善职工生活

刚到乌达时，粮食供应中的高粱面占 90%，导致职工大便干燥。蔬菜副食供应紧缺，冬季吃的是已经冻出水的土豆。电站领导千方百计想办法，同时争取矿务局的大力支持，为职工发放御寒棉衣绒衣，并且增加了一部分细粮供应，从外地采购白菜、羊肉等，解决职工的蔬菜副食供给问题。

丰镇的自然条件也比较恶劣，尤其是冬季，天气非常寒冷，生活物资匮乏，副食很少。县领导以照顾南方职工的名义，特地在70%的粗粮供应指标中调剂了20%的大米，电站又将玉米面运到四子王旗，换回小米，从根本上改变了职工的主食供应。通过与凉城县岱海渔场互帮互助，改善了副食供应。

3. 钻研技术培养人才成风气

在16站，学习技术蔚然成风。师傅传帮带，学员主动自学、互学，参加培训，涌现出一批批能挑大梁的技术骨干。

老一辈的如汽机工段长赵国檀，早在1959年就被评为列电局先进工作者；锅炉工段老段长王锦福，对工作认真负责，一丝不苟；电气技术员王召南，多次参与电站的技术改造工作并获奖；热工负责人杨文翔，对工作认真负责，对技术精益求精。年轻一辈的也有黄明林、文毅民等钻研技术的典型。文毅民是16站培养的优秀焊工，后调45站工作，下放后在葛洲坝水电厂、三峡集团检修厂工作期间，获得高级技师职称证书、国家焊接二级专家证书及省级职业技能裁判员证书，多次担任省级焊接技能大赛裁判，还曾赴乌克兰巴顿焊接研究所学习交流。

4. 文体生活与民兵训练

在桂林电厂发电时，职工自编自演的哑剧《收租院》，参加桂林市级汇演，获得好评。在丰镇发电时，电站篮球队、乒乓球队以及中国象棋比赛都曾获得县比赛冠军。职工利用业余时间，自制器械，钓鱼打猎，改善生活。

内蒙古地处边疆，战备工作抓得紧。在丰镇发电时，当地武装部为电站配备了9支半自动步枪，复员军人周文友任射击教练。站里连续几年组织民兵射击训练，因此也练就了一批射击高手，在军训射击比赛中，曾多次取得优异成绩。

5. 一起重大责任事故

1977年12月31日，在丰镇发电时，由于汽机维修人员误操作，造成汽轮机主轴瓦因缺油而烧毁，导致紧急停机解列的重大责任事故。

事故发生后，列电局生技处负责人张增友带领基地、中试所专业技术人员，迅速赶到16站协助处理。在大同的54站和大同电厂，也伸出援助之手。电站职工冒着严寒苦战7天，修复设备，重新开机并网发电。事后，按照"三不放过"的原则，认真总结经验教训，加强安全生产管理。

五、电站归宿

1984年2月，水电部（84）水电财字第10号文，批复华中电管局《关于16站发电机组调拨的报告》，16 站全套设备和随机备品、材料，无偿调拨给新疆维吾尔自治区电力局。

1984 年 10 月，保定基地组织 50 多人的队伍，由 16 站负责留守的副厂长王卫东带队到新疆和静县钢厂，进行设备安装调试，并进行人员培训。开机试运行 72 小时后，签字移交。

电站职工，部分自行联系调出系统，部分由组织出面安置在列电系统内，其余由华北电管局分配到大同二电厂。

第九节

第 17 列车电站

第 17 列车电站，1957 年 10 月组建，机组从捷克斯洛伐克进口，1958 年 7 月，在黑龙江省哈尔滨市安装、投产发电。该站先后为黑龙江、河北两省 5 个缺电地区服务。1983 年 7 月，机组调拨给海拉尔市造纸厂。建站 25 年，累计发电 2.75 亿千瓦·时，为东北边陲高寒地区的经济建设作出重要贡献。

一、电站机组概况

1. 主要设备参数

电站设备为 2500 千瓦的汽轮发电机组，出厂编号 610。

汽轮机为冲动、凝汽式，捷克列宁工厂制造，额定功率 2500 千瓦，过热蒸汽压力 3.63 兆帕（37 千克力 / 厘米 ^{2}），过热蒸汽温度 425 摄氏度，转速 3000 转 / 分钟。

发电机为同轴励磁、空冷式，捷克列宁工厂制造，额定容量 3125 千伏·安，频率 50 赫兹，功率因数 0.8，额定电压 6300 伏，额定电流 287 安。

锅炉为水管、抛煤链条炉，捷克塔特拉工厂制造，额定蒸发量 2×8.5 吨 / 小时，过热蒸汽压力 3.82 兆帕（39 千克力 / 厘米 ^{2}），过热蒸汽温度 450 摄氏度。

2. 电站构成及造价

机组由汽轮发电机车厢 1 节、电气车厢 1 节、锅炉车厢 2 节、水处理车厢 1 节、水塔车厢 3 节组成。

辅助车厢：材料车厢 1 节、修配车厢 1 节、办公车厢 1 节、寝车 1 节。

附属设备：刮板式输煤机两台，履带电动吊车 1 台，10 吨龙门吊车 1 台，6S110 型柴油发电机 1 台，车床、牛头刨床、台式钻床各 1 台，空压机 1 台。

机组造价 550 万元。

二、电站组织机构

1. 人员组成

建站初期，人员由在哈尔滨发电的 10 站配备。1958 年 8 月，在哈尔滨平房的 4 台电站（10、12、17、18 站），人员合并，统一管理，对外统称 10 站。在当地招收新职工 100 余名。

1961 年 6 月，17 站职工与在大庆的 34 站职工实施调换。

1961 年 8 月，列电局分配保定电校毕业生 6 名。1965 年 6 月至 1970 年 6 月，先后分配保定电校毕业生 14 名，北京电校毕业生 1 名。1972 年，在东方红镇招收地方学员 7 名。

1974 年 8 月，职工队伍有较大的调整，有 20 多人留在西北基地，又从西北基地和各站补充部分人员。

1978 年，列电局分配保定电校毕业生 4 名，招收列电子弟 7 名。

电站定员 69 人。

2. 历任领导

该站从组建至 1983 年落地，列电局先后任命周国吉、孟庆友、杜玉杰、崔富、黄耀津、李臣、李树生、曹志文、梁子富、杨德厚、王荆州、孙长源、李山立等担任该站党政领导。

3. 管理机构

（1）综合管理组。

历任组长：许静文、冯万美、曹志文、沈景贵。

历任成员：陈克瑾、梁秀梅、隋树兰、苏长锁、国友、臧秀梅、公义厚、王也、齐松山、姚殿元。

（2）生产技术组。

历任组长：路延栋、张文彦。

历任成员：徐永亮、牛吉顺、郑祥全、宋望平、关德英、程云馥。

4．生产机构

（1）汽机工段（车间）。

历任工段长（主任）：周广才、高顺贤、钟其东、孙忠厚、马清祥、刘志辉、张鹏。

（2）电气工段（车间）。

历任工段长（主任）：李臣、张继福、時洪玉、苏保义、李学良、李殿臣。

（3）锅炉工段（车间）。

历任工段长（主任）：姚殿元、孙旭文、時景阁、包连余、王长民、耿惠民、哈沙。

（4）热工室。

历任负责人：侯宝富等。

（5）化验室。

历任负责人：徐凯峰、于桂云、程云馥、司秀英。

5．工团组织

历任工会主席：李树生等。

历任团支部书记：沈景贵等。

三、调迁发电经历

1．在黑龙江哈尔滨平房区投产

平房区是哈尔滨的工业区，企业用电量大。为解决军工企业基建和生产用电问题，黑龙江电业局租赁列车电站在平房补偿发电。

1958年7月，17站在哈尔滨市平房安装、投产，与10、12站及同来的18站一起，向平房军工企业供电。其中主要用户为101厂，主要生产军机用铝合金材料。甲方是黑龙江电业局。

1959下半年，哈尔滨热电厂两台2.5万千瓦机组陆续投产，4台电站完成任务，同年8月至10月，先后调离。17站9月调离，在此服务14个月，累计发电2157.7万千瓦·时。

2．调迁黑龙江双鸭山

双鸭山市，位于黑龙江省东北部，隔乌苏里江与俄罗斯相望，属黑龙江省合江专区，现为地级市。1959年9月，17站调往双鸭山为煤矿发电。甲方是合江电业局。

双鸭山矿务局成立于1947年，是国有独资大型企业，煤炭储量近20亿吨。电站的到来，解决了煤矿严重缺电问题。电站职工在高寒地区服务7年，累计发电7684万千瓦·时，有力地支持矿务局的煤炭生产和发展。

1966年9月，该站返保定基地大修。

3. 调迁河北邯郸

邯郸市位于河北省南端，晋冀鲁豫四省交界处，河北省省辖市。

1967 年 2 月，17 站在保定基地大修后，调到邯郸冶金矿山公司午极选矿厂发电。甲方是邯郸冶金矿山公司。电站单机运行，供冶金矿山用电。正值"文革"期间，电站职工克服两派矛盾，始终坚持安全生产。

该站在此服务两年余，累计发电 2232.5 万千瓦·时。

4. 调迁黑龙江虎林

虎林县位于黑龙江省东部的完达山南麓，以乌苏里江为界，与苏联隔水相望，现为虎林市。

1969 年 8 月，根据水利电力部军事管制委员会（69）水电军电综字第 325 号文通知，17 站调到虎林县东方红镇，为林场、兵团发电。甲方是东方红林业局。东方红镇供电所，原有 10 台 50 千瓦柴油发电机，供电没有保证。

电站到达后，路基施工尚未完成，机组只好停靠在火车站等待。11 月初机组就位，电站职工开始紧张的安装。严寒的天气造成管道冻结，设备损坏，各专业人员又进行了 10 天的紧张抢修、调试。12 月 1 日零点，电站单机向甲方送电，保证当地生产、生活用电。

该站在此服务近 5 年，累计发电 3784.5 万千瓦·时。

1974 年 6 月 8 日，水电部决定电站返西北基地进行恢复性大修。

5. 调迁黑龙江海拉尔

海拉尔市地处黑龙江省西北部，1979 年划归内蒙古，是呼伦贝尔盟首府。

1975 年 5 月，根据水电部（75）水电生字第 35 号文，17 站调到海拉尔市发电。厂址在海拉尔电厂院内，甲方是海拉尔市革委会。海拉尔市缺电十分严重，当地只有一个伪满时期留下的小电厂，有两台 500 千瓦和一台 1000 千瓦的老旧机组，且不能满发。

电站用 7 天完成安装，与电厂并网发电，受到海拉尔市政府的表彰。在以后的发电中，创造了安全运行 1000 天的纪录，被海拉尔市政府授予"能吃苦耐劳的战斗队伍"称号。

该站在此服务至落地，累计发电 11637.8 万千瓦·时，有力地支援了当地的经济建设。

四、电站记忆

1. 经受严寒地区的考验

17 站先后在黑龙江双鸭山、虎林、海拉尔等边陲高寒地区发电 18 年。这些地区无霜期只有 100 天，极寒天气时，气温低到零下 40 摄氏度，机组和人员面临严峻考验。

1969 年 8 月，电站调虎林东方红林场发电。当时，宿舍没有建好，正在草地上脱土坯建房，职工家属只好暂住浴池、帐篷。10 月，气温降到零下，职工家属才搬进生活区，屋里墙面未干，挂着一层薄冰。11 月单身职工才住进土坯宿舍。

待机组就位后，开始安装时，已是 11 月中旬。20 日，锅炉、水塔上水时，遭遇极寒天气的袭击，边上水，边结冻，造成水塔水箱结冰，汽机凝汽器、发电机空冷器铜管冻裂，锅炉排污系统管道阀门冻坏。各专业人员动用十多具喷灯烘烤设备，更换冻裂的铜管。经过近 10 天的紧张抢修、调试，12 月 1 日零点，电站单机向东方红镇和 854 兵团送电，保证了当地生产、生活用电。

当地水质硬度高，达不到生产的要求，造成锅炉受热面、汽机凝汽器严重结垢。汽机真空低，为了不降低出力，只能打开凝汽器端盖，不分昼夜，用加长钻头清除结垢。锅炉爆管时有发生，在严寒中停炉处理，是非常麻烦的事。冬季暴风雪，夏季遭蚊咬，在那样的环境里，电站坚持发电 5 年。

1975 年 5 月，电站调到海拉尔发电。根据当地气候条件和设备情况，电站每年 7 月停机大修。设备大修期间，从锅炉到水塔车厢，所有管路、阀门都必须采取周全、可靠的防冻措施，为机组冬季安全运行奠定基础。

冬季水塔车厢上下挂满冰凌，水塔风机停运后，叶片很快就被冻结，到车顶除冰后才能再启动。为保证水塔循环水系统的正常运行，运行人员要付出繁重的劳动。

锅炉燃用扎赉诺尔褐煤，其煤种燃点低，发热量低。锅炉用煤量大，上煤除灰工作量比设计煤种多一倍。厂长杨德厚冬季经常夜间上车检查督促，保障电站的冬季运行安全。

2. 在虎林为战备制造手榴弹

1969 年 3 月，珍宝岛发生中苏边境冲突后，虎林东方红镇处于战备状态，各单位基干民兵全部武装战备。17 站调到虎林后，林业局武装部要求电站组成民兵连，并成立一个武装基干民兵排，复员军人包振环任排长。

武装部要求电站制造手榴弹。由武装部供给弹壳、拉火雷管、火药、桦木等原材料，木把上的盖子由电站自己做。职工马华山绘出图纸，制作一台冲压装置，用铁皮直接冲压成型，然后在车床上滚出螺纹，用桦木加工成木把。弹壳要经过回火处理，清砂，然后打孔。火药配制，是一项很危险的工作，经过民兵排的认真研究，细心组装。手榴弹做成后试投成功。此后制作了一大批手榴弹，圆满完成武装部交给电站的战备任务。

3. 开展技术改造　增加有功负荷

在海拉尔发电期间，17 站积极开展技术革新和技术改造工作。将履带吊车改造成铁路吊，用铁路吊车上煤，减轻了上煤工作劳动强度。锅炉加装水膜除尘器，提高了除尘效果。电气工段利用大修剩余费用，经列电局审批购置了电气试验设备，一般电气试验电站可以自己完成。电气控制盘仪表更换国产槽型表，安装了半自动并车装置和自动调负荷装置，提高设备运行稳定性、可靠性。

1976 年，海拉尔市用电负荷突增，电网缺电严重，电站经常超负荷运行。面对这种情况，电站认真研究对策，决定在发电机各项指标正常的工况下，把功率因数提高到0.95，以增加有功负荷。值班员半小时检查一次设备，认真监控汽轮机运行参数，注意发电机各部位不超温，保证电站的安全运行。此项措施有效地缓解电网缺电的紧张局面。

4. 自己动手改善生活

在东方红镇发电的 5 年里，每月只有几斤白面、二两油，漫长的冬季没有蔬菜。第二年，当地"五七干校"给电站一卡车黄豆，李树生、杨德厚等领导积极组织职工养猪，开豆腐坊，改善职工生活。入冬前组织职工去虎林郊区采购入冬白菜，那里的白菜没有芯，都是帮子，只能渍酸菜吃。

在海拉尔发电时，厂领导分工，杨德厚抓生产，李树生抓生活。杨德厚利用外出开会的机会，找回一台苏联机报废的履带拖拉机，职工们经过半个多月的时间，对发动机、传动部分及履带进行了修理，报废的拖拉机恢复机能。电站与当地的一个农业生产队——小六队合作，用修好的拖拉机和小六队的两台拖拉机一起，在草原上共同开荒种地。

电站职工轮流下地劳动，除草耕作，连续几年，每年收获颇丰。1981 年统计，收获小麦两万斤、大豆 2.5 万斤，还有土豆等几万斤。另外，有猪圈养猪。还与扎赉诺尔12 站联系，组织人员定期去达赉湖渔场拉鱼。自己动手，改善了职工生活。

五、电站归宿

1983 年 7 月 19 日，水利电力部以（83）水电财字第 120 号文，将 17 站调拨给海拉尔市造纸厂，其中电站固定资产无偿调拨，随机备件及材料按有偿调拨处理。

电站部分人员留在当地东海电厂和呼盟电业局。其余人员调到辽宁锦州电厂、河北下花园电厂和沙岭子电厂。

1986 年 10 月，电站由内蒙古海拉尔调回华东基地大修后，租赁给江苏昆山巴城镇。

第十节

第 18 列车电站

第 18 列车电站，1957 年 10 月组建，机组从捷克斯洛伐克进口，1958 年 8 月，在哈尔滨安装、投产。该站先后为黑龙江、江西、内蒙古 3 省区的 7 个缺电地区服务。1983 年 10 月，机组调拨给煤炭部伊敏河矿区。建站 26 年，累计发电 2.40 亿千瓦·时，为国家经济建设特别是为东北林业、煤田开发作出重要贡献。

一、电站机组概况

1. 主要设备参数

电站容量为 2500 千瓦汽轮发电机组，出厂编号 611。

汽轮机为冲动、凝汽式，捷克列宁工厂制造，额定功率为 2500 千瓦，过热蒸汽压力 3.63 兆帕（37 千克力 / 厘米 ^{2}），过热蒸汽温度 425 摄氏度，转速 3000 转 / 分。

发电机为同轴励磁、空冷式，捷克列宁工厂制造，额定容量为 3125 千伏·安，频率 50 赫兹，功率因数 0.8，额定电压 6300 伏，额定电流 287 安。

锅炉为水管、抛煤链条炉，捷克塔特拉工厂制造，额定蒸发量 2×8.5 吨 / 小时，过热蒸汽压力 3.82 兆帕（39 千克力 / 厘米 ^{2}），过热蒸汽温度 450 摄氏度。

2. 电站构成及造价

机组由汽轮发电机车厢 1 节、锅炉车厢 2 节、配电车厢 1 节、水处理车厢 1 节、冷却水塔车厢 3 节组成。

辅助车厢：修配车厢 1 节、办公车厢 1 节、寝车 1 节、备件材料车厢 1 节。

附属设备：刮板式输煤机两台，5 吨电动链轨吊车 1 台，55 千瓦柴油发电机 1 台，推土机 1 台，车床、刨床、钻床各 1 台，后增配解放牌汽车 1 辆，212 吉普车一辆。

全套设备总造价为 558.2 万元。

第三章　捷克斯洛伐克机组

二、电站组织机构

1. 人员组成

建站初期，职工队伍以哈尔滨中心站为主组成，保定基地补充部分人员。1958年8月，在哈尔滨平房4台电站（10、12、17、18站），人员合并，统一管理，对外统称10站，在当地招收新职工100余名。

1959年9月至1963年3月，先后在江西新余、萍乡、鹰潭等地招收部分学员。1968年2月，在伊春招收10余名学员。1968至1981年，分配保定电校毕业生33名。1975年11月至1977年10月，在保定基地大修期间，部分职工调离电站，又从保定基地补充部分老工人。1980年9月后，在伊敏河煤矿期间，有30余人调出，从其他电站和保定基地调入20余人。

电站定员69人。

2. 历任领导

该站从组建至1983年落地，列电局先后任命周春霖、赵陟华、张门芝、唐存勋、杜玉杰、张钧和、赵仁勇、张庆富、于振声、刘丙军等担任该站党政领导。

3. 管理机构

（1）综合管理组。

历任组长：张凤祥、陆宝祥、吴国栋、郭增仁。

历任成员：张惠清、范志英、冉秀田、安颖、张静杰、赵洪国、李芹、时情运、时景阁、李根林、袁蓉华、刘国柱。

（2）生产技术组。

历任组长：吴竹荣、薛汉根、宋望平、焦玉存。

历任成员：朱志平、吴宁、禹成七、程志学、程逢然、周泰芬、刘永俊。

4. 生产机构

（1）汽机工段（车间）。

历任工段长（主任）：谢玉龙、赵江等。

（2）电气工段（车间）。

历任工段长（主任）刘玉林、程逢然、石志达。

（3）锅炉工段（车间）。

历任工段长（主任）：付守信、吕杰军等。

（4）热工室。

历任负责人：许长海等。

（5）化验室。

历任负责人：熊志武、罗时造、贾铁流、李义和。

5. 工团组织

工会负责人：时景阁等。

团支部书记：米明森等。

三、调迁发电经历

1. 在黑龙江哈尔滨安装投产

1958年8月，18站在哈尔滨平房安装、投产。与10、12、17站联网发电，甲方是黑龙江电业局。4台电站，一套管理班子，分工负责，实行统一领导。4台电站总容量为1.3万千瓦，主要向101厂等军工企业供电。

1959年下半年，哈尔滨热电厂2台机组投产，4台电站先后退出运行。该站同年8月调离，在此服务1年，发电2057.5万千瓦·时。

2. 调迁江西新余

新余县位于江西省中部，隶属江西宜春专区，当地矿产资源丰富，当时新余炼钢产业快速发展，与之配套的新余电厂在建设中，急需电力支持。

1959年9月，18站调到新余县，甲方是新余电厂筹建处。电站的到来，为新余电厂建设和钢铁工业的发展提供了电力保证。

该站在此服务半年余，发电451.8万千瓦·时，新余电厂第1台机组投产后调离。

3. 调迁江西泉江

泉江镇隶属江西萍乡市，萍乡是我国最早的重工业基地之一，1960年1月，萍乡电厂第二期工程破土动工。1960年4月，18站调到泉江，为萍乡电厂工程建设发电，甲方是萍乡电厂。

该站在此服务1年余，发电872.8万千瓦·时。1961年7月，电站调离，赴鹰潭发电。

4. 调迁江西鹰潭

鹰潭位于江西省东北部，当时隶属上饶地区，为县级镇，是中国陶瓷生产重要基地。1961年8月，18站调到鹰潭，甲方是鹰潭电厂。电站为鹰潭电厂扩建工程建设发电。该站在此服务1年余，发电239.8万千瓦·时。

5. 调迁黑龙江伊春

伊春市位于黑龙江省东北部，是国家重要木材生产基地。当时林业开发急需用电，而原有的电厂满足不了需求，限负荷停电的情况经常发生。1963 年 5 月，18 站从鹰潭调到黑龙江伊春市翠峦区，为伊春林业局所属单位供电。甲方是伊春林业管理局。45 站已在此发电，1966 年年初调离。

18 站在此发电达 12 年之久，累计发电 14503.5 万千瓦·时，为缓解当地长期缺电局面，支持林业生产作出重要贡献。

1975 年 9 月 15 日，水电部以（75）水电生字第 71 号文，致函伊春地区电业局，鉴于 18 站急需大修，30 站已到达伊春，决定 18 站返保定基地检修。当年 11 月，18 站返回保定基地。

6. 调迁黑龙江牡丹江

20 世纪 70 年代，牡丹江林业用电量增大，特别是林业局属下的林机厂，是大型林业设备加工企业，是用电大户。本地自有电厂不能满足用电需求，电力供应非常紧张。

1977 年 5 月 25 日，水电部以（77）水电生字第 33 号文，调保定基地的 18 站、江苏徐州的 21 站到牡丹江发电。10 月，18 站调到牡丹江市，安装在林机厂院内，11 月 1 日并网发电。甲方是牡丹江林业局。该站与已在此发电的 21、34 和 47 站一起为牡丹江林业局供电，主要用户是林机厂和林业局所属单位，剩余电量送往牡丹江造纸厂等单位。

该站在此服务 3 年，累计发电 3806.1 万千瓦·时。

7. 调迁内蒙古伊敏河矿区

伊敏河矿区，位于内蒙古呼伦贝尔盟鄂温克自治旗，煤田预测储量巨大。该矿区始建于 1976 年，当时没有电厂，也没有电网，照明用蜡烛、煤油灯。后陆续购进 30 千瓦至 50 千瓦柴油发电机 10 多台，但电力紧缺仍制约煤田开发。1980 年，煤炭部要求加快露天煤矿泥岩试验，尽快实现全面开采生产，因此急需电站支持。

1980 年 5 月，根据电力部（80）电生字 57 号文，18 站调到伊敏河矿区，为煤田开发建设发电，甲方是伊敏河煤矿建设指挥部。该站在此发电 3 年，累计发电 2085.5 万千瓦·时，为伊敏河矿区开发作出重要贡献。

四、电站记忆

1. 在高寒地区发电 20 多年

建站 26 年，转战祖国南北，三进三出黑龙江，在东北高寒地区服务 21 年。18 站职工为国家军工企业生产、为东北边陲林业开发，为伊敏河煤田开发及我国第一个大型煤电联营企业发展，献出他们的青春年华。

1980年5月，18站调到内蒙古伊敏河煤矿，这是值得记忆的最后一次调迁。伊敏河地区的冬季，最低气温可达零下48.5摄氏度，无霜期只有一百余天。风雪袭来，10米以外什么也看不见，大雪常下得没了膝盖。从生活区到厂区要走半个多小时，即使把全身裹得又厚又严，到了厂里眉毛胡子也全变白，眼角上还含着冰茬。在那样艰苦的条件下，职工们克服一切困难按时接班，坚守岗位，兢兢业业，保证安全发供电。

伊敏河距离海拉尔市80余公里，当时没有正规公路，下雨天无法通行，铁路只有一条货运专线，去一次很不方便。冬春季节吃菜很困难，直到7月才能吃上新鲜蔬菜。职工及家属发扬自力更生的精神，开荒种地，解决生活困难。

生产上的困难，比生活上的困难更突出。特别是在东北林区、内蒙大草原，在零下40多摄氏度的严寒季节，哪怕冰天雪地，风雪交加，仍然坚持保证安全发电的信念。18站在伊敏河矿区是单机运行，没有保安电源，只配一台柴油发电机做备用启动电源，一旦停机，伊敏河矿区就会漆黑一片，煤矿生产就会受到严重影响。电站坚持做好各项安全生产措施，尤其是做好冬季设备的防寒防冻措施，合理安排设备检修，做好事故预想等确保安全生产。经长期实践，积累出一套在极寒条件下发供电的成功经验。

职工们克服重重困难，安全地度过两个冬夏，没有发生过一次全停事故，保证了矿区生产、生活的电力供应，受到甲方的好评。在矿区建设指挥部开展的泥岩试验会战中，电站被评为立功先进集体，有5名职工被评为先进个人，受到指挥部的嘉奖。

2. 改造除尘器　改善城市环境

电站在牡丹江发电期间，由于电站锅炉是干式旋风子除尘器，除尘效率低，烟囱冒黑烟并带有大量小颗粒粉尘，附近行人经常迷了眼睛，住户居民都不敢开窗户，老百姓怨声载道，通过各种渠道向电站提意见。针对这一情况，站领导决定改造除尘器。

厂长张庆富专程到列电局作了汇报，并申请来技改资金。为节省费用，电站决定由锅炉工段自己承担这一改造项目，厂里负责购置设备材料。在锅炉工段长吕杰军的组织和带领下，锅炉工段全体工人加班加点，仅用了半个月时间，就完成了方案设计、原除尘器拆除、新水膜除尘器石筒安装、水槽制作、烟道改造、引风机改造等所有工作。

改造后的除尘设备，除尘效率明显提高，电站周边的环境得到极大的改善，得到地方政府和附近百姓的好评，也为后来到内蒙古草原发电，保护草原生态环境打下基础。

3. 落地前为矿区培训学员

1981 年以后，已经有电站落地伊敏河的意向。矿区领导要求电站为他们培训一批学员，电站领导顾全大局爽快答应。

1981 年 9 月，矿区把 20 名呼盟技工学校当年毕业生派到电站，电站如同培养自己的学员一样，做好培训计划，按机、电、炉等专业，把 20 名学员分到各运行值跟班学习。经过一年的培训，学员们都能在副职岗位顶岗。1983 年电站落地伊敏河后，这批学员都成为电站的生产主力，保证了机组落地后继续稳定生产。

在电站人员整体撤出，离开伊敏河的时候，伊敏河矿区建设指挥部党委书记方瞳、总指挥王黎东等，亲自到车站为职工及家属们送行，并对电站干部职工为矿区建设发展作出的贡献，以及付出的辛苦表示感谢和敬意。

当地政府对电站也很照顾，利用边疆户籍管理政策，为 17 户家在农村的老职工办理了家属及子女落户问题，解决了他们的后顾之忧。

五、电站归宿

1983 年 10 月，根据水电部（83）水电劳字第 126 号文，人员由华北电管局负责安置。其中 15 人随机组留在伊敏河矿区，其余除少数人员调回原籍外，大部分被安置到山西长治电建三公司、晋城电站、漳泽电厂及娘子关电厂等华北电力系统的相关单位。

1984 年 4 月，根据水电部（84）水电财生字第 48 号文《关于同意将第 18 列车电站全套设备无偿调拨给伊敏河矿的批复》，电站设备无偿划拨给伊敏河矿区，材料物资有偿转交矿区。

第十一节

第 23 列车电站

第 23 列车电站，1959 年 1 月组建。机组从捷克斯洛伐克进口，同年 3 月，在辽宁开原安装，4 月投产。电站先后为辽宁、四川、山西、云南、内蒙古 5 省区的 8 个缺电地区服务。1981 年 6 月，机组无偿调拨给新疆吐鲁番市工交局。建站 22 年，累计发电 2.23 亿千瓦·时，为国家三线铁路等重点工程建设作出重要贡献。

一、电站机组概况

1. 主要设备参数

电站设备为 2500 千瓦汽轮发电机组，出厂编号 613。

汽轮机为冲动、凝汽式，捷克列宁工厂制造，额定功率 2500 千瓦，过热蒸汽压力 3.63 兆帕（37 千克力 / 厘米²），过热蒸汽温度 425 摄氏度，转速 3000 转 / 分。

发电机为同轴励磁、空冷式，捷克列宁工厂制造，额定容量 3125 千伏·安，频率 50 赫兹，功率因数 0.8，额定电压 6300 伏，额定电流 287 安。

锅炉为水管、抛煤链条炉，捷克塔特拉工厂制造，额定蒸发量 2×8.5 吨 / 小时，过热蒸汽压力 3.82 兆帕（39 千克力 / 厘米²），过热蒸汽温度 450 摄氏度。

2. 电站构成及造价

机组由汽轮发电机车厢 1 节、配电车厢 1 节、锅炉车厢 2 节、水处理车厢 1 节、水塔车厢 3 节组成。

辅助车厢：修配车厢 1 节、办公车厢 1 节、材料车厢 1 节。

附属设备：刮板式输煤机 2 台，履带式吊车、龙门吊各 1 台，55 千瓦柴油发电机 1 台，车床、铣床、台钻各 1 台。

设备造价为 515.6 万元。

二、电站组织机构

1. 人员组成

电站组建时，人员主要来自 15 站。1961 年 12 月，在四川荣昌发电时，34 站调来 45 人，与该站人员对换，之后人员达 71 人。

1961 年至 1979 年，列车电业局先后分配保定电校毕业生 40 名。1971 年，电站从山西口泉、朔县招收学员 28 名。该站因战备、接机等原因，人员调出、调进频繁，达 200 余人次。

电站定员 69 人。

2. 历任领导

1959 年 1 月，列电局委派张静鹗、赵廷泽负责组建该站，并为首任厂长、副厂长。1960 年 5 月以后，列电局先后任命周春霖、张炳宪、何世雄、李从璋、宋玉林、李赞民、刘桂福等担任该站党政领导。

3. 管理机构

（1）综合管理组。

历任组长：蒋国平、张嘉友。

历任成员：王桂兰、王振财、贾德山、樊宝璐、邱秀泽、樊泉先、王喜梅、张尚康、黄启国、宋智、冯振、殷善续、王丽霞、冯晓、赵省华、王思华、张新民、陈增录、徐国兰、于树德。

（2）生产技术组。

历任组长：赵占庭、焦玉存、孟广安、蔚启民。

历任成员：王家骏、蒋浩、张金生、陆淼鑫、蒋光霞、张武增、孙生泉。

4. 生产机构

（1）汽机工段。

历任工段长：张庆寅、张茂英、郑万松、李占民、张明琪。

（2）电气工段。

历任工段长：蒋仁翔、赵在玑、骆启光、张锡武、张立生。

（3）锅炉工段。

历任工段长：刘万山、段友昌、吴兰波、韩林诗、方有伦、刘存义、刘金榜、刘振华。

（4）热工室。

历任负责人：张立安、宋智、周祖铭、岳文智、何锡美、刘引江。

（5）化验室。

历任负责人：张立安、孙齐文、高佑龙。

5. 工团组织

历任工会主席：蒋国平、石景阁、张嘉友、张茂英、康同恩。

历任团支部书记：刘英俊、孟广安、郑万松、骆启光、张新选。

三、调迁发电经历

1. 在辽宁开原投产

开原县位于辽宁省东北部，隶属铁岭市管辖，素有"辽北古城"之称。1959年3月，23站在开原安装。4月投产，为清河水库水电站施工发电。甲方是清河水库工程局。清河水库水电站是辽宁省的重点工程。

电站保证工程用电需求，多次受到工程局党委表彰，在当地很受欢迎。当时库区唯一的俱乐部，每当有电影或文艺演出，电站职工佩戴电站徽章，便可免票入场。

该站在此服务不足 1 年，发电 902.1 万千瓦·时。

2. 调迁辽宁瓦房店

瓦房店位于辽东半岛中西部，隶属辽宁省旅大市（后改为大连市）。1960 年 1 月，23 站调到瓦房店，作为补充电源并网发电。甲方是旅大电业局。23 站在此服务近两年，累计发电 1066.9 万千瓦·时。

3. 调迁四川荣昌

荣昌位于重庆市西部，属四川永川地区（后属重庆市）管辖。1961 年 10 月，23 站调到荣昌广顺场，与永荣发电厂并网发电，甲方是永荣矿务局。

1962 年，台海形势紧张，上级指定 23 站为一级战备单位，电站立即对发电设备进行全面、彻底的检修。同时对人员进行调整，调进部分人员，充实力量，为战备做好准备工作。

该站在此服务 5 年余，累计发电 7931 万千瓦·时。

4. 调迁四川甘洛

甘洛县位于四川西南部，隶属凉山彝族自治州。1966 年 12 月，23 站调到甘洛，为修建成昆铁路发电。甲方是西南铁路第二工程局。

1968 年 7 月，因锅炉防焦箱出现裂纹，返回西北基地大修。该站在甘洛服务 1 年半，发电 2600 万千瓦·时。

5. 调迁山西风陵渡

风陵渡为芮城县辖镇，芮城县隶属山西运城市，地处晋、秦、豫三省交界处的黄河大拐弯处，是山西省的南大门。1969 年 3 月，根据水电部军事管制委员会（69）水电军电综字第 41 号文，23 站从西北基地调到山西风陵渡，为修建黄河铁路大桥施工供电。甲方是铁道部三局三处。

该站在此服务不足半年，发电 800 万千瓦·时。

6. 调迁山西大同

1969 年 8 月 22 日，水电部军事管制委员会（69）水电军电综字第 402 号文，决定调 23 站从风陵渡到大同发电，支援大同市战备工作。

同年 9 月，23 站调大同狼儿沟，与大同热电厂并网发电。甲方是大同热电厂。该站在此服务 3 年余，累计发电 2082 万千瓦·时。

1973 年 6 月，因原发电地水源不足，列电局决定将 23 站调大同机车厂内发电。甲方是铁道部大同机车厂。该机车厂为全国唯一保留生产"前进号"蒸汽机车的厂家。该站在此服务两年余，累计发电 3301 万千瓦·时。

7. 调迁云南昆明

1976 年 1 月，根据水电部（75）水电生字第 111 号文，23 站调到昆明，甲方是昆明水泥厂。作为补充电源，电站解决了水泥厂严重缺电的困难。

该站在此服务 1 年余，发电 243.4 万千瓦·时。

8. 调迁内蒙古临河

临河县位于河套平原腹地，隶属内蒙古巴彦淖尔盟。1977 年 5 月，23 站调到临河，甲方是临河发电厂。该厂是老厂，机组小，不能满足当地用电需求。该站的到来，缓解了当地用电紧张局面。

该站在此服务 4 年余，累计发电 3339.8 万千瓦·时。

四、电站记忆

1. 技术革新先进单位

在 1973 年至 1979 年期间，电气值班员周西安利用业余时间，成功研制出晶体管导前相角半自动准同期并车装置（简称自动并车装置）、发电机有功负荷自动调节装置、冷水塔循环水温自动调整装置等电子自动装置，并在机组上进行运行试验，均获成功。其中自动并车装置、负荷自动调节装置，经列电局批准，由保定中试所负责在全局各电站推广。

首批使用自动并车装置的有 1、6、48 站等 12 个电站。首批使用负荷自动调整装置的有 1、11、57 站等 20 个电站。周西安还研制了晶体管温控电烘箱，用来对受潮电机进行自动烘烤，以提高检修电气设备的质量和效率。

水处理车厢的两台汽动泵，从投产以来一直事故不断。1973 年，汽机工段长蒋浩和专业人员阚宇给汽动泵加装主油泵，解决了汽动泵轴瓦因供油不足，经常被烧坏的问题，保证了汽动泵的安全运行。

1979 年，23 站被列电局评为技术革新先进单位。

2. 两次抢救重伤职工

1968 年 7 月，在四川甘洛发电后期，发现锅炉防焦箱出现裂纹，列电局决定调 23 站回西北基地大修。在拆卸龙门吊车时，由于钢丝绳滑脱，龙门吊人字形支撑背下塌，砸中职工张明琪后脑部，鼻梁与钢轨碰击，鼻腔塌陷，流血不止，处于昏迷状态。在场职工阚宇、田凤江、张振书、李赞民等，立即将其送往铁路第二工程局医院。

伤员需要输血，当即由田凤江、魏锡波献血。铁二局医院不具备手术条件，而伤员须尽快手术，院长当即向铁二局及军管会汇报；军管会领导和铁二局干部刘国楠，立即派一辆内燃机车头只挂一节守车，连夜从甘洛驶往成都，急驶300余公里，于次日早晨到达成都。在车上，医院派两名医生输液，电站派8名职工负责抬担架护送，得以及时住院抢救。在成都第三医院治愈后，又被转至上海医院整容，经整容后基本恢复正常。

1969年年初，电站在西北基地大修即将结束，准备调迁山西风陵渡。相关单位调给23站一辆美式吉普车。一天，电站管理人员开车去市里采购炊具，炊事员贺长恩随车采购。途中发生翻车事故，贺长恩锁骨受伤，住进宝鸡第二人民医院。由于久治不愈，医院会诊无果，在列电局关心下，贺长恩住进北京协和医院。经医院检查，查出肝病病灶，后经一系列治疗，终于康复出院。

3. 整顿电站调整领导班子

1969年9月，正值"文革"时期，电站调到大同不久，延续的派性对立情绪严重。大同市委向23站派出以赵连庆为组长的工作组，经工作组调查后，叫停对群众的揪斗。随后，以转业军人为主体，组成专案组，通过调查研究，电站领导及有些职工的所谓问题得以澄清，消除影响。

为消除"两派"对立情绪，对人员进行较大调整。1971年7月，电站在口泉、朔县招收学员近30名，弥补人员空缺。工作组撤走后，大同市委派杨生瑞担任党支部书记，结束近4年之久的由"造反派"掌权的历史。

4. 电站党支部的带头人

1978年6月，刘桂福调到23站任党支部书记。为保证电站满发满供，他经常深入发电现场，每次都先去电气车间，了解负荷情况。因为临河电厂是老机组，煤耗特别高，每当电站机组负荷低时，总是及时与甲方联系，争取多带负荷，以降低发电成本。

1979年1月，23站老职工周西安因工作需要，调到保定中试所。1980年度工资调整时，刘桂福认定该职工属于调整范围，决定主动放弃自己的调级机会，将调级指标转拨给中试所，使该职工在中试所调级时如愿以偿。

刘桂福重视电站的自动化装置的技术革新，对晶体管自动装置及其电路也很有研究，在刘桂福的带动下电站取得多项技术革新成果。刘桂福将收藏的电子器件赠送给电气职工周西安，并鼓励他继续应用电子技术，搞好电站的自动化装置。

电站在内蒙古临河发电期间，23站党支部被内蒙古巴盟党委评为先进党支部，并受到列电局的表彰。

五、电站归宿

1981 年 6 月，根据电力部（81）电财字第 87 号文件，23 站机组无偿调拨新疆吐鲁番市工交局。同年 8 月 19 日，机组从内蒙古临河火车站发往新疆，8 月 28 日到达吐鲁番大河沿车站。

1982 年 3 月 10 日，该站抽调各专业 36 人，在锅炉工段长吴兰波带领下，去吐鲁番帮助安装调试、开机运行、培训人员，4 个月后人员陆续撤回。

该站人员大部分安排到西北基地，少数人调到保定基地，或调回家乡。

第十二节

第 24 列车电站

第 24 列车电站，1959 年 1 月组建。机组从捷克斯洛伐克进口，同年 4 月，在宁夏青铜峡安装投产。该站先后为宁夏、湖南 2 省区的 4 个缺电地区服务。1977 年 1 月，列电局决定与 25 站设备合并改造。1983 年 2 月，该站移交湖南省电力局。建站 24 年，累计发电量 2.35 亿千瓦·时，在水利水电建设和经济发展中发挥重要作用。

一、电站机组概况

1. 主要设备参数

电站设备容量为 2500 千瓦汽轮发电机组，出厂编号 612。两站合并后，为两机 3 炉，装机容量 5000 千瓦。

汽轮机为冲动、凝汽式，捷克列宁工厂制造，额定功率 2500 千瓦，过热蒸汽压力 3.63 兆帕（37 千克力 / 厘米^2），过热蒸汽温度 425 摄氏度，转速 3000 转 / 分。

发电机为同轴励磁、空冷式，捷克列宁工厂制造，额定容量 3125 千伏·安，频率 50 赫兹，功率因数 0.8，额定电压 6300 伏，额定电流 287 安。

锅炉为水管、链条炉，捷克塔特拉工厂制造，额定蒸发量 2×8.5 吨 / 小时，过热蒸汽压力 3.82 兆帕（39 千克力 / 厘米^2），过热蒸汽温度 450 摄氏度，两站合并后，3

台锅炉经改造增容，总蒸发量 30 吨 / 小时。

2. 电站构成及造价

机组由汽轮发电机车厢 1 节、电气车厢 1 节、锅炉车厢 2 节、水处理车厢 1 节、水塔车厢 3 节组成。

辅助车厢：修配车厢 1 节、办公车厢 1 节、材料、备件车厢各 1 节。

附属设备：刮板式输煤机 2 台，履带式吊车 1 台，龙门吊一台、车床、铣床、台钻各 1 台。

电站设备造价 511.3 万元。

两机合并后，增加锅炉、汽机、水塔、辅助车厢各 1 节，电动轨道吊车 1 台。总计 15 节车厢，全长约 350 米。

总固定资产原值 872.7 万元。

二、电站组织机构

1. 人员组成

建站初期，以 11 站接机人员（32 人）为主，从青铜峡工程局和当地招收学员 50 余人，组成该站职工队伍。

1960 年 4 月，30 余人调到 40 站接新机；1961 年 9 月至 1962 年 9 月，列电局分配保定电校毕业生 20 名、大学毕业生 2 名；1962 年，下放约 10 人。

1969 年 9 月，电站在西北基地时，新老人员调整，调出 21 名老职工，与 54 站调换部分青工，分配保定电校毕业生 15 名，1971 年在湖南耒阳招收学员 10 名。

电站人员约 70 人。

1979 年 2 月，两站合并时接收 25 站 9 人，从东北电站及基地调进 20 人。合并后该站职工 98 人。

2. 历任领导

1959 年 1 月，列电局委派孙玉泰负责组建该站，并任命为首任厂长兼党支部书记。1961 年 5 月至 1979 年 8 月，列电局先后任命于学周、宋昌业、王福均、张成发、张彩、刘作祥、张成焕、刘尚谦、赵云浩、王龙、杨文贵、苑振河、李保军、郭跃彩等担任该站党政领导。

3. 管理机构

（1）综合管理组。

历任组长：李枝荣、周振林、朱武辉。

历任组员：项永泉、韩幼花、郭泮武、吴亮、吴文青、张金亭、冯淑德、姚维兰、夏军路、全润娥、曹济香、高志祥、李保军、李春芬、柳宏福。

（2）生产技术组。

历任组长：康德龙、尹何明、胡善明。

历任组员：方森、赵学桂、姬惠芬、裴悌云、金香玲、王龙、王永录、苗润楼、王建农、贺福顺。

4. 生产机构

（1）汽机工段。

历任工段长：于学周、赵云浩、苑振河、阴法海。

（2）电气工段。

历任工段长：王福均、陈芳文、刘二栓、刘桂枝、张仁生、张以桢、赖秀笑。

（3）锅炉工段。

历任工段长：范希臣、李喜明、龚联霜、宋诚、郭新起。

（4）热工室。

历任负责人：裴悌云、黄连生、马立华。

（5）化验室。

历任负责人：于桂云、金香玲、刘福珍、王跃坤。

5. 工团组织

历任工会主席：刘克德、赵云浩、高志祥、张以桢、赵占德。

历任团支部书记：龚联霜、赵学桂、李保军、张平、杨同兴、刘文全。

三、调迁发电经历

1. 在宁夏青铜峡投产

1959 年 3 月，24 站在宁夏青铜峡安装，4 月 15 日投产，为青铜峡水电站施工发电。甲方是青铜峡工程局。

厂址地处黄河西侧山沟里，风沙大，条件差，单机供电，负荷不稳定。1963 年 4 月大修后，迁到黄河东侧 8 站调出后的厂址。经过一天的紧张安装，到晚上开机发电，获得"调迁快"的荣誉。1968 年，青铜峡水电站投产，电站停机待调。该站在青铜峡服务 9 年余，累计发电 9483.8 万千瓦·时。1960 年 2 月 24 日中共青铜峡工程局委员会、水电部青铜峡工程局授予 24 站"截断黄河锁住蛟龙征服自然称英雄"的奖状。

1968 年 10 月，根据水电部（67）水电军计年字 460 号文，电站返回西北基地大修。在修后待调期间，锅炉专业派员到宝鸡化肥厂承担锅炉提高出力改造工作，受到宝鸡市有关领导的表扬，锻炼了队伍。

2. 调迁湖南耒阳

耒阳位于湖南省衡阳市南部。1970 年 11 月，根据水电部（70）水电电字第 53 号文，24 站调到耒阳县。甲方是耒阳鲤鱼江电厂。

厂址在灶市铁厂内山沟里，场地狭窄。发电用水从 1.5 公里外的耒水河引进。燃煤露天存放，煤湿灰分大，燃烧易结焦。

该站在此服务 1 年余，发电 202 万千瓦·时。

3. 调迁湖南湘潭

湘潭市位于湖南省中部偏东地区，为省辖地级市。1972 年 1 月，24 站从耒阳调迁到湘潭。甲方是湘潭纺织印染厂。该厂是个大厂，号称十里纺城，厂内的铁路专线按电站的要求加长改造，经 1 个月的施工完成。

电站列车就位后仅用 40 小时即安装就绪开机发电。该站在此服务 6 年，累计发电 4338.6 万千瓦·时。1978 年 2 月，24 站需要改造的设备，分别押运保定、武汉及西北基地，与 25 站进行两机合并改造。

4. 调迁湖南株洲

1979 年 8 月，根据水电部（79）水电生字第 20 号文通知，两机合并后的 24 站调到株洲发电。甲方是株洲车辆厂。

11 节主设备车厢分别从 3 个基地陆续到达后，按序排列进入主线安装。列电局、基地、中试所、电站人员汇集到车辆厂。经过 41 天的安装、调试，各项参数达到改造设计要求，9 月 3 日试运结束，首次以 5000 千瓦功率，满负荷并网发电。

该站在株洲服务 4 年，累计发电 9428.3 万千瓦·时。

四、电站记忆

1. 建站育人带好队伍

建站育人，是这个电站的老传统，且一以贯之。24 年里培养 8 名厂级领导干部，12 名专业技术干部。向 40、54 站等站先后输送 54 名专业人员，还为各站累计培训 385 名技术工人。

24 站领导干部多数是从生产实践中一步步提拔的，务实能干、忠于职守，带出一支好队伍。各工段及管理组、生产技术组负责人，经过多年艰苦工作的锻炼，专业技术知识丰富，会管理、尽职责，电站工作搞得有声有色。

职工队伍在调迁发电实践中，经过传帮带及专业技术培训，做到一专多能，逐步成熟壮大。在电站的安全运行、设备检修、两机合并等工作中，成为中坚骨干力量。

2．两机合并改造工程

1977 年 1 月，列电局决定 24、25 站两站机组进行合并改造，并明确合并改造的原则及施工方案。改造工程经历前期准备、施工、选建厂和总装等阶段。当年 2 月，24 站停机后，将 2 节锅炉车押运到保定基地，3 节水塔车押运到武汉基地，电气车和水处理车押运到西北基地，由 3 个基地边检修、边进行两机合并改造。汽机主车和锅炉辅助设备在湘潭纺织印染厂就地检修。1979 年 8 月，该站与湘潭纺织印染厂解除合同后，调到株洲车辆厂，并在此完成两机合并的总装工作，9 月调试结束。工程先后历经两年零 8 个月。

两机合并采用很多新技术，对发电设备进行多项改造和改进。锅炉增加受热面积，炉排加长 632 毫米，改变上煤除渣除灰方式，两炉车厢打通，实现三台炉集中控制运行；汽、水管道改进简化；水处理增添净水设备，汽动泵换成电动泵供水；水塔车冷却装置改为塑料波纹板填料，并对进风口、风扇、风罩进行改造，提高冷却效率；各车厢设备动力盘、开关、仪表进行更新；更换自动并车装置，实现在电气车厢内两机、水处理及电气集中控制运行。

1979 年 9 月 24 日，在现场召开总结大会。列电局副局长杨文章在会上总结，认为两机合并是减人增效、提高电站机动性的一条路子。改造后的机组为 2 机 3 炉 4 塔，容量 5000 千瓦。原来两站 130 多人，合并后减至 98 人。机组的综合出力等参数均达到改造设计的预期效果。

3．活跃的文体活动

24 站在青铜峡发电时就成立球队、文艺表演队。他们自己动手建篮球场，置办器材。1968 年年初，世界冠军庄则栋到访青铜峡工程局时，就在电站的乒乓球台进行表演赛。电站篮球队、乒乓球队都取得过好名次。"横渡黄河"比赛时，电站 6 名泳者参游。马长久导演的话剧《红岩》《逛新城》人人叫好。张希未的横笛、周长江的快板表演让人难忘。

文体活动的开展，活跃了职工的文化生活，也成了电站的传统，扩大了电站在当地的影响和声誉。

4．办好食堂改善生活

24 站一成立就开办了职工食堂。在历次调迁选厂时都列为常项。甲方负责建，电站负责管。炊事员在职工家属中推荐，工资由甲方支付。

食堂工作人员除了一日三餐外，还要做夜班饭，跟着运行转，不休星期天，没有节假日。困难时期，职工出差、休探亲假的，给烤个大饼带着。过年过节炒几样拿手菜，包饺子、蒸包子，改善生活。搞会餐时，很多职工都乐意去帮忙。新疆鄯善县二三十人来电站跟班学习，食堂开专灶照顾少数民族学员就餐。维族学员中有会做拉面的，请到食堂表演，围了很多人叫好。湘潭纺织印染厂千人大食堂与电站小食堂一墙之隔，但吸引人的还是电站小食堂。电站食堂大白馒头名传湘潭纺织印染厂。在湘潭纺织印染厂的几年里，各工段派人到食堂轮流当采购、管理员。方小芬在食堂工作30多年，饭菜做的喷喷香。

五、电站归宿

1983年2月，根据水电部（83）水电劳字第20号文，24站移交湖南省电力局，之后交株洲电业局代管。

1986年湖南电力局湘电用字10号文，决定8月1日起，该电站与人员成建制调拨给长沙重型机器厂，并于8月从株洲调迁到长沙重型机器厂，成为该厂下属的列电分厂，人员分到各分厂和部门。机组发电至1992年。

机组设备几经转手，1992年10月6日，转让到陕西韩城下峪口。

第十三节

第25列车电站

第25列车电站，1959年3月组建。机组从捷克斯洛伐克进口，同年5月，在辽宁开原投产发电。该站先后为辽宁、吉林、河南、山西4省8个缺电地区服务。1979年12月，与24站机组改造合并，撤销该站建制。建站20年余，累计发电量2.17亿千瓦·时，为国家经济建设和发展作出应有贡献。

一、电站机组概况

1. 主要设备参数
电站为2500千瓦的汽轮发电机组。出厂编号614。

汽轮机为冲动、凝汽式，捷克列宁工厂制造，额定功率 2500 千瓦，过热蒸汽压力 3.63 兆帕（37 千克力 / 厘米 ^{2}），过热蒸汽温度 425 摄氏度，转速 3000 转 / 分。

发电机为同轴励磁、空冷式，捷克列宁工厂制造，额定容量 3125 千伏·安，频率 50 赫兹，功率因数 0.8，额定电压 6300 伏，额定电流 287 安培。

锅炉为水管、链条抛煤炉，由捷克塔特拉工厂制造，额定蒸发量 2×8.5 吨 / 小时，过热蒸汽压力 3.82 兆帕（39 千克力 / 厘米 ^{2}），过热蒸汽温度 450 摄氏度。

2. 电站构成及造价

机组由汽轮发电机车厢 1 节、电气车厢 1 节、锅炉车厢 2 节、水处理车厢 1 节、水塔车厢 3 节组成。

辅助车厢：材料、修配、办公室车厢各 1 节，以及 6.3/35 千伏三相 3200 千伏·安升压变压器平板车 1 节。

附属设备：刮板式输煤机 2 台、龙门吊 1 台、履带吊车一台、柴油发电机 1 台、车床、刨床各 1 台。

设备总造价约为 590 万元。

二、电站组织机构

1. 人员组成

电站组建初期，职工队伍主要由 8 站抽调人员组成，其他电站抽调的人员作为补充。

25 站以南方人为主，不习惯东北的生活。为解决此困难，经列电局同意，1961 年 1 月，东北中心站安排宋玉林和王维先率 10 站及东北部分电站人员，在吉林朝阳川，替换下原 25 站全部人员，这些人员调入在广东刚组建的 43 站。

1961 年至 1962 年，保定电校分配毕业生 17 人。为保持定员编制，1964 年 10 月，分配 10 名高中毕业生，1968 年，接收 10 名退伍军人。

电站定员 69 人。

2. 历任领导

1959 年 3 月，列电局委派 8 站袁健等在辽宁开原接机组建该站，并任命为副厂长。1961 年 1 月至 1977 年 2 月，列电局先后任命宋玉林、王维先、张兴义、郑守义、何立君、白义、孙长源、刘丙军等担任该站党政领导。

3. 管理机构

（1）综合管理组。

历任组长：王桂莲、陈精文、王加增。

历任成员：张润华、刘建英、杨维贤、杨玉凤、冯福禄、刘森林、孙香瑞、陈庆祥、曲桂华、韩人龙、王桂云、郑殿甲。

（2）生产技术组。

历任组长：郑乾戌、闫乃文。

历任成员：臧尔谦、于宝生、王永贵、赵学桂、李昌珍。

4. 生产机构

（1）汽机工段。

历任工段长：隋光华、李茂惠等。

（2）电气工段。

历任工段长：赵国良、李贵阁、郭秀敏。

（3）锅炉工段。

历任工段长：李家骅、白义、刘有才、卢志明。

（4）热工室。

历任负责人：俞世雍等。

（5）化验室。

历任负责人：王春玲等。

5. 工团组织

历任工会主席：李家骅等。

历任团支书：冯炎申、张乱成等。

三、调迁发电经历

1. 在辽宁开原投产

开原县位于辽宁省东北部。1959年3月，25站进口后，在辽宁开原电厂安装，同年5月15日投产，甲方是清河水库工程局。与在那里的23站，共同为清河水库施工发电。

该站同年9月停机，在此服务4个月，发电811.2万千瓦·时。

2. 调迁吉林通化

通化市位于吉林省东南部，是吉林省地级市，享有"中国葡萄酒城"美誉。1959年10月，25站调到通化发电，甲方是通化电业局。

该站在此服务1年，发电1335.1万千瓦·时。

3. 调迁吉林朝阳川

朝阳川镇位于吉林省东部，隶属延边朝鲜族自治州延吉市。地处鸡（西）牡（丹江）延（吉）电网末端，电网的主力电厂是镜泊湖水电站。进入 20 世纪 60 年代初，电力供需矛盾非常突出。1960 年 10 月，25 站调到朝阳川，甲方是延边电业局。

该站在此服务 4 个月，发电 479.4 万千瓦·时。

4. 调迁吉林蛟河

蛟河县位于吉林省东部，长白山西麓，隶属于吉林省吉林市，现为县级市。蛟河煤矿是百年老矿，吉林省各大企业用煤来自蛟河煤矿。

1961 年 3 月，25 站调到蛟河发电，以解煤炭生产缺电的局面。甲方是蛟河煤矿。该站在此服务两年余，累计发电 3517.6 万千瓦·时，支援了煤矿生产。

5. 重返朝阳川

由于冬季镜泊湖低水位，镜泊湖水电站停机大修，造成延边地区严重缺电。1963 年 11 月 18 日，25 站接到水电部调令，要求电站立即停机拆迁，紧急调往延边朝阳川发电。

同年 12 月 15 日，25 站由蛟河再度调到朝阳川。机组开进朝阳川发电原址，经 10 余天的紧张安装，于 1964 年 1 月 2 日并网发电。甲方是延边电业局。

1964 年 4 月，由于 30 站调到延边地区的龙井镇，25 站退出电网，在此服务 4 个月，发电 767.9 万千瓦·时。

6. 调迁河南商丘

25 站在延边朝阳川完成任务后，准备返回蛟河。8 月 26 日，接到水电部调令，由于商丘发电厂两台机组故障不能发电，城市照明及粮食加工都成了问题，要求电站紧急调往河南商丘支援。

1964 年 9 月，25 站调到河南商丘。甲方是河南商丘市政府。自接调令到安装发电，共用 15 天。为此，商丘市政府给予高度评价。

该站在此服务 8 个月，累计发电 868.4 万千瓦·时。

7. 重返吉林蛟河

1965 年 4 月 19 日，鉴于商丘电厂机组已修复，水电部（65）水电计年字第 284 号文，通知 25 站即返蛟河原地发电。鉴于蛟河电厂故障，缺电严重，要求 25 站务必在 4 月底停机起程。

25 站接到通知后，立即与甲方联系停机拆迁之事。同年 4 月，25 站再度调到蛟河原地发电。甲方是蛟河电厂。该站在此服务两年多，累计发电 2353.5 万千瓦·时。

1968 年 1 月，电站返保定基地大修。

8. 调迁山西朔县

朔县隶属山西省雁北专区，现为地级市。1968 年 1 月 17 日，水电部（68）水电军计年字第 8 号文，决定调 25 站到山西朔县发电。1 月 27 日，列电局发文，通知 25 站从吉林蛟河返保定基地，尽快完成受损部件修复和机组检修，以应朔县用电急需。

1968 年 6 月，25 站在保定基地大修后，调到山西朔县，为朔县、山阴、平鲁三县和神头电厂扩建工程发电。甲方是朔县革委会。

电站与朔县电厂并网发电，在此服务近 10 年，累计发电 11608.4 万千瓦·时。

1977 年 8 月，该站返回保定基地，与 24 站进行两机合并改造工程。

四、电站记忆

1. 快速调迁 获得表彰

1964 年 8 月 26 日晚，25 站接到电话调令，要求机组由吉林朝阳川紧急调往河南商丘发电。当晚，电站即组成 3 人小组，赶往商丘选址，两天后就确定了厂址。

接到调令的当夜，电站职工连夜快速拆卸、装车，28 日即开赴河南商丘。2300 余公里的路途，电站 10 天到达商丘。机组就位后，只用 2 天就安装完毕，一次启动成功，向当地送电。

这次调迁，从接到调令到安装发电只用 15 天，创造了列电系统同等条件下，调迁最快纪录。电站能做到调的动、迁得快，与机组日常维护状况和车辆保养状态密不可分，也是对职工队伍素质的一次大检阅。

由于调迁速度快，解了商丘用电之急，商丘市政府专门召开表彰大会，给予电站很高赞誉。当年，列电局授予 25 站"省煤、节电、调迁快"的荣誉称号。

2. 安全供电 确保煤矿平安

1965 年 4 月，作为战备电站，25 站被再次调往吉林蛟河发电。5 月间，由于蛟河电厂发生故障，三台机组被迫停机，造成当地除蛟河煤矿外的用户全部停电。

当时，电站专为蛟河煤矿送电，井下还有几十名工人需要升井，电站成为保命电源。在人命关天的紧要关头，电站领导、技术人员、工段长都到现场指挥生产，保证机组万无一失，确保井下工人的生命安全。电站安全供电，避免了一次重大人员伤亡事故。为此，电站受到地方政府和蛟河电厂的高度赞扬。

3. 设备改造 消烟除尘得实效

1965 年至 1966 年间，锅炉工段长卢志明参考国内外先进经验，自行设计了锅炉"蒸汽导风器带飞灰复燃二次风装置"。技改所现场鉴定认为，该装置投入运行后，可促使锅炉燃烧充分，锅炉效率可提高 3%~5%。1971 年，在锅炉前墙加装空气二次风，进一步改善燃烧，效果更为明显。

1972 年，锅炉工段自行设计了一台多管式除尘器。该除尘器本体是在原旋风子基础上改造而成，管筒数量45个，同时将锅炉空气预热器前移，除尘器装在引风机前，除尘方式改为水力冲灰及水挂。该装置投入运行后效果良好，除尘效率由原来的64%提高到87%，大大延长引风机叶轮寿命。

锅炉烟囱排出阵阵浓烟，且有周期性，这是困扰电站多年的一个老大难问题。1976年年初，通过半年的试验，电站设计出加装抛煤机间断叶片轴，即给煤均匀器。给煤均匀器投入运行后，炉内燃烧稳定，有效消除周期性冒黑烟的问题。

1977年3月，列电局在徐州56站召开锅炉二次风现场经验交流会，卢志明就25站给煤均匀器的设计、试验与使用作专题汇报，得到与会代表的认可和重视。

4. 开荒种地 改善职工生活

1965年5月，在吉林蛟河发电时，当地只供高粱米和玉米大渣子。电站领导号召职工边发电、边开荒种地。每逢倒大班，在站领导的带领下，职工们行走十几公里，上山开荒种大豆。当年收获大豆千余斤，每个职工分得10斤，剩余的留在电站食堂，补充职工的伙食。

1968年，电站初到山西，当时主食是玉米和小米，没有油，蔬菜只有土豆和发甜的包菜。厂长何立君从北京往电站背猪肉馅、从保定运油，副指导员白义往电站背豆粉。1973年，在电站积极争取下，朔县地方领导支援电站5亩坑洼荒地，以解决生活之需。电站抽调李茂惠负责管理，又先后调材料、财务、食堂和司机6人协助管理。每逢休息日，电站干部和管理人员都到菜地参加义务劳动，运行人员每逢大班都自觉地参加劳动。在当地生产队的帮助下，职工们辛勤耕作，相继种上小麦、向日葵、西红柿、茄子和黄瓜等。1973年采摘西红柿8000余斤，1974年收获小麦2000余斤和各种蔬菜5万余斤，改善了职工生活。

五、电站归宿

1977年8月16日，列电局（77）局办字第237号文通知，经水电部同意，撤销25站去武汉基地检修的安排，决定返保定基地大修，并进行24站与25站两站合并改造。

根据1979年12月24日，列电局（79）列电局劳字第715号文，撤销25站建制，保留24站序号。

按照列电局两站合并的安排，1979年2月，该站有9名人员随机留在24站，40余人接新机60站。另有10余人调到保定基地、中试所及其他电站，或离开列电系统。

第十四节

第 26 列车电站

第 26 列车电站，1959 年 3 月组建。机组从捷克斯洛伐克进口，同年 4 月，在内蒙古赤峰安装，5 月投产。该站先后为内蒙古、宁夏、湖南 3 省区 6 个缺电地区服务，1983 年 2 月，设备及人员成建制划拨给湖南省株洲电业局。建站 24 年，累计发电 2.29 亿千瓦·时，为国家电力工程、重点工矿企业建设作出了重要贡献。

一、电站机组概况

1. 主要设备参数

电站设备为额定容量 2500 千瓦的汽轮发电机组。出厂编号 615。

汽轮机为冲动、凝汽式，捷克列宁工厂制造，额定功率 2500 千瓦，过热蒸汽压力 3.63 兆帕（37 千克力 / 厘米 ^{2}），过热蒸汽温度 425 摄氏度，转速 3000 转 / 分。

发电机为同轴励磁、空冷式，捷克列宁工厂制造，额定容量 3125 千伏·安，频率 50 赫兹，功率因数 0.8，额定电压 6300 伏，额定电流 287 安。

锅炉为水管、抛煤链条炉，捷克塔特拉工厂制造，额定蒸发量 2×8.5 吨 / 小时，过热蒸汽压力 3.82 兆帕（39 千克力 / 厘米 ^{2}），过热蒸汽温度 450 摄氏度。

2. 电站构成及造价

机组由汽轮发电机车厢 1 节、配电车厢 1 节、锅炉车厢 2 节、水处理车厢 1 节、水塔车厢 3 节组成。

辅助车厢：修配车厢 1 节、办公车厢 1 节、材料车厢 2 节及寝车 1 节。

附属设备：刮板式上煤机 2 台，履带式吊车、龙门吊各 1 台，柴油发电机 1 台，车床、刨床、台钻各 1 台，以及 4 吨解放牌卡车 1 辆。

电站设备造价 516.2 万元。

二、电站组织机构

1. 人员组成

电站成立之初，职工队伍主要由 16 站及其他电站接机人员组成。

在赤峰发电时招收部分学员，以后由历届保定电校毕业生及转退军人作为补充。1964 年招收部分唐山籍高中毕业生，1972 年在湘潭招收 10 名学员。1971 年至 1975 年先后调出 40 余人，电站之间时有人员互调。1975 年 4 月有职工 77 人。

电站定员 69 人。

2. 历任领导

1959 年 3 月，列电局委派赵学增负责组建该站，并任命为厂长兼党支部书记。1963 年 5 月至 1982 年 2 月，列电局先后任命周墨林、韩真生、吴永规、董庆云、乔木、李启基、汤名武、黄石林、郭武昌、余竺林、胡腾蛟等担任该站党政领导。

3. 管理机构

（1）综合管理组。

历任组长：陈媛贞、李玉玺。

历任成员：黄河、吕素婷、张新民、刘福、关慧兰、程美娥、刘曼琴、宋克勤、任春贵、洪积丰、苏密云、施国华、尹淑媛。

（2）生产技术组。

历任组长：张益群、李启基、徐道纪。

历任成员：张绪杰、霍战林、胡善民、费玉琴、赵福南、李登中、宋连城、邓文武、冯银恒、陈向东。

4. 生产机构

（1）汽机工段。

历任工段长：董庆云、勾展忠、冯桂业、伍明先、向太清、李保国、李希华。

（2）电气工段。

历任工段长：张国祥、徐家祥。

（3）锅炉工段。

历任工段长：乔木、杨双林、孙祥生、单和军、贺俊德、庞鸿康、谢子刚、何汉飞。

（4）热工室。

历任负责人：耿江须、吴煜杰。

（5）化验室。

历任负责人：邵瑾荣、姚炎熙、韦连珠、李艺萍。

5. 工团组织

历任工会主席：宋克勤、彭解平。

历任团支部书记：胡包海、许瑞正、向太清、柴文海。

三、调迁发电经历

1. 在内蒙古赤峰投产

1959年4月，26站机组进口后赴内蒙古赤峰市，在捷克专家的指导下安装，5月投产，为赤峰电厂施工建设供电。甲方是赤峰发电厂。赤峰发电厂是1958年9月开始建设的。

1962年，由于战备需要，该站被列电局指定为战备电站，并将整列机组从赤峰运到锦州叶柏寿车辆段，对车辆行走部分按照铁道部的标准进行检修，修后又调回赤峰发电，随时待命。

1963年12月，赤峰电厂机组相继投产，装机容量2.4万千瓦。26站作为电网调峰机组继续发电。该站在此服务近6年，累计发电8758.9万千瓦·时。

2. 调迁宁夏青铜峡

1965年3月，根据水电部（65）水电计年字第148号文，26站调往宁夏青铜峡，为青铜峡水电站建设供电。甲方是吴忠电厂。电站安置在原14站的厂址。1967年8月初，因山洪暴发，电站驻地被洪水淹没，被迫停机。该站在青铜峡服务两年余，累计发电1457万千瓦·时。

8月30日，水电部（67）水电军计年字第352号文，决定26站返武汉基地大修。调迁前保定基地派员抢修部分车辆后，电站将双排列车改为单排列，汽轮机排汽管降低高度，免去调迁时拆卸排汽管工作。同年年底电站返回武汉基地。

3. 调迁内蒙古通辽

通辽市位于内蒙古自治区东部，是内蒙古哲里木盟首府，1969年7月，哲里木盟划归吉林省。1968年10月，根据水电部（68）水电军计年字第191号文，26站从武汉基地调到通辽，为通辽糖厂发电，甲方是通辽哲里木盟建设指挥部。该站在此服务3年，累计发电2567万千瓦·时。

4. 调迁湖南湘潭

为缓和湘中电网枯水缺电问题，1971年12月，根据水电部（71）水电电字第159

号文，26 站调到湘潭，甲方是湘潭锰矿。

该矿为省属国企，建于 1913 年，素有"百年锰矿、世界锰都"之称。为了迎接 26 站，锰矿组织了建站会战。12 月 26 日，电站的场地和设施全部建成。1972 年 1 月 15 日并网发电，缓和了湘潭锰矿生产用电的紧张局面。

由于煤炭供应发生困难，1973 年 4 月电站停机。该站为锰矿服务 16 个月，发电 2098 万千瓦·时。

5. 调迁湖南株洲车辆厂

株洲车辆厂始建于 1958 年，是铁道部以生产铁路货车为主的大型国营企业。1974 年 10 月，根据水电部（74）水电生字第 2 号文，26 站调到株洲，甲方是株洲车辆厂。

该站在株洲车辆厂服务近 6 年，累计发电 4068.2 万千瓦·时，缓解了电网的供电紧张局面，支援了该厂的生产。

6. 调迁湖南株洲钢厂

1980 年 8 月，根据电力部（80）电生字第 88 号文，26 站从株洲车辆厂迁到株洲钢厂，甲方是株洲钢厂。9 月 22 日并网发电，该站在此服务两年余，发电 3915.4 万千瓦·时。

四、电站记忆

1. 创建大庆式企业

26 站对设备改造、技术革新，以及物资管理等各项工作常抓不懈。

在 1979 年列电局的大检查中，电站设备完好率达到 100%，一类设备占 97.7%，消灭了三类设备。6 辆主机车被评为红旗车厢。

电站对设备进行技术改造，小改革项目 30 多项，其中有锅炉出渣自动化、除尘器改造、加装强化燃烧的二次风、改进汽轮机轴封汽压自动调整器、加装辅助油泵低油压自启动、汽动给水泵全自动控制改造、冷水塔塔身提高、凝汽器加装胶球冲洗装置等，都取得较好的效果。通过技术改造，提高了设备运行的可靠性和经济性，为机组的安全运行打下坚实的基础。

在管理方面，做到物资材料井井有条，物账相符，品标齐全，库容整洁，被评为列电局物资管理先进单位。

电站开办各种技术培训班、技术讲座、文化夜校等，通过各种方式提高职工的专业技术、文化水平。

由于全站职工的积极努力，1979 年被湖南省命名为大庆式企业。

2. 转变经营作风自找"婆家"

电站租赁，以往都是用户找上门来，由电站主管上级确定，电站从不操心。根据电站退租闲置情况增多的趋势，为适应经济形势的变化，26 站改变经营作风，自找"婆家"。

1979 年，26 站在湖南株洲车辆厂发电时，因经济调整，甲方生产任务不足，用电显著减少，而租赁合同又将期满。10 月下旬，电站尚未退租，电站就派出许道纪、宋克勤等人员外出寻找用户。一方面与湖南省电力局和株洲市三电办公室等上级部门联系，请省、市领导给予协助；另一方面直接登门访问株洲、湘潭等地的大中型厂矿企业，向他们宣传介绍列电的优越性。

在省、市有关部门的支持下，电站人员四处寻租，11 月，在与株洲车辆厂解除合同之时，与株洲钢厂挂上钩。为了使株钢对电站有个全面了解，电站请株钢厂长和有关科室负责人员到电站现场参观，并详细介绍电站机组设备和职工队伍的情况。通过电站与各方的努力，株洲钢铁厂与列电局签订了租赁合同。从签订建厂协议到试运发电，只用了两个多月时间。为此被列电局领导称之为"上门服务，为局分忧"的典型。

3. 因陋就简降低调迁费用

电站刚到株洲钢厂时，甲方经济力量比较薄弱，生产任务又不饱满，租用电站负担较重。电站本着既满足生产、生活的需要，又节省建厂费用的原则，尽量利用原有设施和建筑，以减轻用户负担。

新厂址占地 3000 米^2，只修了一条 135 米的主车专用线，辅助车则放在一条旧铁路线上，卸煤线也是利用原来的旧铁路线，煤棚是和钢厂共用的。电站办公室有两大间，是由原来只有房架没有顶的一处废弃房子，新加顶棚改建而成。各工段维修房，原是一个大库房，从中分隔后成为维修房。

职工宿舍分为几处，也全部是旧库房、旧厂房和旧宿舍改造而成。只是房屋都重新粉刷，门窗进行修缮，新盖了小厨房。职工宿舍虽然简陋，但还适用。

1980 年 8 月 8 日，电站从株洲车辆厂迁往株洲钢厂。虽然只有 20 公里的距离，但是，拆卸、装运、选场、建厂、安装的程序一项不能少。此次调迁，原计划为 24 万元，实际支出 30.1 万元，虽然超过计划开支，但相对于其他电站调迁来说，还是费用最少的电站。

五、电站归宿

1983 年 2 月，根据水电部（83）水电劳字第 20 号文，电站机组和人员成建制划拨给湖南省株洲电业局，并改名为湖南省第 26 列车电站。1985 年 1 月，电站无偿调拨给株洲钢厂，作为该厂的自备电厂。

1996 年，株洲钢厂全面停产，大批职工下岗。钢厂不得不陆续将厂房和设备变卖。1997 年，电站被株洲钢厂以 180 万元的价格卖给甘肃张掖的私企。1999 年，株洲钢厂正式破产。够退休条件的职工办理退休，不够退休条件的职工，则按工龄长短"买断工龄"自谋出路。电站除个别职工调出外都未能幸免。

第十五节

第 27 列车电站

第 27 列车电站，1959 年 3 月组建。机组从捷克斯洛伐克进口，同年 5 月在福建省三明市安装，8 月投产。该站为福建、甘肃、江西 3 省 5 个缺电地区服务。1983 年 6 月，设备及人员成建制划拨给江西电力局管理。建站近 24 年，经 7 次调迁，累计发电 1.76 亿千瓦·时，为福建前线，电力工程及工矿企业建设作出重要贡献。

一、电站机组概况

1. 主要设备参数

电站设备为 2500 千瓦汽轮发电机组。出厂编号 616。

汽轮机为冲动、凝汽式，捷克列宁工厂制造，额定功率 2500 千瓦，过热蒸汽压力 3.63 兆帕（37 千克力/厘米^2），过热蒸汽温度 425 摄氏度，转速 3000 转/分。

发电机为同轴励磁、空冷式，捷克列宁工厂制造，额定容量 3125 千伏·安，频率 50 赫兹，功率因数 0.8，额定电压 6300 伏，额定电流 287 安。

锅炉为水管、抛煤链条炉，捷克塔特拉工厂制造，额定蒸发量 8.5×2 吨/小时，过热蒸汽压力 3.82 兆帕（39 千克力/厘米^2），过热蒸汽温度 450 摄氏度。

2．电站构成及造价

机组由汽轮发电机车厢 1 节、配电车厢 1 节、锅炉车厢 2 节、水处理车厢 1 节、水塔车厢 3 节组成。

辅助车厢：修配车厢 1 节、办公车厢 1 节、材料车厢 2 节。

附属设备：刮板式输煤机 2 台，履带式吊车、龙门吊各 1 台，柴油发电机 1 台，车床、刨床、台钻各 1 台，以及 4 吨解放牌卡车 1 辆。

电站设备造价 530 万元。

二、电站组织机构

1．人员组成

电站组建时，由 15 站选配 20 余人作为技术骨干，又从广西和湖南招收 10 余名学员，初建职工队伍。

1962 年 9 月，列电局从保定电校分配毕业生 5 名，从西安交大、南京电校、上海动力学校分配毕业生 9 名；1964 年年初，从保定分配培训学员 9 名；1970 年 6 月，分配保定电校毕业生 10 名；1972 年从福建邵武招收学员 5 名；1976 年 9 月，分配保定电校毕业生 10 名。1973 年 10 月，为解决电站职工夫妻两地分居问题，从外地调进职工 10 余名。1975 年 7 月，电站第一次从南方调到北方，有不少南方职工调离电站。

电站定员 69 人。

2．历任领导

1959 年 3 月，列电局委派廖国华和张鸿夫负责组建该站，并分别任命为厂长、副厂长。1965 年以后，先后有邵中奇、夏振铃、李来福、石宏才、杨义杰、王家治等担任该站党政领导。

3．管理机构

（1）综合管理组。

历任组长：黄应彬、蔡群洲、夏振铃、朗华文、常儒。

历任成员：吴玉华、周国义、张淑贞、张志城、谢培英、高炎责、陈址凡、项永泉、郑菊贤、张美玉、路惠欣、芦元姬、姚锦业、郝珍兰、柴亦珍。

（2）生产技术组。

历任组长：邵中奇、马正奇、秦邦杰、李志明、丁树敏。

历任成员：刘合、朱建元、陈坤、陈雷。

4．生产机构

（1）汽机工段。

历任工段长：徐应祥、曹炳元、李宝林。

（2）电气工段。

历任工段长：武焕忠、常儒、李志明。

（3）锅炉工段。

历任工段长：周柱涛、李来福、李显安。

（4）热工室。

历任负责人：金雨时、闫明亮、赵金。

（5）化验室。

历任负责人：姚炎熙、朱建元。

5．工团组织

历任工会主席：王湘堂、李来福、李显安。

历任团支部书记：夏振铃、丁祖银、张建生。

三、调迁发电经历

1．在福建三明投产

三明市位于福建省中部，为福建省地级市。1959 年 5 月，27 站在三明市安装，8 月投产，为三明热电厂建设供电，甲方是三明热电厂。

三明热电厂被列为三明工业基地重点先行工程，1959 年 9 月，一期工程 6000 千瓦机组投产发电，电站与三明热电厂并网运行。

该站在此服务 8 个月，发电 646 万千瓦·时，1960 年 3 月退网待调。

2．调迁福建厦门

厦门市简称鹭岛，福建省副省级城市，东南沿海的重要港口，与台湾岛隔海相望。厦门当时只有两座 1000 千瓦的水电厂，不能满足当地用电和战备的需要。1960 年 4 月上旬，根据战备需要，27 站调到厦门发电。甲方是厦门发电厂。

甲方在市郊浦南村征用土地 2 万余平方米，为电站筑建铁路轨道及附属设施，4 月中旬投入运行。缓解了当地电力短缺的局面。

1961 年 5 月，杏（林）厦（门）电网形成，杏林电厂 6000 千瓦机组通过 35 千伏线路向厦门本岛送电，27 站退出运行。该站在此服务 1 年余，发电 1209.8 万千瓦·时。

3. 调迁福建邵武

邵武县地处武夷山南麓、富屯溪畔，史称南武夷，隶属福建省南平专区。1961 年 8 月，27 站从厦门调到邵武，甲方是晒口发电厂。

电站与晒口发电厂并网发电，主要为地方工农业生产供电，该站在此服务两年余，累计发电 991.8 万千瓦·时。

4. 重返福建三明

1964 年 1 月，27 站重返三明市，以解当地电力短缺之急。甲方是三明热电厂。电站与当地电网并网运行，作为补充电源，主要为该地区的工业用电提供服务。

该站在此服务近 4 年，累计发电 3867.5 万千瓦·时。

5. 重返福建邵武

1967 年 9 月，27 站重返邵武，甲方是邵武发电厂。机组安置在邵武发电厂附近、药村车站旁边。电站与邵武发电厂并网发电，以解决当地用电短缺问题。

1971 年前后，27 站为提高出力，对发电机进行"双水外冷"改造，后按照列电局要求停止该运行方式，又恢复原状态。为缓和地方煤炭供应紧张局面，1972 年 9 月开始，电站利用邵武电厂 5 万千瓦机组的中压锅炉过热蒸汽发电。电站两台锅炉停运后返武汉基地检修。

该站在此服务近 8 年，累计发电 6089 万千瓦·时。

6. 调迁甘肃山丹

山丹地处河西走廊中部，属甘肃张掖市管辖，是丝路重镇张掖的东大门。1975 年 7 月，根据水电部（75）水电生字第 37 号文，27 站从福建邵武调到甘肃山丹。电站停在山丹焦化厂内，专为该厂供电，甲方是山丹焦化厂。

该站在此服务 3 年余，累计发电 2278.5 万千瓦·时。

7. 调迁江西安福

1979 年 1 月，根据水电部（79）水电生字第 7 号文，27 站由甘肃山丹调到江西安福县，甲方是大光山煤矿。

该站在此服务 3 年余，累计发电 2545.2 万千瓦·时，有力地支援了煤矿生产用电。

四、电站记忆

1. 福建前线的战备电站

1960 年前后，福建战备形势严峻。4 月，27 站作为战备电站，奉命从三明调到厦门市。全站职工坚持安全运行，为战备和地方用电发挥了重要作用。

当时，电站党支部对职工的政治教育和战备训练都抓得很紧。职工每天早起，要进行操练，每年还组织拉练野营。在三明市的时候，战备仍然是重要任务。职工佩带枪支、弹药，带上粮食、蔬菜、肉类等，到山上进行实弹射击。汽机工段女职工彭金荣，在福建省民兵比赛中获奖，受到福州军区司令员韩先楚的亲自奖励，发给她一支半自动步枪及部分子弹，两套新军装。每次电站搞活动，她都穿上新军装，精神抖擞，英姿飒爽。电站在战备发电中的表现，获得了当地驻军的表扬和政府的奖励，也受到列电局的表彰。

2. 开展学习毛主席著作和学雷锋活动

1965 年前后，社会上正在出版发行新版《毛泽东选集》，电站许多职工晚上不睡觉，排队购《毛泽东选集》，除自己学习外，还将《毛泽东选集》寄给贫困地区。

电站职工苑国君，1961 年保定电力学校毕业，分配到电气工段。他一直给贫困地区的一户贫困家庭寄钱。当时，他月工资只有 40 元，加上随车津贴也就 50 多元，但每年要给贫困家庭寄出上百元助贫金，且不留姓名。他成为大家学习的好榜样，多次被电站评为学习毛主席著作积极分子。

1979 年夏季，在安福发电时，有一天下了特大暴雨，职工下班回家的路被大水淹没。一些女职工过不去，电站党员就自动组织起来，用一条粗绳拉起来，帮助女职工和一些过往的人员通过，让大家安全下班回家。

电站通讯员常儒将电站开展学习毛主席著作，以及学雷锋活动的事迹，给《列电报》写了报道，受到列电局的表扬。

3. 利用邵武电厂蒸汽发电

1972 年 9 月，27 站在邵武发电时，生技组组长丁树敏向列电局写了报告，提出利用邵武发电厂 5 万千瓦机组煤粉炉的中压过热蒸汽发电，降低发电煤耗，缓和地方煤炭供应紧张的建议。

列电局以（72）列电局 513 号文，同意 27 站改用邵武发电厂蒸汽发电。电站根据批文精神，积极与邵武发电厂协商、配合，按照新的运行方式发电。邵武发电厂与电站临近，从邵武发电厂接蒸汽管道到电站的汽机车厢。邵武发电厂供汽汽温 450 摄氏度，汽压 3.8 至 4.1 兆帕（39 至 42 千克力 / 厘米²）。经过试运行，完全符合电站要求，达到降低煤耗、经济发电的目的。

利用邵武发电厂供汽之机会，电站锅炉停运，返武汉基地进行了大修。检修后返回邵武，按照有关规定，做好两台锅炉的保养工作。

4. 列电局领导多次到电站指导工作

1965 年 10 月，列电局副局长季诚龙到三明市 27 站检查工作。当时，工人们正在水塔顶上检修水塔风扇，季局长穿着一件风衣，直接就爬到水塔顶上，与职工握手，给大家递香烟。那时，工人们手上都是油，一握手就把局长的手搞脏了，但他一点都不在乎，与职工们谈笑风生。

1974年6月，局长俞占鳌第一次来到27站。当时，电站在邵武发电。邵武县委得知老红军、老首长来了，要接他到县招待所住宿。俞局长说，我就在电站吃住。电站食堂厨师专门给他准备了几个菜，但他借上碗筷，与职工一样排队打饭。

俞占鳌局长第二次来电站，是1981年夏季的一天晚上。俞局长和随员下车后，先奔向电站的生产车间。当时，他想进入车厢，因当时未发电，值夜班的人员也不认识俞局长，就不让他们进去，并告诉他们，这是生产重地，不允许外人随便进入。第二天开会，俞局长表扬了值夜班的职工，说他们警惕性高，安全意识强。

1973年10月，列电局办公室副主任郭俊峰，带队到27站调研。他入户家访，了解职工生活情况。有的职工向郭主任反映了电站职工长期两地分居的困难，姚锦业和郑聚贤档案已寄出半年，一直在列电局劳资处存放，没有消息。当晚，郭俊峰给局劳资处写信联系。半月之后，这两位职工就收到调令。此后，27站10多位职工夫妻分居的困难得到解决。

5. 事故教训

1960年12月一天晚上，厦门电厂故障停电，电站负荷突增。由于电站煤场存煤不足，锅炉汽压下降，电气值班员谢某误操作，拉掉发电机开关，造成厦门市全市停电。当时，公安部门立即对厦门电厂、27站现场进行管控，并将值班人员带走。最后，电站谢某判刑20年。1966年提前释放。

1965年10月，电站正准备大修，武汉基地前来支援，并带来一节检修车厢，停在电站备用铁轨上。由于车厢没有做固定措施，这辆车自动下滑溜动，溜出大约2公里。发现时，车厢已在自滑中自动停下，有幸未进入运营铁路的轨道，未造成损失。事后，电站和基地都将此事作为安全教育警示案例。

1971年1月，电站从甘肃调往江西的途中，发生材料车厢自燃事故。发现后，押车人员及时扑灭，车厢里的材料、备品备件、家具等物品部分烧毁。经核查，材料车内有可燃物品。

五、电站归宿

1983年6月，根据水电部（83）水电办字第40号文《关于将第27列车电站无偿调拨给江西省安福县人民政府的批复》，机组设备及人员成建制划拨给江西省安福县。

移交前，27 站与安福县政府协商电站移交协议。协议包括职工工资及福利待遇（包括随车津贴）、职工宿舍、职工家属和子弟户口、工作安排等。

1985 年以后，27 站人员大多定居在镇江、武汉、保定以及宝鸡列电基地，有 18 名职工调到仪征化纤公司，还有少数职工回湖南及广西原籍。

第十六节

第 33 列车电站

第 33 列车电站，1959 年年底组建。1960 年年初，机组从捷克斯洛伐克引进，同年 3 月在贵州贵阳电厂安装，4 月底投产。该站先后为贵州、湖南、山西、内蒙古 4 个省区的 7 个缺电地区服务。1982 年 7 月，电站设备调拨给内蒙古白乃庙铜矿，人员由华北电管局安置。建站 22 年，累计发电 1.13 亿千瓦·时，为国家三线建设，以及重点工矿企业的发展作出重要贡献。

一、电站机组概况

1. 主要设备参数

电站设备为 2500 千瓦汽轮发电机组，出厂编号 617。

汽轮机为冲动、凝汽式，捷克列宁工厂制造，额定功率 2500 千瓦，过热蒸汽压力 3.63 兆帕（37 千克力 / 厘米^2），过热蒸汽温度 425 摄氏度，转速 3000 转 / 分。

发电机为同轴励磁、空冷式，捷克列宁工厂制造，额定容量 3125 千伏·安，频率 50 赫兹，功率因数 0.8，额定电压 6300 伏，额定电流 287 安。

锅炉为水管、链条抛煤炉，捷克塔特拉工厂制造，额定蒸发量 2×8.5 吨 / 小时，过热蒸汽压力 3.82 兆帕（39 千克力 / 厘米^2），过热蒸汽温度 450 摄氏度。

2. 电站构成及造价

机组由汽轮发电机车厢 1 节，电气车厢 1 节，锅炉车厢 2 节，水处理车厢 1 节，以及水塔车厢 3 节构成。

辅助车厢：修配车厢 1 节，材料、备件、办公车厢各 1 节。

附属设备：刮板式输煤机 2 台，履带吊车 1 台，龙门吊车 1 台，55 千瓦柴油发电机 1 台，以及车床、刨床、立钻床、台钻床各 1 台。

电站设备造价 532 万元。

二、电站组织机构

1. 人员组成

建站初期，以 3 站、7 站接机人员为骨干，在贵州招收部分学员，组成电站的基本职工队伍。

1961 年至 1962 年，列电局分配保定电校毕业生 19 名。1969 年，在贵州水城接收安置退伍军人 5 名。1971 年在湖北应山招收学员 10 名。1975 年以后分配保定电校毕业生 19 名。电站人员不断新老交替，流动较大。

电站定员 69 人。

2. 历任领导

1959 年 12 月，列电局委派毕万宗负责组建该站，并任命为首任厂长。1962 年 2 月以后，先后任命吴国良、唐守文、李华南、张炳宪、郑惠周、白永生等担任该站党政领导。

3. 管理机构

（1）综合管理组。

历任组长：韩星宇、任岱东、姚文林、冀志聪。

历任成员：孟应荣、赵金财、王国正、覃兆远、徐槐兴、常宝琪、韩兴玉、陈昌兴、谷洪国、谷秀兰、郝金玉、樊宝璐、张淑惠、訾正印、刘树声、闫庭武、姚文林、赵玉珍、郭延生。

（2）生产技术组。

历任组长：王锦秋、赵志峰、邢玉文。

历任成员：陈立宝、马殿才、李雪琴、潘俊达。

4. 生产机构

（1）汽机工段。

历任工段长：曹树声、白永生、沈德彩、刘金良、王祖伟。

（2）电气工段。

历任工段长：蔡亚光、经家树、邢玉文、安保珍。

（3）锅炉工段。

历任工段长：翟云康、张计锁、张培和、郑惠周、高连库、谢三科。

（4）热工室。

历任负责人：唐行礼、张保全、郭绍刚。

（5）化验室。

历任负责人：郑炳华、马美德。

5. 工团组织

历任工会主席：曹树声、邢玉文。

历任团支部书记：沈德彩、姚文林、唐大英、冯士峰。

三、调迁发电经历

1. 在贵州贵阳投产

1960 年 3 月，33 站机组引进后在贵阳发电厂安装，4 月 29 日投产，与贵阳发电厂并网发电。甲方是贵州电业局。

贵阳发电厂，位于贵阳市郊赤马殿。同年 5 月，贵阳电厂 2.5 万千瓦的 4 号机组投产后，装机容量达到 4.9 万千瓦。8 月，电站退网，累计发电 46.1 万千瓦·时，之后调往都匀。

2. 调迁贵州都匀

都匀简称"匀"，位于贵州省南部，为黔南布依族苗族自治州州府。1960 年年初，都匀地区电力负荷增长较快，特别是化肥生产用电，导致都匀地区用电趋紧。

1960 年 8 月，33 站调到贵州都匀，与电厂并网发电。甲方是都匀电厂。都匀电厂当时只有 1 号机组投产，容量 6000 千瓦。

1965 年 3 月，都匀电厂 6000 千瓦的 2 号机组投产，电力供应趋缓，电站撤离都匀。该站在此服务近 5 年，累计发电 2298 万千瓦·时。

3. 调迁贵州六枝

1965 年 7 月，33 站调到贵州六枝，为修建滇黔铁路六枝段施工发电。甲方是西南铁路工程局。滇黔铁路（现为贵昆铁路），东起贵州贵阳，西达云南昆明，全长 620.7 公里。1966 年 1 月，45 站也调此发电。

1966 年 2 月 10 日，铁道部西南铁路工程局贵阳指挥部，以西南筑指字（66）第 064 号文，电告列电局，并通知 33 站于 2 月 14 日退租撤离电网。原因是六枝车站场地尚有大量土石方工程，由于电站占地未能施工，为施工收尾，要求电站迁址。经水电部同意，西南煤炭指挥部安排 33 站迁至水城煤矿。

该站在六枝服务半年余，发电 253.3 万千瓦·时。

4. 调迁贵州水城

1966 年 2 月，33 站从六枝调到水城黄土坡，为水城王家寨煤矿和水帘洞电厂建设发供电。甲方是水城矿务局。同年 8 月，45 站也随之调此发电。1966 年 11 月 15 日，列电局以（66）列电局劳字第 708 号文，决定 33 站与 45 站组织机构合并，对外统称 33 站。

水城矿务局是国家三线建设时期的煤炭部直属企业，1964 年开工建设，1970 年建成投产。电站在水城不常年运行，一般在冬春季短时间发电，在夏秋雨季由水电站提供电力。机组在停机备用状态，进行检修工作。该站在水城服务 5 年余，累计发电 2056.1 万千瓦·时。

1971 年 6 月 26 日，水电部（71）水电电字第 68 号文，决定 33 站返武汉基地大修。9 月，电站返回武汉基地。

5. 调迁湖南衡阳

70 年代初期，衡阳电网用电负荷达历史最高，电力供应紧张。1972 年 4 月，根据水电部（72）水电电字第 50 号文，33 站从武汉基地调到衡阳，5 月并网发电，缓解了当地电力供需矛盾。甲方是衡阳冶金机械厂。

该站在衡阳服务 4 年半，累计发电 2686.6 万千瓦·时。

6. 调迁山西运城

运城地处山西省西南部，因"盐运之城"得名。运城盐化局是全国芒硝、硫化碱等无机盐生产基地。1971 年年初 44 站来此发电，1976 年年初调离。之后盐化局生产用电依然紧张，决定再次租用电站。

1977 年 5 月，根据水电部（77）水电生字第 8 号文，33 站由衡阳调到运城，甲方是运城盐化局。1980 年 9 月 12 日调离。该站为盐化局服务 3 年余，累计发电 1809.4 万千瓦·时。

7. 调迁内蒙古朱日和

朱日和镇位于内蒙古自治区中部，隶属内蒙古锡林郭勒盟苏尼特右旗。

1980 年 9 月，根据电力部（80）电生字第 67 号文，33 站调到朱日和，甲方是白乃庙铜矿。白乃庙铜矿建于 1976 年，踞朱日和镇 40 余公里。

电站的到来，扭转了铜矿因缺电造成的经济亏损局面，取得了建矿以来第一次超额完成生产任务的最好成绩，对铜矿的生产和发展发挥了重要作用。该站在此服务两年，累计发电约 2157.8 万千瓦·时。

四、电站记忆

1. 艰苦环境中团结奋斗的集体

在 22 年的沧桑岁月里，33 站从"天无三日晴，地无三尺平，人无三分银"的贵州大山，到湖南衡阳的火炉城，又到山西"盐运之城"，再到一年一场风、从春刮到冬的内蒙古朱日和，职工们东调西迁，南征北战，直面困难，始终保持艰苦奋斗、团结协作的不懈斗志。

各专业除定期举办技术讲座、现场技术问答外，还针对不同季节、不同情况，进行不同项目的反事故演习。新进厂或探亲回站的职工，上岗前必须进行安全教育和规程考试，严格执行各种规章制度形成习惯。投产 22 年，除一次返基地大修外，设备检修都就地进行。设备完好率一直保持在 95% 以上，为安全生产奠定了基础。

建站伊始，站领导就重视职工食堂的管理，在历次调迁中，都列为专项工作落实。在贵州发电 11 年，生活艰苦，电站派专人去深山乡村采购主副食品。尤其在朱日和发电期间，环境恶劣，蔬菜奇缺，职工自挖菜窖，入冬前，家家都储存土豆和包菜。领导积极采取措施，派专人到牧区或集宁采购肉类，尽力改善职工生活。

电站党支部充分发挥工会、共青团组织的作用，组织职工开展文体活动。组建俱乐部、图书室，成立文艺宣传队、游泳队、篮球队、乒乓球队，在朱日和的严寒季节，自制百米直径的大滑冰场，男女老少齐上阵，不畏严寒，锻炼身体。

电站职工团结友爱，互帮互助的精神形成传统。如职工回家探亲来去接送，帮单身职工缝补衣服、做被子、在医院照看病人等。遇到年节，双职工还主动让单职工到家中，以解寂寞和孤独，电站就如同一个温暖的大家庭。

2. 两炉打通集控改造

1967 年，电站提出两炉打通、进行锅炉集控改造的技术方案，得到列电局的批准，并在当年大修中完成。由生技组长王锦秋负责具体组织，锅炉、电气、热工专业人员积极参战，互相配合，他们精心设计，分工负责。

锅炉专业负责两炉打通工作设计方案，两炉之间汽水管道的移位改装，车厢端头打通，两炉车厢连接部件的加工制作和整体安装工作顺利完成。热工负责人唐行礼和相关人员一起制作卧式集中控制仪表盘。热工、电气人员，昼夜加班加点，将锅炉各热力参数表计，以及转动机械操作开关、热力控制仪表等全部安装到集控表盘上。其中还包括电气、热工等各种电缆的敷设、安装，以及各系统的调试工作，在大修中全部完成，并得到运行的检验。

通过这项技改，值班员由原来的 4 人减为 3 人，既改善了运行环境，也减少了调迁工作量。

3. 最后的一场特殊抢修

1983 年春节前夕，是电站职工在朱日和最后的日子，有的已经调离，有的正在办理调离，部分值班人员已由甲方接替。由于新接替人员操作不熟练，造成汽动给水泵故障，导致锅炉缺水，被迫停炉、停机。当时室外气温接近零下 30 摄氏度，有的汽水管道还没来得及疏水、放水就已结冰，整个列车成了一条"冰龙"。

面对突如其来的停机，副厂长白永生、生技组长邢玉文，立即召集暂未调走的职工紧急开会，动员大家发扬列电精神，为地方生产、生活用电，立即投入到抢修工作中。甲方柴油发电机送电后，首先集中力量抢修一台锅炉，当锅炉起动后，各车厢都送上暖气，保护好尚未冻坏的各种设备。因汽机凝汽器铜管冻裂，无法开机，邢玉文临时当起车工加工铜塞，用铜塞封堵被冻坏的凝汽器铜管。水塔车厢冻成大冰块，抢修人员用多根胶管将蒸汽一点点吹到冰上，慢慢融化。职工们连续抢修，几天未离开现场，但没有一个人叫苦叫累。冻坏的设备修复后，厂长下令开机，经过两天两夜，机组才正常发电。"冰龙"又变成了"火龙"。

在这人心惶惶、工作不知去向的特殊时刻，电站职工不计较个人得失，废寝忘食，完成了一次特殊的抢修、开机任务。甲方领导在现场，看到列电职工善始善终的抢修过程，给出很高的评价。

五、电站归宿

1983 年 7 月 4 日，水电部以（83）水电财字第 101 号文，决定 33 站机组设备无偿调拨给内蒙古白乃庙铜矿。电站落地后，机组在朱日和继续发电。1988 年，机组转给山西省忻州市。

1983 年 10 月 10 日，水电部以（83）水电劳字第 126 号文，决定人员由华北电管局安置。大部分职工由华北电管局分配，主要分到下花园电厂及各列电基地等单位，其余人员通过各种途径调离。

第十七节

第 34 列车电站

第 34 列车电站，组建于 1960 年 1 月。机组从捷克斯洛伐克进口，同年 3 月，在黑龙江南岔安装调试，4 月投产。该站先后为黑龙江、内蒙古、山东、河北 4 省区的 7 个缺电地区服务。1983 年 10 月，机组调拨给内蒙古大雁矿务局，人员由华北电业管理局安置。建站 23 年，累计发电 2.62 亿千瓦·时，为大庆油田开发，以及国家重点工矿企业建设作出重要贡献。

一、电站机组概况

1. 主要设备参数

电站设备为容量 2500 千瓦的汽轮发电机组。出厂编号 618。

汽轮机为冲动、凝汽式，捷克列宁工厂制造，额定功率 2500 千瓦，过热蒸汽压力 3.63 兆帕（37 千克力 / 厘米^2），过热蒸汽温度 425 摄氏度，转速 3000 转 / 分。

发电机为同轴励磁、空冷式，捷克列宁工厂制造，额定容量 3125 千伏·安，频率 50 赫兹，功率因数 0.8，额定电压 6300 伏，额定电流 287 安。

锅炉为水管、抛煤链条炉，捷克塔特拉工厂制造，额定蒸发量 8.5×2 吨 / 小时，过热蒸汽压力 3.82 兆帕（39 千克力 / 厘米^2），过热蒸汽温度 450 摄氏度。

2. 电站构成及造价

机组由汽轮发电机车厢 1 节、电气车厢 1 节、锅炉车厢 2 节、水处理车厢 1 节、水塔车厢 3 节构成。

辅助车厢：修配车厢 1 节、材料车厢 1 节、办公车厢 1 节。

附属设备：刮板式输煤机 2 台，履带式吊车 1 台，龙门吊车 1 台，55 千瓦柴油发电机 1 台，车床、刨床、立钻床及台钻床各 1 台。

电站设备造价 530 万元。

二、电站组织机构

1. 人员组成

1960年年初，该站由6站抽调的50多名接机人员组成。

1961年5月，在黑龙江萨尔图发电时，列电局安排17站厂长周国吉带领17站部分职工，替换了原34站的南方职工，6月完成交接。

1961年10月至1970年6月，分配保定电校毕业生39人，大连电校毕业生2人。1972年在山东德州招收学员10名。1975年12月至1979年4月，分配保定电校毕业生18人。

1967年5月，接52站新机调出40余人。

电站定员69人。

2. 历任领导

1960年年初，列电局委派马洛永、张炳宪组建34站，并分别任命为该站厂长、副厂长。1961年5月至1983年1月，列电局先后任命周国吉、钟其东、孙旭文、安民、邹积德、范桂芳、韩振生、马惠彬、岳清江等担任该站党政领导。

3. 管理机构

（1）综合管理组。

历任组长：朱开成、孟庆芬、陈金龙、范桂芳、陈永鹤、侯庆录。

历任成员：张建须、周瑞娟、贾延梓、张宝珍、田正春、刘建英、李连鹏、李春和、王秀珍、平兆海、周学志、张乃千、宋钦文。

（2）生产技术组。

历任组长：李国良、朱玉华。

历任成员：鲍连发、周万祥、朱杏德、要九合、白耀弟。

4. 生产机构

（1）汽机工段（车间）。

历任工段长：杨家忠、钟其东、刘大智。

（2）电气工段长（车间）。

历任工段长：武兴孝、杨祖德、邹积德、王永超、范桂芳、李贵阁。

（3）锅炉工段（车间）。

历任工段长：段友昌、孙旭文、郝云生、岳清江、李元泽、刘福耀。

（4）热工室。

历任负责人：米寿荣。

（5）化验室。

历任负责人：鲍连发、张淑芳、江文荣。

5. 工团组织

历任工会主席：谢希宗、杨家忠、刘大智。

历任团支部书记：安民、赵振双。

三、调迁发电经历

1. 在黑龙江伊春南岔投产

南岔区属伊春市所辖，位于黑龙江省东北部。1960 年年初，34 站机组从捷克进口后，同年 3 月在南岔木材水解厂安装、调试，4 月 28 日投产发电。甲方是南岔木材水解厂。

南岔木材水解厂 1958 年兴建，是林产化工综合性企业，利用木材加工剩余物，生产工业酒精等化工产品。当时南岔水解厂自备电站只有 1 台 1500 千瓦的老机组，实际出力 500 千瓦，不能满足生产用电需要。

该站在此服务不足两个月，发电 142.5 万千瓦·时，之后调大庆应急发电。

2. 调迁黑龙江萨尔图

大庆油田位于黑龙江省西部，松辽盆地北部的萨尔图。萨尔图隶属松花江专区安达市（后属大庆市所辖区），是大庆石油会战指挥机关所在地。1960 年 6 月，34 站调到萨尔图，25 日，正式向油田送电。甲方是松辽石油勘探局。

1960 年 7 月 16 日 8 时 19 分，发电列车在运行中被铁路局管辖的装满矿石的列车误撞击，导致所有循环水连接管道伸缩节全部压扁，生水及补充水管道断裂，多条电缆被压断，汽轮机转子轴向位移 0.11 厘米，酿成停机事故。石油会战指挥部组织 200 余人参与电站抢修。7 月 20 日 22 时，恢复正常送电。1961 年 4 月 15 日，列电局以（61）列电局站字 0790 号文，对该次事故进行通报。

1961 年第 36 站调此，31、32 站先后调到萨尔图，构成大庆油田开发建设会战的主要电源。1962 年 8 月，34 站奉水电部命令，退出电网进行整顿，做好战备应急工作。该站在大庆服务两年余，累计发电 1868.9 万千瓦·时。

3. 调迁内蒙古扎赉诺尔

扎赉诺尔地处内蒙古呼伦贝尔大草原西北部。1962 年 5 月，成立扎赉诺尔矿区，隶属满洲里市。1962 年 10 月，水电部解除 34 站战备，调到扎赉诺尔，为煤矿生产发电，甲方是扎赉诺尔矿务局。

当地冬季最低气温达零下 43 摄氏度，机组和人员经受极寒天气的考验。电站安全生产近 4 年，累计发电 5482.5 万千瓦·时，保障煤矿生产用电，受到甲方及列电局的表彰。

4. 调迁山东德州

德州市位于山东省西北部，山东省地级市。1966 年 5 月 23 日，水电部（66）水电计年字第 271 号文，决定 34 站调往山东德州发电。5 月 28 日，列电局通知 34 站做好调迁工作。

同年 9 月，电站调到德州，在德州发电厂内并网发电。甲方是德州电厂。该站在此服务 9 年余，累计发电 11280.5 万千瓦·时。

5. 调迁河北衡水

衡水市位于河北省东南部，河北省地级市。根据衡水地区申请，1975 年 11 月 5 日，水电部（75）水电生字第 64 号文，决定调第 34 站到河北衡水发电。1976 年 1 月，电站调到衡水市。甲方是衡水供电局。

该站在此服务 1 年余，发电 1087 万千瓦·时。

6. 调迁黑龙江柴河

柴河镇位于黑龙江省东南部长白山脉张广岭东麓，属牡丹江市海林县管辖。柴河是黑龙江省重点林业生产基地之一。

1977 年 3 月，根据水电部（急件）（77）水电生字第 15 号文，34 站由衡水急调海林柴河，在纸板厂内发电，甲方是柴河林业局。电站到达后，34 小时完成安装，并网发电，缓解了当地严重缺电局面。

1978 年，在保定管区组织的东北地区电站评比活动中，34 站被评为优胜电站之一。

该站在柴河服务近 5 年，累计发电 4687 万千瓦·时。

7. 调迁内蒙古大雁

大雁镇位于内蒙古东北部，是呼伦贝尔盟鄂温克族旗一座新兴草原煤城，是国家大型煤炭基地。1982 年 1 月，34 站调到内蒙古大雁矿务局发电。甲方是大雁矿务局。

由于电站人员互调，当时只有 48 名职工参加安装工作。职工们冒着凛冽彻骨的寒风和飞舞的雪花，用 6 天时间完成安装工作，并网发电。机组和职工经受极寒天气的考验，始终坚持安全运行，因此受到大雁矿务局的表彰。

该站在大雁服务 1 年余，发电 1635.6 万千瓦·时。

四、电站记忆

1. 首台支援大庆油田开发的电站

1960 年 6 月，34 站来到萨尔图，是最早支援大庆油田开发的列车电站。那里人烟稀少，杂草丛生，冬天大雪覆盖，白茫茫一望无际，初到这里的南方职工极度不适应。

油田冬季用电负荷最大，在零下三四十摄氏度的严寒中抢修设备，是对电站的最大考验。1960 年 11 月下旬，已是严寒季节。1 号炉运行中，炉排边条卡住，不能转动。为抢时间，保油田用电，不等锅炉完全熄火，便开大引风机通风，加速炉膛冷却。在锅炉工段长段友昌指挥下，锅炉老工人陶开友冒着炉内七八十摄氏度高温，第一个钻进炉膛。经过多人轮替进炉抢修，不到一个小时，炉排重新恢复运行。另一次，播煤机轴承损坏，全站职工人工加煤、添木材，保住负荷，直到播煤机修复。

职工们住的是"干打垒"，吃的是"钢丝面"、窝头、大头咸菜，没有蔬菜。由于营养不良，很多人患上浮肿病。职工们在风餐露宿的艰苦环境下，力保油田用电。

1961 年年底，在大庆会战庆功大会上，厂长周国吉被评为劳动模范，与铁人王进喜同坐在主席台上，石油部长余秋里亲自给他们佩戴大红花。电站职工钟其东、孙旭文、邹积德和岳清江被评为一级红旗手，还有二级红旗手多人。

2. 紧急调迁应急发电

牡丹江柴河林业局向黑龙江省电力局报送的柴林革生字（77）2 号文件中记载，该局被限电拉闸频繁，一年停电 2100 多个小时，严重影响木材生产，援外出口纸板厂停产，10 多万人口粮等待加工。1977 年 3 月 19 日，水电部以急件通知牡丹江地区革委会，根据柴河林业局的申请，同意 34 站调柴河林业局发电。

3 月下旬，34 站奉命紧急调到海林柴河，在纸板厂内安装发电。职工们刚刚到达，行李尚未卸车，就连夜投入到安装工作中。柴河的初春异常寒冷，冰雪未化，他们脚踏冰雪背朝天，在支部书记范桂芳的带领和指挥下，34 小时完成机组安装，开机并网发电。柴河林业局为电站及时投产发电，召开庆祝大会，并宴请全体职工。

3. 水电部的先进电站

1962 年 10 月，电站离开大庆，调到内蒙古扎赉诺尔矿务局发电，为煤矿发电近 4 年，不但搞好安全生产，还积极组织职工开展学习毛主席著作活动，电站多名职工被矿区评为学习毛主席著作积极分子、"五好"职工，电站被评为"五好"单位。1963 年、1964 年，分别由周国吉、孙旭文代表电站出席列电局召开的先进电站工作会议，并受到通报表彰。

1963 年 10 月 14 日，列车电业局以（63）列电局生字第 1481 号文，通报表扬保持 1 年以上安全记录的 34 站，以及保持安全记录 1000 天以上的 34 站电气工段。

1965 年 12 月，中国水利电力工会列电局筹备委员会以（65）列电工字第 90 号文，就列电局开展"五好"总评有关问题发出通知，34 站被评为水电部先进企业。

4. 关心职工生活

1976 年 1 月，电站在衡水发电时，一职工患病，经查为再障性贫血，不易治愈。此时正值电站调迁东北，电站安排他留在衡水安心治疗，并让他爱人陪护。经几年的治疗，竟奇迹般痊愈，该职工全家感激不已。

34 站在德州发电时，电站的七八户职工家属，以德州发电厂临时工身份，在电站煤场工作。经当地劳动部门的协助，电站领导为这些家属办理转正手续，成为正式职工。黑龙江柴河属边远林区，根据国家对解决职工家属"农转非"及夫妻两地分居的政策，在 1980 年电站离开柴河前，为 20 多名职工解决了家属户口问题。

"文革"中，电站一女职工因父亲受冲击被牵连，在德州作为反面典型，开大会批判。倔强的她高呼口号表示不满，因此大会宣布对她处以开除公职的处分。对她的处理，电站领导没有盲从，而是谨慎按政策执行。考虑到她不错的工作表现，以及全家 5 口人的命运，电站以没有上级指示为由，以拖待变。后来在落实政策时，得以平反。

五、电站归宿

1983 年 10 月 7 日，水电部（83）水电财字 160 号文件，决定 34 站机组调拨给内蒙古大雁矿务局，人员由华北电业管理局安置。

电站职工基本去向：大部分安置在山西神头电厂，其余人员分别调到保定基地、华东基地和武汉基地，以及 44、57、59 等电站，或调到河北、河南及山东等地方电厂。

第十八节

第 35 列车电站

第 35 列车电站，1960 年 3 月组建。机组从捷克斯洛伐克进口，同年 5 月在新疆哈密投产发电。该站先后为新疆、青海、贵州、湖北 4 省区的 5 个缺电地区服务。1983

年年初，机组设备由华中电管局接收。建站 22 年，累计发电 1.38 亿千瓦·时，为国防科技、三线建设以及水利工程建设作出重要贡献。

一、电站机组概况

1. 主要设备参数

电站设备为 2500 千瓦汽轮发电机组。出厂编号为 619。

汽轮机为冲动、凝汽式，捷克列宁工厂制造，额定功率 2500 千瓦，过热蒸汽压力 3.63 兆帕（37 千克力 / 厘米 ^{2}），过热蒸汽温度 425 摄氏度，转速 3000 转 / 分。

发电机为同轴励磁、水冷式，捷克列宁工厂制造，额定容量 3125 千伏·安，频率 50 赫兹，功率因数 0.8，额定电压 6300 伏，额定电流 287 安。

锅炉为水管、抛煤链条炉，捷克塔特拉工厂制造，蒸发量 2×8.5 吨 / 小时，过热蒸汽压力 3.82 兆帕（39 千克力 / 厘米 ^{2}），过热蒸汽温度 450 摄氏度。

2. 电站构成及造价

机组由汽轮发电机车厢 1 节、电气车厢 1 节、锅炉车厢 2 节、水处理车厢 1 节、水塔车厢 3 节组成。

辅助车厢：材料车厢 2 节、修配车厢、寝车各 1 节。

附属设备：刮板式输煤机 2 台，履带式吊车、龙门吊车各 1 台，55 千瓦柴油发电机 1 台，车床、刨床、钻床各 1 台，苏式汽车 1 辆。

电站设备造价 534.9 万元。

二、电站组织机构

1. 人员组成

电站组建初期，职工队伍以 22 站接机人员为主，并从其他电站补充选配。此后列电局先后分配沈阳、西安、保定、泰安等电校的毕业生作为补充。

1964 年 7 月，调迁青海海晏执行保密发电任务时人员进行大幅调整，该站职工只有十几个人进入海晏，其余人员则以 34 站等多个单位来补充。

1972 年，在水城招收学员 10 人，接收当地安排复员军人 20 人。

电站定员 69 人。

2. 历任领导

1960 年 3 月，列电局委派叶如彬负责组建该站，并任命为厂长。1960 年 5 月以后，列电局先后任命高鸿翔、闫殿俊、李生惠、周国吉、刘润轩、米淑琴、常金龙、孙学海、周仁萱等人担任该站党政领导。

3. 管理机构

（1）综合管理组。

历任组长：于银堂、李敬敏、贾臣太、段宗华、孙学海、黄泉计。

历任成员：何其枫、蒋如东、阎英、李玉芳、李玉强、张俊英、王敦先、陈荣文、罗珊萍、王毅堂。

（2）生产技术组。

历任组长：孟钺、李汉明、负志国、顾夕俊。

历任成员：朱学山、马景斌、景茂祥、张登平、王广韬、王宪均、蔡菊平、邓秀中、温喜之、陈滔。

4. 生产机构

（1）汽机工段。

历任工段长：魏学林、刘玉山、康存生、宋荣生、刘长海、王宗贤。

（2）电气工段。

历任工段长：郝道来、张连瑄、常金龙、杨守功、冯福禄。

（3）锅炉工段。

历任工段长：崔恒、杨来裕、周仁萱、温敬群、唐杰功。

（4）热工室。

历任主任：万乘、韦乔、陈松根。

（5）化验室。

历任主任：贾素珍、马圣青、李桂芝。

5. 工团组织

历任工会主席：常金龙、唐杰功。

历任团支部书记：张亚非、周厚芬。

三、调迁发电经历

1. 在新疆哈密电厂投产

哈密是新疆维吾尔自治区下辖地级市，位于新疆东部，有"西域禁喉，中华拱卫"和"新疆门户"之称。

35电站1960年从捷克引进后，4月在哈密安装，5月12日正式投产，为哈密发电厂基建发电，甲方是哈密发电厂。该站在此服务 1 年余，发电 915.2 万千瓦·时。

2. 调迁新疆哈密三道岭电厂

1961 年 9 月，35 站调到哈密三道岭发电厂，为三道岭电厂基建发电。甲方是三道岭发电厂。三道岭是新疆重点煤矿区，距哈密市 80 公里，属哈密地区。

该站在此服务近 3 年，经历了三道岭发电厂建设全过程。累计发电 1137.4 万千瓦·时，支援了边远地区的电力建设。

3. 调迁青海海晏

1964 年 7 月，35 站调到青海海晏，为二机部九局施工发电。甲方是二机部九局。该单位为核科研基地，属国防保密单位。该站与前期在这里发电的 13 站合并，称第 35 列车电站，对外称 886 信箱。

35 站在此服务 1 年余，发电 531.4 万千瓦·时。1965 年 9 月机组返保定基地大修。

4. 调迁贵州水城

1966 年 9 月，35 站调到贵州水城，为水城钢铁厂发电。甲方是水城钢铁厂。在贵州支援三线建设的先后还有 33 站和 54 站。35 站在此服务 10 年，累计发电 6181.9 万千瓦·时。

1976 年 11 月，返武汉基地大修。此次大修除了标准项目外，非标项目较多，如炉墙重砌、省煤器更换、除尘器改造及车厢喷漆等。在该站职工的配合下，1977 年 9 月，完成全部大修项目。

5. 调迁湖北宜昌

1977 年 9 月，35 站从武汉基地调到湖北宜昌，为葛洲坝工程建设发电，甲方是 330 工程局。当时支援该工程建设的电站还有 32、41、45 和 51 站。

35 站在此服务 5 年余，累计发电 5023.69 万千瓦·时。

四、电站记忆

1. 长期在艰苦地区发电

35 站在 22 年的调迁发电中，一直在艰苦地区辗转。1960 年在新疆哈密投产，1964 年赶赴青海海晏，1966 年南调贵州，1977 年来到湖北宜昌。电站职工不畏艰难困苦，支援 5 个严重缺电的重点工程，为国家建设和人民生活改善，无私地献出青春年华。

35 站在贵州水城，为水城钢铁厂服务达 10 年之久，是列电参与三线建设服务时间最长的电站。由于水城气候变化较大，而且潮湿，很多职工患上风湿病。刚到水城时，住进"干打垒"宿舍。墙是用树枝编的，外面用泥抹一层，房顶上是油毛毡，大风一刮，经常把屋顶掀开，外面下大雨，屋内下小雨。就这样，电站职工坚持住了5年后才得以改善。

2. 机组三年不大修

35站自1977年9月返武汉基地大修出厂后，到1980年8月底，整整3年不大修。在此期间，平均负荷2200千瓦，煤耗及厂用电率接近或达到同型机组的平均水平，安全生产保持良好。

该站重视设备的定期检修。自1977年9月在武汉基地大修后，到1980年8月，这3年中共进行计划小修8次。在计划小修中，一是抓项目，二是抓质量。由于有计划地安排轮修项目，除设备本体外，大部分设备都进行过1~3次解体检修。相当于在没有大修费用和大修工期条件下，进行了很多大修项目的检修工作。

除一般维修外，对费用较大且较难处理的少量设备缺陷，每年编制一些特殊项目报基地上级审批，作为专项大修项目，安排在小修中进行。3年中，共有单项检修项目16项。通过这些检修项目，对一些带有较大缺陷的设备，如锅炉备用水箱、过热器吊架、炉墙、烟囱，电气防雷设备、蓄电池、动力电缆，汽机轴封调节器、阀门等，都进行了彻底检修，消除了设备缺陷。延长了大修间隔时间，节约了大修费用。

平时抓好日常维护，重视设备管理。每年都要开展设备安全检查，技术资料齐全，设备异常、事故障碍都有详细记录。对设备缺陷，尽可能及时消除，或采取有效措施，防患于未然。只要有机会，哪怕是临时停机几个小时，也要抓紧消除设备缺陷，使设备经常保持完好。电站还重视技术改造，加装了二次风消烟除尘装置、胶球清洗凝汽器等装置。设备完好率达到99%，一类设备达到80%以上。成为列电局"经济、满发电站"。

当时全局平均大修间隔是1.5~2年，检修费用平均每站5万元/年。而该站3年不大修，为国家节约10余万元。《列电》杂志曾刊登该站延长大修间隔的总结。为表彰35站的工作成绩，列电局在分配企业基金中增拨500元，作为职工奖励。

3. 一专多能为社会做贡献

35站职工坚持开展大练基本功，提倡在专业基础上，一专多能，并在实践中得到了应用。

在葛洲坝大江截流期间，他们响应工程局的号召，为大江截流做贡献。职工们在厂长常金龙的带领下，日夜赶制沉江铁笼。在制作中，焊接质量是关键。因为不少职工有焊接基础，在专业焊工的指导下，经过几天的苦练，培养出十几名焊工，共同参与赶制工作。经过工程局验收，数十个大型铁笼全部合格。电站人说，大江的上面有我们的贡献，大江的下面也有我们的汗水。

应宜昌食品罐头厂、宜昌地区人民医院等单位的请求，电站利用停机期间，为地方单位检修锅炉、安装设备、连接管道。工作紧张时，几乎全站男女职工齐上阵。锅炉工段研制捷克机组上的暖气片制作，还自制 1 台绕片机，为人民医院的暖气安装解决了问题。

五、电站归宿

根据水电部（83）水电劳字第 17 号文的精神，1983 年年初，35 站机组由华中电管局接收。大部分职工留在葛洲坝水电厂得到妥善安置。

电站落地前后，还有一部分职工联系家乡调回原籍，部分职工为解决家属农村户口，自愿调到在内蒙古、黑龙江、海南岛等边远地区的电站工作。

第十九节

第 36 列车电站

第 36 列车电站，1960 年 10 月组建，同期机组从捷克斯洛伐克进口后，在黑龙江萨尔图安装，1961 年 3 月投产发电。该站先后为黑龙江、吉林、河南 3 省 4 个缺电地区服务。1983 年 1 月，电站移交华中电管局。建站 22 年，累计发电 2.45 亿千瓦·时，对国家石油工业和地方经济发展作出重要贡献。

一、电站机组概况

1. 主要设备参数

电站设备为额定容量 2500 千瓦的汽轮发电机组。出厂编号 620。

汽轮机为冲动、凝汽式，捷克列宁工厂制造，额定功率 2500 千瓦，过热蒸汽压力 3.63 兆帕（37 千克力 / 厘米 ^{2}），过热蒸汽温度 425 摄氏度，转速 3000 转 / 分。

发电机为同轴励磁、空冷式，捷克列车工厂制造，额定容量 3125 千伏·安，频率 50 赫兹，功率因数 0.8，额定电压 6300 伏，额定电流 287 安培。

锅炉为水管、链条抛煤炉，由捷克塔特拉工厂制造，额定蒸发量 2×8.5 吨 / 小时，过热蒸汽压力 3.82 兆帕（39 千克力 / 厘米^2），过热蒸汽温度 450 摄氏度。

2. 电站构成及造价

机组由汽轮发电机车厢 1 节、电气车厢 1 节、锅炉车厢 2 节、水处理车厢 1 节、水塔车厢 3 节构成。

辅助车厢：修配车厢 1 节、材料车厢 1 节。

附属设备：刮板式输煤机 2 台，履带式吊车 1 台，龙门吊车 1 台，55 千瓦柴油发电机 1 台，车床、刨床、立钻床及台钻床各 1 台。

电站设备造价 534 万元。

二、电站组织机构

1. 人员组成

电站组建时，职工队伍主要由 13 站抽调的 50 多名职工组成，其中除少数骨干外，大部分为 1958 年至 1960 年招收的青工。

1962 年，确定为战备电站时，为加强电站领导，从黑龙江省电业局调入电站两名领导，接收技工 4 名。1961 年至 1964 年，分配保定电校毕业生 11 名。1967 年，在河南商丘招收学员 10 名。1970 年至 1974 年，分配保定电校毕业生 10 名。

电站定员 69 人。

2. 历任领导

1960 年 10 月，列电局委派郭荣德组建该站，并任命为副厂长主持工作。1962 年 7 月至 1979 年 3 月，列电局先后任命陈耀祥、黄耀津、周健、钟其东、董文生、吴兆铨、陈成玉、王占东等担任该站党政领导。

3. 管理机构

（1）综合管理组。

历任组长：朱开成、张德林、杨友才。

历任成员：李玉升、王振刚、董桂兰、陈玉琴、潘秀花、阮振香、汪青梅、刘玉芬、张文斌、林书田、董国祥、陈成杰。

（2）生产技术组。

历任组长：孙绪策、邱信。

历任成员：徐瑾、马锦章、蔡新益、张达仁、陈忆明。

4．生产机构

（1）汽机工段。

历任工段长：王文华、刘广顺、温兰台、尹金锡。

（2）电气工段。

历任工段长：傅相海、崔振华、李云奇、张仁生。

（3）锅炉工段。

历任工段长：白义、史书奇、马承鳌、李顺海、韩成喜、葛建华。

（4）热工室。

历任负责人：乔宝忠、卜凡志。

（5）化验室。

历任负责人：徐瑾、刘世燕、张凤兰。

5．工团组织

历任工会主席：王文华、韩成喜。

历任团支部书记：赵春生、海岩、郑福生、李顺海、姚淑娟。

三、调迁发电经历

1．在黑龙江萨尔图投产

1960 年 3 月，国家决定组织大庆石油会战，萨尔图是大庆石油会战指挥机关所在地。因当地 500 千瓦的发电设备已远远满足不了用电的需要，同年 6 月，34 站率先调来支援。

1961 年年初，36 站进口后即在萨尔图安装，3 月正式投产，向油田送电。甲方是松辽石油勘探局。此后，31、32 站也调到萨尔图。

1962 年 6 月，水电部确定 36 站等 12 台电站为第一批战备机动电站。要求电站做好发电设备和台车行走部分的检修，随时做好调出的准备。36 站随即停机，做战备检修。

36 站在大庆为油田服务 1 年余，发电 678 万千瓦·时。

2．调迁吉林敦化

敦化位于吉林省东部，长白山腹地，隶属于延边朝鲜自治州，现为吉林省县级市。60 年代初，延边地区电力供需矛盾突出。1960 年前后，先后 4 次调列车电站到延边，缓解延边电力紧张局面。

1962 年 10 月，36 站由萨尔图调到敦化，11 月并入地区电网发电。甲方是敦化林业局。该站在敦化服务 4 年余，累计发电 6382.8 万千瓦·时。1965 年，被列电局评为安全生产单项标兵。

3. 调迁河南商丘

商丘是河南省地级市，位于豫鲁苏皖四省辐凑之地，素有"豫东门户"之称。1967 年 4 月，36 站调到河南商丘，为商丘电厂建设供电。甲方是商丘电厂。

1973 年 8 月 7 日，36 站退出电网，准备调迁西平。该站在此服务 6 年余，累计发电 7746 万千瓦·时，有效缓解了当地电力供需矛盾。

4. 调迁河南西平

西平县位于河南省中南部，距商丘约 220 公里，属河南省驻马店市。

1973 年 8 月，河南省电业局向水电部申请列车电站，以解决西平用电之需。同年 9 月 15 日，水电部以（73）水电生字第 84 号文，决定调 36 站到西平发电。

1974 年 3 月，电站调到河南西平为化肥厂发电。化肥厂生产设备，因电力不足，不能满负荷生产。同年 6 月 1 日，电站正式发电。甲方是西平电业局。

1978 年，该站被列电局评为全年无事故电站、技术革新成绩显著单位，化验室被评为先进班组。1980 年，创安全无事故 600 天纪录，受到列电局表彰。

该站在西平服务 9 年，累计发电 9725.7 万千瓦·时，有效支援了化肥厂及当地的工农业生产。

四、电站记忆

1. 移师萨尔图严寒中安装投产

1960 年年底，36 站接机人员，从河南鹤壁的 13 站，翻山越岭，集聚山西晋城，等待从捷克进口的主机设备，准备建厂发电。

计划在晋城安装发电的 36 站，主机列车进口后经停萨尔图。由于当时大庆油田会战严重缺电，油田指挥部向水电部申请，要求留下 36 站主机，与经停萨尔图的 44 站辅机（同类型机组），安装后留在大庆油田发电。经水电部同意，列电局决定，36 站人员从晋城移师萨尔图。

36 站机组与率先在萨尔图发电的 34 站，并列在专用线上。当时，已发电一年多的 34 站，需停机大修，急待 36 站发电。36 站职工稍作休整，就冒着零下 40 摄氏度的严寒，投入到紧张的机组安装工作中。3 月 36 站投产发电，解决了油田冬季取暖、石油加热外运急需的电力问题。

1961 年 2 月，临近春节，电站人员到达萨尔图，临时住在火车站旁的小旅店，一个大房间里两边是通铺，一边睡男职工，一边给女职工。隆冬季节，开始在野外现场搭起两顶大帐篷，男女分开，各住一顶。俩人睡一个地铺，在地铺上摞两个草垫子，上面铺上褥子。穿着绒衣绒裤睡觉，等早上醒来一看，被头结了一层冰，眉毛、头发结一层白霜。后来，帐篷里有了烧油取暖的炉子，驱寒还暖。直到六七月份，开始建干打垒房，比起帐篷地铺来好多了。

来萨尔图的第一个春节，石油会战指挥部给电站送来一些牛羊肉慰问，让职工兴奋不已。粮食供应主要是高粱米、大碴子，蔬菜很少，猪肉稀缺。来年夏天，锅炉工段长白义等几个职工下班后，去野地里挖野菜给食堂，改善职工生活。1961 年 8 月 7日，国家主席刘少奇来大庆视察。指挥部发给电站职工每人 2 斤大豆、1 条毛巾。这对职工是个极大的鼓舞。电站在萨尔图的经历，让职工难以忘怀。

2. 坚持设备技术改进

36 站始终重视设备的技术改造，中试所多次来电站进行技术指导，机组设备长期安全运行。

1964 年，电站配合中试所，对捷式 PTP-H 型发电机差动保护装置改进，提高了可靠性；加装给水系统氨化处理装置，提高给水 pH 值，汽水系统腐蚀状况得到改善。

1970 年 6 月，电站在商丘发电时，汽动给水泵各轴承振动严重超标。经分析，是叶片腐蚀导致转子不平衡所致。在中试所徐宗善工程师现场指导下，对小汽轮机转子在额定转速下找动平衡，先在联轴器的螺丝孔上加试重，再按力矩比例计算后，将配重移到泵轮相应位置上。在小汽轮机不揭缸盖的情况下，消除了轴承振动超标的缺陷。

1975 年 2 月，电站在西平发电时，为提高锅炉效率，减少烟囱冒黑烟问题，按中试所提出的二次风的改造方案，加装高压空气二次风装置。消烟除尘效果显著。1977年，改装双曲线煤斗，减少断煤现象。增加炉排面积、增加蒸发受热面，提高了锅炉热效率。

1979 年，化学专业加装了循环水自动加酸、蒸发器自动排污装置，值班员可通过仪表随时观察水质，当水质不合格时，不需取样分析即可实现自动排污。该项技改受到列电局表彰。

3. 西平洪水中经受考验

1975 年 8 月初，河南驻马店地区发生特大洪水。进入 8 月，大雨昼夜不停，8 日上午 9 时许，来势凶猛的洪水向电站冲来。职工正在班上运行发电，电站宿舍有十几户带孩子的家属。面对突如其来的洪水，各家在恐慌中忙着堵家门，以防洪水进屋。

没有料到，水位迅速涨高，不到一小时没过了膝盖。

在危急时刻，电站总务员阮振香，顾不上自家进水，冲出家门，招呼人们赶快向地势较高的材料车厢转移。职工家属都是妇女和儿童，大多不习水性，在转移时，水位已经齐腰深，前进很吃力，体弱的家属和孩子更加困难。这时电站领导和职工赶来，奋力将家属全部安全转移到车上，此时大水已经没过胸口。水来得快，退得也快，下午大水退下，留下满地的淤泥。

这场大水是因为连续暴雨，上游板桥水库和石漫滩水库相继溃坝而致。36 站幸运的是，除了家里的粮食、被褥及日用品被洪水浸泡或冲走外，没有人员伤亡，也没有给电站设备造成太大损失。

在遂平的 40 站，洪水中损失惨重，36 站职工在厂长吴兆铨带领下，立即动员起来，烙大饼、蒸馒头，带上蔬菜、衣服、药品，在道路泥泞、汽车无法通行的情况下，组织 30 辆单车，一路上颠簸 20 多公里，来到遂平，支援慰问被洪水围困三天三夜的 40 站职工及家属。

五、电站归宿

1983 年 8 月 10 日，水电部以（83）水电劳字第 95 号文，就 36 站无偿调拨给河南巩县人民政府作出批复，设备和人员落地河南巩县。巩县新电厂建成投运后，36 站整套设备转移给新疆哈密，人员留巩县电厂。

第二十节

第 43 列车电站

第 43 列车电站，1961 年 1 月组建。机组从捷克斯洛伐克进口，同年 3 月在广东英德投产发电。电站先后为广东、贵州、湖北 3 省 7 个缺电地区服务。1980 年 10 月，该站与 8 站合并，撤销 43 站建制。建站 20 年，累计发电 1.29 亿千瓦·时，为国家经济发展特别是三线铁路建设作出重要贡献。

一、电站机组概况

1. 主要设备参数

电站设备为 2500 千瓦汽轮发电机组。出厂编号 621。

汽轮机为冲动、凝汽式，捷克列宁工厂制造，额定功率 2500 千瓦，过热蒸汽压力 3.63 兆帕（37 千克力 / 厘米²），过热蒸汽温度 425 摄氏度，转速 3000 转 / 分。

发电机为同轴励磁、空冷，捷克列宁工厂制造，额定容量 3125 千伏·安，频率 50 赫兹，功率因数 0.8，额定电压 6300 伏特，额定电流 287 安。

锅炉为水管、链条炉，捷克塔特拉工厂制造，额定蒸发量 2×8.5 吨 / 小时，过热蒸汽压力 3.82 兆帕（39 千克力 / 厘米²），过热蒸汽温度 450 摄氏度。

2. 电站构成及造价

机组由汽轮发电机车厢 1 节、电气车厢 1 节、锅炉车厢 2 节、水处理车厢 1 节、水塔车厢 3 节组成。

辅助车厢：材料（备品）车厢 1 节、修配车厢 1 节、寝车 1 节。

附属设备：刮板式输煤机 2 台，履带式坦克吊车、龙门吊车各 1 台，55 千瓦柴油发电机 1 台，车床、台式铣床、刨床及钻床各 1 台。

设备造价 527.6 万元。

二、电站组织机构

1. 人员组成

43 站组建时，主要由 25 站接机人员组成，后陆续由保定、重庆、郑州、西安、上海等电校毕业生补充。1970 年以后，在贵州接收 10 余名退伍军人，在广东招收 20 名学员。新老人员不断交替，建站初期为 65 人，是同类型机组人员较少的电站。此后，人员在 60 余人到 70 余人之间变动。

电站定员 69 人。

2. 历任领导

1961 年 1 月，列电局委派袁健、周健负责组建该站，并任命为首任厂长、党支部书记。1964 年以后，列电局先后任命陈启明、张兆义、于学周、梁世闻、王汉英、郭长明等担任该站党政领导。

3. 管理机构

（1）综合管理组。

历任组长：郭长明、丁正武。

历任成员：于庆祥、何沁芳、沈惠明、周月瑛、王顺义、任定国、陈方庆、陈刚、代大成、陈端阳、孙家瑶、周鸿逮、马克珍、廖贵亭、邓万益、姜庆华、郭福玉。

（2）生产技术组。

历任组长：郑乾戌、陈洪奎。

历任成员：刘国权、于惠珠、陈亿明、姬惠芬、刘茂文、谭胡妹、郑荣亮。

4. 生产机构

（1）汽机工段。

历任工段长：王继宗、范存心、窦升田、张光作。

（2）电气工段。

历任工段长：惠致宽、李洪生、张祥林、周从海、刘茂文、龙毅。

（3）锅炉工段。

历任工段长：张兆义、张东振、陆慰萱、翟启忠、李树贤、梁世闻。

（4）热工室。

历任主任：刘爕儒、张济国。

（5）化验室。

历任主任：李秀、范祖晓、孙玉成。

5. 工团组织

历任工会主席：张兆义、朱雯需、王继宗、张东振。

历任团支部书记：张兆义、梁世闻、苏文波、李芳英。

三、调迁发电经历

1. 在广东英德投产

1961 年年初，43 站从捷克引进，由张兆义、陈仰志前往满洲里验收，并押运至广东英德县沙口镇冬瓜铺，在英德硫铁矿安装。

该矿隶属韶关市，始建于 1953 年，是国家"一五"计划重点项目。硫铁矿是一种重要的化学矿物原料，主要用于制造硫酸。电站组装完毕，同年 3 月 22 日，投产发电。甲方是英德硫铁矿。

英德气候宜人，生活、生产都比较稳定。该站发电近 4 年，累计发电 1840.2 万千瓦·时。

2. 调迁贵州六枝

1965 年 1 月，43 站奉命调到西南三线贵州六枝，甲方是铁道部二局十三处。

作为战备电站，要求队伍精干，不能带家属。电站领导带头把随车家属送到基地或家乡，职工们轻装上阵，冒大雨拆迁。到六枝现场时，正值春节，他们顾不上休息，在寒风细雨中安装设备，一次启动成功，迅速投入到铁路会战中。年终总评，该站获得黔滇铁路电力系统电站竞赛固定红旗。

该站在此服务一年余，累计发电 1083 万千瓦·时。

3. 调迁贵州水城

水城西站是贵州较大的火车站。43 站在六枝完成发电任务后，于 1966 年 3 月，随筑路大军从六枝调到水城西车站，甲方仍是铁道部二局十三处。电站到达后，即投入到新一段铁路建设大会战中。

这期间正是"文革"时期，电站领导和广大职工排除干扰，始终保证安全发供电。该站在此服务 4 年余，累计发电 4107.9 万千瓦·时。

4. 调迁贵州野马寨

1970 年 4 月，在完成水城西发电任务后，43 站随筑路大军迁到贵州野马寨（现属六盘水市），继续为甲方铁道部二局十三处发电。在这个几乎没人烟的地方，该站发电近 1 年时间，发电 103 万千瓦·时。

5. 调迁贵州贵定

1971 年 3 月，43 站调到贵州贵定发电，甲方是铁道部二局一处。

那里经常是毛毛细雨的天气，初春、深秋和冬季，脚下的冻土光滑得像玻璃一样，鞋上绑着干草走路还是经常摔跤。早晨，水塔车厢上都挂着几尺长的冰条，值班员要爬到水塔车厢顶上，把冰条一个个地敲打掉，还要检查一台台风机马达的运转情况。

该站在此服务 1 年，发电 196 万千瓦·时。1972 年 3 月，43 站返西北基地大修。

6. 调迁广东仁化

1972 年 11 月，根据水电部（72）水电电字第 144 号文，43 站调到广东凡口，厂址在韶关仁化县董塘镇。甲方是凡口铅锌矿。该矿是广东重点大矿，电站作为补充电源和备用电源为其发电 6 年余，累计发电 4312 万千瓦·时。其间，每年受到矿上表彰，多次受奖。而且年年支农，参加插秧、收割，当地农民送"工农一家"锦旗一面。

1978 年 10 月 5 日，水电部以（78）水电电字第 133 号文，决定该站返武汉基地大修。同年年底，电站返武汉基地，重点对三节水塔车进行改造。

7. 调迁湖北武汉

1979 年 6 月，43 站结束大修工作，原计划作为一级战备电站待命，后因形势变化，与 8 站留在武汉发电，甲方同为武汉国棉二厂。

在武汉发电期间，电站办了 3 件大事。一是借高校"开门办学"、走向企业推广科研成果的机会，完成了电站集控改造工程。二是根据列电局"找米下锅"精神，与 8 站联手，承揽并完成地质学院管道安装工程。三是根据列电局决定与 8 站合并，取消了 43 站番号。

该站在此服务一年半，与 8 站合并，两台机组累计发电 4769 万千瓦·时。

四、电站记忆

1. 开荒种菜自办食堂

43 站在贵州支援三线铁路建设，在广东董塘凡口铅锌矿发电，那些地方生活艰苦，物资匮乏。为克服生活上的困难，所到之处开荒种菜、自办食堂，成了电站必办之事。

开荒种菜是职工的事，每个运行班都有自己的菜地，职工探亲返站都带些蔬菜种子。有一年，职工在山脚开荒种的土豆，收获 2000 多斤。养猪由职工食堂负责，在贵州有段时间还养了几头牛，职工们都轮流帮忙，整饲料、清理猪圈、建牛舍。在艰苦的环境中，搞好职工食堂是关心职工生活的大事，厂领导陈启明、张兆义都曾到食堂当管理员，逢年过节发动员工到食堂帮厨，组织包饺子比赛。食堂人员想方设法，改善职工生活，饭菜品种多，口味好，深受职工们的欢迎。由于食堂办得好，就连探亲家属也不开火，而到食堂用餐。

2. 先进电站的好站风

43 站领导以身作则，做出表率，带出了一个好的站风。1965 年 12 月，该站被评为列电局两个先进电站之一，并被评为水电部先进企业。

1966 年，在贵州六枝发电时，43 站传达"备战、备荒、为人民"的指示后，将食堂累计节余的 1000 斤粮食上缴给国家。列电局照顾他们，准备将农场收获的粮食和食油分配给他们，他们知道后，要求列电局分给更需要的兄弟电站。

六七十年代，调整工资是职工生活中的一件大事。因多年不调工资，职工盼涨工资可谓是望眼欲穿。而那时涨工资不是全涨，多是按职工人数百分比分配指标。一次工资调级中，列电局考虑到厂领导不能同职工争指标，就单独给厂长张兆义一个工资调级指标。当时电站总务员代大成是位 40 年代参加革命的老干部，张厂长就把他那个指标让给了代大成。

电站的单身老职工，大多是长期夫妻两地分居，那时每年只有 12 天探亲假。在韶关董塘时，公安部门给了张兆义厂长一个解决全家"农转非"户口的指标。张厂长又一次做了惊人之举，他请公安部门将这一个指标一分为二，解决了职工郭长明、韩秋祥两人的家属户口难题。

1969 年 10 月，电站在水城西发电期间，在附近黄土坡发电的 45 站，汽车外出发生翻车事故，工人何文江受重伤，生命垂危，急需输血抢救。闻讯后，43 站职工自愿跑到医院无偿献血，挽救了何文江的生命。也在这期间，共产党员张东振无偿地给一位产妇输血。在韶关董塘时，代大成腹腔大出血，凡口铅锌矿医院开腹抢救时，血库存血不足。消息传来，电站 20 多位未上班职工前往验血、献血，保住了这位革命老干部的生命。

1981 年 11 月，电站调迁北京。丁正武将瘫痪的同事刘燮儒背上了开往北京的列车，43 站的最后一次调迁任务，圆满地划上句号。

3. 活跃的电站文体活动

电站所到之处，大都是远离城市、业余生活枯燥乏味的地方。为改善职工的业余生活，电站职工创造条件，自己动手，修建篮球场，安装乒乓球台，定期出黑板报、墙报，丰富了职工的业余生活。

在贵州水城地区发电时，同时有 33、45、35、54 等 5 台电站和多个铁路施工单位在那里。由于 43 站集篮球场和乒乓球台于一体，众多单位常到该站进行球赛等体育活动，球场旁也常挂"友谊第一，比赛第二"的横幅。

电站到韶关董塘后，在武汉招收的 20 名知识青年有朝气，非常活跃，很快就组织起文艺宣传队。他们精选生产、生活中的典型题材，自编自演，给电站职工和附近农民带来欢娱，并多次到凡口铅锌矿慰问演出，受到矿党委的嘉奖。

五、电站归宿

根据电力部列电局（80）列电劳字第 508 号文，43 站与 8 站自 1980 年 10 月 1 日正式合并，撤销"第 43 列车电站"建制。

第二十一节

第 44 列车电站

第 44 列车电站，1961 年 1 月组建，设备为捷克斯洛伐克进口的汽轮发电机组。1961 年 8 月，在山西晋城投产发电。该站先后为山西晋城、运城、长治 3 个地区服务。1983 年 6 月，设备和人员成建制调拨给兵器部长治惠丰机械厂。建站近 23 年，累计发电 2.62 亿千瓦·时，为国家的军工及重点企业的建设作出重要贡献。

一、电站机组概况

1. 主要设备参数

电站为额定容量 2500 千瓦的汽轮发电机组，编号 622。

汽轮机为冲动、凝汽式，捷克列宁工厂制造，额定功率 2500 千瓦，过热蒸汽压力 3.63 兆帕（37 千克力 / 厘米 ^{2}），过热蒸汽温度 425 摄氏度，转速 3000 转 / 分。

发电机为同轴励磁、空冷式，捷克列宁工厂制造，额定容量 3125 千伏·安，频率 50 赫兹，功率因数 0.8，额定电压 6300 伏，额定电流为 287 安。

锅炉为水管、抛煤链条炉，捷克塔特拉工厂制造，额定蒸发量 2×8.5 吨 / 小时，过热蒸汽压力 3.82 兆帕（39 千克力 / 厘米 ^{2}），过热蒸汽温度 450 摄氏度。

2. 电站构成及造价

机组由汽轮发电机车厢 1 节、电气车厢 1 节、水处理车厢 1 节、锅炉车厢 2 节、水塔车厢 3 节组成。

辅助车厢：修配车厢、办公车厢、材料车厢、备品车厢各 1 节。

附属设备：刮板式上煤机 2 台，4 吨电动坦克吊车 1 台，组装轨道式龙门吊车 1 台，柴油发电机 1 台，C1620 车床、铣床、台钻各 1 台。

电站设备造价 531 万元。

第三章　捷克斯洛伐克机组

二、电站组织机构

1. 人员组成

电站组建时，从29站调入37人接机，到山西晋城后又从21站调入4人。

1961年10月至1981年10月，累计分配保定电校毕业生60人、大连电校毕业生17人。1964年10月，列电局分配石家庄、唐山两地高中毕业生15人。1970年10月，调出19人接新机55站。1972年1月，在山西闻喜招收北京、天津知青20人。建站22年，该站培养领导干部十几名输送到各电站。

电站定员69人。

2. 历任领导

1961年1月，列电局委派贾占启负责组建该站，任副厂长并主持工作。1961年3月至1975年12月，列电局先后任命籍砚书、刘溪鲁、范世荣、李智君、张福、彭玉宗、石宏才、马惠斌、吴增平、冯全友等担任该站的党政领导。

3. 管理机构

（1）综合管理组。

历任组长：朱武辉、邵寿根、蒋福林、杨绍敏、李振忠、张峰太。

历任成员：刘润平、桑成斌、王稷耕、张志成、尤淑珍、刘爱莲、孟林、潘克香、杨绍敏、马惠斌、徐振英、苏幸彩、郝凤鸣、张秀兰、白建中、褚艳娇、李荷花。

（2）生产技术组。

历任组长：陈刚才、陈光荣、林灼禄、姚慧生、张海玉、李国斌。

历任成员：陈周毅、赵俊源、齐国祯。

4. 生产机构

（1）汽机工段。

历任工段长：籍砚书、梁洪滨、李振生、刘振远、汪德儒、张含文、张明琪。

（2）电气工段。

历任工段长：张秉仁、李智君、彭玉宗、郝洪仁、侯润昌、张树弼。

（3）锅炉工段。

历任工段长：尉承松、王梦林、石宏才、田胜才、张金祥、李申海。

（4）热工室。

历任负责人：成雪恨、郑裕新、董凤刚、卜祥发、蔡胜锋、郎秋菊、杨德利。

（5）化验室。

历任负责人：佟慧兰、张翠云、王仲元、苏殿祯、王桂荣、张常萍。

5. 工团组织

历任工会主席：尉承松、梁洪滨、孟林、石宏才、杨玉滨、荆春礼。

历任团支部书记：陈光荣、李智君、蒋福林、杨绍敏、吴志远、李振忠、张峰太。

三、调迁发电经历

1. 在山西晋城投产

晋城位于晋豫两省接壤处，是山西省辖地级市。素有"中原咽喉、三晋门户"的美誉，是华夏文化发祥地之一。

1961年8月，44站在晋城安装调试后并网发电，主要为古书院煤矿供电。甲方是晋城矿务局。古书院矿坐落在书院村，1958年开始建设，1960年投产。

该站在晋城服务10年，累计发电10268万千瓦·时，创造了安全运行1000天、2000天的突出成绩，受到列电局的通令表彰。

2. 调迁山西运城

运城地处山西省西南部，因"盐运之城"得名。1971年1月，44站调到运城，甲方是运城盐化局。运城盐化局是全国芒硝、硫化碱等无机盐生产基地。

该站在此服务5年，累计发电7592万千瓦·时，创造了安全运行1500天的好成绩，两次被盐化局评为红旗集体，并受到列电局的表彰。

1976年1月，电站返西北基地大修。

3. 调迁山西长治

长治地处晋冀豫三省交界处，历史悠久。1976年7月，根据水电部（76）水电生字第38号调令，44站由西北基地调到长治，甲方是山西惠丰机械制造厂。该厂是中国兵器工业精密机械加工基地和尖端机电产品生产企业。

该站在此服务7年，累计发电8291.3万千瓦·时。1978年，被列电局评为"全年无事故电站"，锅炉工段评为"全国电力工业学大庆先进集体"，电站被评为"全国电力工业大庆式企业"。

四、电站记忆

1. 特殊的诞生经历

44 站 1961 年 1 月组建，1961 年 2 月，机组由捷克进口，在满洲里进关。3 月中旬，主机设备到达广东茂名，而辅机设备却留在萨尔图。由 29 站抽调的 37 名职工，在茂名石油公司等候辅机设备，准备安装发电。

当时决定在晋城安装发电的 36 站，为同型号机组，主机设备也留在萨尔图。由于油田严重缺电，大庆油田指挥部向水电部申请，要求留下 36 站主机设备和 44 站辅机设备，组成 36 站，留在大庆油田发电。而 44 站主机设备由茂名调往晋城，与 36 站辅机设备相配组装，组成 44 站在晋城发电。

1961 年年初，36 站已在晋城选建厂，且地面工程完工，辅机设备到达晋城。茂名页岩油会战，茂名石油公司急需电站，44 站主机在茂名滞留半年，在水电部决定调 46 站到茂名后，才得以北上晋城。1961 年 8 月，44 站在晋城矿务局安装、调试后，投产发电。

2. "文革"中排除干扰坚持发电

"文革"中，电站分成两派群众组织，但两派都遵守三条规定：一是不参加社会的任何组织，二是不打人，三是不准停产。因此，当地社会认为电站是一个"保守"单位。社会上不管是"文斗"还是"武斗"，电站坚持不介入。

在社会上两派斗争严重时，电厂院内的凉水池水泵被"造反派"偷走，电站断了水源，被迫停机。停机后社会上的"造反组织"主动找到电站要求发电，待他们答应保障供水、保障供煤、保障电站人员安全三个条件后，电站才答应开机发电。整个"文革"期间，电站克服一切困难坚持生产，职工没有参加社会"造反组织"的任何活动。

3. 始终坚持安全经济发供电

44 站以安全生产为本，始终把安全经济发电作为第一要务。

在晋城煤矿发电期间，电站开展以节煤节电为中心的"小指标"竞赛活动。职工们利用业余时间，从 3000 米以外的地方，用平板车将矿上的废煤、煤矸石、锯末、小炭运到电站进行掺烧。竞赛活动期间，掺烧废煤 5000 多吨，煤矸石、锯末、小炭 3000 多吨，使标准煤耗下降 7%，受到矿务局的表彰和奖励。

在长治发电时，一次抛煤机故障，锅炉断煤，汽压下降，面临停机的危险。休班职工不分男女，不分专业，都赶到现场支援，从看火门向炉膛内加煤加柴，坚持近两个小时，没减负荷。直到抛煤机修好，运行恢复正常，他们才带着满身汗水、满脸烟灰离去。靠这种作风，电站成为列电局的先进单位。1978 年，电站被惠丰机械厂评为大庆式单位，被山西省命名为大庆式企业。

4. 不断开展设备技术改造

1969 年 44 站在晋城发电时，对设备进行改造，主要措施是：电气更换电流互感器，改装发电机风冷系统，加装发电机中性点避雷器，提高防雷能力。汽轮机更换蒸汽喷嘴，加大进气量，进行水塔改造，加大水塔风机，放宽冷风入口，增加循环水量。锅炉对龙门吊车进行了电动式改造，上煤机由刮板式改为自动翻斗式。

1971 年到运城后对锅炉进行改造。锅炉下连箱由方形改为圆形无缝合金管，并增大联箱管径；增加炉膛水冷壁管，并联加装了过热器、省煤器和空气预热器蛇形管；更换大管径主蒸汽管，加大风道送风量，增加了离心式水膜除尘器。

1976 年在长治对热工仪表进行无汞化改造，首次采用国产 DDZ- Ⅱ 型晶体管调节器，实现锅炉燃烧自动调节。

5. 电站历史事件

1967 年冬，"文革"武斗时，电站职工蒋福林、彭玉宗因公外出，在晋城古书院煤矿路上不幸踏上地雷，蒋福林当场身亡，彭玉宗炸成重伤。电站领导作人性化处理，蒋福林女儿成人后特招入厂。

1970 年年底，一天早上交接班时，1 号炉发生炉管爆破事故，炉渣与蒸汽从看火门孔及给煤机内喷出，操作室内有 4 人正在交接班，所幸没有发生人身伤亡。紧急停炉后，检查排管发现有 100 毫米长、20 毫米宽的爆口。

1973 年 6 月，电站汽车司机驾车在解州关帝庙附近下坡路口处，发生交通事故，造成一名骑自行车的农民死亡，运城公安交警作了妥善处理。

1980 年秋季，电站一名职工，倒大班去山上游玩，抽烟失火，正赶上长治召开全国森林会议，被公安局拘留 15 天。事后电站领导对职工进行山林防火安全教育。

五、电站归宿

根据水电部（83）水电财字第 84 号文，1983 年 6 月，44 站成建制调拨给山西惠丰机械厂。后改称惠丰电厂，继续发电至 2003 年 3 月，2004 年 8 月机组报废。

此前大部分外地职工已调回原籍，其余人员继续留在电站，其中有 8 人先后考入成人高教深造，成为惠丰机械厂各单位的技术骨干。

第二十二节

第 45 列车电站

第 45 列车电站，1961 年 1 月组建。机组从捷克斯洛伐克进口，同年 3 月，在黑龙江勃利县投产发电。该站先后为黑龙江、贵州、吉林、湖南、湖北 5 省 7 个缺电地区服务。1984 年 11 月，机组调拨给海南岛三亚市，人员安置在葛洲坝水电厂。建站 23 年，累计发电 1.55 亿千瓦·时，为国家严寒地区、西南三线铁路、重点工矿企业及水电工程建设作出重要贡献。

一、电站机组概况

1. 主要设备参数

电站设备为额定容量 2500 千瓦汽轮发电机组，出厂编号 623。

汽轮机为冲动、凝汽式，捷克列宁工厂制造，额定功率 2500 千瓦，过热蒸汽压力 3.63 兆帕（37 千克力 / 厘米²），过热蒸汽温度 425 摄氏度，转速 3000 转 / 分。

发电机为同轴励磁、空冷式，捷克列宁工厂制造，额定容量 3125 千伏·安，频率 50 赫兹，功率因数 0.8，额定电压 6300 伏，额定电流 287 安。

锅炉为水管、抛煤链条炉，捷克塔特拉工厂制造，额定蒸发量 2×8.5 吨 / 小时，过热蒸汽压力 3.82 兆帕（39 千克力 / 厘米²），过热蒸汽温度 450 摄氏度。

2. 电站构成及造价

机组由汽轮发电机车厢 1 节、电气车厢 1 节、锅炉车厢 2 节、水处理车厢 1 节、水塔车厢 3 节组成。

辅助车厢：修配车厢 1 节、材料车厢 1 节、办公车厢 1 节。

附属设备：刮板式上煤机 2 台，履带式吊车 1 台，龙门吊车 1 台，55 千瓦柴油发电机 1 台，空压机 1 台，车床、刨床及钻床各 1 台。

电站设备造价 530 万元。

二、电站组织机构

1. 人员组成

建站初期，主要由 18 站接机人员组成。1961 年 3 月，在七台河、铁力招收学员 3 名。同年 9 月至 1965 年 9 月，先后分配保定电校、哈尔滨电校、泰安电校、长春电校，以及吉林电力学院毕业生总计 18 名。1965 年年底，厂长赵陟华及 7 名职工调出。1970 年，在水城接收贵州籍复员军人 5 名。1972 年，在长春市招收学员 10 名。1974 年年底，在湖南株洲招收学员 5 名。

电站定员 69 人。

2. 历任领导

1961 年 1 月，列电局委派周春霖负责组建该站，并任命为首任厂长。1962 年 4 月以后，列电局先后任命赵陟华、陈士平、刘桂福、周贵朴、王荆州等担任该站党政领导。

3. 管理机构

（1）综合管理组。

历任组长：房德勇、刘成华。

历任成员：肖明利、孟庆荣、刘泽祥、马元斗、刘树声、杨新敬、黄满照。

（2）生产技术组。

历任组长：焦玉存、李彦君。

历任成员：刘景春、王克忠、范五昌、李林友、朱志平。

4. 生产机构

（1）汽机工段。

历任工段长：张庆富、陈士平、周广财、张廷合、李彦君。

（2）电气工段长。

历任工段长：魏汉录、张启安。

（3）锅炉工段。

历任工段长：鲁春元、郭安民、周贵朴、韩林诗。

（4）热工室。

历任负责人：张淑珍等。

（5）化验室。

历任负责人：王艺等。

第三章　捷克斯洛伐克机组

237

5. 工团组织

历任工会主席：周贵朴、潘发兴。

历任团支部书记：刘桂福、刘成华。

三、调迁发电经历

1. 在黑龙江勃利投产

1960 年年底，45 站厂长周春霖与汽机工段长张庆富带队往满洲里口岸接机，1961 年 1 月，机组进关后到黑龙江勃利，甲方是勃利矿务局。勃利县位于黑龙江省东部，隶属黑龙江省七台河市。

同年 3 月，设备安装完毕，投产发电。由于当地水质不合格，4 月被迫停机待命。

2. 调迁黑龙江伊春

伊春位于黑龙江省东北部，为黑龙江省地级市。伊春地区有世界面积最大的红松原始林，被誉为"祖国林都"。

1962 年 8 月，45 站由勃利调往伊春特区友好镇，为林业生产发电。甲方是伊春林业管理局。伊春无霜期不足 4 个月，冬季最低气温达零下 42 摄氏度，人员和机组面临严寒的考验。

1965 年 8 月至 9 月，电站就地大修。大修后，电站停机待命，年底调离，在此服务 3 年余，累计发电 3487.8 万千瓦·时。

3. 调迁贵州六枝

六枝特区位于贵州省西部，是当时为三线建设而成立的特殊行政区。当地只靠一座小电厂供电，电力供需矛盾凸显。

1966 年 1 月，45 站从伊春紧急调到六枝特区，为黔昆铁路施工发电。甲方是黔昆铁路六枝矿区指挥部。电站在六枝东风水库北侧，与六枝发电厂隔水库相望。发电列车铁路专线与黔昆铁路并行，相距只有五六米。机组经过 13 天的安装、调试，于 3 月 1 日并网发电。

该站在此服务 7 个月，发电 1520 万千瓦·时。

4. 调迁贵州水城

水城位于贵州省西部，与云南省接壤，当时设水城特区，属西南煤炭建设指挥部，与县并存（现划归六盘水市）。

1966 年 8 月，45 站调到贵州水城特区，为水城矿务局（对外称大河农场）发供电。甲方是水城矿务局。同年 2 月，33 站从六枝先于 45 站调到水城。同年 11 月，根据列电局（66）列电局劳字第 708 号文，45 站与 33 站组织机构合并，对外统称 33 站。

45 站在此服务 4 年余，累计发电 1554 万千瓦·时。

5. 调迁吉林长春

1971 年 3 月，根据水电部（71）水电电字第 32 号文，45 站调到长春市，为长春电影制片厂发电，甲方是长春电业局。

由于基建工程未按期完工，后又因当地工业水源压力低、流量小，无法满足发电条件，故在此 1 年多未发电。

6. 调迁湖南株洲

株洲古称"建宁"，湖南省辖地级市，位于湘江下游。株洲市是湖南省工业重镇，株洲洗煤厂为全国最大的洗煤厂之一。洗煤厂是耗电大户，当时电力供应紧张，无法正常生产。

1972 年 9 月，45 站调到株洲市，甲方是株洲市洗煤厂。电站选址在洗煤厂区的最南端，职工宿舍距电站厂区约 500 米，靠近洗煤厂食堂，为三排新建的砖瓦平房。电站的到来，有效缓解生产用电。

该站在此服务近 5 年，累计发电 4503.3 万千瓦·时。

7. 调迁湖北宜昌

宜昌古称夷陵，是湖北省地级市。1977 年 7 月，根据水电部（77）水电生字第 27 号文，45 站从株洲调到宜昌市，为葛洲坝工程发供电，甲方是 330 工程局。此前，32 站已在那里发电。此后又先后调来 35、51 站。

1978 年 2 月 10 日，水电部部长钱正英，以及湖北省领导看望为葛洲坝工程发电的列车电站职工，称赞列车电站是"电力尖兵"。钱正英等参观该电站的生产车间，听取电站汇报，并与电站职工合影。列电局副局长刘冠三等陪同看望。

该站在此服务 5 年余，累计发电 4470.7 万千瓦·时。

四、电站记忆

1. 严寒环境下的停机考验

1965 年 8 月中旬，是伊春一年中最好的季节，电站第一次就地设备大修。9 月中旬，随着伊春霜冻期的到来，大修工作结束。经过 72 小时试运，机组正常并网发电。

11 月中旬，电站接到停机待命的通知。当时，最高气温零下 25 摄氏度，最低气温已达零下 42 摄氏度。面对严寒的天气，为防止汽水管道冻裂，必须按运行规程，严格做好机、炉汽水系统的放水工作。

机、炉专业员工，忙于停机后设备的放水工作。他们身系安全带，冒着滑倒跌落的危险，小心翼翼地登上4米多高的车厢顶部，打开各个管道上的旁路门、疏水门放水。为防止管道底部存水，还用空压机高压风吹扫。

汽机职工郝群峰负责3台循环水泵阀门放水，当阀门底部的丝堵拧开后，存水缓缓流出，久流不尽，他想加快放水速度，脱下手套，将右手食指捅进丝孔，结果食指被冻在阀门上面动弹不得，后经同事呵气加温，才得以解脱。

汽水系统放水干净彻底，机组设备免遭冻坏，圆满完成在极寒气温下的停机工作。

2. 紧急调迁贵州三线

1965年12月20日，45站接到列电局加急电报：奉水电部命令，决定调45站支援"大三线"，前往贵州六枝特区，限1966年1月28日前并网发电。

生技组长焦玉存等立即启程前往贵州六枝选厂。

全站职工开始紧张的拆迁工作，仅用两天时间，就完成输煤机、煤斗、烟囱，以及锅炉、水处理、电气、汽机、水塔等各车厢的全部连接管道、电缆的拆卸工作。第三天上午，铁路方面派来4节货车，准备装车。履带式吊车连续作业，将拆下的所有构件吊装到车上，捆扎、加固，最后履带吊车自行爬上平板车，加固牢，装车工作结束。12月26日傍晚，天气异常寒冷，室外气温已达零下41摄氏度。白贵婷、易占忠、张运增及何丙珍4名押车人员，押运机组列车离开伊春友好镇，驶向西南贵州。

1966年1月中旬，电站人员和机组到达六枝。当时由于电站路基保养期未满，发电列车只能暂停在50公里外二等车站的道岔上。电站职工做好随时接车的各项准备工作。2月14日一早，机组列车到达厂区。经13天的车厢固定、安装、调试工作，3月1日并网发电。

3. 改进设备和节煤降耗

1968年5月，45站在水城发电时，利用检修机会，对水塔车循环水连通管道进行改造。根据连通器的原理，在水塔车底部开孔，安装用钢板制作的方形平衡管，代替原水塔车之间的笨重铸铁连通管，并封死其连接孔，解决了循环水泵突然跳闸而引发的水塔车向外溢水问题，还减少了安装工作量。

对锅炉、水处理、电气以及汽机车厢之间的立式蒸汽连接膨胀管道，改造为固定卧式连接膨胀管道。该项革新避免了高空拆装，减轻了工作人员劳动强度，也提高了拆装效率。此外，手动操控行走的龙门吊改为电动操控，手动操控的葫芦吊改为电动操控。这两项革新降低了劳动强度，提高了工作效率。

1977年电站在葛洲坝发电时，以节煤、节电为目标，开展提高操作水平的练兵活动，以安全生产为中心，开展反事故演习活动。通过这些活动的开展，煤耗下降到706

克／（千瓦·时），厂用电率下降到 5.2%，这两项指标达到同类机组的领先水平。1978年，该站被列电局评为无事故运行电站，被评为全国电力工业大庆式企业。1979年，再次受到列电局的表彰。

根据 1983 年 1 月 25 日水电部（83）水电劳字第 17 号文精神，45 站职工大部分安置在葛洲坝水电厂，少数职工调往华东基地或保定基地。

1984 年 11 月 8 日，水电部以（84）水电办字第 24 号文，将机组设备无偿调拨给海南三亚，归属海南电力公司。

第二十三节

第 46 列车电站

第 46 列车电站，1961 年 1 月组建。机组从捷克斯洛伐克进口，1961 年 6 月，在宁夏青铜峡投产发电。该站先后为宁夏、广东、湖南、福建 4 省区的 5 个缺电地区服务，1982 年 10 月，机组调拨给内蒙古阿尔山林业局，人员由华东基地安置。建站 21年，累计发电 1.97 亿千瓦·时，为国家水电、石油等工业建设作出应有的贡献。

一、电站机组概况

1. 主要设备参数

电站为额定容量 2500 千瓦的汽轮发电机组。出厂编号 624。

汽轮机为冲动、凝汽式，捷克列宁工厂制造，额定功率 2500 千瓦，过热蒸汽压力 3.63 兆帕（37 千克力／厘米^2），过热蒸汽温度 425 摄氏度，转速 3000 转／分。

发电机为同轴励磁、空冷式，捷克列宁工厂制造，额定容量 3125 千伏·安，频率 50 赫兹，功率因数 0.8，额定电压 6300 伏，额定电流 287 安。

锅炉为水管、抛煤链条炉，捷克塔特拉工厂制造，额定蒸发量 2×8.5 吨／小时，过热蒸汽压力 3.82 兆帕（39 千克力／厘米^2），过热蒸汽温度 450 摄氏度。

2. 电站构成及造价

机组由汽轮发电机车厢 1 节、电气车厢 1 节、锅炉车厢 2 节、水处理车厢 1 节、水塔车厢 3 节构成。

辅助车厢：修配车厢 1 节、材料车厢 2 节、办公车厢 1 节。

附属设备：履带式坦克吊车 1 台，龙门吊车 1 台，55 千瓦柴油发电机 1 台，刮板式上煤机 2 台，车床、台式铣床、刨床及钻床各 1 台。

机组设备造价 533.2 万元。

二、电站组织机构

1. 人员组成

建站初期，职工队伍主要由老 4 站及 10、16、35 等电站接机人员组成。

1962 年 7 月，在茂名调入当地热电厂人员 6 名、中技毕业生 3 名。1963 年 9 月以后，保定电校毕业生作为补充。1972 年在福州招收学员 10 名。电站有部分人员接新机或调出。

电站定员 69 人。

2. 历任领导

1961 年年初，列电局委派荆树云组建该站，并任命为首任厂长。1962 年 2 月至1971 年 7 月，列电局先后任命张宗卷、刘广忠、步同龙、郑汉清、韩道玉等担任该站党政领导。

3. 管理机构

（1）综合管理组。

历任组长：周智生、姜尚泗、刘凤英。

历任成员：张世廉、强俊英、苏全珍、陈焕之、陈克勤、熊华芝、吴珍玲、王士云、张恒造、王才旺、方桐昆、杨友荣、郭永沛、张修伦、董国祥、夏明福、范翠兰、韩进思、白秀芝。

（2）生产技术组。

历任组长：张宗卷、李兴国、李生鄂、安崇滨。

历任成员：刘英杰、吴宁、孟庆国、李金复、茅亦沉、徐培生、韩道玉、董志勇。

4. 生产机构

（1）汽机工段。

历任工段长：陈邦富、钱之庆、李生鄂、刘学安、肖盘寿。

（2）电气工段。

历任工段长：丁敬义、孟庆国、黄华民、郑汉清、汪战。

（3）锅炉工段。

历任工段长：詹多松、于振声、易承寄、张延孝。

（4）热工室。

历任负责人：黎贺年、谭伯元、吴树元、吴国栋、王润生。

（5）化验室。

历任负责人：陈煜志、茅亦沉。

5. 工团组织

历任工会主席：屈耀武等。

历任团支部书记：王士云、陈甬军。

三、调迁发电经历

1. 在宁夏青铜峡投产

青铜峡水电站，位于宁夏黄河中游青铜峡谷口处，1958年8月开工建设，是国家重点工程。1961年4月，46站机组进口后首发青铜峡，甲方是青铜峡工程局。

当时24站是工程施工唯一电源，急待大修，46站调来顶替24站为工程施工供电。24站大修后，仍以24站供电为主，46站为安全保安电源。

电站职工住在下马钢厂的简易厂房和农民看管蔬菜的窝棚里。这里地面潮湿，屋顶透风漏雪，一夜醒来，满床是沙土，满脸是灰尘。吃的是陕北小米和"钢丝面"，喝的是黄河水。艰苦环境并没有影响电站工作，职工们仅用10天时间，就在24站员工的协助下，完成新机组的安装、调试工作，投产发电。

46站在此服务不足1年，发电306.5万千瓦·时。

2. 调迁广东茂名

茂名市位于南海之滨，广东省西南部，是华南地区最大的石化基地。1962年2月，46站调到茂名，甲方是茂名石油公司。

当时正值困难时期，茂名石油公司缓建，热电厂1号机停产，负荷用电由电站顶替。46站到达后，立刻投入安装试运，与6、21站并网运行，为石油公司供电。

1965年8月至9月，46站就地大修。1966年以后，茂名热电厂2号机组（2.5万千瓦）投产发电，46站及茂名各电站陆续退出运行。

该站在茂名服务4年余，累计发电4783.4万千瓦·时。

3. 调迁湖南临湘

临湘县隶属湖南省岳阳市，因濒临湘水与长江汇合之处而得名，为"湘北门户"。1966 年 6 月，46 站从茂名调到临湘，甲方是长岭炼油厂（6501 工程指挥部），属于国家重点工程。

当时，解放军在临湘修建长岭战备油库，急需电源。电站安置在铅锌矿厂的铁路线上。从炼油厂破土动工到投产，均由电站承担供电任务。1969 年 8 月，甲方又申调37 站支援炼油厂建设。

该站为长岭炼油厂服务 5 年余，累计发电 3539 万千瓦·时。

4. 调迁福建福州

1971 年 8 月，根据水电部（71）水电电字第 94 号文，46 站调到福州市，甲方是福州第二化工厂。同年 9 月，37 站也调到福州发电。

电站到福州时，受到福建省革委会主任韩先楚的热情接待，街上挂出"欢迎周总理送来的列车电站"的大幅标语。46 站安置在福州市第二化工厂内。机组就位后，用7 天时间完成安装、调试，顺利并网供电，有效缓解当地用电紧张局面。

该站在此服务 1 年余，发电 1633.3 万千瓦·时。

5. 调迁福建漳州

漳州为福建省龙溪地区县级市，地处"闽南金三角"。1972 年 12 月，根据水电部（72）水电电字第 145 号文，46 站调到福建省漳州市，甲方是漳州供电所。

电站安置在漳州糖厂内发电，主要解决漳州糖厂生产用电，以及抗旱灌溉用电。电站工作成绩显著，1978 年，被福建省命名为"电力工业大庆式企业"，获水电部"全国电力工业大庆式企业"称号。

该站在此服务近 10 年，累计发电 9479 万千瓦·时。

四、电站记忆

1. 一级战备电站的经历

1962 年 8 月，台海形势紧张，为适应战备需要，水电部党组发文，并抄送有关部委和地方党委，对战备列车电站的工作做出几项规定，要求在茂名发电的 8、15、46站作为战备机动电站。

水电部与铁道部联合指示 46 站为"一级战备电站"。柳州铁路局专门派出路检人员，对电站车辆行走部件认真检修，消除设备缺陷，确保"调得动，拉得出"。石油公司和茂名电厂领导亲临电站，传达上级指示，并与电站领导共同研究如何贯彻上级指示。分析设备存在的问题，决定立即停机对发电设备进行全面检查修理，消除缺陷，确保"靠得住、发得出"。

为加强电站的应急能力，从茂名其他电站调入技术力量和领导力量。同时配备两节车厢，将生产需用的设备、材料、备品备件全部装在车上，确保一旦有事电站即可快速行动。随后电站继续发电，就地待命。

2. 在长岭卸车中职工殉职

1966 年 6 月，46 站调到湖南临湘长岭炼油厂发电。湖南的夏天，骄阳似火，人们热得透不过气来。职工们在狭窄的铅锌矿厂铁路线上卸设备，甲方负责大件吊卸。由于吊车液压系统失灵，吊杆瞬间滑落，重重地压在职工严举贤身上，当时就不省人事，被紧急送到桃林铅锌矿职工医院抢救，经抢救无效，因公殉职。

全站职工心怀悲痛，继续工作。为赶进度，职工们冒着酷暑，中午也不休息，默默地赶到现场卸车，扛运设备。电站领导看在眼里，痛在心上，劝阻无效，陪同职工一起干，直至完成安装任务。

对严举贤的后事，甲方非常重视，协助电站处理，进行安葬。墓碑上写着：严举贤，江苏泰安人，1937 年生，享年 29 岁。事后，电站特招其爱人刘紫英为正式职工，以示安慰。

3. 水塔改造获全国科技大会奖

1977 年，列电局确定 46 站为水塔改造试点单位。电站成立水塔技术改进工作小组，同年下半年，在漳州正式启动水塔技改工作。

按照改造方案，将水塔内部装置全部拆除，更换成超薄型百叶窗式塑料隔板。在隔板之间加装很多横向和竖向导水槽，以延长高温循环水在水塔内的行程、时间。同时，将淋水管改为环形母管布置，加大进风口高度，加装导风片，增加两台风机以及提升水塔高度。改造后的水塔，结构设计充分优化，选用新材料做淋水板，减小了风阻，增大风、水接触面积，提高了风量，冷却效率提高 1 倍，保证了机组满负荷发电。

改造工作得到列电局生技部门专业人员技术指导。同时得到西安交大相关专业人员多方面的支持。经过两个多月的共同努力，水塔改造工作圆满完成。1978 年该项目获全国科技大会科技进步奖。

五、电站归宿

1982 年 10 月，根据水电部（82）水电讯字第 34 号文，46 站设备调拨给内蒙古阿尔山林业局，人员由华东基地安置。1985 年 11 月，电站建制撤销。

第 47 列车电站

第 47 列车电站，1957 年 5 月由煤炭工业部组建，属煤炭部第 1 列车电站。机组从捷克斯洛伐克进口，同年 9 月在山东枣庄投产发电。1962 年 7 月，移交列电局。该站先后为山东、内蒙古、贵州、广西、黑龙江 5 省区的 6 个缺电地区服务。1983 年 8 月，电站设备调拨给新疆电力局，人员由河北电力局安排。建站 26 年，累计发电 2.13 亿千瓦·时，为国家煤炭工业发展和三线建设作出重要贡献。

一、电站机组概况

1. 主要设备参数

电站设备为 2500 千瓦的汽轮发电机组，出厂编号 605。

汽轮机为冲动、凝汽式，捷克列宁工厂制造，额定功率 2500 千瓦，过热蒸汽压力 3.63 兆帕（37 千克力 / 厘米 ^{2}），过热蒸汽温度 425 摄氏度，转速 3000 转 / 分。

发电机为同轴励磁、空冷式，捷克列宁工厂制造，额定容量 3125 千伏·安，频率 50 赫兹，功率因数 0.8，额定电压 6300 伏，额定电流 287 安。

锅炉为水管、抛煤链条炉，捷克塔特拉工厂制造，额定蒸发量 2×8.5 吨 / 小时，过热蒸汽压力 3.82 兆帕（39 千克力 / 厘米 ^{2}），过热蒸汽温度 450 摄氏度。

2. 电站构成及造价

机组由汽轮发电机车厢 1 节、电气车厢 1 节、锅炉车厢 2 节、水处理车厢 1 节、水塔车厢 3 节构成。

辅助车厢：修配车厢 1 节、材料车厢 1 节、办公车厢 1 节。

附属设备：刮板式上煤机 2 台，履带式吊车 1 台、龙门吊车 1 台，55 千瓦柴油发电机 1 台，车床、台式铣床、刨床及钻床各 1 台。

机组造价 552.5 万元。

二、电站组织机构

1. 人员组成

该站由煤炭部负责筹建，人员主要由列电局4站配备。1958年和1960年，电站先后在内蒙古赤峰和湖南双峰招收学员13名。1965年至1968年，列电局分配郑州电校、上海电校及保定电校毕业生12名。1970年年底，在贵州贵定接收复员军人6名。1972年，在广西玉林招收学员10名。1975年以后，列电局分配保定电校一批毕业生。

1960年年初、1961年春，分别支援48站、49站部分人员。

电站定员69人。

2. 历任领导

1957年5月，煤炭部1站由孙品英、谢德亮、赵坤皋负责组建，分别担任厂长、党支部书记、副厂长。此后，又有徐学成、尹喜明、原有成、贾永年、宁廷武、张位轩、石建国、刘桂福、冯炎申、张文忠、杨义杰等担任该站党政领导。

3. 管理机构

（1）综合管理组。

历任组长：张璧华、韩安臣、冯正光、赵德义。

历任成员：张守忠、马玉琴、许伯祥、汪印波、王希才、廖发兴、董树林、董守义、朱海棠、王文忠、刘晓芬、张淑霞、赵顺生、李开球。

（2）生产技术组。

历任组长：稽同懋、原有成、尹仲田、陆敏华、赵占德。

历任成员：李昌荫、继文城、黄华林、胡广志、唐传元、曾广塈、苗贵。

4. 生产机构

（1）汽机工段。

历任工段长：穆长俊、王存志、朱文浒、张振喜。

（2）电气工段。

历任工段长：谷跃武、乔古山、齐国祯、李殿臣。

（3）锅炉工段。

历任工段长：殷维启、骆兴招、胡尚奎、石建国、周英廉。

（4）热工室。

历任负责人：冬渤仓、高敏兰。

（5）化验室。

历任负责人：邵瑾荣、刘光荣、刘楷、朱秀兰。

5. 工团组织

历任工会主席：张璧华、邵瑾荣。

历任团支部书记：张世全、曹山。

三、调迁发电经历

1. 在山东枣庄投产

枣庄市为山东省地级市，位于山东省南部。枣庄矿务局所属陶庄煤矿生产高发热量的优质煤，出口日本，为国家换取外汇。当时因为缺电，矿井停工待电。

煤炭部 1 站机组进口后，1957 年 6 月到达枣庄矿务局陶庄煤矿。经过安装、调试，当年 9 月投产发电。电站向矿务局变电总站送电，各矿井恢复生产。矿务局领导亲临电站，慰问职工并给予高度赞誉。电站领导及管理层均由矿务局派员，主持日常生产管理工作。

该站在此服务 1 年余，发电 569.9 万千瓦·时。

2. 调迁内蒙古平庄

平庄地处内蒙古、辽宁、河北三省区交汇处，隶属内蒙古赤峰市。平庄煤矿属露天煤矿，是国家重要煤炭基地。

1958 年 8 月，煤炭部 1 站调到内蒙古平庄，9 月中旬向矿务局变电站送电，为煤矿生产提供连续稳定的电源。

1962 年 7 月 1 日，根据煤炭部与水电部联合文件，煤炭部所属 4 台列车电站移交给水电部列车电业局统一管理，该电站移交后编为列电局第 47 列车电站，继续在平庄发电，甲方是平庄矿务局。1963 年，在煤矿负荷波动非常大的工况下，创造了安全运行 300 天的纪录。

1960 年年底和 1963 年 5 月，39 站、14 站也先后调平庄发电。

47 站在平庄服务近 6 年，累计发电 6357.6 万千瓦·时。1964 年 10 月，该站调离平庄，返武汉基地大修。

3. 调迁贵州六枝

六枝特区位于贵州省西部，是国家西南地区重要煤炭基地。20 世纪 70 年代后，成立六枝矿务局。

1965 年 4 月，47 站奉命调到贵州六枝，为六枝煤矿发电，甲方是六枝电厂。六枝电厂容量只有 2000 千瓦，电力严重短缺。因 47 站与 48 站在同一地发电，同年 10 月，两站合并，统一领导，对外统称第 47 站。

该站在此服务 5 年余，累计发电 4471 万千瓦·时。

4．调迁贵州贵定

贵定县隶属贵州黔南布依族苗族自治州。1970 年 11 月，根据国务院和中央军委有关指示，为解决湘黔铁路工程用电问题，水电部以（70）水电电字第 54 号文，决定调第 47 站到贵定发电。

同年 12 月，47 站从六枝调到贵定，支援湘黔铁路建设。甲方是铁道部二局一处。电站与当地电网并网运行，缓解了铁路建设用电紧张状况。在此服务 1 年，发电 1025 万千瓦·时。

1971 年 12 月，该站返保定基地大修。

5．调迁广西玉林

玉林古称郁林州，地处广西东南部，为广西壮族自治区地级市。1972 年 5 月 24 日，水电部以（72）水电电字第 64 号文，决定调第 47 站到广西玉林发电。

同年 7 月，47 站从保定基地调到广西玉林，与玉林发电厂并网发电，共同承担着该地区的生产和生活用电。甲方是玉林地区电业公司。当地有玉林柴油机厂、拖拉机厂、榨糖厂等主要企业。机组除检修外，都是满负荷运行。电站深受地方重视，每逢节日，地市委领导都会到电站慰问。

图 3-1　锅炉工段 1978 年度设备大修先进集体

该站在此服务 5 年余，累计发电 4862.8 万千瓦·时。

6．调迁黑龙江海林

海林县隶属黑龙江省牡丹江专区，地处长白山脉广才岭东麓，素有"林海雪原"之称。这里林木资源丰富，是国家重点林木生产加工基地之一。

图 3-1 为锅炉工段被评为 47 站 1978 年度设备大修先进集体合影。

"文革"结束后，经济形势逐步好转，电力凸显不足。1977 年 9 月 6 日，水电部以（77）水电生字第 73 号文，决定第 47 站调海林县。同年 10 月电站调到海林发电，甲方是海林县政府。县政府派夏春林任甲方驻电站办公室主任。海林冬季漫长而寒冷，最低气温在零下 38 摄氏度，电站生产和职工生活都经受严峻考验。电站一直满负荷发电，有力支援了当地的经济发展。

为缓解牡丹江地区用电紧张局面，列电局先后又调来 18、21、34 站，分别为牡丹江林业局、柴河林业局发电。

47 站在此服务 3 年余，累计发电 3990.2 万千瓦·时。1980 年 12 月，返保定基地整修待命。

四、电站记忆

1. 北上东蒙开新矿

1958 年 8 月，煤炭部 1 站完成山东枣庄地区的发电任务，调往内蒙古昭乌达盟喀喇沁旗平庄矿务局。

平庄煤矿是新开发的露天煤矿。电站刚到时，四面是光秃秃的几个山头，在山坡下的空地上，正在修筑发电列车的铁路。生活设施一无所有，职工只能住在当地老乡家里。一间 10 多平方米的土房子，大炕占去一大半，夜里一家人都睡在一个炕上。饮水靠的是一口看不到底的深井，打水靠辘轳，井里是污浊的泥巴水，用明矾澄清才能食用。冬季到来前，家家储备冬煤，从厂区一担一担往家中挑，一担五六十斤，往返 10 多公里。

经过矿方一个多月的努力，电站厂区铁路终于建成，机组就位开始安装。待矿务局变电站安装完工后，开始给矿区送电。有了电源，西露天山包上，苏制大型电动挖掘机开始作业，昼夜不停地挖去山头的土方，乌黑发亮的煤炭逐渐裸露出来。

还未到国庆节，寒冻季节已经降临。电站设备和职工第一次经受北国严寒的考验。近零下 40 摄氏度的气温，寒风彻骨，滴水成冰。为保证发电设备及管道阀门不被冻坏、冻裂，职工们利用当地的高粱杆和黏土在车厢两侧搭起防寒棚，并加强对设备巡回检查，防寒防冻成为电站首要工作。

一次后夜班，露天碎煤机被一块鹅卵石卡住停转。维修和运行人员身着老羊皮袄检修，戴手套不方便，裸手摸到铸件上立即粘住动弹不得。经过两个多小时的检修，碎煤机重新转动起来。

2. 不畏艰苦战三线

1965 年 4 月，47 站奉命从武汉基地调到贵州六枝煤矿发电。

在调迁之前，电站派冬渤仓去铁道部运输总局，联系落实调迁路途安全事宜。调迁贵州六枝，必须途径麻尾、独山两条隧道，这两个隧道属非标准隧道，需弄清楚电站车体是否超宽。运输总局根据车体图纸核对，发现隧道最小截面与锅炉车厢仅有100多毫米的余量，要求列车必须限速缓行通过。

当时，黔昆铁路铁轨刚铺到六枝，客运列车只能到安顺车站，电站职工在安顺下车后，改乘解放牌卡车抵达六枝。职工住在刚建好的煤矿机修厂三层办公楼里，旁边建有简易食堂。来到六枝后，40多天没见太阳，对阴沉潮湿的天气，职工很不适应。生活用水取于河中，许多人水土不服，腹胀、闹肚子，吃不下饭。

1970年年底，47站又从六枝调到贵定，支援湘黔铁路建设。职工们先生产、后生活，为加快湘黔铁路建设，只用三四天时间就完成电站安装任务，一次并网发电成功。当时，住房尚未建成，职工暂住贵定县城旅店里。电站宿舍在山坡上的梯田里，房子很简陋，主体为木支架，墙体是用毛竹编成的篱笆，两面用泥巴糊平，屋顶铺一层油毡，屋里上半部没有隔断，每家顶棚相通。

搞三线建设，贵定突然增加几万名外来人员，本来不富裕的小县城食品供应越发困难。电站食堂把以前存的腌肉、咸菜等拿来应急，还派人到周边城镇寻购副食品，以保障职工伙食。附近没有学校，孩子只能走十几里路去县城上学。

电站职工在三线建设的艰苦环境中，坚持安全发电近7年。

3. 自办业余培训班

47站在海林发电时，正值改革开放初期。学习技术、专业知识，提高文化、业务水平是时代的要求，已成为多数职工的共识。

当时，电气技术员曾广塱根据电力行业发展的需要，以及职工们的迫切要求，提议自办工业电工电子知识培训班，普及电工电子知识。这一提议立即得到电站领导的支持和职工们的欢迎。接着进行选聘老师和选择教材的准备工作。

经过两个月的筹备，决定由电气曾广塱、热工刘乃器分别负责《电工基础》《工业电子学》的义务讲课，每周一、三、五晚上6点到8点为上课时间。刘乃器利用到天津出差的机会，购买教材，师生共同准备开课。

1980年1月14日晚6点，培训班在化验室库房里正式开课。第一课由曾广塱讲《电工基础》。当时，有38人自带板凳前来上课，其中包括各专业职工，党支部书记冯炎申、厂长张文忠也到场听课。培训班每次都留课后作业，学员能认真完成，老师认真批改打分，每月进行阶段书面考试，形成你追我赶、互帮互学的学习氛围。

通过一年的培训，职工们掌握了电工、电子基础知识和电气设备、电子器件的作用、原理、规格、参数，以及各种电路的计算，还学会了数字电路二进制的运算方法。

1980年年底，电站返保定基地整修，从此培训班结束。

五、电站归宿

1983 年 8 月 16 日，水电部以（83）水电财字第 142 号文，决定将 47 站机组无偿调拨给新疆维吾尔自治区电力局。

在华北电管局及保定基地的安排下，电站部分人员留在保定基地，部分人员调到保定热电厂，电气专业人员归属保定供电局。一些南方人员调往湖北宜昌葛洲坝水电站，还有的人员各自调回家乡地方单位工作，均得到妥善安置。

第二十五节

第 48 列车电站

第 48 列车电站，1960 年年初由煤炭工业部组建，为煤炭部第 3 列车电站。机组从捷克斯洛伐克进口，同年 7 月，在湖南双峰洪山殿投产发电。1962 年 7 月，移交列电局。该站先后为贵州六枝、湖南衡阳等地服务，1983 年 2 月，电站移交湖南省电力局，人员由湘南电业局安置。建站 22 年，累计发电量 1.80 亿千瓦·时，为国家三线建设和湖南经济发展作出应有贡献。

一、电站机组概况

1. 主要设备参数

电站设备为 2500 千瓦汽轮发电机组，出厂编号 625。

汽轮机为冲动、凝汽式，捷克列宁工厂制造，额定功率 2500 千瓦，过热蒸汽压力 3.63 兆帕（37 千克力 / 厘米 ^{2}），过热蒸汽温度 425 摄氏度，转速 3000 转 / 分。

发电机为同轴励磁、空冷式，捷克列宁工厂制造，额定容量 3125 千伏·安，频率 50 赫兹，功率因数 0.8，额定电压 6300 伏，额定电流 287 安。

锅炉为水管、抛煤链条炉，捷克塔特拉工厂制造，额定蒸发量 2 × 8.5 吨 / 小时，过热蒸汽压力 3.82 兆帕（39 千克力 / 厘米 ^{2}），过热蒸汽温度 450 摄氏度。

2. 电站构成及造价

机组由汽轮发电机车厢 1 节、电气车厢 1 节、锅炉车厢 2 节、水处理车厢 1 节、水塔车厢 3 节组成。

辅助车厢：修配车厢 1 节、材料车厢 1 节、办公车厢 1 节。

附属设备：刮板输煤机 2 台，履带式吊车 1 台、龙门吊车 1 台，55 千瓦柴油发电机 1 台，车床、刨床、钻床各 1 台。

机组设备造价 552.5 万元。

二、电站组织机构

1. 人员组成

该站组建时，职工队伍由 47、50 站接机人员，以及华东电力系统技术骨干 30 余名组成。

1960 年下半年，从湖南双峰洗煤厂招收学员和工人 20 余名。1964 年秋，分配 5 名高中毕业生。以后陆续分配保定、北京、泰安等电校的毕业生来补充。1970 年，接收 6 名复员退伍军人。

1969 年支援 53 站接新机 14 人，电站人员保持在 70 名左右。

电站定员 69 人。

2. 历任领导

1960 年 1 月，谢德亮、殷维启负责组建电站，并担任首任厂长、副厂长。1963 年以后，列电局先后任命蔡俊善、荆树云、胡尚奎、潘顺高、郭跃彩、毕万宗、蔡根生、丁敬义、康锡福等担任该站党政领导。

3. 管理机构

（1）综合管理组。

历任组长：周鸿奎等。

历任成员：沈惠明、张秀美、胡新志、侯兆兰、周洁、郭佰安、唐三春、颉文水、王季芳、刘太平、陆玲玉、汤应华。

（2）生产技术组。

历任组长：李昌荫、潘耕海、继文成、徐玉卿。

历任成员：叶宣仁、刘英杰、黄华林、吴宁、方桐坤、李连奇、吴明武、宋芳福、张淑美。

4．生产机构

（1）汽机工段。

历任工段长：刘学安、姚文彬。

（2）电气工段。

历任工段长：乔古山、朱芙香。

（3）锅炉工段。

历任工段长：施金荣、胡尚奎。

（4）热工室。

历任负责人：潘兆仁、张桂萍。

（5）化验室。

历任负责人：宋芳福、张淑美。

5．工团组织

历任工会主席：施金荣等。

历任团支部书记：张淑美、周锦玲等。

三、调迁发电经历

1．在湖南双峰投产

湖南双峰县供电不足，煤矿不能正常生产。1960 年年初，煤炭部 3 站在双峰县洪山殿安装。

在物资极度匮乏的情况下，电站自行施工，完成安装任务。7 月 1 日，一次启动成功，投产发电。1962 年 7 月，该站划归列电局，编为第 48 列车电站。机组移交后，甲方为涟邵矿务局。

在洪山殿发电期间，电站以安全生产为中心，开展安全竞赛活动。职工查安全思想、查设备缺陷，保证设备运行良好，保障用户安全用电。因此，得到涟邵矿务局的好评和大力支持。

该站在此服务 5 年余，累计发电 4564.3 万千瓦·时。

2．调迁贵州六枝

1965 年，国家实施三线建设，许多内地单位迁往贵州六枝，三线建设用电量增加。1965 年 8 月，48 站奉命调到六枝下云盘，甲方为六枝电厂。同年 4 月 47 站已调此发电。

1965 年 10 月，根据列电局要求，两站合并，对外统称第 47 列车电站。一个领导班子，尹喜明任支部书记，原有成任厂长，胡尚奎任副厂长。

图 3-2　两站在六枝同址发电

48 站在六枝发电近 4 年，累计发电 2859 万千瓦·时。1969 年 4 月，返武汉基地大修。

图 3-2 为两站在六枝同址发电的场景。

3. 调迁湖南衡阳

1970 年 8 月 13 日，水电部（70）水电电字第 27 号文，决定调 48 站到衡阳发电。同年 9 月，电站从武汉基地调到衡阳市，甲方是湘南电业局。

衡阳市供电以水电为主，火电为辅。由于天旱少雨造成枯水，水电被迫停止运行，而火电容量不足，致使大面积停电。电站主车到达发电地点后，立即进行安装，三天三夜组装完毕，一次启动成功，正式并网发电。电站的到来，缓解了衡阳电网的严重缺电局面，支援了冶金机械厂、轧钢厂等重点企业的生产。湘南电业局对电站的贡献给予高度评价。

1978 年，48 站被命名为全国电力工业大庆式企业，同时被衡阳市总工会评为衡阳市先进企业。衡阳市总工会在该站召开现场会，由党支部书记蔡根生介绍电站管理经验，市总工会领导号召向 48 站学习。

该站在此服务 12 年余，累计发电 10584.4 万千瓦·时。

四、电站记忆

1. 重视培养良好站风

自建站到落地的 20 多年里，各任领导特别重视职工队伍教育、作风培养，形成了良好的站风。

48 站领导及时向职工传达、落实中央文件，以及上级部门有关文件精神。组织职工学习毛主席著作，开展学雷锋活动，形成了人人争做好事、做无名英雄的氛围。每天都有职工自觉自愿打扫生活区、厂区以及厕所卫生，帮助食堂做勤杂工作，夜间轮流值班，保证生活区及厂区的安全。

电站生活区离厂区较远，不管刮风下雨，职工都自觉排着队上下班，很少有迟到早退现象。单身职工每年只有 12 天探亲假，绝大部分职工都能遵守假期规定，按时返厂上班。电站调迁过程中，都能按时到达目的地，等待主车到达后，投入紧张的安装工作，尽快为甲方发电。

1965 年，在列电局组织的电站评比中，司炉工郭跃彩被评为学习毛主席著作积极分子，热工室张桂萍被评为学雷锋积极分子。1975 年，列电局提拔郭跃彩为副厂长。

1969 年 4 月，电站返武汉基地大修。当时正值"文革"期间，武汉"反复辟"，派性斗争很激烈。尽管社会动乱不堪，48 站职工从未参与派性斗争，仍然坚守工作岗位，按时上下班，有的还加班加点，冒着高温酷暑，进行设备改造及检修工作，如期完成返厂大修任务。

2. 提高技术水平保证安全发电

1964 年，48 站开展苦练基本功活动。老工人对青工进行传帮带，技术员定期讲专业课，学员认真听课，还主动自学互学，不定期地组织考试，公布成绩。职工们认真学习各种规章制度，背写运行及事故处理规程，默画图纸，现场熟悉设备，形成职工努力学习技术的风气。利用大小修机会，熟悉掌握各种设备拆卸、检修、组装步骤及质量标准。电站形成了努力学习技术的风气。经过 6 个月的大练兵，职工们有了很大收获，技术水平不断提高，在多次技能考试中，考试成绩多在 90 分以上。

48 站经历 20 多年发电生产，发现设备缺陷及时处理，把事故消灭在萌芽状态，已成为工作习惯。1964 年，在湖南洪山殿发电时，一次后夜班，突然厂用电中断，当值朱芙香准确判断短路点，处理后及时果断合上厂用电开关，成功恢复厂用电，使机组恢复正常工作状态。1971 年，在湖南衡阳发电，一天正值用电高峰，机组满负荷发电，3 台循环水泵都投入运行。正午时分，3 号循环水泵突然跳闸，汽机值班工再次启动不成，当值电气值班员任清波前去处理，迅速查明是控制回路接线端子松动所致，紧急处理后启动正常，保证了用户可靠用电。1980 年 2 月 24 日晚上，天空一道雷电，紧接着一阵暴风雨，运行班人员互相提醒注意安全，突然灯光一闪，厂用电开关跳闸，值班员刘国凡眼疾手快，沉着果断，立即强送合闸，瞬间恢复厂用电，避免一次停电事故。

每次大小修都能按检修计划提前完成任务，且一次启动成功。因为设备完好率经常保持 100%，所以 9 年多时间才返厂大修一次。1980 年 4 月 25 日，电站安全纪录超过 500 天，汽机工段创下安全运行 2000 天的纪录。

3. 最早实施两炉打通技改项目

1964 年，锅炉技术人员提出方案，在列电局中试所的配合下，电站制造、安装水膜除尘器，既提高了锅炉除尘效率，又改善了现场工作环境，减少对环境的污染。

1966 年，电站生技组提出两炉打通、集中值班的方案。1966 年下半年，利用小修的机会，经锅炉、电气、热工等专业人员共同努力，顺利完成改造任务。机组一次启动成功，运行良好。这项改造，改善了工作环境，提高了发电的安全性。事后各兄弟电站纷纷前来参观学习。该站还协助 33 站完成锅炉改造工作。

4. 活跃的文化娱乐生活

电站职工中电校毕业生较多，他们生龙活虎、生机勃勃，工作之余，生活区内下棋、打扑克、乒乓球、篮球，还有吹拉弹唱，真是热闹非凡，丰富多彩。

电站组建文艺队和篮球队，各自有队长进行组织训练。他们自编自演的节目有大合唱，男女二重唱，男女独唱，歌伴舞，笛子、二胡独奏，小品等，每到一个地方都组织慰问演出。1970 年元旦，在湘南电业局汇报演出，得到电业局领导的高度评价，称赞电站大有人才，是一支高素质、文武双全、能战斗的队伍。

电站篮球队主力队员共 8 人，队长刘学安带队严谨，要求队员苦练基本功，比赛中赛出风格、赛出水平，展示了列电人的风采。因为赛风好、球技高，不少单位都邀请电站球队进行友谊比赛。

五、电站归宿

1983 年 2 月 26 日，水电部以（83）水电劳字第 20 号文，决定将 48 站机组设备移交湖南省电力局，人员由湘南电业局安排。电站落地时，有 70 余人，大部分人员继续在衡阳随机组发电，少部分职工先后调离，到各列电基地或兄弟电站工作，还有的调回原籍。

第二十六节

第 49 列车电站

第 49 列车电站，1961 年 3 月由煤炭工业部组建，属煤炭部第 4 列车电站。机组从捷克斯洛伐克进口，同年 7 月，在内蒙古伊克昭盟海勃湾市安装发电。1962 年 7 月，划归列电局。该站先后为内蒙古、甘肃、河北、山东 4 省区的 7 个缺电地区服务。1983 年年底，机组调拨给内蒙古大雁矿务局。建站 22 年，累计发电 2.10 亿千瓦·时，为国防建设和边远地区的经济发展作出应有贡献。

一、电站机组概况

1. 主要设备参数

电站设备为额定容量 2500 千瓦汽轮发电机组，出厂编号 626。

汽轮机为冲动、凝汽式，捷克列宁工厂制造，额定功率 2500 千瓦，过热蒸汽压力 3.63 兆帕（37 千克力 / 厘米^2），过热蒸汽温度 425 摄氏度，转速 3000 转 / 分。

发电机为同轴励磁、空冷式，捷克列宁工厂制造，额定容量 3125 千伏·安，频率 50 赫兹，功率因数 0.8，额定电压 6300 伏，额定电流 287 安。

锅炉为水管、链条抛煤炉，捷克塔特拉工厂制造，额定蒸发量 2×8.5 吨 / 小时，过热蒸汽压力 3.82 兆帕（39 千克力 / 厘米^2），过热蒸汽温度 450 摄氏度。

2. 电站构成及造价

机组由汽轮发电机车厢 1 节、电气车厢 1 节、锅炉车厢 2 节、水处理车厢 1 节、水塔车厢 3 节组成。

辅助车厢：修配车厢 1 节、材料备品车厢 2 节，办公车厢 1 节。

附属设备：刮板式上煤机 2 台，龙门吊车、履带式电动吊车各 1 台，柴油发电机 1 台，车床、牛头刨床、台式钻床各 1 台，以后列电局又给配置 4 吨解放牌卡车 1 辆。

电站设备造价 568 万元。

二、电站组织机构

1. 人员组成

该站职工队伍主要由煤炭部 1 站（47 站）抽调人员组建，后又从其他电站陆续调入部分职工。1962 年以后，先后分配保定电校毕业生两批共计 20 名。1971 年，在山东莱芜招收学员 10 名。电站之间人员调动较多。

电站定员 69 人。

2. 历任领导

1961 年年初，该站由孙品英负责组建，并担任首任厂长。1962 年以后，列电局先后任命康健、赵学增、乔木、何世雄、赵仁勇、汤名武、王龙、陈文山、康锡福、李智君、刘尚谦等担任该站党政领导。

3. 管理机构

（1）综合管理组。

历任组长：单炳忠、郭俊彦、戴行彧。

历任成员：崔小鱼、朱万有、侯兆兰、刘纪平、夏风兰、汪仕林、牛吉顺、张作强、周振林、史美凤、苏作银、车启智、李根妹、张明达、郭莉敏。

（2）生产技术组。

历任组长：稽同懋、郑祥泉、陈树庄。

历任成员：赵荣堂、吴颂年、范维俭，江达、王永庆、李继增、杜济光、刘福珍、薛汉根、吕鸿才。

4. 生产机构

（1）汽机工段。

历任工段长：许汉清、李振声、钱之庆、王占兴、王思东。

（2）电气工段。

历任工段长：张书勋、赵洪新、秦飞雄、马增荣。

（3）锅炉工段。

历任工段长：杜继芝、刘丰厚、马长久。

（4）热工室。

历任负责人：杜济光、赵荣堂、倪鸿鹏。

（5）化验室。

历任负责人：刘福珍、沙玉霞、刘桂英。

5. 工团组织

历任工会主席：李振声、郑祥泉、杜继芝。

历任团支部书记：于国旗、郭莉敏、马增荣、展德美。

三、调迁发电经历

1. 在内蒙古海勃湾投产

煤炭部 4 站为捷克机组，原定 1960 年交货，但推迟到 1961 年 6 月，机组才从满洲里进口。电站奉命到内蒙古西部伊克昭盟海勃湾市（现为乌海市）卡布其矿区安装发电。

机组到达后，电站职工对设备进行了彻底检查，在当地各部门的配合支援下，克服种种困难开始安装，1961 年 7 月投产发电，结束了海勃湾市无电的历史。电站在这里创造了安全运行 500 天的纪录。

1962 年 7 月，该站移交列电局，编为第 49 列车电站。机组移交后，甲方为内蒙古海勃湾桌子山矿务局。1966年年底，在海勃湾发电结束，返回保定基地大修。

该站在此服务5年余，累计发电4040.2万千瓦·时。

2. 调迁甘肃酒泉

1967年11月，49站接到紧急调令，调迁甘肃酒泉清水卫星发射基地，作为施工电源。甲方是20基地（卫星发射）。当时，因政审等原因，造成人员不足。经上级安排，由29站抽调20人支援。

由于对外保密，电站职工在清水火车站下车后，转乘部队（8120部队）内部火车到额济纳旗，来到清水卫星发射基地。基地地处塞外沙漠地带，这里风沙四起，冬季滴水成冰，十分荒凉。电站交由部队接管。职工们克服各种困难，胜利完成这项艰巨而光荣的任务，为中国卫星发射事业作出贡献。

该站在此服务1年，发电2010万千瓦·时。

3. 在保定抗旱应急发电

1968年11月，49站返回保定基地待命。

1969年4月至9月，在保定列电基地待命期间，正遇保定地区旱情严重。电站紧急发电约5个月，承担抗旱缺电负荷，发电1100万千瓦·时，为保定地区农业抗旱发挥了应有作用。

4. 调迁山东莱芜

1970年11月25日，水电部（70）水电电字第64号文，决定调第9站和第49站到山东莱芜地区发电。

同年12月，49站调到山东莱芜钢厂，甲方是山东莱芜钢厂（701工程指挥部），与9站共同为莱芜钢厂发电。莱芜钢厂建于1970年1月，是大型H型钢基地，为国家重点钢铁企业之一。电站解决了莱芜钢厂缺电问题，促进了钢铁企业和当地工农业的发展。

该站在此服务两年余，累计发电3589.5万千瓦·时。

5. 调迁山东烟台

1973年9月，49站调到山东烟台陶瓷厂内发电，甲方是山东烟台重工业局。当时9站也调此地，两站共同并入烟台电网。作为补充电源，电站满足了当地生产、生活用电的需求，圆满地完成任务，受到用户的好评。

该站在此服务两年半，累计发电1358万千瓦·时。

6. 调迁内蒙古集宁

1976年4月，根据水电部（76）水电生字第18号文，49站由烟台调往内蒙古集宁市。甲方是乌兰察布盟水电局，主要为集宁肉联厂供电。

集宁肉联厂规模较大，冷库库容也很大，储有大量的牛羊肉、罐头食品等，另外还存有药品和其他物品。每天都有机车从苏联的宽轨铁路，经二连浩特市直达肉联厂内装运货物。电站的到来，有力地支援肉联厂的运转，给这里带来繁忙的景象。

1977年，内蒙古自治区授予电站"大庆式企业"称号。

该站在此服务5年余，累计发电7147万千瓦·时。

7. 调迁内蒙古大雁

1981年8月，接到水电部列电局的调令，49站由集宁调到内蒙古鄂温克族自治旗大雁矿务局发电。大雁矿区隶属煤炭部，是蒙东煤炭基地的主要矿区。甲方是煤炭部内蒙古大雁矿务局。

大雁地处大兴安岭西北麓，属高寒地区，冬天气温在零下三四十摄氏度，全年无霜期少于150天。电站经受了严寒带来的各种不利条件和困难的考验，保证了正常发供电。该站在此服务两年余，累计发电1757.3万千瓦·时。

四、电站记忆

1. 塞北沙漠上的明珠

1961年7月，电站调到海勃湾市卡布其矿区，首次发电。这个地区是非常偏远荒凉的沙漠地带，环境恶劣，生活艰苦，没有水，更没有电。电站筹建组到达矿区，经过一个多月的努力，生产、生活设施基本就绪，设备就位。

职工们到达后，立即进行设备检查、安装工作。他们顾不上风沙侵袭，带上风镜，围上毛巾，在列车两边搭起防风棚架。一天晚上，风沙来袭，门口堆起一米多高的沙丘，只能从窗户出来进行清理。

按照安装进度，预计可以提前48小时发电。新机组开始试车了，然而设备给大家出了道难题，一开机机组振动很大，整个车厢都在抖动，被迫停机检查。经过三天三夜的检查、测量、分析，专业人员会商，认为可能是汽轮发电机组对轮中心有问题，决定揭瓦检查。经过对各轴瓦、靠背轮中心认真测量，精细调整后，再开机一切正常。49站开机发电，结束了卡布其矿区没有电的历史，受到各用户领导的祝贺和感谢。

为确保机组安全发电，电站坚持对设备缺陷及时发现、及时处理，做到"小缺陷不过班，大缺陷不过天"，定期进行设备安全大检查，确保安全、稳定供电。职工每天吃高粱米饭、窝窝头，没有见过大米、白面。但这支能打胜仗的队伍挺住了，还创造了连续500天安全运行的记录。为此，盟委授予电站"沙漠滩上的明珠"的荣誉称号。

2. 列电职工筑建"列电渠"

1965年春夏之交，海渤湾市要修建一条20公里的引黄河水渠，以满足农业灌溉之需。电站也接到修建水渠的任务，承担 2050 米至 2100 米标段修建工作。电站抽调精兵强将 20 余人，并立下军令状，保证完成任务。

筑渠"大军" 20 多人，男女分住两间破烂的"干打垒"土屋里。他们起早贪黑，抢镐起锹，手提肩挑，奋力拼博。不久，就手脚起泡，肩膀破绽，但仍然忍痛坚持不下岗位。他们对质量一丝不苟，确保堤体和外形质量要求。梯形水渠一天天伸长，兄弟单位常来参观。

经过 25 个日日夜夜的付出，一条平整的梯形渠展现在眼前。海渤湾市引黄工程指挥部进行了验收，这 50 米区段获质量最高奖，并命名为"列电渠"。列电职工感到无比的光荣。

3. 特殊而光荣的发电任务

1967 年 12 月，49 站在保定大修后，奉命调迁甘肃酒泉清水卫星发射基地，执行一项特殊的发电任务。当时正值"文革"时期，"当权派"被审查一个不能去，职工政审不合格也不能去。不能带家属，全部单身职工，29 站临时支援 20 人。

电站到达目的地后，全部由军代表接管。职工住进简陋的住处，邻居就是 8120 部队。由于是保密单位，对外通信为兰州市 27 支局 34 栋 26 号，各部门都有代号，电站总称 2 号地。由部队指导员张天兴和电站技术骨干等组成临时生产领导班子。电站安装发电进行顺利。为了保证职工精力充沛，取消休息日，实行 4 班倒，6 小时工作制，确保供电安全。

酒泉是古丝绸之路的重镇，地处塞外，有"世界风库"之称，风沙大，且天气寒冷。恶劣的气候给发电设备的防冻工作造成很多困难。尽管条件艰苦，在电站职工努力和部队帮助下，电站生产经受住考验，保证了卫星研发用电。电站职工曾有幸近距离目睹火箭发射实况，能为国家国防科技建设尽一份力量，他们倍感骄傲，十分荣幸。

五、电站归宿

1983 年 10 月 7 日，水电部（83）水电财字第 160 号文，决定将 49 站机组设备调拨给内蒙古大雁矿务局。电站负责检修好设备，为地方培训运行人员。电站职工在大雁工作至 1984 年陆续撤离，机组留在大雁原地发电。

1983 年 10 月，根据水电部（83）水电劳字 126 号《关于列车电站职工落户问题的函》，49 站人员经过内部调整，落地时有职工 69 名，由华北电管局负责安置，具体由山西省电力局负责安排工作。

第四章

国产机组

国产机组，包括列车电业局自制和一机部为主制造两类。从 1959 年 10 月到 1963 年 11 月，列电局先后设计试制了 5 台汽轮发电机组，单机容量分别为 2500 千瓦和 4000 千瓦。20 世纪 70 年代，开始制造安装 6000 千瓦列电机组。1959 年，由华东电力设计院负责设计，上海三大动力设备厂配套，试制出首台国产 6000 千瓦汽轮发电机组，装备列车电站。到 20 世纪 80 年代初，共制造 LDQ-Ⅰ、Ⅱ、Ⅲ型机组 17 台。两类国产化机组容量达到 11.75 万千瓦。国产 6000 千瓦机型，成为列电系统的主力机组。

第一节

第 21 列车电站

第 21 列车电站，1959 年 1 月组建，是列车电业局保定制造厂设计、制造的国产第一台列车电站。同年 9 月，在保定安装、试运，10 月 15 日投产。该站先后为河北、广东、黑龙江、内蒙古、江苏 5 省区的 6 个缺电地区服务。1983 年 1 月，机组调拨给黑龙江省饶河县。建站 23 年，累计发电 1.51 亿千瓦·时，对国家石油工业，以及边远地区的经济建设作出应有贡献。

一、电站机组概况

1. 主要设备参数

汽轮机为冲动、凝汽式，额定功率 2500 千瓦，过热蒸汽压力 3.33 兆帕（34 千克力 / 厘米²），过热蒸汽温度 435 摄氏度，转速 3000 转 / 分。

发电机为同轴励磁、空冷式，额定容量 3125 千伏·安，频率 50 赫兹，功率因数 0.8，额定电压 6300 伏，额定电流 287 安。

锅炉为水管、抛煤链条炉，额定蒸发量 8.5×2 吨 / 小时，过热蒸汽压力 3.82 兆帕（39 千克力 / 厘米²），过热蒸汽温度 450 摄氏度。

2. 电站构成及造价

机组由汽轮发电机车厢 1 节、电气车厢 1 节、锅炉车厢 2 节、水处理车厢 1 节、水塔车厢 3 节构成。

辅助车厢：修配车厢 1 节、材料车厢 1 节、办公车厢 1 节。

附属设备：轨道吊车 1 部，C620 车床、牛头刨床各 1 台，大立钻和小台钻各 1 台，砂轮机 1 台。

电站设备造价 254.2 万元。

二、电站组织机构

1. 人员组成

建站初期，主要由 18、3、7 站的接机人员，以及保定制造厂调入人员组成，以后由保定电校毕业生及招收学员作为补充。

电站定员 75 人。

2. 历任领导

1959 年 1 月，列电局委派周妙林负责筹建该站，并任命为首任厂长。1960 年年初至 1983 年 1 月，列电局先后任命蒋龙清、贾占启、杜玉杰、马海明、陈耀祥、陆锡旦、展宪宗、沙德欣等担任该站党政领导。

3. 管理机构

（1）综合管理组。

历任组长：刘子瑾、贾臣太。

历任成员：邓广宗、曲桂花、郑桂英、杨立滋、范桂芳、褚燕娇、毛桂林、江德有、李纯和、刘海泽、李文江、温龙标、周全、胡月新。

（2）生产技术组。

历任组长：马海明、施文江、陆锡旦。

历任成员：闫熙照、毛锦余、吴永规、曲淑仪、何文峰、李庚寅、陆佩琴、林庆常。

4. 生产机构

（1）汽机工段。

历任工段长：金家杰、王玉林、薛福禄。

（2）电气工段。

历任工段长：陶炎品等。

（3）锅炉工段。

历任工段长：黄治跃、王凤禄。

（4）热工室。

历任负责人：金兰英、杨德利。

（5）化验室。

历任负责人：林庆常等。

5. 工团组织

历任工会主席：张思敏等。

历任团支部书记：苏齐荣等。

三、调迁发电经历

1. 在保定投产发电

1959 年 9 月，21 站在列电局保定制造厂安装、调试，同年 10 月 15 日投产，并网发电。甲方是保定电力局。运行 7 个月，发电 294.2 万千瓦·时。

10 月 19 日，列电局举行隆重的投产仪式。保定市委书记张鹤仙，以及水电部、一机部有关部门负责人前来祝贺并讲话。保定制造厂、21 站全体职工及保定市各界代表一千余人参加。会议由列电局党委副书记王桂林主持，局长李尚春作报告。保定制造厂领导，21 站职工代表发言，会上还表彰了设备制造过程中，表现突出的集体和个人。

2. 调迁广东茂名

茂名市位于广东省西南部，是华南地区最大的石化基地。1960 年 5 月，21 站调迁到茂名市，甲方是茂名石油公司。当时，当地电厂尚未建成，6 站在该地已发电两年余。1962 年 2 月 46 站调来，3 台电站共同为石油公司提供电力支持，成为茂名石油会战的主要电源。

该站在茂名服务近 3 年，累计发电 2140.8 万千瓦·时。

1963 年 3 月，电站返保定基地大修。

3. 调迁黑龙江克山

克山县位于黑龙江省西部，齐齐哈尔地区东北部，隶属嫩江地区，是东北地区的粮仓。1964 年 6 月，21 站调到克山，主要为克山拜泉地区农业生产发供电，甲方是北安电业局。该站在克山服务 3 年余，累计发电 3867.4 万千瓦·时。

1967 年 10 月，该站返保定基地大修。

4. 调迁内蒙古集宁

集宁市位于内蒙古自治区乌兰察布盟中部。1970 年 1 月 15 日，水电部军管会以（70）水电军字第 21 号文，决定在保定基地检修完毕的 21 站，配备升压变压器，调往集宁市发电。同年 5 月，电站调到集宁市，甲方是集宁市肉类加工厂。

该站为肉联厂冷库发电，在此服务 1 年余，发电 690.6 万千瓦·时。

5. 调迁江苏徐州

1971 年 6 月 25 日，水电部（71）水电电字第 67 号文，决定调 14、21 站到江苏徐州地区发电。同年 8 月，21 站调到徐州市双楼港，甲方是徐州电业局。12 月，14 站调徐州双楼港，与 21 站共同为旗山、董庄煤矿供电。

21 站在徐州矿务局服务近 6 年，累计发电 4323 万千瓦·时。

6. 调迁黑龙江牡丹江

1977 年 5 月 25 日，水电部（77）水电生字第 33 号文，决定调 21 站由江苏徐州到牡丹江市发电。同年 7 月，电站调到牡丹江市，为木材综合加工厂发电，甲方是牡丹江木材综合加工厂。

该站在牡丹江服务 5 年余，累计发电 3735 万千瓦·时。

四、电站记忆

1. 列电局自制首台列车电站

21 站，是列电局保定制造厂自制的第一台 2500 千瓦列车电站。机组安装在 8 节车厢上，从 1958 年 8 月开始筹划，采取边练兵、边设计、边备料、边制造的方针，发扬协作精神，克服了重重困难，只用一年多时间完成制造任务，1959 年 10 月投产。《保定日报》予以报道。

该机组制造成功，既有经验也有教训。修理厂能制造出成套发电设备，打破了发展列车电站只靠进口或改装的模式，开创了自己制造列车电站的先例。而且积累经验，锻炼队伍，提高了技术水平。但由于当时一些高端材料稀缺，加工设备简陋，机床小、精度低，没有金属试验、化验设备，只能采取"土洋结合"的做法，致使加工的部件精度低，制造过程中存在技术问题较多，出现多次返工现象，造成人力物力浪费。当时没有系统的质量管理制度，重视进度忽视质量，投产后存在设备缺陷较多，仍需改进和完善。

2. 投产后的设备改造完善

21 站投产后存在问题较多。出力没有达到设计要求，平时维修量很大，经过两次返厂大修，以及电站自己改造完善，才逐步趋于正常。

1965 年年初，电站在克山发电时，出线电压互感器烧坏，经外委修理，修理费 300 多元。修好后使用不久，再次烧坏。为此，电气工段经研究，决定自己绕制。没有经验，也没有工具，但经过电气专业人员的努力，终于绕制成功，经过绝缘处理，投入运行，情况良好。以后电动机等电气设备损坏，都自己修理。

电站在徐州发电期间，夏季天气炎热，汽轮机冷油器出口油温超出规程规定的最高温度，严重威胁机组安全运行。经检查发现，造成这一现象的原因是由于冷油器外壳椭圆度过大，造成油流短路，从而使冷油器的冷却效率大为降低。电站自行设计制造出两台冷油器，从图纸设计，到铜管及其他材料的计划、采购；从零部件加工、管板打眼绞孔，到自制胀管器胀管等，均由电站自己完成。安装后，没有发生过透平油超温现象，保证了汽轮机的安全运行。

电站在牡丹江发电期间，冬季气温常在零下 30 摄氏度以下，吊车上煤、除灰作业面临严寒的考验。除灰时，抓斗淋下来的水，淌在铁轨面上，吊车车轮与轨面立刻冻成一体，造成再启动时吊车传动系统严重过负荷，使得传动齿轮很快磨损而失效。正常的备品数量根本应付不了更换的需求。为此，电站决定自行制造最急需的吊车齿轮。自行绘制图纸，采购锻件毛坯，利用电站的车床、刨床等有限的加工能力，生产出吊车传动齿轮，保证吊车在严寒冬季的安全运行。

1967 年 10 月，自行开展 3 节水塔车厢的大修，包括循环水泵大修、喷淋系统溅水碟的制造更换、水塔车厢的刷漆。同时还进行了水处理车厢的更新改造等工程。

这些改造工作既锻炼了职工队伍，又为国家节省了费用。

3. 一次不寻常的小修

1965 年 9 月初，正是克山农忙季节。电网系统原批准 7 天小修时间，但为了农业旺季用电，要求在保质保量的情况下，提前两天完成。

小修工作量很大，不削减项目，提前两天按常规是完不成的。电站领导组织职工讨论，提出"发扬艰苦奋斗、不怕疲劳、连续作战"的精神，决心在不削减项目的情况下，保质保量提前两天完成检修。

检修中，电站领导和职工一起投入现场检修工作，他们早起晚归，每天干到晚上 10 多点钟才下班。锅炉阀门组的职工晚上干到 10 点多钟，稍作休息，还要回来继续干。电动机组在做电动机实验中，发现黄油质量差，他们不是马虎从事，而是全部更换刚运到的新黄油，相对增加三分之一的工作量。

因锅炉水质不合格，1964 年年末、1965 年年初连续出现两个障碍。他们分析历史记录，找到了炉水不合格的原因，原来是暖汽影响蒸发器和除氧器出力造成的。这次小修中对系统进行改进，彻底解决了水质问题。

锅炉安全门泄漏，化验室高温炉长期不能使用，水处理的水压、水位自动调整器自出厂就不能投入等遗留问题，这次都一一得到解决。小修工作提前两天圆满完成。1965年年底，该站未出现新的三类设备，有6项设备提升了一级。

4. 全国电力系统艰苦奋斗标兵

1964年5月，21站在保定基地大修后，向保定基地要了一些"破烂"，如废铁板、废铁棍、碎铜、旧阀门等，他们将这些东西视为"万宝囊"，经过他们的手，都变成有用的材料和备品备件。

电站在克山发电时，站内没有维修房，建维修房如外委，建工费用需1000多元。电站组织职工，用半个月时间，利用废旧材料，只花90元钱，就盖成电气、锅炉、电火焊维护房，并装上暖气。浴室损坏，职工们星期天不休息，干到晚上10点多，把它修好。食堂没有桌子，自己做。材料员上街买材料，管理员买粮买菜，往返需徒步10余公里路程，用小推车运回。

生产用过的棉纱、破布，都是洗了再用，用了再洗，手套也是多次缝补。工作服都是缝了再缝，补了再补。有的职工，把自己的破旧工作服拆下来，做成拖布，送到现场搞卫生用。公用被褥脏了，自己拆洗。职工利用业余时间自己互相理发。

职工以厂为家，参加义务劳动蔚然成风。仅1965年下半年，业余时间参加劳动2177人次，合计1020个工日。他们回收废棉纱、盖房子、修澡堂、修马路、浇冰场，利用废料自造压面机、磨豆腐机等，既解决生产中的急需，又改善生活条件。在1964年全国电力会议上，电站被评为"艰苦奋斗标兵"。

五、电站归宿

1983年1月，根据水电部（83）水电劳字第17号文的精神，21站无偿调拨给黑龙江省饶河县。

电站职工大部分由华北电管局妥善安排，主要安排在各列电基地，以及其他电站，少量人员自行联系接收单位安置。

第二节

第 28 列车电站

第 28 列车电站，1959 年 1 月组建。设备为国产 LDQ- Ⅰ 型汽轮发电机组，1962 年 5 月，在河南鹤壁投产。该站先后为河南、河北、云南、山东 4 省 7 个缺电地区服务，1983 年 2 月，移交山东省电力局。建站 24 年，行程 1 万余公里，累计发电 5.94 亿千瓦·时，为地方经济建设，尤其是为山东煤炭工业作出应有贡献。

一、电站机组概况

1. 主要设备参数

汽轮机为冲动、凝汽式，上海汽轮机厂制造，额定功率 6000 千瓦，过热蒸汽压力 3.43 兆帕（35 千克力 / 厘米 ^{2}），过热蒸汽温度 435 摄氏度，转速 3000 转 / 分。

发电机为同轴励磁、空冷式，上海电机厂制造，额定容量 7500 千伏·安，频率 50 赫兹，功率因数 0.8，额定电压 6300 伏，额定电流 688 安。

锅炉为水管、抛煤链条炉，上海锅炉厂制造（4 号炉为保定列电基地制造，原设备由 21 站挪用），额定蒸发量 4×8.5 吨 / 小时，过热蒸汽压力 3.82 兆帕（39 千克力 / 厘米 ^{2}），过热蒸汽温度 450 摄氏度。

2. 电站构成及造价

机组由汽轮发电机车厢 1 节、电气车厢 1 节、锅炉车厢 4 节、水处理车厢 1 节、水塔车厢 6 节组成。

辅助车厢：修配车厢 1 节、材料备品车厢 1 节，办公车厢 1 节。

附属设备：75 千瓦柴油发电机 1 台，汽动给水泵两台，刮板式上煤机、除渣机各 4 台，车床、摇臂钻床、牛头刨床各 1 台。1966 年配备 15 吨蒸汽轨道吊车 1 台，1970 年配备 4 吨解放牌卡车 1 辆。

电站设备造价 564.5 万元。

二、电站组织机构

1. 人员组成

建站初期，职工队伍以 2 站及淮南电厂调入的职工为骨干，从济南、连云港、苏州和柳州等地招收部分学员。

1960 年由保定从基地、电校及其他单位调进部分人员。1962 年，分配保定电校毕业生 14 名，分配大学毕业生 4 名。1963 年 10 月，支援 42 站部分人员。

电站定员 88 人。

2. 历任领导

1959 年 1 月，列电局委派李德、孙照录组建该站，并分别任命为首任厂长、党支部书记。1965 年 9 月至 1982 年 12 月，列电局先后任命席廷玉、李辅堂、郭荣德、毛文华、周冰、张宝忠、王福均、崔树伦等担任该站党政领导。

3. 管理机构

（1）综合管理组。

历任组长：唐松友、杨喜昌、陈永鹤。

历任成员：叶年治、崔正仁、王大禄、张安全、邵荣贵、韩守权、张作强、侯启予、林福灵、王德友、张明达、宋顺昌、张忠卫、张延明、孙成军、王明礼、张玉京、武启儒、王淑玲、高青、李玉华。

（2）生产技术组。

历任组长：王永学、刘西华。

历任成员：冯庆华、张志华、张福生、潘忠禹、徐慰国、刘淑桂、陈培根、董增长、王巨、毛进军。

4. 生产机构

（1）汽机工段。

历任工段长：刘长明、周金昌。

（2）电气工段。

历任工段长：安德顺、刘长海。

（3）锅炉工段。

历任工段长：陶开杰、杨连璋、王汝斌、谭承庚。

（4）热工室。

历任负责人：王士湘、白振东。

（5）化验室。

历任负责人：李恒松、张凤来、李金环。

5. 工团组织

历任工会主席：陶开杰、刘长海。

历任团支部书记：刘西华、杨连璋、刘春杰。

三、调迁发电经历

1. 在河南鹤壁投产

1961 年 8 月，28 站在保定列电基地安装、试运后，调到河南鹤壁鹿楼矿区。甲方是鹤壁矿务局。电站到达鹤壁现场后，由于现场地面施工没有完工，机组设备不能就位，职工在此组织学习专业知识和规程制度，等待机组就位安装。

8 月底，机组就位后，为了尽快发电，鹤壁矿务局派出部分工人，协助电站进行水塔车厢的安装工作。在安装中发生 6 台水塔车厢烧毁事故，导致发电时间推迟，1962 年 5 月才投产发电。

该站在鹤壁发电两年余，累计发电 6436.6 万千瓦·时。

2. 调迁河北邢台

邢台素有"五朝古都"、"十朝雄郡"之称。1964 年 10 月，28 站调往邢台，在邢台电厂内发电，甲方是邯峰安电业局。邢台发电厂位于邢台市南郊。60 年代中期，邢台地区工农业生产用电日趋紧张。作为应急电源，该站在此仅服务 4 个月，发电 1058.6 万千瓦·时。

11 月 18 日，电站从鹤壁调往邢台途中，发生 3 号炉 5 位轴一端乌金熔化、轴颈划伤事故，经过原地处理后，按故障车限速发运。翌年 3 月 24 日，列电局发出（65）列电局生字第 350 号文，通报此次调迁途中燃轴事故，并提出防止此类事故的四项对策。

3. 调迁河南开封

1965 年 3 月，水电部以（65）水电计年字第 180 号文，决定 28 站调往河南开封，为开封化肥厂发电。列电局随即发出调 28 站去开封的通知，要求 4 月下旬进车、5 月上旬发电。

1965 年 4 月，28 站奉命调到开封，甲方是开封化肥厂。机组在开封化肥厂内安装后，5 月上旬如期发电。该站在此服务半年，发电 2149.4 万千瓦·时。1966 年 1 月，返回保定基地大修。

4．调迁云南昆明

马街位于昆明市西部城乡接合部，滇池西北岸，属昆明市工业区。1966年7月，28站由保定基地调到云南昆明市马街，甲方是马街电厂。

1968年，正值"文革"高潮，当地不少企业停产，用电负荷大幅下降，造成马街电厂和电站都停机待命。从此电站一直未开机，直到调迁济宁。该站在此两年，累计发电3379.25万千瓦·时。

5．调迁山东济宁

1968年11月，28站奉命调迁山东济宁，为新建济宁电厂建设发电。甲方是山东省电力局。

济宁电厂位于济宁市市中区，西靠京杭大运河，东毗"孔孟之乡"曲阜。济宁发电厂当时是山东电网的三大主力电厂之一，电站作为电厂基建电源。1971年7月，10站也调来济宁发电。1973年3月，济宁电厂5万千瓦1号机投产后，5月28站撤离。

该站在此服务4年余，累计发电16350.4万千瓦·时。

6．调迁山东潍坊

潍坊古称"潍县"，又称"鸢都"，位于山东半岛的中部，古有"南苏州、北潍县"之称。1973年5月，28站调到山东省潍坊发电，甲方是山东省电力局。

作为补充电源，电站在潍坊服务1年余，发电1951.4万千瓦·时。1975年1月，返回武汉基地大修。

7．调迁山东枣庄

1975年12月，根据水电部（75）水电生字第97号文，28站调到山东枣庄，甲方是枣庄矿务局。枣庄煤矿开发历史悠久，建矿100余年。

为保证电站燃煤供应及时，矿务局专门从矿内至电站铺设了小轨道，将原煤直接运到电站煤场。由于锅炉除尘效果不好，导致周围环境污染，为此，电站对除尘设备进行改造，改善了环境。电站在此服务7年余，累计发电28057万千瓦·时。有效缓解了煤矿用电紧张局面。

四、电站记忆

1．6节水塔车意外烧毁事故

1961年8月，电站调迁鹤壁发电。在设备安装过程中，发生意外，一场大火烧毁6节水塔车厢。

由于水塔安装的工作量很大，甲方主动派员支援安装工作。试运中，一台排风机框架有问题，甲方焊工用电焊切割检修，因未做好安全防护措施，焊渣落入水塔内百叶窗淋水板上，当时没有发现。午饭后，约一点多钟，水塔车内冒起浓烟，随即火苗蹿腾，大有蔓延之势。

电站职工立即前来灭火，但人很难接近。紧急报警后，矿区消防车赶来，却被卡在临近的铁道上进退不得。消防队员拿着消防工具奔向火场，将水塔下面的挡风板打开，并撬开车厢壁板。结果，火借风力，风助火威，火势越来越大，对主机构成威胁。职工用棉被浇上水，包在主机和电气车厢端头上，以隔绝火焰，这样才保住了主机和电气车厢。由于水塔车厢双排并列，且车厢之间有大口径循环水管连接，相隔很近，加之水塔内部干燥无水，淋水板为防腐浸透沥青，对流风又很大，造成"火烧连营"两个多小时。6 台水塔车厢全部烧毁，造成重大财产损失，推迟了发电时间。列电局就此次事故通报各电站，在调迁安装及检修中要以此为戒，避免恶性事故的重复发生。

这次火灾造成的损失，全部由甲方矿务局承担。甲方还配合电站组织备料，进行修复工作。为尽快发电，甲方在厂区附近修建了地面循环水池，替代水塔车，解决了循环水的问题。

2．为济南王舍人庄安装路灯

1959 年年初，28 站在山东济南钢铁厂组建。1959 年 5 月，29 站在武汉钢铁厂筹建，用户是大冶钢铁厂。当时为保"钢铁元帅"，28 站机组先让给 29 站，28 站在济南待命。

济南钢铁厂坐落在济南市历城县王舍人镇工业区。王舍人镇是历史文化名镇，境内殷商文化遗址、梁王城遗址等享誉国内外。电站在济南钢厂待机期间，突然接到当地政府一项紧急任务，要求在王舍人庄唯一的大街上安装路灯和路边房屋的电灯。电站人员全部出动，3 人一组，大家加班加点，顾不上休息，圆满完成任务，领导对此非常满意。

3．关键时刻显身手

28 站充分发挥电站机动灵活的特点，频繁调迁，较好地解决用户应急用电问题，如在邢台、开封发电仅几个月时间。电站每到一个地方，都能提供良好的服务。

1963 年夏季，电站在鹤壁鹿楼矿区发电期间，连续大雨，暴雨成灾，邯（郸）峰（峰）安（阳）电网瓦解。当时只有电站在矿区山坡上，克服种种困难，坚持发供电，确保了煤矿的安全。因此，受到鹤壁市及矿务局的表扬，在鹤壁山城区大胡礼堂为电站召开表彰大会，并邀请了梅兰芳京剧团慰问演出。

4．支援唐山抗震救灾

1976 年 7 月 28 日唐山大地震，正在山东枣庄发电的 28 站，得知 52 站受灾严重，电站党支部书记毛荣华、厂长周冰立即做出决定：奔赴唐山，抢险救灾！

电站紧急组织精兵强将 40 余人，乘坐两辆无任何遮掩的解放牌大卡车，一路风尘，奔赴唐山救灾现场。8 月 3 日就赶到唐山，立即投入到 52 站的设备抢修和重新安装工作中。

地震前，52 站正准备返西北基地大修，机组设备已拆装待命。突如其来的大地震，急迫需要电站发电救灾。大家不怕苦和累，在吃住等生活条件极端困难、天气炎热的情况下，与列电局机关、保定基地、兄弟电站支援人员共同奋战，克服了重重困难，使脱轨的列车就位，并修复安装设备。8 月 18 日，52 站开机发电。

5. 省级电力工业大庆式企业

28 站注重技术改进，为解决锅炉烟尘污染问题，曾几次改造除尘装置，如在烟道末端安装布袋除尘装置和铸铁旋风筒水雾除尘器。在枣庄发电期间，成立了攻关小组，对锅炉加装平旋式除尘器，更换送风机，加装助燃高效二次风机等，提高燃烧效率，降低了飞灰可燃物，有效地保护了环境。此项改进得到甲方肯定，兄弟单位前来参观、学习，并得到推广，成为列电系统先进单位。

电站在煤矿旁边发电，却在节煤上下功夫。1980 年，在枣庄陶庄煤矿发电期间，全年掺烧劣质煤 9000 多吨，为矿务局节省资金 18 万多元，深受矿务局好评。《大众日报》专访电站并予以报道。

1978 年电站全年无事故，受到列电局的表扬。1979 年经枣庄矿务局检查验收，7 月 18 日被山东省评为电力工业大庆式企业。

五、电站归宿

1983 年 2 月，水电部以（83）水电劳字第 19 号文，决定 28 站调拨给山东省电力局。电站落地枣庄矿务局陶庄煤矿，并更名为"陶庄列车电站"继续发电。1984 年 4 月，电站设备调拨给海南昌江叉河电厂。

电站落地时有职工 136 名，主要安排到十里泉电厂、邹县电厂及张店热电厂等单位，部分职工调到江苏仪征化纤厂、西北基地，少部分职工调回家乡单位。

第三节

第 29 列车电站

第 29 列车电站，1959 年 1 月组建。机组为首台国产 LDQ–Ⅰ型汽轮发电机组，1960 年 1 月，在湖北大冶钢铁厂安装、调试，同年 3 月投产发电。1962 年后，该站先后调河南平顶山、信阳地区发电。1983 年 1 月，机组及人员成建制调拨给河南信阳地区电业局。建站 24 年，累计发电 6.60 亿千瓦·时，为钢铁和煤炭工业生产建设，以及地方经济发展作出重要贡献。

一、电站机组概况

1. 主要设备参数

汽轮机为冲动、凝汽式，上海汽轮机厂制造，额定功率 6000 千瓦，过热蒸汽压力 3.43 兆帕（35 千克力 / 厘米^2），过热蒸汽温度 435 摄氏度，转速 3000 转 / 分。

发电机为同轴励磁、空冷式，上海电机厂制造，额定容量 7500 千伏·安，频率 50 赫兹，功率因数 0.8，额定电压 6300 伏，额定电流 688 安。

锅炉为水管、抛煤链条炉，上海锅炉厂制造，额定蒸发量 4×8.5 吨 / 小时，过热蒸汽压力 3.82 兆帕（39 千克力 / 厘米^2），过热蒸汽温度 450 摄氏度。

2. 电站构成及造价

机组由汽轮发电机车厢 1 节、电气车厢 1 节、锅炉车厢 4 节、水处理车厢 1 节构成。原有水塔车厢 6 节，后调拨其他电站。

辅助车厢：修配车厢 1 节、材料备品车厢 1 节、办公车厢 1 节。

附属设备：203 型 15 吨蒸汽轨道吊车 2 台，55 千瓦履带式铲车 1 台，75 千瓦柴油发电机 1 台，120 车床、35 毫米摇臂钻床和牛头刨床各 1 台。后配 69 吉普汽车 1 辆、苏联嘎斯卡车 1 辆。

电站设备造价 418.60 万元。

二、电站组织机构

1．人员组成

建站初期，职工队伍以老 2 站、13 站接机人员为主，其他电站调入部分人员。

1960 年 3 月，分配学员 13 名，后下放 5 名。1961 年 10 月至 1982 年 8 月，以保定电校为主，包括北京、大连、郑州、长春、长沙及天津等电校，累计分配大中专毕业生 141 名。1964 年 9 月，分配学员 13 名。1971 年 10 月至 1972 年年底，在河南信阳招工 26 人。

29 站作为培训电站，为 44、42、54 等电站输出人员七八十人。

电站定员 88 人。

2．历任领导

1959 年 5 月，列电局委派王永华、贾占启组建该站，并分别任命为厂长、副厂长。1960 年至 1983 年 4 月，列电局先后任命李德、姬光辉、王成祥、张宗卷、陈精文、张文英、赵文图、乔木、田清海、梁洪滨等担任该站党政领导。

3．管理机构

（1）综合管理组。

历任组长：吕高年、徐乃福。

历任组员：杨宝生、唐松友、张兴有、胡国柱、洪美英、刘俊灵、常青、袁长寿、谭炯芝、理维莲、张文兰、张义英、赵汝辉。

（2）生产技术组。

历任组长：刘明耀、张文英、王赞韶、梁洪滨、陈自恭。

历任组员：何本兆、陈光荣、祝修墉、梅产松、徐瑾、陈运新、刘志正、冉银起、侯玉文、胡昆、吴志平。

4．生产机构

（1）汽机工段。

历任工段长：籍砚书、金扬兴、李德（小）、孟祥全、常永振。

（2）电气工段。

历任工段长：王赞韶、陈满长、侯玉文、高元民。

（3）锅炉工段。

历任工段长：王良祥、费荣生、张文英、李君复、翟小五、晏德禄。

（4）热工室。

历任负责人：周学增、李振东、李绍兰。

（5）化验室。

历任负责人：陈运新、徐瑾、张裕阜、张思敏。

5. 工团组织

历任工会主席：王来法、张文英。

历任团支部书记：王成祥、霍福岭、高吉泉、赵文图、田清海、赵汝辉、毕金选、张欣。

三、调迁发电经历

1. 在湖北黄石投产

1959 年 11 月，在各方共同努力下，我国首台 6000 千瓦列车电站机组和车辆试制完成。翌年 1 月，这台电站在武汉青山钢铁厂初安装后，到黄石大冶钢铁厂安装调试，安装单位是湖北火电安装公司第一工程处。

黄石，湖北省地级市，大冶隶属于黄石市。大冶钢铁厂 1953 年列为国家重点建设企业。3 月 16 日，电站经过 72 小时试运，投产发电。主要用户是大冶钢铁厂，甲方是黄石发电厂。国产第一台 6000 千瓦列车电站，优先为钢铁生产服务，这反映了当时钢铁"元帅"的重要地位。

该站在黄石服务两年余，累计发电 610 万千瓦·时。

2. 调迁河南平顶山

1962 年 5 月，29 站调到平顶山，为煤矿发电。甲方是平顶山矿务局。

平顶山，河南省地级市，位于河南省中部。平顶山矿区是新中国成立后开发建设的第一个大型矿区。1957 年平顶山矿务局成立，1964 年曾作为特区划归煤炭工业部领导。

1958 年 6 站曾在平顶山发电。后来平顶山与郑州联网，但当地大营电厂容量很小，电力供应明显不足，特别是无法保证煤矿安全生产用电。29 站调到平顶山后作为保安电源，并入电网运行。

1966 年 2 月，41 站从伊春调来，与 29 站共同为矿务局发电，缓解了煤炭生产用电紧张局面，保障了矿区用电安全。

1971 年，丹江口水电站与平顶山联网，平顶山电厂 5 万千瓦机组投产，41、29 两站先后调离平顶山。29 站在平顶山服务 9 年余，累计发电 30735.7 万千瓦·时。

3. 调迁河南信阳

1971 年 1 月 9 日，水电部以（71）水电电字第 5 号文，致函河南省革委会生产指挥组，决定调 29 站到信阳地区发电。同年 7 月，电站调往信阳明港镇，主要为信阳钢铁工业供电。甲方是信阳地区电业局。

信阳，又名申城，为河南省地级市，明港是信阳市所辖镇，曾为信阳县所在地。明港镇虽小，但战略位置重要。1970 年，明港铁合金厂投产，全省仅此一家生产锰钢，信阳钢铁厂 100 米³高炉也即将投产，但明港电厂只有 1000 千瓦、1500 千瓦两台小机组。电力供应短缺。

电站占地面积 49 亩，建筑面积 7459 米²。有 6 千伏联络出线 1 条，至明港火电升压站，经 35 千伏联络线并入信阳地区电力网。

至 1983 年年初，该站在信阳服务 12 年余，累计发电 34632 万千瓦·时，有力地支援了当地钢铁生产。

四、电站记忆

1. 首台国产 6000 千瓦列车电站诞生

1957 年 11 月 21 日，在电力部、一机部和电机制造部，以（57）机景技字第 178 号文、（57）电技程字第 134 号文、电机技鞠字第 296 号文，发布《关于列车电站设计与试制工作的联合决定》。

按三部的联合决定，在北京成立电站设计试制委员会，在上海成立电站设计试制工作组，并明确设计试制工作分工。一机部负责发电设备制造，铁道部负责专用车辆制造，电力部负责系统设计和成套，首期试制 3 台。

电力部华东电力设计院承担系统设计；上海锅炉厂、上海汽轮机厂和上海电机厂分别负责三大主机制造；上海第一水泵厂，上海新民机器厂和上海华通开关厂分别负责水泵、凝汽器和开关及配电装置的制造。由上海机电设备成套公司总成、协调。齐齐哈尔车辆厂和沈阳风机厂负责车辆与风机制造。列电局在上海成立工作组，在齐齐哈尔和沈阳派专人驻守，以保证机组设备制造质量和进度。

图 4-1 《光明日报》1959 年 11 月 27 日报道

1959 年 11 月下旬，国产首台 6000 千瓦汽轮发电机组制造完成。当年 11 月 27 日，《光明日报》报道了这台列电机组试制成功的消息，见图 4-1。

这台新机组装备第29列车电站。1959年1月，29站在武汉青山武汉钢铁厂筹建。武钢铁路专线多，场地宽阔，湖北火电安装公司第一工程处在这里进行初安装施工。电站利用武钢的机床设备，加工车厢之间的管道、法兰等配件，加快了安装进度。1960年1月，电站拉到黄石，进行最后的安装调试。

2. 为新机安全生产保驾护航

在长期运行中，电站值班人员做到"四勤四稳"，即勤监视、勤检查、勤联系、勤调整和汽压稳、汽温稳、水位稳、负荷稳。汽机工段降低汽轮机调速器迟缓率，合理控制负荷速度变化率，调高调速器稳定度等，从而有效地提高负荷的稳定性。

每周开生产例会，分析运行工况、参数变化，相互印证，找出问题，提高运行水平。运行人员认真填写生产日志，在日积月累的操控实践中，总结出许多宝贵经验，为编写国产机组《安全规程》和《运行规程》积累了第一手资料。

29站组织刚进厂的电校毕业生和青工学习技术，开展技术比武活动。在专业人员的指导下，他们勤学好问，除运行发电，还要掌握设备及部件的拆装，以及检修的多种技能，成为名副其实的多面手。该站作为培训电站，为列电局培养不少技术工人，成批支援44、42、54站，解决新机人员短缺问题。

电站职工精心维修和养护设备，实行定期加油、定期切换、定期保养、定期检修为内容的"四定"管理办法。电站定期检查评比，开展"流动红旗"竞赛活动，多次刷新安全运行纪录，创造了1978年到1980年603天安全无事故纪录。

3. 全局发电量最多的电站

29站自出厂到落地，20多年从未返厂大修。电站大修就地进行，利用检修机会，将电站双排列改成单排列，方便了安装和拆迁。各专业均重视技术改进，如锅炉制造风机叶轮、吊车抓斗、炉排风室绞龙，加装水膜除尘器，汽机设计、制作循环水自动加酸装置，化验用除尘器酸性水处理循环水等，为机组长期安全运行打下坚实的基础。

建站24年，发电量6.6亿多千瓦·时，在全局电站中名列首位。年平均可用发电时间达5000小时以上，最高年份达到7000小时以上，是列电系统中发电可用小时数较高的电站之一。1962至1971年的10年里，机组安全运行5.8万小时，发电近3亿千瓦·时；1971至1980年的10年里，机组安全运行6.7万小时，发电超3亿千瓦·时。

1968年1月5日，正值"文革"期间，电站在平顶山发电，遭到当地"打、砸、抢"分子武装冲击，造成6名职工和1名解放军战士受伤，导致电站停机，这即"一五事件"。电站职工顾全大局，冒着危险，履行职责，第三天就恢复生产，开机发电。

电站在信阳明港发电时，职工们不怕疟疾、红眼病肆虐，不顾环境恶劣、生活条件简陋，仍做到满发多供，安全生产。

由于电站的突出表现，1964 年到 1966 年，连续三年被评为列电局系统北方电站先进单位。1967 年和 1968 年，全国电力生产下滑，列电也不例外，该站发电量却在列电局中名列前茅。1968 年发电量为全局最多，占列电局总发电量的六分之一左右。

4. 电站外援工作记事

29 站在平顶山期间，曾组织电站职工下矿井支援煤矿生产，参加在落凫山的植树绿化活动，冒着严寒参与焦枝铁路平顶山段建设。电站支部书记姬光辉带领二三十人的精干队伍，参加国家重点工程田庄选煤厂的建设安装会战，圆满完成任务。

1967 年 9 月，经电站推荐、列电局同意，锅炉、汽机、电气、化验专业 20 人，支援 49 站执行特殊发电任务。他们赴甘肃酒泉清水卫星发射基地，为"东方红一号"发射基础施工发电。这 20 人是张国祥、王建军、高吉泉、郝德才、李长江、刘荣厚、高南征、李山立、牛志红、王尔邦、傅永义、常永振、姜国武、李树璋、袁克富、张福振、刘圣敏、程振起、张裕阜、王继生。

在明港发电期间，电站与驻军建立了良好的关系，帮助部队安装、检修锅炉、水塔和供暖设备，受到部队官兵的一致好评。1972 年，应部队邀请，维修浴池锅炉，因压力表失灵导致锅炉调试中发生爆炸。事故中老工人王来法不幸遇难，马德泰严重烧伤。教训应当铭记，逝者值得永远怀念。

1975 年 8 月 8 日，河南遂平发生特大洪水。在那里发电的 40 站被水淹没，损失严重。29 站闻讯后，电站领导带领 15 名职工，携带米、面、油及大饼、蔬菜等食物，以及职工捐献的衣物和数十床棉被，还有搭建帐篷等物资，赶赴遂平，慰问 40 站职工。

1976 年，信阳平桥电厂实施扩建工程，安装一台 2.5 万千瓦发电机组。安装工作以大会战方式进行。29 站是参战 5 个单位之一，电站副厂长张文英带领各专业十几名精干力量，负责汽机、锅炉本体外部的各种管道制作、安装工作。会战第一周，就夺得流动红旗，并且将流动红旗始终保持在自己手中。自 3 月至 8 月，5 个多月的时间里，电站会战人员连续工作在施工一线，直至工程结束，如期投产发电。

五、电站归宿

1983 年 1 月，根据水电部（83）水电劳字第 17 号文，电站机组和人员成建制调拨给信阳地区电业局。电站落地后，机组继续发电。1998 年与明港电厂合并。2004 年被信阳钢铁公司兼并，经综合改造，扩建为 5.2 万千瓦的电厂。

电站外地职工较多，机组落地后人员陆续调到镇江、武汉、保定、宝鸡等基地，以及距离家乡较近的单位工作。留下来的人员担任行政领导，或成为技术骨干、成为中坚力量。

第四节

第 30 列车电站

第 30 列车电站，1963 年 9 月组建。机组为国产 LDQ-Ⅰ型汽轮发电机组，1964 年 2 月，在武汉基地完成安装、试运，4 月在吉林龙井投产。1975 年 8 月，调往黑龙江伊春发电。1982 年 12 月，该站调拨给伊春林业局。建站 18 年，主要为东北高寒缺电地区服务，累计发电 3.95 亿千瓦·时，为支援国家边远地区、东北林区的生产建设作出重要贡献。

一、电站机组概况

1. 主要设备参数

汽轮机为冲动、凝汽式，上海汽轮机厂制造，额定功率 6000 千瓦，过热蒸汽压力 3.43 兆帕（35 千克力/厘米^2），过热蒸汽温度 435 摄氏度，转速 3000 转/分。

发电机为同轴励磁、空冷式，上海电机厂制造，额定容量 7500 千伏·安，频率 50 赫兹，功率因数 0.8，额定电压 6300 伏，额定电流 688 安。

锅炉为水管、抛煤链条炉，上海锅炉厂制造，额定蒸发量 4×8.5 吨/小时，过热蒸汽压力 3.82 兆帕（39 千克力/厘米^2），过热蒸汽温度 450 摄氏度。

2. 电站构成及造价

机组由汽轮发电机车厢 1 节、电气车厢 1 节、锅炉车厢 4 节、水处理车厢 1 节、水塔车厢 6 节组成。

辅助车厢：修配车厢 1 节、材料备品车厢 1 节。

附属设备：蒸汽轨道吊车 1 台，履带式推土机 1 台，75 千瓦柴油发电机 1 台，C120 车床、牛头刨床、摇臂钻床各 1 台。

电站设备造价 399.5 万元。

二、电站组织机构

1．人员组成

30 站机组是列电局追加项目，水电部未将该项目列入年度劳动计划，故无人员指标，且无法追加。经与东北电业局反复协商，由列电局配备电站厂长和机电炉各工段长，以及管理人员，主要来自 28、29 站；由东北电业局配备 46 名生产人员，主要来自吉林二道江发电厂、抚顺发电厂等单位。

其后列电局分配保定电校、泰安电校毕业生予以补充。

电站职工定员 88 人。

2．历任领导

1963 年 9 月，列电局责成张兴义组建该站，并任命为首任厂长。1964 年年初至 1979 年 7 月，列电局先后任命王维先、田发、李家骅、张喜乐、崔树伦、田清海、苑振河等担任该站党政领导。

3．管理机构

（1）综合管理组。

历任组长：王桂莲、芦久云、刘兰。

历任成员：李波、叶年治、王桂云、邓文兴、郭泮武、李培林。

（2）生产技术组。

历任组长：陈德义、刘聚臣、宋望平、李忠田。

历任成员：毛恩贵、冯庆华、张志华、时振清、陈廷章、张恩敏。

4．生产机构

（1）汽机工段。

历任工段长：赵福南、王考儒。

（2）电气工段。

历任工段长：安德顺、王建惠。

（3）锅炉工段。

历任工段长：李元孝、李士华。

（4）热工室。

历任负责人：梁玉芝、牛义、陈贺荣、李淑英、贾光、路金宝。

（5）化验室。

历任负责人：田发、王贤成。

5. 工团组织

历任工会主席：安德顺、李忠田。

历任团支部书记：周素改、牛义、时振清。

三、调迁发电经历

1. 在吉林龙井投产

龙井镇隶属延边朝鲜自治州，位于吉林省东南部，长白山东麓，东南隔图们江与朝鲜相望。水电部（63）水电计字第479号文，决定在武汉组装的30站调往吉林龙井发电。1964年4月，电站到达龙井，甲方是延边电业局。

龙井发电厂是伪满时期留下的小电厂，机组陈旧，装机容量小。电站安置在龙井发电厂西侧，4月8日投产发电，并入地区电网，有效缓解了当地缺电局面。

在龙井发电期间，对锅炉进行超出力改造，将炉排及水冷壁防焦箱下移300毫米，结果收效甚微，而且影响电站的机动性，违反铁路行车规范，后又恢复原状。

1973年5月，榆树川发电厂1、2号机组相继投入运行，30站退出运行。该站在龙井服务9年余，累计发电20905.4万千瓦·时。

同年9月，电站返保定基地大修后待命。

2. 调迁黑龙江伊春

伊春，位于黑龙江省东北部，以汤旺河支流伊春河得名，黑龙江省辖市。年平均气温1摄氏度，无霜期不足4个月。这里有世界面积最大的红松原始林，被誉为"祖国林都"。

1971年至1975年期间，伊春林区严重缺电，经常限制负荷1600千瓦左右，四季度负荷高峰时要限电4000千瓦。前期调此发电的18站又急需返基地大修。

为解决伊春林业局用电需要，1974年6月8日，水电部以（74）水电生字第28号文致函林业部，决定调30站由保定基地到伊春林业局发电。1975年8月，30站调到伊春，替换18站，甲方是伊春电业局。在林区红旗林场边缘的饮马河畔，离电站不远的半坡地上建有两层楼，作为电站职工宿舍。

伊春的冬季异常寒冷，最低气温达零下36摄氏度，给安全生产带来严峻挑战。1977年年初，蒸汽轨道吊车第2、3车轴因极低气温而断裂；1981年年初，发生锅炉炉排断片卡死事故。电站职工冒着严寒抢修，努力保障正常供电。

该站在伊春服务近8年，累计发电18598.8万千瓦·时。

1. 初到吉林龙井发电

由于甲方急需电站，1964年4月，电站由武汉紧急调迁龙井电厂。当时，电站厂区刚建好，生活设施尚未动工，50多名单身职工安排在龙井电厂俱乐部大礼堂里临时住宿。厂长张兴义带领职工以"先生产后生活"的大庆精神，投入到紧张忙碌的机组安装工作中。

职工们白天工作劳累，虽然礼堂里条件简陋，用三合板间隔成2米高的小房间，上面通透，相互干扰，但他们并不在意，很快进入梦乡。安装工作结束后，开始三班倒运行发电。由于前后夜交接班人员都在礼堂里居住，每天子夜，整个大礼堂里好像人人都跟着倒班，互相影响，都不能入睡。在那样的生活环境里，坚持近1年。电站职工能理解甲方的困难，为解决地方急需用电，从无怨言，受到甲方领导很高的评价。

在龙井发电初期，大多数生产人员由东北电业局配备，虽然来自各电厂，但对电站的设备不熟悉。为增强他们的安全意识，确保安全发电，由厂部组织，生技组命题，每月开展反事故演习。通过演习，促进运行人员尽快学习、掌握运行规程，提高准确判断、处理各类事故的能力。反事故演习成为增强安全生产意识的有效手段，为安全发供电打下良好的基础。

2. 冒严寒抢修炉排事故

在伊春林区发电期间，1981年1月15日凌晨1点多，2号锅炉发生炉排故障，炉排片断裂，卡住炉排前后不能动。七八吨重的炉排，断片卡死故障，属非常棘手的设备事故，必需进炉膛内处理。伊春的冬天，寒风彻骨，冰封大地，手指摸到铁板，会立即被冻住。在那样的气候条件下，锅炉不能冷停，只能趁热抢修，避免冻坏锅炉。

闻讯赶到现场的锅炉工段长李士华，带领检修人员孙景明、高仁、贾玉林等人，顾不上严寒，脱去棉衣，穿上工作服，钻进余火未灭、充满烟气飞灰的炉膛。他们尽快找到故障部位，用大锤打掉卡在框架上的炉排断片，让炉排时开时停，艰难地将炉排故障点转到锅炉底部检修部位。检修部位距离路基只有40厘米，检修人员只能仰卧其中更换炉排片。他们冒着零下30摄氏度的严寒，顶着车下飕飕刺骨的过堂风，一片一片地更换着断片。经过34个小时的苦战，次日中午12点，共更换60多块断裂的炉排片，终于完成抢修任务，锅炉重新投入运行。电站冒严寒抢修炉排事故，得到列电局的表扬。

3. 克服生活用水困难

30 站在伊春发电近 8 年，职工宿舍里没有暖气和自来水。尤其是生活用水，一年四季需要到山坡下的水井用辘轳提水，不知付出多少辛劳。到了冬季，井口结冰变小，提水更加困难，需用锤子凿开井口的结冰，水桶才能下去。

通往山坡下的路很难走，挑上几十斤重的水桶上山坡很是艰难，那里积雪不化，一失足一担水全洒光，还得下坡再提。后来职工们用铁锹铲出一条道，把道上的冰雪铲出一级级台阶，挑水时就稳当多了。

五、电站归宿

1982 年 12 月，根据电力部（81）电财字第 87 号《关于四台列车电站无偿调拨给外单位的批复》，列电局将 30 站设备调拨给伊春林业局，撤销 30 站建制。

电站职工除留电站的之外，10 余人调保定基地，5 人调保定石油化工厂，其余人员分别调到 37、38、59 站及西北基地等。

1986 年 6 月，电站设备被江苏省吴县收购，安置在外跨塘 52 站旧址，同年 12 月发电，更名为吴县列车发电厂。

第五节

第 37 列车电站

第 37 列车电站，1960 年 4 月组建，设备是列电局保定制造厂生产的第二台汽轮发电机组，属仿捷克机组。1960 年 7 月安装，同年 8 月在内蒙古乌达投产。该站先后为内蒙古、河南、广东、湖南、福建、河北 6 省区的 6 个缺电地区服务。1979 年被水电部命名为全国电力工业大庆式标兵企业。1984 年 1 月，机组设备调拨给新疆电力工业局。建站 23 年，累计发电 2.37 亿千瓦·时，在国家经济建设中发挥了重要作用。

一、电站机组概况

1. 主要设备参数

汽轮机为冲动、凝汽式，额定功率 2500 千瓦，过热蒸汽压力 3.33 兆帕（34 千克力 / 厘米^2），过热蒸汽温度 435 摄氏度，转速 3000 转 / 分。

发电机为同轴励磁、空冷式，额定容量 3125 千伏·安，频率 50 赫兹，功率因数 0.8，额定电压 6300 伏，额定电流 287 安。

锅炉为水管、抛煤链条炉（1975 年改燃油），额定蒸发量 2×8.5 吨 / 小时，过热蒸汽压力 3.82 兆帕（39 千克力 / 厘米^2），过热蒸汽温度 450 摄氏度。

2. 电站构成与造价

机组由汽轮发电机车厢 1 节、电气控制车厢 1 节、变压器车厢 1 节、锅炉车厢 2 节、水处理车厢 1 节、水塔车厢 3 节构成。

辅助车厢：材料车厢 1 节、修配车厢 1 节、办公车厢 1 节。

附属设备：斗式上煤机 2 台（1972 年增添），15 吨蒸汽吊车 1 台，75 千瓦柴油发电机 1 台，车床、刨床、立钻床及台钻床各 1 台。1976 年年初，锅炉改燃油后，增加加油站及 2 台储油罐等附属设备。

机组造价 200.30 万元。

二、电站组织机构

1. 人员组成

37 站组建初期，职工队伍由 6、7、30 站和列电局保定制造厂抽调的接机人员，在保定招收学员 20 名，以及接收安徽籍复转军人 12 名等组成。

1964 年，从 35 站调来 10 名生产骨干；列电局分配高中毕业生学员 5 名；1970 年 6 月，保定电校分配毕业生 10 名；1972 年，招收列电系统子女 9 名；1976 年，招收天津下乡知青 12 名。1979 年 6 月，支援新机 61 站 10 余名。

电站定员 69 人。

2. 历任领导

1960 年 4 月，列电局委派张静鹗组建该站，并任命为厂长。1961 年 1 月至 1982 年 8 月，列电局先后任命孙书信、孟庆友、李生惠、步同龙、张秉仁、张芳利、刘本立、刘丙军、冀景荣、展宪宗、闫春安等担任该站党政领导。

3．管理机构

（1）综合管理组。

历任组长：刘本立、王培一、张秉仁、王国珍。

历任成员：解英杰、王衍玉、杨瑞宏、张芳利、白增彦、冀景荣、张金兰、刘丙军、刘兰、贾德山、樊桂珍、李玉珍、马同友、国会祥、李素霞。

（2）生产技术组。

历任组长：孟钺

历任成员：王泽密、吕克銮、任宪德、董淑义、陈廷章、高占祥。

4．生产机构

（1）汽机工段。

历任工段长：李克贞、曾宪皋、韩如意、刘学安、朱瑞和。

（2）电气工段。

历任工段长：孟庆友、张秉仁、张芳利、李颂来、周景辉。

（3）锅炉工段。

历任工段长：韩敬诗、姜福成、赵怀良、张义贵、刘长富。

（4）热工室。

历任负责人：万乘、赵双廷。

（5）化验室。

历任负责人：王树元、赵淑梅、侯国玺。

5．工团组织

历任工会主席：周文友、赵双廷。

历任团支部书记：叶宗西、刘丙军、王国珍、樊桂珍。

三、调迁发电经历

1．在内蒙古乌达投产

乌达是乌海市辖区之一，地处内蒙古自治区中西部。乌达矿务局建于1958年，被列为全国煤炭基地之一。1959年进入大规模建设阶段，亟需电力。

1960年7月，37站机组从保定制造厂出厂，调往内蒙古乌达，甲方是乌达矿务局。电站到达后，仅用了7天时间就安装完毕，8月1日投产发电，有效缓解乌达煤矿用电紧张局面。

该站在乌达服务3年余，累计发电1363.1万千瓦·时。1963年11月，返保定基地大修。

2. 调迁河南新乡

新乡市为河南省地级市，地处河南省北部。当时该地区工业发展较快，电力发展滞后，新建棉纺厂因供电不足，不能正常生产。1964 年 12 月，37 站从保定基地大修后调到新乡，为新乡棉纺厂发电，甲方是新乡市经委。

该站在新乡服务 1 年，发电 1607.4 万千瓦·时。

3. 调迁广东广州

1966 年 1 月，电站调往广州市，甲方是广州供电公司。当时广州电力紧缺，广州电厂正在扩建高温高压汽轮发电机组。13 站与 37 站先后调往那里，为广州电厂建设以及地方提供电力。

该站在广州服务 3 年半，累计发电 3054 万千瓦·时。

4. 调迁湖南临湘

临湘县隶属岳阳市，位于湖南省东北端，素称"湘北门户"，水陆两便，交通发达。1969 年 8 月，奉（69）水电军电综字第 326 号调令，37 站调到临湘，为临湘长岭炼油厂建设发电，甲方是临湘长岭炼油厂，属于国家石油工业的配套企业。电站的到来，加快了长岭炼油厂的建设。

该站在此服务两年，累计发电 1823 万千瓦·时。

5. 调迁福建福州

1971 年，福州地区用电负荷增加，电力供应紧张。同年 8 月 20 日，水电部以（71）水电电字第 94 号文，调 37、46 站到福州地区发电。9 月，37、46 站先后迁到福州市，甲方是福州市重工业局。电站作为补充电源，有效缓解了电网供电紧张状况。

该站在福州服务 3 年半，累计发电 2670 万千瓦·时。

6. 调迁河北沧州

沧州市因东临渤海而得名，意为沧海之州，河北省辖市。1975 年 4 月，根据水电部（75）水电生字第 19 号文，37 站从福州调到沧州，厂址在沧州石油化工厂厂区外。电站作为沧石化保安电源，为沧州地区发电，甲方是沧州电力局。

该站在沧州服务 7 年，累计发电 13175.3 万千瓦·时。

四、电站记忆

1. 在乌达的艰苦岁月

37 站初到乌达，放眼四野，是一望无际的大荒漠，电站孤零零地处于风沙荒野之中。那里常年气候干燥，干旱少雨，风沙大，春夏之交，沙尘暴频发。

职工宿舍在机修厂生活区，几排简易平房，离上班地点约3公里，没有交通工具，只能靠走路上下班。每当夜幕降临，四处被黑暗笼罩，出行常常令人发怵，尤其是女职工，每天上下班都是结伴而行。

职工食堂设在发电车旁，是用简易帐篷搭建的临时灶房，露天就餐。生活用水要去远处蓄水池挑水。电站职工坚持在露天吃饭三年多，没向甲方申请资金建食堂。

乌达矿务局所属地方电厂1500千瓦机组投运初期，因技术水平差，设备不能定期检修，一直处于带病运行状态，不能满足煤矿生产用电需求。为解决矿区用电之急，电站机组经常是竭尽全力带负荷运行，以致机组运行状况越来越差。

1962年夏秋之交的一天夜里，1号锅炉炉管爆破，锅炉工段立即组织抢修。厂长孙书信、副厂长孟庆友坐阵现场，各工段配合、支援，他们吃住在现场，经过三天三夜抢修，锅炉重新点火升压、投入运行，机组恢复正常供电。

为了保煤矿用电，电站帮助地方电厂建立健全了运行和检修规程，使电厂的生产、管理水平有大幅提高。因当地水质问题，电厂锅炉事故频发。37站厂长、工段长带领检修工人，帮助电厂处理事故，检修设备。电站还通过保定基地帮助电厂购买紧缺的润滑油，解决电焊条质量问题，电厂生产逐步正常。

2. 搞好农副业改善职工生活

37站组织职工在业余时间，利用废弃荒地、水塘发展农副业。电站职工大部分来自农村，搞农副业都是行家里手。

1976年，在沧州发电期间，利用闲置土地，集体种植冬小麦、水稻。两年收获小麦6600斤、水稻6300斤，每个职工分得面粉70斤，大米63斤。在物资匮乏的年代，能吃上自己收获的大米、白面，非常难得。1980年，电站利用废弃的水塘养鱼，收获鲤鱼2300斤，春节前夕，每人分得20斤活鱼，让职工高高兴兴过春节。搞好职工生活，对安全生产起到促进作用。

3. 经受重大事故的考验

37站在沧州发电时与电网并网运行，为沧州石油化工厂供电。1977年10月4日上午10点左右，沧州石油化工厂厂内一声"轰隆"巨响，配电系统设备发生爆炸，电站与系统解列，单机运行。瞬间全厂用电负荷全部压在电站身上，电站处在严重超负荷运行状态，时刻有拖垮的危险。

厂长张芳利立即与沧州电力局联系，电力局意见，为保全电站，必要时可以拉闸停机；而石化厂则不许停机，因为一旦停机断电，全厂便会瘫痪，损失极为严重。危急时刻，电站遵照上级指示，尽最大努力维持运行，保障化工厂安全。

电站值班人员集中精力，密切关注机组运行工况，及时与化工厂沟通，精心调整，坚持发供电。直到下午 5 点，化工厂的配电设备终于抢修好，电力系统恢复正常。事后得知，化工厂内配电设备因老鼠进入引起短路爆炸。

电站为化工厂避免一次重大事故。为此，化工厂召开大会对电站予以表彰，沧州市委还专为电站召开庆功会，对电站在事故中的表现给予肯定和赞扬。电站在沧州发电 7 年，避免重大事故及故障 12 次，为沧石化挽回直接经济损失约 6.8 亿元人民币。

4. 创建大庆式企业

37 站由于机组设备先天不足，达不到铭牌出力。1963 年 11 月，电站从乌达返保定基地大修，解决了不少设备存在的缺陷，出力有提高，但仍达不到铭牌出力。电站在广州发电时，利用停机大修机会，对设备改造完善，尤其是对发电机空冷器进行改造，使机组达到铭牌出力。同时完成了两炉操作室打通、电气操作盘改造等项目。

1970 年，电站在临湘发电期间，对破旧漏雨的修配车进行加长改造，改造后的修配车由原来的 11 米增加到 17 米，并将柴油发电机安装到修配车厢内。1974 年，电站在福州发电期间，利用停机检修机会，对水塔车进行大修，完成车厢外皮除锈以及喷漆工作。

电站调到沧州后，为利用沧石化厂的渣油，经列电局与甲方及沧石化协商，电站将燃煤锅炉改成燃油锅炉。经过 3 个月努力，锅炉改造工作，包括在油区安装 900 米输油管道以及伴热管线顺利完成。改烧渣油效果很好，既节省煤炭，降低空气污染，又消化了沧石化的副产品，还减轻运行人员的工作强度。

该站不断对设备进行改造，并加强管理，保持了较高的设备完好率，建站 23 年，仅返厂大修过一次，在列电局制造的机组中健康水平最高。1978 年 1 月 27 日，该站安全运行 1000 天，被列电局评为全局无事故运行电站，被河北省评为大庆式企业。1979 年，被水电部树为全国电力工业大庆式标兵企业。

五、电站归宿

1983 年 9 月 17 日，水电部以（83）水电财字 162 号文，决定将 37 站设备调拨给新疆电力局，安装在吐鲁番七泉湖发电厂。根据水电部（83）水电劳字 126 号《关于列车电站职工落户问题的函》，电站人员由华北电管局负责安置。

大部分职工安置到河北电建二公司，部分人员调到 61 站以及保定基地，少数职工调到河北邯郸、邢台等地方电厂。他们在不同单位，继续发扬列电精神，有的成为技术骨干、领导干部，有的被评为先进职工和劳动模范。

第六节

第 40 列车电站

第 40 列车电站，1960 年 10 月组建。设备为列车电业局保定制造厂制造的第 3 台 2500 千瓦燃煤机组。1961 年 10 月，在甘肃永昌投产发电。该站先后为甘肃、山西、河南、广东 4 省的 4 个缺电地区服务。1982 年 8 月，成建制调拨给广东仁化凡口铅锌矿。建站 22 年余，累计发电 1.40 亿千瓦·时，在国家经济建设中发挥应有的作用。

一、电站机组概况

1. 主要设备参数

汽轮机为冲动、凝汽式，额定功率 2500 千瓦，过热蒸汽压力 3.33 兆帕（34 千克力 / 厘米^2），过热蒸汽温度 435 摄氏度，转速 3000 转 / 分。

发电机为同轴励磁、空冷式，额定容量 3125 千伏·安，频率 50 赫兹，功率因数 0.8，额定电压 6300 伏，额定电流 287 安。

锅炉为水管、抛煤链条炉，额定蒸发量 2×8.5 吨 / 小时，过热蒸汽压力 3.82 兆帕（39 千克力 / 厘米^2），过热蒸汽温度 450 摄氏度。

2. 电站构成与造价

机组由汽轮发电机车厢 1 节、电气车厢 1 节、锅炉车厢 2 节、水处理车厢 1 节、水塔车厢 3 节组成。

辅助车厢：材料车厢 1 节、修配车厢 1 节。

附属设备：轨道蒸汽吊车 1 台，C6120 车床、B665 牛头刨、Z35 摇臂钻、立式砂轮机各 1 台。

电站设备造价 298.6 万元。

1. 人员组成

建站初期，主要由 9、19、23、24、29 等电站抽调的接机人员组成。其后，人员多来自保定、北京、泰安、沈阳、大连电校毕业生。

1972 年 7 月，从汝南县招收知青学员 10 人，支援 57 站接新机约 10 人。在河南遂平发电期间，电站人员流动频繁，员工人数维持在定员左右。

电站职工定员 69 人。

2. 历任领导

1960 年 10 月，列电局委派侯玉卿负责组建该站，并主持工作。1963 年 5 月至 1981 年 5 月，列电局先后任命刘溪鲁、张门芝、王汉英、尉承松、乔木、葛树文、宁廷武、孙彦博、尹道友、石建国、吴国良、王家凤、刘树春、冯炎申等担任该站党政领导。

3. 管理机构

（1）综合管理组。

历任组长：商会林、章汪盛、兰尧辉、杨双林。

历任成员：刘爱莲、丁俊玲、兰尧辉、周恩玉、郝金玉、夏秋霞、宋步桥。

（2）生产技术组。

历任组长：熊忠、张连福、沈伍修。

历任成员：柴昌观、胡广志、吴必忠、薛建德、焦惠道。

4. 生产机构

（1）汽机工段。

历任工段长：陈映辉、孙彦博、杨永忠、曹建章、尉正良。

（2）电气工段。

历任工段长：赵平、傅相海、刘元德、吕赞魁、宋宜臣。

（3）锅炉工段。

历任工段长：邵科清等。

（4）热工室。

历任主任：冯培根、赵菲、郝宝玉。

（5）化验室。

历任负责人：沈嵘、苑希蓉、王宁宝、张丙戌、鹿克端、杨蔼华。

5. 工团组织

历任工会主席：郑俊茹、崔德林、张德山。

历任团支部书记：刘玉兰、王俐娟。

三、调迁发电经历

1. 在甘肃永昌投产

永昌县隶属于甘肃省金昌市，地处河西走廊东部。1958 年 10 月，永昌发现镍矿。1961 年 10 月，40 站奉命调到永昌，甲方是金川有色金属公司。电站为镍矿生产提供补充电源。

该站出厂前在保定制造厂未做 72 小时满负荷试运行，只有一台锅炉出厂，另一台锅炉仍在保定处理缺陷。由于设备存在较多缺陷，加之到金川后缺少防冻措施，部分设备被冻坏，机组已不具备发电条件。翌年 5 月，电站即返回保定基地大修。

1962 年 7 月 6 日，40 站被列电局列为第 2 批战备电站。根据水电部和铁道部联合指示，电站做好发电设备和台车行走部分的检修，对电站现有人员进行审查调整。

2. 调迁山西晋城

晋城是山西省辖地级市，位于晋豫两省接壤处，有"三晋门户"之称。

1964 年 3 月，40 站在保定基地大修近两年后调到山西晋城，为晋城煤矿发电，甲方是晋城矿务局。当时，44 站已在那里发电，两站并列运行，为煤矿安全生产提供电力保障，得到晋城矿务局褒奖。

该站在晋城服务 6 年，累计发电 2315.6 万千瓦·时。

3. 调迁河南遂平

遂平县属河南省驻马店专区，有京广铁路、107 国道纵贯全境。依据水电部（70）水电军字第 66 号调令，1970 年 3 月，40 站调到河南遂平，甲方是遂平县政府。

当时，遂平地区电力紧张，严重影响工农业生产。电站到达后，遂平县委非常重视，派一名县委委员协调工作，安装期间派民兵值班站岗。电站按县委要求完成安装任务，一次启动成功，满发满供，有效地缓解了遂平电力紧张局面。

1975 年 8 月上旬，河南中部地区连降暴雨，板桥、石漫滩水库溃坝，已停机大修的 40 站遭遇灭顶之灾。在列电局组织和各基地及兄弟电站支援下，电站克服种种困难，重建家园，在 30 多天内完成车厢清淤、设备大修，10 月 20 日恢复发电能力。该站在遂平服务 8 年余，累计发电 9256.8 万千瓦·时。

1978 年 5 月，依据列电局（78）列电局生字第 177 号文，电站返回西北基地大修。

4. 调迁广东仁化

仁化县隶属广东省韶关市，位于南岭山脉南麓，地处粤、湘、赣三省交界地。凡口铅锌矿地处仁化县境内，1958 年建矿，1968 年正式投产，为亚洲最大的铅锌银矿种生产基地之一。

1980 年 5 月，40 站从西北基地大修后奉命调到广东仁化，甲方为仁化凡口铅锌矿。电站为凡口铅锌矿发电至 1982 年年初，累计发电 2453.6 万千瓦·时，有效缓解了矿区电力紧张局面。

四、电站记忆

1. 机组出厂前后设备状况

1961 年 5 月 22 日，列电局保定制造厂以（61）列电制计字第 187 号文，向列电局呈送竣工报告，反映该机组安装后试运，负荷已达到 2500 千瓦，但由于条件有限，未经 72 小时满负荷试运。试运中发现的设备问题，同 40 站研究处理完毕，出厂参加运行。

在移交设备清单中，列出未移交的设备有锅炉车 1 台，锅炉启动活塞泵 1 台，主给水泵 1 台，凝汽水泵 1 台，水塔风机（包括电动机）6 台。设备存在主要缺陷为发电机转子有夹渣，汽轮机转子调速器端有类似发电机转子的缺陷，尚未作发电机温升试验及机炉热效率试验。

列电局以（61）列电局厂字第 1050 号文，向水电部汇报 40 站机组出厂问题。1961 年 6 月 16 日，水电部以（61）水电计年字第 186 号文，回复列电局，为早日开赴使用地发电，同意该站不经过 72 小时满负荷试运行即可出厂。在今后的生产中，要组织力量继续完成尚未进行的各项试验，消除尚未发现的设备缺陷。要求重点解决水塔风扇电机配套，配齐凝汽水泵、主给水泵，加快第 2 台锅炉消缺等工作，保证满出力发电。

1961 年 10 月，该站调迁到永昌后，开机试运行 3 个多月，启停 30 多次，连续运行时间最长不超过 70 小时，且仅 1 台炉运行，最高负荷 800 千瓦。设备缺陷多，故障频繁，时值严冬，反复开停，停机后防冻措施不到位，致使部分设备冻坏。半年后，被迫返回保定基地。经过近两年时间，配齐设备，消缺完善，1964 年 3 月才调迁山西晋城，实现了正常生产。

2. 抗洪救灾恢复生产

1975 年 8 月初，受第 3 号强台风莲娜的影响，驻马店地区连降特大暴雨。8 月 8 日凌晨 1 时许，包括板桥、石漫滩两座大型水库、两座中型水库、数十座小型水库在短短数小时内相继垮坝溃决，驻马店地区猝然间沟壑横溢、顿成泽国，数以万计的人失去生命。

8月8日下午，根据洪水形势，电站先组织年轻人将老弱病者及家属紧急护送到火车站地势高的地方，然后职工也全部撤往火车站。在党支部书记葛树文、厂长乔木的安排下，有力有序及时应对，在洪水到来之前的夜晚，人员全部撤到安全地带。凌晨2时左右，洪峰到来，以6米/秒的流速吞没了遂平。洪水过后，电站生活区部分房屋夷为平地，未倒的房屋也被洪水洗劫一空。撤到火车站的人们挤满两节闷罐车，也被洪水冲倒，车上人全部落水，电站两名家属不幸遇难。

灾情发生后，列电局刘冠三、杨文章等领导辗转赶来，亲临现场指挥救灾、恢复生产。在西平发电的36站职工，带上食品、药品、衣服等，在汽车无法通行的情况下，由厂领导带队，组织30辆单车，艰难跋涉20多公里，第一时间赶来慰问。在信阳发电的29站，电站领导带领15名职工，携带食物和职工捐献的衣被，以及帐篷等物资，开车赶来支援。

保定基地主任李恩柏、武汉基地主任陈启明分别带领抢修队伍，与洪水前已在现场大修的西北基地宫振祥等，以及兄弟电站派来支援的人员，在局生技处负责人张增友组织下，团结奋战，清理污泥、检修设备，帮助40站恢复生产。40站职工带着洪水之殇，与支援人员共同投入到紧张的抢修之中。

他们从泥沙中，将洪水前解体的设备零部件一件件清理出来，精心清洗、检查、测量、组装，每天工作十几个小时。时值盛夏，天气酷热难熬，洪水过后疾病流行，吃住极其困难。在恶劣的条件下，只用30余天就完成平时需半年的大修任务，而且一次启动成功，向系统正常送电，为遂平地区灾后恢复、重建家园提供了电力支持。

40站及列电系统团结协作、艰苦奋斗的精神和灾后重建家园、尽快恢复生产的表现，受到水电部、列电局以及驻马店电业局、遂平县委的表彰和高度赞扬。

3. 为女职工献血救危难

40站职工来自全国各地，能在一起共事也是缘分。"文革"期间，虽然职工之间闹过派性，产生过隔阂，但从没有影响正常生产，生活上仍然是团结互助。1969年春夏之交，在山西晋城发电期间，一名女职工突患急症"宫外孕"，造成大出血，急需输血急救。当时，医院没有同类型血源，情况危急。消息传到电站，休班的职工都自发赶到医院化验、献血，使这位女职工及时得到救治，转危为安。事后，那位女职工不无感慨地说，是电站给了我第二次生命，不能忘记大家的救命之恩。

根据水电部（82）水电劳字第 44 号文，1982 年 8 月，列电局与凡口铅锌矿协商，达成协议，将 40 站成建制移交给仁化凡口铅锌矿，继续在凡口铅锌矿发电。

电站职工有近 20 名随机组落地，继续在电站工作。其余 50 余人安置或调动到河南、河北、湖北等 12 省自治区，他们继续发扬列电人精神，成为地方企业的骨干，有的担任厂、处、科级领导。

第七节

第 41 列车电站

第 41 列车电站，1961 年 11 月组建。设备为列车电业局保定制造厂制造安装的第 1 台 4000 千瓦燃煤机组，1963 年 9 月出厂，11 月在黑龙江勃利县投产。该站先后为黑龙江、河南、山东、湖北 4 省的 5 个缺电地区服务。1984 年 4 月，机组调拨给新疆哈密。建站 21 年，累计发电 2.60 亿千瓦·时，为国家煤炭、石油工业，以及水利水电工程建设作出重要贡献。

一、电站机组概况

1. 主要设备参数

汽轮机为冲动、凝汽式，额定功率 4000 千瓦，过热蒸汽压力 3.33 兆帕（34 千克力 / 厘米 ^{2}），过热蒸汽温度 435 摄氏度，转速 3000 转 / 分。

发电机为同轴励磁、空冷式，额定容量 5000 千伏·安，频率 50 赫兹，功率因数 0.8，额定电压 6300 伏，额定电流 458 安。

锅炉为水管、抛煤链条炉，额定蒸发量 3×8.5 吨 / 小时，过热蒸汽压力 3.72 兆帕（38 千克力 / 厘米 ^{2}），过热蒸汽温度 450 摄氏度。

2. 电站构成及造价

机组由汽轮发电机车厢 1 节、电气车厢 1 节、锅炉车厢 3 节、水处理车厢 1 节、水塔车厢 3 节组成。

辅助车厢：材料车厢 1 节、修配车厢 1 节。

附属设备：轨道式蒸汽吊车 1 台，120 车床、牛头刨床、砂轮机各 1 台。

电站设备造价 349.2 万元。

二、电站组织机构

1. 人员组成

建站初始，电站队伍主要由保定制造厂装配车间的人员组成。

1967 年，列电局分配保定、北京电校毕业生 10 人；1972 年在山东东营招收学员 10 名；1975 年，在山东昌邑招收学员 15 人；1977 年，分配保定电校毕业生 5 人。1967 至 1979 年期间，有 20 余人分别调到保定基地及系统外单位。

电站定员 77 人。

2. 历任领导

建站初期，列电局委派齐延龄负责组建，并担任首任厂长。1963 年 7 月至 1981 年 2 月，列电局先后任命康健、张门芝、黄耀津、崔树伦、王福均、王继福、蒋国平、田同道等担任该站党政领导。

3. 管理机构

（1）综合管理组。

历任组长：荆德才、郭增仁、邸瑞华、崔树伦。

历任成员：李培林、陈庆祥、王克明、范正谦、杨树森、李玉花。

（2）生产技术组。

历任组长：李永熙、赵世祺。

历任成员：唐修成、冯世煜、王兆秦、郁维浙、张伯廷、鲁迟、郎清荣、叶钧。

4. 生产机构

（1）汽机工段。

历任工段长：姚宜奎、田恩亭、刘邱生。

（2）电气工段。

历任工段长：张伯廷、刘金祥、何宏昌。

（3）锅炉工段。

历任工段长：王继福、田同道。

（4）热工室。

历任负责人：鲁迟。

（5）化验室。

历任负责人：郎清荣、刘清华。

5. 工团组织

历任工会主席：史玉珠、荆德才、姚宜奎。

历任团支部书记：张伯廷、郭增仁、刘邱生。

三、调迁发电经历

1. 在黑龙江七台河投产

1963 年 9 月，机组从保定制造厂出厂，调到黑龙江勃利县安装、试运，11 月 21 日，正式投产发电。甲方是勃利矿务局。

41 站投产发电后多单机运行，供电区域为桃山矿和新兴矿，保矿井安全生产。因负荷波动很大，造成机组运行不稳。电站大部分人员没有上过运行，只经过短暂实习培训，还有 30 多人尚未参加实习。在缺乏运行经验的情况下，运行人员集中精力，认真监盘，及时调整运行参数，凭借安装经验和责任心，在冰天雪地环境中完成了发电任务。

该站在此服务两年余，发电 1924.8 万千瓦·时，受到矿务局和列电局的表扬。

1965 年 11 月，返保定基地大修。

2. 调迁河南平顶山

1966 年 2 月，41 站在保定基地大修后，调迁河南平顶山，甲方是平顶山矿务局。

平顶山矿务局是一家国企大矿，当时装机 5 万千瓦的平顶山电厂尚未建成，29 站已经在此发电多年，用电仍很紧张。41 站到平顶山后和 29 站一起并网运行，两个电站发电容量 1 万千瓦，有效缓解当地用电的紧张局面。

历时 5 年，该站累计发电 11743 万千瓦·时，圆满地完成发电任务。

3. 调迁山东东营

根据水电部（71）水电生字第 5 号文，1971 年 5 月，41 站调到山东东营，甲方是东营 923 厂（后为胜利油田）。

租用电站前，甲方要求该站由燃煤改为燃油，利用炼油厂渣油和落地原油发电。在油田水电指挥部的指导帮助下，电站完成机组燃煤改燃油的改造。

该站在东营服务 3 年余，累计发电 4733.16 万千瓦·时，多次受到油田水电指挥部的表彰。

4. 调迁山东昌邑

1974年8月，胜利油田东营至黄岛输油管道开工建设。41站受命，迁移到潍坊昌邑丈岭地段发电，甲方是胜利油田会战指挥部。电站在此服务3年余，累计发电4727.7万千瓦·时。

油田自备电厂投产后，电站停机，准备调往湖北。

5. 调迁湖北荆门

1978年4月，根据水电部（78）水电生字第34号文，41站调到湖北荆门，甲方是330水泥厂。41站专为330水泥厂供电，该厂为葛洲坝建设生产600~800号水泥。当时正是葛洲坝大坝浇筑的高峰期，因电力缺乏，水泥供应吃紧，41站的到来有力地支持了水泥厂的生产。在此前后有4台列车电站在宜昌为葛洲坝工程发电。

该站为水泥厂服务4年，累计发电2845万千瓦·时。

四、电站记忆

1. 支援商都农场麦收

1963年7月，41站在保定基地组建完毕后，为利用好待调的空闲时间，对职工进行了安排：有30人由崔树伦带队，去内蒙古商都县列电局农场支援麦收；另一部分人去在吉林延边发电的30站，参加培训实习。

1960年前后，国家处于困难时期，粮食极度缺乏。列电局在内蒙古垦荒种麦，给全局职工增加了一些粮食，受到职工的欢迎和支持。1963年列电局商都、克山两个农场的麦收任务，就由41站、船舶2站领命完成。41站人员去的都是20多岁的小伙子，在往白音察干火车站装运中，你一袋我一袋，扛起200斤重的麻袋，争先恐后。在农场领导和参收职工共同努力下，圆满地完成了小麦收割、打场、晾晒和装运任务。

2. 燃煤锅炉成功改烧油

在山东胜利油田发电时，当地煤炭紧缺，而渣油、落地油很多，油田要求电站锅炉改为烧油。电站满足油田要求，立即进行改造。

在改造工作中，电站领导组织技术人员到油田参观学习，研究方案。在没有经验的情况下，锅炉、汽机的技术人员承担起研究油枪、油嘴原理和油泵与油渣加热工作程序，以及过滤装置结构等任务。锅炉工段组织员工在炉排上加保温，拆除抛煤机等燃煤设备，加装燃油喷枪喷嘴、油泵、加热器和过滤器，完成新增燃油系统的改装工作。油泵房、油库、加热器均由油田水电厂施工。

在甲乙双方共同努力下，经过多次实验和改进，达到技术要求，完成了锅炉煤改油的任务，解决了发电燃料问题，保证了近 7 年的正常发电。

3. 改造设备恢复铭牌出力

电站针对出厂时设备缺陷较多，机组未达到设计出力的情况，1975 年 9 月，利用大修机会，在列电局中试所的帮助指导下，对设备进行了解体改造。

电气工段对发电机转子解体，消除了匝间短路问题，并增孔加匝数，更换绝缘材料提高绝缘等级；对发电机空冷器，加装抽真空制冷器，采用喷嘴抽气器，降低发电机空冷器的入口温度。汽机工段针对汽机真空低、排汽温度高等问题，采取排汽筒内加装冷却水管束，更换水塔淋水板，改装排汽扇等措施，提高冷却效率。锅炉工段采用"三通裤衩管"办法，增加水冷壁管，提高锅炉热效率，达到了额定蒸发量。通过以上改进，解决了发电机多年不能满负荷运行的问题，功率由 3200 千瓦达到铭牌出力。

这次恢复额定出力的设备改造，受到列电局的肯定。

4. 一次锅炉爆管事故

1968 年冬，电站正在平顶山发电。一个后夜班的黎明前，值班司炉刘卫国正在炉前巡检，突然水冷壁管爆破，一股汽浪夹着烟火从锅炉看火口喷出，刘卫国被炉内喷出的烟火扑倒，紧急送往医院救治。由于烧伤严重，经市军管会请示省军区，报请中央军委批准，空军派直升机运送刘卫国到信阳部队医院烧伤科医治。经过半个多月的治疗，外部烧伤明显好转，但由于双肺内部烧伤严重，最终不幸去世。事故后抢修时发现，因水冷壁管段一处磨损严重造成此次爆裂。

对于刘卫国的因公殉职，经列电局同意，将其家属安排在电站工作，以示对家属的安慰和照顾。

五、电站归宿

1982 年年底，根据水电部（82）水电劳字第 85 号文，41 站移交华中电管局管理。1984 年 4 月，根据水电部（84）财生字 64 号文，41 站机组调拨给新疆哈密市。

电站人员由华中电管局安置。主要分配到荆门热电厂等单位。他们在新的岗位上，充分发挥自身优势，不少人员成为生产技术骨干，有的提拔到领导岗位，受到调入单位的好评。

第 42 列车电站

第 42 列车电站，1963 年 10 月组建。设备属国产 LDQ–Ⅰ型汽轮发电机组，1959 年出厂。因淮南地区电力短缺，机组借给淮南电厂发电。1964 年年初机组归还列车电业局，在武汉基地安装调试。1966 年 1 月，在四川峨眉九里投产发电。该站先后为四川、陕西、湖南、河北、江苏 5 省的 5 个缺电地区服务。1983 年 2 月，电站人员由苏州经委安置，同年 11 月，设备调拨给内蒙古大雁矿务局。建站 18 年，累计发电 3.64 亿千瓦·时，为三线建设，钢铁、冶金工业和国家经济建设作出重要贡献。

一、电站机组概况

1. 主要设备参数

汽轮机为冲动、凝汽式，上海汽轮机厂制造，额定功率 6000 千瓦，过热蒸汽压力 3.43 兆帕（35 千克力 / 厘米²），过热蒸汽温度 435 摄氏度，转速 3000 转 / 分。

发电机为同轴励磁、空冷式，上海电机厂制造，额定容量 7500 千伏·安，频率 50 赫兹，功率因数 0.8，额定电压 6300 伏，额定电流 688 安。

锅炉为水管、抛煤链条炉，上海锅炉厂制造，额定蒸发量 4×8.5 吨 / 小时，过热蒸汽压力 3.82 兆帕（39 千克力 / 厘米²），过热蒸汽温度 450 摄氏度。

2. 电站构成及造价

机组由汽轮发电机车厢 1 节、电气车厢 1 节、锅炉车厢 4 节、水处理车厢 1 节、水塔车厢 6 节组成。

辅助车辆：修配车厢 1 节、材料备品车厢 1 节、办公车厢 1 节。

附属设备：15 吨蒸汽轨道抓斗吊车 1 台，56 千瓦柴油发电机 1 台，120 车床、35 毫米摇臂钻床和牛头刨床各 1 台。

电站设备造价 449 万元。

二、电站组织机构

1. 人员组成

电站组建初期，主要由 29 站和 28 站接机人员组成，其他电站和技改所等单位调入部分人员。

1968 年在四川峨眉分配大学毕业生 2 人，1969 年从岷江电厂调入 3 人，1970 年在陕西略阳接受地方转业军人 20 余名，1972 年在湖南株洲招收列电子弟 10 名，1975 年在河北迁安招收学员 25 名，1977 年至 1980 年，先后分配保定电校毕业生 18 名。1979 年电站调往苏州时，部分职工留在武汉基地，又从各电站调入补充人员约 30 人。

1971 年 6 月，支援新机 56 站 15 人。

电站定员 88 人。

2. 历任领导

1963 年 10 月，列电局委派余志道负责组建该站，并任命为首任厂长。1965 年 2 月以后，列电局先后任命侯元牛、孙玉泰、李家骅、宋智、罗法舜、刘兰亭等担任该站党政领导。

3. 管理机构

（1）综合管理组。

历任组长：张聚臣（1979 年 2 月开始设组长）。

历任成员：侯启权、夏志强、盛迪武、李枝荣、龚成龙、秦德凤、龚国兴、王桂兰、沙宗俊、姜士慧、白存劳、罗洗新、刘福、关慧兰、徐世范、汪煜英、皮庆荣。

（2）生产技术组。

历任组长：王俊乙、陈光荣。

历任成员：夏定一、路国威、赵忠达、赵祝聪、刘合、俞泽亮、陈素庆、邓秀忠。

4. 生产机构

（1）汽机工段。

历任工段长：罗法舜、王凤昌、殷锡海。

（2）电气工段。

历任工段长：潘庚海、赵平、张宝云。

（3）锅炉工段。

历任工段长：傅碧辉、李家骅、罗启明、甘承裕、高化武、黄元治。

（4）热工室。

历任负责人：金肇基、何珍明。

（5）化验室。

历任负责人：张立安、安炳慧。

5. 工团组织

历任工会主席：秦德凤、高化武。

历任团支部书记：沙宗俊、白存劳、侯兰香、陶丽、朱光华、王学红。

三、调迁发电经历

1. 调迁四川峨眉九里

四川峨眉九里距峨眉山市区10公里。1966年1月，42站调到峨眉九里镇，为成昆铁路建设发电。甲方是岷江电厂。

当时正值三线建设高潮，由于电力紧张，直接影响铁路工程进展。电站接受任务后立即选建厂。铁道兵8815部队承担电站生产厂区的建设任务，机械化施工，进度很快。生活区由岷江电厂承建，电站职工到这里时，办公室、食堂、宿舍尚未建好。只得暂时住在附近的农村里。农村没有电，没有自来水，每天上班途中，就在一条小河里洗脸刷牙，条件十分艰苦。后来宿舍建好了，也都是竹篱笆墙、稻草顶的简易房屋。

电站车辆到达后，马上组织卸车，主车定位后，立即组织安装，不到3天就并网发电。在这里连续运行近4年，累计发电9720.4万千瓦·时，有力支援了成昆铁路建设。

2. 调迁陕西略阳

略阳县隶属陕西省汉中市，地处陕甘川3省交界地带。1969年8月27日，水电部军事管制委员会（69）水电军电综字第414号文，决定调42站到陕西略阳。8月28日，列电局发文作出具体安排。

同年9月，42站调到陕西略阳，为略阳钢铁厂和611电厂基建工程发电。甲方是略阳钢铁厂。此前15站已调略阳发电，42站厂址紧挨着15站，与15站联网运行。

1971年9月，611电厂投产后，略阳地区电力得到缓和，电站调往湖南。该站在此服务两年余，累计发电2247.2万千瓦·时。

3. 调迁湖南株洲

1971年10月，根据水电部（71）水电电字第118号文，42站调到株洲，甲方是株洲冶炼厂。株洲冶炼厂是冶金部直属大厂，当时的产值占株洲市总产值的1/6。主要工艺是电解，是株洲市的用电大户。由于电力紧缺，严重影响生产。

在这里电站基本上满负荷运转。35千伏主变压器检修，都采用带电作业，发电机照常满负荷运行，正常对外供电。冶炼厂领导非常满意。那时列电局制造列车电站，冶炼厂就支援列电局一批电解铜，满足了发电机制造对铜料的需求。

该站在此服务1年余，发电4368.1万千瓦·时。

4. 调迁河北迁安

1973年2月，根据水电部（73）水电生字6号文，42站调到河北迁安水厂铁矿，甲方是首都钢铁公司矿山公司。迁安铁矿石含铁量不高，需要就地选矿。首钢为完成年产钢100万吨的任务，需要矿石满足供应，矿区用电量很大。

电站在矿区发电5年，累计发电15203.1万千瓦·时，有效缓解矿山公司电力紧张局面。

1976年7月28日，在唐山大地震中，42站是唐山地区唯一没有被震停的电源，受到首钢公司的嘉奖。

1977年12月，该站紧急拆迁一台炉，支援北京第二热电厂，为该厂重油油区供热6个多月，圆满完成任务。

1978年3月，根据水电部（77）水电生字第97号文，电站返武汉基地大修。为提高电站适应性，减少占用场地，大修中将电站双列布置改为单列布置。

5. 调迁江苏苏州

1979年3月，根据水电部（79）水电生字第29号文，电站从武汉基地调迁苏州白洋湾发电，甲方是苏州市经委。

42站刚由双列改成单列，但白洋湾铁道直线长度不够，于是因地制宜，将冷水塔车厢布置在相邻的弧线轨道上，形成准双列布置。1982年年初，苏州市拟在白洋湾建大型物资货场和仓库，电站生产区跨过苏锡公路，南迁约1000米，沿运河易地另建。

电站在选建厂、投产发电，以及正常生产后的全过程中，一直得到苏州市经委、苏州供电局的关心和支持。当时电站的发电量占苏州用电量的10%，为苏州的经济腾飞，发挥了重要作用。

该站在此服务4年，累计发电4839万千瓦·时。

四、电站记忆

1. 机组出厂后暂借淮南电厂

42站设备是第一批试制的3台国产6000千瓦列车电站中的第2台（其余两台为

28、29 站）。因淮南地区电力短缺，1959 年 9 月 15 日，水电部将这台 6000 千瓦机组借给淮南发电厂，并以电报（党申字第 216 号）通知列电局。1959 年 9 月 23 日，安徽省水利电力厅与列电局就借用该机组主机签订借用协议。随后，淮南发电厂与列电局签订了辅机借用清单。

1959 年 11 月 13 日，上海机电设备成套公司分别发文通知上海汽轮机厂、上海电机厂和上海新通机器厂，将汽轮发电机组及冷凝器的收货单位改为安徽省水电厅火电工程局第一工程处，到货地址改为淮南田家庵站电厂专用线。

淮南用电缓和后，1964 年 1 月，这台机组归还列电局，在武汉基地由湖北火电安装公司安装在列车上，按当时列车电站的排序编为 42 站。

2. 消除发电机重大缺陷恢复铭牌出力

1965 年年底，42 站安装工程即将结尾时，发现发电机静子线圈流胶的重大缺陷。电站认为是湖北火电安装公司对发电机进行直流电流干燥时测温方法不当，造成发电机静子线圈端部温度超过绝缘胶软化点，从而引起流胶。由于双方意见分歧，电站要求安装单位模拟原来的干燥方法来验证。通过验证，安装单位承认电站的结论。之后采取绝缘补强工艺，消除这一重大缺陷。

电站投产以后，开始未怀疑发电机铭牌出力有问题，虽然可以满负荷运行，但运行风温必须低于额定进风温度。1970 年，电站自己进行温升试验，发现按铭牌进风温度运行时，达不到铭牌出力。原因是空气冷却器通风面积不够。此缺陷向列电局生技科和技改所汇报后，对空冷器两侧进风道进行了加宽改造，之后问题得以解决。

3. 技改准同期装置确保并列安全

电气运行中，同期并列是技术要求较高的重要操作。原设计是手动准同期操作，由人工捕捉同期点进行并列，对操作人员的心理素质和技术经验要求较高，稍有误差就会引起并列冲击，严重时会对机组造成损伤。为提高同期并列操作的安全性、准确性，减轻运行人员负担，电气技术人员按《电力系统自动化》中介绍的原理，结合电站实际，只增加 5 个继电器，花费不到 300 元，就安装了一套机电型恒定超前相角半自动准同期装置。当切换开关投至"工作"位置时，只要机组运转到符合并列条件，它就会自动输出合闸脉冲完成并列操作；当投至"闭锁"位置时，可进行人工并列操作，如果操作误差超出允许范围，可阻止开关合闸，从而避免非同期并列造成的冲击。此功能对新人员培训提供安全条件。1967 年报告局技改所，由于"文革"影响，到 1973 年，才在机组大修中安装投入运行。由于简单实用、安全可靠，12、38、52 等电站也相继采用。

4．唐山大地震中唯一保住的电源

1976 年 7 月 28 日，唐山发生大地震，因京津唐电网解列，42 站联络线开关跳闸而脱网。当班人员果断处理，正确操作，保住厂用电源，又及时恢复生产用水，使电站得以维持正常运行，成为唐山地区唯一没有被震停的电站。

在得知在唐山的 52 站伤亡惨重后，抽调十几名年轻力壮的男职工，7 月 30 日连夜奔赴唐山，在列电局组织下，和 38 站人员一起，在 52 站生活区倒塌的废墟里，连续奋战一整天，挖出 48 具职工和家属遗体，妥善埋葬。同时对幸存下来的职工进行慰问，送去食品、药品和饮用水。52 站幸存者深受感动和慰藉。

因为在抗震救灾中作出重要贡献，电站受到列电局和首钢公司的表彰嘉奖，并派代表参加当年 9 月 1 日在北京召开的唐山丰南地震抗震救灾先进单位和模范人物代表会议。

5．粗心装错汽机隔板

1966 年，42 站在四川峨眉九里进行首次大修。汽轮机揭缸检查，吊出转子和隔板，上下汽缸隔板按序摆放在检修现场，检修测试完毕，回装扣缸。大修结束开机后，发现负荷到 4000 千瓦左右，再也增加不上去，但查不出原因。排除外围设备及系统原因后，决定开缸检查。开缸后经过仔细检查，发现原来是 3 级与 4 级隔板相互装错位置，调换后开机一切正常。这个教训说明，即使简单的技术问题，粗心大意，同样造成不必要的损失，徒加很多工作量。为吸取这一教训，在全站开展严谨认真、一丝不苟，兢兢业业、精益求精的工作作风教育。

五、电站归宿

1983 年 11 月 3 日，水电部以（83）水电财字第 194 号文，将机组设备无偿调拨给内蒙古大雁矿务局。依据水电部（83）水电劳字第 21 号文，该站职工由苏州市经委分别安置于苏州纺工局供汽站（后改名苏州热电厂）、苏州化工厂热电站、苏州炭黑厂余热电站等单位。

第九节

第 52 列车电站

第 52 列车电站，1966 年 11 月组建，设备为国产 LDQ-Ⅰ型汽轮发电机组。1966 年 6 月，该站在西北列电基地安装，1967 年 5 月，在湖北襄樊投产，先后为湖北、河北、江苏 3 省 4 个缺电地区服务。1983 年 11 月，电站设备调拨给新疆吐鲁番市。建站 17 年，累计发电 2.62 亿千瓦·时，在国家经济建设中发挥应有的作用。

一、电站机组概况

1. 主要设备参数

汽轮机为冲动、凝汽式，上海汽轮机厂制造，额定功率 6000 千瓦，过热蒸汽压力 3.33 兆帕（34 千克力 / 厘米^2），过热蒸汽温度 435 摄氏度，转速 3000 转 / 分。

发电机为同轴励磁、空冷式，上海电机厂制造，额定容量 7500 千伏·安，频率 50 赫兹，功率因数 0.8，额定电压 6300 伏，额定电流 688 安。

锅炉为水管、抛煤链条炉，上海锅炉厂制造，额定蒸发量 4×8.5 吨 / 小时，过热蒸汽压力 3.82 兆帕（39 千克力 / 厘米^2），过热蒸汽温度 450 摄氏度。

2. 电站构成及造价

机组由汽轮发电机车厢 1 节、配电车厢 1 节、升压站开启式平板车厢 1 节、锅炉车厢 4 节、水处理车厢 1 节、水塔车厢 6 节组成。

辅助车厢：修配车厢 1 节、材料车厢 2 节。

电站共计 17 节车厢。呈双列并行布置，后改为单列布置。

附属设备：15 吨轨道蒸汽吊车 1 台，55 千瓦（75 马力）履带式推土机 1 台，62 千瓦（85 马力）柴油发电机 1 台，C620 车床、35 毫米摇臂钻床、牛头刨床各 1 台，4 吨解放牌汽车 1 辆。

电站设备造价 397.5 万元。

二、电站组织机构

1. 人员组成

电站组建初期，职工队伍以 34 站接机人员为主，另从 30、21、18、14 站，以及西北基地等抽调部分人员，共 84 名职工组成。

1967 年 9 月至 1977 年 9 月，列电局先后分配保定电校毕业生 31 名。1972 年 9 月，在邢台招收学员 10 名。1978 年 4 月，招收保定基地子弟 20 名。

1976 年唐山地震后，列电局抽调 42、37、39 站在 6 站培训的学员共 36 人，以及 41、39、34 等电站 12 人，支援 52 站恢复生产。该站落地前在册职工 95 人。

电站定员 88 人。

2. 历任领导

1966 年 11 月，列电局委派钟其东负责组建该站，并任命为厂长兼党支部书记。1972 年 12 月至 1979 年 8 月，列电局先后任命安民、谢希宗、李波、陈德义、田发、张道芳、张进森、杨德厚等担任该站党政领导。

3. 管理机构

（1）综合管理组。

历任组长：孟庆芬、张子权、路殿明。

历任成员：王桂兰、崔正芳、冉秀田、李振忠、高青、崔正仁、于汉俊、李桂玲、刘福元。

（2）生产技术组。

历任组长：陈德义、张书中。

历任成员：马承鳌、张贵奇、路延栋、周瑞林、袁国英、郑祥泉、薛汉根、王通。

4. 生产机构

（1）汽机工段。

历任工段长：谢希宗、张道芳、杨学忠。

（2）电气工段。

历任工段长：郑祥泉、姜世忠、熊东荣、王兆增。

（3）锅炉工段。

历任工段长：张宝祥、刘再春、孟祥瑞、袁国英。

（4）热工室。

历任负责人：许应钦、李秀英、岳洪恩。

（5）化验室。

历任负责人：张立安、盛国强、张东中。

5. 工团组织

历任工会主席：李波、梁江龙、张宝祥、刘树珂。

历任团支部书记：祁小祥、岳洪恩、安海书。

三、调迁发电经历

1. 调湖北襄樊未投产

襄樊是湖北省地级市，地处湖北省西北部，汉江中游平原腹地，中国历史文化名城。1966 年 6 月，52 站开始安装，是西北基地组装的第一台机组，同年 9 月 29 日组装结束，并完成 72 小时试运行。

1967 年 5 月，52 站调到湖北襄樊，甲方是襄樊电力公司。电站安装调试完毕后，因正值"文革"期间，工矿停产，无用电需求，一直没有发电。

2. 在河北邢台投产

邢台，古称邢州、顺德府，是河北省地级市。1968 年 7 月 22 日，水电部（68）水电军计年字第 178 号文，同意 52 站调到邯峰安电业局租用。随即，列电局发文通知 52 站调迁，并将原 28 站一台 7500 千伏·安变压器调拨 52 站使用。

1968 年 9 月，52 站调到河北邢台，甲方是邯峰安电业局。10 月，安装结束，并入邯峰安电网投产发电，缓解了当地供电紧张局面。

1970 年，利用停机检修机会，对汽轮机凝汽器、发电机空冷器风道进行改造。

电站在此服务近 5 年，累计发电 13775 万千瓦·时，有力地支援了邢台地区的工农业发展。该站被邢台市评为市级先进单位，连续 4 年评为生产优胜单位。

3. 调迁河北唐山

唐山市，河北省地级市，南临渤海，北依燕山，毗邻京津，是京津唐工业基地中心城市。1973 年 7 月，根据水电部（73）水电生字第 60 号调令，52 站由邢台调到唐山，甲方是唐山市华新纺织厂。当时陡河发电厂尚未投产，京津唐电网用电紧张，电站的到来，缓解了电力紧张局面，为纺织厂正常生产发挥了重要作用。该站在唐山服务 3 年余，累计发电 10028.4 万千瓦·时。

1976 年 5 月，电站奉命停机，拆装设备，准备返西北基地大修。7 月 28 日凌晨 3 时 42 分，河北唐山地区发生 7.8 级强烈地震，电站宿舍全部倒塌，在电站 156 名职工、家属中，104 名不幸遇难，另有重伤 28 名。地震前，12 名职工外出学习、5 名出差或探亲，免遭灾难。

幸存的 52 站职工，奋力救助被压的亲人和同事；在解放军的帮助下修复水泵，为灾区供上"救命水"；在列电局组织下，与基地和兄弟电站共同努力，抢修、安装震损设备，8 月 18 日具备发电条件。

1977 年 4 月，电站返西北基地大修。

4. 调迁河北保定

1978 年 4 月 3 日，水电部以（78）水电生字第 35 号文，决定第 52 列车电站从西北基地调到保定，为保定棉纺厂发电。

同年 5 月，大修完毕的 52 站从西北基地调往河北保定，由于电网供需关系变化，用电得以缓解，以及电站基建拖延等原因，机组停放在保定基地 1 年多未发电。后因江苏吴县用电更为迫切，改调江苏。

5. 调迁江苏吴县

1979 年 11 月，依据电力部（79）电生字第 93 号文，52 站由保定调到江苏苏州吴县外跨塘，甲方是吴县经委。

苏州地区多雨，煤场没有防雨设施，燃煤含水量大，有时雨水伴着燃煤将炉火湮灭，锅炉运行受到严峻考验。在这样的条件下，运行人员克服困难，不辞劳苦，维持锅炉汽压、汽温等参数，保证正常发电。

1980 年 9 月，电站奉命停机。发电不足 1 年，发电 2428 万千瓦·时。停机后，对机组设备进行检修保养。

四、电站记忆

1. 解缺电之急　为甲方增产增收

1973 年 7 月，52 站调到唐山市华新纺织厂发电。当时京津唐电网负荷紧张，纺织厂每周"开四停三"。几千人的纺织厂每停产 1 小时，直接经济损失 1 万多元，而 1 台 6000 千瓦列车电站每月租金 6 万元，因此甲方对电站十分重视，关怀备至。

电站到纺织厂后，经紧张安装，提前发电。电网时常限电，为保甲方生产，电站经常单机运行。为适应纺织厂用电特点，频繁调整负荷，以满足用电需求，电站的到来，使纺织厂每月可增收 228 万元。

1975 年 11 月，根据地方党委指示，电站党支部进行认真整风，多次召开群众会征求意见，针对为用户提供优质服务等 5 个方面的问题，制定整改措施，改进领导作风。当月 14 日，已完成全年发电 3000 万千瓦·时的任务，汽机工段安全生产 1000 余天。

电站被纺织厂评为先进单位，并受到物质奖励。纺织厂党委派出党政工团代表，到列电局表示感谢。

2. 震不垮的列车电站

1976 年 7 月唐山大地震，使得华北重镇唐山市顷刻间被夷为一片废墟，造成人员和财产的巨大损失，52 站人员死伤惨重。震后，52 站幸存下来的职工，不顾失去亲人的悲痛和自身的伤痛，奋力抢救压在废墟下的亲人和同事。他们在伸手不见五指的夜幕中，徒手救出 35 人。在领导遇难的情况下，自发组成临时党支部，组织指挥自救互救工作。

唐山市内电网和供水系统全部瘫痪。时值酷暑，全市灾民的最大难题是没有干净的饮用水。幸存的 52 站职工忍着失去亲人的巨大悲痛，会同前来抗震救灾的解放军，将尽快恢复供水作为当务之急。他们不顾伤痛，连续奋战 36 小时，修复厂用柴油发电机和深井泵，安装 3.5 公里的管道，8 月 1 日上午，为十余万灾民送上"救命水"。

为支援抗震救灾，52 站职工与前来支援的保定基地、28 站等兄弟电站的检修人员，冒着余震，顶着烈日，经过 15 昼夜的奋战，抢修好损坏的设备，于 8 月 18 日 21 时 2 分并网发电，为抗震救灾作出了历史贡献。

震后，唐山市人民政府授予 52 站"震不垮的列车电站"荣誉称号，职工归荣力代表 52 站受到由总理华国锋率领的中央慰问团的接见，电站部分人员参加中央新闻记录制片厂关于唐山抗震救灾新闻片的拍摄。

3. 震后首次执行发电任务

1977 年 4 月，经历唐山大地震后的 52 站返西北基地大修。1978 年 5 月，大修后奉命调往河北保定，1979 年 11 月，电站改调到江苏吴县外跨塘。这是 52 站经历唐山震后首次调迁发电，也是最后一次执行调迁发电任务。

吴县县委、县政府非常重视电站的到来，由县委办公室主任马金冠任筹备组组长，和县财政局、物资局领导与 52 电站厂长杨德厚组成领导小组，统一指挥建厂安装工作。机组到达后，全体职工立即投入到设备安装工作中。大家通力合作，经过 7 天紧张劳作，顺利完成安装调试任务。电站并网发电的当天，吴县县委梁书记和电站党支部书记张道芳剪彩，祝贺并网发电一次成功。

电站人员大部分是从北方初次到江南水乡，他们克服气候上的差异和生活上的诸多不便，专心致志地搞好运行。一大批地震后调到 52 站工作的青年职工，在老职工言传身教下，成为电站的骨干力量。电站与地方企业及周边农村关系融洽，经常组织厂际篮球赛，通过比赛增进友谊，为周边村民无偿修理电机、维修水泵，解决困难，受到吴县领导和当地村民群众的好评。

1983 年 11 月 25 日，水电部以（83）水电财字第 216 号文，将 52 站机组设备调拨给新疆吐鲁番市。

同年 12 月，电站职工 95 人安置于吴县外跨塘电厂等单位。后有部分人员调到华东基地、保定基地，以及调回原籍。

第十节

第 53 列车电站

第 53 列车电站，1968 年 6 月组建。设备属国产首台 LDQ–Ⅱ型汽轮发电机组，由北京电力工程公司在北京热电厂安装。1969 年 11 月，该站调往浙江宁波，翌年 4 月投产发电。1979 年 10 月，调往江苏镇江发电，1983 年 12 月，由华东基地管理。1984 年 3 月，电站设备调拨给海南行政区，人员并入华东基地。建站 15 年，累计发电 3.31 亿千瓦·时，为国防建设，以及地方的经济发展作出重要贡献。

一、电站机组概况

1. 主要设备参数

汽轮机为冲动、凝汽式，上海汽轮机厂制造，额定功率 6000 千瓦，过热蒸汽压力 3.43 兆帕（35 千克力 / 厘米^2），过热蒸汽温度 435 摄氏度，转速 3000 转 / 分。

发电机为同轴励磁、空冷式，上海电机厂制造，额定容量 7500 千伏·安，频率 50 赫兹，功率因数 0.8，额定电压 6300 伏，额定电流 688 安。

锅炉为水管、抛煤链条炉，上海锅炉厂制造，额定蒸发量 3×11 吨 / 小时，过热蒸汽压力 3.82 兆帕（39 千克力 / 厘米^2），过热蒸汽温度 450 摄氏度。

2. 电站构成及造价

机组由汽轮发电机车厢 1 节、电气车厢 1 节、锅炉车厢 3 节、水处理车厢 1 节、水塔车厢 4 节组成。

辅助车厢：材料车厢 2 节、修配车厢 1 节。

附属设备：15 吨轨道蒸汽吊车 1 台、55 千瓦（75 马力）履带式铲车 1 台、75 千瓦的柴油发电机组 1 台，车床、牛头刨床及 35 毫米摇臂钻床各 1 台。

电站设备造价 417.5 万元。

二、电站组织机构

1. 人员组成

电站组建时，由列电局安排，从 2、3、41 站等电站抽调接机人员组成。其中，2 站 7 人，3 站 13 人，7 站 4 人，41 站 15 人，47 站 9 人，48 站 14 人，共计 62 人。

1968 年 12 月至 1970 年 6 月，分配保定电校毕业生 23 人。1972 年 1 月在宁波招收学员 19 名，同年 6 月，支援 57 站 11 人接新机。1975 年 9 月至 1979 年 9 月，分配保定电校毕业生 25 人。1979 年年底，电站总人数 89 人，其中管理人员 8 人，专业技术人员 3 人，工人 78 人。

电站定员 80 人。

2. 历任领导

1968 年 6 月，列电局委派原有成负责组建该站，并任命为厂长。1969 年 10 月至 1982 年 11 月，列电局先后任命尉承松、方一民、周妙林、陈文山、吴国良、汤名武等担任该站党政领导。

3. 管理机构

（1）综合管理组。

历任组长：徐裕坤。

历任成员：黄月英、何沁芳、李雪英、金晓明、徐明德、洪美英、崔颜茹、黄竞峥。

（2）生产技术组。

历任组长：李德浩、金晓明、王重旭。

历任成员：刘明耀、顾天麟、方桐堃、徐文忠、李鸿仪、柴昌官、郑荣亮、姚惠生、毛金余。

4. 生产机构

（1）汽机工段。

历任工段长：马计庄、朱文需、薛继和、裘东平。

（2）电气工段。

历任工段长：徐文忠、张铁库。

（3）锅炉工段。

历任工段长：秦金培、程理和、唐云秋、王立成。

（4）热工室。

历任负责人：潘昭仁、余爱贤、吕宗武。

（5）化验室。

历任负责人：李纯兴、郑炳华、胡跃先、孙绍逊。

5. 工团组织

历任工会主席：方一民、徐裕坤。

历任团支部书记：金晓明、厉双喜。

三、调迁发电经历

1. 在浙江宁波投产

1969年7月1日，水电部以（69）水电军电综字第322号文，决定调53站到浙江宁波发电。同年11月1日，列电局（69）列电革劳字第100号文，通知电站，自北京发车，调往宁波。甲方是宁波电力公司。1970年4月13日至16日，机组进行72小时满负荷试运，4月24日并网发电。

1979年6月，设备就地大修。锅炉对引风机进行提高出力改造、加装防磨材料，制作水膜除尘器；电气直流控制电源，由原蓄电池组改为电容器供电；汽轮机在中试所人员指导下，将原水塔改造为横流式新型水塔，效率倍增。

1970年至1979年，该站累计发电27537.3万千瓦·时，为支援东海前线国防建设，以及宁波地区工农业生产用电，发挥应有的作用。

2. 调迁江苏镇江

1979年10月，根据电力部（79）电生字第26号文，53站由浙江宁波市调到江苏镇江市发电，甲方是镇江市经委。

厂址选在镇江市东北郊九里街，紧靠市焦化厂，列电机组安置在焦化厂专用铁路线上。水源由焦化厂自备水厂供给。市区35千伏303输电线路邻近厂区，通过该线路并网发电。机组到达后，经安装调试，12月并网发电。

1980年3月，在华东基地召开的1979年度站际竞赛评比会议上，该站被评为安全生产先进电站。截至1980年7月3日，电站安全运行创700天纪录，其中电气安全运行创1091天纪录，受到列电局的表彰。

1982 年年初，该站退出电网。累计发电 5568.7 万千瓦·时，有效缓解镇江地区用电的供需矛盾。电站退出电网后，就地检修待命。

3. 调回华东基地待命

1982 年 5 月，根据电站分区管理的划分，53 站结束在镇江的发电任务后，调回华东基地。在电站落地前，女职工留电站负责设备保养，男职工大部分在外承揽业务。为镇江纸浆厂、苏州第四制药厂、第二制药厂及淮阴糖果厂等单位，承揽锅炉检修及安装等工程。

四、电站记忆

1. 签订生产协议中与甲方的争议

53 站在宁波并网发电后，1970 年 5 月 12 日，电站代表列电局与宁波电力公司商谈电站生产协议事宜。甲方提出以下意见：关于租用期限暂不能定，待请示地区领导后答复。电站租金问题，只能付至电站退出电网停机发电为止，如果电站无新任务，不负责送回基地。在设备大修和设备停运期间，停止付租金。电站临时工的雇用，必须通过地方劳动安置部门，不得违反当地劳动管理的规定。电力电缆无偿调拨或无偿使用。

电站将甲方意见向列电局汇报后，列电局于 5 月 18 日，以（70）列电革计字第 064 号文回复，文中明确答复：电站在宁波地区使用期限问题，经请示水电部，同意暂时不定，可根据全国战备及工农业用电需要情况，由上级决定调出日期。电站租金及固定费用，应付至上级决定调出为止，若电站无新任务，除电站退网前使用的一切建筑及其设施外，宁波电力公司应尽将电站及其全部辅助设备、随车职工及家属，送返列电局指定的列电基地的义务，并承担上述变动的一切费用。电站设备大修时，甲方可停付电站固定费用 2.22 万元 / 月，应照付电站租金 6 万元 / 月。电站设备运行期间，除非电站原因，用户按月应照付租金及固定费用 8.22 万元。用户配备人员，应根据中央有关临时劳动力安排规定，通过当地劳动部门解决。电力电缆列电局同意按价调拨给宁波电力公司。电站根据列电局的要求，进一步与甲方协商，最后按列电局的规定签订了电站租赁协议。

"文革"初期，电站租赁合同制一度被否定，认为是"资产阶级法权"，受到批判。1971 年列电局财务会议讨论、形成"列车电站生产协议"标准文件，并开始试行。

2. 应对雷雨、台风的袭击

宁波地处东南沿海，每年都有雷雨、台风的袭击。1971 年夏季的一天，凌晨两点多钟，雷雨交加，突然一个霹雷击中过江的高压线，造成短路。短路点距离电站很近，值班员看见远处变电站被火球击中，主机发出异音，电气盘的仪表大幅摆动。为防止发电机被雷击，值长果断令电气值班员拉掉发电机出线开关，带厂用电运行，这时汽轮机危急保安器误动作，汽轮机转速下降，锅炉安全门全部启跳。经对机组设备检查后，未发现异常，立即合上危急保安器，重新开机并网运行。

1971年秋，台风凶猛，正赶上八月十五天文大潮，甬江水位涨高3米左右。电站就在江边，靠近码头，潮水淹过码头，冲进电站院内，车厢轮毂水淹过半。电站紧急投入抢险，所有男职工装运沙袋护堤。洪水来势凶猛，沙袋堆上去，一浪就打没了。台风已达12级，人站不住，必须蹲下才行。好在持续时间不是太久，正赶上电站停机，没有造成太大损失。

1980年6月下旬，镇江地区连日出现特大雷雨。29日17时，突发雷击，造成电站供电系统故障。值班人员沉着应对，各司其职，系统负荷甩掉后，保住厂用电运行，系统故障消除后很快恢复供电。

针对每年都能遇到台风、雷雨气候，电站就此不断加强技术防范措施。经常对防雷设备进行安全检查，厂长与工段长坚持每日到车间巡视制度，发现问题随时处理，使设备经常保持良好状态。并提前组织反雷击事故演习，落实应对台风、暴雨等措施，保证机组稳定安全发电。

3. 一起工伤事故

1972年3月8日下午，电站锅炉值班员黄竞峥，用蒸汽吊车上完煤回到锅炉车上，见师傅要校验锅炉水位计，就主动替师傅操作。

他冒着高温登上人字梯，在接近水位计时，水位计突然爆破，大量的高温汽水，带着破碎的玻璃碴喷向他的脸上，双眼被碎玻璃击中。他被紧急送往宁波市第二医院，医生决定立即转到杭州医科大学附属医院。医生从他左眼里取出玻璃碴后，尚无大碍，而右眼伤势过重，造成永久失明。

黄竞峥，1968届保定电校中专毕业。工伤后离开运行岗位，组织安排他从事材料采购工作。在组织的关心下，他与下一届校友李忠泽结为伉俪，1982年年底，调到保定基地工作。

五、电站归宿

1983年2月26日，水电部以急件（83）水电劳字第21号文，决定将在江苏的53站等8台电站移交给江苏省电力局，由其负责接收和安置。

同年12月，水电部以（83）水电劳字第155号文决定，撤销（83）水电劳字第21

号文，该 8 台电站改由华东基地管理。

1984 年 3 月，水电部以（84）水电计字第 75 号文，将 53 站设备调拨给海南省海口市。职工除部分调往宁波市外，其余全部安置在华东基地，电站建制撤销。

第十一节

第 54 列车电站

第 54 列车电站，1968 年 11 月组建。设备属国产 LDQ–Ⅱ型汽轮发电机组，1969 年 10 月，在西北基地安装调试后出厂，同年 11 月，在贵州水城投产发电。该站先后为贵州、湖南、山西、江苏 4 省 5 个缺电地区服务，1984 年年底，划归江苏无锡县新苑公司。建站 15 年，行程 5000 多公里，累计发电 3.15 亿千瓦·时，为国家三线建设，以及重点工矿企业生产作出重要贡献。

一、电站机组概况

1. 主要设备参数

汽轮机为冲动、凝汽式，上海汽轮机厂制造，额定功率 6000 千瓦，过热蒸汽压力 3.43 兆帕（35 千克力 / 厘米^2），过热蒸汽温度 435 摄氏度，转速 3000 转 / 分。

发电机为同轴励磁、空冷式，上海电机厂制造，额定容量 7500 千伏·安，频率 50 赫兹，功率因数 0.8，额定电压 6300 伏，额定电流 688 安。

锅炉为水管、抛煤链条炉，上海锅炉厂设计制造，额定蒸发量 3×11 吨 / 小时，过热蒸汽压力 3.82 兆帕（39 千克力 / 厘米^2），过热蒸汽温度 450 摄氏度。

2. 电站构成及造价

机组由汽轮发电机车厢 1 节、电气车厢 1 节、锅炉车厢 3 节、水处理车厢 1 节、水塔车厢 4 节组成。

辅助车厢：材料车厢 2 节、修配车厢 1 节。

附属设备：15 吨轨道蒸汽式抓斗吊车 1 台，75 千瓦柴油发电机 1 台，55 千瓦（75 马力）推土机 1 台，车床、牛头刨床、35 毫米摇臂钻床各 1 台。

电站设备造价 417.5 万元。

二、电站组织机构

1. 人员组成

该站组建初期，职工队伍以 24、29、30 站等电站抽调的接机人员为主，以及从保定、北京、大连、重庆等电校分配来的毕业生组成。

1971 年年初，从贵州遵义、水城招收学员 20 名；同年 6 月，为 56 站输送技术骨干 20 名；1972 年 8 月，为 57 站输送技术骨干 8 名。1976 年后，调入电站职工的配偶 12 名（外系统职工）；1978 年在山西大同招收学员 20 名。

电站定员 80 人。

2. 历任领导

1968 年 11 月，列电局委派陈本生、张成发负责组建该站，并分别任命为首任厂长、副厂长。1973 年 9 月至 1982 年 1 月，列电局先后任命霍福岭、董福祥、李山立、周仁萱等担任该站党政领导。

3. 管理机构

（1）综合管理组。

历任组长：张文兰。

历任成员：周贻谋、冯晓、杨宝生、冯淑德、张志儒、赵素明、富岩、秦梅花、苏信元、蒲振典、吴言宏、肖玉莲、张尚荣、郭淑兰、吴言知、汤少钧、柳樟贵、韩玉林、黄桂茹、韩路顺。

（2）生产技术组。

历任组长：马洪恩、陆世英、游振邦。

历任成员：张国祥、李祖培、陈惠忠、王萍、朱振山、沈伍修、杨万波、姚志官。

4. 生产机构

（1）汽机工段。

历任工段长：金扬兴、张国兴、李秀德。

（2）电气工段。

历任工段长：张克勤、程振起、杨万波、马鉴、石大明、李玉善。

（3）锅炉工段。

历任工段长：李喜明、李希贤、张继昌、刘长槐、王建军。

（4）热工室。

历任负责人：宋智、霍福岭、梁涛、徐学勤、杨文翔、陈松根。

第四章　国产机组

319

（5）化验室。

历任负责人：李玉莲等。

（6）上煤除灰（吊车）。

历任负责人：张宝财、王新、王利民、冯定国。

5. 工团组织

历任工会主席：解赤强、李山立、傅永义。

历任团支部书记：傅永义、闫贵昌。

三、调迁发电经历

1. 在贵州水城投产

1969年11月，根据水电部（68）水电军计年字第195号文，54站调到贵州水城青杠林，甲方是水城钢铁厂，为用电大户，当时电网缺电严重，且供电不稳定，电站常单机供电。在艰苦的生活条件下，在阴雨连绵、气候潮湿的环境中，运行人员克服煤质低劣，易结焦且含水分极大的困难，满足甲方的用电需求。

该站在此服务两年，累计发电3600万千瓦·时，有力支援了三线钢铁工业建设。

2. 调迁湖南洪山殿

双峰县洪山殿镇，地处湘中腹地，隶属湖南省娄底市，距娄底23公里。1971年12月，根据水电部（71）水电电字159号文，54站调到湖南双峰洪山殿，甲方是涟邵矿务局洪山殿煤矿。场址选在煤矿井口附近，生产条件较好，满负荷发电。1972年8月，双峰附近河溪干枯、无水源可用，电站停机待命。

该站在此服务8个月，发电1794.8万千瓦·时。

3. 调迁湖南湘潭

1972年夏，湖南大旱，严重影响全省水电站发电，电力紧张。8月31日，湖南省水电局以（72）湘革水电电字第271号文，向水电部报告，申请租赁电站。水电部决定将双峰洪山殿待命的54站调往湘潭钢铁厂发电。9月，电站紧急调到湘潭，甲方是湘潭钢铁厂。

该站在此服务半年，发电853.6万千瓦·时，圆满完成任务，调往山西。

4. 调迁山西大同

1973年4月，根据水电部（73）水电生字第35号文，54站调到山西大同，在矿务局中央机厂发电，甲方是大同矿务局。大同矿务局是国家重点煤炭基地，当时缺电严重。一年后又调来10站，煤矿用电紧张局面得到缓解。

电站克服了机组燃用大同煤不适应的困难，积累了运行经验和熟练处理设备故障的技能，确保发电任务的完成，每年都被矿务局评为先进单位。该站在大同服务6年，累计发电 20312.3 万千瓦·时。

1978 年 5 月，列电局物资管理工作学大庆会议在 54 站召开。该站物资管理规范到位，会上将材料员杨宝生创造的账、物、卡物资管理办法向全局推广。

5. 调迁江苏无锡

无锡县为江苏省无锡市属县。1979 年 9 月，根据电力部（79）电生字第 34 号文，54 站调到无锡县，甲方是无锡化肥厂（后改为新苑公司）。厂址位于京杭大运河边的无锡化肥厂内。

1980 年 8 月至 1984 年 4 月，当地电力缓和，电站停机冷备用，1984 年国庆节前，恢复运行。

该站在此服务 5 年余，累计发电 4958 万千瓦·时。

四、电站记忆

1. 一支能打胜仗的职工队伍

电站转战 4 省 5 地，行程 5000 多公里，15 年的历程中逐渐形成团结互助、不怕困难的站风。建站之初，电站领导班子中，陈本生、张成发两位战争年代参加革命的老干部的工作作风，对站风的初步形成起到了言传身教的引领作用。之后的岁月中，电站注重站风培育，培养锻炼出一支工作中认真负责，生活中团结互助，具有团队精神的职工队伍。

1973 年 5 月，在湖南洪山殿煤矿发电时，煤矿发生井下透水事故。时任省领导华国锋要求保证供电，确保工人安全升井。当时机组单机运行，关键时刻，机组超负荷运行，在机组震动大并产生较大异音的情况下，运行人员全力以赴、精心操作，保证抢险用电，力保煤矿工人的生命安全，受到矿务局的表彰。

1974 年冬季，在大同发电时，燃用大同煤，发热量高、灰分低，炉排结焦严重，影响炉排通风冷却，炉排片常被烧毁。当时 1 号锅炉炉排大面积烧坏，时任厂长张成发与工人共同奋战，仅用 29 小时，对炉排进行解体，消除缺陷，更换损坏的炉排片，重新安装后，炉排投入安全运行。

1980 年 5 月，在无锡发电时，因吊车上煤专用线故障，吊车不能给 1 号炉上煤，为了不减负荷，领导带领职工们用脸盆、水桶等工具，实行人工上煤两三个小时，维持 1 号炉未减负荷，直到上煤专用线恢复正常运行。

2. 快速调迁

1979 年 9 月，电站从大同调往无锡时，为争取提前发电，电站派生技组长陆世英带队选场。选建厂小组对主车现场位置精确测量，给甲方提供一套完整、精确的选建厂和安装资料。

9 月初，机组在大同解列后，利用无锡甲方现场施工的时间，将本应在无锡进行大修的计划安排在大同进行。完成大修任务后，又立即进行拆迁工作。从设备拆卸到装车，包括职工家属的生活用品装车，仅用 3 天时间，第 3 天傍晚电站职工撤离大同。

主车到达无锡后，立即着手安装、调试，只用 3 天时间完成，9 月 27 日晚 9 时一次启动成功，满负荷运行，比合同约定发电时间提前 20 天。10 月 1 日，无锡县委在召开庆功大会上，奖励电站一台电视机。54 站这次调迁经验，也为全局电站的调迁工作提供有益的借鉴。

3. 停机冷备用期间的工作

1980 年 8 月，无锡电力供需矛盾缓和，电站停机冷备用 4 年多。这期间，主要工作是做好设备防腐养护和职工培训工作。为确保设备完好，锅炉采用充氨湿保护和生石灰干保护法并用的养护方案，外露设备如省煤器、汽轮机排气筒，采用生石灰保护，发电机滑环涂抹凡士林，责任落实到人。4 年后，接到复运命令，从撤出保护到检修、调试设备，只用了 27 天就一次启动成功，满负荷运行。无锡县委在 10 月 1 日召开庆功大会，为电站庆功，县委和新苑公司各奖励电站 1 万元。江苏省《新华日报》刊发了 54 站快速复运的报道。

在精心做好设备养护的同时，电站从凝聚队伍考虑，组织培训班和开办数学班、英语班，提高职工文化基础。在设备保养期间，由冯定国、杨风林两位师傅为大家传授钣金工技术，采取边教边学边干的培训方法，将电站所有管道包上铁皮化妆板，既学到技能又美化了设备。

对外承揽工程。1981 年以 54 站为主，会同 15、46 站共同完成福建长泰糖厂 10 吨锅炉检修，以及 750 千瓦燃烧甘蔗渣发电机组的安装。1982 年年底，54 站组织职工为合资企业无锡江海木业公司，安装一台 10 吨 / 小时低压散装锅炉、车间生产设备及采暖系统；完成苏州炭黑厂 10 吨锅炉大修；到苏州拆迁 42 站设备；为新苑公司架设直径 1 米的高空煤气管道，制作球型大储气罐等。通过承揽外部工程，既锻炼队伍，又提高了职工技能。

4. 师徒情谊深远

1978 年 11 月，54 站从大同招收一批学员，采取固定师傅、签订师徒合同的方法，有利工作和搞好师徒关系。师傅在工作中言传身教，徒弟刻苦学习，增强了师傅的责任感，融洽了师徒情感。近 40 年的时间证明，一纸师徒合同，演变成终身的师徒情谊，影响终身。

师傅刘德才定居张家口，徒弟张润祥 1982 年调回大同矿务局。2008 年 9 月，张润祥得知师傅生病住院后，立即赶往张家口医院，长时间细心陪护。师傅游振邦家住张家口，徒弟卢起云 1982 年调回大同矿务局后，经常携家人去张家口看望师傅。到了信息时代，为师傅买了一台平板电脑送到张家口，并教会师傅使用。2015 年电站职工在涿州聚会，王新莲见师傅闫贵昌穿的衣服陈旧些，随即去商场给师傅买了一套新衣服。

在离别近 40 年的岁月中，师徒之间、同事之间相互惦念，相互关心，生活中感人的故事不胜枚举。虽然分散在各地，但情谊一直延续。

5. 与甲方的友好情谊

54 站所到之处，都以认真负责的良好服务拉近与甲方的距离，双方进而建立起深深的情谊。从洪山殿煤矿调往湘潭钢铁厂时，涟邵矿务局派军代表亲自护送到湘钢。从湘钢调往大同时，湘钢派动力分厂政治处主任罗汉文护送到大同矿务局。从大同矿务局调往无锡新苑公司时，矿务局又派机电处工程师王晓宁护送到无锡。原甲方向新甲方如实介绍电站的工作情况，为电站在新的地方开展工作打下良好基础。

电站在大同时，当地居民粮食供应 65% 是粗粮，副食供应也紧张。大同矿务局经常组织调运一些肉类、水产品等生活物资分发给职工，分发时对电站职工同样对待。2016 年 8 月，电站已调离大同矿务局中央机厂 37 年之后，54 站职工又回大同故地重聚，受到中央机厂党政领导隆重的欢迎和款待，可见当年深厚的情谊。

6. 文体活动丰富多彩

建站之初，从电校分配来的学生多，又相继招入两批学员，职工队伍年轻且有朝气。针对这个特点，电站组织开展篮球、乒乓球、摔跤、围棋等文体活动。在贵州水城时，经常自排自演节目。篮球队可以同万人的水城钢铁厂篮球队同场竞技。乒乓球队在拥有 4000 多人的大同矿务局中央机厂乒乓球比赛中获得团体冠军。站上活跃着一批业余摔跤爱好者，夏松平在大同市摔跤比赛中荣获第二名。在大同矿务局发电时，电站召开过两次田径运动会，在站的电校实习生也参加了运动会。开展电站的文体活动，不但丰富了职工业余生活，而且形成积极向上，文明和谐的氛围。

五、电站归宿

1983 年 4 月，列电局撤销后，华东基地将 54 站机组租赁给无锡县新苑公司。根据水电部（83）水电劳字第 17 号文的安排，1984 年年底，机组和人员归属无锡县新苑公司化肥厂。归属前，接收部分兄弟电站想回南方的职工，有的职工根据个人要求调回北方工作。

据不完全统计，电站职工到新单位后，工作积极向上，多数人成为骨干力量。有22名职工被提拔重用，其中有的担任科长、处长、厂长、总经理、总会计师、总工程师等职，两名获得高级技术职称，两名创办民营企业取得成功，更多的成为班组长和技术骨干。

第十二节

第 55 列车电站

第 55 列车电站，1969 年 10 月组建。设备为国产 LDQ-Ⅱ型汽轮发电机组，同年 8 月，在北京电力建设公司修配厂安装，1971 年 3 月，在山西垣曲投产发电。该站为山西垣曲、长治两地服务近 12 年，累计发电 2.84 亿千瓦·时，为三线重点企业的建设作出应有贡献。1982 年 11 月，机组设备调拨给满洲里扎赉诺尔矿务局，电站人员大部分由西北列电基地安置。

一、电站机组概况

1. 主要设备参数

汽轮机为冲动、凝汽式，上海汽轮机厂制造，额定功率 6000 千瓦，过热蒸汽压力 3.43 兆帕（35 千克力 / 厘米 ^{2}），过热蒸汽温度 435 摄氏度，转速为 3000 转 / 分。

发电机为同轴励磁、空冷式，上海电机厂制造，额定容量 7500 千伏·安，频率 50 赫兹，功率因数 0.8，额定电压 6300 伏，额定电流 688 安。

锅炉为水管、抛煤链条炉，上海锅炉厂制造，额定蒸发量 3×11 吨 / 小时，过热蒸汽压力 3.82 兆帕（39 千克力 / 厘米 ^{2}），过热蒸汽温度 450 摄氏度。

2. 电站构成及造价

机组由汽轮发电机车厢 1 节、电气车厢 1 节、锅炉车厢 3 节、水处理车厢 1 节、水塔车厢 4 节组成。

辅助车厢：材料车厢 2 节、修配车厢 1 节。

附属设备：15 吨轨道蒸汽抓斗吊车 1 台，55 千瓦（75 马力）履带式铲车 1 台，75 千瓦的柴油发电机 1 台，C620 车床、35 毫米摇臂钻床、牛头刨床各 1 台。

机组设备造价 402.5 万元。

二、电站组织机构

1. 人员组成

电站组建初期，以 44、52 站接机人员为主，与 39、25、16、21 站调入人员共同组成。1971 年 7 月，在垣曲县招收北京下乡知青、有色金属公司子弟和垣曲县待业青年共计 40 名学员。1975 年分配保定电校毕业生若干名。

电站定员 80 人。

2. 历任领导

1969 年 10 月，列电局委派马洛永、刘万山负责组建该站，并分别任命为厂长兼党支部书记、副厂长。1972 年至 1978 年，列电局先后任命贾臣太、张彩、白义、阳树泉、安民、冯全友等担任该站党政领导。

3. 管理机构

（1）综合管理组。

历任组长：陈精文、富玉珍、张聚臣、白存劳。

历年成员：崔正芳、张恒造、王秀兰、李素芹、闫立兵、王殿清、李文荣、王玉刚。

（2）生产技术组。

历任组长：路延栋、朱杏德、孙庆海。

历年成员：方桐坤、金香玲、赵凤兰、于行信。

4. 生产机构

（1）汽机工段。

历任工段长：梁洪滨、原敬民、李文国、曹有成。

（2）电气工段。

历任工段长：刘兰亭、刘振伶、王增莲、吴蕴波。

（3）锅炉工段。

历任工段长：王梦麟、徐春荣、赵泮增、杨建华。

（4）热工室。

历任负责人：潘昭仁、闫长庚。

（5）化验室。

历任负责人：金香玲、赵凤兰。

5．工团组织

历任工会主席：梁洪滨、李素芹、王玉刚。

历任团支部书记：张宝仙、董超力、潘秋元、闫立兵。

三、调迁发电经历

1．在山西垣曲投产

1970 年 8 月至 12 月，55 站由北京电力建设公司在北京组装，并进行增容改造。1970 年 12 月 16 日，水电部以（70）水电电字 70 号文件，决定 55 站调迁至山西垣曲发电。甲方是中条山有色金属公司。

垣曲县隶属于山西省运城地区，位于山西省南端。1971 年 1 月由赵泮增、刘振伶配合保定基地车辆人员押车到达现场，北京电力建设修配厂人员进行现场安装，3 月 26 日完成安装试运并网发电。电站安装、试运过程中，列电局戴耀基工程师到现场负责指导工作。

中条山有色金属公司是国家大型采矿及冶炼企业，三线重点工程。因三门峡工程推迟发电，致使该公司冶炼厂因缺电停工达 4 年之久。电站的到来为铜矿的开采和冶炼提供电源，改变了因缺电停工的局面。1975 年 9 月，该公司建成自备电厂后电站停运。

该站在垣曲服务近 5 年，累计发电 17272 万千瓦·时。

2．调迁山西长治

1976 年 5 月，根据水电部（76）水电生字 30 号文件，55 站调到长治市，甲方为长治钢铁厂。长治钢铁厂建于 1947 年，其前身为八路军军工厂，是中国共产党在太行革命根据地建设的第一个炼铁厂。

电站布置在厂区，临近漳泽水库。发电初期因职工宿舍还未建成，职工上班要步行 1.7 公里，且走火车道旁的荒郊小道，冬天上下夜班，冒着风雪步行尤为艰苦。在长治钢铁厂发电的 3 年中，累计发电 11105.1 万千瓦·时。

55 站机组设备由于出厂时进行了增容改造，经过 8 年的运行，出现了不少问题，需要恢复性大修。经申请，列电局和山西电网协调后，1979 年 6 月，电站调离长治钢铁厂，返回西北基地大修。1980 年完成大修后原地待命，并积极寻找甲方。

四、电站记忆

1. 机组增容改造前后

1970 年 8 月，机组设备出厂后，在北京电建公司修配厂对机电炉设备配套组装的同时，还对机组进行增容设计和改造。20 世纪 70 年代初，电力部门提出发电厂要进行提高出力改造，北京电建公司在组装 55 站时提出"实干加巧干，誓把列电翻一番"的目标。

机组改造的主要项目有：对 1 号、2 号锅炉增加水冷壁管、过热器和省煤器贴墙管，对发电机进行双水外冷的技术改造，对汽轮机调速汽门蒸汽分配室两侧增加两根直径 50 毫米的旁路管，以增加汽轮机进气量。电站汽机专业梁洪滨，锅炉专业王梦麟、赵泮增，电气专业刘兰亭、刘振伶，热工专业闫长庚等人员参加该项改造工作。

增容改造是在当时历史条件下的一次尝试，机组运行中，开始似有一些成果，如改造后的 1 号、2 号锅炉出力从原设计的 11 吨 / 小时，能瞬时达到 15~16 吨 / 小时，经常运行在 12~14 吨 / 小时之间，发电负荷曾瞬时达到过 7500 千瓦或更高些。但运行时间长了，设备不断出现问题，先是锅炉受热面磨损严重，发生了爆管事故。1973 年 8 月，出现发电机双水外冷水管堵塞现象。同年 11 月，电站小修停机时发生汽轮机主轴突然抱死事故，经过列电局、基地专家研究决定，就地揭开汽轮机大盖检查，确定了事故的原因是超出力改造留下的隐患。

为此，1973 年列电局要求电站停止搞增容改造，55 站开始逐步恢复原设计。先由厂长刘万山带领电站人员，恢复发电机转子的通风系统，1974 年又由西北基地进行发电机定子系统的复原工作。汽轮机在 1973 年处理停机事故时去掉两根旁路管，封死改造时增加的进汽通道，恢复到原来的出厂设计。

2. 急用户所需，满足用户要求

20 世纪 70 年代初，铜作为急需的战略物资十分紧缺。1972 年年底，中条山有色金属公司为完成当年的生产任务，争分夺秒加紧生产，电力供应成为生产的关键。而此时 55 站的锅炉早已到了检修期，炉膛结焦，尾部受热面积灰严重，引风机开到最大，炉膛还是正压，往操作室倒烟，蒸汽流量下降近一半。铜矿生产正在关键时刻，不能停炉，更不能停机。迫不得已，电站只能在不停机的情况下，申请 10 小时的单炉抢修时间，轮换停炉打焦除灰。工人在炉膛没有冷却下来的情况下，穿好防护衣、皮鞋，戴上石棉手套，钻进炉膛打焦，疏通烟道。此时炉内还有七八十摄氏度的高温，打下来的煤焦里面还冒着火，检修人员轮流作业，浑身浸透汗水，连塑料安全帽都被烤软变形。但他们仍然坚持作业，按时完成任务，准时并炉，确保铜矿顺利完成全年任务，电站也因此受到表彰。

3. 加强电站领导稳定职工队伍

列电局先后几次对该站派驻工作组并进行领导班子调整，以加强电站的领导工作。第一次是 1973 年派出以西北基地胡金波为组长的 5 人工作组；第二次是 1974 年派张彩出任第一书记，直接领导电站工作，为期 1 年半时间，直至 1975 年撤出；第三次是 1978 年列电局派出以胡金波为组长的 4 人工作组，在电站工作半年余。在工作组的帮助下，调整了领导班子，加强支部建设，发展了新党员，解决了 10 余名职工长期两地分居问题，对稳定职工队伍，促进安全生产起到了很好作用。

4. 完成设备交接工作

1982 年 11 月，55 站机组调拨给扎赉诺尔矿务局，电站组织各专业人员护送机组到扎赉诺尔矿务局，并完成安装、调试、交接和代培任务。1983 年 5 月，人员撤离扎赉诺尔回到西北基地。

时值严冬季节，满洲里地区气温低达零下 40 摄氏度，在这种极其寒冷的环境下开机，困难是可想而知的。为了不使冷却水管冻结，电站的职工拿着十几把喷灯，每隔几米就有一把喷灯不停地烘烤着水管，在冰天雪地里一待就是几小时。上运行班时，夜里巡检设备，曾有多人掉到雪窝子里，在同伴帮助下爬出来继续值班巡视。

五、电站归宿

根据 1982 年 10 月 21 日水电部（82）水电讯字第 32 号文，55 站设备无偿调拨给内蒙古扎赉诺尔矿务局，人员大部分安置在西北基地，有部分职工从列电调出。按协议约定，由西北基地协助进行机组交接、安装等工作。

机组落地后在扎赉诺尔继续发电，直至 1987 年年底停机，退出电网。1988 年机组又转让给河北鹿泉县继续发电，2004 年在河北鹿泉报废。

第十三节

第 56 列车电站

第 56 列车电站，1970 年年底组建。设备属国产 LDQ–Ⅱ型汽轮发电机组，1969 年年底，在西北列电基地安装，翌年 10 月试运成功，1971 年 5 月，在江苏徐州投产发电。该站为江苏徐州服务 11 年余，1983 年 2 月以后，大部分人员落地徐州。机组调江苏镇江。建站 12 年，累计发电 4.99 亿千瓦·时，为国家煤炭工业和地方经济发展作出应有贡献。

一、电站机组概况

1. 主要设备参数

汽轮机为冲动、凝汽式，上海汽轮机厂制造，额定功率 6000 千瓦，过热蒸汽压力 3.43 兆帕（35 千克力 / 厘米²），过热蒸汽温度 435 摄氏度，转速 3000 转 / 分。

发电机为同轴励磁、空冷式，上海电机厂制造，额定容量 7500 千伏·安，频率 50 赫兹，功率因数 0.8，额定电压 6300 伏，额定电流 688 安。

锅炉为水管、抛煤链条炉，上海锅炉厂制造，额定蒸发量 3×11 吨 / 小时，过热蒸汽压力 3.82 兆帕（39 千克力 / 厘米²），过热蒸汽温度为 450 摄氏度。

2. 电站构成及造价

机组由汽轮发电机车厢 1 节、电气车厢 1 节、锅炉车厢 3 节、水处理车厢 1 节、水塔车厢 4 节组成。

辅助车厢：材料车厢 2 节、修配车厢 1 节。

附属设备：15 吨蒸汽轨道吊车 1 台，55 千克（75 马力）履带式铲车 1 台，75 千瓦柴油发电机组 1 台，120 车床、35 毫米摇臂钻床和牛头刨床各 1 台。

电站设备造价 380 万元人民币。

二、电站组织机构

1. 人员组成

该站组建时,职工队伍由 11、21、42、43、53、54 等电站接机人员组成,其中包括专家型老工人、大中专毕业生及保定电校的师生等共 30 余人。1975 年年底,分配保定电校毕业生 9 人,1976 年年初从昌邑、烟台招收知识青年 40 余人。

电站定员 80 人。

2. 历任领导

1970 年 12 月,列电局委派马海明负责组建该站,并任命为厂长。1970 年至 1978 年,列电局先后任命陈启明、杜尔滨、李来福等担任该站党政领导。

3. 管理机构

(1)综合管理组。

历任组长:孟林、陈青、徐世范、王维茂。

历任成员:高振英、皮庆荣、乔传忠、劳择一、桑诚斌、吕仲侠、孙家尧、王逢德、葛玉琦、刘志英、曲桂华、隋树兰。

(2)生产技术组。

历任组长:张学义。

历任成员:李祖培、李志鹏、范茂凯、徐慰国、刘培仁、尹德明、陈云娟、姜静芝、张喜奎、刘树俭。

4. 生产机构

(1)汽机工段。

历任工段长:王桂如、袁光煜、江德寿、汪德如。

(2)电气工段。

历任工段长:李跃勇、沙朝军、张喜奎。

(3)锅炉工段。

历任工段长:何立方、余风兴。

(4)热工室。

历任负责人:庄大华、潘兆仁、朱永光、吉长德。

(5)化验室。

历任负责人:梁成达、王显成。

5. 工团组织

历任工会主席：劳择一、陈怀良、王桂如、韩承宝。

历任团支部书记：孟爱华、赵振兵、张振华。

三、调迁发电经历

1. 在江苏徐州投产

徐州地处江苏省西北部，京杭大运河从中穿过，陇海、京沪两大铁路干线在此交汇，素有"五省通衢"之称。

1971年5月，根据水电部（71）水电电字第33号文，电站调到江苏徐州，甲方为徐州电业局。电站安置在徐州市大黄山。电站的到来，有效缓解了徐州工矿企业严重缺电的局面。

据徐州电力工业志中记载，电站在此服务7年余，累计发电量31385万千瓦·时。

2. 为大黄山煤矿发电

1978年11月，电站变更租赁关系，厂址未变，甲方由徐州电业局变更为徐州矿务局大黄山煤矿。

大黄山煤矿，1958年建成投产，设计年产能力90万吨。当时煤矿严重缺电，电站为大黄山煤矿发电，以解煤矿的燃眉之急。截至1982年11月，该站为大黄山煤矿服务4年，累计发电18482万千瓦·时。

四、电站记忆

1. 力量雄厚的技术骨干队伍

该站组建时吸收了一支技术骨干队伍。这支队伍里有老工程师李祖培、电力专业大学毕业生李志鹏、尹德明、徐慰国；50年代中专毕业的技术干部马海明、张学义、范茂凯、刘培仁、劳择一；60年代初大、中专毕业生戴如怀、朱永光、周伯泉、王显成、姜静芝等，还有50年代就在列电系统服务的葛明义、袁光煜、江德寿、何立方等经验丰富的老工人，总计有30余人，占职工总数的35%以上。这支专业技术队伍在电站的安全生产、管理中，发挥了骨干作用。

2. 全国电力工业大庆式企业

1971年电站调徐州发电时正值"文革"中期，许多企业处在停产、半停产状态。徐州电网30多万千瓦的发电设备，实际出力不足一半。当年徐州是国家重要的煤炭基地，由于电力供应不足，严重地影响了煤炭生产。因此地方政府向国务院报告，请求尽快地解决电力缺口的问题。水电部决定调 14、21 站和 56 站到徐州应急发电。

1971 年 5 月，该站调到徐州后，全站职工在电站领导的带领下，以最快的速度并网发电。在徐州发电期间，一直坚持满负荷安全运行。1972 年至 1975 年，连续 4 年超额完成年发电量 4000 万千瓦·时的计划，1979 年度提前 80 天完成全年发电 4000 万千瓦·时的任务，标煤煤耗率降低了 11 克 /（千瓦·时），厂用电率降低到 6.33%，节约用电 31 万千瓦·时。

1975 年，中央委派以铁道部部长万里为首的中央工作组到徐州整顿，工作组成员水电部生产司袁联到 56 站进行慰问，徐州市委书记汪冰石也同来看望慰问电站职工。

电站不仅满发，而且做到安全运行。1979 年 10 月的一天，因电网故障突然甩负荷，机组与电网解列。当时，电气值班人员任书玉处理果断，机组及时单机送电，保住网内唯一的电源，大黄山煤矿的安全用电没有因此中断，受到了矿务局的表彰。

1978 年和 1979 年，56 站被徐州市和列电局评为工业学大庆先进单位，1979 年被水电部命名为全国电力工业大庆式企业。

3. 大修期间进行设备改造

为方便机组调迁和安全生产，1978 年大修期间，将蒸汽母管移到车厢顶上，缺少 11 件直径 350 毫米的大法兰。为此，材料员劳择一跑遍徐州市，寻找到加工法兰的圆钢，又找到协作加工单位。将 11 件毛坯逐一进行加工，加工后的铁屑就有 350 余公斤。为配合加工法兰，车工杨香记夜以继日，加班加点，保质、保量按时完成任务。

化验室为了给软化器内部衬胶，需要进行罐内除锈，在汽机工段的帮助下，研制一台喷砂机，解决了罐内除锈的难题。热工室配合汽机工段，实现了机、水处理车厢的远距离操作。汽机工段重新更换冷却水塔填料，提高了冷却效率。

通过设备的技术改造，机组在安全、经济发电方面上一个新台阶，发电量、标准煤耗率、厂用电率等技术经济指标在同类型机组中保持最好水平。

五、电站归宿

1983 年 2 月，根据水电部（83）水电劳字第 21 号文的精神，56 站在徐州市副市长宋文德的支持、关心下，绝大部分职工落在徐州。电站职工 32 人安置于徐州市热电厂，31 人调往徐州发电厂。其余职工根据自己的意愿，选择了中国矿业大学、输变电工程公司、赣榆徐州煤矿、徐州电业局、徐州电校等工作单位。大部分成为所在单位的技术骨干，有的成为领导干部。

1985年12月，56站调往江苏镇江。机组安置在镇江九里焦化厂内专用铁路线上，作为市内自备电厂，并网发电。据镇江志记载，1985年至1987年，累计发电7122万千瓦·时。

第 57 列车电站

第57列车电站，1971年12月组建。设备属国产LDQ–Ⅱ汽轮发电机组，1972年2月，开始在天津汉沽安装、试运，同年12月投产发电。1978年年底调往河南漯河，1980年5月调往河北迁安，1983年8月，设备及人员成建制调拨给首钢矿业公司。建站12年，累计发电3.06亿千瓦·时，为国家化工、钢铁等重点企业的生产及发展作出应有的贡献。

一、电站机组概况

1. 主要设备参数

汽轮机为冲动、凝汽式，上海汽轮机厂制造，额定功率6000千瓦，过热蒸汽压力3.43兆帕（35千克力/厘米^2），过热蒸汽温度435摄氏度，转速3000转/分。

发电机为同轴励磁、空冷式，上海电机厂制造，额定容量7500千伏·安，频率50赫兹，功率因数0.8，额定电压6300伏，额定电流688安。

锅炉为水管、链条抛煤炉，上海锅炉厂制造，额定蒸发量3×11吨/小时，过热蒸汽压力3.82兆帕（39千克力/厘米^2），过热蒸汽温度450摄氏度。

2. 电站构成及造价

机组由汽轮发电机车厢1节、电气车厢1节、锅炉车厢3节、水处理车厢1节、水塔车厢4节组成。

辅助车厢：材料车厢2节、修配车厢1节。

附属设备：15吨蒸汽轨道吊车1台，东方红60型履带式推土机1台，75千瓦柴油发电机组 1 台，120 车床 1 台、35 毫米摇臂钻床及牛头刨床各 1 台。

电站设备造价 434.4 万元。

二、电站组织机构

1. 人员组成

建站初期，职工队伍由 53、54、56 站等十几个电站的接机人员在天津汉沽组成。

1972 年 12 月，从天津市红桥区招学员 15 人（应届初中毕业生）；1975 年 9 月，从天津汉沽区招收学员 10 人（应届初中毕业生）；1975 年 10 月，集体调出 14 人到天津第二石油化工厂；1977 年 10 月，集体调出 5 人到水电部天津物资管理处；1975 年 9 月至 1980 年 9 月，从保定电校分配毕业生 23 名。

电站定员 80 人。

2. 历任领导

1971 年 12 月，列电局委派张广笙负责组建该站，并任命为厂长。1972 年 10 月至 1983 年 1 月，列电局先后任命高鹏举、张乃千、吴国栋、曹德华、马新发、吕有国、卢鸿德、岳清江等担任该站领导。

3. 管理机构

（1）综合管理组。

历任组长：吴国栋、石春青、卢鸿德、常青。

历任成员：王希才、崔荣菊、张志儒、赵洪国、马再德、于景凤、袁存厚、刘玉萍、王淑艳、乔争林、胡献江、王战胜、田占芳。

（2）生产技术组。

历任组长：郑乾戌、徐慰国、赵学桂、马锦章、倪洪鹏、崔振国。

历任成员：苏东京、沈伍修、张金生、金香玲、王树元、贾清海、沈懿琳、刘增权、赵家祥、房贺昌。

4. 生产机构

（1）汽机工段。

历任工段长：杨士庆、刘宝臣。

（2）电气工段。

历任工段长：闫吉奇、刘增泉、郑银芬。

（3）锅炉工段。

历任工段长：张纪锁、张承根、晏德禄。

（4）热工室。

历任主任：倪洪鹏、刘乃器。

（5）化验室。

历任主任：金香玲、王树元、赵家祥。

5. 工团组织

历任工会主席：石春青、倪洪鹏。

历任团支部书记：杨前忠、郭新、胡献江、刘建民。

三、调迁发电经历

1. 在天津汉沽安装投产

1971 年 12 月 15 日，水电部以（71）水电生字第 165 号文，致函天津电业局革委会，根据天津电业局调派列车电站的要求，决定调 57 站到天津汉沽发电。甲方为天津电业局。

电站机组在汉沽天津化工厂内，由北京电建公司负责安装。1972 年 12 月，经 72 小时满负荷试运后投产，并网发电。

天津化工厂地处汉沽沿海，是以当地海盐为原料的海洋性化工，属国家重点化工企业，是用电大户。当时天津电力短缺，经常拉闸限电。

该站作为补充电源，在此服务 6 年，累计发电 17173.1 万千瓦·时。

2. 调迁河南漯河

漯河位于河南省中南部，属省辖市。漯河历史悠久，交通便利。孟庙镇位于漯河市郾城区中部，属城乡结合部。

1978 年 12 月，根据水电部（78）水电生字第 170 号文，57 站调到孟庙镇，甲方为郾城电业局。当时漯河地区缺电较多。

该站作为补充电源，在此服务 1 年余，发电 1966 万千瓦·时。

3. 调迁河北迁安

1980 年 5 月，根据电力部（急件）（80）水电生字第 37 号文，电站调迁迁安，来到燕山山脉龙山脚下的迁安首钢矿山公司，在原 38 站的厂址上安营扎寨。甲方是首钢矿山公司。

改革开放初期，首钢作为全国改革试点单位，成为国企改革的样板。当时首钢推出承包经济责任制，实行企业上缴利润包干的改革方案，提出 5 年产值翻一番的目标。作为首钢原料基地的迁安铁矿，对完成首钢改革目标极为重要。由于 42、38 站先后于 1978、1979 年调走，电力极度短缺。为支援首钢的体制改革，该站在迁安服务 3 年半，累计发电 11490.6 万千瓦·时。

四、电站记忆

1. 以职工队伍建设为本

57 站组建初期，职工来自十几个电站，从五湖四海汇聚到一起。为搞好职工队伍建设，党支部提出"千秋基业，育人为本"的口号，将"建站育人"作为电站的首要任务。

党员干部率先垂范，以身作则，要求群众做到的，党员干部首先做到，且保持多年一贯制。电站创办职工夜校，每周 3 次活动，安排有思想政治、专业技术、安全生产等学习内容，以及文体活动等，使职工的综合素质有质的提升。

为搞好厂区、生活区的环境卫生，建站初期，厂部制定了卫生责任区制度，上白班的职工每天早晨提前半小时到达工作现场，进行卫生责任区的清洁工作，包括厂区、工房、办公室等；生活区的卫生工作，按"轮流值日制"执行。十年如一日，搞好环境卫生，已成为职工们的习惯。

为提高职工的身体素质，职工们每天早晨做完班前卫生工作后，自动整队在厂区院内做广播体操。由军人出身的卢鸿德担任领队，示范兼教练，教的正规，学的认真。从汉沽到漯河，又到迁安矿山，坚持不懈，一做就是十几年。

2. 实施一点集控改造

燃煤电站运行，就地监视、操作，汽轮机、锅炉工作条件较差。为改善运行环境，减人增效，提高电站的机动性，1975 年年初，列电局副局长刘国权主持召开集控改造专题会议，将电站集控改造工作提到议事日程，并决定 57 站为集控改造工程试点单位。由列电局统筹，在中试所专业人员的支持下，57 站着手从集控设计方案、技术培训、集控设备等方面进行了充分准备（见图 4-2）。

1976 年 10 月至 1977 年 4 月，电站利用地震后停机大修的半年时间，

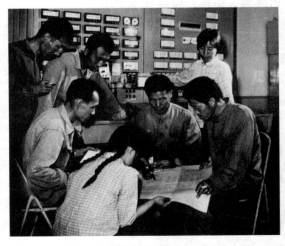

图 4-2 集控工程试运中专业人员现场讨论技术问题

经列电局中试所、武汉水电学院，以及电站各专业技术人员共同努力，完成集控改造工程的安装、调试、试运等工作。成为列电局燃煤机组中唯一实现机电炉一点集控运行的电站。

3. 唐山大地震中有序有效应对

1976 年 7 月 28 日，唐山大地震严重波及汉沽。虽然未造成人员伤亡，但生产、生活、交通完全瘫痪，与外界断绝联系。地震时，57 站运行人员在车厢猛烈摇晃中，果断安全停机。地震造成汽机车厢脱轨，钢轨严重变形，锅炉煤斗脱落。职工宿舍墙壁部分开裂，屋顶水泥预制板错位。

面对重大灾害，职工们不等不靠不要，自力更生进行自救。他们靠自己的力量解决职工吃、喝、住的问题，并于地震当天早晨组织 20 多名党团员去受灾严重的营城居民区，从废墟里挖出 5 名遇难居民。几天后，又带着地方送的食品，前往重灾区唐山52 站慰问。震后最大的工程是 12 栋平房职工宿舍的改造——将屋顶七孔水泥预制板全部更换成轻型屋顶。全站职工靠撬棍、绳索、钢管等工具，用了近两个月的时间全部完成，解决了职工入冬前居住的大问题。

电站职工抗震救灾的表现，受到天津电力局和列电局的表彰。1976 年 8 月底，团总支书记刘建民代表电站会同天津电业局汇报团，参加水电部举办的抗震救灾汇报会，并在会上宣讲汇报。

4. 调迁中体现列电作风

1978 年年底，57 站准备调迁河南漯河，一些职工从甲方那里拿废包装箱以备搬家使用。电站领导发现后，没有在大会上批评大家，而是责己考虑不周，没有为职工创造好搬家的条件，并及时为职工准备了包装用品。结果职工自觉送回甲方的包装箱。调迁离开住地时，职工将住房内外打扫得干干净净，锁好门，将钥匙一把不少地交给甲方房管人员。

1980 年 5 月，从漯河调往迁安矿区时，快而不乱，井井有条，主车到达前一天，所有职工全部到位。主车定位、拆卸、安装，白天挥汗如雨，晚上挑灯夜战。经过全站职工两天多的奋战，机组一次启动成功。

这次调迁速度快，投资少，安全优质，开机后满负荷运行。按有关规定，该站得到超计划租金分成款 17600 元。

5. 第一台对外供热的电站

1981 年，57 站在河北迁安发电时，首钢矿山公司要求，由列电负责给电站附近的单位及生活区供热，替代原供热的 13 台锅炉和计划扩建的 3 台锅炉。

为满足甲方的要求，电站在大修期间建成供热站，进行了供热改造，将汽轮机调节级抽汽口扩大至约可通过 10 吨 / 小时蒸汽，调节级抽汽引到两台各为 20 米 ^{3} 的热网加热器中，热网回水通过热网水泵送至热网加热器后供应用户，蒸汽凝结水经疏水器引入疏水冷却器后自流入除氧器。该供热站建成后当年冬季在发电中同时供暖，供热面积 3.8 万米 ^{2}，成为列电局第一台对外供热的电站。供热站由电站管理，保证了供热的可靠性。

1982 年 1 月，列电局中试所在杨文章、周良彦带领下，由列电局组织专业人员对 57 站供热系统进行了技术试验和鉴定。鉴定结果认为，供热的热经济性有显著提高。供热站和供热管网投资 24 万元，供热建筑物内部管道和设备改装费 4 万元，电站汽轮机本体扩大抽汽口等改装费 0.76 万元，总投资 28.76 万元。甲方原供暖锅炉停运和节省的维修费、人工费等，以及节省煤炭费用，总计 33.8 万元。核算后，57 站供热工程投资的偿还年限不足 1 年，其经济效益是显著的。

五、电站归宿

1983 年 8 月 29 日，水电部以（83）水电财字第 146 号《关于第 57 站划归首钢的批复》文件，将电站设备及人员成建制调拨给首钢矿业公司，编制为首钢矿业公司列电车间，机组继续发电、供热至 2012 年。

从 57 站调到地方的职工，有不少成为政府或企业的骨干。在天津市经委、政协、市政等政府部门，以及国家电网、首钢公司等国企中，多位职工任处级及以上职务，有的职工获天津市劳动模范称号。

第十五节

第 58 列车电站

第 58 列车电站，设备为国产 LDQ–Ⅱ型汽轮发电机组，1971 年 6 月，在西北基地完成安装，8 月组建。1972 年 12 月，在山西永济投产发电。1975 年 4 月，调迁山西晋城发电。1983 年年初，移交保定基地管理，1992 年设备调拨给山西晋城矿务局。建站 11 年，累计发电 3.53 亿千瓦·时，为国家煤炭工业及地方的经济建设作出应有贡献。

一、电站机组概况

1. 主要设备参数

汽轮机为冲动、凝汽式，上海汽轮机厂制造，额定功率 6000 千瓦，过热蒸汽压力 3.43 兆帕（35 千克力 / 厘米^2），过热蒸汽温度 435 摄氏度，转数 3000 转 / 分。

发电机为同轴励磁、空冷式，上海电机厂制造，额定容量 7500 千伏·安，频率 50 赫兹，功率因数 0.8，额定电压 6300 伏，额定电流 688 安。

锅炉为水管、抛煤链条炉，上海锅炉厂制造，额定蒸发量 3×11 吨 / 小时，过热蒸汽压力 3.82 兆帕（39 千克力 / 厘米^2），过热蒸汽温度 450 摄氏度。

2. 电站构成及造价

机组由汽轮发电机车厢 1 节、电气车厢 1 节、锅炉车厢 3 节、水处理车厢 1 节、水塔车厢 4 节组成。

辅助车厢：材料车厢 2 节、修配车厢 1 节。

附属设备：15 吨电力吊车 1 台，55 千瓦（75 马力）履带式铲车 1 台，75 千瓦柴油发电机组 1 台，120 车床、35 摇臂钻床、牛头刨床各 1 台，卡车及面包车各 1 辆。

电站设备造价 371.2 万元。

二、电站组织机构

1. 人员组成

58 站组建时，职工队伍主要由 22、9、18、25 站等电站共 85 名接机人员组成。1972 年在山西永济招收学员 15 人。电站之间人员时有互调，到 1982 年移交保定基地前，电站职工保持在 80~90 人之间。

电站定员 80 人。

2. 历任领导

1971 年 8 月，列电局委派郭守海、计万元负责组建该站，并分别任厂长、党支部书记。1972 年 2 月至电站落地，先后任命胡腾蛟、吕存芳、贾臣太、刘丙军、杨义杰等担任该站党政领导。

3. 管理机构

（1）综合管理组。

历任组长：王素云、李伟勤。

历任成员：周明生、陆玲娣、汪世林、宋继忠、杜瑞来、闫立兵、罗志霞、苏惠芳、徐世范、罗锡新、王兴茂、来成友。

（2）生产技术组。

历任组长：顾锡良、朱学山。

历任成员：徐洪昇、冯长州、胡尚均、赵新民、高志奇。

4. 生产机构

（1）汽机工段。

历任工段长：邹积国、段有泉、牛学山、吕李军、王建明。

（2）电气工段。

历任工段长：徐以保、高志奇。

（3）锅炉工段。

历任工段长：牛录林、董天栋。

（4）热工室。

历任负责人：李玉文、王建平。

（5）化验室。

历任负责人：郭淑文。

5. 工团组织

历任工会主席：王凤吾、宋继忠。

历任团支部书记：秦和平、张栓柱。

三、调迁发电经历

1. 在山西永济投产

1972年3月6日，水电部以（急件）（72）水电电字第31号文通知，根据山西电力局相关报告，改调58站到山西永济发电。同时撤销（71）水电电字第118号文，调该站到山西绛县发电的决定。

永济县是山西省南大门，国家三线建设重点区域之一。1972年4月，该站调到永济，主要解决541工程紧急用电的需要，甲方是运城电业局。电站在永济县城以南2.5公里处的中条山麓，541厂是兵器工业部建立的军工基地，用电量较大，属三线重点军工工程。

电站调到永济时，施工尚未完成，后又因故更换厂址，直到1972年10月才完工。12月1日，电站并入永济电网运行。

1974 年年底，永济发电厂 2 号机组投产，1975 年年初，电站完成生产合同规定的发电任务，退出运行。该站在此服务两年，累计发电 5767 万千瓦·时。

2. 调迁山西晋城

1975 年 2 月 15 日，根据晋东南地区用电需要，水电部以（75）水电生字第 10 号文，决定调 58 站及 1 台 7500 千伏·安变压器，由永济到晋城发电。同年 4 月，58 站迁至晋城矿务局古书院煤矿，甲方是晋城矿务局。

有煤海之称的晋城，位于山西省东南部，以盛产无烟煤闻名。新中国成立后，国家在这里进行大规模投资，逐步形成一个无烟煤基地，供应全国十几个省大型化肥厂的用煤。古书院煤矿是该基地多座煤矿之一。为支援晋煤建设开发，曾先后调 44、40 站在该地发电，58 站利用原 44 站厂址。

截至 1983 年 1 月，该站在晋城服务 7 年余，累计发电 29553.8 万千瓦·时。

四、电站记忆

1. 首战永济的经历与曲折

根据山西省电业局晋革电力字 [1972] 第 38 号文的申请，水电部决定调 58 站到永济发电。1972 年 2 月，山西省计委下达永济 58 站建设计划及投资指标，由运城地区负责筹建，永济县组织实施。3 月 11 日，电站完成选厂定点、现场测量和设计等任务。3 月底，列电厂区平面图绘制完毕。同时，全长 900 米的列车电站专用通信线路建成，4 月完成定井位和征地等工作。

1972 年 4 月，58 站首次调迁山西永济。厂址位于永济市西城区的四冯村与北王村交界处，中条山脚下，占地面积 3.08 万米 ^{2}，拟设了列车放置铁路线、输煤铁路线、煤场、灰渣场、维修车间、车库、升压站、厂部办公室以及生活区宿舍、灶房等。建厂总投资 66 万元。

6 月底，铁路专用线已建成 0.95 公里，完成厂区检修车间、办公室等建筑面积 408 米 ^{2}，升压站主变压器已就位，安装工程基本就绪。7 月底，电站驶入专用铁路，根据电站各机能部位，接通上水管道、建排灰池、建升压站、架设对外输电的 35 千伏线路及与列电连接的 6 千伏母线，检修好启动电源。

就在安装工作基本结束，准备试车发电时，突然下起大雨，主机车厢的铁轨下面出现一个大洞，铁轨被沉重的车厢压成弧形，电站主机也随着铁轨的弯曲倾斜下陷，连接好的管道因为车厢下沉断裂扭曲。在铁路部门的协助下，甲方与电站专业人员将车厢迁移后，重新定位安装。经过这一番曲折，10 月中旬，列电基础设施才全部完工。12 月 1 日，电站经过试运行，正式并入永济电网投产发电。

2. 转战晋城就地大修

58 站建立之初，党支部将电站育人，锻炼队伍，敢于承担作为重要任务。厂长郭守海、书记计万元等厂领导率先垂范，树典型、扶正气，形成一支团结奋战的发电队伍。电站在晋城发电时，职工们一直是勤勤恳恳、默默无闻、扎扎实实地为煤矿供电而工作，没有一次因工作失误发生停电事故。

该站建站 11 年，机组都是就地大修。每次大修都是加班加点，保质量、抢进度。因为每提前一天发电，就能为矿区产煤增加效益上百万元。

1979 年 6 月，机组在晋城大修。大修前，各工段都做了充分的准备工作。除了更换炉墙等标准项目外，又增加了安装胶球清洗凝汽器装置等特殊项目。矿区要求 6 月 11 日停机，7 月 1 日开机发电。正值夏季，骄阳似火，职工们争分夺秒，苦干了 10 个昼夜，完成了大修任务，比计划提前 10 天送电，受到矿区党委的表扬，并获得"特别能战斗之队伍"的荣誉称号。

3. 甲乙方关系融洽

58 站在晋城矿务局（现晋煤集团）服务 20 年，在安全生产中，将电站与煤矿的安全生产，看作双方共同的责任。双方互相支持，互相体谅，共同发展，始终关系融洽。电站职工生活上的各种待遇与煤矿职工一样，一视同仁，如同一家人。

1992 年划归晋城矿务局后，电站很快融入到新的大家庭中。电站的缺员基本从晋城矿务局的待业子弟中补充，原电站人员的工作、生活待遇与地方企业的人员完全相同，电站员工归属感增强，生活幸福。

五、电站归宿

根据水电部（83）水电劳字第 17 号文的精神，1983 年 1 月，58 站移交保定基地管理。1992 年 5 月，电站机组调拨给晋城矿务局，成为晋城矿务局的自备电站。人员除部分调往保定基地、57 站外，大部分随机留在晋城矿务局。

自 1975 年 12 月到晋城发电，至 1996 年 5 月止，电站在晋城矿务局（后为晋煤集团）服务 20 年，共计发电 7.3759 亿千瓦·时，为晋城矿务局生产发展作出重要贡献。

第十六节

第 59 列车电站

第 59 列车电站，1977 年 5 月组建，设备为国产 LDQ– II 汽轮发电机组。该站 1976 年 1 月，在西北列电基地开始安装，1978 年 3 月，在佳木斯投产发电。1985 年 5 月，电站归属水电部机械局，1986 年 5 月，调迁到河北涿州，1989 年 3 月，成建制下放给河北涿州电力局。建站近 12 年，累计发电 2.33 亿千瓦·时，在国家经济建设中发挥应有作用。

一、电站机组概况

1. 主要设备参数

汽轮机为冲动、凝汽式，保定列电基地制造，额定功率 6000 千瓦，过热蒸汽压力 3.43 兆帕（35 千克力 / 厘米^2），过热蒸汽温度 435 摄氏度，转速 3000 转 / 分。

发电机为同轴励磁、空冷式，保定列电基地制造，额定容量 7500 千伏·安，频率 50 赫兹，功率因数 0.8，额定电压 6300 伏，额定电流 688 安。

锅炉为水管、抛煤链条炉，上海锅炉厂制造，额定蒸发量 3×11 吨 / 小时，过热蒸汽压力 3.82 兆帕（39 千克力 / 厘米^2），过热蒸汽温度 450 摄氏度。

2. 电站构成及造价

机组由汽轮发电机车厢 1 节、电气车厢 1 节、锅炉车厢 3 节、水处理车厢 1 节、水塔车厢 4 节组成。

辅助车厢：材料车厢 2 节、修配车厢 1 节。

附属设备：15 吨电气轨道吊车、55 千瓦（75 马力）履带式铲车各 1 台，120 千瓦及 80 千瓦柴油发电机组各 1 台，120 车床 1 台、35 毫米摇臂钻床和牛头刨床各 1 台。

电站设备造价 434.4 万元。

二、电站组织机构

1. 人员组成

59 站组建初期，职工队伍由 10、25、39、56 等电站的接机人员组成。

以后又陆续调入其他电站人员及分配保定电校毕业生作为补充。初到佳木斯时，有约 80 人。电站人员流动性比较大，正常情况下电站人员保持在约 90 人。1989 年，下放移交地方时，共有职工 123 名。

电站定员 80 人。

2. 历任领导

1977 年 5 月，列电局委派宋玉林、沙德欣组建该站，同年 12 月，分别任命为厂长、副厂长。1978 年 11 月至 1987 年 4 月，白义、张文英、卢鸿德、张建宇、杜尔滨、霍福岭、马新发、史占铎等先后担任该站党政领导。

3. 管理机构

（1）综合管理组。

历任组长：张建宇、李志凡、张文兰。

历任成员：王儒、郝世凯、赵惠云、郑俊英、张玉兰、赵佩贞、吴润芬、吴俊玲、刘剑英、李文江、刘海泽、谢克谦、崔艳茹、魏秀荣、于景凤、国友。

（2）生产技术组。

历任组长：赵世祺、李昌珍。

历任成员：李顺东、王英连、马承盛、闫永昌、房贺昌、史占铎、王行山、何文峰、李振东、李顺、孟香玲。

4. 生产机构

（1）汽机工段。

历任工段长：江德寿、闵恩营、李忠田、刘树隆、沈士芬、王振民、宋锡纯。

（2）电气工段。

历任工段长：李焕新、李宝田。

（3）锅炉工段。

历任工段长：周纯密、戚务田、尹增国、蒋昭华。

（4）热工室。

历任负责人：王茸、房贺昌、李振东。

（5）化验室。

历任负责人：马德惠、王彦江、薛玉香。

5. 工团组织

历任工会主席：李焕新、张建宇、姚学善。

历任团支部书记：孟爱华、孙成军、谭亚利。

三、调迁发电经历

1. 在黑龙江佳木斯投产

59 站在西北基地组建后，原计划去宜昌，但当时黑龙江佳木斯缺电严重，佳木斯市经委向水电部申请电站支援。1977 年 12 月 5 日，水电部以（77）水电生字第 106 号文，决定调 59 站到佳木斯。甲方是佳木斯纺织印染厂。

1978 年 1 月，该站到达佳木斯纺织印染厂。当时电站基建工作还没有结束，高寒地区，施工困难，工程量大，包括列电铁路施工、800 米的上下水工程、两口深井、1300 米^{2}的新建房及电气安装施工等。2 月 23 日，基建工程完工后立即安装，3 月 2 日投产发电，比计划提前 8 天。

1983 年年底，佳木斯纺织印染厂自备电站投产后，59 站停运，累计发电 23292.5 万千瓦·时。

2. 调迁河北涿州

1985 年 5 月，59 站归属水电部机械局。1986 年 5 月，该站由佳木斯调到河北涿州发电。甲方是涿州电力局。

为安置华北籍电站职工，在调往涿州过程中，原列电局局长俞占鳌等，专门与当地领导协调。并与黑龙江省电力局领导洽谈，同意从东北基地铁路专用线中，调出800 米铁轨及轨枕，移交 59 站在涿州建厂使用。调迁前电站派出近 20 名职工组成突击队，承接东北基地 800 米铁轨的拆卸任务。他们连续奋战近 20 天，完成铁轨的拆卸，交由铁路部门运往涿州。

该站在涿州服务 3 年余，累计发电 12896.7 万千瓦·时。1989 年 3 月，下放给涿州市电力局。

四、电站记忆

1. 急用户之所急 严寒中安装投产

59站出厂后首次发电，就来到佳木斯纺织印染厂。当时该厂因缺电，严重影响生产，电站的到来很受欢迎。

1978年2月22日，佳木斯纺织印染厂召开欢迎暨安装动员大会，电站全体职工参加，佳木斯市工交办主任、59站建设指挥部总指挥丁克，佳木斯纺织印染厂党委书记石连成等领导出席会议。

石连成介绍佳木斯纺织印染厂的情况，该厂需电4000千瓦，年产值5800万元，1977年拉闸限电672次，造成一个半月没有生产，产值减少800万元。丁克在会上介绍，佳木斯市40万人口，需电35万~45万千瓦，缺电、想电、盼电、请电是佳木斯人民的迫切心情和现状。丁克说，"我是19次进水电部，9次进列电局，28次顾茅庐，请来59站，现在看见你们，就像看到电一样。"他要求电站3月10日前并网发电。

会上，电站支部书记宋玉林表示保证完成任务。之后，各工段及党员、工会代表、团支部书记纷纷表态，大家一致表示，保证在3月10日前完成安装、调试任务。当时正值寒冬季节，气温零下30多摄氏度。电站职工克服各种困难，战严寒、斗雪地，一个星期即安装完毕，比甲方要求提前8天投产发电，受到佳木斯市领导及甲方领导的高度好评。

佳木斯年无霜期不足5个月，给安全生产带来很多困难，电站要花很多精力做设备的防寒防冻工作。尽管如此，在这里发电的8年中，没有发生过重大生产事故，且保持设备健康完好，为佳木斯纺织工业的发展作出重要贡献。

2. 改制中做好职工安置工作

1983年4月，列电局撤销，59站急迫需要解决机组去向及职工的安置问题。当时职工思想波动较大，大部分职工迫切要求进关工作。电站领导一面积极做职工的思想工作，一面尽量帮助职工解决实际问题，稳定职工的思想情绪，保证电站的安全运行，并做好承接保定电校学生的实习培训任务。

面对职工迫切需要进关安置的要求，电站委派副厂长张文英负责，列电局原局长俞占鳌，以及负责东北地区电站下放工作的处长张增友、东北电站管理处主任于振声等有关领导积极想办法，在河北京津冀各地区寻找接收单位，为59站的安置而奔忙。

1984年年初，经多方联系与天津静海就安置 59 站达成意向。当时为尽快促成此事，原列电局副局长刘国权，以及电管处张子芳、刘书灿等亲自去静海县政府做工作，原列电局老领导季诚龙也亲自出面与天津市有关领导协调，经多方努力，终于达成 59 站落户天津静海的协议。遗憾的是，后因静海方面资金不足及其他原因迟迟未能落实。1985 年河北涿州电力短缺，要求 59 站到涿州落户发电。已调任水电部机械局副局长的张增友积极协调，水电部部长钱正英亲自批复，最终将 59 站机组及职工安置到河北涿州。

在电站职工安置中，59 站发挥了桥梁作用。除 40 名职工留在佳木斯外，59 站的其余职工，包括从嫩江 9 站、牡丹江 21 站调入的部分职工，都于 1986 年随 59 站机组调回河北。电站到涿州后，已落地江浙一带第 52、54、56、60 站的部分北方职工也如愿调到涿州，满足了职工安置的意愿。

五、电站归宿

根据水电部（84）水电机字第 43 号文，1985 年 5 月，59 站归属水电部机械局。1989 年 3 月，机械局将电站机组和人员，成建制下放给河北涿州市电力局，更名为涿州市发电厂继续发电，直至 2005 年撤销。

撤销后，大部分职工留在涿州市电力局工作，少数职工调到北京、保定、石家庄等地。

第十七节

第 60 列车电站

第 60 列车电站，1978 年 4 月组建，设备为国产 LDQ–II 型汽轮发电机组。同年年底，在保定列电基地完成安装、试运，1980 年 6 月调浙江海宁，7 月投产发电。1983 年 10 月，电站设备无偿调拨给冶金部所属海南石碌铁矿。建站 5 年余，累计发电 1065.7 万千瓦·时。

一、电站机组概况

1. 主要设备参数

汽轮机为冲动、凝汽式，保定基地制造，额定功率 6000 千瓦，过热蒸汽压力 3.43 兆帕（35 千克力 / 厘米 ^{2}），过热蒸汽温度 435 摄氏度，转数 3000 转 / 分。

发电机为同轴励磁、空冷式，保定基地制造，额定容量 7500 千伏·安，频率 50 赫兹，功率因数 0.8，额定电压 6300 伏，额定电流 688 安。

锅炉为水管、抛煤链条炉，杭州锅炉厂制造，额定蒸发量 3×11 吨 / 小时，过热蒸汽压力 3.82 兆帕（39 千克力 / 厘米 ^{2}），过热蒸汽温度 450 摄氏度。

2. 电站构成及造价

机组由汽轮发电机车厢 1 节、电气车厢 1 节、锅炉车厢 3 节、水处理车厢 1 节、水塔车厢 4 节组成。

辅助车厢：材料车厢 2 节、修配车厢 1 节。

附属设备：15 吨电气吊车 1 台，东方红牌 55 千瓦（75 马力）履带式铲车 1 台，120 车床、35 摇臂钻床和牛头刨床各 1 台，解放牌 4 吨卡车 1 辆。

电站设备造价 503.7 万元。

二、电站组织机构

1. 人员组成

1978 年 4 月，60 站在保定基地组建。职工队伍由 10、25、46、58 站的接机人员，以及保定电校分配的毕业生组成。

1982 年 5 月，在册人员 96 人。

电站定员 80 人。

2. 历任领导

1978 年 6 月，列电局委派于振声、王维先组建该站，并分别任命为厂长、政治指导员。1979 年 1 月和 1980 年 11 月，列电局先后任命刘万山、李树生、李绍文、步同龙等担任该站党政领导。

3. 管理机构

（1）综合管理组。

历任组长：李志凡。

历任成员：陆秀荣、姚学善、魏秀荣、刘玉仲、田化敏、张子森、邵寿根、刘纯福。

（2）生产技术组。

历任组长：周万祥、李昌珍。

历任成员：吴必忠、张泽凯、朱杏德、徐建勋。

4. 生产机构

（1）汽机工段。

历任工段长：李茂惠。

（2）电气工段。

历任工段长：郭秀敏。

（3）锅炉工段。

历任工段长：付守信。

（4）热工室。

历任负责人：蔡胜、唐行礼。

（5）化验室。

历任负责人：孟香玲。

5. 工团组织

历任工会主席：付守信。

历任团支部书记：高国通。

三、在浙江海宁投产

1978年11月，60站由保定基地完成安装，1978年12月，一次启动成功，经72小时试运行，各项试验合格，达到设计要求。1979年2月，正式移交给60站人员管理。

1980年6月，根据电力部（80）电生字36号文通知，60站调到浙江海宁县。同年7月8日投产发电。甲方是海宁电业局。

电站到达海宁后，全体员工按照各自分工，组织专职人员，进行车辆定位和机组设备的检查、清点工作，为正式安装做好充分准备。他们克服南方气候环境不适应，机组设备不熟悉等困难，服从领导指挥，相互主动配合，积极投入到机组的安装、调试中。

在安装的关键时刻，职工们连续工作两天一夜不离现场，双职工在小家尚未安置的状态下，倾注全部精力投入安装工作，职工家属主动帮助邻里的双职工家庭看家、带孩子。电站职工相互配合，团结一致，完成电站的千里调迁任务。

1980年7月至1981年8月，该站累计发电1065.7万千瓦·时，支援了当地的经济发展。

四、电站记忆

1. 针对设备缺陷开展技改工作

60站除锅炉为杭州锅炉厂制造外，其余设备由保定基地自行制造、组装完成。设备投入正式运行后，出现一些问题。在不影响发供电的前提下，电站组织技术人员，群策群力，针对设备缺陷，不断进行技术改进。

在生技组长李昌珍的带领下，借鉴25站的经验，对锅炉原有的强化二次风道进行改进，并增加一台送风机作为二次风的独立风源，加大送风量。二次风道改为炉后进入，这样能借助烟道余热保证二次风进风温度。运行中测试比对证明，此项改进在强化炉膛燃烧，减少细灰颗粒排放，提高燃烧效率，减少环境污染程度，收到明显效果。

电站投产以后，常有炉排跑偏卡死、拉断、边条烧毁等故障出现。经研究分析，是炉排前后大轴水平误差过大而致。利用停炉检修的机会，对3台锅炉炉排大轴的水平逐一测量、校对，仔细调整后，炉排运转正常。

每次设备检修中，阀门检修后的压力试验，工作量非常大。为加快检修速度，老职工靳七十带领几个年轻学员，自己设计制作一台移动式阀门压力检测装置，既提高了检测速度，又减轻了工人劳动强度。

为降低机组开停机过程中，过热蒸汽排放时产生的强烈噪声，汽机、锅炉工段，根据扩容减压变频降噪原理，自行制作简易消音装置，并安装在多处排汽阀门出口处，大幅度降低了噪声危害，改善了工作环境。

2. 停机待命期间 承揽工程稳定队伍

1981年前后，由于经济调整，海宁电力供需矛盾缓解，为减少对环境的污染，浙江省众多小型火电机组停止发电，60站也停机待命。

电站职工积极响应上级号召，主动搜集信息，了解地方需求，分析确定项目的可行性，承揽地方供热锅炉的安装工程。电站组织了锅炉安装小分队外出施工。他们每天早出晚归，乘坐机动船只，往返于施工现场与生活区之间，距离远的就住在安装现场。他们发挥自己的优势，就地取材，因陋就简，自制起重支架吊装重型部件，利用钢管滚筒移动锅炉大件，解决了施工机械，特别是起重设备缺乏等各种困难，先后完成姚桥、碤石等地方3个单位自备供热锅炉的安装工程，为企业创造一定经济效益，锻炼、稳定了职工队伍。

1982年5月，列电局关于列电体制改革会议结束之后，根据上级指示精神，部分员工联系到了合适的单位陆续调出。在电站落地前的特殊时期，电站各项工作照常开展，各项规章制度照常执行。60站职工人心不散，思想不乱，仍然坚守着各自的工作岗位。

3. 为列电事业站好最后一班岗

在1983年10月，60站机组设备划拨海南铁矿以后，成为华东管区一支成建制的机动队伍，为列电系统剩余人员的安置，为华东管区内电站的正常生产运行作出了特殊贡献。

电站把人员的安置工作放在首要位置，积极主动与浙江省电力局和海宁县政府联系，解决人员的安置问题，并为全国各电站浙江省籍人员回归家乡搭起一座桥梁。

1984年，驻徐州大黄山煤矿的56电站，因人员大部分调出，机组设备无人值守。按照华东基地指示，60站派出部分人员，赴徐州担任值班留守任务。1985年11月，56站调往镇江，作为镇江自备电厂发电。60站又组织人员到镇江，对机组进行大修和安装、调试，并参与机组的正常发供电工作。

1986年5月，59站调河北涿州发电，60站剩余的人员集体调入59站。从此，该站完成了历史使命，60站的称号不再存在。

五、电站归宿

1983年4月17日，水电部以（83）水电劳字第42号文，将60站及人员成建制移交给海宁县。1983年10月17日，水电部以（83）水电财字第173号文，将该站设备无偿调拨给冶金部海南石碌铁矿。

人员安置情况：海宁县安置13人；华东基地安置45人；调其他电站安置20人（其中调到59站12人）；调地方单位22人；电站之间人员对换7人。

第 61 列车电站

第 61 列车电站，1979 年 6 月组建，是列车电业局最后一台国产 LDQ– Ⅱ 型机组。同年 11 月，机组在保定列电基地完成安装、调试后，经过 72 小时试运行。之后，原地待命 3 年，成为列电局唯一没有出租的电站。1982 年 12 月，61 站设备无偿调拨给内蒙古海拉尔伊敏河矿区，人员并入保定基地。

一、电站机组概况

1. 主要设备参数

汽轮机为冲动、凝汽式，保定基地制造，额定功率 6000 千瓦，过热蒸汽压力 3.43 兆帕（35 千克力 / 厘米^2），过热蒸汽温度 435 摄氏度，转数 3000 转 / 分。

发电机为同轴励磁、空冷式，保定基地制造，额定容量 7500 千伏·安，频率 50 赫兹，功率因数 0.8，额定电压 6300 伏，额定电流 688 安。

锅炉为水管、抛煤链条炉，无锡锅炉厂制造，额定蒸发量 3×11 吨 / 小时，过热蒸汽压力 3.82 兆帕（39 千克力 / 厘米^2），过热蒸汽温度 450 摄氏度。

2. 电站构成及造价

机组由汽轮发电机车厢 1 节、电气车厢 1 节、锅炉车厢 3 节、水处理车厢 1 节、水塔车厢 4 节组成。

辅助车厢：材料车厢 2 节、修配车厢 1 节。

附属设备：15 吨电气吊车 1 台，东方红牌 55 千瓦（75 马力）履带式铲车 1 台，120 车床、35 摇臂钻床和牛头刨床各 1 台，解放牌 4 吨卡车 1 辆。

电站设备造价 503.7 万元。

二、电站组织机构

1. 人员组成

电站组建初期，职工队伍主要由 6 站、37 站及 57 站接机人员组成。其中从 6 站和 37 站抽调 30 余人，从 57 站抽调 10 余人，其他电站调来 20 余人。

电站定员 80 人。

2. 历任领导

1979 年 8 月，列电局委派周贵朴、孙伯源负责组建该站，并分别任命为厂长、副厂长。

3. 管理机构

（1）综合管理组。

历任组长：王儒。

历任成员：冯晓、谢承菊、赵惠云、张学芝、田化敏、刘兰田、陈国柱、袁军。

（2）生产技术组。

历任组长：张书益。

历任成员：闫守正、任宪德、陈云、时振清。

4. 生产机构

（1）汽机工段。

历任工段长：姜国庆。

（2）电气工段。

历任工段长：崔淑婷、陈永红。

（3）锅炉工段。

历任工段长：郭新安、葛建华。

（4）热工室。

历任负责人：范秀娟。

（5）化验室。

历任负责人：徐宗民。

三、在保定基地组建、安装及试运

1979 年 8 月 24 日，列电局根据电力部（79）电劳字第 48 号文，在保定基地组建

61 站。1979 年 11 月，完成机组制造、安装工作，具备开机试运行条件。经保定供电局同意，11 月 19 日开机并网，经过 72 小时试运行发电，各项参数达到设计要求。之后，电站在保定基地待命，没有被用户租用。1982 年 12 月，机组移交内蒙古海拉尔伊敏矿区。

四、电站记忆

1. 没有实施的电站管理体制改革

61 站机组完成试运后，列电局为增强列电的机动灵活性，解决职工后顾之忧，提高发电效率，决定以该站作为电站管理体制改革试点，试行"小分队制"管理，即一个电站分成两个小分队，轮流随电站在外执行发电任务。

电站建立后方基地，在外执行发电任务的小分队职工不带家属，家属及子女留在基地，以解决调动频繁、子女上学困难等问题。留在基地的职工和家属，可以组织搞多种经营，制作电站备品备件等。列电局对电站实行工资总额包干制，工资、奖金等向在外执行发电任务的职工倾斜，鼓励职工在一线生产。

该方案因列电局解体而未付诸实施。

2. 在保定基地待命三年

61 站筹建时，47 站也在保定基地待命，基地要安置两个电站职工的生活，显得力不从心。在基地厂区南端，有数排 52 站留下的抗震简易板房，电站人员临时安置在里面。基地将厂区西北角的一栋二层小楼，交给电站作为办公室。电站职工食堂设在楼前的几间小平房里。

1980 年，浙江长兴县和湖北蒲圻的一家军工纺织厂，先后申请租用电站，周贵朴、孙伯源带队选厂，但因没有合适的厂址，最终无果而返。1981 年初春，他们到河北迁安选厂未果，电站继续滞留基地待命。

电站经 3 次选厂无果，再没有用户来申请租用。电站除了日常工作，就是组织人员到外面承揽一些业务，但更多的时候处在闲暇状态。在漫长的待命期间，一些职工开始自找"婆家"，找到接受单位，调离电站。

电站职工住房简陋，职工的行李长期寄存在库房、机修间和办公室，有的发霉或被鼠咬，青年职工结婚没有住房，子女就业困难，加上收入减少，造成职工思想波动，人心不稳。1981 年 6 月，电站领导针对困难局面，向列电局提出电站就地封存、人员并入基地的建议。以求得到上级领导的理解和支持。

1982 年 12 月，列电局以（82）列电局劳字第 777 号文，致函保定基地，依据水电部（82）水电讯字第 43 号文，将 61 站设备无偿调拨给内蒙古伊敏河矿区，61 站建制撤销，人员全部并入保定基地。

同年 12 月 20 日，电站驶离保定基地，移交伊敏河矿区。按移交协议要求，机组交接安装等工作由保定基地协助进行。1983 年 4 月，电站剩余人员和基地补充人员组成安装发电队伍，由孙伯源和从 37 站调来的刘本立带领，奔赴伊敏河矿区，履行交接协议，协助地方安装、发电、培训学员。同年 8 月投产发电。发电一年后，完成任务返回保定基地。此时，保定基地易名为保定电力修造厂，电站人员在各自的岗位上，为企业继续作出贡献。

第十九节

第 62 列车电站

第 62 列车电站，1979 年 5 月组建，设备是列车电业局唯一一台国产 LDQ– Ⅲ 型机组。同年 9 月，由西北基地在江苏无锡安装，翌年 4 月完成试运，投产发电。1982 年 10 月，机组及人员成建制无偿调拨给无锡市。建站 3 年余，累计发电 927 万千瓦·时，支援了无锡工业生产。

一、电站机组概况

1. 主要设备参数

汽轮机为冲动、凝汽式，上海汽轮机厂制造，额定功率 6000 千瓦，过热蒸汽压力 3.43 兆帕（35 千克力 / 厘米 ^{2}），过热蒸汽温度 435 摄氏度，转数 3000 转 / 分。

发电机为同轴励磁、空冷式，上海电机厂生产，额定容量 7500 千伏·安，频率 50 赫兹，功率因数 0.8，额定电压 6300 伏，额定电流 688 安。

锅炉为水管、抛煤链条炉，列电局和无锡锅炉厂联合设计，无锡锅炉厂生产，额定蒸发量 2×17 吨 / 小时，过热蒸汽压力 3.82 兆帕（39 千克力 / 厘米²）过热蒸汽温度 450 摄氏度。

2. 电站构成及造价

机组由锅炉车厢两节，以及汽轮发电机、电气控制、水处理等设备构成。除锅炉安装在列车上外，其他设备没有车厢，均落地安装。没有装备冷水塔，需户外置循环水冷却系统。

机组设备造价 483 万元。

二、电站组织机构

1. 人员组成

1979 年 5 月 16 日，根据国家建委等七部委（79）建发燃字第 113 号文的要求，列电局决定组建 62 站，人员编制按 60 人至 70 人配备。所需人员按照新老搭配、成套输出的办法，从 14 站、28 站、56 站抽调 60 名职工，以及分配的保定电校毕业生组成。实际配备干部 11 名、工人 65 名，计 76 名。

1980 年年底，电站实际职工 86 名。

2. 历任领导

1979 年 5 月，列电局委派马海明、李家骅负责组建该站，并分别任命为厂长、副厂长，担任该站党政领导。

3. 管理机构

（1）综合管理组。

历任组长：丁菁华。

历任成员：江德友、桑诚斌、李文玲、刘治英、陈秀荣。

（2）生产技术组。

历任组长：徐慰国。

历任成员：沈伟荣、范茂凯、张贵良。

4. 生产机构

（1）汽机工段。

历任工段长：王桂如、袁光煜。

（2）电气工段。

历任工段长：王杰天、林国琛。

（3）锅炉工段。

历任工段长：周光发、周伯泉、王耀忠。

（4）热工室。

历任负责人：朱永光、耿蔚欣、刘正伟。

（5）化验室。

历任负责人：梁成达。

5. 工团组织

历任工会主席：韩承宝。

历任团支部书记：张爱玉。

三、在江苏无锡投产发电

1978 年 12 月 29 日，列电局曾以（78）列电局基字第 604 号文，向华东基地下达 62 站在镇江落地安装设计任务书，并要求在明年一季度内完成有关设计工作。1979 年 9 月 11 日，电力部以（79）电生字第 76 号文，决定 62 站调往江苏无锡，改由西北基地负责安装发电。

1979 年 10 月，电站两节锅炉车厢从西北基地调迁到无锡耐火材料厂。汽轮发电机组、水处理设备、配电设备及机电炉集控室设备出厂后，因缺少配套车辆，落地安装在简易厂房内。机组采用集控运行，以及一次循环冷却方式发电。1980 年 4 月 22 日 16 时，机组通过 72 小时试运行，正式投入运行。甲方是无锡市经委。厂址在无锡耐火材料厂。

1980 年 5 月 28 日，电力部副部长李鹏到电站现场考察。

电站租金收入，1981 年，26.03 万元，1982 年，41.46 万元。

发电期间，还进行设备革新改进，消除缺陷等工作。

四、电站记忆

1. 唯一装备 17 吨锅炉的电站

列电局为提高电站机动性能，在 62 站装备两台新型 17 吨 / 小时（简称 17 吨锅炉）锅炉。

1975 年，列电局成立由中试所及电站锅炉专业人员参加的设计组，与无锡锅炉厂协作，开始设计 UG–17/39–M 型 17 吨锅炉。1976 年 2 月，设计组根据电站的特点，将电站锅炉长期运行、检修、改进的经验和科研成果，应用于 17 吨锅炉的设计中。经过两年多的努力，1977 年完成设计任务，解决了设计上的关键性技术难题。

无锡锅炉厂按照此设计，1979 年生产出两台 17 吨锅炉，装备 62 站。17 吨锅炉与 Ⅱ 型 11 吨锅炉主要参数比较，蒸发受热总面积增加 18.85%，炉膛容积增加 28.24%，炉排面积增加 15.50%。这种新型锅炉增加单炉容量后，相对降低了煤耗，提高了热效率。由于减少锅炉车厢数量，提高了电站的机动灵活性，相对减少了调迁、检修工作量和临建费用。

1979 年 9 月，17 吨锅炉在西北基地安装、调试及试运行完毕，10 月，调到无锡安装现场。

2. 建站工程概算

1979 年 7 月，西北基地上报列电局《62 站工程概算书》。概算说明 62 站因车辆设备缺少配套，暂改为半落地式安装，仅两台锅炉装在车厢内，其余主要发电设备均装在约 420 米^2 的简易厂房内。安装中，制造厂供货缺少配套，由基地代加工补齐，所需费用未列入概算。

LDQ–Ⅲ 型 6000 千瓦机组概算，原为 608.8 万元，其中设备费 469.8 万元，安装费 97.3 万元，其他费用 25.9 万元，不可预见工程费 15.8 万元。由于车辆及其他设备缺少配套，减少费用 118.8 万元，实际概算为 490 万元。

同年 8 月 3 日，列电局以（79）列电局计字第 425 号文，同意西北基地 62 站工程概算暂定为 490 万元。其中因修改设计，在安装中减少的管材、电缆等材料费，以及无偿调拨的 130 卡车费未扣除。要求基地本着节约精神，抓紧施工和生产准备工作，确保工程质量，努力降低造价，力争年内投产。

五、电站归宿

1982 年 10 月 19 日，无锡市人民政府与列电局，就 62 站设备及人员成建制无偿调拨给无锡市事宜达成协议。协议明确，电站成建制划拨，现有人员 87 人，以及全部设备，流动资金无偿划拨无锡市。自机组移交之日起，不再交付租金。电站移交后，保留电站职工部分津贴，不降低职工生活水平。有关两地分居的职工和子女，以及华东基地个别职工调动的要求，亦请无锡市尽量予以照顾，由华东基地与无锡市另行商定。

1982 年 10 月 29 日，水电部以（82）水电讯字第 37 号文，将 62 站全套设备、流动资产，以及人员成建制无偿调拨给无锡市。

1982 年年底，双方按调拨协议的规定，完成交接工作。原列电局机关干部丁树敏时为甲方代表，在电站选建厂、安装发电到落地的过程中，做了许多工作。落地后成为电站领导班子成员。原列电局干部沈伟荣为厂长助理。

电站下放地方后，由于电力供应状况逐步好转，转为调峰发电，运行至 1989 年停机。此后，汽轮发电机调双河尖热电厂，两台锅炉报废。

第二十节

跃进 2 号船舶电站

跃进 2 号船舶电站，1959 年 9 月，在上海筹建。设备除汽轮机从捷克斯洛伐克进口外，发电机、锅炉及附属设备均由列电局保定制造厂制造或配套。船体由上海江南造船厂制造，并组装为船舶电站，1961 年 9 月建成出厂。1963 年 12 月，该站在福州投产发电，先后为福建、四川、江西、湖南等 4 省 5 个缺电地区服务。1983 年 2 月，移交湖南省电力局。建站 18 年，累计发电 2.18 亿千瓦·时，为国家战备应急，国防、三线建设，以及工矿企业用电作出应有贡献。

一、电站机组概况

1. 主要设备参数

船舶 2 站为上海 708 所设计，容量为 4000 千瓦的汽轮发电机组。

汽轮机为冲动、凝汽式，额定功率 4000 千瓦，过热蒸汽压力 3.23 兆帕（33 千克力/厘米^2），过热蒸汽温度 435 摄氏度，转速 3000 转/分。

发电机为同轴励磁、空冷式，容量 5000 千伏·安，频率 50 赫兹，功率因数 0.8，额定电压 6300 伏，额定电流 458 安。

锅炉为水管、抛煤链条炉，额定蒸发量 3×8.5 吨/小时，过热蒸汽压力 3.72 兆帕（38 千克力/厘米^2），过热蒸汽温度 450 摄氏度。

2. 电站构成及造价

机组由锅炉 3 台、汽轮机 1 台、发电机 1 台，以及相应配套设备组成，全部设备装在一条驳船上。船体长 53.9 米，船体宽 14 米，船体深 4 米，最大吃水深度 1.8 米，排水量 960 吨。驳船可以在江河上拖曳行驶，属非自航特种船舶。任何水域口岸均可停泊发电。

附属设备：206千瓦（280马力）柴油发电机组1台，供电站启动及航行途中照明、动力等用电；3台锅炉配备除渣机1台；配有120车床、钻床、刨床各1台，以及电焊机、空压机等维修设备。

电站设备造价384.4万元。

二、电站组织机构

1. 人员组成

该站筹建时，从5站、15站、保定制造厂抽调约37名接机人员，组成该站职工队伍。

1961年9月，分配保定电校毕业生6名；1962年9月，分配保定电校毕业生8名；1964年9月，分配保定电校毕业生4名；1971年8月，从江西招收学员7名。前后因各种原因调离、调入多人。

电站定员72人。

2. 历任领导

1959年9月，列电局从船舶1站抽调吴兆铨负责组建该站，并任命为首任厂长。1963年11月至1983年1月，列电局先后任命侯元牛、张位轩、邱子政、张树美、王家凤、阳树泉、刘树春、李启基等担任该站党政领导。

3. 管理机构

（1）综合管理组。

历任组长：谢长江、赵青山。

历任成员：苏信元、靳世芳、朱礼康、冯振、钟家湘、成梅军、李润福、刘树春、武莲芳、齐振国、王秀英。

（2）生产技术组。

历任组长：江尧成、钱为民、李文毅、苏庆禄。

历任成员：王俊乙、祝修塘、翟轩堂、徐建勋、倪继章、黄永华、尹德新、王增敏、王立忠、郎永秀、齐浩然、陶洁、孟淑兰、郑凤梅、赵桂香、侯定国、于行信、卢英章、周四喜、王宁保。

4. 生产机构

（1）汽机工段。

历任工段长：任德来、王文玉、马仁凤、刘笃庆。

（2）电气工段。

历任工段长：李义、张树美、夏铭鼎、王贵锁、樊炳耀。

（3）锅炉工段。

历任工段长：张位轩、任俊生、史有宾、李卯晨、刘际邦。

（4）热工室。

历任负责人：房贺昌、张保全。

（5）化验室。

历任负责人：王仲元、李文毅、许翠英、邵瑾荣。

5．工团组织

历任工会主席：王文玉、王宁保、辛继清、彭林华。

历任团支部书记：王偏、王忠立、彭林华、董传龙、李伯华。

三、调迁发电经历

1．电站建成及试运

1961年9月，船舶2站在江南造船厂完成安装后，由于该厂不是发电设备专业安装单位，未做其他相关系列试验。列电局决定拖至汉口辛家地进行试运行。因并网问题未解决，在列电局武汉装配厂工程师赵旺初指导下，采用"水阻抗法"带部分负荷进行调试。后因上煤、除灰以及职工生活等问题，未能完成全部试运任务。为此，列电局决定将船舶2站拖至丹江口与船舶1站合并，向丹江口水利枢纽工程供电，在并网发电中完成发电机组的调试工作。此计划因汉江进入枯水期不能拖运而未能进行。电站停靠在襄阳城汉江畔待命，人员大部去其他电站实习。

2．调迁福建福州

1963年9月，船舶2站奉命紧急调往福州战备应急，甲方是福州电厂。

列电局任命部队转业的侯元牛担任电站党支部书记，启动调迁准备工作。根据任务要求，电站对人员进行部分调整补充。出海前船舶返回江南造船厂，对船体进行防腐、检查、加固等准备工作，并派员前往航运部门，联系去武汉、上海、福州等地的拖运事宜。各工段成立押运小组，做好途中防火、防漏，以及生活用品准备等工作。

此次调迁历时40天，航程2600公里。1963年11月底，电站到达福州，停靠在福州电厂附近闽江边进行设备安装。仅用十几天就完成船舶定位、固定，上煤、出灰，运行人员上下船的设备制作、安装，以及发电设备的检查、试运等工作。12月28日，电站与福州电网顺利并网发电。

该站在此服务近两年，累计发电 1511.3 万千瓦·时。1965 年 11 月，完成在福州的战备任务，返回上海江南造船厂检修。

3. 调迁四川乐山

1966 年 4 月，船舶 2 站奉命调往四川乐山参加三线建设。由于船体原设计是内河航行，调福州往返出海，经海水浸蚀，需要检查船体水下部分浸蚀情况。厂长吴兆铨带领部分人员负责把船拖回江南造船厂，并联系运输及船体检查修理事宜。副厂长张位轩带领部分人员去四川乐山选建厂。

电站这次返船厂，主要对船体水下部分进行检测、维修、保养。船上部分修理工作由电站自己承担，以减少船厂工作量，加快进度，节省费用。当年 6 月下旬，电站在江南船厂检修结束，驶往四川乐山。一路经过长江三峡等险要地段，直达四川乐山五通桥，航程 2400 公里，历时 33 天。电站停靠在金粟镇岷江边安装发电，甲方是五通桥发电厂。

在四川乐山发电至 1970 年年初，累计发电 1549 万千瓦·时。

4. 调迁江西瑞昌

1970 年 7 月，船舶 2 站调江西瑞昌，支援制造海军舰船的国防工厂建设。甲方是六机部 6214 国防工程。电站停靠在瑞昌县境内海军后勤部码头，位于长江北岸黄沙大队，对岸为湖北武穴，地处山区，背靠大山，面朝长江。

那里建厂简易，生产设施不完善，上煤、除灰困难，职工借住在农民家中，生活设施简陋。职工克服各种困难，坚持安全生产。

该站在此服务 1 年余，发电 484 万千瓦·时。1972 年年底停机，返江南造船厂检修。

1973 年 11 月，修后返回瑞昌待命。

5. 调迁湖南衡阳

1974 年 12 月 17 日，水电部以（74）水电生字第 68 号文，决定调船舶 2 站到衡阳发电。该站由江西九江驶向衡阳，停靠在湘江衡阳发电厂附近，1975 年 4 月，并网发电。甲方是湘南电业局。

1979 年 11 月，船体移位 400 米，为水口山矿务局供电。甲方改为水口山矿务局。

1980 年，电站在水口山发电期间，因提前 2 个月完成年发电任务 2446 万千瓦·时，超发 521 万千瓦·时，受到水口山矿务局表彰和 2 万元的奖励。

该站在衡阳地区服务近 8 年，累计发电 18701.12 万千瓦·时。

1. 消除设备缺陷保证安全发电

1963 年 11 月，船舶 2 站调到福州发电。为保证机组安全稳定运行，对汽机调速器不正常摆动，导致发电机负荷不稳定的缺陷进行消除。在列电局生技科长周良彦工程师指导下，电站汽机工段经 10 多次的反复拆装，修理、调试，终于使这一问题得到圆满解决。

1973 年年初，电站返江南船厂检修，检修后返回江西原地待命。待命期间，保定基地派于学哲为组长的检修小组来电站，协助电站更换发电机定子线圈匝间短路线棒，消除历史遗留的缺陷。他们克服工作、生活条件的困难，在电站工段、技术人员的积极配合下完成修复任务，为电站满发、安全运行创造了条件。

2. 打设备翻身仗达到铭牌出力

船舶 2 站机组出厂后，由于发电机温升高，循环水泵、电动给水泵，以及锅炉除渣机、炉排、除尘器等故障多，达不到额定出力。1977 年至 1979 年，充分利用大小修的机会，自力更生，全面治理设备。

锅炉工段对炉排、除渣机、除尘器进行大修改造，20 天改造一台炉。改造后，解决了炉排通风不良，燃烧不佳，经常烧坏边条的问题，除渣机故障率降低，除尘器除尘效率提高。

汽机工段对大口径循环水泵进行大修，并改为电动操作，新增汽动红心给水泵，除氧器、凝汽器、蒸发器水位均改为自动调节，实现水处理无人值班。对各汽水管道重新布置安装，一改杂乱无章、跑冒滴漏的现象。

电气工段解决了一点接地问题。在厂变压器容量允许范围内，将电动给水泵自耦 Y/Δ 起动方式、循环水泵油浸自耦补偿器起动方式，均改为空气断路器直接全压起动方式，提高起动可靠性，减少设备维护量。

出厂时没有电气值班室，重新建造电气值班室，并加装空调，使值班室窗明几净，四季常温，改善了值班人员的值班工作环境。汽轮机、锅炉等亦做相应的改造。

通过三年的治理，打了一场设备翻身仗。1979 年 8 月 1 日，开机运行，达到铭牌出力，月发电量达到 287 万千瓦·时，并一直保持满负荷运行。

3. 坚持勤俭节约

船舶由于常年浸淹在水中，船体易受浸蚀生锈，造船行业有 4 年返厂进船坞除锈防腐的规定。每次返江南船厂检修要六七十万元。为节省费用，电站自福州去四川发电时起，除船体水下部分必须进船坞外，船舱底部、内龙骨、隔仓及船体上部的维修、保养工作均不进坞，利用大修期间由电站自行解决。不仅节省了费用，还减少了进坞时间。

1971年8月，从江西招收7名学员，当时电站处于停机待命状态，住宿不能解决，趁学校放假，临时借宿学校教室。为赶在学校开学前搬出教室，后勤职工赵青山每天带领学员翻山越岭，去2公里外的甲方工地，靠肩扛人背，运回毛竹、苇席、油毡，自己动手盖起简易工棚，解决了新学员的住宿问题。

1979年，在去水口山矿务局之前，电站对船体进行彻底清理大修，清污除锈250米^2，舱底内部刷漆二遍，总面积10000米^2。更换焊接铁板74块，更新船体上部篷布120米^2，节省费用5万元，提前完成任务，受到列电局表彰。

4. 积极向上的职工队伍

船舶2站党支部注重培养积极分子，发展党员工作，加强党在基层组织的核心作用。职工中形成不分份内份外，有事抢着做、有活抢着干的风气。朱礼康既是材料采购员，又是搬运工、起重工，什么活儿都抢在前面。职工张建元、饶天进、王友力、毛昌金等，奋力救火，抢救邻居财产，受到大家的赞扬。此外，还有业余图书管理员邹节法等多人热心为大家服务。职工队伍积极向上，好人好事层出不穷。

电气工段长樊炳耀，工作中有多项革新，多篇学术文章发表，被衡阳电业局评为先进工作者，并获衡阳市科研三等奖。其文章被上海机电学会评为"最喜爱作品奖"，并在《电世界》刊登。

五、电站归宿

1983年2月26日，水电部以（83）水电劳字第20号文，将在湖南的船舶2站等4台电站移交湖南省电力局。船舶2站移交后，继续在衡阳水口山矿务局发电。1995年5月底，电力部电力调度中心通知，设备无偿调拨给江苏省武进县，人员由湖南省电力局安置。

1995年6月，江苏武进县派人办理调动运输事宜，电站协助配备水手、电工、柴油发电机组运行工等5人随船押运。当船舶沿湘江航行到株洲朱亭时，船体触礁，底部破裂进水，经抢险无效，船体沉没。沉船事件由武进县派专人与航运部门及保险公司协商解决，就地起吊，拆解处理，未能再恢复使用。

1996年2月，除少数年轻职工另行安排工作外，大部分职工提前退休。

新第 19、20 列车电站

新第 19、20 列车电站，1975 年 4 月在湖南衡阳组建，设备为两台国产 LDQ–Ⅱ型机组，总装机容量 1.2 万千瓦。1975 年 8 月，在衡阳冶金机械修造厂开始总装，两台机组分别在 1976 年 1 月及 10 月投产发电。累计发电 2.52 亿千瓦·时。1982 年 6 月，该站成建制调拨给衡阳冶金机械厂。

一、电站机组概况

1. 主要设备参数

汽轮机为冲动、凝汽式，保定基地制造，装机容量 2×6000 千瓦，过热蒸汽压力 3.43 兆帕（35 千克力 / 厘米²），过热蒸汽温度 435 摄氏度，转数 3000 转 / 分。

发电机为同轴励磁、空冷式，保定基地制造，额定容量 2×7500 千伏·安，频率 50 赫兹，功率因数 0.8，额定电压 6300 伏特，额定电流 688 安。

锅炉为水管、燃油炉，杭州锅炉厂制造，每台锅炉安装两支喷枪，额定蒸发量 6×11 吨 / 小时，过热蒸汽压力 3.82 兆帕（39 千克力 / 厘米²），过热蒸汽温度 450 摄氏度。

2. 电站构成及造价

该站没有车轮，两台机组设备安装在厂房内，属于固定式电站。

主机设备：汽轮发电机组 2 台，电气（配电）2 台，燃油锅炉 6 台，水处理 2 台。没有水塔设备，利用湘江水源直接冷却，在湘江边建有冷却水泵站。

附属设备：厂外有储油罐、加热器、输油泵以及输油管道等设备。

修配车间配备 620 车床 3 台，立式万能铣床 1 台，牛头刨床 1 台，摇臂钻、台钻各 1 台。

两台机组总造价 606.6 万元。

二、电站组织机构

1. 人员组成

原19、20站，1974年10月分别下放地方，其建制撤销。1975年4月28日，列电局以（75）列电局劳字第158号文，决定组建新19、20列车电站，补上19、20站序号。

职工队伍由11、39、53等电站抽调的接机人员组成。

1975年12月，分配保定电校毕业生42名。1976年10月，在衡阳市招收学员15人。1978年12月，在衡阳市招收学员20人。

新19、20站，在一套组织机构管理下进行生产，厂内称新19站为1号机组，新20站为2号机组，对外统称新19列车电站。

电站定员85人。

2. 历任领导

1975年4月，列电局委派吴国良负责组建该站，并任命为首任厂长兼党支部书记。1975年7月至1981年12月，列电局先后任命赵云浩、廖国华、王家凤担任该站党政领导。

3. 管理机构

（1）综合管理组。

历任组长：周明生。

历任成员：刘凤英、姜士慧、陈福佑、彭腊夫、冯正光、胡振双、王大禄、杨新进、甘宜善、车启智、廖复勋、谢培吴、李舒武、蓝广万。

（2）生产技术组。

历任组长：陆敏华、王锦秋。

历任成员：徐建勋、陶洁、胡尚均、安崇斌、潘俊达、刘楷。

4. 生产机构

（1）汽机工段。

历任工段长：刘长明、高文。

（2）电气工段。

历任工段长：刘桂芝、毛秋凡。

（3）锅炉工段。

历任工段长：李登富、孙振声、钟跻铭。

（4）热工室。

历任负责人：唐行礼。

（5）化验室。

历任负责人：王翠英、刘芳华。

5. 工团组织

历任工会主席：胡振双。

历任团支部书记：陈尚木、任尚华。

三、电站安装与发电

衡阳，为湖南省地级市，湘南地区的政治、经济、文化中心。城区横跨湘江，是中南地区重要的交通枢纽之一。

1975年4月24日，水电部以（75）水电计字第114号文批复列电局，同意将2台待装的6000千瓦汽轮发电机组安装成简易电站，供湖南衡阳冶金机械修造厂使用。

同年8月初，根据水电部（急件）（75）水电生字第53号文，新19、20站运抵衡阳组装，甲方是衡阳冶金机械修造厂。该厂创建于1938年，是一个具有80年历史的大型企业，是冶金部四大机械厂之一。

两台机组并列在一个大厂房内，安装在该厂自制车厢底盘上，没有转向架和车轮，车厢底盘直接固定在地基上。1975年12月底，完成1号机安装调试，翌年1月投产发电。1976年7月2号机组开始组装，10月投产发电。翌年1月，最后一台锅炉投入运行。

该电站是燃油锅炉，两台机组共6台锅炉，称为1至6号炉。每台锅炉配有两个油枪，油枪喷嘴是关键。孔径太小容易造成堵塞，口径过大或油压低会雾化不好，燃烧效率降低，且冒黑烟。锅炉工段对油枪喷嘴不断摸索，不断改进，通过多次试验取得较好效果。

从投产到1982年落地的7年间，两机累计发电25169.6万千瓦·时。

四、电站记忆

1. 电站安装会战

电站组建初期，职工来自不同的电站，彼此间不熟悉。当时没有集体宿舍，没有食堂、幼儿园，一切都是白手起家，原则是"先生产，后生活"，但大家没有怨言。

1975 年 8 月，以党支部书记吴国良，厂长赵云浩为首的领导班子，带领职工进行新 19 站安装工程会战，列电局副局长杨文章亲临现场指导。

投入会战的人员除 11、39、53 站调来的接机人员外，还有保定、武汉及西北基地派出的焊工、钳工、热工、瓦工等各工种援建人员，在衡阳的 33、48、船舶 2 站也派出技术骨干参加，甲方也投入设备组装工作。当时参加会战人员 270 余人，齐聚安装现场。会战中，有的双职工把自己的孩子留在家乡，材料员廖复勋行李没有取，就直接进入现场投入紧张工作。经各方参建人员的共同努力，1975 年 12 月底，1 号机组的总装完成，并一次试运成功，翌年年初投产发电。1976 年 7 月，冶金厂车辆制造完成后，开始 2 号机组装，10 月 4 日并网发电。翌年 1 月，2 号机的最后一台燃油锅炉投入运行，至此，新 19、20 站的建设工程会战全部结束。

2. 模范党支部

电站党支部十分重视党建工作，始终坚持"三会一课"制度。党支部根据党的中心工作任务，结合电站实际情况，本着成熟一个发展一个的原则，积极做好组织发展工作。凡生产经营工作中的重要事情，都要在支部讨论研究，决定的事情要求党员首先执行，成为群众的带头人。

党支部委员、电气工段长刘桂芝是衡阳市委命名的优秀党员，她对工作认真负责，在她的带领下，电气工段成绩显著，被评为先进工段。1978 年 5 月，在 2 号机组大修中，汽机工段党小组长樊秋彪，承担搅拌耐火泥等项工作，为节约原材料，将拆下的废耐火砖砸碎代替耐火土。材料库的党员带领职工积极钻研业务，提高业务水平，在物资管理和为生产服务方面成绩显著，被列电局评为先进集体。

党支部、工会为了活跃职工文体生活，购买乐器和体育器材，先后成立文艺宣传队、篮球队、足球队等，开展各种丰富多彩的文体活动。文艺宣传队在冶金厂文艺汇演中取得较好的名次，篮球队在周围厂矿中都小有名气，曾获得冶金厂篮球比赛冠军。

该站党支部 1979 年被衡阳市命名为模范党支部。电站被湖南省命名为电力工业大庆式企业。

五、电站归宿

1982 年 6 月 23 日，水电部以（82）水电讯字第 16 号文，将新 19、20 站设备及人员成建制调拨给衡阳冶金机械厂。1983 年 1 月，电站改为衡阳冶金机械厂发电车间，继续发电至 1997 年。停机后改为动力车间，继续为该厂供热。

除 8 名人员调回家乡及 57 站外，大部分职工都留在衡阳冶金机械厂。

第五章

燃气轮机组

列电系统有 6 台燃气轮机组，除 51 站由上海汽轮机厂制造外，其余 5 台分别从瑞士、英国和加拿大进口。其单机容量分别为 6000、6200、9000 千瓦和 2.3 万千瓦，总容量 5.94 万千瓦。燃气轮机组改变了列车电站单一蒸汽机组的状况。燃机容量较大，启动快，调迁便捷，更适应战备应急和调峰需要。进口燃机为我国燃机事业的发展提供了技术借鉴，为燃机专业人员培养提供了条件。

第一节

第 31 列车电站

第 31 列车电站，1959 年 6 月组建。设备是从瑞士进口的两台燃气轮发电机组之一，厂家命名为"马可号"。1960 年 4 月下旬，机组在满洲里口岸入关后，直运重庆解体检查，同年 9 月，在荣昌试运并投产。该站先后为四川、黑龙江、湖南、北京 4 省市 4 个缺电地区服务。1983 年 1 月由华北电管局接管。建站近 23 年，累计发电 3.73 亿千瓦·时，为大庆油田开发，以及国家重点企业的生产建设作出重要贡献。

一、电站机组概况

1. 主要设备参数

设备为额定容量 6200 千瓦燃气轮机发电机组，由瑞士 BBC 公司制造。可燃用柴油、重柴油及天然气，效率 18.9%。经过技术改进，能燃烧原油、渣油等，能在没有外部电源、水源的条件下启动发供电。

燃气轮机为反动式，最大出力 22500 千瓦，转速 3682 转 / 分，级数 7 级，需要空气量 80 千克 / 秒，燃气进口温度 620 摄氏度，排气温度 340 摄氏度，进口绝对压力 0.45 兆帕，排气绝对压力 0.1 兆帕。

压气机为轴流式，所需动力 16000 千瓦，级数 17 级，空气流量 80 千克 / 秒，进口绝对压力 0.1 兆帕，出口绝对压力 0.45 兆帕，进口温度 15 摄氏度，出口温度 220 摄氏度，转速 3682 转 / 分。

发电机为 WT532esp 型，半封闭式空冷，额定容量 8750 千伏·安，额定电压 6600 伏，额定电流 765 安，转速 3000 转 / 分，绝缘等级 B 级。

主变压器，为 TRFKu 型，油自然循环冷却，额定容量 8750 千伏·安，额定电压 6.6 千伏 /10.5 千伏、6.6 千伏、3.3 千伏，额定电流 750 安 /457 安、725 安、1450 安。

2. 电站构成及造价

主机车厢为 8 轴，重 240 吨，内部配置气机控制室、燃烧室、燃气轮机、压气机、减速箱、发电机、启动电机兼励磁机等。配电车厢为 4 轴，重 79 吨，内部配置电气主控室、主变压器、厂用变压器、厂用柴油发电机、启动蓄电池组和充电设备、主空气开关、储气设备、可控硅启动电源等。

辅助车厢：250 千瓦启动柴油机直流发电机组车厢 1 节、50 吨油罐车厢 3 节、备品材料车厢 1 节、检修车厢 1 节及办公车厢 1 节。

附属设备：10 吨龙门吊车 1 台，C616 车床、牛头刨床、摇臂钻床各 1 台，4 吨解放牌汽车 1 辆。

电站设备造价（固定资产）301.4 万元。

二、电站组织机构

1. 人员组成

建站初期，31 站由列电局从 4、7、9、13 站，以及保定修造厂抽调人员组成。1961 年 5 月，该站有职工 20 余名。同年 12 月，32 站与 31 站合并，为大庆油田发电，对外统称 31 站。两台机组编为 1、2 号机。1968 年 12 月两站分离。

1963 年人员为 60 名。1964 年以后，列电局分配清华大学、西安交大毕业生，保定、长春、大连、泰安等电校毕业生，以及招录高中毕业生学员，及其他电站、农场调来部分职工，人员为 85 名。

1965 年 11 月，接 51 站调出人员 32 名。1968 年 12 月，分站后又补充保定电校毕业生等。1973 年 1 月，在北京时职工约为 64 名。1974 年 10 月，接新 4 站、新 5 站，调出人员 16 名。1976 年 9 月，10 余名人员调到拖车电站。

该站定员 36 人。

2. 历任领导

1959 年 8 月，列电局责成王鹤林筹建 31 站，并任厂长。1962 年 1 月至 1981 年

1月，列电局先后任命张静鹗、孟庆友、袁长富、刘润轩、米淑琴、余钦周、蔡保根、王有民、李晋文、李汉征、赵祝聪等担任该站党政领导。

在大庆期间，大庆油田党委委派刘春、王庆功、刘兴唐先后任职党支部书记。

3. 管理机构

（1）综合管理组。

历任组长：于之江、周茂友、王恒业、郑庭武、夏军路。

历任成员：张丽芝、丁文法、崔恩华、蔡郡尉、谷永昌、鲁金凤、张厚荣、李家栋、张延明、冯月华、石桂荣、贺长生、刘盛田、石清润、郑玉子、杨桂芳、马秀英、娜仁、王秀珍。

（2）生产技术组。

历任组长：张宝珩、赵占廷、徐竹生。

历任成员：陈洪德、吴懋盛、徐润涛、恒东立、张凤桐、高鹏举、李凤鸣、韩长举、杨世大、何亚芳、张吉才。

4. 生产机构

（1）气机工段。

历任工段长：余钦周、蔡保根、刘万昌、吴立维、温贤岗、尹国英、张维全、崔登云。

（2）电气工段。

历任工段长：王有民、张宏景、王家治、杨代甫、孙晏书、何绍江。

（3）热工室。

历任负责人：谢士英、贾树文。

（4）化验室。

历任负责人：张宝珩、江仁宪。

5. 工团组织

历任工会主席：蔡保根、贾树文、苏锡刚。

历任团支部书记：王有民、高鹏举、张丽。

三、调迁发电经历

1. 调迁四川重庆、荣昌

1960年4月下旬，31站机组进口后，水电部决定调该站去四川，省水电厅安排到自贡市，后变更到重庆九龙坡507电厂，甲方是重庆电业局。1960年6月，电站对设备全面解体检查，并进行电气设备预防性试验。由于燃油及地面设施不具备条件，故未开展启动试运工作。

同年9月，电站从重庆调往四川荣昌广顺场发电，甲方是永荣矿务局。途中动力车厢转向架螺栓松动，发现后在成渝线上临时停车处理。机组到达荣昌时，14站在那里发电，正值检修。地面设施基本完工后，31站机组进行了启动试运。为配合14站检修，仅运行了几天，后因柴油短缺机组停运。

2. 调迁黑龙江大庆油田

1960年年底，水电部决定调31站去黑龙江萨尔图，为松辽石油勘探局（大庆油田）发电。油田派员来电站商讨有关事宜，电站即派张宝珩前去选厂，并陆续派职工前往。1961年4月，机组途经北京，在良乡电力修造厂，对主变压器进行吊芯检查，进行电气预防性试验。5月，机组到达萨尔图，甲方是松辽石油勘探局。34站和36站已在此发电。

同年8月6日，机组启动试运，9月9日，试运成功。9月26日启动电池充电时，发现蓄电池有冒气短路现象，电池不能支持机组启动。12月32站从上海调来，蓄电池同样损坏，机组不能启动。最后采用一台6千伏500千瓦电动直流发电机组取代蓄电池组，解决了两台机组不能启动的问题。1962年春节后，当地柴油供应困难，石油部和水电部要求电站试烧原油发电。经8个月的试验，试烧原油成功。1964年4月，石油部副部长康世恩到电站看望勉励职工，并与职工合影留念。

1966年12月29日，大庆油田决定两台燃机迁到葡萄花地区发电，机组调往大庆葡萄花后，由于"文革"动乱，葡萄花地区油田会战没能实施。因无外来电源，电站厂用柴油发电机长时间运行，主轴瓦架断裂，缸体拉裂。十几天后机组返回原地。

1963年至1965年，安全运行1030天，两次被评为大庆一级先进单位，1964年被评为水电部电力工业标兵。1970年、1971年、1972年上半年连续被评为大庆油田水电局先进单位。该站在大庆服务近12年，累计发电24964.6万千瓦·时，有力地支援了大庆油田的开发，为油田初期建设发挥决定性作用。

3. 调迁湖南湘乡

1972年7月20日，水电部以急件（72）水电电字第84号文，急调31站到湖南湘乡发电。31站接到通知后，即派员去湘乡湖南铁合金厂选址。大庆油田水电局召开欢送大会，设宴招待职工，并授"发扬大庆精神争取更大胜利"的锦旗。8月13日，电站调离大庆，甲方军代表陪同厂长孟庆友亲自押送2400公里，8月22日抵达湖南湘乡，职工同时到达。

甲方铁合金厂热情欢迎大庆来的电站，腾出招待所，为家属准备蜂窝煤炉子。职工们立即投入紧张的卸车及设备安装工作，8月26日，一次启动成功，投入运行。已停产的铁合金电炉恢复生产，甲方召开大会祝贺。电站的到来，缓解电力紧张局面，有力支援企业的生产，受到湖南省冶金厅和铁合金厂的表彰。

该站在湘乡服务4个月，发电848.6万千瓦·时。

4. 调迁北京长辛店

1972年12月9日，水电部以急件（72）水电电字第159号文，决定调31站到北京发电。电站即派生技组长徐竹生赴京选厂，并组织拆迁。经13天调迁，1973年1月，电站到达北京。甲方是北京二七机车车辆厂。

现场基本具备生产条件后，机组经安装调试，即投入运行。机车厂因缺电原本只能夜班生产的状况恢复正常。机组燃用任丘原油作调峰方式运行。为适应负荷情况，机组频繁启停，值班员精心操作调整，保证机组正常运行。1976年8月后，电站组织人员积极支援机车厂生产会战，受到机车厂的赞誉。

1976年7月28日唐山大地震发生后，电站参与安装调试列电局1000千瓦拖车燃气轮机机组及武汉调来1200千瓦快装燃气轮机，组建抗震救灾电源。

1979年8月，机组大修后，因无燃油指标停机。

该站1976年评为水电部学大庆先进单位，1975至1978年，连续4年评为厂级先进单位，1979年，评为北京市大庆式企业，水电部授予全国电力工业大庆式企业。

该站在北京服务6年半，累计发电11509.1万千瓦·时。1983年3月，机组送保定基地待命。

四、电站记忆

1. 学习掌握新技术为燃机发展奠定基础

电站组建之初，职工都是从燃煤蒸汽机组调来的，燃气轮机是全新的设备和技术，只能边筹建边学习。1960年6月，电站从列电局获取3套设备原文说明书和两套图纸，由中试所孙诗圣、电站张丽芝及四川大学老师翻译，译好后由保定誊写社翻印成册，连同列电局副局长邓致逑从国外带回的一些资料供职工学习。

机组到来后，即展开解体检查、备品备件清点工作。职工们白天工作，晚上学习，对设备结构性能有了一定程度的了解。副局长邓致逑亲临广顺场，亲自监护值班员启停操作，传授专业技能。启动马达与启动温升控制要求非常苛刻，燃气温度超过400摄氏度必需停机重新启动，一次启动成功率很低。经反复演练，逐渐掌握了启停技术，并改进了一些操作方法，使一次启动成功率大大提高。

随着新人员的不断补充，电站将业务学习当成一项重要工作常抓不懈。建立完善岗位练兵培训制度，学运行也学检修，机电互学，每个人都成为一专多能的多面手。积累实践经验，建立健全一套完整的运行、检修、选建厂的规程及技术资料，并严格贯彻执行，保证机组在良好的状态下安全运行。

该站成为国内早期唯一的燃气轮机发电培训基地。国内各汽轮机制造厂、燃机发电厂，以及一些大学、研究所等单位，都先后派员到电站调研、学习、实习。列电局内燃机电站的技术骨干大都是在31站工作过的员工。31站为国家早期燃气轮机发电事业的发展发挥了重要作用，奠定了基础。

2. 融入大庆艰苦创业

在大庆会战之初，31站就调到萨尔图。大庆的夏天草原蚊虫叮咬，冬天零下30多摄氏度，寒风刺骨。生活上吃粗粮，缺少新鲜蔬菜，住帐篷活动房、"干打垒"土坯房。电站组织积肥开荒，种地种菜，喂猪磨豆腐，支援农场，参加农业生产，自己动手打土坯盖房子。职工们经受住恶劣环境和艰苦生活的考验。列电人与大庆人融为一体，同甘共苦。

发电初期，面对设备和技术问题带来的很多困难，如在试烧原油中，反复拆装气缸盖，检查清扫，频繁试验。他们冒着严寒，事故抢修，拆装叶片，不厌其烦，不惧艰苦与风险。1962年4月21日晚，厂长张静鹗和技术员恒东立在盖燃烧室上部车厢盖时，被大风刮起，张厂长与车厢盖一同跌落，造成头部负伤。

电站以大庆人"有条件要上，没条件创造条件也要上"的精神，将"三老、四严、四个一样"的工作作风，自觉融入到电站的各项工作中。电站职工坚持岗位练兵，严格执行规程制度，提高操作和处理事故的能力。书写记录、报表要求仿宋字，不得涂改。现场规范化管理，设备窗明几净，做到文明生产。电站在大庆油田发电的12年间，职工们经受了大庆精神的洗礼，成为觉悟高、责任心强，技术全面、作风过硬的职工队伍。

3. 坚持技术改进保安全发电

电站坚持从实际出发，针对运行中暴露出的设备问题，进行技术改进和完善。启动电源经过三次改进，确保在各种情况下的机组正常启动。试烧原油的成功，拓宽了机组燃料使用范围，大大降低了发电成本。对机组燃油、柴油、润滑油、继电保护、厂用电、直流操作诸系统都进行了多项改进和完善，有力地保证了设备安全运行。

将气机的控制及监视系统，集中到电气控制室实行集中监视控制，实现两人值班，并改善了气机值班员的运行环境。完善机组可控硅电源自动启动、半自动并车程序，使启动更加便捷可靠。1979年该项目获水电部技改三等奖。

全手动 10 吨手拉道链龙门吊车，吊装速度慢，将其改装成电动行车，实现 10 吨手拉道链电动化，并新装 2.5 吨电动葫芦，从而降低劳动强度，提高检修效率。制作了一批专用工具，有力地保证了大修的顺利进行。试验成功燃气轮机、压气机磨损叶片补焊工艺及技术，延长了叶片使用寿命，降低了大修的费用。测绘叶片及零部件图纸，保证备品备件的制造。完成了烧天然气设备的安装及技术储备。群众性的小改小革活动长期开展，对设备安全运行发挥重要作用，设备完好率保持 100%。

4. 电站蓄电池损坏事件

机组启动蓄电池组，由法国 SAFT 工厂制造，系薄型烧结式镉镍蓄电池。电压 270 伏，容量 400 安时，共 256 只，最大放电电流 1500 安，启动放电延续时间 5 分钟后，放电电流从 1500 安降到 100 安以下，电解液比重 1：33。

1961 年，机组进行多次启动运行后，于 9 月 26 日充电过程中发现个别电池冒汽，电压为零，蓄电池损坏，机组不能启动。这是电站发生的重大设备事件。

电池损坏原因为蓄电池出厂后，长时间没有维护和充放电，容量降低；机组启动操作不熟练，蓄电池过负荷使用严重；蓄电池本身结构为铁壳密封，上盖处仅备一小孔（加注溶液及排气活门），内部极板及隔离薄膜层装配严紧，溶液渗透度差，很难实施有效监视，发现即已损坏，现场无法修复；厂家未提供电池寿命数据。对损坏电池进行解剖检查，发现极板与隔离薄膜烧焦成一体（极板中间位置）。

为彻底分析原因，事后送 16 只电池到七机部新乡 755 厂检验。认为，送来的电池质量不好，不能供正常使用。实践证明，采用蓄电池组启动燃机的方案不可靠，不是最佳的方案。

五、电站归宿

根据水电部（83）水电劳字第 17 号文要求，1983 年 3 月，31 站机组运回保定基地待命。该站部分人员由北京二七车辆厂接收，另有部分人员在组织协助下，自行调到地方单位，职工得到妥善安置。

1987 年 3 月，机组由水电部转让给重庆西南铝业集团铝材加工厂，燃用天然气继续发电。

第 32 列车电站

第 32 列车电站，1959 年 6 月组建，设备是从瑞士进口的燃气轮机组，厂家命名为"波罗号"。1960 年 4 月，机组从满洲里入关后到上海测绘，1961 年 12 月，在黑龙江萨尔图大庆油田投产。该站先后在黑龙江、山东、广东、湖北 4 省的 4 个缺电地区服务，1983 年 1 月，由华中电管局接管。建站近 23 年，累计发电 3.84 亿千瓦·时，为国家石油开发及水利水电工程建设作出重要贡献。

一、电站机组概况

1. 主要设备参数

设备为额定容量 6200 千瓦燃气轮机发电机组，由瑞士 BBC 公司制造。可燃用柴油、重柴油及天然气，效率 18.9%。经过技术改进，能燃烧原油、渣油等。能在没有外部电源、水源条件下启动发供电。

燃气轮机为反动式，最大出力 22500 千瓦，转速 3682 转 / 分，级数 7 级，需要空气量 80 千克 / 秒，燃气进口温度 620 摄氏度，排气温度 340 摄氏度，进口绝对压力 0.45 兆帕，排气绝对压力 0.1 兆帕。

压气机为轴流式，所需动力 16000 千瓦，级数 17 级，空气流量 80 千克 / 秒，进口绝对压力 0.1 兆帕，出口绝对压力 0.45 兆帕，进口温度 15 摄氏度，出口温度 220 摄氏度，转速 3682 转 / 分。

发电机为 WT532esp 型，半封闭式空气冷却，额定容量 8750 千伏·安，额定电压 6600 伏，额定电流 765 安，转速 3000 转 / 分，绝缘等级 B 级。

主变压器为 TRFKu 型，油自然循环冷却，额定容量 8750 千伏·安，额定电压 6.6 千伏 /10.5 千伏、6.6 千伏、3.3 千伏，额定电流 750 安 /457 安、725 安、1450 安。

2. 电站构成及造价

主机车厢为 8 轴，重 240 吨，内置气机控制室、燃烧室、燃气轮机、压气机、减速箱、发电机、启动电机兼励磁机等。配电车厢为 4 轴，重 79 吨，内置电气主控室、主变压器、厂用变压器、厂用柴油发电机、启动蓄电池组和充电设备（后拆除）、可控硅整流启动电源装置（后加装）等。

辅助车厢：250 千瓦启动柴油发电机组车厢、2 吨燃油锅炉车厢、备品材料车厢、检修车厢、办公车厢各 1 节，50 吨油罐车 3 节。

附属设备：滤油机 3 台，10 吨龙门吊车 1 台，120 车床、35 毫米摇臂钻床和牛头刨床各 1 台，2.5 吨货运汽车 1 辆。

电站设备造价（固定资产）311.4 万元。

二、电站组织机构

1. 人员组成

32 站组建时，职工主要来自 1 站，还有 11、17、23 等电站人员。人员约 48 人。1961 年 12 月，32 站与 31 站合并，1968 年 12 月两站分离。合并期间在电站工作过的有 180 余人。由于承担培训任务，历年都超员。

1962 年至 1982 年间，接收或调入西安交大、清华大学、广东工学院等毕业生共 11 人，接收保定、泰安、长春、大连电校毕业生 66 人，招录高中毕业生 34 人。1971 年招收复退军人 7 人。1975 年至 1978 年，招收下乡知青及电站子弟共 35 人。还有从其他电站、单位调来部分职工。

1965 年 11 月，接 51 站调出 32 人；1973 年 2 月至 5 月，接新 3 站调出 14 人；1974 年 11 月，接新 4 站、新 5 站调出 13 人。

电站定员 36 人。

2. 历任领导

1959 年 6 月，列电局委派张静鹗筹建 32 站，并任命为该站厂长、党支部书记。至 1977 年 7 月前，列电局先后任命孟庆友、袁长富、刘润轩、米淑琴、余钦周、蔡保根、王有民、曹玉真、张学山、刘建明、刘恩禄、丁元科、王家治等担任该站党政领导。

在大庆期间，地方党委委派刘春、王庆功、刘兴唐先后担任党支部书记。

3. 管理机构

（1）综合管理组。

历任组长：周茂友、王恒业、郑庭武、刘福、周鸿逵、苗德先。

历任成员：蔡郡尉、丁文法、谷永昌、鲁金凤、张厚荣、李家栋、张延明、冯月华、石桂荣、贺长生、刘景富、柳光胜、陆来祥、关慧兰、卢凤莲、沈惠明、王兆英、韩勤超。

（2）生产技术组。

历任组长：赵占廷、姜国方。

历任成员：陈洪德、吴懋盛、徐润涛、恒东立、张凤桐、高鹏举、徐竹生、李凤鸣、韩长举、杨世大、刘振英、刘广安、吴绪龙。

4. 生产机构

（1）气机工段。

历任工段长：余钦周、蔡保根、刘万昌、吴立维、温贤岗、刘建明、刘恩禄、金扬兴、王墨儒。

（2）电气工段。

历任工段长：傅相海、王有民、张宏景、王家治、刘广安。

（3）热工室。

历任负责人：贾树文、谢士英、向方荣、侯玉成。

（4）化验室。

历任负责人：包连发、张宝珩、江仁宪、李时雨、方丽华。

5. 工团组织

历任工会主席：蔡保根、陆祖明、向方荣。

历任团支书记：王有民、高鹏举、柳光胜、潘世光、何浩波、周日光。

三、调迁发电经历

1. 在黑龙江萨尔图投产

1961年12月，32站调到黑龙江省萨尔图松辽油田投产发电。甲方是松辽石油勘探局。1960年3月，大庆石油大会战全面展开，但严重缺电。该站与在大庆发电的31、34、36站组成电力网，总容量为1.74万千瓦，确保油田开发会战用电。由于燃机电站启动快速，还承担调峰任务。

至1964年年底，电站实现安全运行849天，两次被评为大庆一级先进单位，1964年被评为水电部电力工业标兵。1964年4月7日，石油部副部长康世恩到站看望勉励电站职工，并和大家合影。

1966年年末，电站紧急调到大庆葡萄花地区参加开发会战，但受"文革"运动影响，会战没能实施，又返回萨尔图。

该站在大庆服务 7 年余，累计发电 12985 万千瓦·时。

2. 调迁山东济南

1968 年鲁中电网电力供应紧张。同年 9 月 11 日，根据水电部（68）水电军计年字第 225 号文，列电局通知 32 站调往济南历城。

12 月底，电站与 31 站分离，调到济南钢铁厂，与先期在此的 51 站并网发电，甲方是山东省电力局。电站为缓解鲁中电网缺电状况和支持济南钢铁厂的生产用电，起到应急电源的作用。

该站在济南服务 3 年余，累计发电 5630.6 万千瓦·时。

3. 调迁广东广州

中国出口商品交易会，是国家对外贸易的主要窗口。70 年代初，广州市缺电严重，系统频率低，不能保证电力质量。为确保在广州召开的春、秋两季交易会正常用电，周恩来总理亲自指示，调电站到广州发电。

1972 年 4 月下旬，根据水电部（72）水电电字第 56 号文，电站紧急调往广州，甲方是广州供电公司。从济南调迁广州，只用了 7 天，机组安装在广州钢铁厂内。广东省革委会要求电站 5 月 10 日供电，结果提前一天并网投产。不仅为广交会提供了电源保障，同时也保证了广州钢铁厂的生产用电。

该站 1975 年被广州供电公司评为工业学大庆先进单位。在广州服务 4 年，累计发电 9525.7 万千瓦·时。

4. 调迁湖北宜昌

1975 年，湖北省严重缺电，电网频率低，且不稳定，不能保证大型机械正常运转，远不能满足葛洲坝工程建设需要，严重影响施工进度。1976 年 6 月，根据水电部（75）水电电字第 84 号文，电站调到湖北省宜昌，为葛洲坝水利枢纽工程建设发电。甲方是 330 工程局。32 站与后来的 45、35、51 站并列发电，成为用电负荷最近的电源，总容量 1.72 万千瓦，保证了施工用电。

该站担负调峰任务。6200 千瓦机组，用电高峰时满发，低谷时只有 100 至 150 千瓦，常年平均负荷不到 2000 千瓦，1979 年，逆功率保护动作 34 次，共开机 99 次，主开关跳合闸各 193 次。330 工程局书记刘书田称赞他们是"葛洲坝工程的保障"。

1978 年 2 月 10 日春节期间，水电部部长钱正英到电站看望职工，表扬职工工作勤奋，干事认真，有"大庆人"的风度，希望发扬光大大庆精神，并和大家合影。1978 年，被水电部评为全国电力工业大庆式企业，陆来祥评为全国电力工业劳动模范。1979 年被湖北省命名为大庆式企业，受到列电局的表彰。

该站在葛洲坝服务近 7 年，累计发电 10210.25 万千瓦·时。

1. 为燃机发展积累经验、培养人员

机组进口后，在北京前门火车站停留十几天，供水电部、一机部领导及技术人员考察，随即到上海汽轮机厂解体测绘，搜集、翻译技术资料，为我国燃气轮发电机组设备研发、自行设计和自行制造创造了条件。

接机人员集中在保定列电局本部培训。他们学习热情高涨，专心听课，认真阅读翻译资料，做好功课，互帮互学。1961 年春，机组在上海汽轮机厂开始回装调试，电站陆续派员前往现场学习，参加调试、验收。

国内燃机电站从无到有，有关规程是根据厂家提供的技术资料，参考国内汽轮机电站规程，在邓致逮副局长指导下编制的。1963 年，根据运行经验和遇到的问题，同时参照部颁《汽轮机组运行规程》，对 1961 年颁发的《燃气轮机运行规程》进行了修订。规程修订由车间起草，生技组审查、修改、补充，电站组织座谈讨论后定稿。电站还制定了安全、运行、检修 3 大规程，5 种管理制度，4 项监督条例，在实践中不断完善，建立健全燃机的安全生产规章制度。

新进人员不断增加，培训任务繁重，电站组织大练基本功。1964 年培训实习生 17 名、学员 23 名。1965 年由各专业抽调 32 人，配备国产新机 51 站。还不断接待有关单位、部队、高校人员来站跟班学习，或研究借鉴相关技术。

31、32 站机组的引进，积累了运行和设备检修的经验，从而填补此项专业技术的空白，成为燃机发电专业的先驱和培养技术人员的摇篮，为国家燃气轮机发电专业的发展奠定基础。

2. 坚持技术改进和设备消缺

该机组当时属于比较先进、技术成熟的发电设备，但也存在缺陷及不适应国内使用条件的问题。电站进行了多项重要技术改进。

1962 年 6 月，在 31 站试烧原油的基础上，32 站试烧原油，并于 11 月试烧成功，彻底解决燃料供应矛盾，供电成本平均 0.03 元/（千瓦·时）（含燃油 0.0185 元）。

由于继电保护原接线错误，在大庆曾多次发生因线路故障，致机组跳闸停机。电站进行线路改接，从而避免了误停机。此外，以乙二醇替代高浓度盐水，解决冷却系统腐蚀、防冻问题；加装润滑油冷油器、可控硅整流启动电源装置等，不断提升设备水平，促进安全发供电。

气机控制室的噪声高达 100 分贝，为改善气机人员的值班环境，1973 年大修时，将气机控制室的主要监控仪表集中到电气控制室，实现机电集控运行。运行人员同时监控机、电设备，要求机、电正值班员达到另一专业副值班员的水平。还尝试改变消音器的结构来降低机组的噪声。

3. 有力应对安全生产事故

电站到萨尔图后，成功启动过几次，再启动时升速困难，压气机出现喘振。启动蓄电池不能支持机组启动，因机组长时间运输及解体测绘，没能及时维护，造成蓄电池容量大幅降低，并有部分损坏。

1965 年 2 月 18 日，发生燃机部分静叶片折断事故，原因是空气中的沙土颗粒含量高，磨损严重造成的。抢修中，更换叶片并改进叶片根部垫片的不合理设计，工作量超历次大修。以补焊新工艺及技术，成功修复更换下来的叶片，经多项性能测试和试运行检验，确认符合要求，延长叶片有效使用寿命，降低大修成本。由于出色地完成抢修任务，被评为 1965 年度列电局表扬单位。

1970 年 4 月 18 日，正在济南检修，电气人员检修完主开关后，即手动合闸试验，因隔离开关没断开，系统电源反馈到主开关的固定触点，以致发电机突然带动机组异步启动，随后发电机冒烟起火，时长约 2 分钟。事故造成发电机转子套箍过热开裂，部分绕组匝间短路，机组轴瓦烧毁 10 对，燃气轮机和压气机动静叶片磨损等，教训惨痛。面对严重事故，电站职工克服悲观情绪，群策群力解决许多技术难题。如应用补焊叶片技术，修复发电机转子套箍开裂等。就地抢修 67 天，机组于 6 月 24 日重新投入运行。后经 10 余年运行检验，出力不减，运行正常。

五、电站归宿

根据水电部（83）水电劳字第 17 号文件，1983 年 1 月，32 站由华中电管局接管。根据水电部（急件）（86）水电财字第 59 号文，1986 年 6 月，机组调拨给重庆钢铁公司继续发电。

电站职工大部分安置在葛洲坝水电厂，其中一些担任各级领导工作。有部分职工随 35、45 站机组去海南三亚，还有的在某研究所从事海军舰船燃机应用工作。

第三节

第51列车电站

第51列车电站，1965年11月组建，是国产第一台6000千瓦燃气轮发电机组。1968年年初，由上海华东电力安装公司安装调试，同年7月交付列车电业局，8月中旬在山东济南投产发电。该站先后为山东、新疆及湖北等省区的4个缺电地区服务。1983年4月，机组设备移交华中电管局。建站17年余，累计发电2.13亿千瓦·时，为国家钢铁、石油化工及水电重点工程建设作出应有贡献。

一、电站机组概况

1. 主要设备参数

电站设备为6000千瓦燃气轮发电机组，由上海汽轮机厂以32站机组为原型仿制而成。整套发电设备为开放式，单轴，无回热单循环型式。使用燃料为轻柴油、重柴油、天然气。经过技术改进即可燃用原油，渣油。机组效率为18.65%。在没有外来电源和水源短缺的条件下均可启动发电。

燃气轮机为反动式，级数7级，最大出力22500千瓦，需要空气量80千克/秒，进口燃气绝对压力0.45兆帕，进气温度620摄氏度，排气温度340摄氏度，排气绝对压力0.1兆帕，转速3682转/分。

压气机为轴流式，所需功率16000千瓦。级数17级，出力（空气量）80千克/秒，出口绝对压力0.45兆帕，进口绝对压力0.1兆帕，进口温度15摄氏度，出口温度220摄氏度，转速3682转/分。

发电机为开式循环、空冷式，额定容量7500千伏·安，额定电压6300伏，额定电流688安，频率50赫兹，功率因数0.8，转速3000转/分。

启动电源为柴油发电机组。

柴油机为6250/z型，外循环水冷，功率250千瓦，转速600转/分，启动空气压力 1.8 至 2.4 兆帕。

直流发电机为它励 250 型，风冷，硅整流感应自动励磁调压，最大功率 250 千瓦，电压 0 至 250 伏，最大电流 1600 安，转速 600 转 / 分。

2. 电站构成与造价

机组构成：发电设备车 1 节，车长 25 米，8 轴重 240 吨；配电车 1 节，车长 20 米，重 50 吨；启动设备车 1 节，车长 15 米，重 40 吨；锅炉净化设备车 1 节，车长 20 米，重 80 吨；油罐车 6 节，车长 12 米，单车重 80 吨（满载）。

辅助车厢：修配车 1 节，办公车 1 节，材料车 1 节。

附属设备：厂用变压器 1 台，75 千瓦柴油发电机组 1 台，2 吨低压燃油锅炉 1 台，压榨过滤机 200 型 3 台，水处理过滤器、软化器各 1 组，10 吨起重机 1 台，空压机 1 台。

电站设备造价 397.5 万元。

二、电站组织机构

1. 人员组成

51 站组建初期，由 31 站选配各类人员 32 名，又陆续从其他电站调入部分人员，组成基本职工队伍。

电站投产后，先后分配部分电校毕业生、大学毕业生，接收转业军人，在山东、山西、新疆和湖北等地招收高中毕业生等。曾在 51 站工作过的人员累计有 120 余人。1974 年 10 月，支援新 4 站及新 5 站部分人员。1978 年 12 月支援新 3 站部分人员。高峰期达 70 余人。

电站定员为 44 人。

2. 历任领导

1965 年 11 月，列电局委派余钦周组建 51 站，任命为首任厂长。并委托张学山协助厂长负责茂名基建工作。自 1969 年 9 月至 1982 年 10 月，列电局先后任命乔明铎、刘子德、王鹤林、董庆云、赵国绪、王德纯、刘树春、丁元科等担任该站党政领导。

3. 管理机构

（1）综合管理组。

历任组长：张学山（兼）、陈青、张永智、毛俊荣。

历任成员：石桂荣、丁文法、鲁金凤、张延明、敖学武、陈友忠、刘玉华、高润清、李菊香、许善兰、于汉俊。

（2）生产技术组。

历任组长：张宝珩、尚国成、赵福南。

历任成员：徐黑、杨世大、安贵友、殷德明、孟炳君。

4．生产机构

（1）气机工段。

历任工段长：吴立维、李桂新、李春魁、孟炳君、于法海。

（2）电气工段。

历任工段长：张宏景、曹洪新、梁凤财。

（3）热工室。

历任负责人：向方荣、王德纯、尹新民。

（4）油化室。

历任负责人：王爱民、赵志军、吕云秋。

5．工团组织

历任工会主席：向方荣、陈青、张永智、张延明。

历任团支部书记：薄元良、龚伯涛、王德纯。

三、调迁发电经历

1．在山东济南投产

1968 年 7 月中旬，水电部调 51 站到山东省济南市发电。电站接到调令后，立即派员前往济南办理选址事宜，站址选在济南钢铁厂区内。同年 8 月上旬，投产发电，并入鲁中电网。甲方为山东省电力局。1968 年 12 月，32 站从大庆调来，与 51 站并列停放，并网运行。

电网调度根据燃气机组的特点，决定该站设备不带基本负荷，只作调峰使用。因此，机组只在用电高峰期发电，此种运行方式在电网应急时刻起到关键作用。1971 年 2 月初，鲁中电网由于雨雾造成瓷瓶爆炸而瓦解，短时间内不能恢复供电，导致济钢高炉冷却循环水中断，高炉受到严重威胁。电站值班人员接到网调紧急通知后，立即启动机组，迅速向济钢高炉供电，保证了高炉的安全。

电站在济南服务 5 年余，累计启停 961 次，运行 17480 小时，累计发电 9255 万千瓦·时。1969、1971 年到 1973 年设备各大修 1 次。

2．调迁山东胶县

1973 年 10 月 4 日，水电部以（73）水电生字第 90 号文，致函燃料化学工业部，为支援东黄输油管线工程建设用电需要，决定调 51 站到山东胶县发电。

1974 年 3 月，电站调到胶县，为胜利油田在建输油管线和黄岛石油储运基地建设供电。甲方是胜利油田会战指挥部。

厂区离职工住地约 2 公里，职工上下班很不方便，尤其是运行人员值夜班时更为突出。电站利用一闲置的 2.4 千瓦（3.2 马力）的汽油机，改制成一台机动三轮车，作为运行人员的专用交通车，解决了运行人员上下班的难题。

该站在此服务 1 年半，运行方式为调峰，累计启停 271 次，运行 4887 小时，发电 2586 万千瓦·时。1975 年 7 月，设备大修 1 次。

3. 调迁新疆乌鲁木齐

1975 年 9 月 29 日，水电部以（急件）（75）水电生字第 77 号文，决定调 51 站由山东胶县到新疆乌鲁木齐发电。同年 10 月，电站接到调令，立即派出人员前往乌鲁木齐市选址，其余人员积极做好调迁准备。11 月电站调到乌鲁木齐，站址选在离市区 30 公里外的化肥厂内。甲方是乌鲁木齐市化工厂。

11 月末的乌鲁木齐，温度低到零下 20 摄氏度，并经常刮风，人们在大风中，只能侧身弯腰低头而行。职工们在寒风中卸车、安装，在规定时间内启动发电。为此，自治区领导给予赞扬，并亲临电站看望。电站按网调的命令启停机组，为边疆建设安全供电。

该站在乌鲁木齐并入新疆网担任调峰，服务两年余，累计启停 458 次，运行 8230 小时，发电 3637.4 万千瓦·时。1976 年 8 月，设备大修 1 次。

4. 调迁湖北宜昌

1978 年 4 月 13 日，水电部以（78）水电生字第 36 号文，决定调 51 站由乌鲁木齐到湖北宜昌发电。

同年 7 月，51 站调到宜昌葛洲坝工地，甲方是 330 工程局。

先期在宜昌发电的还有 32 站、35 站、45 站。4 台电站齐心协力，确保建设工地的用电需求。由于电力得到保证，大坝的建设施工速度明显加快，1978 年初秋，水库下闸蓄水。年底，第一期水力发电机组投产发电。至此，电站陆续退出运行。

51 站在宜昌并入华中电网，作为调峰机组，累计启停 429 次，运行 7716 小时，发电 5844.4 万千瓦·时。1979 年 8 月，设备大修 1 次。

1981 年 1 月到 1985 年 10 月，51 站停机待用。停机保养启停次数，初期为每季度 1 次，后期基本处于干燥保养期，直到调离宜昌。

1. 电站投产前的经历

51 站的发电设备由上海汽轮机厂制造，当时与其配套的车辆生产厂家还未确定。为了设备按时投入运营，列电局决定，先将设备落地安装在电力紧张、油料提供便利的石油产地广东茂名。

1965 年冬，由张学山带领的部分 51 站职工到茂名时，受到已在那里发电的兄弟电站职工的欢迎和妥善安置。在茂名石油公司的支持、安排下，51 站的基建工作顺利进行。

1965 年秋，机组经过数十次的启停运行，各项性能指标均达到或基本达到样机水平。1965 年 10 月中旬，机组通过 72 小时满负荷试运。11 月机组为上海电网调峰期间，厂方人员在一次启动操作中，燃气轮机组的主要承热部件，因超温而产生严重变形和部分部件损坏。因此，1966 年 4 月，列电局要求 51 站基建工作停止。按列电局要求，在茂名及上海的人员返回武汉基地待命。

1966 年 4 月，预计设备修复的时间较长，列电局决定 51 站的设备由落地改为装车。主车由上海江南造船厂制造，配电车、辅机车由齐齐哈尔车辆厂制造，其他附属车辆及配套设备由武汉基地完成。

同年 7 月下旬，在基地相关部门的安排下，装配工作全面展开，并对机械、电工、热工、化验、燃油净化处理、锅炉等工种展开全面的技能培训工作，为 51 站投产发电打下基础。

1967 年年底，电站设备配套工作即将完成时，上海汽轮机厂主机设备的修复工作也将完工。1968 年 3 月，华东电力安装公司开始设备安装，51 站选派一批骨干人员参与其中。经 3 个月的安装，1968 年 6 月中旬，第一次启动试运成功。已安装设备的 3 节车厢，经铁路多次往返试运后，再次进行设备检测和启停试验，完全符合规范要求。1968 年 7 月，机组由上海汽轮机厂正式移交给列电局，投入商业运营。

2. 团结奋进的职工队伍

建站初期，骨干人员全部由参加大庆石油会战的 31 站抽调而来，他们具有敢于承担、不怕困难的大庆精神。领导率先垂范，深深影响和带动全站每一位职工。职工之间互帮互助、互教互学，团结一心，为电站的安全运行、快速调迁争做奉献。

1975 年 11 月，51 站调乌鲁木齐，正赶冬季，厂址选在荒漠沙滩上。当电站设备到达时，突然狂风骤起，气温降到零下二十几摄氏度。在保暖措施不到位的情况下，站领导一声令下，全站职工一齐上阵，把设备安装到位，等待网调启动命令。当职工们回到休息地时，才发现自己手脚冻肿了，耳朵冻起了水泡，但大家没有抱怨，没有一人因此而误工。

新疆夏季天气酷热干燥，白天骄阳似火。机组常因润滑油温高而限负荷运行。为保证调峰发电，气机工段在生技组的指导下，自制了一组冷却器，与原冷却器串联运行，增大了冷却面积，降低了油温，保证机组的调峰能力。这组冷却器带到宜昌继续使用。电站调迁宜昌时，机组就位后，职工仅用二十几个小时安装调试，设备就处于电网的备用状态。

3. 事故面前积极有效应对

1971年2月22日，51站发生一次重大设备事故，主减速箱内主传动小齿轮推力盘在运行中突然断裂，断片卡在两齿轮之间，造成主传动小齿轮冲破壳体飞出车外，机组被迫停止运行。停机后，检查发现除主减速箱损坏外，压气机低压端轴头（直径160毫米，长度400毫米）弯曲达0.74毫米。

事故发生后，列电局、制造厂和山东省电业局高度重视，并积极协调，组织相关单位进行修复。损坏的减速齿轮由上汽厂制造，弯曲的轴头由列电局组织技术人员校正。电站成立直轴会战小组，决定采用内应力松弛法，将轴弯曲部分校直。经过数十天的努力，最终将轴弯曲度校直到0.05毫米以内，达到技术规范的要求。上汽厂将新的减速齿轮及相关设备运到现场组装。机组于1971年7月9日，重新投入运行，并处于平稳工作状态。

关于51站压气机低压轴头直轴的过程总结，刊登在列电局中心试验所编印的1977年第5期《列电技术报导》中。

五、电站归宿

1983年1月，根据水电部（83）水电劳字第17号文的安排，51站移交华中电管局安置。设备落地后，职工除自行联系调离外，均被安排到葛洲坝水力发电厂相关部门。

根据水电部（急件）（86）水电财字第59号文，1986年6月，51站机组设备调拨给重庆钢铁公司。

第四节

新第 3 列车电站

新第 3 列车电站，1973 年 3 月组建，设备是从英国引进的快装式燃气轮发电机组，由南京汽轮电机厂拆检后负责安装。1977 年 6 月，在南京市正式投产，承担电网调峰发电，累计发电 1.19 亿千瓦·时。1982 年 12 月，电站成建制调拨给南京市，改称南京市自备电厂。

一、电站机组概况

1. 主要设备参数

设备为额定容量 23000 千瓦燃气轮机发电机组，英国约翰布朗公司制造。燃气轮机为轴流冲动式，PG5331 型。透平级数 2 级，最大出力约 60000 千瓦，设计工况下进口燃气温度 900 摄氏度，排气温度带基本负荷时 454 摄氏度，带尖峰负荷时 471 摄氏度，转速 5100 转 / 分。

压气机为轴流式，级数 17 级，空气进口压力 1.015 绝对大气压，压比为 9，空气进口温度 15 摄氏度，空气流量 419 吨 / 小时，转速 5100 转 / 分。

燃烧室为圆筒分管式，数量 10 个，点火装置为火花塞。燃料种类为轻油、原油、渣油、瓦斯或混合燃料。

发电机为空冷密循环，CKA 型，视在功率 2.72 万千伏·安，额定电压 10.5 千伏，额定电流 1.5 千安，频率 50 赫兹，功率因数 0.8，转速 3000 转 / 分。

主 变 压 器 型 号 SF1–31500/35，额 定 容 量 3.15 万 千 伏·安，额 定 电 压 38.5 ± 2 × 2.5%/11.0 千伏，额定电流为 1.655 千安（低压侧），接线方式 Y0/Y–12。

2. 电站构成及造价

电站主机设备属于快装、固定式，包括燃气轮机快装模块和发电机快装模块，分别装在两个底盘上。燃气轮机重量约 90 吨，其外形长 12.35 米，宽 3.2 米，高 3.81 米；

第五章

燃气轮机组

389

发电机重量约 80 吨，其外形长 9.15 米，宽 3.2 米，高 3.81 米；变配电控制设备重量约 14 吨。燃气轮机、发电机及控制设备分别采用刚性连接，固定安装在 3 辆平板车上，组成移动式电站，全长约 40 米。机组由西北列电基地负责设计、安装。

辅助车辆：燃油加热锅炉车厢 1 节，备品、材料车厢 1 节，检修车厢 1 节，均属国内配套设备。

电站机组造价 876 万元。

23000 千瓦燃气轮发电机组装车示意图见图 5-1。

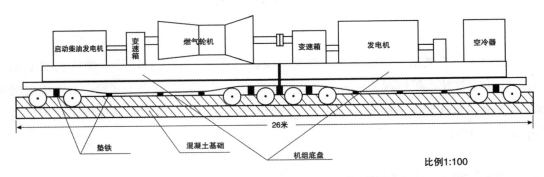

图 5-1　23000 千瓦燃气轮发电机组装车示意图

二、电站组织机构

1. 人员组成

1973 年 3 月 17 日，列电局根据水电部（73）水电计字第 347 号文件精神，以（73）劳字第 176 号文，决定组建新 3 站。人员主要从 32、51 等燃机电站调入，少数人员来自燃煤电站，最多时 70 余人。

电站定员 44 人。

2. 历任领导

1973 年 3 月，列电局委派杜玉杰负责组建该站，并任命为厂长兼党支部书记，张学山、苏振家为副厂长。

3. 管理机构

（1）综合管理组。

历任组长：王培一、宋芳福。

历任成员：石桂荣、乐秀珠、姜述权、卢锡久、杜佩玲。

（2）生产技术组。

历任组长：徐润涛、常文占。

历任成员：王满照、徐琦、郑国栋、李雪琴、崔桂兰。

4．生产机构

（1）气机工段。

历任工段长：徐润涛、张宝毓。

（2）电气工段。

历任工段长：徐先林、王满照。

（3）热工组。

历任组长：金肇基。

（4）锅炉（油务）组。

历任组长：包连余。

5．工团组织

历任工会主席：徐润涛、宋芳福。

历任团支部书记：张德发。

三、调迁发电经历

1975 年 10 月 24 日，根据南京市计委意见和要求，水电部以（75）水电生字第 86 号文，决定新 3 站在南汽厂拆检安装后，在南京市发电。

电站安置在南京桥梁工厂铁路延伸专用线上。新建 500 吨油罐 2 座，工作用房 300 米^2，职工宿舍 1500 米^2。燃油由江苏省列入计划专项分配。甲方是南京市经委。

机组设备在南汽厂拆检后，由南汽厂负责设备安装，并在该厂试验平台上进行验收试运行。空载试验后，第一次带负荷时，由于南汽厂未按规定向高压开关内注入开关油，造成出线高压开关爆炸，后由南汽厂用国产材料修复。

1977 年 6 月，试运行合格后，电站正式投产。该站承担电网调峰发电和发电机调相任务，改善电网运行状况。截至 1982 年年底落地，累计发电 1.19 亿千瓦·时。

四、电站记忆

1．电站组建

1972 年，在全国发电设备预安排会议上，国家计委领导曾指示要增加一部分大型移动电站。同年 8 月 9 日，列电局以（72）列电局革生字第 475 号文，向水电部报送申请增装大容量燃机电站的报告，建议将英国引进的 2.3 万千瓦燃机调拨一台，并附该机组装车改进初步设计方案。水电部同意列电局申请，决定分配给列电局一台燃气发电机组，改装成列车电站，作为机动电源。

1973 年年初，水电部从英国一次引进 8 台快装固定式燃气轮发电机组，具有单机容量较大，技术较先进，启停速度快，占用场地少等特点。

第 3 列车电站 1970 年 5 月退役，撤销建制。为填补原有序号，1973 年 3 月，决定成立新第 3 列车电站，并组建该站的管理机构。

2. 电站厂址的变更

1973 年年初，水电部以（73）水电生字第 8 号文（急件），决定 2.3 万千瓦燃机电站（即新 3 站）在北京市房山煤矿机械厂内试装发电，计划在同年 8 月投产。1973 年 2 月 16 日，北京市革委会工交城建组复函水电部，同意上述安排，规划临时工程用地约 60 亩，并给予土建施工力量的必要支援。1973 年 11 月 13 日，水电部要求该站的安置费用，由列电局在本年度基建投资计划内调剂解决。

为加速我国燃气轮机的发展，有利于汽轮机厂研制工作的进行，后来改变了原选址计划。根据南京市计委宁革计（75）第 154 号文要求，1975 年 10 月 24 日，水电部以（75）水电生字第 86 号文决定，新第 3 列车电站在南汽厂拆检组装后，在南京地区发电，并决定由南汽厂负责实施。

3. 投产前的准备工作

1973 年 3 月，接机人员从各地陆续集中到保定列电基地。主要任务是接受上岗前燃机技术的培训，聘请清华大学、西安交通大学和山东工学院教师授课。另外，派员参加南汽厂对燃机设备的解体、检测以及回装工作。还承担解体前首次开机以及检测回装后的试运行，乃至投产发电。

组建初期，电站的大本营设在保定基地，人员经常外出工作、学习。燃机技术培训班结束之后，各专业分期分批赴京、津等地电厂，参加同类型机组跟班实习。在南汽厂检测、制造的几年间，该厂许多委托外协加工、制造的部件，均由电站技术人员和生产骨干协同，因此他们经常来往于无锡油泵油嘴厂、苏州开关厂等单位。留守在保定基地的职工，组织开展技术培训，学习机组操作规程等，为上岗值班做好准备。1976 年 6 月，电站人员调迁到南京时，厂区尚未竣工，职工们便参与现场施工建设，为厂区运土填方，使厂区标高增加约 0.5 米，加快了建厂速度。

4. 电站的主要贡献

该机组是当时比较先进的燃气轮发电机组。机组投产发电后，主要在电网中承担调峰任务，通常每天启停二三次，对缓解当地的供电高峰负荷压力起到应有作用，受到市政府和供电局的重视和赞赏。

机组设备在南京投产发电后，为南汽厂借鉴国外技术、提高国内制造能力提供了便利。电站职工在燃气机组的安装、调试、运行等诸多方面，为南汽厂提供了有力的支持，为加速我国燃气轮机的发展作出应有贡献。

电站职工实践经验较丰富，经过比较系统的理论和实习培训，成为一支技术比较过硬的队伍。不仅为其他新建大容量燃机电站提供培训场地和经验，而且承担起燃气发电机组的安装、调试工作。如在河南濮阳油田安装两台国产 2.3 万千瓦燃机，电站派员负责安装，直至投产运行，同时成功改烧当地天然气，取得了较好的经济效益，获得油田好评。

五、电站归宿

1982 年 9 月 13 日，水电部以（82）水电讯字第 26 号文，复函南京市经委，决定将新 3 站成建制划拨给南京市。

1982 年 12 月，该站建制撤销，改称南京市自备电厂，作为调峰电厂。63 名职工由南京市经委妥善安置。

第五节

新第 4 列车电站

新第 4 列车电站，是在老 4 站退役后，于 1974 年 10 月组建。设备是从加拿大进口的燃气轮机组。1975 年 6 月，该站在辽宁旅大市调试，同年 10 月投产发电。1983 年 4 月，设备及人员成建制移交大连电力局。建站 8 年余，累计发电 1.08 亿千瓦·时，在地方经济建设中发挥了应有的作用。

一、电站机组概况

1. 主要设备参数

电站设备为额定容量 9000 千瓦燃气轮发电机组，加拿大奥伦达公司制造厂制造，燃用轻质柴油。出厂编号 2521。

燃气轮机，容量 9700 千瓦，气压 0.25/0.72 兆帕，燃气进口温度 882 摄氏度，排气温度 640 摄氏度，高压燃气轮机转速 7900 转 / 分，低压燃气轮机转速 7200 转 / 分。

压气机为轴流式，级数 12 级，空气流量 64.2 千克 / 秒，压比 7.57，出口温度 290 摄氏度，转速 7900 转 / 分，效率 82.6%。

发电机，容量 11250 千伏·安，额定电压 10.5 千伏，额定电流 625 安，额定转速 3000 转 / 分。

升压变压器，沈阳变压器厂制造，容量 12500 千伏·安，额定电压 38.5/10.5 千伏，额定电流 687.3/187.5 安。

2. 电站构成与造价

该电站共有 7 节车辆组成，其中进口设备为动力设备车 1 节，主控制室车 1 节。国内配套车为升压变压器车 1 节，60 吨油罐车 2 节，检修车 1 节，备品材料车 1 节。

电站总造价 852.8 万元。

二、电站组织机构

1. 人员组成

新 4 站组建初期，主要由 31、32、51 等燃机电站人员，以及 39 站和 4 站、5 站的部分人员组成。

1975 年和 1976 年，分配保定电校和泰安电校毕业生作为补充，后续有其他电站职工调入。

电站定员 35 人。

2. 历任领导

1974 年 10 月，列电局责成葛君义、刘建明组建该站，并分别任命为厂长、副指导员（负责生产管理）。1976 年 8 月至 1982 年 10 月，列电局先后任命支义宽、吴增平、刘恩禄等担任该站党政领导。

3. 管理机构

（1）综合管理组。

历任组长：张树仁、富玉珍。

历任成员：范嫦娥、高信子、卢凤莲、冯月华、王志有、阎庭武、张俊祥、孙儒庚、郑德容、谢宏、吴兴义、郝金玉、周文玉、申长利。

（2）生产技术组。

历任组长：朱若虹。

历任成员：孙生泉。

4．生产机构

（1）气机工段。

历任工段长：刘兆明、田永成、徐新章。

（2）电气工段。

历任工段长：孙晏书。

（3）热工组。

历任组长：冬渤仓、潘世光。

历任成员：冯学信、安炳慧（化验）。

5．工团组织

历任工会主席：未建立。

历任团支部书记：徐新章。

三、调迁发电经历

1973年3月30日，水电部以（73）水电计字第86号文，将从加拿大进口的两台0T—21004型燃气轮机列车电站，分配给列电局。1974年10月11日，列电局（74）列电局劳字第503号文，决定成立新4、新5站，填补退役的4站、5站的序号。

1975年1月25日，水电部以（75）水电供字第10号文，要求新4站、新5站抓紧试运准备工作。同年5月初，两台发电机组抵达旅大港香炉礁码头，机组在甘井子北山村厂址进行验收、试运行。两站实行统一管理，对外统称新4站。

同年10月，新4站在旅大市投产发电，甲方是旅大电力局。电站投产发电后，一直在该地服务。1976年3月，该站进行首次大修，解体检查，未发现燃机设备异常。

至1983年4月落地，该站累计运行6681小时，发电10811.3万千瓦·时。后因柴油供应紧张，机组处于闲置状态。

四、电站记忆

1．排除干扰办好培训班

两台新进口燃气轮机发电机组，当时属于技术先进的设备。燃气轮机系高、低压分轴式结构，机组装备有美国生产的电子调节装置（简称电调），操控简便。主控制盘上仅设有"启动""停止"两个供人工操作的按钮，其他相应的控制、检测、保护等全部自动进行。由于技术先进，因而对电站人员进行技术培训十分必要。

1974 年 12 月初，新 4 站和新 5 站技术培训班开班。培训班借用旅大电力学校的校舍，聘请西安交通大学的专业教师授课，其中包括一位系主任。列电局工程师戴耀基和新 3 站部分人员也前来听课。培训的重点是电子技术方面的基础知识，以及在设备上的实际应用。

当时电站建厂尚未动工，电站临时在旅大南山宾馆办公，与职工培训地相距几十公里，通信、交通十分不便，职工每天往返两地，只得早出晚归。开课不久，来自 51 站的材料员陈有忠突发疾病，患急性肝昏迷，经抢救无效而离世，因抢救工作，给培训班造成一定干扰。

1975 年 2 月 5 日 17 时许，辽宁省营口市（海城）发生 5.7 级地震。旅大市震感强烈，处于紧急防震状态，电站培训班不得不暂停。地震平息后，培训班重新开课。

职工们克服年龄偏大，与配偶、子女分居等各种困难，发扬勤学、好学和不畏难、不服输的列电精神，认真钻研新知识，掌握新技术。朱若虹是电站仅有的技术员，原属汽机专业，他和工程师戴耀基每天都学习到深夜，起到带头作用。该机组电子调节装置归属热工组，热工组 3 个人，两个来自燃煤蒸汽电站，一个由燃机电站电气专业改学热工。他们学习认真、刻苦钻研，较快掌握了电子调节装置的检测、调整等基本操作技能。电气设备中的逆变器、发电机自动灭火装置等也都是第一次接触，需要学习掌握的新知识很多。被聘教师精心施教，学员们刻苦学习，经过半年的技术培训，为驾驭新机组打下基础。

2. 现场施工进度缓慢

列电现场施工由旅大电力局负责。当时电站厂址早已选定，葛君义、刘建明接任后曾两次赴旅大电力局协商建厂事宜，但是现场施工进展缓慢。

列电厂址选在甘井子区北上村南侧的山坡地上，闲置场地杂乱无章，地质为坚硬的岩石结构。当时缺少现代化的施工机械，只靠人工和简单的电动机械，进度难以加快。且正值寒冬季节，施工很难进行。

1975 年 1 月 25 日水电部下发通知，要求调动各方面力量，采取一切必要的措施，抓紧在 3 月以前达到试运条件。此后，列电局基建科周国鋈、办公室郭俊峰先后赴旅大电力局洽商电站建厂事宜。经过甲方努力配合，克服重重困难，终于在 1975 年 4 月底竣工。1975 年 5 月中旬，两台电站就位。

3. 燃机叶片断裂事故

1977 年 5 月 3 日 6 时 25 分，电力系统处于低频状态，新 4 站机组负荷为 8800 千瓦，电压 10.5 千伏，突然"轰"的一声响动，燃机排气口冒出烟火，于是紧急停机。

经过揭缸检查发现，燃气轮机多个叶片断落。

为分析事故，查证机组运行记录，简况如下：

1976 年 3 月，机组进行首次大修，经全面检查设备状况良好。至 1977 年 5 月 3 日，该机启停 80 次，运行 3989 小时，发电 3189 万千瓦·时；自 1975 年 10 月机组投产至叶片断落，机组累计启停 309 次，运行 6681 小时，发电量为 5140 万千瓦·时。

经过国内多家技术部门检验测定，以及专业技术人员研究分析，对叶片断落原因并未作出明确结论，但有对叶片设计上的疑虑。最后由制造厂家提供叶片备件，更换后重新启动，试运行正常，重新并网发电。

五、电站归宿

根据水电部（83）水电劳字第 17 号文要求，1983 年 4 月，新 4 站与新 5 站一并成建制移交大连电力局。1984 年 6 月，机组调拨大庆油田。

该站职工除部分调往外地，其余人员均由大连电力局分配到局机关和局属大连市内有关单位，得到妥善安置。

在列电落地移交时，列电局局长俞占鳌、生技处副处长张增友等亲赴大连电力局商洽相关事宜。

第六节

新第 5 列车电站

新第 5 列车电站，在 5 站退役后，于 1974 年 10 月组建的。设备是从加拿大进口的燃气轮机组。1975 年 6 月，在辽宁省旅大市调试、试运，10 月投产。1983 年 4 月，设备及人员转交大连电业局。建站 8 年余，累计发电 4357 万千瓦·时，为地方经济建设，尤其是在唐山抗震救灾中发挥了重要作用。

一、电站机组概况

1. 主要设备参数

电站额定容量为 9000 千瓦燃气轮机发电机组，加拿大奥伦达公司制造厂制造，燃用轻质柴油。出厂编号 2522。

燃气轮机，容量 9700 千瓦，燃气压力 0.25/0.72 兆帕，进气温度 882 摄氏度，排气温度 640 摄氏度，高压燃机转速 7900 转 / 分，低压燃机转速 7200 转 / 分。

压气机，为轴流式，级数 12 级，空气流量 64.2 千克 / 秒，压比 7.57，出口温度 290 摄氏度，转速 7900 转 / 分，效率 82.6%。

发电机，容量 11250 千伏·安，额定电压 10.5 千伏，额定电流 625 安，频率 50 赫兹，功率因数 0.8，转速 3000 转 / 分。

升压变压器，沈阳变压器厂制造，容量 12500 千伏·安，变比电压为 38.5/10.5 千伏，电流 687.3/187.5 安。

2. 电站构成与造价

该电站共有 8 节车辆组成，其中进口设备为动力设备车 1 节，主控制室车 1 节。国内配套车为升压变压器车 1 节，60 吨油罐车 2 节，检修车 1 节，备品材料车 1 节，办公车 1 节。

检修车内配有 620 车床 1 台、35 毫米摇臂钻床 1 台。

电站总造价 852.8 万元。

二、电站组织机构

1. 人员组成

电站人员主要来自 31、32、51 等燃机电站，少部分来自 39 站、4 站等几个燃煤电站。

1975 至 1976 年，分配保定电校、泰安电校毕业生 10 余人。以后又从 15 站、16 站、32 站等电站调入少部分职工。

电站定员 35 人。

2. 历任领导

1974 年 10 月，列电局责成葛君义、刘建明组建该站，并分别任命为厂长、副指导员（负责生产管理）。1978 年 4 月至 1979 年 5 月，列电局先后任命刘恩禄、曹志文等担任该站党政领导。

3. 管理机构

（1）综合管理组。

历任组长：张树仁。

历任成员：冯月华、卢凤莲、贾永秀、高云峰、孙家瑶、谢宏。

（2）生产技术组。

历任组长：李文毅。

4. 生产机构

（1）气机工段。

历任工段长：刘兆明、王玉泉。

（2）电气工段。

历任工段长：李文松。

（3）热工组。

历任组长：潘世光。

历任成员：王俊乙、高建英。

三、调迁发电经历

1. 在辽宁旅大投产

新 5 站与新 4 站同时组建，厂址在旅大市甘井子区北上村。1975 年 5 月初，机组设备进入电站厂址。两台机组就位后，电站与外方人员进行交接、验收和试运行工作，10 月初正式投产。两站对外统称新 4 站，甲方是旅大电力局。

新 5 站在此服务 10 个月，累计发电 3434 万千瓦·时。而后紧急调往河北秦皇岛，为抗震救灾发电。

2. 调迁河北秦皇岛

1976 年 7 月 28 日，河北唐山发生 7.8 级强烈地震。下午 5 时许，电站接到旅大电力局电话通知："接上级指示，调动 1 台列车电站抗震救灾，务必做好准备。"电站党支部立即确定选建厂小组，并准备相关资料。

7 月 30 日，刘建明、朱若虹、刘兆明等 3 人紧急奔赴秦皇岛选建厂。8 月 8 日清晨，列电专列及随机职工启程，傍晚在秦皇岛市南李庄村铁路专用线上就位。8 月 10 日并网发电。甲方是秦皇岛电厂。该站此次调迁发电，具有政治供电意义，在抗震救灾中发挥了重要作用。

电站在秦皇岛发电 923.2 万千瓦·时。

3. 重返大连原址

新 5 站圆满完成抗震救灾发电任务后，处于闲置状态。1980 年 5 月，5 站重返旅大原址，再次与新 4 站合并。甲方仍为旅大电力局。

四、电站记忆

1. 机组调试与试运行

1975 年 5 月中旬，两台燃机电站运抵旅大，进行验收、试运行。参加交接验收的中方人员有列电局计划基建部门负责人周国鋆，高级工程师戴耀基、谢芳庭和电站相关人员，以及旅大电力局高本义等，外方代表有加拿大驻华使馆参赞、奥伦达公司生产制造厂主任、机械工程师和电气工程师等。

验收试运行第一阶段的工作为启停试验，进展顺利。现场人员亲历发电机组启动、停止的情景。值班人员按下"启动"按钮（绿色），声响如同飞机起落那样，机组的轰鸣声由小至大，几分钟后便稳定在额定转速；按下"停止"按钮（红色），轰鸣声逐渐变小，很快就消失了。经过反复试验，次次成功。验收第二阶段为空载运行，机组在额定转速时连续运行 30 分钟、60 分钟，经过多次试验，机组运转状态正常。

带满负荷后，进行甩负荷试验。甩负荷试验一般分三步，分别甩掉 1/3 负荷、1/2负荷和全负荷。该机组甩负荷试验次次失败。外方电气工程师曾多次更换电子调节装置的备品插件，均告无效。最后由厂家特派专人来交接现场，处理电子调节装置缺陷。经过更改电调内部结构，甩负荷试验取得成功。之后，机组分别进行 48 小时、72小时满负荷试运行，顺利通过。

2. 救灾中彰显列电精神

1976 年唐山大地震发生后，新 5 站奉命调迁至秦皇岛，执行抗震救灾紧急供电任务。7 月 30 日，即派人选建厂址。主车到现场后，十几名职工夜以继日奋战，第三天机组就并网发电。

电站职工在灾区自己搭建起男女"宿舍"，把蜡木杆绑在单人铁床上支起防雨篷布，一直住了 3 个多月。"七下八上"是河北的雨季，又面临海风劲吹，条件十分艰苦。吃饭、用水得到交通部航运 5 队的鼎力支持，但需往返约 2 公里。

电站人员紧缺，是抗震救灾发电的一大难题。4 站、5 站组建时电站领导仅俩人，电站分开后各顾一方，实乃里外一把手，忙得不亦乐乎。两站仅有一名技术员，留守在旅大 4 站，无形中加重了工段长刘兆明、李文松的工作负担。热工组组长潘世光手下无助手，而机组电子调节装置的调整检测又需要两个人，其帮手就是刘兆明。他们经常日夜守候在主控制室内，以防不测。管理组只有组长张树仁和一名财会员，都是身兼多职。在救灾发电中，电站领导和技术骨干以身作则，发挥了重要作用。

五、电站归宿

根据水电部（83）水电劳字第 17 号文的要求，1983 年 4 月，水电部将新 5 站与新 4 站一并移交大连电力局。1984 年 6 月，两站机组又调拨给大庆油田。

电站职工由大连电力局重新分配工作。除部分调往外地和其他单位外，其余人员全部安置在大连电力局机关处室，以及局属大连市内单位。

第六章

列车电站基地

随着列车电站的增加，作为大后方的列电基地也逐渐建立。1956 年，与列电局机关同时建设了保定装配厂（保定基地）。此后，相继建立了武汉基地、西北基地。配合列电十年发展规划，1975 年开始在镇江建设华东基地。4 个基地承担电站安装调试、大修及事故抢修、备品备件制造、协助电站调迁、电站分区管理等多项任务。列电局撤销后，各基地改变归属，成为电力修造企业。

东北基地虽开始筹建，但没有完成建设，故本章没有收录。

第一节

保定列车电站基地

保定，古称上谷、保州、靴城、保府，位于河北省中部，是京津冀地区中心城市之一，素有"北控三关，南达九省，畿辅重地，都南屏翰"之称。保定列车电站基地兴建于 1956 年，坐落在保定市乐凯大街与三丰路相交地。

为集中调度和统一管理列车电站，1956 年 1 月 14 日，电力工业部作出《关于成立列车电业局统一管理全国列车电站的决定》[（56）电生高字第 004 号文]，要求列电局随即选择适当地址，建设办公处所、宿舍及列车电站的第一个基地。1956 年 3 月 1 日列电局在北京正式成立，随即着手选址筹建列电局机关和列电基地。保定列车电站基地厂区全景见图 6-1。

保定基地是全国最早、规模最大、制造检修能力最强的列电

图 6-1 保定列车电站基地厂区全景

基地。占地面积 613.26 亩，截至 1983 年年底职工 1997 名，年产值 605 万元，全员劳动生产率为 3030 元 / 人。

保定基地在服务列车电站的 27 年间，为电站调迁、检修以及安全生产提供可靠保障，为列电事业创立、发展和壮大作出突出贡献。1983 年，随着列电局撤销，保定基地也随之完成历史使命，更名为华北电业管理局列车电站管理处。

1984 年 5 月，华北电管局决定将列车电站管理处改为保定电力修造厂，隶属北京电力设备总厂领导。2015 年，企业转制更名为保定京保电力设备有限公司，为北京电力设备总厂有限公司子公司，是中国能源建设集团公司旗下中型电力修造企业。

一、基地建立与建设

（一）基地建立

列电局组建后，立即着手选址工作，先后在北京东郊、清河、良乡，以及保定等地进行实地勘察，1956 年 5 月，经过反复酝酿，最后决定将列电局机关和基地建在河北省保定市西南郊。这一方案得到保定市党政领导及有关部门的欢迎和支持。

1956 年 6 月，列电局派韩国栋、谢芳庭等人赴保定，经过实地勘察、测量，并和保定市城市建设局共同协商，决定将基地和局机关选在保定市西南郊的清水河沿岸、前屯村附近。这里距京广铁路较近，场地宽阔，修筑铁路专用线后，便于列车电站返厂大修和调迁。

1956 年 6 月 20 日，经保定市城建局批准，并与市民政局和当地乡政府达成征地协议，先征用土地 72.4 亩（部分系清苑县土地），随着列电事业的发展，以后又多次征地。

为争取时间，节省投资，加快基地建设，列电局决定将局机关、基地的基本建设列为一期工程，同步进行。列电局基建科经过认真讨论、反复修改，绘制完成总体设计和布局平面图。一期工程包括 4 个建筑区，即生产区、管理区（局机关）、培训区（技校）以及住宅区。总占地面积 284.1 亩，预算投资 190 万元。

生产区，建在清水河南岸，保定南站以北。厂房与铁路专用线均为南北走向，主厂房装配厂建于厂区中央，铁路从厂房内经过；附属厂房分布在主厂房的周围，煤场设在专用线的两侧，库房建在厂区东侧，与专用线相邻。厂区主要道路东西走向与主厂房相垂直，路北建一排平房为办公室。工厂大门位于厂区东北部，坐西朝东，通过小桥与北岸的住宅区和局机关相连。生产区占地 138.1 亩。

局机关，在市政马路以东、前屯村以西，建二层砖结构办公楼房一幢，左侧设有医务室、浴池，右侧为食堂，楼房坐北朝南。培训教室，位于局办公楼南 30 米，建平房两栋，每栋大教室一间，小教室两间，可容纳 350 人同时上课。

生活区，设在清水河北岸，市政马路以西，为一个由甲、乙型平房宿舍、木结构楼房、托儿所、水泵房、合作社、理发店组成的建筑群体。

局机关、生活区占地 146 亩。

（二）基地建设

1. 基础设施

1956 年 7 月 2 日，列电局机关及基地建设在保定市西南郊正式开工。局机关和基地的基本建设同步进行。1956 年年底，建设工程基本竣工。

生产区设施完成的项目有：装配厂厂房，建筑面积 1194 米^2；修配厂厂房，建筑面积 269.47 米^2；仓库一栋，建筑面积 269.44 米^2。共完成建筑面积 17170 米^2。

铁路专用线建设始于 1956 年 6 月，列电局向北京铁路局提出在保定铁路南站以北设专用线的方案书。7 月，由北京铁路局进行设计，8 月，设计完毕即开始建设。年底，修建铁路专用线 5 股，1500 米。到 1960 年建成铁路专用线 11 股，3534 米。以后又增加 2 股 1000 米，共计 13 股，总长 4534 米，总投资 84.1 万元。

基地铁路专用线情况见表 6-1 和图 6-2。

表 6-1　　　　　　　　　基地铁路专用线长度及造价

专用线名称	总长度（米）	直线长度（米）	总造价（万元）	单价造价（万元/千米）
合　计	4534	2815	84.1	18.55
引入线	482			
第 01 股道	292	269		
第 02 股道	291	265		
第 03 股道	235	204		
第 04 股道	287	256		
第 05 股道	281	259		
第 06 股道	290	268		
第 07 股道	271	250		
第 08 股道	275	254		
第 09 股道	256	235		
第 10 股道	244	241		
第 11 股道	330	314		
第 12/13 股道	1000	无统计		

生活区、办公楼、培训教室的建设与生产区建设同时进行。第一批开工的项目有局机关办公楼和平房甲型宿舍，10月又增4栋楼房宿舍。由于工程项目不断增加和变更，给工程进度造成一定影响。11月，一批宿舍和办公楼竣工并交付使用，解决了列电局办公和6站职工住房问题。

1956年年底竣工的主要项目有：

局机关办公楼，建筑面积1047.99米²；

培训教室二栋，建筑面积409.5米²；

合作社，包括百货部、粮食部、蔬菜部、杂货部、仓库等，建筑面积256.26米²；甲型宿舍24幢，总建筑面积4446.0米²；乙型宿舍46幢，总建筑面积4205.8米²；楼房宿舍4栋，两层、砖木结构，建筑面积754.4米²。

第一期建设工程到1957年结束，工厂已初具规模，并具备一定的生产能力。

2. 基地扩建

随着国家大规模经济建设的进行，电力供应日趋紧张。各地对列车电站的需求日益增多，单靠进口价格昂贵的列车电站已不能满足要求。为适应形势的变化，列电局决定自行设计、制造列车电站。在此种情况下，批准保定装配厂扩建部分生产设施，以适应大搞制造的需要。

扩建工程是从1958年到1961年进行的。在此期间，保定厂经历由1厂分7厂，7厂缩编为3厂，再合并为1厂的过程。因此，扩建工程的设计工作，在1960年5月以前由各厂提出方案，1960年5月保定制造厂成立后，由计划科提出方案，报列电局审批后实施。

扩建工程又征用土地420亩，连同建筑总投资550万元。

扩建的主要建筑设施：

生产建筑，共7034米²。包括生产教学联合办公楼一幢、电机厂房、金工厂房、铸造厂房、铸铜厂房、台车检修厂房、锻工棚、资料室、化验室。

仓库3100米²，包括材料库棚、油库、金属库、五金库。

生活设施7100米²。包括单身楼、东宿舍楼4幢、简易宿舍3幢、丁型平房7幢、招待所等。

进入60年代中期，由于生产规模的不断扩大，根据实际需

图6-2　保定列车电站基地专用铁路线

要，提出改建和新建部分厂房的设计方案，报列电局审批后实施。

1966 年以后，新建和改建的生产建筑有热处理厂房、金工厂房、铸造厂房、锻工厂房、木材加工厂房、52 站办公楼、检修房、冷作厂房、部管仓库改建、综合楼等。

3. 生产设备

保定列电基地建厂以来，由小到大，由土到洋，设备数量逐年增加，其中自制设备 105 台，并先后调拨设备援助西北、武汉两个列车电站基地的建设。

1975 年年底已有机电设备：

金属切削机床 74 台，包括大型精密机床、车床、铣床、刨床、磨床、镗床、滚齿机、插齿机、插床、拉床、螺纹加工机床、钻床等。

锻压设备 14 台，包括锻锤、液压机、摩擦压力机、冲床、剪断机、剪板机、卷板机等。

铸造设备 6 台，包括冲天炉、铜炉，混砂机、清砂机、造型机等。

焊接设备 31 台，包括直流电焊机、交流电焊机、自动埋弧焊机、点焊机、气体保护焊机、自动切割机、乙炔发生器等。

木工机械 12 台，包括带锯、圆锯、手压刨、压刨机、木工车床等。

热处理设备 9 台（套），包括电阻炉、硅碳棒炉、盐浴炉、氮化炉、井式炉、反射炉等。

试验设备 15 台（套），包括万能材料试验机、X 射线探伤仪、磁粉探伤仪、超声波探伤仪、荧光探伤仪、示波器、试验变压器等。

变电设备，包括降压变压器 3 台（套）等。

自备发电设备，120 千瓦柴油发电机 1 台（套）。

起重设备 7 台，包括轨道吊、汽车吊、双梁桥吊、单梁桥吊等。

空气压缩机，包括固定式空气压缩机 5 台（套）。

运输车辆，包括卡车、铁路平板车、铁路敞车、铁路棚车等 18 台（辆）。

建厂以来，根据不同时期生产任务急需，自力更生、群策群力，先后自己制造刨床、土立车、镗床、行车、250 吨冲床等一大批设备，在生产中发挥重要作用。

截至 1988 年年底，共有金属切削、锻压、电器、起重运输、铸造木工、热处理等设备 604 台，其中有落地镗床、6 米龙门刨床、4 米龙门铣床、3.5 米立式车床、250 吨冲床等大型精密设备，总价值 1172.87 万元。

4. 后勤保障设施

保定列车电站基地生活区分东、西和北生活区，占地面积 15.34 万米²。西生活区是最大也是建设最早的一个生活区，主要活动场所和设施以及宿舍大都集中在这个区域，是职工文化活动的中心。东生活区与西生活区隔一条公路，与列电局总部一墙相隔，1960 年建 4 栋两层楼房。北生活区与西生活区同在建设南路（现称为乐凯大街），北生活区在西生活区北面，相距 1 公里。

职工住宅于 1957 年开始建设，1957 年在西生活区建成平房 57 排，建筑面积 8139 米 ^{2}，年内又建成楼房 7 栋，建筑面积 1 万余平方米。1958 年，在西生活区建成平房 8 排，建筑面积 1416 米 ^{2}。1960 年东生活区建成楼房 4 栋，建筑面积 2302 米 ^{2}。1978 年以后的 10 年间，陆续建成 10 栋住宅楼，建筑面积共 2.24 万米 ^{2}。

职工食堂于 1956 年建成，建筑面积 845 米 ^{2}，可同时容纳 300 余人就餐。建厂初期就餐人数 120 人左右，随着列电事业的不断发展，职工人数不断增加，到 1964 年，就餐人员达 1000 多人。后又新建两处职工食堂，与列电局本部食堂统称一、二、三食堂。

1957 年 4 月，由列电局工会牵头，成立了幼儿园。1960 年，幼儿园在职工食堂南侧正式建成，全部为平房，建筑面积 586 米 ^{2}，占地超过 2000 米 ^{2}。

1982 年，上级拨款 9 万元用于翻建幼儿园。1984 年 4 月，在幼儿园南侧建成一栋二层楼房，建筑面积 734 米 ^{2}。设有办公室、活动室、盥洗室、寝室等，原幼儿园食堂也进行了修整。

职工子弟学校，始建于 1961 年 3 月，原名"水利电力部列车电业局职工子弟学校"。校址在西生活区东南角，利用列电局一所技工学校改建，占地面积共 1500 米 ^{2}。划分为六个年级、六个教学班，实行六年一贯制教学。1963 年年底，在校学生达 300 余名。1975 年 2 月，新建一所子弟学校。新校址在西生活区西南侧，在校园南侧建一栋两层教学楼。

1977 年 9 月，经保定市教育局批准开始自办初中班，实行小学、初中九年一贯制教学。1983 年 10 月 12 日，在校园北侧新建的两层教学楼竣工，初中班迁往北楼上课，同时开设物理、化学、生物试验室。南楼为小学部，北楼为中学部。学校建筑面积共 3162 米 ^{2}。占地面积共 1.29 万米 ^{2}，其中操场面积 6700 米 ^{2}。

卫生所始建于 1958 年，前身为列电局保健站。卫生所位于西生活区篮球场北侧，建筑面积 68 米 ^{2}。1961 年，卫生所进行扩建，建筑面积达 100 多平方米，又增设了外科。1977 年春，卫生所由平房迁入新建的一层楼内，位置在生活区配电室与 1 号住宅楼之间。1985 年，卫生所进行扩建，改造成二层楼，建筑面积共 782.4 米 ^{2}。

5. 固定资产投资与产值

保定基地占地总面积 613.26 亩，其中，生产区 330.26 亩，生活区 218.14 亩。建筑面积 15 万米 ^{2}，其中生产建筑约 10 万米 ^{2}，生活建筑面积约 5 万米 ^{2}。截至 1975 年年底，实际完成投资 460 万元，其中建筑安装工程 279 万元，设备工器具购置 181 万元，1983 年生产设备价值 1172.87 万元。

1979 年产值 307.64 万元，1983 年产值 605 万元，1988 年产值 1295 万元。

二、基地变迁及组织机构

（一）体制变迁

保定基地建成后，企业曾多次更名，以适应不同历史时期生存与发展需要。特别是在列电事业发展初期，企业易名较为频繁，体现了基地从安装、制造、检修不同时期发展特点。

1956 年 12 月，基地完成基本建设，成立列电局保定修配厂，1957 年 5 月，更名保定装配厂。这一时期，基地工作重点是安装电站。1958 年 7 月，伴随"大跃进"形势，列电局成立新机办公室，下设包括保定装配厂在内的 7 个厂。1960 年 5 月，新机办公室下属七厂合一，成立保定制造厂。重点仍是制造电站，兼顾检修安装。1963 年 5 月，基地再度易名保定修造厂，基地制造告一段落，检修及生产备品备件开始成为首要任务。

列电局机关因战备需要，于 1962 年迁至北京后，遗留机构和人员仍在原址办公，并成立水电部列电局保定基地。1963 年 12 月，保定基地和保定修造厂合并，成立列电局保定列车电站基地。此后，保定列车电站基地中心任务是以检修列车电站和生产备品备件为主，制造为辅。保定列车电站基地，名称一直沿用 20 年之久，直到列电事业落幕。

1983 年 3 月，保定列车电站基地更名为华北电管局列车电站管理处，这标志着列电事业的结束，列车电站管理处做最后的收尾。1984 年 5 月 11 日，华北电管局决定将列车电站管理处改为保定电力修造厂，隶属北京电力设备总厂。

2015 年，企业转制更名为保定京保电力设备有限公司，为中国能源建设集团公司所属中型电力修造企业，是北京电力设备总厂有限公司的子公司，主要生产电厂辅机及配套产品。

（二）组织机构

1. 行政机构沿革及领导任职情况

1956 年 12 月，成立列电局保定修配厂，段成玉任主任。

1957 年 5 月 22 日，成立列电局装配厂，由原修配厂和局基建科人员合并组成。刘晓森任厂长，段成玉任副厂长。

1958 年 8 月，为制造列车电站，列电局成立新机办公室，下设 7 个厂：

锅炉制造厂，陶瑞平任厂长；电机制造厂，郝森林任厂长；汽轮机制造厂，邓嘉任厂长；电机附属设备厂，郭广范任厂长；热机附属设备厂，门殿卿任副厂长；铸造厂，李恩柏任厂长；装配厂，吴庆平任厂长。

1960 年 5 月，成立保定制造厂，王桂林任厂长，郝森林、褚孟周、邓嘉任副厂长。

1963 年 5 月，保定制造厂更名为保定修造厂，王桂林任厂长，邓嘉、褚孟周、郭广范任副厂长。

1963 年 12 月，水电部决定成立列电局保定列车电站基地，王桂林任主任，邓嘉、褚孟周、郭广范、李恩柏任副主任。

1965 年 7 月，列电局对保定列车电站基地机构进行调整，王桂林任主任，褚孟周、李恩柏、屈安志任副主任。

1969 年 9 月，成立保定列车电站基地革命委员会。刘占廷（部队支左人员）任主任，赵允忠任第一副主任，王阿根任副主任。

1971 年，增补刘超为基地革委会副主任。

1972 年，刘吉祥（部队支左人员）任基地革委会主任，赵允忠任第一副主任，王阿根、刘超、屈安志、李恩柏任副主任。

1974 年，增补范世荣为基地革委会副主任。

1975 年 11 月，列电局对基地领导机构进行调整，陶晓虹任保定列车电站基地主任，张成发任副主任。

1978 年，陶晓虹任基地主任，张成发、李恩柏、屈安志、王阿根、张彩、魏春凤任副主任，魏长瑞任副总工程师。

1979 年，陶晓虹任基地主任，李恩柏、张成发、魏春凤、张彩任副主任。

1980 年，李恩柏任基地主任，张成发、张彩、魏春凤、平忠任副主任，魏长瑞任副总工程师。

1983 年 3 月 29 日，基地归属华北电管局并易名为华北电业管理局列车电站管理处。李恩柏任主任，黄耀津、董敬天、杨运珊任副主任，魏长瑞任总工程师。

1984 年 5 月 11 日，华北电管局决定将列车电站管理处改为保定电力修造厂，隶属北京电力设备总厂领导。杨运珊任厂长，董敬天、宫成谦、黄耀津、王镇生任副厂长，魏长瑞任总工程师，王名权任副总工程师。

2. 党组织建设

1957 年 5 月更名保定装配厂，同时成立保定装配厂党支部。段成玉任党支部书记。

1958 年 7 月，刘晓森任新机办公室党支部书记。

1960年5月，成立保定制造厂，同时成立保定制造厂第一届党总支委员会。杨成荣任党总支副书记（未设书记）。

1963年6月，更名为保定修造厂，成立保定修造厂党总支委员会。张沛兴任党总支书记。1963年10月张沛兴调出，郝森林任代理党总支书记。

1963年12月，建立保定列车电站基地，同时成立保定列车电站基地党总支委员会。王桂林任党总支书记。

1965年1月，成立政治处，车间设立政治指导员。

1965年7月，召开保定基地全体党员大会，选举产生第二届党总支委员会。赵允忠任党总支书记。

1967年1月，因"文革"运动，党总支委员会停止工作。

1970年12月25日，经新市区斗批改领导小组批准，成立中共保定列电基地第一届委员会。赵允忠任党委书记，刘吉祥、徐凤祥任副书记。

1975年9月，陶晓虹任党委书记，黄耀津任副书记。

1982年1月14~15日，召开保定基地第二届党代会，选举产生第二届委员会。陶晓虹任党委书记，李恩柏、张成发任副书记。

1982年，基地建立党的纪律检查委员会。历任纪检书记有张成发、李华南、副书记范桂芳、徐发顺。

1983年3月29日，经水电部华北电管局批准成立中共华北电管局列车电站管理处委员会。陶晓虹任党委书记，张成发、李恩柏任副书记。

3. 工团组织

工会委员会及领导任职情况如下：

1960年5月，成立保定制造厂工会委员会。下属各车间、班组、管理科室成立分工会和工会小组。

1969年9月至1972年5月，因受"文革"干扰，工会组织停止工作。1972年5月，恢复工会工作。经保定基地党委批准，成立保定基地工代会，1975年9月，恢复工会名称。专职工会干部8名，分工会负责人75名。

历任工会（工代会）领导：戴文富、王阿根、王殿辉、张俊、成君召、李应棠、刘文明。

1983年10月19~21日，召开保定基地首届职工代表大会第一次会议。

会议审议通过了主任李恩柏作的行政工作报告，讨论并通过了首届职代会条例实施细则，以及工会工作报告等，并通过本次大会的决议。

工会委员会下设企业管理委员会，以及生活福利委员会。

共青团组织及领导任职情况如下：

1957年5月，成立保定装配厂团总支委员会，王国荣任团总支书记。

1958年7月，成立锅炉、电机、汽机、热附、电附、铸造、装配7个分厂的团支部，归属团总支委员会领导。

1966年9月至1971年8月，受"文革"干扰，团组织停止工作。

1971年8月，恢复团组织活动，并召开了第一届团员代表大会，选举产生了第一届共青团委员会。胡殿奎任团委书记，王连元任副书记。

历任团委（团总支）书记、副书记：王国荣、袁宜根、张崇权、胡殿奎、杜尔滨、王连元、米兰振、王造福、武玉琴、贾桐群、刘宝生、杨成德。

1983年，共青团委员会有基层团支部14个，共青团员243名。

4. 管理机构

1956年12月，成立列电局保定修配厂。1957年5月22日，成立列电局装配厂。在修配厂及装配厂期间，属列电局直接管理。

1958年7月，列电局成立新机办公室，设人事、财务、材料、设计、计划、技术、总务7个科，统一由新机办公室领导。

1959年6月19日，增设中心试验室。

1960年5月，成立保定制造厂，下设技术科、安检科、财务科、供应科、人保科、总务科、办公室7个科室。

1961年9月，保定制造厂设置7个科室，即生产科、安检科、财务科、供应科、人事保卫科、总务科、办公室。

1962年7月，增设清仓核资办公室。厂长办公室于1963年2月撤销。

1963年5月，制造厂更名为修造厂，下设生产科、安检科、财务科、供应科、人事科、保卫科、总务科。

1963年12月，成立列电局保定列车电站基地。下设秘书组、教育组、计划组、生产科、安检科、财务科、供应科、人事科、保卫科、总务科。

1970年12月，机构进行调整，科室设3个组，即政工组、生产组、办事组。

1974年，机构调整为6个科室，即劳资科、生技科、安全科、财务科、行政科、供应科。

1975年9月，机构进行调整，下设10个科，即武保科、劳资科、生产科、供销科、财务科、基建科、行政科、教育科、子弟学校、试验室。

1978年，机构调整，下设厂办公室、生产科、供销科、质管科、行政科、基建科、劳资科、财务科、教育科、子弟学校。

1982 年 1 月，设基地列车电站管理处（科级单位）。

1983 年 3 月 29 日，易名为华北电业管理局列车电站管理处后，下设企业整顿办公室、电站科、经营计划科、技术科、计划科、风力发电研究室、质管科、安全科、教育科、劳资科、财务科、供销科、保卫科、行政科、卫生所、子弟学校。

5. 生产机构

1956 年 12 月至 1958 年 7 月，在保定修配厂、装配厂期间，内设若干生产班组。

1958 年 7 月，为适应制造列车电站的需要，在装配厂的基础上增建 6 个厂（车间），即装配厂、锅炉制造厂、电机制造厂、汽轮机制造厂、电机附属设备制造厂、热机附属设备制造厂、铸造厂。各厂（车间）内设若干生产班组。

1959 年 2 月，机构调整，由 7 个厂（车间）合并为 3 个厂（车间），即锅炉厂、电机厂、汽轮机厂。各厂（车间）内设若干生产班组。

1960 年 5 月，列电局决定由 3 个厂合并成立保定制造厂，生产单位设重金工、轻金工、冷作、电机、装配、铸造等 6 个车间。

1961 年 9 月，生产单位设汽机车间、电机车间、装配车间、铸造车间、运输队。

1962 年 7 月，生产单位设汽机车间、电机车间、锅炉检修队、41 列车电站（在装配车间的基础上建立）、铸造车间。

1963 年 5 月，制造厂易名为修造厂。生产单位设 3 个车间，即检修车间、金工车间、铸锻车间。

1963 年 12 月，成立列电局保定列车电站基地。生产单位设 3 个车间，即检修车间、车辆车间、金工车间。

1970 年 12 月，机构进行了调整，生产单位设检修、车辆、金工 3 个车间。

1971 年，生产单位设组装车间、检修车间、铸造车间、金工车间和 1 个电容器组。

1974 年，生产单位设 3 个车间，即铸造车间、制造车间、检修车间。

1975 年 9 月，列电局对基地机构进行调整，生产单位设第一车间、第二车间、第三车间、第四车间。

1977 年，生产车间调整为 7 个车间，即锅炉车间、汽机车间、电气车间、车辆车间、金工车间、印刷车间、铸造车间。

1980 年，生产单位设金工车间、汽机车间、电气车间、锅炉车间、印刷车间、铸造车间。

1983 年 3 月 29 日，生产单位设发电车间、汽机车间、电气车间、锅炉车间、铸造车间、金工车间、印刷车间、第 58 列车电站。

1. 职工构成与变动

1958 年年底，全厂职工人数 1033 人，工人 640 人，学员 539 人，工程技术人员 20 人，管理人员 373 人。工人和管理人员由水电部系统内和列电局调入，学员大部分从农村招收，小部分从保定市内招收。

1960 年，从农村和城市招工 38 人，接收复转军人 50 人，水电部内外调入 53 人。由于国民经济调整，1960 年至 1962 年压缩职工支援农业，调走一部分人员，1963 年年底，职工总数下降到 447 人，3 年减少 500 多人。其中回农村 176 人，回街道 12 人，参军 19 人，其余大部分调到列车电站及水电部系统内，小部分调出水电部系统。

1971 年，从城市招工 41 人，接收复转军人 8 人，临时工转固定工 39 人，保定电力技工学校和技改所撤销合并于保定基地 256 人，调出 49 人，到 1971 年年底职工总数 912 人。

1973 年年底，由于恢复保定电力技工学校和中试所，分流部分人员，职工减少到 816 人。

1977 年、1978 年招收新工人，接收退伍军人、保定电力技工学校毕业生和其他单位调入共增加 180 人，同时还调出部分职工，1978 年年底职工总数 1032 人。

1982 年，列电局体制进行调整，电站下放，列电局要求保定基地接收部分随车流动多年并有困难的老职工，此外还接收复转军人 13 人，保定电力技工学校毕业生 18 人，共增加 223 人，同时调出 34 人，到 1982 年年底职工增加到 1285 人。

1983 年，列电局撤销，保定基地正式划归华北电管局领导，从此内蒙古、河北、山西、北京等地区的列车电站由电管处管理，并负责电站下放人员的安置工作。1983 年年末职工总数达 1997 人，其中电站 643 人。到 1985 年，电站下放完毕，电站人员调出，只保留山西 58 站。1985 年年底，职工总数下降到 1440 人，其中电站 85 人。

2. 历年职工结构变化

1958 年年底，职工总数达到 1033 人，其中女职工 319 人，占 30.88%。全部职工中，大部分是新进厂的青工和管理人员。职工构成情况：工程技术人员占 1.94%，管理人员占 36.11%，工人占 9.78%，学员占 52.18%。

1983 年年底，职工总数 1997 人。工程技术人员占 6.81%，管理人员占 11.47%，工人占 68.75%，其他人员占 12.97%。与 1958 年年底相比，工程技术人员提高 5.8 倍，管理人员减少 38.6%，职工构成趋于合理。

历年职工构成情况见表6-2。

表6-2　　　　　　　　　　1958~1983年职工人数构成情况

年份	职工总数	其中女性	工程技术人员	管理人员	工人	学员	服务人员	其他人员
1958	1033	319	20	373	101	539		
1959	1334	412	20	294	285	649		86
1960	982	303	20	118	373	424		47
1961	623	192	20	61	462	5	23	52
1962	452	139	17	58	353	1	15	8
1963	447	137	25	62	342		16	2
1964	537	164	26	86	356		67	2
1965	548	157	27	90	353	1	76	1
1966	503	142	24	101	398	6	46	28
1967	498	140	24	89	273	6	41	65
1968	527	140	25	98	335	6	39	24
1969	580	133	25	103	373	3	53	23
1970	619	161	18	84	455		50	12
1971	912	250	34	286	395	82	114	1
1972	954	272	49	203	435	83	129	55
1973	816	224	68	117	256	44	122	9
1974	836	241	50	127	494	32	121	12
1975	816	226	26	116	487	14	167	6
1976	886	234	18	132	522	48	160	6
1977	899	242	47	112	581	33	102	24
1978	1032	258	47	111	670	37	110	57
1979	1013	292	48	142	624	47	117	35
1980	1019	307	50	133	608	74	116	38
1981	1101	330	51	136	676	75	121	42
1982	1285	403	106	166	747	64	146	56
1983	1997	598	136	229	1373	60	160	39

3. 支援外单位人员

保定基地支援其他基地以及外单位电力建设的人员 293 人。具体情况见表 6-3。

表 6-3　　　　　保定基地支援其他基地以及外单位电力建设人员情况

单位名称	年份	人数
武汉列车电站基地	1959~1961	131
西北列车电站基地	1965~1966	98
沈阳电力修造厂	1965	9
山西娘子关电厂	1971	23
华东列车电站基地	1976~1981	32

4. 劳动生产率

1958 年 8 月，开始制造列车电站。1959 年 10 月，制造出第一台 2500 千瓦列车电站整套发电设备，1959 年产值达到 272 万元，全员劳动生产率达到 2512 元 / 人。1960 年的总产值达到 670 万元。全员劳动生产率 6549 元 / 人。

由于国民经济调整，从 1960 到 1962 年职工精减下放，内部劳动力调整，大大影响生产的发展，列车电站制造停顿下来，1962 年的产值下降到 114 万元。全员劳动生产率降到 2069 元 / 人。

经过 3 年调整，从 1963 到 1966 年，生产虽然有所发展，但全员劳动生产率一直徘徊在 2600 元 / 人至 2800 元 / 人之间。

1966 至 1976 年间，由于"文革"的干扰，生产遭到破坏，1976 年因停产，产值一度下降到 25 万元，全员劳动生产率 295 元 / 人。1976 至 1983 年间，全员劳动生产率最高的是 1979 年，达到 3037 元 / 人。

5. 先进工作者

据不完全统计，1957 到 1983 年有 128 人被评为省、市、部、局先进个人、劳动模范。具体名单如下。

1957 年保定市先进生产者：赵祯祥、徐国平、周墨林。

1958 年保定市先进生产者：徐国平、熊忠、王琴华、张焕昌、王会、吕文海、陶开典、张玉林、李国高、赵国祯。

1959 年河北省先进生产者：吕文海、陶开典。

1959 年保定地区先进个人：吕文海。

1961 年保定市劳动模范：王岐、顾宗汉、李应棠、王继福。

1962 年保定市劳动模范：王继福、李秀荣。

1963 年保定市五好代表：王岐、陈瑜荪、李廷元、李秀荣。

1975 年保定市先进个人：刘彦明。

1976 年保定市先进个人：张秋季、周英华。

1978 年保定市先进个人：李成彬、刘惠卿。

1978 年电力工业部劳动模范：刘惠卿。

1979 年保定市劳动模范：刘惠卿、王义、李成彬、谷子林。

1983 年保定市先进个人：周英华、周绍敏、夏昭昌。

四、基地生产与服务

（一）安装、制造列车电站

保定基地初步建成后，开始接收从捷克斯洛伐克引进的第 1 台 2500 千瓦列车电站（6 站）。1957 年 2 月 17 日，6 站机组到达保定基地，在捷克专家指导下进行安装，4 月 1 日安装结束，全部安装任务用 27 个工作日完成。4 月 3 日开始试运行，4 月 6 日试运结束，5 月 7 日开往河南三门峡，支援三门峡水利工程建设。

1957 年 9 月 11 日，1 台苏制 4000 千瓦列车电站到达保定基地（11 站）。在苏联专家指导下，9 月 19 日开始安装，10 月 24 日结束，10 月 29 日试运行，11 月 4 日试运结束，年底驶往福建南平地区发电。

1958 年 8 月，开始制造列车电站，1959 年 9 月，设计和制造完成我国第 1 台 2500 千瓦列车电站（21 站）。9 月 26 日开始试运行，10 月 15 日正式并网发电，从而结束了我国完全依赖进口列车电站的历史。

在制造安装 21 站后，1960 年 8 月和 1961 年 1 月，第二台和第三台 2500 千瓦机组相继制造完成，投入使用，序号排列为第 37 站和 40 站。1962 年，保定制造厂完成一台 4000 千瓦电站制造，1963 年 11 月投产，即 41 站。

1971 年，保定列车电站基地开始进行 6000 千瓦汽轮发电机组的制造，根据上海汽轮机厂和北京重型电机厂图纸，自行修改设计而成。1974 年，完成第 1 台 6000 千瓦汽轮发电机组的制造。到 1980 年，先后完成 6 台 6000 千瓦汽轮发电机组制造，即新 19、新 20、59、60、61、64 站（因列电调整，64 站未组建）。列电局保定基地历年制造、安装电站机组的情况见表 6-4 和表 6-5。

表 6-4 1959~1980 年制造电站机组（11 台）

内容＼年份	1959	1960	1961	1962	1974	1977	1978	1979	1980
制造电站	21 站	37 站、船舶 2 站	40 站	41 站	新 19、新 20 站	59 站	60 站	61 站	64 站
容量（千瓦）	2500	2500、4000	2500	4000	2×6000	6000	6000	6000	6000
备注		船舶 2 站汽轮机由捷克制造			锅炉由杭州锅炉厂制造	锅炉由上海锅炉厂制造	锅炉由无锡锅炉厂制造	锅炉由无锡锅炉厂制造	锅炉由无锡锅炉厂制造

表 6-5 保定基地 1957~1980 年安装电站机组（12 台）

序号	电站序号	容量（千瓦）	安装年份	首发地点	备注
1	6 站	2500	1957	河南三门峡	捷克制造
2	11 站	4000	1957	福建南平	苏联制造
3	21 站	2500	1959	河北保定	列电局制造
4	37 站	2500	1960	内蒙古乌海	
5	40 站	2500	1961	甘肃永昌	
6	41 站	4000	1962	黑龙江勃利	
7	驻马店电厂	4000	1974	河南驻马店	
8	新 19、20 站	2×6000	1975	湖南衡阳	
9	60 站	6000	1978	浙江海宁	
10	61 站	6000	1979	内蒙古伊敏	
11	64 站	6000	1980	广东顺德	
12	列电系统外单位	750 千瓦发电机（共 11 台）	1972~1975	陕西、湖南、河南、内蒙古等地	

（二）服务和支援列车电站

为列车电站服务是保定基地主要任务。从 1959 年至 1980 年，共承接列车电站返厂大修 20 台（次）（见表 6-6）。赴列车电站检修和改造 272 台（次），其中包括水塔大修 58 台（次），车辆检修 77 台（次），车辆改装 33 台，蒸汽吊车改电气吊车 5 台，20 吨铁路吊车 7 台，前置泵 27 台，各种冷油器 42 台等项。

表6-6　　　　　　　　保定基地承接返厂大修列车电站一览

列车电站序列	返厂大修时间	列车电站序列	返厂大修时间
40 站	1962.5~1964.3	21 站	1967.10~1970.5
21 站	1963.3~1964.6	25 站	1968.1~1968.6
37 站	1963.11~1964.12	9 站	1970.3~1970.11
16 站	1964.5~1965.5	14 站	1971.5~1971.12
35 站	1965.9~1966.9	47 站	1971.12~1972.7
41 站	1965.11~1966.2	1 站	1972.7~1973.9
28 站	1966.1~1966.7	38 站	1973.1~1973.4
49 站	1966.11~1967.11	30 站	1973.9~1975.8
17 站	1966.9~1967.2	18 站	1975.11~1977.5
10 站	1967.5~1971.7	25 站	1977.10~1979.8

列车电站所需备品备件也是基地主要生产任务。据统计，保定基地共生产列车电站备品备件 28 万余件，1227 吨。在列电创业发展的历程中，保定基地为保障各列车电站安全稳定运行，提供了可靠保障。

基地还承担遭受自然灾害地区列车电站的紧急抢修任务。1975 年，河南遂平遭受特大洪水灾害，正在该地区发电的 40 站被淹，保定基地及时组成 60 余人的抢修小分队，与各基地的支援人员共同完成列车电站汽轮机、锅炉、水处理设备的恢复性大修，仅用 39 天时间就恢复发电，支援灾区人民恢复生产，重建家园。

1976 年唐山大地震，保定基地及时派出多个抢修小分队赴唐山、汉沽，参加 52 站、57 站的抢修和救灾工作，为支援抗震救灾作出重要贡献。

（三）风电机组及其他产品

1970 年保定基地接受河北省、水电部下达的制造 3000 千瓦、4000 千瓦水轮发电机组任务，先后制造完成 1 台 3000 千瓦水轮机组和 4 台 4000 千瓦水轮机组，调拨给河北、广西、湖北、甘肃等地。

1979 年，基地根据水电部科技司指示，开始进行风力发电机组试制工作，并将试制产品安装在八达岭风电试验站。其中 7.5 千瓦机组不断完善，共计生产 35 台，安装在西藏、东北及东南沿海地区，用户多系部队的边防哨所。1983 年，研制出 50 千瓦风力发电机组，第 1 台样机安装在八达岭风电试验站，该项目为联合国能源开发署（UNDP）的援建项目。

此外，制造各种电动机 326 台，计 2626 千瓦。作为出口产品，为美国纽约城市供水及铸造公司生产铸铁管件 42 吨。

从 1981 年开始，基地先后为北京大学、中国环境科学研究院、中国科学院兰州沙漠研究所制造 4 台科研风洞。

（四）管理列车电站

1．列车电站管理

流动列车电站较长时间由列电局直接管理，基地只负责区域内列车电站检修和备品备件的制造。1975 年 12 月，为适应国民经济发展和列电工作的需要，列电局决定，自 1976 年 1 月 1 日起，基地直接领导管区内的列车（船舶）电站，并调整了列电局、基地、电站的主要职责，明确基地管区电站划分。保定基地管区范围为华北、东北地区。基地当时共管理在北京、天津、山西、河北、辽宁、黑龙江等省市发电的 24 台列车电站。总发电容量 10.72 万千瓦。

1981 年 7 月 17 日，列电局决定，各基地设立电站管理处，作为专门管理管区电站的独立机构。为此，1982 年 1 月 2 日，保定基地正式成立列车电站管理处，主任黄耀津、副主任袁长富，下设管理组、生产组，负责管理华北地区的 1、6、8、16、31、33、37、47、57、61 站共 10 台列车电站。1982 年 8 月 1 日，列电局又将原由西北基地管理的 44、58 站划归保定基地管理。当时由于东北电站管理处刚成立，尚未配齐技术管理人员，故东北电站管理处所辖 12、17、18、34、49、59 站等 6 台电站的技术管理工作，也暂时由保定基地电站管理处代管。列电局撤销后，除 59 站外，其余 5 台列车电站由保定基地电站管理处管理。保定基地电站管理处共管理 17 台列车电站。

2．电站及人员的安置

1983 年 3 月 29 日，根据华北电管局电劳字第 29 号文的通知，保定基地电站管理处，负责华北地区境内列车电站的管理、职工调动、签订列车电站租赁合同、收取租金以及电站下放等事项。1983 年相继将 12、17、33、44、57、18、61、34、49 站等 9 台列车电站交给地方，1984 至 1985 年，又相继将 16、47、6、37 站等 4 台列车电站交给新疆。

设备交给地方，列车电站职工除少数人员随车调动外，其余由河北、山西电力局统一安置。另有一些职工自找门路，联系工作单位。

1983 年 10 月 20 日，保定基地电站管理处撤销，改为电站科，归属华北电管局列车电站管理处。电站科负责列车电站的下放和留存列车电站的管理工作。后期，保定电力修造厂管理 58 站，另外受水电部通信调度局委托，代管部分列车电站。

1982 年前后，随着列电调整，部分列车电站职工调到保定基地。其中 61 站全部人员较早调入保定基地，58 站部分人员较晚调入保定基地，其他列车电站人员零散调入保定基地，涉及人员不多。

五、基地记忆

1. 安装第一台捷制列车电站

1957 年 4 月 3 日下午 4 点 20 分，列电局第 6 列车电站按照工程师的指示，在捷克专家的指导下，开始了全部设备的正式试运行。由于当时并网线路不具备，电站发出的电不能并网，因而采用"水抵抗法"将电流输入到清水河里。夜晚，清水河面光闪放电，成为一道夜色景观。经过 72 小时的试运行，设备运行良好。4 月 6 日，列电局举行隆重的 6 站落成典礼。会上，中共保定市委书记陈子瑞，代表周恩来总理把 7 枚金黄色的"中捷友谊"纪念章分别赠给捷克专家。列电局长康保良讲话。参加大会的还有保定市人民委员会、保定车站、学校的代表共 1000 多人。《人民日报》《河北日报》《北京日报》《保定日报》都在头版发布专题新闻和消息。

5 月 7 日下午 3 时，中共河北省委第一书记、河北省长林铁来到保定修配厂，为开往三门峡支援工程建设的第 6 列车电站剪彩。剪彩后，列车电站在人群的欢呼声中，徐徐驶离保定列电基地。

2. 制造国产第一台列车电站

"群攻大，土代洋，蚂蚁嘴里吐大象"，这是保定基地制造国产第一台列车电站时的形象描绘。1958 年仲夏，正值"大跃进"高潮，建厂不到两年的保定基地，在局长康保良的带领下，开始制造列车电站。在设备、人员、技术等各方面均不具备条件的情况下，敢想敢干，采取"边武装、边练兵、边设计、边备料、边制造"方针，比武打擂台，分解制造任务。为突破技术难关，大搞培训，寻师觅友，学一技之长，召开"诸葛亮"会，发挥土专家的作用。制造过程中，职工们经常吃住在工作现场。开展争夺红旗活动，激励了制造工人的积极性。争夺到红旗的单位，就派人敲锣打鼓到局机关报喜。

1959 年 9 月 29 日，《保定日报》头版报道"列车电业局职工向国庆献礼，国产第一部列车电站诞生"。1959 年 10 月 15 日 7 时 9 分，保定基地制造的首台列车电站在保定发电，并命名为第 21 列车电站。10 月 19 日下午 1 点，列电局举行隆重的典礼。《保定日报》头版头条以"列电局自制 2500 千瓦列车电站开始供电"为题进行报道。中共保定市委书记处书记张鹤仙，在热烈的掌声中，为这台列车电站正式发电剪彩。

3. 灾难中的保定基地

三年经济困难时期，保定基地正在制造第二台、第三台列车电站，由于粮食供给严重不足，很多职工因营养不良，身体浮肿，厂里曾经派人到白洋淀打河草给职工充饥。部分职工为弥补粮食短缺，自力更生，开垦空地，自种农作物。虽然生活困苦，但组织关心，领导重视，列车电站制造任务都如期完成。

1963年夏末，由于太平洋高空低涡停滞于太行山一带，南起安阳，北至保定一线，形成了一条特大的暴雨带。8月1至8日，保定连续下了7天7夜的大雨，总雨量超过1000毫米，致使保定市上游刘家台水库溃坝，保定洪水漫城。保定基地旁的清水河桥被冲垮，清水河以北的基地生活区地势较高，邻近清水河边的部分平房进水。清水河南边的厂区水灾较为严重，仓库进水约有1.2米，铸造车间进水1.7米，厂大门口水深也没过大腿。洪水到来时，尚在厂里的部分干部工人，抢救了仓库物资后，才拉着过河的绳索回到生活区。洪水过后，厂设备物资受到一定损失，停工损失上万元。

4. "文革"中的保定基地

"文革"初期，厂内多个群众组织，逐渐分化成两大群众组织——"列电指挥部"和"列电红革会"。两个组织分别与社会组织建立联系后，出现冲突、武斗。这期间，全厂生产受到干扰。1967年1月，厂里发生夺权，解放军进驻"支左"。1968年2月9日，厂西生活区发生"二·九"武斗事件，厂职工康殿举中弹身亡。7月5日，在生活区门口，发生"七·五"事件，10人中弹身亡，24人受枪伤。9月26日，保定基地总支书记、主任王桂林含冤身亡。1975年9月，列电局整顿保定基地领导班子，陶晓虹、黄耀津任党委书记和副书记。1976年3月13日，在全国"反击右倾翻案风"的影响下，再次发生夺权事件。1976年"四人帮"倒台、"文革"结束后，省部联合工作组曾进驻基地，帮助工作。保定基地逐渐平息争斗，恢复正常生产秩序。

"文革"期间，保定基地贯彻抓革命促生产的方针，完成了35、17、49等电站返厂大修，并为地方制造了多台水轮发电机组。1970年4月，水电部将阿沙-82航空发动机试验发电任务交给保定基地，拨试验经费10万元。飞机发动机噪声巨大，试验现场震耳欲聋，几里地以外都能听到刺耳的发动机声，巨大的声波给保定基地职工及家属留下难忘的记忆。最终试验成功，发电400多千瓦·时。水电部领导在试验之前曾言，如果试验成功，将来保定基地祝贺，果然不虚此言，水电部副部长张彬亲自来厂致意。

1971年4月，列电局技改所和保定电力技工学校并入保定基地，学校教师全部进厂下车间参加生产劳动，直至1973年1月，保定电力技工学校恢复，学校老师离开保定列车电站基地。

1971年10月17日，周日，上午9点45分，金工车间工人芦春生来厂加班，不慎被镗床镗杆销子挂住右衣角，人被卷入镗床，造成严重伤害，经抢救无效死亡。这是保定基地工伤死亡最为惨痛的一例。

5. 基地文化娱乐活动

保定基地有着浓厚的文化氛围，著名作家陈冲和著名剧作家崔砚君均是从这里走出去的，多才多艺、小有名气的王福全也是基地普通一员。基地文化娱乐活动非常活跃，也培养和带动了一批文艺、体育骨干。

在建厂之初，基地就成立有足球队、篮球队、乒乓球队等，参加保定市职工联赛，取得优异成绩。还在局小食堂和基地二食堂，组织交谊舞会，放映露天电影。基地有一批文艺活跃分子，自排自演话剧，如早期演出的《箭杆河边》《痛说家史》《军民鱼水情》，以及"文革"结束以后排练的《枫叶红的时候》等，在基地大食堂舞台上演出，广受职工欢迎。表演唱、快板、笛子演奏等，也是基地很有特色的表演节目。

很长一个时期，基地生活区篮球场，是职工们重要的文化娱乐阵地，厂职工篮球队经常与兄弟单位球队进行友谊比赛，职工聚集到球场围观，成为基地一时的盛事，活跃了职工贫瘠的业余生活。基地每周在操场放映露天电影，家家户户，扶老携幼，聚集在操场上、银幕下，也是那个时期一道令人回味的风景。

六、基地归宿与发展

1983年3月，企业更名为华北电业管理局列车电站管理处，对列电局撤销后的未尽事宜做最后的收尾。这一时期，基地安置了一些列车电站老职工，还为从列车电站回基地人员筹建了多栋楼房。1984年5月11日，华北电管局决定将列车电站管理处改为保定电力修造厂，隶属北京电力设备总厂领导。

保定电力修造厂在市场竞争中发展，以生产制造电厂辅机及配套产品、复合绝缘子、大型电力起重机械、各种压力容器，以及承担电厂成套机组安装、检修为主。特别是复合绝缘子和BTQ–2000塔式起重机等产品，曾是企业发展的支柱产品，给企业带来较好的效益。

2004年，幼儿园停办，园内房屋拆除，同期，大食堂、二食堂以及早期部分平房和木板楼也被拆除，在拆除空地上，建起多栋职工宿舍楼。2006年，按照国家政策，企业不再办学校，学校和老师全部划归保定市教育局，列电子弟学校易名为"保定市列电中学"。职工医院也于2015年停办，经地方卫生机构推荐，企业将原卫生所房屋等场所，以租赁的方式提供给一家具备医疗资质的民营机构，为列电社区提供医疗服务。

2007年12月，根据华北电网有限公司华北电网财〔2007〕117号文件指示精神，将保定电力修造厂11.59万米²（173.8亩）土地调拨给保定电力职业技术学院。2008年7月，双方在保定市土地局办理了土地划转手续，分别取得了《土地证》。保定电力修造厂还剩余生产用地 200 亩左右。

2009 年 5 月，保定电力修造厂动工兴建 3 座厂房，总建筑面积 1.4 万米^2，2009 年 12 月投入使用。厂房用于金属结构制造车间（含附属 3 层办公楼共 1.18 万米^2）、热处理厂房（1100 米^2）和表面处理车间（1100 米^2）。这一时期，主要为北京电力设备总厂加工生产电厂辅机及配套产品。

2015 年，企业转制更名为保定京保电力设备有限公司，为中国能源建设集团公司所属中型电力修造企业，是北京电力设备总厂有限公司下属子公司。

第二节

武汉列车电站基地

武汉列车电站基地（见图 6-3），地处湖北省武汉市武昌区白沙洲特 1 号。厂区面临长江黄金水道和武金堤公路，背靠京广铁路和 107 国道，距武昌火车站仅四五公里。从厂门处的公路上望去，雄伟的武汉长江大桥尽收眼底。职工生活区距厂区 400 米，处于十字形交通要道的一角。小区内绿树成荫，生活设施齐全。

1958 年 10 月，经水利电力部批准，列车电业局武汉装配厂成立。1963 年 11 月改为武汉列车电站基地，主要承担安装和检修列车电站设备，管理流动在中南 10 余省区列车（船舶）电站的任务。

基地占地面积 352.5 亩，其中生产区 280.95 亩，生活区 71.55 亩。铁路专用线 3.629 公里。截至 1983 年年底，在册职工 1008 人，固定资产原值 2317.8 万元，累计生产总值 3864.45 万元，累计投资 2638.4 万元。

武汉基地，作为列电局第二大基地，有"列电之家"之称，为列电事业经营近 25 年。1983 年列电局撤销建制后，武汉基地先归属于华中电业管理局，2011 年又加入到世界 500 强——中国电建集团公司旗下，得以持续发展。

图 6-3　武汉基地厂区全景

一、基地建立与建设

（一）基地建立

1958 年 10 月，为满足各地对列车电站的需求，加快列电事业发展，列车电业局继保定基地之后，决定建立第二个列电基地，初始定名为武汉装配厂。

列电局原计划将这个装配厂建在上海。1957 年年底和 1958 年年初，列电局先后派谢芳庭、胡惟法、邓致逵、周良彦、刘晓森、王桂林等人，到上海选择装配厂厂址。1958 年 7 月 16 日，列电局以（58）列电局行字第 1289 号文，决定成立上海装配厂筹备处。当月，任命王桂林为筹备处主任。

1958 年 9 月 8 日，列电局以（58）列电局行字第 1601 号文，决定将上海装配厂迁移至武汉。几经周折，选定紧邻长江、交通便利的武昌白沙洲千余亩荒地为厂址范围。水电部以（58）水电生程字第 097 号文，批准列电局武汉装配厂在武昌白沙洲筹建。随即，列电局以（58）列电局经字第 1851 号文通知，武汉装配厂在武昌白沙洲成立，暂在武昌首义路 93 号办公。

武汉装配厂建厂工程启动。王桂林带领筹建人员，常徒步几十公里，往返于武汉市各有关机关、乔木湾公社、建筑公司和施工现场，展开各项筹建工作。

1959 年 1 月 8 日，武汉城市建设委员会以（59）发 58 城建管字第 425 号文，决定划拨 506.25 亩土地给列电局武汉装配厂。地域坐落在武昌白沙洲堤东街乔木湾。

武汉基地实际占地面积 352.5 亩，其中生产区 280.95 亩，生活区 71.55 亩。比征用土地少 150 余亩，其原因是江堤外有一大河滩地，原计划修建码头，用来组装、制造船舶电站，后因规划调整，资金压缩无力开发而搁置。

20 年后，此段新长江堤修好，土地被水利部门收回。生活区有两大片土地，因久未设围，后为鱼塘养鱼。20 世纪 70 年代初，根据武汉市土地政策，应归还农村开垦，近百亩土地又被周边生产队占用。

（二）基地建设

1958 年至 1963 年，在边建设、边生产的过程中，武汉装配厂的生产建设快速发展。同时受经济困难和调整的影响，原计划 2000 万元的投资，压缩到 500 万元以内。1963 年以后，武汉装配厂更名为列车电业局武汉基地，承担着电站备品备件供应、技术支援、机组安装、返厂大修、队伍休整培训、家属安置等任务，发挥着“列电之家”的功能。

为提高生产能力，基地领导组织职工自制大型机床设备，如 3.4 米立式车床、6 米龙门刨床、1吨工频电炉、T617镗床等。生产建筑设施和非生产建筑设施相应扩大。

1975年，按照列车电站十年发展规划，水电部决定扩建武汉基地，为此先后投资900多万元扩建。一机部成套设备公司供应全套设备，使武汉基地拥有上海、北京、天津、齐齐哈尔等国内名牌厂家以及国外进口机床共200多台，加上原有设备共500多台。至1979年，由于国民经济调整，停止了扩建。虽然未按规划项目全部完成，但企业生产能力和技术力量有极大提升，使之具有比较先进齐全的金属冷热加工、机械制造等工艺装备，成为国内颇具规模的电力修造企业。

1. 基础设施

基础设施设计单位为建设部中南设计院，施工单位为武汉市建筑工程局第四建筑公司。在装配厂方的监管下，建设单位夜以继日，以"大跃进"的速度加快施工。现场地势低洼，平均标高23.5米，设计标高24.5米至25米，施工时普遍用沙土填方，平均提高1米多。生产区、生活区施工同时进行。

1958年4月，已完成生产建筑近4000米²，其中仓库1500米²，宿舍楼1000余平方米，以及职工食堂300米²，可容纳200余人食宿。武汉装配厂已初见雏形。

武汉基地经过25年的建设和发展，截至1983年4月，生产建筑设施面积达到3.47万米²，包括检修、铸造（现生产钢门）、金加工、动力机修、钢窗5个车间和仓库，汽车库、试验楼等；办公楼、招待所各一幢，共0.25万米²；铁路3.34公里，道路1.564万米²，围墙2590米；生活福利建筑2.75万米²，包括职工家属楼11幢，单身楼2幢，食堂、子弟小学、托儿所各一所。

截至1975年年底，武汉基地铁路专用线延长并扩大为6股道，总长度2698米，总造价58.72万元（见表6-7）。

表6-7　　　　　　　　　　1975年年底武汉基地铁路专用线长度及造价

专用线名称	总长度（米）	直线长度（米）	总造价（万元）	单价造价（万元／千米）
合计	2698	1750	58.72	21.75
其中：				
第1股道	1038	480		
第2股道	475	190		
第3股道	340	340		
第4股道	257	220		
第5股道	258	250		
第6股道	330	270		

建筑设施基本是永久性建筑，虽然有的使用名称有变，但结构基本没变，截至1975年年底，总计建筑面积34511米²，总造价266.4万元（见表6-8）。

表6-8 　　　　　　　　　1975年年底实有房屋建筑面积及造价

房屋名称	建筑面积（米²）	总造价（万元）	单位造价（元／米²）
总计	34511	266.4	81.0
一、生产性建筑合计	19240	171.7	93.8
1. 生产车间小计	14016	150.3	113.5
（1）铸工厂房	760	5.9	77.6
（2）锻工厂房	54	0.2	41.0
（3）检修厂房	2815	31.0	110.0
（4）金工厂房	2845	26.8	94
（5）安装厂房	4300	69.0	160.4
（6）木模厂房	589	3.9	68.5
（7）基地基建用房	300	1.9	63.3
（8）试验楼	1500	10.4	69.2
（9）水泵房	102	1.2	117.8
2. 仓库小计	4939	20.7	42.0
3. 其他小计	285	0.7	47.6
二、非生产性建筑	15271	84.7	65.0
1. 宿舍	12142	75.1	63.0
（1）单身宿舍（3号楼）	2065	11.0	53.2
（2）1号家属楼	1300	6.0	46.0
（3）2号家属楼	2065	11.0	53.2
（4）3号家属楼	1706	13.9	81.5
（5）5号家属楼	1242	7.4	59.5
（6）6号家属楼	1242	7.4	59.5
（7）8号家属楼	1610	14.7	91.0
（8）平房	736	3.95	43.2
（9）平房宿舍	176		
（10）维修房	161	0.27	
（11）围墙	619（米）	1.5	
（12）道路	9773（米）	5.3	

房屋名称	建筑面积（米²）	总造价（万元）	单位造价（元／米²）
2.其他	3129	19.6	75
（1）幼儿园	536	4.7	88
（2）食堂	482	2.5	52
（3）学校	983	6.2	63
（4）浴室	274	2.8	102
（5）招待所	2×144	2.0	139
（6）小卖部	222	2.0	73.3
（7）文化室	82	0.26	
（8）医务室	68	1.0	

2. 生产设备

截至1983年，生产设备包括：金属切割机床207台，锻压设备26台，起重设备72台，木工锻造设备21台，其他机械设备49台，电器设备63台，工业炉34台，其他动力设备7台，动能发生设备26台。共计设备505台（套），设备完好率89.6%。

其中，属大、重、稀少设备30台。如3.4米立式车床、6米龙门刨床、120落地镗床、3.2米滚齿机、5米卧式车床、3米外圆磨床、坐标镗床、罗绞磨床、高精外圆磨床等。

专用机床有叶片电解机床、电火花加工机床、电光切割机、遥控切割机、真空冶炼炉。

另有库存设备25台，大型的有20米³制氧机，2.5米井式炉，150千克真空冶炼炉，以及3吨锻锤等。

各类试验项目的试验室设备：

物理试验设备，用于全部机械性能试验，高温机械性能试验，X光探伤，荧光探伤，超声波探伤及磁粉探伤。

金属化学设备，用于普通金属成分和高温合金，以及特种钢材分析。

电气试验设备，用于0.5级以下仪表校修，6000千瓦以下电厂全部电气试验和继电保护试验。

热工试验设备，用于0.5级热工仪表校修，热工自动控制系统调整试验。

电厂化学设备，用于水、煤、油分析试验。

计量室设备，用于1米以下精密计量和各种量具的校修。

用于以上试验、分析项目设备合计35台（套）。

3. 固定资产、投资与产值

截至 1983 年，固定资产原值 2317.84 万元，已提折旧 513.28 万元，净值 1804.55 万元。核定流动资金 290 万元。武汉基地从筹建到列电局建制撤销的 25 年，累计工业总产值达到 3864.45 万元，累计完成基建投资 2654.4 万元（见表 6-9）。

表 6-9　　　　　　　1960~1983 年完成基建投资情况

年份	工业总产值（万元）	年完成基建投资（万元）	年份	工业总产值（万元）	年完成基建投资（万元）
1960	138	251	1972	108.6	94.7
1961	77.6	48.0	1973	172.7	149.2
1962	65.2	9.0	1974	174.3	260.0
1963	92.2	36.0	1975	187.5	350.0
1964	93.9	18.0	1976	244.9	330.0
1965	69.5	112.8	1977	297.2	94.6
1966	64.7	20.6	1978	382.4	432.6
1967	57.0	54.1	1979	263.0	216.5
1968	50.7	1.9	1980	247.8	−5.0
1969	54.4	10.9	1981	187.4	2.0
1970	91.0	15.4	1982	250.8	74.0
1971	110.0	62.1	1983	383.65	16.0

二、基地变迁及组织机构

（一）体制变迁

从 1958 年 10 月建立，到 1983 年 4 月列电局撤销，成建制划归华中电管局，最后到中国电建集团公司，武汉基地的体制经历多次变化。

1958 年 10 月至 1963 年 11 月，水电部列车电业局武汉装配厂。

1963 年 11 月至 1983 年 4 月，水电部列车电业局武汉列车电站基地。

1983 年 4 月，划归华中电业管理局管辖。

1984 年至 1991 年，华中电业管理局武汉电力设备修造厂。

1991 年至 2000 年，华中电业管理局武汉电力设备厂。

2000 年至 2011 年，武汉电力设备厂。

2011 年，划归中国电力建设集团有限公司管辖。

2011 年至 2018 年，武汉电力设备厂。

2018 年至今，中国电建集团武汉重工装备有限公司。

（二）组织机构

1. 行政领导及任职情况

1958 年 7 月至 1958 年 9 月，王桂林任筹建处主任。

1958 年 10 月至 1959 年 2 月，王桂林任第一任厂长、范成泽任副厂长。

1959 年 3 月至 1959 年 6 月，刘晓森任厂长，吴庆平任第二厂长，褚孟周任第三厂长，范成泽任副厂长，谢芳庭任总工程师。

1959 年 7 月至 1960 年 7 月，刘晓森任厂长，陈本生任第二厂长，褚孟周任第三厂长，范成泽任副厂长，谢芳庭任总工程师。

1960 年 8 月至 1961 年 9 月，刘晓森任厂长，陈本生任第二厂长，陶瑞平、范成泽、叶如彬任副厂长，谢芳庭任总工程师。

1961 年 10 月至 1964 年 3 月，刘晓森任厂长，陈本生任第二厂长，陶瑞平任副厂长。

1964 年 4 月至 1968 年 9 月，刘晓森任主任，陶瑞平、张静鹗任副主任。

1967 年、1968 年"文革"期间，"造反派"掌权。

1968 年至 1972 年，主要负责人为解放军代表。

1968 年 9 月至 1971 年 1 月，政治主任陶晓虹，生活主任陶瑞平，生产主任张静鹗。

1971 年 2 月至 1975 年 1 月，魏斌任武汉基地革命委员会主任，刘晓森、陶晓虹、张正田、乔东贵、陶瑞平任副主任，张静鹗任生产组长。

1975 年 2 月至 1975 年 12 月，刘晓森任主任，张静鹗、毕万宗、邓道清、陈启明任副主任。

1976 年 1 月至 1977 年 1 月，张彩任党委副书记（全面主持工作），张静鹗、毕万宗、邓道清、陈启明任副主任。

1977 年 2 月至 1978 年 9 月，刘晓森任主任，张静鹗、毕万宗、邓道清、陈启明任副主任。

1978 年 10 月至 1978 年 12 月，陈启明任主任，张静鹗、邓道清、胡金波任副主任。

1979 年 1 月至 1981 年 8 月，陈启明任主任，邓道清、胡金波、唐存勖、贾永年任副主任。

1981 年 9 月至 1983 年 4 月，陈启明任主任，胡金波、唐存勋、贾永年任副主任。

2. 党组织建设

1958 年 10 月至 1959 年 5 月，王桂林任党支部书记。

1959 年 12 月至 1968 年 9 月，刘晓森任党支部书记。

1964 年 7 月至 1968 年 9 月，陶晓虹任党支部副书记。

1971 年 4 月 1 日，中共武汉市委批复，同意成立中国共产党武汉列车电站基地委员会，委员会由魏斌、刘晓森、张玉田、陶晓虹、蒋国平、彭腊夫、邓道清、杨元英（女）、张忠卫等 9 人组成，魏斌任书记，刘晓森、陶晓虹任副书记。此后经过历届选举，委员会延续至武汉基地撤销建制。

1971 年 4 月至 1975 年 1 月，魏斌任党委书记，刘晓森、陶晓虹任党委副书记。

1975 年 5 月至 1975 年 12 月，刘晓森任党委书记，张彩任党委副书记。

1976 年 1 月至 1977 年 1 月，张彩任党委副书记（全面主持工作），刘晓森借调华东基地。

1977 年 2 月至 1978 年 7 月，刘晓森任党委书记，张彩任党委副书记。

1978 年 8 月至 1983 年 4 月，刘晓森任党委书记，安守仁任党委副书记。

1982 年党委下设党委办公室、组织科、宣传科、纪律检查委员会和 8 个党支部。一车间党支部，党员 13 名，支委 5 人；二车间党支部，党员 8 名，支委 3 人；三车间党支部，党员 11 名，支委 5 人；四车间党支部，党员 9 名，支委 3 人；五车间党支部，党员 5 名，支委 2 人；管理 1 党支部，党员 32 名，支委 3 人；管理 2 党支部，党员 36 名，支委 3 人；行政科党支部，党员 11 名，支委 3 人。全厂党员 125 人，占全厂职工总数 12.69%。

（三）管理机构

武汉装配厂管理机构，随着生产的发展而不断变化。

装配厂成立初期，设置厂长办公室、人事科、计划科、生技科、财务科、材料科、行政科，人数为 135 人。

1963 年 11 月，更名武汉列车电站基地，生产任务有较大的变动，机构也有较大变动，此后由于"文革"等历史原因，组织机构很不稳定。

1972 年调整为 1 处、1 室、4 科。1 处为政治处，1 室为办公室（党政合一的办事机构），4 科为生技科、财务科、材料科、行政科。劳动工资由办公室负责。

基地对班组建设非常重视，班组除设正副班（组）长外，普遍设政治宣传员、统计核算员、安全质量检验员、安全保卫员、考勤员、生产管理员，俗称"六大员"，六大员均不脱产。当时职工 513 人，其中非生产人员 107 人，占总人数的 20.86%，结构比例较接近要求标准（要求标准 18%）。

1975 年扩建后，组织机构有大的调整，到 1978 年有政治处、保卫组、人武部、学大庆办公室、厂长办公室、劳资科、教育科、生技科、财务科、材料科、行政科、基建办公室、试验室、汽车队、卫生所、子弟小学等，其中科级机构 14 个。

（四）生产机构

武汉装配厂时期，生产机构按机、电、炉、装配等专业设置。武汉基地时期，生产机构设 4 个大车间。

一车间，负责机、电、炉检修安装，车辆（机车）安检与检修，锅炉墙壁大修（瓦工），水塔大修（木工），车厢大修（油漆等）、吊车大修等。

二车间，负责精密铸造、钢铁铸造、锻压、木模、热处理等。

三车间，负责叶片制作、备品备件制作、汽轮机安装、电气安装等。

四车间，以机械检修、动力供应与机床设备检修为主，兼制造刀具和备品等。

汽车队，主要为生产单位服务，承担产品和材料的运输。

蒸汽吊车组，负责电站返厂大修、车辆牵引等工作。

试验室，负责物理、金属、电厂化学、电气及热工等试验工作。

以上生产机构设置以服务列车电站为主，兼顾生产制造。

80 年代初期，随着国家经济调整和大电网的延伸，对列车电站需求迅速减少。

基地广开门路，成立新车间，主要生产钢窗、钢门。基地附属五金综合厂（集体企业），实有职工 98 人，固定资产 7.1 万元，流动资金 18.6 万元。

（五）工团组织

1. 工会委员会

武汉基地工会委员会，1963 年成立，到 1982 年有下属 8 个分工会，会员 950 人。工会在党的领导下组织开展学先进、赶先进劳动竞赛活动，同时通过职代会对企业进行民主监督。

1981 年 6 月 17 日，基地首届职代会召开。90 名代表审议基地主任陈启明的年度工作报告、财务科长朱开成的财务决算预算报告，以及工会主席贾永年的生活福利工作意见报告。职代会每年召开一次，对职工当家做主、促进基地生产起到了积极作用。

历任工会主席：蒋国平、王世春、郭武昌、安守仁、贾永年等。

2. 共青团组织

1973 年共青团武汉基地委员会成立。1982 年有下属 7 个团支部，团员 116 名。其中，一车间支部 27 人，二车间支部 18 人，三车间支部 11 人，四车间支部 15 人，五车间支部 30 人，管理团支部 4 人，五金综合厂支部 11 人。

历任团委书记、副书记：安永泉、葛宗永、彭腊夫、尹建国、谢文康、沈建新等。

三、职工队伍建设

1. 职工来源及变动

职工来源有以下 6 种情况：

（1）其他基地、列车电站调入。其中保定基地调入较多，有的是支援性质。列车电站调入多为照顾性质，特别是列车电站下放时安置了大批职工。

（2）按政策接收的复原退伍军人。

（3）分配的大、中专（中技）院校毕业生。其中保定电力学校最多，总共 80 余人（另有短期培训生 8 人）。

（4）城镇、农村招工。农村招工多为接收上山下乡知识青年。

（5）其他系统调入。其中 1974 年 11 月，经过水电部批准从宜昌 330 工程局抽调 21 名职工支援武汉基地。

（6）补充自然减员招收的人员。其中职工退休人数与子女顶职人数基本持平。

值得一提的是，保定电校为列电系统培养了大批人才。武汉基地由保定电校直接分配、短期培训，或由其他基地及列车电站调入的共计 117 人。据不完全统计，他们中有 26 名被评为中级职称，1 人曾走上厂级领导岗位，14 人担任过中层干部，其他人员也都成为工厂的骨干力量。

职工的变动情况：

1958 年，武汉装配厂基建时，列电局派筹建人员 10 余人，1959 年 4 月 23 日，有职工 90 人，大部分为保定装配厂的支援人员，到年底有职工 135 人。

1960 年，职工人数达到 313 人。所增加人员，除列电系统内调剂 107 人外，其余为武汉市调剂招收部分五金机械技术工人（如车、钳、刨、铣、电、电焊、锻、铸工及少量泥瓦工、木工等），以及接收部分复员退伍军人。

1961 年，人员增加到 392 人，但不久因国民经济调整，开始压缩下放人员。1962 年减少 106 人，1963 年又减少 49 人，到 1964 年趋于平稳发展。

至 1983 年 4 月，列电局正式撤销时，武汉基地有职工 1008 人。历年职工人数变化情况见表 6-10。

表 6-10　　　　　　　　　　历年职工人数变化情况统计

年份	职工平均人数	年份	职工平均人数
1959	135	1972	515
1960	313	1973	520
1961	392	1974	541
1962	286	1975	660
1963	237	1976	773
1964	281	1977	822
1965	360	1978	831
1966	365	1979	877
1967	331	1980	939
1968	354	1981	924
1969	361	1982	973
1970	371	1983	1020
1971	484	—	—

2. 职工构成情况

以 1982 年为例，职工构成统计见表 6-11。

表 6-11　　　　　　　　　　1982 年职工构成统计

职工构成	人数	占职工总数（%）	备注
全厂职工	985	100	其中：男 618 人，占 62.7% 女 367 人，占 37.3%
干部	179	18.2	其中：男 130 人，占干部总数 72.6% 女 49 人，占干部总数 27.4%
其中：政工人员	15	1.5	党委（支部）正副书记，组织科宣传科，纪委全部人员
行政人员	80	8.1	正、副厂长等
工程技术人员	60	6.1	生产第一线的工程技术人员 19 人
服务人员	24	2.4	后勤
工人和学员	806	81.8	其中：男 488 人，占工人学员的 60.5% 女 318 人，占工人学员的 39.5%
其中：工人、学员	641	65.1	学员共计 55 人
辅助生产工人、学员	80	8.1	
长期脱产工人、学员	21	2.1	
服务部门工人、学员	64	6.5	

非生产人员 245 人，占职工总数的 24.9%。

生产人员 740 人，占职工总数的 75.1%。

3. 先进模范人物

在武汉基地建厂后的 25 年里，涌现众多先进模范，将其中获市级以上先进模范记述如下：

钱小毛，男，1907 年出生，1946 年参加电业工作，中共党员。1963 年调入武汉基地，任电气技师。1954 年在武汉防汛中荣获三等功。

张来根，男，1929 年 5 月出生，工人，1950 年参加工作，中共党员。1960、1961年被评为武汉市武昌区先进生产者，1970 年被评为列车电业局五好职工，1973 年被评为武汉供电局先进生产者。

杨长生，男，1942 年 10 月出生，车间主任，工程师，1965 年 8 月参加工作，中共党员。1979 年获全国电力先进工作者。

廖庆光，男，1935 年 10 月出生，总工程师，教授级高工，1956 年 8 月参加工作，中共党员。1982 年获武汉市劳动模范。

李名江，男，1935 年出生，1958 年参加工作，中共党员。1962 年进入武汉基地，车间主任，教授级高工。1963 年获得湖北省武汉市人民委员会颁发的五好职工奖章。

孙雁君，男，1931 年 10 月出生，总工程师，高级工程师，1950 年 7 月参加工作。1984 年获全国水利电力系统劳动模范。

4. 劳动生产率

基地全员劳动生产率，除 1960 年，因计入 1959 年产值较高外，其余年份受到自然灾害、国民经济调整、职工精减下放，或"文革"的影响，也因列电内部体制的调整而波动（见表 6-12）。

表 6-12　　　　　　1960~1983 年全员劳动生产率情况

年份	职工平均人数（人）	年劳动生产率（元／人）	年份	职工平均人数（人）	年劳动生产率（元／人）
1960	313	4409	1966	365	1773
1961	392	1980	1967	331	1722
1962	286	2280	1968	354	1432
1963	237	3907	1969	361	1507
1964	281	3342	1970	371	2453
1965	360	1931	1971	484	2273

年份	职工平均人数（人）	年劳动生产率（元／人）	年份	职工平均人数（人）	年劳动生产率（元／人）
1972	515	2109	1978	831	4602
1973	520	3321	1979	877	2568
1974	541	3222	1980	939	2639
1975	660	2841	1981	924	2028
1976	773	3168	1982	973	2578
1977	822	3615	1983	1020	3761

5. 基地所辖列车电站人员的归宿

1982 年 5 月，列电局工作会议上，水电部副部长李代耕代表部党组宣布列电局管理体制进行调整，列电局与机械制造局合并。1982 年 11 月 3 日，水电部颁发（82）水电劳字第 85 号文件，即《关于进一步调整下放列车电站管理体制的决定》，从此，列车电站完成它的历史使命，分片移交给各网局（省局）。

1983 年，武汉基地列车电站管理处开始进行管区列车电站下放安置工作。在华中电管局和武汉基地党委领导下，根据水电部关于列电体制调整精神，1983 年内管区列车电站调整情况如下：

北京的 8 站（两台机组）职工 89 人，自当年 4 月 1 日起，成建制移交给北京新型建筑材料厂。

湖南株洲的 24、26 站，衡阳的 48 站、船舶 2 站，4 个电站共 317 人，从当年 4 月 1 日起，由湖南省电力局接管。

广东韶关的 40 站，职工 65 人，自当年 5 月起，成建制移交凡口铅锌矿。

河南信阳的 29 站，职工 87 人，在河南电力局协助下，从当年 5 月 1 日起，正式移交信阳地区电力局。

江西安福的 27 站，职工 40 人，当年 6 月 1 日起，成建制移交给安福县人民政府。

湖北宜昌的 32、35、45、51 站，及荆州的 41 站，5 个电站共有职工 229 人，当年 6 月 1 日起，直接划归华中电管局领导。

河南西平的 36 站，职工 34 人，经河南电力局协调，当年 8 月 1 日起，成建制移交给巩县人民政府。

武汉基地的 10 站，机组设备调拨给黑龙江伊敏河矿务局后，职工 39 人，当年 11 月 1 日，并入武汉基地。

以上共安置 15 个电站，职工 900 人，基本上做到各得其所。

结合列车电站的调整，武汉基地在职工调配上也作了大量的工作，一年内总计调出电站职工 70 人，这些职工都去了比较理想的单位。

此后，在河南周口的 13 站 58 人，由河南省电力局接收安置。至此，武汉基地代管流动电站人员，在完成列电使命后，基本有了比较满意的归宿。

四、基地生产与服务

1. 安装电站与制造燃气轮机

武汉基地从 1958 年建厂到 1963 年年底之前的基本建设时期，生产设备只有 20 多台，职工 200 多名。设备不配套，工种不齐全，只能边基建边在露天场地开展生产。在这种情况下，最先制造了 4 台 8.5 吨 / 小时锅炉，其中 1 台配备 40 站，其他 3 台作为备用。安装了 2 台 6000 千瓦列电机组，1 台 4000 千瓦船舶电站。

在 30、42 站的机组设备中，汽轮机、发电机、锅炉均由上海汽轮机厂、发电机厂、锅炉厂生产。两台机组分别在 1964 年年初和 1965 年 10 月安装完毕。经 72 小时试运行合格后，30 站调往吉林龙井，为延边地区发电，42 站调往四川峨眉九里，为大三线建设发电。船舶 2 站的汽轮机由捷克制造，发电机、锅炉由保定基地制造，组装完成后，从长江驶往福建省福州市发电。

武汉基地发扬自力更生精神，生产制造移动式燃气轮发电机组。从 1971 年开始研制，1975 年至 1979 年，先后生产 4 台 1000 千瓦燃气轮发电机组（见图 6-4）。其中 1 台装备列电局的拖车电站，它由 8 吨拖车、一辆牵引车和两台油罐车组成。2 号燃机电站，在某导弹试验基地，作为试射洲际导弹的应急备用电源。3 号燃机电站在唐山地震时，交付北京长辛店车辆厂作为中央某机关应急电源，剩下的 1 台在基地保存。1979 年，由于能源政策改变而停产。

图 6-4　1000 千瓦移动式燃气轮发电机组

2. 备品备件及其他产品生产

1963 年以后，武汉基地在服务列车电站的同时，承担着水电部下达的中南地区电厂以及全国燃气轮机的备品备件制造工作。1981 年后，列电局下达的电站备品备件，以及其他产品的生产制造任务较少，基地广开生产门路，承揽武汉地区轻化系统小型发电设备的改造、安装、调试任务，制造钢门、钢窗等。生产的钢窗被评为武汉市优质产品。

1975 年至 1982 年备品备件、其他产品完成情况见表 6-13。

表 6-13　　　　　1975~1982 年备品备件、其他产品完成情况

产品名称	实际完成	备注
1. 水电部备品备件	19222 件 /350.7 吨	
2. 列车电站备品备件	60730 件 /228.46 吨	
3. 减速箱	271 台 /164.84 吨	
4. 翻斗车	55 台	矿用
5. 叶片	370 片	燃气轮机
6. 钢门	25500 米 ^{2}	
7. 钢窗	20929 米 ^{2}	
8. 纱窗	9917 米 ^{2}	
9. 客车改造	5 辆	
10. 钢木结构门	706 套	一般平开木门

3. 电站分区管理

1965 年 9 月 9 日，列车电业局以（65）列电局计字第 1015 号文，颁发《关于武汉基地代局管理部分电站试行方案》，于 10 月 1 日起试行。

列电局专为武汉基地制订了一个试行方案，规定基地管理电站的基本任务有：

负责组织领导检修队，按计划要求，为列车电站检修设备及车辆，并承担事故和紧急抢修，必要时支援人力；

负责制作和储备备品备件，为列车电站提供物资支援；

储备部分重要物资和机动设备，做好后勤支援工作；

组织、领导新机安装，并负责领导新机筹建和生产准备工作；

组织特殊工种（焊、瓦、钳等）和后备技工的集中培训；

列车电站调回的多余固定资产，由基地建账入库保管，并负责整修工作；

安置列车电站职工家属，并负责解决列车电站职工及家属所存在的生活问题，做好子女上学就业等服务性工作。

后因形势变化而没有贯彻实施，10 年后才实行列车电站分区管理。

1975 年 12 月 11 日，列车电业局以（75）列电革劳字第 532 号文，发出关于调整局、基地、电站主要职责划分的通知。武汉基地根据局文件精神，1976 年 1 月 1

日，开始分区管理。按照分区管理范围，湖南、湖北、广东、广西、贵州、河南、福建、浙江等省流动的电站由武汉基地管理。该基地按照有关规定，加强区域内电站管理。

华东基地成立之后，按照列电局的通知，山东、江苏、浙江、福建等省的列车电站划归其管理。1981年8月，7、15、46、27站移交给华东基地管理。至此，武汉基地管理的电站累计达到46台（次）。

流动电站，多在远离城市的地方发电，生活枯燥。武汉基地逢年过节，常组织文艺队伍对管区电站进行慰问。如1978年春，邓道清副主任带领电影放映队到宜昌，现场慰问支援建设葛洲坝工程的32、35、45和51站职工，连放4天电影，热闹非凡，受到4个电站职工的赞扬。

4. 电站返厂和就地大修

列车和船舶电站，每运行若干年，就要视设备情况返基地进行一次恢复性大修。所谓恢复性大修，一般要抽出汽轮机、发电机转子检查，拆除锅炉箱体检查，更换炉排、炉管、预热器、省煤器等。所有动力设备都要解体检查，更换损坏件、清扫换油。所有检测仪表都要校对调试。所有阀门门芯都要拆下研磨或更换。所有车厢都要除锈喷漆等。一台电站大修需要几个月，甚至更长时间。职工们说，进厂时破破烂烂，出厂时整齐崭新。

从1961至1984年，武汉基地为返厂电站大修22台（次），见表6-14。

表6-14　　　　　　　　　历年电站返厂大修统计

电站序列	返厂大修时间	电站序列	返厂大修时间
1站	1961.7~1962.5	48站	1969.4~1964.7
船舶1站	1962.6~1963.6	50站	1968.8~1970.3
20站	1962.8~1963.8	19站	1970.3~1971.8
19站	1962.11~1963.6	33站	1971.9~1972.4
50站	1963.2~1964.7	4站	1972.10~1973.4
8站	1963.7~1964.4	16站	1973.3~1973.10
9站	1964.1~1964.9	28站	1975.1~1975.12
47站	1964.10~1965.4	35站	1976.11~1977.9
13站	1965.11~1965.12	42站	1978.3~1979.3
39站	1967.5~1968.8	43站	1978.12~1979.6
26站	1967.12~1968.10	10站	1979.2~1980.2

如果电站不调迁或其他原因不能返基地大修，基地就必须派出人员前往支援。为此，基地成立了电站检修队，人员最多时达到60多人，哪里需要就到哪里，当然条件要比在基地差得多。更急切的当属抢修，电站运行中设备突然出现问题，影响安全运行或已造成停机，需要基地支援时，电站检修队要像消防队一样，以最快速度赶到现场。据不完全统计，支援电站紧急抢修共有201次。

5. 电站车辆巡回检修

列车电站的车辆，装载着锅炉、汽轮机、发电机等发电设备，吨位大，有的重达100多吨。更特殊的是它到一个地方发电，往往一停就是几年、甚至十几年一动不动，车辆轮轴、转向架等传动件最容易锈蚀、损坏。起初，列车电站没有专业车辆维护人员，调迁时车辆问题很多，影响其机动性。

铁路部门对进入铁路线运行的车辆，要求非常严格。一台列车，无论客车、货车，停到一个大车站，都要经过铁路专业人员的仔细检查。而铁道部门一无列电车辆检修的编制，二缺少特殊车辆检修专用设备和工具，不愿承担列电车辆维护检修。列电局决定自行承担车辆的检修任务，由保定和武汉两大基地具体实施。并请北京、武汉铁路局抽调技术骨干支援。

1963年6月，武汉铁路局的专业技术人员查顺昌调入武汉基地，负责车辆技术检修及培训工作。8月，在武汉基地首次开办列电局车辆维护及检修培训班，每个电站选派2人参加学习。

同时，武汉基地工程师孙雁君带领30余人，赴武汉铁路局江岸车辆段接受培训，并成立车辆检修班（台车班），开始派往电站驻地巡回检修车辆。每年检修近10台列车电站的车辆。特别是管区电站调迁时，必派人前往检查车辆状况。有的电站担心调迁途中车辆行走部分出现问题，还要求基地派车辆维修人员随行押车。

至1966年，通过车辆检修和技术改造，进口电站车辆许多零部件都实现了国产化，基本上达到调动机动性的要求。工程师查顺昌还设计出电动架车机，替代笨重的千斤顶，提升了车辆检修的安全性，并大大降低了劳动强度。

五、基地记忆

1. 功能齐全的生活区

基地生活区距厂区仅400米，至1982年占地面积71.55亩，有家属楼11栋（不含在建和2栋单身楼），住500余户，绝大部分职工、家属居住在此。

麻雀虽小，五脏俱全，生活区功能齐全，有居民委员会、子弟小学、幼儿园、卫生所、储蓄所、商店、粮店、餐饮店、理发店；有露天电影院、健身娱乐室、图书阅览室、离退休活动室、歌舞厅、篮球场、羽毛球场等。在厂区与生活区之间，建有两栋单身职工宿舍、职工食堂、门球场等。其生活福利设施之完善，几乎涵盖了社会福利、文化娱乐的所有功能。

2. "谁生产的次品谁背回来"

1959 年 5 月前后，保定装配厂厂长刘晓森，奉命带领部分职工支援武汉装配厂建设，并接替王桂林工作，任武汉装配厂厂长。在原有生产准备的基础上，开启边建设边生产的序幕。

刘晓森这位革命老干部，长期担任武汉基地的主要负责人。他就像"领头羊"，带领基地列电人走完 25 年的列电征程。他的故事有一箩筐，"谁生产的次品谁背回来"就是其中的一个。刘晓森十分重视产品质量。一次，他走访用户时，亲自将一批不合格的产品运回厂，并在大庭广众之下，展览示众，以教育全厂职工。他下令说，"谁生产的次品谁背回来！"后来他这句话成了基地的名言，并制定了"次品背回来"的管理规定。

3. "燃气轮机把歌唱"

20 世纪 70 年代后期，列电局提出要开发多种流动发电形式，武汉基地选择燃气轮机组拖车电站的制造项目。然而，技术人员和工人都没干过，面对挑战，他们发扬列电精神，紧密团结，群策群力，克服无数困难，成功制造出国内首台 1000 千瓦燃气轮机组拖车电站。

1000 千瓦燃气轮机组，共造 4 台。其中 2 号机被派往某导弹发射基地，作为战备应急电源。"养兵千日，用兵一时"，结果还真派上了用场。1975 年在该导弹基地试射导弹前，电网出现故障，不能正常供电，部队首长电告基地。基地立即派出安永松带队，傅相海、李名江、吴立维参加的运行小组，火速赶赴现场，以最快速度启动发电机组，保障了战备用电。导弹刺破苍穹，发射成功。中央军委当晚电令嘉奖参试人员。此后，基地工会组织杨长生、张文法谱写了一首歌曲《燃气轮机把歌唱》，曾被武汉人民广播电台录制播放。

4. 遂平 40 站救灾抢修

1975 年夏季，河南驻马店地区以及桐柏山区普降暴雨，造成板桥、石满滩两座水库垮坝。在遂平发电的 40 站首当其冲，顺水流方向的 13 节发电车厢，被洪水漫顶而过。武汉基地闻讯后，立即组织人员进行救灾慰问，将职工自发捐献的钱、物在大水未退之前，送到 40 站职工手中。

在随后列电局组织的各基地抢修会战中，武汉基地组成 40 人的抢修小分队，由基地副主任陈启明带队，赶赴遂平40站，并发去装满物资器材的专列，迅速投入到恢复生产、重建家园的抢修中。

40站是列电局制造的2500千瓦机组，13节车厢上的发电设备、各种仪表，全部被洪水淹没，车厢各个角落、管道等，全进了泥沙，检修工作量之大，在列电系统史无前例。洪水过后的40站，处处污泥浊水，蚊蝇滋生，交通还没完全恢复，一切物资全靠外地支援。

抢修小分队住在列车、帐篷里，吃喝是自带的食品，在炎热的天气里，每天都干十几个小时。3个基地的抢修队伍，发扬艰苦奋斗，善打硬仗的列电精神，你追我赶，在30天内就完成平时半年才能完成的清淤抢修任务。40站恢复发电，有力地支援了灾区恢复生产、重建家园。

5. 试制翻车机

1980年，武汉基地开始试制大型散装物料设备——翻车机。对于一个从未生产过如此大型机械设备的修造企业而言，困难可想而知。

制造首台翻车机的构架、圆盘、平台等大型金属构件时，没有任何经验。构架由8至30毫米厚钢板拼焊而成，13米长的腹板式工字梁焊接后严重变形。职工们向武昌造船厂的专业人员请教，使用人工火焰烘烤整形技术，使大梁的平直度、弯曲度等都控制在0至3毫米之间，达到优良水平。

翻车机的圆盘，直径7.74米，在工装台上拼焊完成后，经火焰整形，将整个圆弧面加工成误差小于5毫米的圆形工件。当时厂里没有能够加工此工件的机床，国内也没有厂家生产。武汉重型机床厂生产的立车，最大直径仅为6米。如果进口，需资金几百万。经过厂领导、技术人员商议，决定购买武汉重型机床厂的6米立车机座，而自行设计、自行制作立柱、刀架等一整套切削机构。在技术人员及员工共同努力下，将6米立车成功改造成可加工8米圆盘的车床。

1983年8月，成功生产出首台ZFJ-100型转子式翻车机，并安装投运于辽宁锦州电厂。1994年以后，先后生产出CFH-2型侧倾式翻车机，全液压、全自动C型翻车机及双车翻车机等系列产品，为国家大型火电厂、冶金矿山、港口码头、煤化工等企业共生产出520多台套翻车机设备，并打入国际市场，使企业得到可持续发展。

6. 助力海南展列电余晖

列电局撤销后，仍有不少列车电站能正常供发电，一些地区也需要机动应急电源。海南行政区先后调来11、28、35、45、53、60等6台列车电站。海南岛不仅缺电，更缺少专业技术人才。这些设备的调迁、检修、安装使他们发愁，于是武汉基地伸出援助之手，派出由梁洪滨、郑源芳、佟幼敏、陈秉山等组成的先遣队伍，奔赴海南，支援海南安装、检修列车电站。

在宜昌的 35、45 等电站，在葛洲坝水电厂发电以后，即停机闲置。海南接收方看到机组时，既不知道机组还能否发电，也不知道如何拉进运输线，接收人员束手无策。经列车电站管理处与铁路、港务、三亚等多单位协调，在基地领导支持下，电气工程师郑源芳几经奔波，于 1984 年 6 月，将 35、45 站拉入武汉基地，并经过初步检修，排除发电机故障。同年 10 月，两台机组跨过琼州海峡，进驻海南三亚。梁洪滨、余志道带领 60 人的检修队奔赴三亚。当时三亚还未开发，生活条件很差。为赶进度，他们在那里过了一个春节。梁洪滨爱人在武汉医院动手术，他也没顾上回来照看。历时 3 个月，检修队完成了两台机组的安装与检修任务。

六、基地归宿与发展

随着国民经济的调整，从 1980 年开始，出现列车电站闲置，基地生产任务不饱满，已出现亏损。但广大职工在部、局领导支持下，顶住巨大压力，广开门路、"找米下锅"，于 1982 年 8 月，试制成功火电厂所需大型卸煤设备——翻车机，在企业转型上迈出艰难的一步，为扭亏为盈和企业发展奠定了坚实基础。

1983 年 9 月至 1984 年 12 月，华中电管局对武汉电力设备厂进行全面整顿，科室精简到 19 个，设置定员 852 个（实有 1040 人），并调整领导班子。整顿中的 1984 年，完成工业总产值 565.57 万元，实现利润 54 万元，实现了扭亏为盈的目标，创造建厂以来最好的经济效益。同年年底，经华中电管局验收，批准企业整顿为合格单位，并下文批复武汉电力设备修造厂，全称为"华中电业管理局武汉电力设备修造厂"，为华中电管局二级单位。

自此之后，工厂由生产服务型单位，逐步转变成为社会主义市场经济下，独立核算的生产经营型企业。同时实行厂长负责制，对干部实行聘用任期制，废除干部终身制。在生产管理上，实行经济责任制等有效措施，使生产得到较快发展，劳动生产率等主要经济技术指标有较大的提高。

2011 年 9 月，并入世界 500 强的中国电力建设集团，成为武汉电力设备厂新的上级主管。截至 2017 年年底，武汉电力设备厂的拳头产品——翻车机已生产 520 台，广泛应用于电力、冶金、港口、矿山、化工等多个领域，国内市场占有率保持第一，并远销马来西亚、印度尼西亚、印度、南非、俄罗斯等国家，产品获得"中国机械工业优质品牌"称号。企业还涉足物流装备、智能停车、钢结构三大产业领域。2017 年全员劳动生产率达 59.24 万元 / 人，是 1978 年的 129 倍。

西北列车电站基地

西北列车电站基地，位于陕西省宝鸡市金台区陈仓大道 13 号，成立于 1965 年 4 月，基地全景见图 6-5。

宝鸡地处关中平原西部，历史悠久，远古时期就是中华民族定居的密集地区之一。西北基地厂址东距宝鸡卧龙寺 2 公里，西距宝鸡市中心城区 11 公里，北邻陇海铁路，背依渭北高原，南隔渭河，可眺望秦岭，西宝公路北线横越厂区南缘，交通较为便利。山陋水阻，天然屏障，符合"靠山、分散、远城、隐蔽"的三线建厂原则。

西北基地占地面积 180 亩，其中生产区近 120 亩，固定资产 1482 万元。建厂初期职工 275 名，1983 年年初，职工 783 名。1970 年至 1979 年，平均年产值为 150.1 万元，全员劳动生产率平均为 3000 元 / 人。

1983 年 1 月，西北基地归属水利电力部机械制造局领导，更名为水电部宝鸡车辆修造厂。2011 年 9 月，成建制划归中国能源建设集团有限公司，更名为中国能源建设集团宝鸡电力设备有限公司。

图 6-5　西北基地厂区全景

西北基地经过 1983 年前列电局时期，以及后期多年的发展，从列车电站基地逐步成为我国电力系统唯一生产铁路运煤车辆的专业厂家，跻身国家机械工业重点企业行列。

一、基地建立与建设

（一）基地建立

1964 年，国家经济建设正处于由沿海转入内地的调整时期。列电局建成的保定基地、武汉基地，已不能满足备战要求，亟待选择适合备战条件的地方建设第三基地。为了适应备战需要，支援内地建设，根据西北、西南地区列车电站不断增加的形势，经水电部决定，列电局准备在陕西宝鸡或四川绵阳增建西北列车电站基地。

依据西北基地的规划意见，在大三线地区要建立具有年检修和安装列车电站 8~10 列，制造备品备件 8000~9000 件的生产能力，以及停放 2~3 列列车电站的列电基地。列电局以副局长季诚龙为首的选厂工作组，先后到四川绵阳、德阳和陕西宝鸡市的卧龙寺、清姜、福临堡、上马营等地选择厂址。经过论证，选厂工作组认为宝鸡市陈仓乡光明大队（卧龙寺）更适宜建厂。1964 年 12 月 17 日，中共西北局党组召集建厂协调会议，确定在宝鸡卧龙寺附近建设西北基地。

水电部以（65）水电劳组字第 31 号文批复列电局，同意在陕西建立西北基地，编制为 150 人，负责西北、西南地区现有列车电站的检修、新建电站的安装和制造电站备品备件，以及培训电站职工。

1965 年 2 月 24 日，列电局下达《列车电业局西北基地设计任务书》，西北基地开始筹建。1965 年 3 月 1 日，先遣人员开始联系委托勘测、设计、施工等任务，同时选定具体厂址。

1965 年 4 月 1 日，经水电部批准，水利电力部列车电业局西北列车电站基地成立，正式对外办公。

（二）基地建设

1. 建设规划及征地

厂址勘测任务由西北电力设计院承担，设计任务由西北工业建筑设计院承担。1965 年 3 月 16 日，西北电力设计院、西北工业建筑设计院设计人员，在筹建人员配合下，对厂址进行初步勘测，同时向宝鸡市有关部门询查资料。经勘测设计人员与筹建人员多次协商，同年 3 月 24 日，划定勘测范围，明确了勘测任务。

西北基地建设工程分两期建设。第一期工程总投资为 265 万元，主要是"三通一平"和铁路专用线。1966 年 3 月 16 日，召开第二期平面建设审定会，第二期建设主要是生产厂房和生活设施等，总投资 1037 万，1974 年年底基本完成。

整个基建工程由西北工业建筑设计院设计，关中供电局承担变电站设计，宝鸡供电局承担输变电线路设计，建工部西北二公司一处，黑龙江省建一公司、七公司等承担一期基建施工，陕西铜白铁路工程处承担铁路专用线部分施工，宝鸡市建筑工程处安装公司承担全部水电安装工程。

《西北基地新建工程扩大初步设计》由西北工业建筑设计院提出，并于 1965 年 6 月 1 日至 3 日，在宝鸡专署召开新建工程扩大初步设计会审会议。会议对工程扩大设计说明、设计意图、建设方案及有关经济指标等进行会审。

1965 年 6 月，西北基地向宝鸡市政府部门办理征地手续，经宝鸡市城建局审核，市民政局同意呈报宝鸡专署，行文呈报陕西省人民委员会。经省民政厅、省计委等部门会办，陕西省人民委员会以（65）会民字第 32 号文件批复，同意征地 117.4 亩。

2. 基础设施

1965 年 7 月，西北基地进入全面开工阶段。当月 28 日，铁路专用线开始施工。同年 12 月 24 日，召开铁路专用线工程竣工验收会。经西安铁路局批准，1966 年 1 月 26 日，铁路专用线正式通车运行。

1975 年年底铁路专用线长度及造价见表 6–15。

表 6–15　　　　　　　1975 年年底铁路专用线长度及造价

专用线名称	总长度（米）	直线长度（米）	总造价（万元）	单位造价（万元/千米）
合计	4611.7	2072.5	74.81	16.20
第 1 股道	304.8	87.4		
第 2 股道	257.8	91.8		
第 3 股道	458.5	249.2		
第 4 股道	414.6	250.5		
第 5 股道	486.8	249.7		
第 6 股道	394.1	201.5		
第 7 股道	312.7	199.4		
第 8 股道	510	360		
第 9 股道	455	383		

截至 1965 年年底，按计划全面完成的工程项目有铁路专用线、动力电源、照明、通信线路，以及水井、木工房、汽车库、金工车间、仓库、食堂等。

建厂初期，全厂占地面积约 11 万米^2，其中生产区约 8 万米^2，生活区约 3 万米^2。1966 年 4 月，第一期基建工程初具规模后，进入边建设边生产时期。

1970 年后，随着国民经济的发展和电力建设的需要，基地的工厂规模得到发展壮大，新建、扩建了一批生产车间和生活设施等项目。

1970 年 3 月，由陕西省第三建筑工程公司十连承建的 2 号厂房（检修车间）破土动工，总建筑面积 2210.9 米²，1972 年建成投入使用。

1973 年 6 月，根据列电局基建计划，新建锻工车间，总建筑面积 450 米²，由陕西省第一建筑设计院设计，陕西省第三建筑工程公司施工。

1975 年 3 月，动工兴建暖气锅炉房，为生产、生活供热。

1978 年 6 月，经列电局批准，新建两栋硅酸盐大板宿舍楼，总建筑面积 5200 米²，每平方米造价 95 元。该楼房有独立厨房和厕所，户均 41.66 米²，1980 年竣工，改善了职工的住房条件，成为当地的样板工程。

1982 年 4 月，投资 4 万元，扩建浴池 412 米²，年底竣工交付使用。

1982 年 11 月，为适应煤车生产需要，新建转向架车间，由陕西省第二建筑工程公司第一工程处承建，1983 年 12 月工程竣工，开始安装生产设备，1984 年年初投入使用。

1984 年 12 月，新大板楼（9、10 号住宅楼）破土动工，由陕西省第二建筑工程公司大板队承建，总建筑面积 6750 米²，户均 67.5 米²，1987 年 7 月竣工，进一步改善了职工的住房条件。

3. 生产设备

1975 年年底已有机电设备：

金属切削机床 69 台，包括大型、精密机床，车床、铣床、刨床、磨床、镗床、滚齿机、插齿机、插床、拉床、螺纹加工机床等。

锻压设备 8 台，包括锻锤、液压机、摩擦压力机、冲床、剪断机、剪板机、卷板机等。

铸造设备 4 台，包括冲天炉、电弧炉、铜炉、混砂机等。

焊接设备 27 台，包括直流电焊机、交流电焊机、自动埋弧焊机、点焊机、气体保护焊机、自动切割机、乙炔发生器等。

木工机械 5 台，包括带锯、圆锯、手压刨、压刨机、木工车床等。

热处理设备 8 台（套），包括电阻炉、硅碳棒炉、氮化炉、高频井式炉、反射炉等。

试验设备 10 台（套），包括万能材料试验机、X 射线探伤仪、磁粉探伤仪、超声波探伤仪、荧光探伤仪、示波器、试验变压器等。

变电设备 4 台（套），包括升压、降压变压器等。

自备发电设备，100 千瓦柴油发电机 2 台（套）。

起重设备 8 台，包括轨道吊、汽车吊、双梁桥吊、单梁桥吊等。

空气压缩机，包括固定式、移动式空气压缩机 3 台（套）。

运输车辆，包括卡车、铁路平板车、铁路敞车、铁路棚车等 9 辆。

截至 1987 年 12 月，全厂机电设备共有 442 台（套）。

4．固定资产与投资

1974 年年底，二期基建工程基本完工。1975 年后，随着生产、生活的需要，又增建若干生产车间和住宅楼。截至 1975 年年底，基地实际完成建筑设施面积 38662 米^2，其中生产性建筑面积 19634 米^2，非生产性建筑面积 19028 米^2；铁路专用线 9 股，共计 4611.7 米。投资总额 2240.35 万元，其中，建筑安装工程 1339.22 万元，设备工器具购置 901.13 万元。

二、基地变迁及组织机构

（一）历史沿革

从 1965 年西北基地建立到 1987 年间，隶属关系发生 3 次大的变化，企业三易其名。1982 年 12 月 29 日，据水电部（82）水电劳字第 108 号文件，西北基地归属水电部机械制造局，易名为水利电力部宝鸡车辆修造厂。1983 年 3 月 1 日起启用新印章。1986 年年初，该厂划归水电部西北电业管理局领导，1989 年 1 月 1 日，更名为宝鸡电力设备厂，同称宝鸡电力车辆厂。基地隶属关系变迁及厂名变更见表 6-16。

表 6-16 基地隶属关系变迁及厂名变更

时间	隶属上级	厂名全称	企业级别
1965.4~1971.7	水利电力部列车电业局	水利电力部列车电业局西北列车电站基地	公社级（乡镇级）
1971.7~1982.12	水利电力部列车电业局	水利电力部列车电业局西北列车电站基地	县团级
1983.1~1986.4	水利电力部机械制造局	水利电力部宝鸡车辆修造厂	县团级
1986.4~1989.1	水利电力部西北电业管理局	水利电力部宝鸡车辆修造厂	县团级
1989.1.14	水利电力部西北电业管理局	宝鸡电力设备厂（宝鸡电力车辆厂）	县团级

（二）组织机构

1. 领导任职

1965年4月至1968年3月，陈本生任主任，郭广范任副主任。

1968年3月至1969年2月，胡孝须（工人）任革委会主任，宫振祥任革委会副主任。

1969年2月至1970年11月，陈本生任革委会主任，郭广范、周国吉任革委会副主任，曲保富任军宣队长，胡金波任工宣队长。

1970年12月至1973年3月，蒋德明（军代表）任革委会主任，郭广范、周国吉、张子芳任革委会副主任，胡金波任工宣队长。

1973年4月至1978年5月，郭广范任革委会主任，张子芳、周国吉、胡金波、郝森林、籍砚书、魏春风任革委会副主任。

1978年6月至1984年8月，籍砚书任厂长，李兴国、张宗卷、周祖祥任副厂长，谢桂林任总工程师。

1984年9月至1992年6月，李兴国任厂长，张宗卷、周祖祥、侯定国、乔惠希任副厂长，谢桂林任总工程师。

2. 党组织建设

1965年5月13日，经中共宝鸡市委批准，成立中共西北基地党支部，党的组织关系在市委，具体工作由市委工交政治部管理。1966年9月5日，经中共宝鸡市委工交政治部批准，成立中共西北基地党总支部。

1972年1月，经中共宝鸡市委批准，成立中共西北基地第一届党委，各生产连队和党员集中的部门成立党支部。1973年1月13日，西北基地党委成立政治处，具体负责组织、宣传、人民武装、治安保卫等工作。

1980年10月，经中共宝鸡市委经济工作部批准，成立中共西北基地纪律检查委员会。

1984年10月，组织科、宣传科合并，成立党委综合办事机构党委办公室，厂内设11个党支部。

历任党组织（党支部、党总支、党委）书记、副书记：

1965年3月至1966年9月，陈本生任党支部书记，郭广范任党支部副书记；

1966年10月至1971年3月，郭广范任党总支书记，陈本生任党总支副书记（1969年11月调离）；

1971年3月至1972年1月，王崇英（军代表）任党的核心小组组长；

1972年1月至1973年3月，高云甫（军代表）任党委书记，蒋德明、郭广范任党委副书记；

1973 年 3 月至 1977 年 1 月，张子芳任党委书记，郭广范、黄时盛任党委副书记；

1977 年 1 月至 1986 年 5 月，郭广范任党委书记，黄时盛、籍砚书、张庆春任党委副书记；

1986 年 5 月至 1991 年 7 月，李兴国（兼）党委书记，李拉虎、张庆春任党委副书记。

历任纪律检查委员会书记、副书记：

1980 年 10 月至 1983 年，黄时盛任纪委书记；

1983 年后，张庆春任纪委书记，孟庆荣任纪委副书记。

3. 工团组织

工会委员会及领导任职情况如下：

1966 年 7 月，西北基地建立第一届工会委员会。"文革"期间，工会工作受到冲击和干扰，到 1973 年工会组织得以恢复。1980 年后，工会工作逐步走上正轨，基地党委加强了对工会工作的领导。

1982 年 5 月 26 日，西北基地召开第一届职工代表大会第一次会议，与会职工代表听取厂长籍砚书所作行政工作报告。

从 1966 年建立第一届工会委员会到 1986 年，历经六届，历任工会主席有：

赵仁勇、李德、王明喜、杨祖德、李芳新、黄时盛、王克臣。

共青团组织及领导任职情况如下：

1966 年 10 月 7 日，经共青团宝鸡市委批准，成立西北基地团总支部。1972 年 5 月 9 日，经共青团宝鸡市委批准，成立西北基地团委。

从 1966 年建立西北基地团组织到 1986 年，历经五届，历届团总支、团委书记、副书记有：

张洪军、胡金波、孟庆荣、陈德伦、高天德、王强跃等。`

各生产车间设有团支部，在党组织和团总支、团委领导下开展青年思想政治工作。

4. 管理机构

1965 年 4 月 1 日，经水电部列电局批准，西北基地正式对外办公，有干部、工人 27 名，暂设政工、生产、后勤三个职能组，并成立 6000 机组办公室。

1968 年 3 月 8 日，西北基地革委会成立后，保留政工组、生产组、后勤组。

1971 年 7 月 14 日，经水电部列电局革委会批准，西北基地为县团级单位。

1973 年 4 月 17 日，西北基地党委决定将政工、生产、后勤组，改为政治处、办公室、生产技术科、劳动工资科、财务科、供应科、总务科。

1978 年 9 月 10 日，西北基地党委决定，增设计划基建科、质量检验科。

1980 年 10 月，设置保卫科。

1981 年 1 月，西北基地党委决定，将卫生所从总务科划出，为科级建制。

1981 年 2 月，设置技术科，将计划基建科改为生产计划科。

1981 年 9 月 1 日，列电局以（81）列电干字第 401 号文，批准西北基地设置列车电站管理处。

1982 年 2 月 7 日，为适应铁道车辆生产需要，设置机械动力科。

1984 年 9 月，为适应生产发展和加强企业管理需要，对行政机构陆续进行改革，推行厂长负责制后，实行干部"组阁"，同时设置干部科、总工程师办公室。

1984 年 10 月 23 日，设置劳动服务公司。

1984 年 12 月，劳动工资科改为劳资教育科。

1985 年 2 月 28 日，撤销生产计划科，分别设置生产科和计划经营科。

1985 年 4 月 18 日，重新设置列电管理处，负责处理停建 6000 千瓦机组积压设备物资，1986 年基本完成任务后撤销。

1985 年 6 月 11 日，设置司法办公室。

1986 年 3 月 22 日，劳动服务公司、劳动服务队和产品开发公司合并，成立劳动服务公司（科级）。

1986 年 6 月 4 日，质量检验科改为质检计量科，成立能源办公室（由机械动力科兼其职能）。

1986 年 12 月，设置全面质量管理办公室（与总工办合署办公）和审计科。

5. 生产机构

1965 年 4 月 1 日，暂设政工、生产、后勤三个职能组，开始简易生产。

1968 年 3 月 8 日，西北基地革委会成立后，设立 3 个生产连队。职工总数增加到 252 人，实行革委会一元化领导，各连队设连长、政治指导员。

1973 年 4 月 17 日，将 3 个生产连队改设为 3 个车间：

一车间，负责各项生产准备，包括木工、铸造、锻工生产制造；二车间，负责机械加工、生产制造；三车间，负责电站检修、安装工作。

至此，企业生产制造业务步入正轨。

1982 年 2 月 7 日，为适应铁道车辆生产的需要，将原生产车间调整为车体、走行、机械加工 3 个车间。

1986 年 12 月，将原 3 个车间改设为 4 个车间，即准备车间（一车间）、机加车间（二车间）、走行车间（三车间）、总装车间（四车间）。生产机构更适合企业生产转型的需要。

（一）职工构成与变动

1964 年 1 月 14 日，水电部列电局任命陈本生为第 2 工作组组长。第 2 工作组负责西北、西南地区列车电站管理工作，工作组驻西安。

1965 年 4 月 1 日，西北基地正式对外办公，人员以第 2 工作组成员为基础，并陆续调入部分干部职工，开始筹建工作，当时筹备组有人员 27 人。

1966 年 2 月 19 日，列电局从保定、武汉基地和部分电站优选调派 117 名生产工人，为生产做准备。同年 4 月 30 日，列电局再次从保定、武汉基地和部分电站调派 100 名生产工人。同年有职工 275 人。

1970 年 7 月，列电局分配保定电校毕业生 20 名，充实西北基地职工队伍。

1971 年 10 月，为满足生产需要，经陕西省革委会批准，西北基地首次在宝鸡地区招收新工人 101 名。

1976 至 1979 年先后安置一批上山下乡知识青年进厂工作。

1982 年 8 月 24 日，水电部批准撤销 23 站建制，机组交新疆吐鲁番，44 名职工由西北基地安排。

1982 年 12 月 22 日，列电局以劳字 779 号文，撤销 55 站建制，人员全部并入西北基地，并编入基地 1983 年劳动计划。1982 年年底，有职工 783 人。

1986 年 12 月，宝鸡市劳动局同意招工 20 名，经文化考试和技能考核后录用为全民合同制工人。

1986 年年底共有在册职工 806 人。其中男职工 529 人，女职工 277 人；中共党员 171 人，共青团员 132 人；工程技术人员 64 人，其中高级工程师 1 人，工程师 27 人，助理工程师 13 人，技术员 23 人。

（二）职工教育培训

1. 建厂初期焊工培训

1966 年 5 月 23 日，基地成立焊工考试委员会，由基地副主任郭广范、生产组负责人周墨林，以及李兴国等具体负责焊工培训。培训以立足岗位，提高技能为目的，采用以师带徒的岗位培训方式，一直延续到 1986 年前后，为基地培养了一批又一批技术工人，也为企业造就了一批工匠。

2. 开办"七二一"工人大学

1975 年 9 月 13 日，基地"七二一"工人大学开办，10 月 25 日开学，设置机械加工专业，招收学员 28 人，脱产学习两年。"七二一"工大毕业生在列电建设中，发挥积极作用，提升了企业的技术管理水平。

3．委托高等学校代培

从 1979 年到 1986 年，企业先后派出 33 名职工，到陕西广播电视大学金台办学点"电大班"、宝鸡叉车制造公司"电大班"，以及其他"电大班"，学习机械制造工艺与设备、工业企业管理、工业企业物资管理等专业。还有一些职工利用业余时间，自修高等学校的课程并参加学历自学考试，有 6 人参加中国统计干部电视函授学院学习。职工毕业后，大都成了企业的技术、管理骨干。

4．初级工技术培训

从 1981 年 6 月至 1984 年 11 月，举办了初中文化补习班，除学习初中文化课外，还学习《机械制图》《机械工人识图》《钳工基础》和《金属材料》等技术基础课。在结业考试时，有 95% 以上的学员取得合格成绩。

为适应生产转型，宝鸡厂调整成立劳资教育科，配备专职教育师资，系统地开展职工教育工作。生产转型后，一半工人改变工种，达到 3 级工应知应会标准。进行理论和实践考试，有 268 人考试合格。

（三）先进模范人物

西北基地在建设和发展中，涌现出一批又一批先进工作者和劳动模范。

1986 年以前受到部、局级以上表彰的先进个人：

郭广范，1966 年被宝鸡市委命名为"焦裕禄式的好干部"。1973 年 11 月 25 日，《陕西日报》发表题为《永远是一个普通劳动者》的长篇通讯，详细介绍了西北基地党委副书记、革委会副主任郭广范的先进事迹。同年 12 月 31 日，列电局政治部向局属各单位发出通知，号召全系统职工向郭广范学习。

周菊香，二车间二班青年女工，1975 年 4 月 12 日，参加列电局工业学大庆经验交流会，作为先进集体代表和模范个人受到表彰。

赵森，1976 年，被评为宝鸡市工业学大庆先进个人。参加市工业学大庆表彰会。1979 年，被水电部授予全国电力工业先进生产者称号。

段荣昌，1956 年 1 月，被安徽省青年联合会、团省委评为社会主义建设积极分子，享受省部级劳模待遇。

李兴国，宝鸡车辆修造厂厂长兼党委书记，1986 年 12 月，被水电部和中国水利电力工会评为 1986 年国家电力建设重点工程功臣，1987 年，被西北电管局党组授予优秀共产党员荣誉称号。

从 1965 至 1980 年，西北基地共安装 6000 千瓦列车电站 7 台，恢复性大修列车电站 14 台，检修安装发电设备特种车辆 41 辆，制造 1000 千瓦自由活塞燃气轮发电机组 2 台、电站专用调压汽动给水泵 83 台，制造车床、钻床、油压机等设备 61 台，生产各种发电设备备品备件近 7 万件。1966 至 1969 年平均年产值为 97.25 万元，1970 年至 1979 年平均年产值为 150.1 万元，全员劳动生产率平均为 3000 元 / 人。

（一）电站新机安装与分区管理

1. 电站新机安装

1966 年 6 月，基地进入边建设、边生产的阶段。在人员不配套、设备短缺、没有厂房的情况下，职工们在简陋环境中第一次进行 6000 千瓦国产列车电站（52 站）的安装工作。经过职工们夜以继日地工作，历时三个半月，52 站的安装工程于 9 月 29 日告捷。在安装进入高峰时，锅炉管子打坡口、锉管子跟不上焊接需要，领导干部带领管理人员，边学边干，确保安装进度，按时完成安装任务。机组经过 72 小时试运，达到规定的标准（见图 6-6）。1967 年 4 月，该站配齐全套运行人员和管理人员后，开往湖北省襄樊发电。

此后，职工们克服"文革"的干扰，于 1967 年夏季开始安装 54 站。1969 年 10 月，54 站开往贵州水城执行发电任务。

1969 年 12 月，56 站开始安装工程，1970 年 10 月底试运成功，并入电网调试。1971 年 3 月，开赴徐州执行发电任务。

1971 年 6 月，58 站安装工程竣工，启动并网带厂用电调试。1972 年 3 月，开赴山西永济执行发电任务。

1976 年 1 月，59 站开始安装，1977 年 5 月，安装竣工，1978 年 1 月，赴佳木斯执行发电任务。

1973 年 2 月，经国家经委批准，水电部将第二批进口的燃气轮发电机组分配给列电局 1 台（新 3 站）。根据水电部要求，西北基地承担这台 2.3 万千瓦燃气

图 6-6　基地安装的首台列车电站——52 站试运行

轮机组的电站设计安装任务。这台英国产燃气轮机组，于 1977 年 6 月在江苏南京发电。

1973 年 6 月 1 日，为适应电站就地检修需要，经列电局同意，组建西北基地安装工程队，按照列电局下达的生产计划，组织人员赴电站现场开展安装检修工作。1979年 8 月，西北基地组织人员，在江苏无锡就地安装了 62 站。

2. 电站分区管理

1976 年 1 月 1 日，根据（75）列电局劳字第 532 号文，列电局将西北管区 13 个列车电站划归西北基地管理，其中有：

甘肃的 7 站，山东的 51 站、9 站、11 站、28 站、39 站、41 站、49 站，江苏的 3 站、14 站、56 站，云南的 23 站，贵州的 35 站。

1976 年 7 月 31 日，列电局将 21 站划归西北管区。

1978 年 1 月 1 日，列电局将保定管区的 10 站、33 站、44 站、54 站、55 站、58 站，划归西北管区。至此，西北管区电站总数达 20 个。

1981 年 9 月 1 日，经列电局批准，西北基地设置列车电站管理处，具体协调和管辖区内的列车电站。

（二）电站返厂大修与车辆检修

1. 电站返厂大修

从 1966 至 1979 年，基地完成 13 台列车电站的返厂大修工作（见表 6-17）。

表 6-17　　　　　　　　历年电站返厂大修统计

电站序号	返厂大修时间	电站序号	返厂大修时间
14 站	1966.11~1967.3	6 站	1972.10~1973.10
12 站	1967.2~1967.4	17 站	1974.8~1975.5
23 站	1968.7~1969.3	44 站	1976.1~1976.7
24 站	1968.10~1970.11	52 站	1977.4~1978.5
1 站	1970.8~1970.12	40 站	1978.5~1980.5
20 站	1969.10~1971.2	55 站	1979.6~1983.5
43 站	1972.3~1972.11	—	—

1973 年 9 月 19 日，第 19 列车电站在山西临汾地区完成发电任务，西北基地组织人员对该电站进行就地大修。

2. 电站车辆检修

1974 年 9 月，为完成 1975 年重点技术改造计划，西北基地先后安装电动双梁桥式起重机（行车）、轮对轴颈车床和轮对压装机等大型设备，为进行列车电站车辆检修做好准备。

1975年9月，在铁道部株洲车辆工厂的指导下，完成24站、25站发电机组合并设计，从此开始铁道车辆维修。

1976年1月，西北基地承担了59站两台锅炉列车的制造、安装任务。西北基地制造的锅炉车调迁途中未发生任何行车故障。这是西北基地制造的特种铁道车辆首次进入国家铁路主干线长途运行。

1974年正式承担车辆检修后，西北基地共大修和改装各种铁道车辆11列。其中在基地进行车辆检修5台，到发电现场就地检修车辆7台。

（三）电站备品备件与设备生产

西北基地作为列车电站的大后方，建立了齐全的机械加工门类，拥有车床、铣床、铇床、磨床、镗床、插床、滚丝机等大小齐备的加工设备，可进行铸造、锻造、热处理等加工，为列车电站制造生产出各种发电设备的备品备件近7万件，基本满足了列车电站的需要。

1969年下半年，开始研制列车电站专用给水泵。高速运转的水润滑汽动给水泵是列车电站的一种关键设备，由工程师李全设计，王保祥、张成良等加工制作。在试制过程中，为烧结水润滑轴瓦，他们几天几夜守在炉旁，经过多次试验，终于闯过难关，制造出两台样机，经电站试运行，性能良好，投入批量生产。

据统计，汽动给水泵Ⅰ型、Ⅱ型共生产83台，其中Ⅰ型泵生产30余台。汽动给水泵制造，获得水电部技术发明奖，工人们称之为"红心泵"。

（四）转产底开门煤炭漏斗车

1979年，在水电部机械制造局、电力建设总局、电力规划设计院、列电局的支持下，西北基地根据电力建设的需要，决定转产煤炭漏斗车。产品方向确定后，西北基地立即组织精干力量，开始该产品的调研。

1980年3月，水电部在西北基地召开底开门煤炭漏斗车（简称煤车）生产研讨会，西北基地开始进行煤车设计和试制的准备工作。1980年6月20日，电力工业部以急件电机字第20号文批复，下达西北基地试制底开门煤车项目，要求试制底开门煤车代替原K18型车。同年10月试制出两台样车，发往安徽淮南电厂，经试运行性能良好，得到有关单位好评，并取得制造新车50辆、修车50辆的首批订货。底开门煤炭漏斗车的试制成功，使基地迅速转入电力设备生产厂家行列，带动企业的持续发展。

1980年12月，电力部又在淮南电厂召开煤炭漏斗车产品研讨会，修改并完善底开门煤车的全套制造图纸，同时制订该车种的产品标准，自1981年始批量生产。同年完成车辆制造 52 辆，车辆检修 37 辆。1982 年完成车辆制造 42 辆，车辆检修 152 辆。

1982 年，铁道部车辆局对该型车进行全面鉴定，认为符合铁道部（81）铁辆字 950 号部令要求，准许该厂生产制造、检修、改造该型车辆，并在全国 7 个铁路局营业线路内运行。西北基地拿到生产铁路产品的通行证。

1982 年，根据电厂要求，对 K18DG 型煤车的上部传动进一步改进，定型为 K18DG2 型。该车种的主要特点为锁闭可靠，操作方便，寿命长，维修工作量小。该产品被陕西省人民政府授予优质产品称号。

基地除新造底开门煤车外，还承担着多种型号的修、改车任务，其中修改车型号有老型 K18，新型 K18、M11、K18F、K18DG 等。修、改车的年产量为 200 辆左右，产值占总产值的 20%~30%。

（五）新产品开发

由于铁路配件正常供货渠道直接影响主产品产量，为增强经营活力，提高应变能力，自 1981 年开始，西北基地先后进行了几种新产品的研制，实现了从制造检修底开门煤炭漏斗车，到兼顾开发、生产电力装备产品的企业转型目标。

开发研制的新产品中，包括 DCM 型侧开门煤炭漏斗车，DG220-32 型带电作业斗臂工程车，以及 SGBL-14S/60 立式水隔离除灰泵。其中，DCM 型侧开门煤炭漏斗车于 1982 年 9 月通过初步设计方案审查；1983 年 3 月，完成施工设计；1984 年，完成两辆样车车体及传动机构的试制。DG220-32 型带电作业斗臂工程车被陕西省人民政府评为 1987 年优秀新产品。

五、基地记忆

1. 勤俭节约 艰苦创业

1965 年 1 月 20 日，建厂筹备小组"八大员"陆续到达基地现场办公，他们是陈本生、江尧成、吴世菊、张尚荣、陈刚才、曹济香、祝桂萍、许玉香。

筹备组人少事多，他们分工包干，凭着"跑断了腿、磨破了嘴"的精神，一心扑在筹备工作上。筹建人员有的住在农舍，有的住在略加改造的鸡舍、猪圈，一家三代挤在一起，低矮的宿舍既直不起腰，又有一股刺鼻难闻的畜禽粪味。基地建设的先驱者们，按照先生产后生活的原则，将有限的资金用在生产建设上。他们在工作、生活设施上因陋就简，盖了 190 米² 的临建办公室、5000 米² 仓库，1000 米² 的单身宿舍。当时交通不便，居住分散，唯一的一辆三轮汽车主要用来拉运材料，职工上下班和外出办事全靠步行。外出办事时自带干粮，饿时啃口干馍，渴时喝口凉水，风餐露宿，披星戴月。

为节约开支，他们自己动手安装变压器，架设照明线路，自卸火车运来的器材，搬运整理数百吨钢材。材料员徐文光为看管好材料，不怕蚊叮虫咬，坚持住在仓库料场两个月。

1965 年 7 月，一场大雨，渭河水猛涨，淹没了卧龙寺一带的公路，路面水深约 30 厘米。借住在西北木材一级站储木场的列电职工、家属自动组织防洪抢险，职工们到河边护堤抢险，家属们保护宿舍。由于饮用水被污染，不少人病倒了，但仍然带病坚持工作。后来自己动手打了一眼大口井，为卧龙寺一带居民解决了吃水难问题。

铺轨道没有枕木，21 岁的姑娘、"八大员"之一的许玉香，在刺骨严寒季节，千里迢迢跑到东北林场，整整待了 3 个多月。寒冬腊月，每天从招待所到林场往返六七公里，凭着多说好话、扫地倒水，最终感动了林场领导，把道木运回宝鸡。没有防腐处理的枕木不能铺轨，他们自己动手防腐处理 1273 根叉枕，仅此一项就为国家节约资金 5 万元，而且为 1966 年 1 月实现通车、基地早日投产奠定了基础。

2. 永远是一个普通劳动者

在西北基地工作过的老职工在回忆当时情景时说，那时干劲从哪里来的，至今仍说不清楚，只知道工人身上有多少汗，干部身上就有多少汗，工人身上有多少油，干部身上就有多少油。可以说，领导和群众事想在一起，活干在一起，汗水淌在一起。郭广范就是基地领导干部的优秀代表。

郭广范从 1965 年到西北基地，到 1985 年离开工作岗位，20 年如一日，表里如一，呕心沥血，为西北基地的生存和发展做出无私奉献。"喊破嗓子，不如做出样子。当干部的，特别是领导干部，凡是要求别人做的，首先应当自己做到。决不能认为号召是自己的事，干是别人的事，那样是办不好社会主义企业的。"这是郭广范始终坚持践行的工作理念，他既是领导干部，又是一个普通劳动者。

时任西北基地党委书记张子芳说，西北基地有一个好班子、硬队伍，郭广范是我学习的好榜样。他学习向上，艰苦朴素，廉洁奉公，平易近人，关心群众，勤勤恳恳，兢兢业业，为党的事业，从不计较个人得失和恩怨，全心全意作人民的公仆。

1966 年中共宝鸡市委授予郭广范"焦裕禄式的好干部"荣誉称号，列电局号召全局职工向郭广范学习。

3. 群策群力转产煤炭漏斗车

1979 年、1980 年间，改革开放初期，企业广开门路，面向社会，西北列电基地努力实现转型，把生产煤炭漏斗车作为主要选项。参与市场调研和设计的人员八仙过海，各显神通。当年为生产底开门煤炭漏斗车（简称底开门煤车），基地生产技术科外协员吴宝元，被派往东北了解底开门煤车生产情况。他从西安坐上开往东北的列车，在卧铺车厢巧遇齐齐哈尔车辆工厂的技术员，旅途中他讲明出差的目的，取得信任后没花一分钱，就从齐齐哈尔车辆工厂索取到侧开门煤车全套图纸及工艺标准。

西北基地参考齐齐哈尔车辆厂的图纸，将其侧开门改为底开门，很快投入生产，且得到铁道部认可。厂生技科副科长王保祥，从铁道部青岛四方车辆研究所获取新的锁闭机构，应用于制造新车上，性能很好。两辆样车造成后，王保祥和两名青工在淮南电厂跟随两台车辆试运，搜集整理出详细运行记录。在水电部召开的现场评议会上，样车得到用户很好的评价，会议做出可以小批量生产的结论，为后来的产品鉴定会提供重要的依据。他们为企业转产煤炭漏斗车作出贡献。

4. 创建宝鸡市重点名校

西北列电基地职工子弟学校，成立于 1966 年 9 月 1 日，首次招收小学一、二、三、四年级各一个班，共有学生 71 人，教师 4 人。学校当时没有校舍，以工棚为教室，垒砖头、木板为桌椅，因陋就简，正式开课。

1970 年增设初中、高中班，学生人数增加到 200 余人，教师增加到 20 余人。到 1986 年年底，学校发展为小学部，一至六年级共 6 个班，初中部 3 个年级 3 个班，职业高中一个班。共有学生 340 人，教职员工 44 人。学校普通教育采取"六三"分段制，小学毕业，升入该校初中。初中毕业，升入地方普通高中、中专、中技。

学校布局较为合理，通风、采光、取暖良好；设有 12 个教室，并有音乐室、少先队活动室、会议室，还有物理实验室、化学实验室、图书馆（含阅览室）、生物室、办公室等 14 间。教学楼前有一个面积为 3200 米^2 的操场。

学校曾被电力部授予"全国电力系统先进子弟学校""宝鸡市特色教育项目学校"。2006 年年底，学校整体移交宝鸡市金台区教育局管理，更名为宝鸡市列电中学。

发展到 2016 年，该校已成为一所区属义务教育初级中学。现有两个校区，原校址为老校区。学校现有学生 2398 人，教职工 160 人。学生中考成绩和考入重点高中人数连续 10 年名列全区第一，成为闻名宝鸡市的一所重点名校。

5. 对"文革"事件的拨乱反正

1967 年 3 月 20 日，基地生活区两名工人因派性发生争吵，从而掀起一场事端。近 10 人被打，4 名领导被关进平房小屋，十几人被广播点名，一部分职工群众开始躲藏、外出。同年 9 月 23 日，基地又相继出现"打、砸、抢"的严重事件。部分职工群众回厂后，不少人挨打，私设公堂、刑讯逼供、随便抓人打人的非法行为一直延续到 1968 年 3 月革委会成立。遭受批斗，挨打的职工群众达 83 人，约占当时职工总数的 25%，多为党、团员和老工人。

1979 年 4 月 7 日，基地党委召开扩大会议，党委书记郭广范在会上作"分清路线是非，总结经验教训"的总结报告。会议决定，对基地在"文革"中，强加给干部和群众的不实之词予以否定，恢复名誉，对形成的材料全部销毁。

6. 安全生产事故

1979 年 6 月 29 日下午，三车间主任宫振祥，在安装 62 站 1 号炉右侧水冷壁管时，从 2.97 米高处坠落地面，由于脑内严重出血，经医院抢救无效，于当日 19 时 55 分去世。

1981 年 11 月 19 日 17 时 40 分，工人尤东恒在生活区维修电杆时，身体翻转时，因重心未掌握好，连梯带人一起倒下，经医治无效，于 11 月 26 日 5 时 15 分去世。

1982 年 11 月 19 日下午，三车间起重班在卸钢板时，违章作业，造成蒸汽吊车翻车事故，此次事故造成一定经济损失。

以上 3 起事故主要原因是相关负责人安全思想麻痹，粗心大意，安全防范意识不强，安全监督不到位所致。

六、基地归宿及发展

1982 年 12 月 29 日，根据水电部（82）水电劳字第 108 号文件，西北基地易名为"水利电力部宝鸡车辆修造厂"，并于 1983 年 3 月 1 日起启用新印章，原水利电力部列车电业局西北列车电站基地印章同时作废。

1983 年 2 月 11 日，列电局以（83）列电局劳字第 18 号文，请水电部从 1983 年 1 月 1 日起，将西北基地全部职工 783 人（另有计划外用工 52 人），工资总额 59.49 万元，划拨水电部机械制造局。从此，结束了西北基地的历程。

随着基地归属的改变，以及煤炭漏斗车的试制成功，企业自此迈向新的征程。1982 年实现扭亏增盈，结束连年亏损的被动局面，企业出现新的生机。1984 年，实现利润 86 万元，比 1983 年增长 51.7%。1985 年 1 月，经水电部检查验收，企业全面整顿合格。

1989 年，该厂工业总产值达到 2212 万元，实现利润 279 万元，比 1984 年增长 1.5 倍。1981 至 1990 年的 10 年间，产品质量稳定，深受用户欢迎，累计完成工业总产值 1.1 亿元，全员劳动生产率平均为 5000 元 / 人。

1986 年，被西北电管局评为经营管理先进单位；同年，被中共宝鸡市委、市政府授予市级文明工厂称号，陕西省经委向该厂颁发了全面质量管理合格企业证书。1988 年，被陕西省人民政府授予省级先进企业称号。

第四节

华东列车电站基地

华东列车电站基地，坐落在江苏省镇江市七里甸，南临镇宁公路，北接沪宁铁路，毗邻镇扬渡口，水陆交通十分便利。华东基地全景见图6-7。

华东基地为适应列电事业发展的需要，始建于1976年年初。占地面积346.35亩，1977年开始管理列车电站。1980年，由于国民经济调整，一些基建项目削减，华东基地转入边基建、边生产的完善时期。截至1980年年底，累计完成基建投资755.37万元。1982年开始生产电力设备产品。

1983年年底，水电部决定，将华东基地划归水电部机械制造局领导。从此，华东基地正式转变为独立核算、自负盈亏的电力设备修造企业。华东基地经过艰苦创业、转型，得到持续发展。2011年年底，归属中国能源建设集团有限公司。

一、基地建立与建设

（一）基地建立

1975年年初，国务院批准国家计委（75）计字208号文，文中关于列车电站十年规划意见的报告指出，列车电站是战备不可缺少的机动电源，应有较大的发展，到1985年列车电站拟达到装机容量100万千瓦。

1975年7月3日，水电部以（75）水电计字161号文，转发国家计委的报告，要求列电局按照国家计委报告的要求，编制列车电站发展十年规划，并提出相应的列车电

图6-7　华东列车电站基地全景

站基地建设方案。据此，列电局决定，在原华北保定、华中武汉、西北宝鸡三个列车电站基地的基础上，再新建华东列车电站基地，以适应列车发电事业的需要。

1975 年 8 月，列电局选派以副局长贾格林为组长，刘晓森、邓嘉、周良彦、李学忠、张成良、贾富钢等组成的华东基地选址小组，先后赴江苏南京、镇江，安徽合肥、芜湖，浙江宁波等地选址。经过实地考察比较后，同年 12 月，上报南京栖霞、板桥，镇江三里冈、丹徒丁卯桥 4 个方案，并倾向于镇江三里冈。

1976 年 1 月 17 日，水电部以（76）水电计字第 14 号文，批准建设华东基地。建设规模按能承担以下任务考虑：年组装、大修电站各 2 台；年生产制造电站备品备件及非标准设备 80 吨；结合战备需要，应有 2~3 台电站的存储设施，有船舶电站停靠、维修点的扩建余地。总投资控制在 900 万元以内，职工总数按 500 人的规模控制。同年 1 月 26 日，列电局以（76）列电局办字 030 号文，决定成立水利电力部列车电业局华东列车电站基地。

经水电部批准，厂址定为江苏镇江市西门三里冈。同年 2 月，来自全国列电系统的筹建人员，陆续抵达镇江，开始施工前的准备工作。筹建人员对华东基地预选地址进行实地调查，发现以镇江三里冈为基地预选厂址的方案中，上海铁路局南京分局改变了选址时确定的基地铁路专用线接轨方案，铁路专用线需建一座铁路立交桥，还需建设一条千余米的厂外公路，投资较大。为此，筹建处仔细研究，反复比较，认为预选地址改为七里甸，修建铁路专用线比较经济，可节省投资约 120 万元。为节省基建投资，筹建处与列电局、镇江市、上海铁路局南京分局商定，铁路专用线从六摆渡车站接轨。

1976 年 4 月 13 日，经水电部批准，华东基地正式厂址改为镇江市西南郊七里甸。北临长江，东与南徐大道衔接，南连沪宁高速公路和 312 国道。6.5 公里铁路专用线与沪宁线相连，水陆交通十分便利，符合组装列车电站和停靠船舶电站等建设要求。

（二）基地建设

1. 基础设施

华东基地于 1976 年 12 月初开始征地，至当月底共征地 3 次，计征地 21.1371 万米^2，其中生产区 16.5431 万米^2，生活区和厂外道路等 4.5939 万米^2。华东基地轮廓基本定型。

1977 年年底至 1978 年 7 月，根据基建用地需要，又陆续征地 4 次，累计 7 次征地 23.0944 万米^2。其中生产区 17.5118 万米^2，生活区 4.1292 万米^2，铁路专用线、道路等 1.4533 万米^2，全部征地费用 175.58 万元。基地铁路专用线，生产区以外部分占地 2.6733 万米^2，其中的 2.0199 万米^2 是南京铁路分局已征用土地。经华东基地与南京铁路分局商议，这部分土地采取出租方式供华东基地使用。基础设施占地情况见表6-18。

表6-18 华东基地建筑基础设施占地一览 单位：米²

征地次数	批准文号与日期	厂区	生活区	筹建点	小学校	厂外道路	生活区外道路	铁路	水泵房	累计
1	市革计征76字第105号（1976.12.6）			3987	1120	553	807			6467
2	市革计征76字第118号（1976.12.20）			4907						4907
3	市革计征76字第120号（1976.12.21）	165432	27333		3040	1000	3193			199998
4	市革计征77字第182号（1977.12.27）								333	333
5	市革计征78字第30号（1978.4.19）							6600		6600
6	市革计征78字第42号（1978.6.7）	3313	373			2300				5986
7	市革计征78字第55号（1978.7.8）	6373			200	80				6653
总计		175118	27706	8894	4360	3933	4000	6600	333	230944

完成征地之后，1976年12月22日，开始实施"三通一平"工程。1977年3月上旬，生活区正式送电、送水，1977年6月底实现通车。至此，基地建设达到通电、通水、通路，以及场地平整的要求。

基地铁路专用线及沿线涵洞的勘测设计，委托上海铁路局勘测设计所承担，施工由上海铁路局基建指挥部机械化工程队、南京铁路分局第二工程处和水电部第五水电工程局共同承担。铁路专用线工程1977年10月初开工，1979年11月竣工。

铁路专用线总投资 203.32 万元，总长 6013.6 米。其中生产区内 3496.79 米，生产区外 2141.77 米，其他 375.04 米。生产区内专用线分为 11 股道，其中 2 股进入车间，1 股进入仓库，3 股预留，5 股为进出车线和停放线。生产区外专用线在六摆渡车站与沪宁线连接。铁路专用线建成后，货物在生产区内运输便利，为基地物资储运业务提供了条件。

华东基地生产区、生活区主要房屋、构筑物的设计，由镇江市建筑规划设计室承担，土建施工主要由镇江市建筑二处四队承包。

从 1977 年 7 月子弟小学工程破土动工到 1986 年 9 月综合办公楼开工建设，累计建筑面积，生产区 1.87 万米^2（见表 6-19）；生活区约 2.1 万米^2。

表 6-19 华东基地生产区主要建筑一览

序号	建筑名称	层数	竣工日期	建筑面积（米^2）	施工单位	建筑造价（万元）	建筑结构
1	建筑材料库	单	1978.3	1848.10	镇江市二建	9.63	砖混
2	综合器材库	单	1978.2	975.40	镇江市二建	6.40	砖混
3	热处理房	单	1978.2	459.14	镇江市二建	6.43	砖混
4	安装车间	单	1979.12	4944.90	镇江市二建	48.92	砖混排架
5	金加工车间	单	1979.12	2575.73	镇江市二建	25.57	砖混排架
6	锻工车间	单	1979.12	534.02	镇江市二建	7.20	砖混
7	木工房	单	1981 年	1082.65	镇江市二建	10.98	砖混
8	大车库	2	1986	509.38	镇江市二建	8.20	框架
9	养殖房	单	1986	809.98	自营	8.10	砖混
10	包装房	单	1987	370.28	镇江市二建	7.20	砖混
11	镀锌房	单	1987	528.40	自营	13.80	钢砖简顶
12	综合办公楼	5	1988.8	4100.60	镇江市二建	148.00	砖混

生活区设施建设，1977 年，建成筹建点宿舍；1978 年建成子弟小学（分南北两座楼）；1980 年，建成 4 层的集体宿舍楼；1982 年，建成俱乐部；1983 年、1984 年，建成职工浴室和食堂。以上设施建筑总面积 4795 米^2。

1978 年至 1986 年，先后建成 13 栋 3~5 层的职工住宅楼，建筑面积 16138 米^2。至 1992 年，总共建设 17 栋住宅楼，总面积约 2.3 万米^2。

2. 生产设备

华东基地的生产设备，是随着生产的发展而逐步配备起来的。配备方式有国家调拨、基地调配，以及企业购置和企业自制等。

华东基地筹建期间，由于主要进行"三通一平"和土建施工等，对生产设备的需求不甚迫切。此时的设备以国家调拨的少量交通工具和其他基地无偿支援的一部分旧机床设备为主。

图6-8　建设初期的华东基地

1979年年底，华东基地初具规模（见图6-8）。1980年起，国家对国民经济进行调整，压缩基本建设，华东基地一些较大的基建项目被压缩，列电局要求尽快实行从基建向生产的转变。然而，由于当时生产设备严重不足，仅有的设备也不配套，列电局对华东基地的生产经营方向也没有明确，生产任务未下达，因而未能及时实现向生产的转变。

1982年，华东基地开始生产小孔消声器。为适应生产需要，迅速将3台行车安装投产，并陆续添置一批机床设备，主要有C650车床、1.6米立式车床、1×3米龙门刨床、3050摇臂钻床等。同时，还自制一台卷板机，自制了消声筒专用钻孔机床，购置了自动切割机、氩弧焊机、套丝机等一批专用设备，为满足消声器的试制、生产，完善生产手段，提高生产能力创造了条件。

1985年，华东基地开始生产电缆桥架，原有设备不能满足新产品试制和生产的需要。为此，又陆续添置一批生产设备，如500吨油压机、折弯机、刨边机、弯管机、剪板机、冲床等。同时还利用500吨油压机解决了压制小孔消声器封头的问题。

1987年，为发展钢材等物资的储运业务，华东基地投资40余万元，委托无锡铁塔厂制造安装一座15吨龙门轨道吊车。龙门轨道吊车的安装投产，对改善储运库装卸条件，提高储运能力，发挥了重要作用。

3. 固定资产与投资

自1976年至1988年，上级部门对华东基地基建投资拨款累计1455.5万元。其中，上级预算限额拨款1204.5万元，完成投资额1102.5万元；结余资金102万元，经列电局同意，将其转为生产流动资金。上级拨款改贷款投资22万元，已全部完成。企业自筹资金140万元，进行续建。1979~1988年固定资产情况见表6-20。

表 6-20　　　　　　　　1979~1988 年固定资产情况　　　　　　　单位：万元

年份	年末原值	累计折旧额	年末净值	备注
1979	96.7	25	71.7	
1980	318	40	278	
1981	324	41	283	
1982	878	34	844	
1983	946	55	891	
1984	1000	81	919	
1985	1195	105	1015	
1986	1312	144	1168	
1987	1388	185	1203	
1988	4710	2470	2240	含列车电站

二、基地组织机构

1. 行政机构及负责人

1976 年 1 月至 1977 年 1 月，刘晓森任华东基地筹建处负责人。筹建处成员尹喜明、邓嘉、谢德亮、毕万宗。

1977 年 1 月至 1983 年 12 月，邓嘉任华东基地主任，谢德亮、毕万宗、屈安志任副主任。

2. 党组织建设

1977 年 1 月，经中共水电部列电局党组和中共镇江市委批准，成立中共华东基地党的核心小组，全面负责筹建工作。由刘晓森任组长，尹喜明任副组长。当月，因工作原因，刘晓森回武汉基地任职。1978 年 8 月，经中共列电局党组同意，核心小组由邓嘉、尹喜明负责，谢德亮、毕万宗任成员。

1977 年 7 月，中共华东基地核心小组以华东政字 06 号文，批准建立生产、后勤、推土机队 3 个临时党支部。

1979 年 5 月，建立维修党支部，撤销推土机队临时党支部。

1980 年 3 月，建立党群、后勤、生技党支部，撤销生产、后勤临时党支部。

1980 年 3 月 11 日，中共镇江市委以（80）镇委字 6 号文，批准撤销核心小组，建立中共华东列电基地委员会。由邓嘉、尹喜明任党委副书记，谢德亮、屈安志、毕万宗任委员。

1981 年 9 月，建立一车间党支部、二车间党支部和电表车间临时党支部。撤销维修党支部。

1982 年 6 月，撤销电表车间临时党支部，建立第 7、第 53 列车电站党支部。

1983 年，撤销第 7 列车电站党支部。

3. 工团组织

工会委员会及领导任职情况如下：

1977 年 9 月，成立华东基地工会筹备小组，由 3 人组成，袁宜根为副组长。

1980 年 8 月，召开第一次工会会员代表大会，选举产生华东基地首届工会委员会。由 10 人组成，尹喜明任主席，方一民、陈耀祥任副主席。下设两个分工会，共有工会小组 13 个，会员 198 人。专职工会干部 3 人。

共青团支部委员会及领导任职情况如下：

1977 年 7 月，成立华东基地共青团支部委员会，孔繁寅任团支部副书记。1979 年，石峰任团支部书记，孔繁寅任团支部副书记。1981 年，王勇任团支部书记。1982 年，范恩杰代理团支部书记。1983 年，陶志新代理团支部书记。

4. 管理机构

1976 年 1 月，华东基地筹建开始，机构为"三组一室"，即政工组、生产组、后勤组、办公室。

1979 年，撤销生产组、后勤组，设立劳资科、财务科、行政科、生技科。

1980 年 7 月，撤销政工组，成立组织科、宣传科、保卫科。

1981 年 7 月，设立中心试验室、电站管理处。

1982 年 2 月，设立计划科、宣传教育科。

1983 年，设立教育科。

5. 生产机构

1977 年 4 月，为配合基建工作，成立综合维修班。

1979 年，综合维修班扩大为维修车间。

1981 年 1 月，建立电表厂（车间级）。

1982 年 10 月，撤销维修车间和电表厂，成立一车间和二车间。

三、职工队伍建设

随着生产的发展，华东基地职工队伍不断扩大。企业在不断吸收新职工的同时，特别注重抓好职工教育，以提高职工队伍素质，调动职工劳动积极性。职工教育、培训为企业的发展、稳定提供了保证。

1. 职工来源

1976 年，华东基地筹建初期，只有职工 40 多人。1977 年，正式办理接转组织关系和劳动关系的职工有 46 人，其中列电系统的 37 人，水电工程五局的 9 人。同年，招收 20 名学员。年末职工人数 68 人。

1978 年，又陆续调入部分列车电站职工。

1979 年，华东基地建设初具规模，在册职工达 200 人左右。1979 年和 1980 年，除继续从系统内调入职工外，还分别进行两次招工，共计招工 22 人。

1981 年到 1982 年，接收保定电力技工学校毕业生 10 人。

2. 职工结构

截至 1983 年年末，职工人数 321 人。其中工程技术人员 35 人，占总数的 10.9%；管理人员 59 人，占总数的 18.38%；工人及学员 196 人，占总数的 61.06%；服务及其他人员 31 人，占总数的 9.65%。1977~1983 年年末职工人数及构成见表 6-21。

表 6-21　　　　　　　　1977~1983 年年末职工人数及构成　　　　单位：人

年份	合计	工程技术人员	管理人员	工人	学员	服务人员	其他人员
1977	118	18	8	61	20	11	0
1978	177	23	33	81	16	21	3
1979	228	28	49	114	11	23	3
1980	258	32	48	131	20	23	4
1981	280	32	49	147	26	25	1
1982	320	36	59	175	13	30	7
1983	321	35	59	192	4	24	7

1976 年，基地筹建处干部由水电部列电局组织部门统一管理和调配。1977 年，干部总数 29 人。其中，核心小组成员 5 名，中层干部 6 人，专业技术干部 21 人。他们绝大多数是从各电站及其他三个基地抽调来的。

1980 年，基地生产、生活区的基本建设相继完成。职工有所增加，干部总数 85 人。其中，厂级干部 5 人，中层干部 22 人，专业技术干部 43 人。干部来源，除列电系统外，还开始接收大学普通班毕业生（工农兵学员）。此时，厂级干部仍由列电局任免，基地中层干部改由企业任免。

1983 年，列电局建制撤销。1983 年年底，归属水电部机械制造局管理。当年干部总数 99 人，中层干部 28 人，专业技术干部 41 人。干部增加的原因，是因列车电站调整下放、建制撤销，调回部分电站领导干部。1977 至 1983 年干部总数及分类情况见表 6-22，1980 至 1983 年专业职称人员分类情况见表 6-23。

表 6-22　　　　　　1977~1983 年干部总数及分类情况　　　　　单位：人

年份	合计	厂级	科级	专业技术	工程类	经济类	会计类	卫生类	其他类
1977	29	5	6	21	20	0		1	
1978	62	5	12	27	24	0		3	
1979	83	4	21	33	29	0		4	
1980	85	5	22	43	33	0	6	4	
1981	86	5	23	47	37	0	6	4	
1982	93	5	27	48	37	0	7	4	
1983	99	5	28	58	42	0	9	5	2

表 6-23　　　　　　1980~1983 年专业职称人员分类情况　　　　　单位：人

年度	工程系列			会计系列		卫生系列	
	高级	中级	初级	中级	初级	中级	初级
1980		10	23		6		
1981		23	13		1		4
1982		30	5		3		4
1983		31	9		3		5

3. 职工教育

1978 年，由工会负责对青年职工进行初中文化补习和各类专业技术培训。

1982 年 2 月，根据列电局的要求，建立职工教育领导小组，设立宣传教育科。教育经费按工资总额的 1% 提取。

1983 年，设立教育科。1987 年实行基地主任（厂长）负责制，撤销职工教育领导小组，成立职工教育委员会。职工教育委员会每年年初召开会议，确定企业年度和中长期教育培训计划，有组织、有步骤地对干部、职工进行文化、技术、业务、管理等知识的培训。

4. 电站职工安置

1982 年 11 月，根据水电部（82）水电劳字第 85 号文件，各电站、基地和所辖电站归所在地方领导和管理。同年年底，新 3 站、62 站的设备和人员成建制移交给南京市和无锡市。15、46站设备无偿调拨给林业部阿尔山林业局。27站归武汉列电基地管理。全管区调整人员427人，其中调往外系统和外管区201人，调入华东管区98人，管区电站互调88人，调入华东基地40人。

1983年，华东基地加强与地方政府的联系和协商，调拨电站设备8台，即11、28、39、14、60、7、42、52站，分别移交给山东电力局、内蒙古乌达矿务局、内蒙古大雁矿务局、海南石碌铁矿和新疆电力局。调出和安置电站职工400余人。

5. 工业产值与劳动生产率

华东基地1977至1979年，属建设期间，没有形成产值。实行全员合同化管理后，工业总产值逐年增长，从1980年的36.8万元，到1986年的407.86万元，增长10倍多，全员劳动生产率提高4.7倍，见表6-24。

表6-24　　　　　1980~1986年工业总产值与全员劳动生产率

年份	工业总产值（万元）	全部职工平均人数	全员劳动生产率（元／人）
1980	36.8	258	1426
1981	52.47	267	1965
1982	148.24	293	5059
1983	184.74	321	5755
1984	210.70	321	6564
1985	340.84	454	7551
1986	407.86	501	8141

四、基地生产与服务

华东基地建设宗旨，是建立华东地区电站管理系统，承担管区电站检修、备品备件生产及部分新机的安装工作。20世纪80年代初，国民经济实行调整方针，列电系统逐渐解体，电站下放。华东基地为形势所迫，在生产能力十分薄弱的情况下，实现了由基建到生产、由为电站服务到为全国电力系统服务乃至为社会服务的转变。

1. 电站大修与备品备件

华东基地在1979年开始管理列车电站，但当时对列车电站管理仅局限在设备和人员管理层面上。1983年前，在列车电站设备的大修和备品备件方面，没有形成生产能力，直到1984年后才逐渐形成列车电站设备大修的能力。

1986 年 4 月，华东基地将 17 站设备从内蒙古海拉尔收回，经大修后租给江苏昆山巴城发电；1987 年 9 月，将 42 站设备从内蒙古大雁矿务局收回，经大修后租给河北辛集发电。

2. 电站的经营管理

华东基地管理列车电站始于 1979 年，共有 9 台电站，即新 3、14、56、53、42、38、54、52、62 站。9 台机组当年完成发电量 3.14 亿千瓦·时，上缴租金 385.41 万元。

1980 年，60 站也归属华东基地管理，10 台机组全年完成发电量 2.39 亿千瓦·时，上缴租金 620.39 万元。

1981 年，又增加 7、15、27 和 46 站。由于燃煤供应紧张、部分地区电力供需矛盾相对缓和，加之列车电站煤耗偏高，除 27、56 站在发电外，其余 12 台电站均处于停用状态。其中 7、14、15 等电站合同期满已经退租。全年完成发电量 6324.1 万千瓦·时，上缴租金 271.66 万元。

1982 年，又增加了 11、28 和 39 站。由于列车电站下放或设备无偿调拨，全年发电量只完成 1444 万千瓦·时，上缴租金 91.49 万元。

1983 年，上缴租金 44.7 万元。

截至 1982 年 5 月，华东基地共管理列车电站 17 台，列车电站固定资产原值 10337.5 万元，电站总人员 1358 人。

3. 电站后期管理

1983 年 12 月，水电部以（83）水电劳字第 155 号文决定，将华东基地归属水电部机械制造局领导。所属列车电站，由水电部机械制造局归口调迁、管理、下放。列车电站跨区调动，由水电部调度通信局协助办理。

水电部机械制造局、调度通信局加强列车电站管理和跨区调动管理，在电站调迁、煤炭供应、人员调动等具体事项的处理和协调，以及后续发展方面，做了大量工作。1985 年，为加强对列车电站的管理，华东基地主任兼任列车电站管理处主任，充实后的列车电站管理处仍然作为专职管理机构，负责列车电站的租赁、调迁、煤炭供应、技术管理等。

1990 年，由于煤价上涨和运输紧张，列车电站的经济效益普遍下降，拖欠租金、要求降低租金的情况经常发生，列车电站经营开始步入困难或萎缩时期。面对列车电站经营中出现的矛盾和问题，华东基地会同列车电站和有关单位研究对策，采取措施，着重加强煤炭催运工作，提高煤炭到货率，支持列车电站进行技术改造，走热电联产的道路。

1991 年，由于列车电站经营状况不佳，经济效益下降，不少列车电站纷纷要求降低租金标准。经基地研究，同意降低列车电站租金。但受宏观经济环境的影响，加之列车电站设备日趋老化，进入报废期，列车电站经营逐渐萎缩的趋势没有根本扭转。

4. 产品生产

经过 1980 年至 1982 年两年多时间的摸索和尝试，华东基地生产初具规模，并于 1982 年首次实现扭亏为盈，逐步形成以小孔消声器产品为龙头，以大中型金属结构件为骨干，以小型热电设备安装为调节补充的生产经营结构。1985 年和 1987 年，电缆桥架和电子产品相继投产，生产规模不断扩大，产品结构初步得到调整。

进入 90 年代，高真空吸引装置、离相封闭母线等新产品陆续开发投产，小孔消声器、电缆桥架、电子产品等原有产品不断改进完善并形成系列，小型热电设备安装业务成倍增长，生产经营规模进一步扩大，产品结构渐趋合理，生产迅速发展。华东基地生产经营进入以产品生产为主，第三产业为辅，持续、快速、全面发展的新时期。

5. 多种经营

发展多种经营是改善企业经营结构，合理安排劳动力，提高企业经济效益的一项方针性措施。1980 年以来，华东基地先后开展小型热电设备安装（见表 6-25）、列车电站租赁、物资储运等多种经营业务，取得显著的经济效益，为华东基地从基建转向产品生产积累了资金，锻炼了队伍。1990 年成立劳动服务公司，特别是 1993 年成立实业总公司后，多种经营取得较大发展，对促进企业的改革和发展，改善职工的生活，发挥了重要作用。

表 6-25　　　1980~1990 年华东基地热电设备安装（检修）工程项目

序号	工程名称	锅炉（蒸吨）	汽轮发电机组（千瓦）	开工日期	竣工日期	工程造价（万元）
1	淮阴糖厂自备电厂	10	7500	1980.6	1982.2	5.0
2	武汉地质学院	2（3台）	（注1）	1981.12	1982.6	30.1
3	徐州中国矿业学院	10（汽改水）	（注2）	1982.7	1982.12	80.5
4	镇江 6904 油库变电站		（注3）	1982.10	1982.12	6.9
5	苏州炭黑厂	10	1500	1983.6	1983.11	17.0
6	苏州助剂厂	10	（注4）	1983.11	1984.10	5.39
7	苏州葡萄糖厂		1500	1985.8	1985.11	8.55
8	昆山巴城电厂	8.5（2台）	2500	1987.8	1987.12	55.0
9	兴化戴南热电厂一期	20	3000	1987.12	1988.4	70.0
10	余杭炭黑厂自备电厂	10	1500	1987.5	1988.7	69.8

序号	工程名称	锅炉（蒸吨）	汽轮发电机组（千瓦）	开工日期	竣工日期	工程造价（万元）
11	河北辛集42站	8.5（4台）	6000	1988.1	1988.7	213.0
12	江阴三房巷电厂二期	35	6000	1989.5	1989.12	65.0
13	徐州印染厂自备电厂	20	1500	1989.11	1990.4	59.0
14	余姚化纤厂自备电厂	20	（注5）	1990.9	1990.11	10.0

注1：9台热交换器、1800米管道；注2：一座变电站的安装；注3：35千伏变电站的设计安装；注4：浴室管道安装；注5：中压炉改流化床炉。

五、基地记忆

1. 专利产品小孔消声器

小孔消声器是华东基地的主要产品之一，有排汽小孔消声器和安全阀小孔消声器两种。1981年年底，经基地申请，电力部机械制造局正式批文，同意将华东电力设计院的小孔消声器研究成果转交基地，由华东基地负责进一步研究和生产制造。

1982年，华东基地开始设计和试制。同年9月，试制出第一台单级降压控流小孔消声器，安装在江西景德镇电厂，由华东基地和华东电力设计院等单位共同进行全面的技术测试。测试结果完全符合设计要求。从此，开始正式批量生产一级降压控流排汽小孔消声器。1985年，基地成立消声器研究所，全面负责消声器的设计和改进工作，对各个设计环节和生产图纸进行技术整顿。同年，参照压力容器质量保证体系的要求，建立消声器生产质量保证体系（通称八条线管理网络），编制质量保证手册和通用工艺手册。同时加强技术培训，严格质量管理，对提高和保证产品质量，促进消声器生产健康发展，奠定坚实的基础。

1986年，华东基地与华东电力设计院共同研制的排汽小孔消声器和由基地自行研制的安全阀小孔消声器双获国家专利。1987年，华东基地已能生产低压、中压、高压、超高压、亚临界、超临界系列排汽和安全阀小孔消声器。产品不断改进完善，排汽小孔消声器已由Ⅰ型发展到Ⅱ型，并畅销国内主要电厂，部分消声器随机组配套出口国外，赢得良好的声誉。1989年，排汽小孔消声器获江苏省优质产品证书。1982年至1995年年底，共生产小孔消声器3021台，累计产值5747.05万元，占全厂同期产品产值的37.62%。

2. 广开门路 创收增效

1980年，为解决资金困难，广开门路，华东基地开始经营小型热电设备安装业务。同年6月，首次承接淮阴糖厂750千瓦小型成套发电机组安装任务，拉开了小型热电设备安装工作的序幕。虽然管理体制几经变化，但安装业务从小到大，安装收入逐年增加，获得较大发展。安装队伍从临时组建到专业化人员相对稳定，人数由最初的几十个人发展到百余人，安装的机组容量从 750 千瓦发展到 6000 千瓦和 1.5 万千瓦，安装的锅炉容量由 10 吨 / 小时发展到 65 吨 / 小时，安装效率不断提高，收入成倍增长，从 1980 年的 5 万元，发展到 1995 年的 759 万元。到 1995 年年末，16 年累计完成安装检修项目 33 个，创造安装劳务性收入（部分工程项目含主材）3099.5 万元，取得良好的经济效益和社会效益。

3. 职工住房与福利

1976 年，华东基地租用镇江中学几间大教室，搭建一些简易活动房，作为筹建点和住房，规定一律不准带家属。

1977 年，进入征地阶段。经与七里大队协商，七里大队同意有偿转让其大队部平房 3 幢，面积 800 米²。略加改造后，作为新筹建点和职工住宅。最早有 8 户住房，习惯称"老八户"。

1978 年，第 1、2 号职工住宅楼交付使用。每幢 3 层，属砖混式结构。建筑面积分别为 1156.70 米² 和 838.70 米²。两幢楼共有住房 42 套，每套 2 室 1 厅，成为华东基地建造的第一批标准住宅楼。1979 年至 1992 年，又先后建设 15 栋住宅楼，共有职工住宅楼 17 幢，总面积约 2.3 万米²。

华东基地在建设初期就重视职工的生活设施和福利待遇。1980 年建成 1600 米² 的单身宿舍，1982 年建成 1278 米² 的俱乐部，1983 年建成 342 米² 的浴室。1984 年建成 226 米² 的食堂，经改造扩建，招待所的面积达到 380 米²。1985 年建成 1000 米² 的综合养殖场，每年为职工提供 25~30 公斤鸡蛋。还建有液化气站、职工小商店、小公园。绿化覆盖率达 32.38%，被称为"春有绿、夏有荫、秋有果、冬有青"的花园式工厂。

4. 列电企协

至 1986 年，原列电局所辖 4 个列电基地，只有华东基地未改名称，并在新的体制下经营着 17 台列车电站。列车电站无偿调拨地方后，处于"各自为战"的封闭状态。各列车电站设备的备品备件、专用材料普遍短缺，还缺乏专业技术管理能力。因此，不少列车电站设备健康状况迅速下降，出力降低，有的濒临报废。亟待成立一个横向协作机构，以便把下放的电站组织起来，更好地发挥其设备的作用。

1986 年 10 月，利用各列车电站企业在无锡召开电站材料工作会议的机会，华东基地牵头成立了列车电站企业管理协会（简称列电企协）。1987 年 1 月 21 日，中国水利电力企业管理协会以（87）水电企字第 9 号文，接受该协会为中国水利电力企业管理协会团体会员。同年 4 月 7 日，列电企协在江苏昆山召开成立大会暨 1987 年年会，当时有团体会员 7 个。1990 年 4 月，列电企协成立北方分会，挂靠在北京市的第 8 列车电站，所属团体会员 12 个。

截至 1994 年，列电企协产生三届理事会，召开过多次年会及专题性工作研讨会，逐步建立健全领导机构、协会章程和列车电站之间技术支援办法等。华东基地原主任邓嘉、杨锦昌，原党委书记毕万宗，先后担任一、二、三届理事会领导职务。列电局原领导季诚龙、李岩为名誉会长；中国电机工程学会副秘书长周良彦、水电部调度通信局原副局长王瑞清等人为顾问。1994 年 6 月，在江苏无锡洛社召开年会，增聘水电部机械局原副局长张增友为名誉副会长，各团体会员电站的厂长为协会理事。华东基地列车电站管理处负责列电企协的日常事务，并编辑出版《列电协会简报》。

列电企协的宗旨，是面向列车电站，为列车电站服务。其基本任务是调查研究、总结推广列车电站生产经营管理经验；组织技术攻关、培训、咨询，解决技术难题；组织列车电站间大修、事故检修所需人力、物力和技术支援；收集、提供、交流企业管理信息及上级有关电力生产的方针政策。

六、基地归宿与发展

1983 年 12 月，水电部以（83）水电劳字第 155 号文决定，将华东基地划归水电部机械制造局领导，撤销此前该部有关将华东基地和江苏境内 9 台列车电站统一交江苏省电力工业局领导、管理或下放的决定，华东基地归属问题终于得到解决。从此，华东基地由一个新建工业生产单位，正式转变为独立核算、自负盈亏的电力修造企业。

1987 年 1 月，水电部决定将华东基地划归江苏电力局领导。1990 年 7 月，华东基地实行"一厂两牌"体制，同时使用华东列电基地和江苏镇江华星电力设备厂名称。1993 年年底，江苏镇江华星电力设备厂更名为镇江华东电力设备制造厂。2011 年年底，归属中国能源建设集团有限公司。

1995 年年末，华东基地在册人数 610 人。生产的主要产品有六大系列，分别是小孔消声器、电缆桥架、高真空吸引装置、给水炉水自动加药成套装置、离相封闭母线和电子产品。年产值 4574 万元，实现利税 534 万元，其中利润 196 万元，税金 338 万元，成为大型电力、环保以及自动化等设备的开发、设计、制造企业。

第七章

科教及其他单位

本章收录了除列车电站、基地之外的列电局直属单位。中心试验所、保定电校、密云干校，肩负着列电系统的技术支撑、专业人才培养，以及管理人员培训等任务，在列电事业的发展中发挥了重要作用。拖车电站保养站，是1976年以后为更好地执行应急发电任务而建立的。

第一节

中心试验所

一、概况

列车电业局保定中心试验所，1959年6月成立。成立之初，名称为列车电业局新机办公室中心试验所，主要负责列车电站制造中的各项试验。

1961年10月，该所与局设计科合并，更名列车电业局技术改进所。该所为列车电站技术监督和技术改进的服务管理机构，专业技术接受水电部技改局指导，人员由局属中心试验所和设计科两部门合并组成，试验仪器成建制划拨。下设汽机、锅炉、高压、电气仪表、热工仪表、化学六个专业组和一个管理组。管理组下设财会岗位，财务工作先由保定基地财务代管，后转为自行管理。

技改所设于原局机关院内，60年代中期，搬迁至原河北电校院内，所址沿用至列电局撤销。

1971年3月，技术改进所一度被撤销，人员并入保定基地，一年后，恢复技术改进所建制，名称为保定列电基地中心试验所。

1974年年底，列电局决定正式恢复中心试验所建制，更名为列车电业局保定中心试验所。明确该所是列电局承担技术监督、技术调试（鉴定与试验）、技术革新和技术情报等工作职能的服务机构，同时负责各基地试验室的业务指导，直属列电局管理。

该所下设热机、电气、电气仪表、热工仪表、化学试验五个专业组和技术情报、管理组两个部门。

中试所的主要任务是：落实技术监督工作；消除列车电站重大设备缺陷，解决列车电站生产中关键性技术问题；推进技术改造，负责新技术选用与经验推广工作；参与新型机组鉴定、调试和选型工作；开展专业培训，提高职工专业素质；归口管理全局技术情报工作，总结、交流生产中的先进经验，翻译、印制有关资料，介绍国内外新技术。

为满足技术监督及技术服务需要，中试所建有电气高压试验、继电保护（含瓦斯继电器）、热工量值传递、化学分析、电子及金属探伤试验室。建有 0.5 级电气仪表、0.01~0.50 毫米振动表及 0.1~0.2 级标准表自检量值传递标准试验台。

二、机构沿革、职工构成与领导任职

（一）机构沿革

1959 年 6 月 15 日，列电局新机办公室设计科和中心试验所相继成立。

1961 年 10 月，列电局技术改进所成立。

1971 年 3 月，技改所机构撤销，人员并入保定基地。

1972 年 9 月，技改所建制恢复，为列电局保定列电基地中心试验所。

1974 年 12 月 10 日，列电局保定中心试验所成立。

1976 年 2 月，组建科级建制的设计室，负责新机组设计工作。

1983 年 1 月 1 日，列电局中试所归属华北电业管理局，更名为华北电管局保定列电试验所。

1985 年 9 月，列电试验所划归河北省电力工业局，决定在原址筹建河北电力职工大学。

1986 年 9 月 27 日，根据河北电力人才需求状况，水电部正式批复成立河北电力职工大学（华北电力联合职工大学第四分校），下设电力、动力两系和基础部，列电试验所的试验设备按专业全部划归电力、动力两系管理。

（二）职工构成

1961 年，建所初期，共有职工 41 人。

1963 至 1965 年，成立柴油机组，调入 6 人，接收保定电校毕业学生 9 人。该阶段接收大中专毕业生 12 人，调入技术人员与工人 11 人。

1974 年，重新建所，共有职工 45 人。

1976 年，成立设计室，陆续调入工程技术人员 21 人。

1978 年，调到保定列电基地 14 人。

1982 年年末，共有职工 96 人。

（三）领导任职情况

表 7-1 为历年领导干部任职表。

表 7-1 历年领导干部任职

时间	主任	副主任
1961.10~1962.9	应书光	
1962.9~1963.12	谢芳庭	
1964.1~1967.1	王桂林（兼）	谢芳庭、张增友（兼支部书记）
1969.8~1971.2	赵春海（军代表、革委会主任）	李庭元（革委会副主任）
1972.9~1973.1	张增友（兼支部书记）	谢芳庭、李庭元
1973.1~1973.5	谢芳庭（副主任、主持工作）	李庭元
1973.5~1974.12	郝森林（兼支部书记）	谢芳庭、李庭元、李臣
1975.12~1977.2	何立君（副主任、主持工作）	谢芳庭、李庭元、李臣
1977.2~1978.5	陈本生	何立君、谢芳庭、李庭元、李臣
1978.8~1981.3	何立君（党支部书记兼第一副主任、主持工作）	谢芳庭、李臣、李庭元
1982.11~1983.12	周国吉（兼支部书记）	周冰、李臣
1983.12~1985.8	周冰	李臣

三、技术监督与服务

（一）技术监督

1. 建立技术监督管理制度

为保证列车电站安全运行，切实落实好绝缘、金属、化学和仪表监督责任，制定并下发的管理制度及条例、规程共计 11 项：

列车电站绝缘监督工作年报制度；

列车电站防雷保护年报制度；

化学监督月报制度；

电气及热工仪表定期检验、安全运行和使用情况年报制度；

列车电站油务管理制度；

电气仪表技术管理制度；

列车电业局化学监督工作条例；

列车电业局金属监督工作条例；

电气仪表监督工作条例；

热工监督职责条例；

热工仪表故障处理规程。

2. 落实技术监督工作

汇编《列车电站电气设备试验方法》，并下发各列车电站参照执行。认真贯彻执行部颁《电气设备交接预防性试验规程》，督导和帮助列车电站做好年度电气设备预防性试验。定期组织列车电站绝缘监督工作年会和现场会，交流绝缘监督工作经验。

定期组织召开化学监督工作年会，交流经验，研讨技术问题。举办全局性的现场会、化学专业会及各种专题培训班，为列车电站培养专业骨干。制定下发《列车电站凝汽器铜管更换原则（试行）》《加氨提高给水 pH 值的技术措施（暂行）》《运行中循环水用硫酸亚铁处理的技术措施（暂行）》等文件，保证了化学监督工作的落实。

建立中试所与局、各电站管区的金属监督季报和年报制度，使金属监督工作落在实处。筹建金属试验室，具备在列车电站大修时对热力设备进行现场检查与试验的能力。

建立 I 级标准表自检实验室，完成 0.2 级标准传递工作，完成列车电站电气仪表监督及管理。对列车电站热工测量仪表和热力系统自动装置投入率进行实时监控。

（二）技术服务

1. 技术鉴定试验

表 7-2 为 1966 至 1981 年列车电站技术鉴定试验统计表。

表 7-2　　　　　　　1966~1981 年列车电站技术鉴定试验统计

序号	鉴定试验项目	鉴定试验电站	时间	鉴定结论
1	电站锅炉出力鉴定试验	30、39	1966、1973	30 站 1 号炉水冷壁管增加过多，最大负荷短期可达 10.4 吨 / 小时。39 站 1 号炉水循环良好，2、3 号炉过热器个别管壁超温
2	11 吨 / 小时锅炉出厂鉴定试验	西北基地	1967	鉴定试验包括锅炉出力、热效率、水循环、热化学等。通过试验找出该锅炉设计和安装上存在的 8 个问题，建议设计制造和安装方加以改进

序号	鉴定试验项目	鉴定试验电站	时间	鉴定结论
3	17 吨 / 小时锅炉出厂鉴定试验	西北基地	1979	进行锅炉出力、热循环、全厂净效率试验等 20 余项。经反复试验和调试,该锅炉正常投入运行
4	国产电站汽轮机组新机出厂鉴定试验	40 站抽出器	1964	能满足要求
		19、62	1975、1981	19 站汽轮机组第 4 轴承振动超标,经检查为错装励磁机电枢,更换后振动消除。62 站汽轮机组达到额定出力,凝汽器能满足运行要求。机组验收基本通过
5	电站发电机出力鉴定试验	37、1、28	1964、1974、1977	37 站最大出力可达到 2260 千瓦。1 站更换绝缘后,发电机出力可达到 4000 千瓦。28 站疏通静子通风沟槽后,出力恢复到 6000 千瓦
6	电站发电机异常鉴定试验	11、42	1963、1965	11 站发电机转子过热斑痕是负荷不平衡状态下运行所致。42 站静子端部流胶为安装所致
7	电站主变压器鉴定试验	2、40、33	1964、1975、1976	2 站变压器油质变差,绝缘严重受损。40 站变压器长期过热,绝缘老化,建议更换。33 站高压绕组绝缘受损,分接开关接触不良
8	新机验收鉴定试验	41、船舶 2	1962、1963	41 站出力暂定为 3500 千瓦,机组本体和附属设备存在一定缺陷。船舶 2 站机组可以达到额定出力,锅炉除渣机存在缺陷
9	列车电站两机合并鉴定试验	24、25	1979	捷克 8.5 吨 / 小时锅炉,经改造后出力可达到 11 吨 / 小时,3 台锅炉代替 4 台后,机组一般运行可带负荷 5000 千瓦,短时间可带负荷 6000 千瓦
10	燃气轮机电站新机验收鉴定试验	新 3、新 4、新 5	1973、1974	新 3 站做 7 项鉴定试验,各项性能达到要求。新 4 站、新 5 站做燃机电气设备和燃机本体及燃油多项鉴定试验,除机组甩负荷装置性能稍差外,其他各项均达到要求
11	电站燃气轮机叶片防磨鉴定试验	31	1980	喷涂 WC 和 NiCrBSi 层太脆,易出现龟裂和脱层现象,其优点是硬而耐磨。喷焊耐磨焊条与 CoCrw 防磨效果不显著。辉光离子 N 化的叶片,防磨效果最佳,宜用于新叶片上,可以保证叶片的线型
12	电站锅炉热化学鉴定试验	8、11、26、33、36、39、41、53、62	1967~1981	明确了电站锅炉汽水分离器的效果、优缺点与改进方向。按试验结果为电站锅炉运行制定了合理的炉水规范标准,保证了机组安全运行

2. 技术改进与消缺

从 1963 年至 1981 年共计完成列车电站的技改和消缺项目 63 项。

（1）汽机专业。表 7-3 为汽机专业技术改进与消缺项目表。

表 7-3 汽机专业技术改进与消缺项目

序号	内容	年份
1	消除 45、4、25、50 站汽轮机调速系统摆动缺陷	1963~1972
2	消除 18、36、19、4、34、27、25、10 站汽轮发电机振动	1965~1978
3	消除 10 站汽轮机汽缸结合面漏汽缺陷	1964
4	46 站大修前热力试验	1964
5	捷制电站汽轮机加装阻汽片以提高效率	1966
6	消除 38 站汽轮机轴承振动和轴瓦乌金龟裂缺陷	1973
7	列车电站除氧器改造	1974
8	燃气轮机叶片断裂原因分析及处理	1975
9	捷制电站汽轮机叶片折断原因分析与处理	1976
10	57 站热电联供改造	1981

（2）锅炉专业。表 7-4 为锅炉专业技术改进与消缺项目表。

表 7-4 锅炉专业技术改进与消缺项目

序号	内容	年份
1	苏式电站锅炉出口联箱一端温度过高缺陷的消除	1963
2	水膜除尘器、平旋除尘器在捷制电站锅炉的推广和使用	1963~1965、1974
3	上锅厂产 8.5 吨 / 小时锅炉活塞给水泵缺陷的消除	1963
4	船舶 2 站锅炉炉排片断裂问题的解决	1964
5	50 站锅炉排管磨损问题的解决	1966
6	捷制电站锅炉二次风的革新改造	1965、1973~1974
7	57 站锅炉过热器试验与改进	1973
8	11 站引风机烧轴承问题的消除	1975
9	捷制电站锅炉除尘器的鉴定、改进与推广	1973、1981
10	列车电站上煤除灰设备的改进与推广	1975~1980

（3）电气专业。表7-5为电气专业技术改进与消缺项目表。

表7-5　　　　　　　　　　　电气专业技术改进与消缺项目

序号	内容	年份
1	43、41、12、52、34等站发电机、励磁机、厂用变压器及互感器等绝缘击穿事故的处理	1962~1973
2	改进发电机转子拉护环工具	1964
3	33站励磁机升不起电压问题的解决	1965
4	37站发电机主绝缘采用环氧树脂粉云母新型绝缘材料	1966
5	1站发电机转子端部绝缘改进	1967
6	45站电流互感器改进	1969
7	1、12站输出电缆改架空母线桥	1972
8	12站发电机定子线圈缺陷消除	1972
9	39站发电机转子改进	1973
10	23站发电机静子线圈绝缘损坏处理	1974

（4）继电保护专业。表7-6为继电保护专业技术改进与消缺项目表。

表7-6　　　　　　　　　　　继电保护专业技术改进与消缺项目

序号	内容	年份
1	20、21站差动保护装置鉴定试验，查明保护动作原因	1963
2	全部捷制电站差动继电器完成线圈改绕消除误动作	1963、1964
3	34站电压调整器试验与消缺	1967、1973
4	14站继电保护与自动电压调整器试验与消缺	1974
5	苏式机组发电机自动调整励磁装置的改进与推广	1974~1976
6	30站自动励磁装置的试验与消缺	1975
7	14站继电保护装置的更新	1976
8	39站BD-6型晶体管转子接地保护装置的改进	1978

（5）热工仪表专业。表7-7为热工仪表专业技术改进与消缺项目表。

表7-7　　　　　　　　　　　热工仪表专业技术改进与消缺项目

序号	内容	年份
1	苏制机组给水调节设备的消缺与推广	1961

序号	内容	年份
2	国产锅炉双冲量给水调节器的改进与推广	1962
3	国产机锅炉电子三冲量式给水调节器的试验投运与推广	1963
4	电站转速表的维护与恢复性消缺	1964
5	国产机 ЭР Ⅲ –К 型调节器的改进与推广	1964
6	捷制机组电站给煤机调整机构的改进与推广	1966
7	捷制机组锅炉炉水测盐计的改进与推广	1967
8	列车电站有汞差压计技术改装，实现全局无汞化	1974~1975
9	53 站（LDQ– Ⅱ 型）锅炉燃烧自动调节试验	1978

（6）化学专业。表 7-8 为化学专业技术改进与消缺项目表。

表 7-8　　　　　　　　　　　化学专业技术改进与消缺项目

序号	内容	年份
1	2 站消除省煤器与炉管腐蚀	1962
2	9 站用磷酸盐处理循环水	1963
3	6 站锅炉给水系统氨化处理及推广	1964
4	凝汽器铜管造膜、成膜技术在列车电站推广应用	1966~1968、1978~1981
5	解决列车电站外来水源污染问题	1966、1979
6	炉烟处理循环水技术在列车电站的试验和推广	1973
7	列车电站蒸发器自动排污装置的研制和推广	1975、1979
8	11 站锅炉汽水分离器改进	1977
9	36 站循环水自动加酸装置系统改进	1978
10	碳酸铵气相法用于列车电站停炉防腐保护	1981

（7）其他技术改进。表 7-9 为其他技术改进项目表。

表 7-9　　　　　　　　　　　其他技术改进项目

序号	内容	年份
1	简化和改进列车电站外部管道	1966
2	船舶 2 站柴油机改造	1966
3	捷制电站电气仪表的更新	1973
4	苏制、捷制机组电气仪表刻度盘改造	1973~1974
5	57 站集中控制	1975
6	29 站除尘器试验与改进	1982
7	58、59 站除尘器试验与设计	1982

3. 技术培训

为提高列车电站职工队伍专业能力，1962~1980 年共举办各类培训班 23 期，培训人员 830 人。

（1）电气试验培训班。表 7–10 为历年电气试验专业培训情况表。

表 7–10　　　　　　　　　　历年电气试验专业培训情况

序号	时间	教师与工作人员	培训概况与内容	效果
1	1964	赵国桢、王俊昌、车导明、汤颂光	全局性电气试验培训班学员 50 余人，培训地点保定技改所内	培训绝缘监督相关知识，电气设备交接预防性试验方法以及电站防雷保护要求等
2	1965	车导明	电站防雷保护要求，茂名 6、8、15、46 四电站电气专业人员 30 余人	培训电站防雷要求和进行防雷大检查相关规定
3	1973	车导明、贾汉明、莫润民	贯彻全局绝缘监督工作意见，电气试验和防雷要求等培训，培训地点保定基地，电站学员 50 余人	恢复中试所后，为重新开展绝缘监督、电气试验和防雷等工作进行布置和培训
4	1974	电气组举办，河北电力学院 3 位教师讲课	晶体管电路基本知识及其晶体管器件和电路应用于电站继电保护改造。培训地点厦门 15 站和西平 36 站、保定基地，电站学员共计 60 余人	向基地、电站人员普及晶体管基础知识，为全局电站实现晶体管继电保护改造做技术准备

（2）电气仪表培训班。表 7–11 为历年电气仪表专业培训情况表。

表 7–11　　　　　　　　　　历年电气仪表专业培训情况

序号	时间	教师与工作人员	培训概况与内容	效果
1	1976.3	高顺贤、赵卿	捷制机组电气仪表检修与维护培训班，6、9、15 等电站参加培训，学员 10 人。讲课与实习 40 天。讲课地点中试所。实习地点 34 站	理论与实际相结合，达到预期效果
2	1976.3	肖德新、赵卿	苏式机组电气仪表监督员培训班，第 1、11、12、38 和 39 电站参加培训，学员 10 人。培训内容：电气仪表的维修与检验和运行与监督维护。讲课与实习地点 39 电站	理论与实际相结合，达到预期效果
3	1977.7	肖德新	武汉基地、西北基地电气仪表试验人员 0.2 级标准表修理、使用和检验、调试培训班。时间 10 天。参加人数 6 人。培训地点武汉和西北基地	交流了用标准表对电站电气仪表进行检验的经验，提高了调试技能

（3）化学专业培训班。表7-12为历年化学专业培训情况表。

表7-12 历年化学专业培训情况

序号	时间	教师与工作人员	培训概况与内容	效果
1	1962~1963	杨绪飞、李秀云、郭孟寅、罗时造、王仲元	全局性化学专业培训班，学员80人，时间120天。培训内容：化学基础知识、炉内外水处理及试验方法、热力设备防腐除垢、循环水处理及试验操作。培训地点技改所	提高了试验操作技能，达到预期效果
2	1963	孙玉琦、黄福琴、平淑君	全局性化学试验方法培训班，学员70人，时间30天，培训内容：煤、水、油试验方法。培训地点技改所	掌握了试验方法，提高了试验技能
3	1965	孙玉琦、陈洪萍、沈嵘	全局性化学专业培训班，学员70人，时间90天。培训内容：化学基础知识、炉内外水处理、金属腐蚀原理、油的使用和处理方法、循环水处理试验方法、煤监督及试验方法。培训地点技改所	提高了业务能力和技术水平
4	1973	孙玉琦、杨绪飞、王仲元等	全局性化学专业训练班，学员70人，时间90天。培训内容：化学基础知识、炉内外水处理、金属腐蚀原理、循环水处理。培训地点保定电校	提高了化学专业人员素质、技术水平
5	1977	孙玉琦、王仲元、牛义	化学仪表培训班，学员18人，时间30天。培训内容：电工基本理论；仪表制造安装、调试及维护基本知识、学员自制仪表带回电站安装使用。培训地点中试所	理论和实践均得到提高
6	1977	王仲元、牛义、袁履安、陈洪萍	锅炉热化学试验培训班，学员25人，时间20天。培训内容：离子交换电极基础知识。培训地点33站（湖南）	培训效果良好
7	1978	孙玉琦、杨绪飞、袁履安、徐义光、陈洪萍、徐谨	全局性化学专业培训班，学员70人，时间90天。培训内容：化学基础知识、炉内外水处理、金属腐蚀原理、循环水处理。培训地点：密云	提高了化学专业人员素质和技术水平
8	1979	袁履安、沈嵘	测钠技术培训班，学员20人，时间15天。培训内容：测量基本知识及统一计量方法、实际操作。培训地点中试所	提高了化验人员的测钠水平

（4）热工专业培训班。历年热工专业培训情况见表 7-13。

表 7-13　　　　　　　　　　　历年热工专业培训情况

序号	时间	教师与工作人员	培训概况与内容	效果
1	1963	李庭元、谢时英、裴悌云、洪晶元、杨佑卿、张赖民	热工专业人员培训班，学员 50 人，时间 60 天。培训内容：热工仪表、自动调节及检修工艺。培训地点技改所	丰富了学员的理论知识，提高了业务能力
2	1963.3	李庭元、谢时英	热工仪表现场培训班，12、38、39 站热工人员约 8 人参加。培训内容：仪表损坏原因和修理方法、现场修复流量表、给水调节器、电子温度表 38 块。培训地点 12 站	培养和提高了学员的维修能力和技术水平
3	1963.9	谢时英、冯克明	热工专业仪表现场检修培训班，17、18、25、36、45 电站的热工专业人员参加，共计约 10 人。培训内容：结合 17 站实际，分析热工专业仪表与自控设备存在的问题及原因，消除热工仪表设备缺陷。现场修复温度记录表等设备缺陷。培训地点 17 电站	在实际检修中培训了技术力量
4	1974	谢时英、郑国栋、裴悌云、冯克明、洪晶元	热工专业培训班，学员 40 人，时间 45 天。培训内容：热工专业仪表自动调节及检修工艺。培训地点中试所	提高了学员的技术水平和业务能力
5	1976	李棕、王崇山、刘秀珍	57 站集控 DDZ-Ⅱ型系列仪表培训班，学员 60 人，时间 40 天，培训对象为各电站热工专业人员与中试所"七二一"工大学生。培训内容：电子技术及 DDZ-Ⅱ型系列仪表的原理、结构、校验与调试。培训地点天津汉沽 57 站	掌握了一定的电子仪表与电子技术
6	1978	谢时英、洪晶元、冯克明、王崇山、解宗杰	电子热工专业仪表培训班，学员 50 人，时间 60 天。培训内容：电子学与晶体管电路等。培训地点中试所	充实了理论知识，提高了维护检修技能

（5）柴油机专业培训班。历年柴油机专业培训情况见表 7-14。

表 7-14　　　　　　　　　　　历年柴油机专业培训情况

序号	时间	教师与工作人员	培训概况与内容	效果
1	1963.1	吴秀荣	列车电站柴油机工作人员培训班，学员 20 人，时间 60 天。培训内容：柴油机工作原理与操作。培训地点技改所	使学员初步掌握柴油机基本知识与技能
2	1965.7	周瑞林、陈绍林、刘明坤	列车电站柴油机培训班。学员 40 人，时间约 10 天。培训内容：柴油机工作原理、运行与维护。培训地点技改所	学员的运行与维护水平普遍得以提高

（6）1975年9月，开办列车电业局系统"七二一"工人大学热工自动化专业两年学制教学班。该班招收学员29人，26人毕业。

四、技术革新与应用

历年技术革新与应用情况见表7-15。

表7-15　　　　　　　　　　　历年技术革新与应用情况

序号	内容	年份	参加人员
1	31站用原油做燃料驱动燃气轮机发电	1961	谢芳庭、洪晶元等
2	实施电动直流发电机，提供燃机启动电源	1962	赵国祯、车导明
3	列车电站瓦斯继电器鉴定试验	1964	汪传章、柴淑贞
4	捷式PTP-H型发电机差动保护装置的改进	1964	陈典祯等
5	制定列车电站防雷保护方案	1964	车导明
6	建立振动表试验室	1965	徐宗善、文祖国
7	自制充磁机及电容冲击点焊机	1967、1972	杨佑卿、李棕、冯克明
8	列车电站冷水塔的革新与改进	1970~1981	文祖国、单钦贡、张宝衍
9	41站改烧原油技术鉴定	1971	廖元博
10	G-1型晶体管出线过流保护装置的研制	1972	柴淑珍、姜立
11	建立电气标准仪表试验室	1975	肖德新、李秀珍、赵卿
12	列车电站17吨/小时锅炉设计工作	1975	廖元博、路延栋等
13	吊车上煤电站料斗秤的推广	1975~1979	袁振江、苏文波
14	19站锅炉改烧油试验鉴定	1976	贾熙、继文成
15	LDQ-Ⅲ型列车电站17吨/小时锅炉使用泡沫轻质耐火砖的试验	1976	路延栋
16	晶体管半自动并车装置的研制	1976	周西安等
17	导电度表自动测盐计的研制与应用	1977	王仲元
18	晶体管负荷自动调整装置的研制	1977	周西安等
19	冷水塔单线选频控制器的试制	1978	朱琦、张秀英
20	电渗析器应用于列车电站化学水处理	1978	徐义光
21	3000、6000千瓦快装电站方案设计	1978	邱子政、路延栋、禹成七、陈惠忠、刘振伶、卜祥发、张宝珩
22	列车电站循环水自动加酸装置的改进	1978	马洪阁
23	金属探伤薄壁管探头与涡流探伤探头的研制	1979、1981	李玉洁、张玉忠
24	1站燃油掺水鉴定试验	1980	继文诚、卢志明
25	12000千瓦蒸汽轮机列车电站方案设计	1980	邱子政、胡昌林等
26	列车电站传递煤样发热量测试计算	1980	张淑美、陈洪萍

五、技术情报与技术档案

（一）技术情报

1．出版编辑《列电技术报导》

为总结、交流列车电站生产运行中的先进经验，及时推广技术革新成果，1974 至 1982 年，编辑出版《列电技术报导》40 余期。

2．联合创办《电力科技通讯》

列电中试所与山西、河北、内蒙古、天津试验研究所，联合创办《电力科技通讯》刊物，五所轮流编辑出版。

3．翻印技术资料

为及时传播国内外先进技术以满足各基地、电站工作和业务上的需要，技术情报组实时翻印有关各专业技术资料，以供学习参考。

4．翻译国外技术资料

列车电业局从英国、加拿大、瑞士等国进口燃气轮机多台，由于生产的需要，共翻译《BBC6200 燃气轮机电站说明书》等资料 17 册，译文 160 万字。

5．编译国外科技刊物目录

列电中试所与有关单位共同编译了日、俄、英电力科技方面的杂志目录，为电站科技人员查阅国外资料提供方便。

6．建立电力科技情报网

列电中试所共与 210 余个院校、科研单位和电厂建立了技术情报关系，其中包括河北、山西等试验研究所 44 个，清华大学、浙江大学等高校 20 余所，北京热电厂等电厂 73 个，设计院、制造厂等 73 个。

（二）技术资料与档案

截至 1982 年年底，列电中试所共藏有中文电力图书 10836 种、13691 册，英、俄、德、日、捷外文图书 202 册，中外科技期刊 175 种；收录中试所及外单位各专业自编文献、经验总结、鉴定试验报告 5184 种，6075 本。

（三）编著、论文和译文

1．中试所职工历年编著情况

历年编著情况见表 7–16。

表 7-16 历年编著情况

序号	名称	出版单位	日期	作者
1	苏式与仿苏锅炉过热器问题的探讨	内部印刷	1962.2	钱耀泽
2	列车电站整流子滑环与炭刷磨损问题	内部印刷	1963.11	王俊昌
3	热工仪表检修、校验工艺知识讲座	内部印刷	1963	谢明英、洪晶元
4	国产活塞式汽动给水泵的缺陷分析与调整	内部印刷	1964.5	贾熙
5	列车电站的防雷保护	内部印刷	1965.5	车导明
6	柴油机原理与检修	内部印刷	1965	周瑞林、陈绍林、刘明坤
7	汽轮机技术问答	内部印刷	1974	吴秀荣
8	锅炉技术问答	内部印刷	1974	贾熙
9	电气技术问答	内部印刷	1974	车导明
10	化学技术问答	内部印刷	1974	孙玉琦、杨绪飞、陈洪萍
11	关于 CF 型水银差压计的改装	内部印刷	1974	洪晶元
12	列车电站燃气轮机运行实践	内部印刷	1974.8	韩长举
13	热工自动调节仪表上、下册	内部印刷	1974	裴悌云、洪晶元
14	热工仪表讲义上、下册	内部印刷	1974	裴悌云等
15	中小型发电厂与变电所电气设备测试	水利电力出版社	1982	车导明、汤颂光、莫润民、贾汉明

2. 中试所职工历年论文情况

历年论文情况见表 7-17。

表 7-17 历年论文情况

序号	论文名称	刊物名称	日期	作者
1	6200 千瓦燃气轮机燃烧室运行与维护	机械部上海燃烧会议宣读	1974.9	韩长举
2	2500 千瓦汽轮机通流部分的改进	列电技术报导	1977 年 6 期	徐宗善
3	捷克 2500 千瓦汽轮机组提高出力	列电技术报导	1977 年 6 期	胡博闻
4	燃气轮机叶片磨损与处理	列电技术报导	1977 年 6 期	韩长举
5	汽轮机滑参数启动中的一些原则性问题的分析	列电技术报导	1977 年 6 期	胡昌林
6	运用热效率系数法评价和分析电站运行经济性	电力科技通讯	1978 年 6 期	胡昌林

序号	论文名称	刊物名称	日期	作者
7	列车电站提高热经济性的几项措施	列电技术报导	1979 年 2 期	胡博闻
8	第 9 列车电站汽轮机振动的处理	电力科技通讯	1980 年 4 期	胡博闻
9	第 15 列车电站最有利真空试验	电力科技通讯	1980 年 4 期	胡博闻
10	17 吨 / 小时锅炉的缺陷分析与改造	列电技术报导	1980 年 4 期	贾熙
11	第 57 列车电站热电合供的效果分析	电力科技通讯	1982 年 6 期	胡博闻
12	陡河电厂 5 号机 UTQ 型气动调节仪表的投入	电力建设	1984 年增刊	王崇山

3. 中试所职工历年译文情况

历年译文情况见表 7-18。

表 7-18 历年译文情况

序号	译文名称	出版单位	日期	译者
1	BBC6200 燃气轮机电站说明书	内部印刷	1962	张毓梅
2	燃气轮机的运行	电力技术报导	1964	张毓梅
3	英国 JB-23000 燃气轮机电站说明书	内部印刷	1973	张毓梅、葛祖彭
4	加拿大奥伦达 9000 千瓦燃气轮机说明书	内部印刷	1975	张毓梅、彭殿祺、刘权
5	关于国外燃气轮机运行经验综述	列电技术报导	1975 年 6 期	张毓梅
6	燃气轮机检修手册	内部印刷	1977	李祖培、张毓梅
7	CE 燃气轮机培训手册	内部印刷	1978	李祖培、张毓梅
8	发电用燃气轮机的维护	列电技术报导	1978 年 1 期	张毓梅
9	燃气轮机用油渣油的经验	电力科技通讯	1978 年 3 期	张毓梅
10	折线函数发生器	列电技术报导	1979 年 2 期	王崇山
11	捷克 4000 千瓦反动式汽轮机运行说明书	内部印刷	1980	徐宗善
12	澳大利亚 1980 年电力年报	内部印刷	1982	张毓梅
13	热能输送和建筑物采暖节能的基本途径	能源译丛	1983 年 4 期	贾熙
14	用正反平衡法确定蒸汽锅炉热效率	华北电力技术	1983 年 10 期	贾熙
15	大型蒸汽锅炉的经济性	电力科技译文集	1984.1	贾熙
16	用煤粉代替重油进行煤粉炉的点火和火炬助燃	华北电力学院电力情报	1986.3	贾熙
17	200 兆瓦机组高压加热器改进的研究	河北电力试验研究所	1986.8	贾熙

序号	译文名称	出版单位	日期	译者
18	机械设计例题集	国防工业出版社	1988	张玉忠
19	旁路系统增强汽鼓锅炉的循环能	国外电力选译	1988 年 8-9 期	贾熙

六、中试所归宿和发展

1982 年 12 月 31 日，列车电业局正式宣布列电中试所撤销。1983 年 1 月 1 日，列电中试所正式归属华北电管局，更名为华北电管局保定列电试验所。

此前，华北电管局派员来保定列电中试所了解情况，并协商办理交接事宜，当时列电中试所共有职工 96 人。

1983 年 7 月，按照华北电力试验研究所的要求，列电试验所组织 33 名机、炉、电、热工、化学和环保专业人员，参加唐山陡河电厂 5 号机组调试工作，由于圆满完成任务，得到上级领导的好评。

1984 年 4 月，华北电管局党组会议决定，列电试验所划归华北电研所领导，华北电研所因故未能接纳。1984 年 7 月，华北电管局党组二次会议决定，列电试验所划归河北省电力工业局。

1985 年 9 月，列电试验所正式划归河北电力局，成立河北电力职工大学筹建处。当年，河北电力局与河北大学联合举办在职人员全日制电力企业管理大专班，共计招生 43 人。1986 年举办华北电管局北京电大发电专业大专班，招生 29 人。

1986 年 9 月 27 日，水电部正式批复成立河北电力职工大学，当年购地 65 亩，兴建教学楼和田径场，并于 1987 年面向全国电力系统招生。1989 年 2 月，成立河北广播电视大学电力分校，面向河北省招收普通专科生。河北电力职工大学办学十余年，为全国电力系统培养八个专业全日制成人专科毕业生，共计 2394 人，为河北输送电力专业普通专科毕业生近 600 人。

1990 年 4 月和 1995 年 1 月，河北省电力公司党校和管理人员培训中心先后在河北电力职大挂牌成立。

2002 年 6 月，河北省教育厅下发文件，华北电力大学和河北省电力公司合作成立华北电力大学科技学院，在河北电力职工大学挂牌，面向全国招收本科三批学生，原职大的大部分教职员工从事教学和管理工作。

2006 年 2 月，河北电力职工大学更名为河北省电力公司保定培训中心。

保定电力学校

　　保定电力学校，于 1957 年 7 月建立，地处文化古城河北省保定市，是一所以培养电力中等专业技术人员和技术工人为主要目标的公办学校。学历层次为中专和技工，学制初中毕业生一般为 3~4 年，高中毕业生为 2 年。1957 年 7 月至 1957 年 12 月，隶属北京电业管理局领导；1958 年 1 月至 1962 年 7 月，1971 年 4 月至 1983 年 3 月，隶属列车电业局领导；1962 年 8 月至 1971 年 3 月由水利电力部直接领导。保定电力学校毕业生分配面向以列电事业为主的发供电企业。1966 年至 1972 年，学校受"文革"影响，7 年停止招生工作，于 1973 年恢复招生。学校教职工人数 196 人，占地面积 10 万米²，建筑面积共计 2.31 万米²。

　　1982 年 11 月，根据列车电业局（82）劳字第 700 号文通知精神，1983 年 3 月 30 日，保定电力学校由列电局移交华北电业管理局管理。回顾 26 年的办学历程，学校经历了调整、停办、恢复以及隶属关系的多次变化，特别是"文革"对学校造成的巨大冲击和破坏，可以说历经沧桑，走过了一条由小到大，艰苦奋斗，励精图治，曲折而辉煌的道路。图 7-1 为 1982 年年底竣工的教学楼外景。

　　办学过程中，学校始终坚持社会主义办学方向，认真贯彻党的"德、智、体全面发展"教育方针，坚持理论联系实际，密切教育与生产劳动相结合，培养电力事业的急需人才。截至 1983 年 3 月，学校共培养毕业生 4895 人，职工和干部培训 1140 人。他们大多数已成为电力生产、建设战线上的骨干力量、技术能手，有的被评为省市级劳动模范、先进工作者，其中数百

图 7-1　1982 年年底竣工的教学楼外景

人走上领导岗位，有的担任司（局）、处级及以上领导职务。毕业生遍布全国 28 个省、市、自治区，为电力事业的发展作出了重要贡献。

一、学校建立与历史沿革

1957 年 7 月 9 日，北京电业管理局决定成立太原电力工人技术学校保定分校，隶属北京电管局。校址设在保定市建设南路列电局培训区，并任命了分校主任和党支部书记。同年 10 月 29 日，校名改称保定电力工人技术学校。首次招生 230 名，主要来自河北、山西、天津、内蒙古和山东的电业部门青工。设机、电、炉三个专业，学制 3 年。

1958 年 1 月，学校改由列电局领导。同年 8 月，学校首次向社会招生 481 名，生源主要来自保定地区各县，初中学历。9 月 16 日，在"大跃进"形势下，将学校改为列电局动力学院，由局长康保良兼任院长。随即从列电系统中招进具有高中学历的学员 119 名，作为本科生；将 8 月招收的 481 名学生转为预科生。1959 年 5 月，根据中央关于调整大专院校的精神，学院调整为中等专业学校，定名为保定电力学校。原本科生提前结业分配工作，预科生有 243 名提前分配工作，其余转入中专继续学习。

1960 年 3 月 6 日，学校迁至建设南路新址，即建设南路以西、富昌路以南地带。3 月 15 日，学校开设了技工部，向社会招生 300 名。9 月学校开设了函授部。

1961 年 10 月 31 日，根据水电部（61）水电教字第 98 号文的指示精神，河北保定电力专科学校和保定电力学校合并，校名为保定电力学校。河北保定电力专科学校由河北省电力工业局主管，1960 年 9 月由河北省电力学校升格而成。原校址在保定市法院街、小集街和建华路，10 月迁入建设南路后屯村以西新校址。原保定电力学校附设的技工部改称保定电力技工学校，实行两块牌子一套人马，属河北省电力局和列电局共同领导，日常工作以河北省电力局领导为主。两校合并后，共有教工 219 人，学生 1100 名。两校同处建设南路的位置，原河北保定电力专科学校称作北院，原保定电力学校称作南院。学校党政领导均在南院办公。1961 年由于国家经济困难，两校均未招生。

1962 年 8 月 3 日，水电部下发（62）水电劳组字第 325 号文，决定保定电力学校改名为保定电力技工学校，归水电部直接领导。

1964 年起，学校附设劳动工资班，为水电部培养劳动工资干部。劳动工资班先后开设三期五个班，共培养 200 人。

1964 年 12 月 14 日，水电部指示，试行半工半读，随即学校挂出"水利电力部保定电力半工半读中等专业学校"的校牌。

1966 年 6 月 10 日，因遭受"文革"的影响，学校停课。150 余名教工遭受冲击，三四十人打入劳改队，13 户被抄家，不少教工被批斗游街，10 名师生死于非命。教学和生活设施遭到严重破坏，校园一片狼藉，以致长达七年未招生。

1971 年 3 月 22 日，水电部（71）水电综字第 34 号文通知：保定电力技工学校交由列电局领导。4 月 29 日，列电局撤销保定电力技工学校，并入保定列车电站基地。5 月，学校绝大多数教工下车间劳动。

1972 年 10 月 22 日，列电局指示，筹备恢复保定电力技工学校，并举办厂长轮训班。11 月 20 日，水电部（72）水电综字第 303 号文，同意列电局恢复保定电力技工学校，学校仍属列电局领导。12 月起，原学校教工先后从保定列电基地返校。经过一年恢复，1973 年 11 月 2 日，复校后首次招收工农兵学员 200 名，并于 1974 年 2 月 25 日举行了开学典礼。

以后几年，学校的教学和各方面工作虽然受到极左路线的干扰，但每年约 200 人的招生并未停止。1976 年 10 月粉碎"四人帮"落实党的各项政策后，学校逐步纳入正轨。修订教学计划，建立健全各项规章制度，加强政治思想和党团工作，认真贯彻执行国家劳动总局颁发的《技工学校工作条例（试行）》，教学和生活设施基本建设开始上马，各项工作稳步推进，学校焕发了新的生机。学校业务得以扩展，开办了电气试验等新专业，举办了各种类型的培训班，承担了多门教材的编写任务并正式出版。

1982 年 11 月 12 日，水电部决定保定电力技工学校移交华北电管局管理。12 月 4 日，水电部补充通知，明确保定电力技工学校为县团级单位。

1983 年 3 月 30 日，保定电力技工学校由列电局交华北电管局管理。

自 1957 年 7 月建校至 1983 年的 26 年时间里，尽管学校有 7 年不能招生，但在水电部（电力部）以及列电局党组的坚强领导下，保定电力学校在 19 年时间里，共招生 5055 名，举办各种培训班 20 期。特别是各届毕业生勤苦肯干、脚踏实地的作风，得到电力行业企业广泛赞誉。保定电力学校，以辉煌和坚韧为国家作出了应有贡献。

二、领导体制与机构设置

（一）领导体制

1957 年 10 月至 1958 年 10 月，保定电力工人技术学校，实行党委领导下校长负责制。

1958 年 10 月至 1961 年 11 月，列电局动力学院、保定电力学校实行党委领导下校务委员会负责制。委员会由学校党、政、工、团负责人及教职员工代表共 13 人组成。

1959 年 9 月至 1961 年 11 月，河北省电力学校、河北保定电力专科学校，同样实行党委领导下的校务委员会负责制。

1961 年 11 月至 1966 年 12 月，学校实行党委领导下的校长负责制，党委全面领导学校工作。由校长、副校长、政工部门分工负责组织贯彻学校工作计划。政工、教学、行政、后勤等方面工作中的重大问题，由党委作出决定，各部门贯彻执行。

1967 年 1 月至 1969 年 9 月，学校组织机构瘫痪。

1969 年 9 月至 1971 年 5 月，实行革命委员会领导制度。革命委员会由"支左"解放军代表、领导干部代表、群众组织代表等 17 人组成。

1972 年 10 月至 1973 年 7 月，学校处于恢复筹备阶段。先成立临时党支部进行筹备工作，后成立筹备领导小组。

1973 年 7 月至 1977 年 12 月，列电局没有任命学校校长，学校在党总支直接领导下开展工作。1973 年 7 月 25 日，在党总支第三次会议上，宣布列电局决定，原筹备领导小组撤销。1974 年 7 月，工人毛泽东思想宣传队（共 4 人）进驻学校，1975 年 4 月，工人毛泽东思想宣传队队长被任命为党总支副书记。党总支书记、副书记具体分工抓行政、教学、后勤等工作。

1978 年 1 月至 1983 年 3 月，学校又恢复党委领导下的校长负责制。随着形势的发展和党的十一届三中全会路线、方针、政策的贯彻执行，党委领导下的校长负责制，逐步得到充实完善。

（二）机构设置

1. 行政机构

学校行政机构，随着学校的发展和领导体制的变化进行过多次调整，见表 7-19。

表 7-19　　　　　　学校行政机构设置（1957.7~1983.1）

学校名称	部门设置时间	设置部门名称	备注
太原电力工人技术学校保定分校	1957.7	未设	处于筹建阶段
保定电力工人技术学校	1957.10	教务科、实习工厂、总务科	其余人员由校长直接领导

学校名称	部门设置时间	设置部门名称	备注
列车电业局动力学院	1958.10	教务科、办公室、总务科、实习工厂、财务组、基建组	人事、保卫人员由副院长直接领导
保定电力学校	1959.5	办公室、教务科、动力科、电力科、实习工厂、总务科、基建组、财务组、材料组	人事、保卫人员直属副校长领导
	1960.3	动力、电力两科合并成中技部，学校附设技工部	
	1961.1	增设粮食科	
	1961.11	办公室、教导科、中技部、技工部、实习工厂、人保科、总务科、生活科、财务组、基建组、材料组	技工部1962.8撤销
	1962	人保科改称人事科，保卫工作另成立保卫组，生活科归并于总务科	
	1964.12	撤销中技部，增设政治处	其他科室不变
	1967.1	学校组织瘫痪	
保定电力技工学校	1961.11	同电力学校	
	1962	同电力学校	
	1973.1	办公室、教务科、中技部、技工部、实习工厂、人保科、总务科、财务组、基建组、材料组、人事科、保卫组	
	1974.9	办公室、政工组、教育革命组（下设锅炉、汽机、电气等3个专业队）、后勤组、财务组以及实习工厂、图书馆、教务组和体育组	
	1978.6	办公室（财务组、材料组、基建组归属办公室）、政治处、教务科、总务科、实习工厂	
	1979.9	附设"五七工厂"（后称综合工厂）	
	1980.8	成立人事科、保卫科，撤销政治处（党委系统增设办公室）	
	1982.2	增设临时基建办公室	

2. 党组织机构

学校党的组织机构，随着学校的发展和领导体制的变化进行多次调整，见表7-20。

表7-20　　　　　　学校中共党组织机构（1957.7~1983.3）

序号	学校名称	时间	组织机构名称	隶属关系
1	太原电力工人技术学校保定分校	1957.7~1957.9	党支部	北京电管局党组、保定市委文教部
2	保定电力工人技术学校	1957.10~1957.12	党支部	同上
		1958.1~1958.9		列电局党委、保定市委文教部
3	列电局动力学院	1958.10~1959.5	党支部	同上
4	保定电力学校	1959.5~1961.11	党支部	同上
		1961.11~1962.7	党委会	同上
5	河北省电力学校	1959.8~1960.8	党支部	保定市委文教部、河北省电力工业局党组
6	河北保定电力专科学校	1960.11~1961.11	党总支	
7	保定电力技工学校	1962.8~1970.9	党委会（办事机构为党委办公室）	水电部党组、保定市委宣传部
		1964.12	党委办公室改为政治处，党委下设行政、教学、学生、实习4个支部	
		1970.10	党委会（办事机构政工组），党委下设钳工一、二、三3个党支部	同上
		1971.5~1972.10		列电保定基地党委
		1973.6	党总支（下设教学、办公室、总务3个党支部）	列电局党委、保定市教育局党委
		1978.4	党总支（办事机构政治处）	同上
		1980.8	撤销政治处，成立党总支办公室	
		1982.7~1983.3	党总支，总支下设教学、总务、办公室3个党支部	同上

3. 历届学校领导

历届学校领导名录见表 7-21。

表 7-21　　　　　　　　　　　历届学校领导名录

姓名	任职学校与职务							
	太原电力技术学校保定分校	保定电力工人技术学校	动力学院	保定电力学校	河北省电力学校	河北保定电力专科学校	保定电力技工学校	任职年限
邓钟岱	主任	校长	副院长	副校长			副校长	1957.7~1969.9
王震东	支部书记、副主任	副校长						1957.7~1958.4
吴庆平		支部书记						1958.4~1958.10
戴丰年			支部书记、副院长	副校长				1958.10~1960.9
陈长庚					副校长	副校长		1959.8~1961.11
张崇礼				副校长	副校长	副校长	副校长	1959.8~1962.7
刘超				校长	校长	校长	领导小组组长、校长	1959.9~1973.7
周朴				党委副书记	支部书记	总支副书记	党委副书记	1959.8~1970.10
安守仁				副校长、支部书记			党委副书记、革委会副主任	1960.6~1971.4
赵立华				副校长	副校长		副校长、党总支副书记	1960.6~1964.9 1974.4~1978.1
张儒				党委书记		党总支书记	党委书记	1960.11~1962.7
杨焕青							革委会主任、党委副书记（驻校军代表）	1969.9~1971.4
朱明							革委会第一副主任、党委书记	1969.4~1972.12
黄时盛							临时党支部书记、领导小组副组长、党总支副书记	1972.11~1974.6

姓名	任职学校与职务							
	太原电力技术学校保定分校	保定电力工人技术学校	动力学院	保定电力学校	河北省电力学校	河北保定电力专科学校	保定电力技工学校	任职年限
张根深							领导小组副组长、临时党支部副书记、党总支副书记、第一副校长	1972.11~1983.3
李华南							党总支书记、领导小组副组长	1972.12~1978.9
张秉廉							党总支副书记、副校长	1973.6~1983.3
孙永振							党总支副书记	1975.4~1977.12
吴荣兴							副校长	1978.1~1983.3
温根波							党总支副书记、副校长	1978.10~1983.3

4. 历任科级干部人员名单（1957.7~1983.1）

以姓氏笔画为序，学校历任科级干部人员名单（1957.7~1983.1）：

马治国、马漆波、王殿辉、任栋梁、刘振英、刘滢华、刘慎勤、孙照录、李广文、李凤山、李守义、李来源、李树玉、李朝栋、张贺全、卓顺德、易云、罗慰擎、金学海、赵永祥、胡昌林、胡德望、陶连山、黄华、韩景桥、蔡俊善。

三、党政管理

（一）重要会议制度

1957年10月至1961年11月，建立校务委员会会议制度。任务是研究、决定、部署校务委员会职责规定的各种重大问题。会议由校长或校长责成副校长主持，一般每月召开一次。

1961年11月至1966年6月，建立3种重要会议制度。

1. 校务会议

主要任务是：传达上级和校党委的重要指示和决定；讨论决定教学、行政和后勤工作的重要问题；部署工作等。会议由校长主持，每月召开1至2次，党、政、工、团负责人及中层领导干部参加。

2. 行政工作会议

主要任务是：研究贯彻学校对行政、后勤工作的部署；研究解决工作中存在的问题；汇报交流工作等。会议由主管行政工作的副校长主持，每月召开1~2次，由行政、后勤科室和直属组负责人参加。

3. 教务工作会议

主要任务是：研究贯彻学校对教学工作的部署；研究解决教学工作中存在的问题；汇报、交流教学工作情况等。会议由主管教学工作的副校长主持，每月召开1~2次，由各专业和教务科、实习工厂等部门负责人参加。

1974年7月至1977年12月，学校没有任命校长，教学、行政、后勤等工作，由党总支直接领导。行政系统没有建立领导工作方面的会议制度。

1978年以后，学校恢复了校务会议制度。

（二）教职员工队伍管理

建校初期，学校教职员工仅有51人。1966年"文革"开始时，学校教职员工共193人，"文革"后，1977年教职员工仅有159人。1983年3月，学校教职员工总数已达196人。

1. 教职工管理

教职工管理包括：教职工调动、教职工考核、中层干部任免等。

教职工调动，1981年前缺乏科学的长远规划，对教职工队伍的结构缺乏深入分析研究，同时受"文革"影响。因此，教职工的调入调出存在一些盲目性。1982年以后，学校重视引进教学人员，制定了人员发展规划，并对人员调入调出条件作出明确规定，采取"按需引入，教学优先"原则，截至1983年3月，专任教师达到88人。

教职工考核尚未建立一定制度，只是通过年终评比进行一次思想、工作方面的考核。对校级领导干部的考核，一贯由上级主管局负责。

校级领导干部任免，都是由上级主管局负责。但学校中层干部的任免，1962年至1966年曾一度由学校管理，1973年复校后至1983年3月，由上级主管局负责。

2. 技术职称评定

自1980年起，根据国务院及河北省人民政府和列电局的指示，学校进行专业技术职称评定工作。

1980~1982年，学校只对专业课教师按工程技术系列评定职称，学校初评后报列电局评委会评审。截止到1982年年底，学校共评定高级职称1人，中级职称19人，初级职称 28 人。

获得高级与中级职称人员名单（按年度批复为序）：

高级工程师：任栋梁。

工程师：赵萱堂、鲁焕庭、王士忠、林振馨、赵永民、王学群、许兆麒、李守义、郭春明、李印春、杨儒善、贾守忠、沈淑英、吴荣兴、张福智、叶治经、郭煜恒、罗慰擎、臧定。

3. 人事档案管理

校级领导干部的档案，从建校至今，一直是上级主管局管理。中层领导干部和一般教职工的档案在 1971 年以前，由学校人事部门管理。1973 年复校后至 1983 年 3 月，中层干部由主管局负责管理，一般教职工由学校人事部门管理。

由于"文革"的原因，学校人事档案和文书档案损失严重。

（三）财务管理

建校初期至 1983 年 3 月，学校均设立财务组，直属校长领导（1973 年至 1983 年 3 月曾一度归属学校办公室领导）。

学校财务管理职能是组织校内财务活动、筹集安排各项资金、处理各种财务关系，即按照国家的规定，根据学校的特点，对学校的财务活动进行组织、指挥、监督和调节。

学校的教学经费和专项资金来源主要由水电部（电力部）核拨，上级主管局对学校的专项经费给予一定补助，如基建费等。1966 年至 1982 年期间，水电部（电力部）每年向学校核拨的经费在 30 万 ~56 万元不等。1978 年至 1982 年基建拨款共计 137 万元。

为了加强财务管理，学校从 60 年代起，即结合学校情况建立一些管理制度，如现金管理制度、固定资产管理制度、低值易耗品管理制度、差旅费管理制度、暂付款和备用金制度等。

（四）思想政治工作

学校的思想政治工作，从建校以来都是在党委统一领导下进行。党委根据中共中央和上级党委的方针、政策、任务，结合学校情况，制定每个时期的思想政治工作规划、计划、措施，并统一部署、指挥。学校行政、工会、共青团等组织，根据党委部署和本身工作特点，密切配合开展思想政治教育。

教职员工的思想政治教育，主要由党委办公室和各个党支部负责，各职能科室结合日常工作进行经常性教育。工会和教工团支部，围绕学校的中心工作，开展思想政治教育。

学生的思想政治教育，同样在党委统一领导下，由行政、共青团、学生会等密切配合开展工作。

学校自建校至 1983 年 3 月，开展了各种不同内容、形式、方法的思想政治教育工作。如形势任务教育，向向秀丽、雷锋、王杰、焦裕禄等英雄模范人物学习的为人民服务思想教育，忆苦思甜教育，学习解放军、学习大庆活动，学习毛主席著作活动，劳动教育，党的路线、方针、政策教育，开展"五讲四美"活动，政治课教育以及法制教育等。

（五）工会和共青团工作

1. 工会工作

工会组织，在学校筹建时即已建立。1966 年 7 月至 1978 年 11 月，因"文革"原因，工会工作一度中断，粉碎"四人帮"后，于 1978 年 12 月正式恢复。

1957 年 10 月至 1983 年 3 月，历任学校工会主席是：齐延龄、易云、刘振英、李来源和刘慎勤。

"文革"前的工会活动主要有：配合党委工作邀请模范人物来校做报告；组织教工参观展览会、工厂；举办文体活动；利用黑板报"教工园地"宣传教工先进事迹以及向教工进行思想教育等。

1979 年后工会的主要工作是：提高教工的政治、业务素质，配合学校推动中心工作，进行教书育人、服务育人、管理育人以及纪律教育、师德教育和形势教育等，开展"讲师德、正师风，做优秀教工"等活动。同时开展工会组织、宣传、建设以及妇女、生活福利、文体工作等。

2. 共青团工作

建校初期，学校就建立了共青团组织——团总支。动力学院时期，先是团支部，后改为团总支。1959 年 5 月至 1961 年 11 月，保定电力学校共青团组织仍为团总支，隶属列车电业局团委会。1963 年 12 月至 1982 年 9 月共青团组织为团委会，团组织关系隶属共青团保定市委。9 月以后隶属保定市教育局团委。

学校团组织在不同历史时期，围绕党的中心工作，教育青年团员和广大青年，发挥先锋、突击作用和党的助手作用，在自身建设以及党的基本路线教育、四项基本原则和反对资产阶级自由化的教育等方面作了大量工作。

历任团组织负责人是：王国荣、李子信、凌湘生、张根深、杜尔滨、王连元、褚国荣、桂祥国。

学生会是党委领导下的学生群众组织，1958 年就已经建立。学生会协助学校贯彻党的教育方针，密切师生关系，沟通学校与同学情况，配合学校团组织和各部门开展工作，在自我教育、自我管理、自我服务方面作了大量工作。

（六）受表彰的先进工作者及保定市党代会代表、政协常委名录

1. 1957 至 1982 年度保定市先进工作者名单（按获得年度顺序排列）

马漆波、李福纯、胡昌林（连续 5 年）、金学海、王桂千、毕华序、王连元、李崇义、杨庆余、张忠乐、郭煜恒、李守义、鲁焕庭。

1966 年度全国电力工业和全国水利政治工作会议先进代表：杨庆余。

1981 年度河北省劳动人事厅模范教师、先进工作者：王浩、李守义。

2. 保定市党代会和政协委员名单

中共保定市党代会代表：周朴（第三届）。

保定市政协常委：邓忠岱（第三届，1963.3~1965.12）。

四、教学

（一）教学基本文件

教学基本文件是指教学计划和教学大纲。建校以来，随着国家政治经济形势的变化与发展，随着对电力职业技术教育特点与规律认识不断深化，学校的教学计划和教学大纲也在不断修订与变化，主要情况简述如下。

1. 教学计划

保定电力工人技术学校第一届学生是内招职工，其文化程度有高小、初中和个别高中。学校根据北京电管局教学计划的安排并结合实际情况，制定了以检修技能教学为主的教学计划。培养目标为发电厂检修技术工人。分汽机、锅炉、电气三个专业，学制 2 年。

1958 年 10 月，列车电业局动力学院设置热机系、电机系，分设本科、预科。本科学制 3.5 年，预科学制 2 年。教学计划是参考几个大学的教学计划而制定的。由于学院办学客观条件不足，1959 年 5 月，水电部根据中央关于调整高等院校精神而决定下马。图 7-2 为列电局动力学院 201 班师生留影。

1959 年 5 月，动力学院经整顿后改为保定电力学校。学校根据国务院《关于全日制学校的教学、劳动和生活安排的规定》的精神，执行水电部颁发的中等专业学校教学

图 7-2　列电局动力学院 201 班师生留影

计划（草案）。该教学计划体现了学校"以教学为主"的精神，注意了理论学习与生产实践的结合，体现了"教育为无产阶级政治服务，教育与生产劳动相结合"的方针。

1962 年，开始执行水电部颁发的技工学校教学计划。1964 年 11 月，水电部指示学校试行半工半读制度。学校遵照水电部关于试行半工半读教学计划的原则意见，制定了《半工半读中等技术学校教学计划试行草案》。培养目标是：培养学生在德育、智育、体育诸方面生动活泼地得到发展，成为具有社会主义觉悟、中等文化程度、中级技术理论水平和生产技能、身体健康的电力技术工人。入学资格为初中文化程度，学制由 3 年改为 4 年。

半工半读教学计划仅执行了一年多，因"文革"开始，随即停止执行。

1973 年学校恢复后，于 1974 年 1 月、12 月，先后制定和修订了教学计划。其主要特点是：为列电系统培养技术工人。课程设置、教学内容力求与列电生产特点相适应。入学资格为初中毕业生（多数实为高中毕业生），学制为 2 年。

1976 年 10 月粉碎"四人帮"后，学校又于 1977 年 11 月对教学计划进行了修订。本次修订强调了重视基础教学，逐步培养学生自学能力和分析问题、解决问题的能力。在课程的设置上注意了理论的系统性。

1981 年电力部在水电部 1973 年 3 月颁发的"全国统一的电力技工学校教学计划（试行）"的基础上，经过广泛调研和分析后，修订颁发了新的教学计划。这次颁发的教学计划注意了以下两点：一是技工教育要以生产技能教学为主，加强实践性的课程和教学环节，满足水利电力生产建设岗位技术工人的需要；二是对思想政治教育和政治理论教学提出了明确的要求。

2. **教学大纲**

建校初期，学校各课程教学采用自编教学大纲。自 1959 年 5 月，保定电力学校参照执行水电部颁发的中专教学大纲。1962 年以后，技工学校大部分课程参照水电部劳动工资司颁发的教学大纲执行。

1973 年复校后，学校大部分课程没有教学大纲。1977 年学校修订教学计划后于 1978 年组织教师制定教学大纲，经学校审批后执行。1979 年制定颁发了绝大部分课程的教学大纲，1982 年作了部分修订。

从 1979 年起，前后 3 次制定和修订教学计划、教学大纲，保定电力技工学校许多教师参加了大量的起草、修改、审定等工作。如罗慰擎、李守义等 17 位教师都发挥了重要作用。

（二）教学管理

教学管理工作在主管校长的领导下开展。教务科是学校教学综合管理的职能部门，专业教学科室（科室下面设教研组）负责组织领导相关的教学工作，实习工厂负责校内金工实习。

教学管理的主要内容包括：计划管理、教材管理、考试管理、教学检查等，各项管理内容都配有相关的规章制度。1961年1月学校制定了《教学管理制度和资料汇编》，内容包括学生升留级、学生请假、奖惩、休退学等23种办法、规定。1980年学校建立了《教学业务档案》。

在计划管理环节，主要是计划审批和任务落实两个方面。教务科根据教学计划、教学大纲，制定各专业教学实施计划，编制学期教学进程表，制定学期教学组织措施等，按规定时间报校长批准执行。

在考试管理方面，主要强调试题审批、试卷管理、考试过程管理、评卷与登记统计、补考等。

在教学检查方面，学校建立了一个包括计划指令、教学执行、检查考核、信息反馈等诸环节的教学质量检查循环系统。教学检查以教研组为基础，科室检查与学校联合检查等不同方式进行。经常性检查与阶段检查结合，以经常性检查为主。教师互查与学生评教结合，以教师互查为主。教学检查内容包括：教案质量、授课进度计划、课堂教学效果、批改作业的数量与质量、课外辅导情况、实验情况、学生学习成绩等。在实习教学检查方面，校领导还要派人赴现场了解实习进度、安全生产情况，以及技能训练、工艺作风、文明生产习惯和培养等。实习中各实习队都要不定期向学校写出实习调查报告，以便随时了解进度，掌握情况。实习结束时学生要写出完整的实习报告。

（三）教师队伍及结构

主要年份的教师队伍及结构见表7-22。

表7-22　　　　　　　　主要年份的教师队伍及结构

年份	专任教师总数	文化程度			有职称人数		
		大学与专科	中专、技校	高中以下	高级	中级	初级
1957	25						
1961	90						
1966	87	43	37	7			
1973	73	32	36	5			
1974	73	26	34	13			
1975	66	27	37	2			

年份	专任教师总数	文化程度			有职称人数		
		大学与专科	中专、技校	高中以下	高级	中级	初级
1976	61	24	35	2			
1977	62	22	40				
1978	70	23	45	2			
1979	73	25	44	4			
1980	83	31	42	10	1	8	21
1981	83	31	42	10	1	19	27
1982	88	32	40	16	1	19	28

（四）理论教学

建校以来，学校一直贯彻从严治学的精神，在理论教学方面提出了一系列的规定和要求，如：备课制度、教案编写和审批制度、新教师试讲制度，按时开展教研活动，教师要管教管导等。在课堂教学方面，要贯彻科学性和思想性统一、启发性、直观性、循序渐进、巩固性等五项教学原则，掌握课堂教学的组织教学、复习提问、讲授新课、巩固新课、布置作业等五个环节。

为了提高教学质量，在改进教学方面做了以下努力：

贯彻"少而精"原则。一是精讲多练，讲练结合；二是研究确定教学内容中的"三基"，即基本概念、基本技能、基本应用。突出抓教与学的内容重点，解决教学内容的主要矛盾。

进行现场实物教学。坚持课前充分准备、课堂严密组织、课后及时总结三个环节和讲、看、练三个结合。

自制教具，加强教学直观性。自 1960 年以来，发动师生自己动手制作模型、绘制挂图、制作教具，至 1965 年下半年，自制教具 98 项 153 件。

优化教学过程。教学是教与学的双边活动，优化教学过程既要发挥教师在教方面的主导作用，又要调动学生在学方面的主体作用。在教方面，要求教师明确教学思想，端正教学态度，改进教学方法。提倡教师严谨治学、因材施教、教书育人、为人师表、重教爱生。课堂教学抓好备课、讲课、批改作业、辅导、成绩考核等环节，并对学生提供学习方向和学习方法的指导。在学方面，对学生进行思想和理想教育，使学生树立正确的学习目的，形成良好的学习风气。

利用电化教学。发展电化教育是促进教学改革、提高教学质量的一个重要手段。

学校从1979年开始，到1982年已经有8.75毫米、16毫米放映机、投影仪、单放机、翻拍机等一批电教设备，这些设备在教学中发挥了积极的作用。

改进教学内容与考试方法。为了适应新技术的发展，1980年以来，教学内容主要改进的方面有，专业课教学内容，由小型电厂机组为主，逐步改变为以大中型电厂机组为主；增设电子计算机教学内容；增加应用环节的教学内容。改革考试方法主要体现在同门课程由专业科或学校统一命题，校外学校命题，参加保定市、河北省和全国水利电力系统技工学校统考等。

（五）生产实践教学

学校生产实践教学包括校内实习教学和校外实习教学。

1. 校内实习教学

建校初期，校内实习条件比较简陋，没有实习教室，只能利用新盖的食堂，配置设备等做实习场所。特别是"文革"期间，校内实习设备遭到了严重破坏。为加强校内专业基本工艺的训练，解决基本工艺实习不足和训练内容不均衡等问题，采取了一系列措施。

2. 校外实习教学

校外实习是学校完成教学计划任务的重要组成部分。1979年、1982年水电部（电力部）先后颁发全国统一的电力技工学校教学计划。对发电厂热能动力设备运行与检修专业实习的安排为：钳工工艺实习、电厂认识实习、校内专业实习、电厂检修实习、毕业实习。对发变电电气运行与检修专业的实习安排为：钳工工艺实习、电工基本工艺实习、电厂认识实习、校内装配检修实习、电子设备组装实习、检修运行实习、校内运行实习、毕业实习。这些安排使校内外实习加强了计划性和稳定性，并有利于实习教学制度化、规范化。

（六）校园文体活动

1. 体育活动

"文革"前，学校运动场地，设有400米跑道的田径场；篮球场12个，排球场3个，乒乓球台若干，单杠、双杠和联合器材等其他器械也比较齐全。十年动乱中的1969年至1970年，曾一度把场地变成了农田，体育器械也化为乌有。"文革"后期复校后，经过不断整修和逐步购置配备，才逐渐恢复体育活动条件。

学校体育活动开展活跃。经常（每周）进行班级篮球赛和足球友谊赛，并建有学校篮球队、足球队和田径队。期末或年底都举行全校性的比赛、师生友谊赛等。教工篮球队曾获得保定市基层单位篮球冠军。

学校每年举行春秋两次全校性的田径运动会，历时2天。1979年，学生在参加保定市组织的环城赛跑中，取得了男子组第一名和女子组第一名的好成绩。

2. 文艺活动

学校的文艺活动丰富多彩，乐器、服装齐全。许多班级建有歌咏队、舞蹈队。学校的歌咏队、舞蹈队、曲艺队经常请保定市有名的教练进行指导。学校每年在"元旦""五四"等节日举行大型文艺演出活动，并经常参加保定市组织的文艺演出。

文体活动的开展，不仅丰富了校园文化生活，保证了师生的身心健康，也使党的"德智体全面发展"的教育方针得到落实。

（七）教材编著

1983 年 1 月之前，学校教师教材的编著情况见表7–23。

表 7–23 　　　　　　　　　教师教材编著情况统计

教材名称	编者	正式教材出版时间	印制册数	字数	自编讲义编写时间
机械制图	臧定	1963.9	2945		
电工仪表及测量	林正馨	1982.1	87100		
汽轮机设备及运行	赵永民	1982.12	38680		
语文	陈少林			23500	1964.3
热工学基础理论讲义	胡博文				
汽轮机调节与保护	赵永民			101500	1977.4
汽轮机辅助设备	贾守忠 张忠乐			221000	1977.12
电厂化学	沈淑英			113900	1978.3
热工仪表及自动装置	袁大兴 王静远			98500	1979.5
汽轮机原理	汽机教研组			111300	1980.9
直流电位差计	许兆麒			13100	1982
语文讲义	姜国昌			49700	1982.9

五、学生工作

1. 招生工作

从建校至"文革"前，学校生源多数来自河北各地市，也有少部分天津、山西生源，主要为初中毕业生或同等学力的城乡知识青年，还有少数从水利电力生产单位抽调的在职职工。由于国家经济困难，1961 年学校未招生。1963 至 1964 年招收了部分高中毕业生单独编班学习。1966至1972年，学校受"文革"影响，7年停止招生工作，于1973年恢复招生。"文革"后期，1973至1977年招生考试改为推荐。尽管招生文件要求招收年龄15~20周岁的初中毕业生，但实际每年招收的学生大部分均为高中毕业生，招生地区涉及全国20多个省、市、自治区。在同等入学条件下，对列电子女适当照顾，优先录取。由于采用推荐入学办法，致使学生的文化程度参差不齐。1977年起，招生对象改为城镇户口的应届高中毕业生，通过正式考试，按照国家政策规定进行录取。对内招考生其录取分数线不得低于社会考生的15%~20%。

学校历年招生的专业、名额、男女比例等都是按照主管部门下达的计划进行的，随着国家政治、经济、文化形势的变化，招生办法有所不同。招生工作一般在地方政府统一领导下进行。学校成立招生办公室或招生委员会，按照政府规定的办法、程序负责录取。唯有1958年和1963年是学校单独组织招生的。从1957至1982年学校共招收技工、中专学生5055人。详情见表7-24。

表7-24 　　　　　　　　　　历年招生人数统计

年份	学校性质	招生人数		专业分配					学制	生源地
		初中	高中	炉	机	电	劳资	电试		
1957	技校	230								天津、山西、河北、内蒙古、山东、河北、江苏、浙江、上海、黑龙江
1958	动院	666	119							
1959	中专	440								
1960	中专	368								
	技校	300								
1961										
1962	技校	93		30	30	33			3	河北保定
1963	技校	129	79	70	76	62			3/2	河北保定
1964	半工半读	424		187	94	143			4	河北、天津
	中专		158					158		河北、天津
1965	半工半读	242		81	79	82			4	河北、山西
	中专	38						38		河北、山西
1973	技校		176	70	70	36			2	河北、山东、天津、湖北
1974	技校		198	40	79	79			2	河北、山西、陕西、湖北、湖南、河南

年份	学校性质	招生人数		专业分配					学制	生源地
		初中	高中	炉	机	电	劳资	电试		
1975	技校		200	100	49	51			2	河北、河南、山东、湖南、黑龙江、福建
1976	技校		199	119	40	40			2	河北、山西、山东、内蒙古、黑龙江、江苏、湖南、福建、河南
1977	技校		196	116	41	37			2	河北、山西、山东、内蒙古、黑龙江、湖北、湖南、福建、河南、新疆
1978	技校		203	117	38	48			2	河北、山西、内蒙古、辽宁、黑龙江、湖北、湖南、甘肃、河南、山东、江苏、福建
1979	技校		203	151		52			2	河北、山西、山东、陕西、黑龙江、江苏、湖南、湖北、河南
1980	技校	40	141	138		43			2	河北、山西、陕西、黑龙江、湖北、湖南、江苏、河南、内蒙古、辽宁、广东
1981	技校		80			80			3/2	河北、河南、内蒙古、黑龙江、吉林、青海
1982	技校	39	124	118				45	3/2	河北、天津、安徽

2. 毕业分配工作

学生的毕业分配，是按照主管部门下达的分配方案进行的。从 1957 至 1983 年，学校为国家输送毕业生 4895 人，分布在全国 28 个省、市、自治区。

毕业生分配去向：1973 年以前毕业生在全国范围内统一分配，大部分分配到列电局所属生产单位，少部分分配到电厂和供电单位。1975 至 1982 年毕业生，都是按照国家规定，经过毕业考试后，在全国范围内分配，原则上从哪个省来仍回到哪个省去，少数因工作需要，跨省分配。这一阶段的学生主要分配到各列车电站、电厂和电力修造厂等。历届毕业生人数、毕业去向情况见表 7–25。

表 7-25 历届毕业生人数、毕业去向统计

年份	合计	毕业生人数			毕业分配去向	备注
		中专	技校	动院		
1958	230		230			结业生
1959	347			347		结业生
1961	562	562				其中 190 人结业
1962	642	342	300			
1963	136	136				
1964	256	256			河北、河南、山东、甘肃、江苏、湖北、山西、天津、云南、宁夏、北京	其中 78 人为劳资班学员
1965	204	204			各列车电站、沈阳电力修造厂等	其中 79 名高中二年毕业生，其余初中三年毕业
1967	179	80	99		河北、四川、天津、山西、湖南、辽宁、北京、山东	其中 80 人为劳资班学员，入学起点高中
1968	462	462			各列车电站、兰州、关中、邯峰安电业局、150 电厂、邯郸冶金矿山公司	中专 38 人为劳资班学员
1970	242	242			各列车电站、列电基地	应 69 年毕业，因文革推迟分配
1975	176		176		各列车（船舶）电站、留校 5 人	
1976	198		198		各列车电站、各列电基地	
1977	199		199		各列车电站、船舶 2 站、武汉基地等	
1978	203		203		各列车（船舶）电站	
1979	196		196		各列车电站、留校 8 人	
1980	199		199		各列电基地；河北、河南、山西、山东、湖北、湖南、内蒙古、陕西、江苏、四川、福建等地电厂	
1981	203		203		各列车电站、各列电基地	
1982	141		141		各列车电站、列电基地，辽宁、广东、山西、内蒙古、江苏、湖北、湖南、河北、河南等地电厂或供电局	
1983	120		120		各列车电站、列电基地，吉林、西宁供电局、河北、山西、内蒙古等电厂	
合计	4895	2284	2264	347		

第七章　科教及其他单位

513

毕业教育及分配工作：毕业教育分两个阶段进行，一是经常性教育，使学生认识到从事电力工作的重要意义，从而树立起献身电力事业的崇高理想，自觉地服从国家分配；二是临分配工作前，集中一定时间，进一步进行思想动员，端正毕业分配的态度。在此基础上，班主任根据上级下达的分配方案，结合学生具体情况，提出分配的建议名单，经教导科（学生科）审核，校长批准后公布执行。

3. 学生管理

学生管理是学校教学与生活秩序稳定、学生健康成长的一项重要工作，学校十分重视，采取了一系列管理措施：

组织任课教师、班主任、学生组织等部门齐抓共管，多层次、多渠道做好学生的教育管理工作。

明确任课教师教育管理职责，既要教好书，又要育好人。他们利用课堂、自习辅导等机会，配合学校和班主任做好学生的管理工作。

班主任肩负班级学生管理的主要责任，做到以身作则、言传身教，讲究工作方法，以情感人、以理服人、耐心教育、大胆管理。深入学生，了解实情，扬长避短，化解矛盾，做学生的良师益友，凝心聚力建设良好班风。

教务科、学生辅导部门、团委、保卫科、政教组等组成联合教育管理体系，从不同角度，有针对性地做好学生教育管理工作。

学生会、班委会、团支部、党小组，通过学生自己的组织，加强信息沟通，掌握学生动态，一方面做好学生的疏导工作，另一方面及时向班主任反馈信息，协助学校和班主任做好学生工作。

建设良好学风是学生管理的重要工作。"文革"前，多数学生来自农村，思想朴实，学习态度端正。1973年学校恢复后，曾一度受"读书无用论"影响，认真读书之风受到很大干扰。党的十一届三中全会后，学校从组织上、制度上、措施上做了大量工作，学风逐渐好转。但1980年前后，随着内招子女尤其是列电子女的增多，曾一度出现少数学生自由散漫现象，不思学习的风气有所抬头。学校及时采取措施，较快地稳定了教学秩序。

建立科学合理的规章制度和学生日常行为规范，促进学生遵纪守法，尊师爱校。建校初期，学校就着手学生管理的建设工作。1960年，学校首先制定了学生请假、奖惩、成绩考核、操行评定等办法。1962年制定了班主任工作的"六点要求"，还一度实行与学生同吃、同住、同劳动的"三同"做法。依据1973年推行学生"上、管、改"的办法，针对当时社会上一些不健康文化思想渗入，给学生的思想、学习、生活纪律造成的不良影响，从1981年开始，学校不断加强了学生的思想教育和管理工作，严格贯彻执行"学生守则"，规定了具体行为上的"7个不允许"。并通过大力开展"五讲四美、三热爱"和学雷锋、树新风，从我做起等系列活动，使教学、生活秩序更趋稳定，行为更加规范。

4. 优秀毕业生代表简介

解居臣　男（1948.10~　　），河北石家庄市人，1968年12月保定电力技工学校汽轮机专业毕业，中共党员，教授级高工。曾任中能电力工业燃料公司副总经理、总经理（正局级）、党组书记等职，曾为中电联常务理事，燃料分会会长。2001年主持开发的"电力行业燃料管理统计汇总系统"，获中国电科院科技进步二等奖。2002年主持开发的"国家电力公司燃料调度管理系统"，获中国电科院科技进步二等奖。

毕孝圣　男（1952.11~　　），山东潍坊人，1975年12月保定电力技工学校锅炉专业毕业，中共党员，高级经济师。曾任潍坊市纺织工业局副局长、潍坊第四棉纺织厂厂长、党委书记，帛方纺织有限公司董事长、总经理、党委书记等职，兼任中国棉纺织行业协会常务理事。曾为潍坊市第十四、十五、十六届人大常委会委员。获得全国纺织工业系统劳动模范、山东省劳动模范、山东省优秀企业家等荣誉称号。

曹新来　男（1953.10~　　），天津人，1975年12月保定电力技工学校锅炉专业毕业，中共党员。2005年在天津市测量仪器一厂工作期间，因技术攻关和设备改造取得突破，为企业的产品生产、销售取得巨大利益，被天津市委、市政府授予2006年度劳动模范光荣称号。

关明华　男（1955.9~　　），黑龙江望奎县人，满族，1976年8月保定电力技工学校汽轮机专业毕业，高级政工师。曾在黑龙江省绥化地区任副局长等职，在黑龙江省直科研机构、省直国有企业担任党政主要领导职务。曾著《人生教科书》《人生管理之青春500问》等书籍，被中国共青团网选为"团干加油站"推荐书目，《人生教科书》被中国青年网收进励志书库。

姚陶生　男（1957.11~　　），山西永济人，1977年7月保定电力技工学校汽轮机专业毕业，中共党员，高级工程师。曾任永济电机厂副总经理。曾开发"六轴7200kW大功率交流传动电力机车的研发及应用"，获国家科技进步一等奖，享受国务院特殊贡献津贴。

郭要斌　男（1954.4~　　），河北安国人，1979年3月保定电力技工学校汽机专业毕业，北京师范大学政教系、中央党校经济管理专业毕业，高级经济师，中共党员。曾在31站、列电局宣传科、干部处工作。1991年后，历任能源部（电力部）人劳（教）司干部处副处长、机关人事处处长，国家电力公司人劳局机关人事处处长，华北电管局副局长及党组成员、北京电力公司党委书记、华北电网党组书记等职。北京市第十四届人大代表。

除了上述人员，还有刘忱、刘洪恩、王雪非、王琪瑛等优秀毕业生，他们均在各自的生产、管理岗位以及社会上作出了突出贡献。

六、干部与职工培训

学校在完成教学任务外，充分利用学校的资源和师资优势，挖掘潜力，多渠道、多类别的开展培训工作，为列电事业培养优秀人才。

1. 干部培训班

从 1972 至 1982 年，为干部企业管理和各专业技术水平的全面提升，加速列电事业发展，列电局党组决定在保定电力技工学校举办培训班，培训情况见表 7-26。

表 7-26　　　　　　　　　1972~1982 年历年干部培训情况

开班时间	培训班类型	培训人数	培训内容
1972.12.5~1973.1.9	厂长读书班	55	《共产党宣言》《哥达纲领批判》《国家与革命》《正确处理人民内部矛盾》等
1973.3.12~1973.4.15		55	
1973.5~1973.7	财会训练班	40	会计核算
1979.6~1979.9	电子训练班（合办）	30	电工基础、电子系列课程
1980.5~1980.11（5 期）	干部培训班	153	生产基本知识、企业管理、政治经济学等
1982.4~1982.8	英语干部培训	42	英语（郑培蒂）

2. 青工培训班

1965 至 1982 年开展工人培训班情况见表 7-27。

表 7-27　　　　　　　　　工人培训班情况

开班时间	培训班类型	培训人数	培训内容
1965.5~1965.7	钳工训练班	44	钳工（全国电力师资培训）
1980.9~1982.6	汽机专业培训班	79（2 期）	专业基础知识、专业知识
	锅炉专业培训班	74（2 期）	同上
	电气专业培训班	40	同上
1981.9~1982.12	热工专业培训班	88（2 期）	电子技术、调节原理及应用、调节设备、热工仪表、热力设备等

3. 其他培训

（1）1960 年 7 月，为保定市举办农村电工训练班一期，培训人数 204 人。

（2）1965 年 12 月至 1966 年 5 月，派教师赴沈阳、满洲里、齐齐哈尔等地，为水电建设安装单位接收的复转军人进行汽机、锅炉、电气等基础知识培训，培训人数 236 人。

（3）为提高学校教师的教学水平和知识更新，从建校以来，学校多次派教师参加有关培训和送入高校进修学习。至 1982 年年底参加培训人数达 59 人（次）。

七、电校记忆

1. 生产实习和实验教学

建校初期，限于办学条件，校内实习实验设施建设主要通过自力更生、因陋就简的方式来实现。如热动专业，1964 年利用四处寻找和调拨的一些废旧设备，教师带领学生自己动手，制作实习设备，设立了起重、搬运、阀门检修、小型汽机检修、水泵检修、弯管、胀管、调速器检修、动静平衡实验、对轮找中心等实习项目。为了使学生对电力生产过程有直观认识并进行值班操作，1965 年，将锅驼机、活塞泵、冷油器等改装为锅炉、给水泵、凝汽器等，与凝结泵、小汽轮机、小发电机，构建成了一套简易的电厂模拟运行装置，为学生模拟电厂岗位值班操作提供了锻炼机会。

1965 年，电气专业的教师，利用寻到和低价购进的破旧设备，经过整修，设立了内外线、二次线、电机检修、变压器检修、电器设备检修等多项实习项目。学校的金工、锻工和车、铣、刨、焊等实习项目，基本上都是靠这种办法开办起来的。

对于学生参加校外生产实习，学校主要采取建立实习基地、签订实习合同和外包工程的方法进行。实习基地主要有保定热电厂、保定列电基地、各列车电站，邯郸电建公司、河北省电建公司、邯峰安电业局等单位。专项工程施工有：热动专业 1965 年机 6305 班学生在安阳电厂实习时，在教师带领下，独立承担了汽机调速系统的部分检修项目；1975 年，炉 7302 班、机 7302 班学生在参加微水电厂实习时，实地参加了 5 万千瓦机组的安装工程。电气专业 1965 年在 10 多名教师带领下，三个班学生冒着严寒风雪，承包了容城县 35 千伏变电站的安装和配套的 10 多公里线路的架线工程。1975 年老师们带领电 7402 班学生，利用简单的工具设备，土法上马，为保定市供电局架设了烟厂路一条 10 千伏输电线路。

另外，早在 1958 年，结合钳工实习，学校为工厂加工装配水泵 1000 台，试制电焊机、组装汽车发电机等。1964 至 1968 年，电气专业教师带领学生，为用电单位制作高低压配电装置 500 多件，地面接线盒 500 个。

通过校内外一系列实习实验的培养训练以及在生产、工程中的实际锻炼，学生工艺水平明显提高，动手能力大为增强，安全生产和应知应会知识进一步深化和扩展，为日后工作打下了坚实基础。《保定日报》还对几个学生实习项目进行了专门报道。

2. 学雷锋、树新风活动

1963年3月，毛泽东主席发出了"向雷锋同志学习"的伟大号召，雷锋事迹迅速传遍全国，像春风化雨，润泽着保定电校校园。校党委对学雷锋活动进行全面部署，在团委具体指导下，各班学雷锋活动深入开展，学雷锋小组如雨后春笋呈现于校园。学校利用星期天组织全校师生走向社会，自带宣传标语和清洁工具，在车站、邮局等公共场所进行义务劳动，宣传雷锋精神。

一些学雷锋小组，利用课余时间，在校园和街头为师生和市民义务理发，修理和焊补破损的饭盒、脸盆；不少学生还自发到身体不好或行动不便的教职工家庭帮忙。老师们深入班级和学生宿舍，问寒问暖，主动为学生辅导补课，有的老师还为家庭困难的学生送去衣物，缝补衣被。学生有病时，安排及时就诊。一些老师和学生食堂还为他们做病号饭，送至宿舍。在教室、宿舍、食堂，卫生间……到处都是学雷锋做好事的身影。团委主办的《接班人》小报，以及各班自办的板报、墙报，宣传报道的多是学雷锋的好人好事。

学雷锋活动不仅在校内广泛开展，还带到了校外实习地点。实习队每到一处，都把搞好驻地及其附近的清洁卫生作为日常安排，并组织轮休的同学下厨房择菜帮厨，清理食堂饭桌。就连往返的火车上，也常有同学帮助列车员搞卫生。

学雷锋活动使师生的精神面貌发生了深刻变化，促进了师生努力学习、勤奋工作的热情，使学校呈现出助人向善、团结进取的一派生机。

"雷锋"和"雷锋精神"，永远留在了保定电校的记忆中。

八、归属变更后的保定电校

1983年3月30日保定电力技工学校由列电局移交华北电管局管理。

30多年来，全校教职员工在上级和学校的领导下，发扬团结勤奋、拼搏进取精神，积极加强学校的基础设施、师资队伍、学科以及服务功能等建设，走多元化办学道路。遵照为电力事业和社会服务的宗旨，对学校各项工作大胆改革、创新，克服重重困难，积极适应从计划经济体制向市场经济体制转变，使学校得到了突飞猛进地发展，办学工作蒸蒸日上，取得了令人瞩目的突出业绩。

基础设施建设。截至2016年年底，学校校园面积已从71333米^2，发展到现在的

186665 米 ^{2}，分南北两个校区，总建筑面积达 147975 米 ^{2}。建有功能齐全的教学、培训设施；现代化的学院图书馆藏书 27.95 万册；拥有 220 千伏和 500 千伏变电仿真实训室、300 兆瓦和 600 兆瓦发电厂仿真实训室、网络设备实训室等实验实训室共 116 个。拥有现代化的电子信息、学术、体育、娱乐等设施。

办学层次与规模。在 1983 年 1 月前技工教育基础上，1988 年 9 月能源部以能源人字（88）24 号文批复，复建保定电力学校。实行两块牌子、一套领导班子的领导管理体制。办学规模为中专 640 人，技工 1200 人。

1994 年 8 月经过教育部评估，保定电力学校被批准为国家级重点普通中等专业学校。

2003 年 4 月，经河北省政府批准，保定电力学校升格为保定电力职业技术学院，成为国家的一所普通高等电力职业技术院校，隶属华北电力集团公司管理。全日制在校大专生规模不少于 2000 人。

1995 年 4 月和 2004 年 4 月，经河北省教育厅批准，学院先后开办了成人中、高等学历教育。

2006 至 2010 年，学院办学达到高峰，在规模上，中、高等在校生最多时达到近9000 人，成人学历教育生达到 5300 多人。

2012 年 1 月，学院归属国网冀北电力有限公司领导和管理。2012 年 6 月冀北电力有限公司同时将学院建为公司技能培训中心，仍实行多块牌子、一套领导班子的领导管理体制。每年为国网冀北电力有限公司所属单位培训人员约 50000 人天，学院学历教育和成人短期培训并存，职业教育特色凸显。在办学形式上真正形成了多层次、多渠道、全方位。在服务上，由单一学历办学，发展成为普通教育、成人教育、技能鉴定并存的立体办学体系。

师资队伍与学科建设。学院目前拥有专任教师 161 人，其中具有副高级以上职称的教师 59 人，具有研究生及以上学历的 76 人。在学科建设上，学院现有四个教学系部：电气工程系、动力工程系、信息工程与管理系、基础教学部，面向行业及社会设置专业 18 个。在培训鉴定方面，设置培训管理部、技能鉴定部、技术培训部等，拥有专任培训师 30 多人，兼职培训师若干人，可以面向电力行业、地方企业以及社会开展多方面培训鉴定服务。学校教育教学设施完善，师资力量雄厚，为培养各行各业所需人才建立了良好基础。

由于学校办学条件优良，理念先进，环境优美，服务一流，学校获得了以下荣誉称号：河北省职业教育先进单位、全国电力职业技术教育标兵学校、河北省园林式单位、河北省文明单位、国家电力公司双文明单位、华北电网公司双文明单位、全国精神文明建设先进单位等。

密云干校

密云干部学校，是列车电业局管理人员教育培训基地。其前身是水电部密云农场（绿化队）。密云干校创办于1963年年初，同年6月正式投入使用。"文革"期间曾停办，1975年12月干校恢复。1981年1月，干校撤销。历经17年，前后举办过多期各类型的培训班、训练班及会议，在列电系统职工及管理团队的培养、建设中发挥了应有作用。

一、干校概况

密云干校，位于北京密云区白河水库管理中心，溪翁庄西恒山岛，距北京市104公里、密云县城20公里。校址地处大山深处，由五座山头组成，四面环水、空气新鲜。面积约33.3公顷，其中水域面积约9.3公顷。地形以山地和坡地为主。仅有一条土石夯成的简易公路（堤坝）与外相连。图7-3为密云干校鸟瞰图。

原农场有十几排简易平房，每排5间，每间约20米^2，这些房舍仅够农场绿化队使用。为适应训练班教学和学员的住宿需要，建校初期，又陆续建成5排平房和一座礼堂，礼堂兼作食堂和教室，总建筑面积约1000米^2。

图7-3　密云干校鸟瞰

二、组织机构

1. 人员组成

水电部密云农场成立时，原有约20人（当地农民），只参与农场绿化队的劳动。1963年6月，密云干校成立后，列电局按干校的需要，配备领导和管理人员。其中，训练班副主任1名、绿化队队长1名，管理人员4名（从保定、武汉、西北基地和电站各抽调1名）、后勤人员4名（医生、财务、厨师、卡车司机各1名）。截至1980年12月，在干校先后工作过的职工大约六七十人。

2. 历任领导任职情况

1963年6月至1970年11月，毕万宗任训练班副主任、党支部书记。

1976年1月至1976年12月，刘尚谦任干校负责人、党支部书记。

1977年1月至1978年4月，张子芳任干校校长、党总支书记，刘尚谦任党支部副书记。

1978年4月至1981年1月，赵立华任干校副校长、党总支书记。

历任党支部、总支委员：李建瑞、张峰、李汉征。

3. 管理机构

（1）政工组历任组长：由党支部书记或党总支书记兼任。

（2）后勤组历任组长：李汉征。

（3）生产组历任组长：李建瑞、侯文光。

三、干校的由来、变迁与发展

密云农场的场地原是水电部的一个下属农场，建于1959年秋。当时，水电部副部长刘澜波为解决机关职工生活福利，选择密云水库等几处地方作为农牧场，共有土地六七十公顷，用来经营鸡、牛、羊的饲养、捕鱼等副业和种植农作物。

1963年年初，列电局副局长季诚龙，代表列电局向水电部行政司申请，将密云农场划拨给列电局管理和使用。水电部同意了列电局的要求，1963年4月，正式将密云农场及人员成建制移交给列电局。列电局将农场更名为列电局绿化队，接管土地约34公顷，及苹果、梨、桃、核桃、板栗、山楂等果树2千多株，松柏树5千多株，另有洋槐、枫树等1万多株。

　　为培养干部队伍，提高职工的政治业务水平，列电局需要一个稳定的教育培训基地。为此，在接收密云农场的同时，列电局决定筹建干部学校。1963 年 6 月，干部学校成立。干部学校分为职工训练班和农场绿化队，两块牌子一套班子（有印章）。职工训练班，主要负责列电系统干部职工的培训；农场绿化队，主要负责农场的树木、果树和农作物的种植及管理。

　　1966 年 6 月，受"文革"的影响，职工训练班停止办班，仅有农场绿化队在维护农场的树木。干部学校停办后，管理人员回到原单位工作，只有毕万宗和陆玲玉夫妇留守农场，负责绿化队的工作。1970 年 11 月，他们调到 48 站工作。1970 年至 1971 年，列电局机关整党，历时半年左右。1971 年 6 月，列电局将农场移交给华北电管局，更名为华北电管局"五七林场"，成为该局干部参加劳动的场所。1973 年秋，华北电管局又将农场移交给中国人民解放军第二炮兵司令部通讯营经营管理。

　　1975 年 11 月 20 日，水电部以（75）水电计字第 291 号文批复列电局，恢复列电局密云五七干校，作为列电局职工的培训场所，编制暂定 35 人。干校恢复后，根据工作需要，又配备了一些工作人员。主要工作分为两部分，一是为列电局各种培训和会议提供条件和后勤保障；二是管理果树及农田。来这里参加培训的干部和职工，都是边学习边劳动。

　　1981 年 1 月 24 日，电力部以（81）电劳字第 5 号文，就密云五七干校隶属关系作出批复，密云干校由电力部办公厅接管，作为部机关农副业基地。

四、承办培训和会议情况

　　从 1963 至 1979 年，各专业培训工作，由列电局各职能部门负责，教材和授课老师由各处室准备和安排，干校负责准备培训场地，以及后勤服务等日常管理工作。

　　培训工作大约每年一次，培训内容根据列电局的工作需要做相应安排，受训人员来自各基地和列车电站。学员在学习期间，吃住全部在干校，除了上课，还不定期的参加干校绿化队的生产劳动。干校在 1963 至 1979 年期间，举办的各类培训班及会议情况见表 7-28。

表 7-28　　　　　　　1963~1979 年密云干校培训、会议情况

序号	培训班名称	举办时间	人数	负责部门
1	职工思想教育	1963.9~1963.12	30~40	列电局劳资科
2	职工思想教育	1964.2~1964.5	30~40	列电局劳资科

序号	培训班名称	举办时间	人数	负责部门
3	财务人员培训	1964.9~1965.2	30~40	列电局财务科
4	生技组长培训	1965.6~1965.9	30~40	列电局生技科
5	列电局机关整党	1970 冬 ~1971 春		列电局党核心组
6	第一期干部培训	1976.6~1976.11	50~60	列电局政治部
7	第二期干部培训	1977.3~1977.8	50~60	列电局政治部
8	第三期干部培训	1977.8~1978.1	50~60	列电局干部处
9	电站厂长座谈会	1978.9.1~1978.9.24	45	列电局政治部
10	宣传报道培训	1979.3.30~1979.4.22	48	列电局政治部

五、干校记忆

1. 1978 年密云厂长座谈会

1978 年，中央下发了《中共中央关于加快工业发展若干问题的决定（草案）》，简称《工业三十条》，是当时在工业战线拨乱反正的一项重要举措。水电部对电力系统贯彻《工业三十条》提出了要求。同年 9 月 1 日至 9 月 24 日，列电局在密云干校召开了电站厂长座谈会。贯彻落实《工业三十条》，学习企业管理知识，研究讨论列车电站管理，制定《加强列车电站管理的初步意见》和《列车电站厂长职责条例》。

参加座谈会的人员有 45 名列车电站厂长，局机关各业务部门都派员参加，牵头的部门是局政治部。9 月 1 日上午，副局长刘国权到会讲话，强调座谈会也是培训会，目的是提高电站领导干部的管理水平。会议安排了四个单元。第一单元是学习《工业三十条》，请保定电力技工学校陈学根讲解《工业三十条》。然后分组学习讨论，进行大会交流。第二单元是生产技术管理内容的学习与讨论。首先是生技处周良彦讲列车电站的技术管理。之后以专业技术人员为主，介绍相关技术改进成果和技术培训工作。第三单元讨论列车电站管理要点和列车电站厂长岗位责任制初稿。第四单元是经营管理内容的学习讨论。本阶段先后有局财务处、劳资处、供应处负责人员，介绍列车电站的财务管理、劳资管理和物资管理。

座谈会期间正是秋收时节，学习讨论与秋收劳动相结合。在 20 多天中，采摘苹果3 万斤，收割 43 亩庄稼。与会者利用工余课后散步放松的机会，还采摘蘑菇。

会议结束后，根据讨论意见补充修改，形成了《加强列车电站管理的初步意见》和《列车电站厂长职责条例》。1978 年 11 月 13 日，列电局就这两个文件发出通知，要求各列车电站贯彻执行。

2. 1979年宣传报道培训班

1978年年底，中央十一届三中全会后，列电局开始办《列电》杂志的筹备工作。由列电局政治部宣传科负责。当时，首当其冲的是人手问题。编辑部成立后，第一件事是办培训班。

1979年年初，开始准备举办宣传报道培训班。办班主要的问题是教材。当时没有现成的教材可用，就自己动手编教材。经过两个月左右的时间，编写出一本名为《语文及写作知识》的教材。这本教材分为五部分：第一部分是现代汉语语法，第二部分是现代汉语修辞，第三部分是形式逻辑，第四部分新闻写作知识，第五部分是几种文体的写作。

1979年3月30日，在密云干校，培训班正式开班。参加培训的共48人，平均年龄大概在二十六七岁，文化基础也不一样。学员分成4个小组。培训分为3个阶段，第一阶段是务虚，学习文件，提高对宣传报道工作的认识；第二阶段是业务培训，提高写作能力和摄影水平，这个阶段安排时间最长；第三阶段是研究《列电》杂志如何办，酝酿建立通讯员队伍。培训内容有新闻写作和新闻摄影业务学习，也有形势教育和政治学习。这次培训，十分注意实际操练。学习阶段后期有一次写作测试，实际是实兵演练。

宣传报道培训班4月22日结束，历时24天。学员离京前，在二里沟局机关大院，学员与列电局领导共同合影。

六、干校归宿

1980年11月18日，列电局以（80）列电局劳字第710号文，将关于撤销密云五七干校、建立密云绿化队建制的报告，呈送电力部。1981年1月24日，电力部以（81）电劳字第5号文批复，同意撤销密云五七干校，成立密云绿化队。

1981年4月1日，电力部办公厅接管绿化队，更名为电力部绿化队。原绿化队侯文光、孙福生等人员归属电力部办公厅，五七干校副校长兼书记赵立华调列电局纪检组主持工作，其他人员由列电局重新安排工作。

绿化队作为电力部机关农副业基地，一是作为部机关及在京直属单位义务植树的场所；二是为机关提供农副、水产品等；三是作为部机关及在京直属单位举办学习班、会议及老干部休养的场所。

1988年水、电分家，绿化队（基地）隶属于两部服务局共管。1989年11月，基地由正科级单位升为处级单位。1996年9月，绿化队归属水利部，更名为水利部密云绿化基地。

移交电力部办公厅人员有：

侯文光、孙福生、吴兴义、李德文、赵春芝、田德山、王海军、武万春、许小莉、付宝义、韩幼新、王治国、戴贵春、王玉华、章玉华。

第四节

拖车电站保养站

拖车电站保养站，1977 年 12 月在北京成立。发电设备为柴油发电机组及燃气轮发电机组，装机总容量 3724 千瓦。该站先后为北京、广西、江苏、山西等 4 省、市、自治区服务。1983 年 10 月，成建制移交给华北电管局机械建筑公司。建站近 6 年，为国家三线建设和前线战事，以及工程应急用电发挥了应有的作用。

一、拖电概况

1. 拖车电站保养站成立

1976 年唐山地震后，水利电力部以（急件）（76）水电生字第 58 号文，通知列车电业局，为了做好几个主要城市，特别是首都的抗震准备工作，要求紧急配备一批拖车电站，用于抗震救灾机动电源以应急需。

列电局根据文件精神，装配一批汽车拖车电站，并上报水电部。1977 年 12 月 3 日，水电部以（77）水电计字第 259 号文批复列电局，同意在北京成立拖车电站保养站。负责拖车电站维护保养工作。站址设在北京昌平沙河农场旧址，编制 30 人。

2. 基础设施

1976 年 9 月，拖电在北京昌平筹建，占地面积 63 亩。建有 600 米^{2}设备库，1600 米^{2}汽车库，300 米^{2}加工车间，300 米^{2}办公室，1000 米^{2}宿舍楼，另建有完善的供电、供水设施。

3. 设备装机及造价

截至 1979 年年末，拖电总装机容量达到 3724 千瓦。由 13 台柴油发电机组构成。其中：

柴油发电机组 3 台（1、2、3 号机组），红岩柴油机厂制造，6250 型，功率 300 千瓦每台；

柴油发电机组 3 台（4、5、6 号机组），潍坊柴油机厂制造，6160 型，功率 120 千瓦每台；

柴油发电机组 3 台（9、10、11 号机组），德意志民主共和国制造，8240 型，功率 368 千瓦每台；

单轴燃气轮机发电机组 1 台（12 号机组），列电局武汉列电基地制造，功率 1000 千瓦；

柴油发电机组 3 台（13、14、15 号机组），上海柴油机厂制造，12V135 型，功率 120 千瓦每台。

机组配套车辆：

国产黄河牌 15 吨拖挂车 2 辆；捷克产太脱拉 15 吨大卡车 1 辆；国产东风牌 L141 型 5 吨越野卡车 6 辆。

辅助车辆及维修设备：

罗马尼亚布切奇 5 吨油罐车 3 辆、解放牌 5 吨油罐车 4 辆、16 吨轮胎式吊车 1 辆，各型车辆计 17 辆，以及 C620 车床，牛头刨床，钻床等机装维修设备。

每台机组配有专用工具箱，内有各种专用工具及实验仪表、柴油机易损配件、备用加油机、电缆等，平时集中管理，执行任务时随车配备。

设备总造价 658 万元。

二、组织机构

1. 人员组成

拖电成立初期，第一批 15 名员工，从 1 站借调 12 名，31 站借调 3 名，他们是高文纯、沈荣洲、刘立华、李俊生、戎福英、王庆财、郭淑兰、刘再春、薛文珍、郝家诚、吕赞魁、王占海、唐长锁、赵素芬和徐竹生。以后分别通过招工和调进，人员最多时 45 人。

2. 历任领导

1977 年 12 月，列电局决定由高文纯负责组建拖车电站保养站，并为首任厂长，1978 年 3 月 22 日，列电局批准拖电成立临时党支部，高文纯任党支部书记。1979 年 1 月 24 日，列电局机关党总支部批准拖电成立正式党支部，由高文纯、李华南、李建伦 3 人组成，高文纯任党支部书记。朴吉澄任工会主席。

3. 生产管理

（1）车辆管理：由王占海、郝家诚负责；

（2）柴油发电机组管理：由王庆才、刘再春负责；

（3）电气专业管理：由吕占奎、何少江和唐长锁负责。

拖电的管理、材料、财务、总务、基建及技术管理工作，分别由李俊生、刘丽华、戎福英、姜士惠、肖桂英、沈荣洲、恒东立及徐竹生等负责。拖电的全部设备都建有台账，包括设备台账、检修台账等，由专人负责日常管理工作。

人员虽少，但人人任务明确，工作不分份内份外。需要由集体完成的任务，如建造厂房、装运或卸车等工作，全站干部职工都是随叫随到。

三、应急发电经历

（1）1977年7月，北京市政公司在清河修建一座20年使用期的公路大桥。当时，北京清河地区电力供应紧张，拖电机组为工地发电2个月，解决工程急需。

（2）1979年2月，吕赞魁和王庆才配备1台6160型120千瓦柴油发电机组，开赴云南中越边境，为战地医院提供战备电源。他们始终坚守在岗位随时准备送电，为战地医院提供两个月的电源保障，受到部队领导好评。

（3）1979年4月至7月，唐长锁等6名人员配备1台120千瓦柴油发电机组，开赴江苏镇江谏壁发电厂应急发电。当时，江苏省要求谏壁发电厂第1台30万千瓦机组尽快安装调试发电，电厂正在突击施工。机组油系统施工中急需电源。在拖电的大力支持下，电厂如期竣工发电。其间，拖车电站运行发电未发生任何事故，圆满完成任务。运行人员不讲条件，不计报酬，一丝不苟的工作作风受到谏壁发电厂的好评，并写感谢信表示谢意。

（4）1980年6月，为支援黄河防洪的需要，应山西保德黄河天桥水电站的要求，拖电派出300千瓦柴油发电机组和专业人员奔赴现场，为大坝5000吨防洪闸门施工提供备用电源。唐长锁等人员一直坚守在现场，到10月完成任务后返回。李建伦带两台车去山西接运机组，返京途中车辆故障，只得把机组分成3部分，在当地驻军支援下重新装车后才得以回京。

（5）拖电为北京建国门立交桥建设、南苑飞机场大桥建设、水电部印刷厂建厂、食品厂建厂等多次派出机组到工地、工厂临时供发电，还到国务院二招发电，完成多个单位的应急用电任务。

四、拖电记忆

1. 从无到有 艰苦创业

1976 年 9 月，拖电在北京昌平县沙河镇水电部农场旧址筹建。农场旧址在北京德胜门往北沿京藏高速公路 19 公里，右转 400 米处，路北的大院内。当时，院内是建筑垃圾存放场，除有两排十几间废弃鸡舍（部分房舍由史各庄大队肠衣厂借用），一口农用机井外，遍地是建筑垃圾和杂草。

拖电建设从清理垃圾和杂草开始，自建厂房房舍。自己动手边设计边施工，边学边干。职工们在院内露天条件下，搞机组组装调试和基本建设，日复一日，年复一年的体力劳动已成习惯。厂长高文纯年近 50，他的腰不好，弯着腰跪在地上带头干，经常干得汗流浃背。职工和家属住在鸡舍，夏天散发着难闻臭味，但已习以为常。当时，附近只有农村供销社，能买到酱油和食盐，职工买煤、粮油、蔬菜等生活用品，要到 4 公里以外的沙河镇，雨天，道路泥泞难走，十分不便。

尽管职工生活有诸多困难，但没有影响到工作。1976 年 8 月下旬，首先到达拖电现场的是由 1 站安装并试过车的几台机组。因为运输需要，开关柜、排气管及水箱风机等部件已解体，需重新安装连线检查后重新试车。其余陆续运达的是几台国产和进口机组，仍需组装调试。每一台机组，都是从看图纸，熟悉系统、核对装箱清单，清点各零部件开始，逐一安装试运。由武汉列电基地制造的 1000 千瓦燃气轮发电机组，是拖电真正意义上的拖车电站。试车时，武汉基地吴立维带员到拖电解决车辆半液压悬挂问题，并指导试车作业。该机组在拖电一直维护保养未被利用。

在列电局计划、生技、财务和供应等部门的支持下，陆续完成地面设施、厂房和房舍的建造工作；砖砌厂区围墙，架设 10 千伏架空线路，安装供电变压器，完善厂区照明及供电设施；在厂区前专门铺设 5 米宽、500 米长的沥青路面直通京昌公路，可承载 20 吨车辆通行；院内道路及露天维修场地表面硬化；建造高 24 米，容积 30 米³ 砖混结构水塔；增添 0.8 蒸吨锅炉，安装水暖供热系统；建造汽车库、设备库、加工车间及办公室等设施 2800 米²；后期又建成职工宿舍楼 1000 米²。拖电基本具备运营条件。

2. 应运而生 因时而终

1976 年 7 月 28 日唐山发生里氏 7.8 级地震，当时灾区急需电力给灾民供水。52 站一台 70 千瓦厂用柴油发电机组，经过紧急抢修恢复供电，解决了灾区几万人急需供水和医疗用电问题。这件事引起领导的关注，当时水电部及列电局领导敏锐地看到建立一支拖车式小型移动电站的必要性，而促成了拖电的诞生。

1976 年 9 月，在水电部和列电局支持、领导下，筹建拖电，并划拨、购进一批设备。拖车电站机动灵活，小机组大作用，应生产现场急需和特殊场合备用，在多地留下身影。拖电的主业是电站的装配、调试、保养及发电。每次为用户发电都是一次大搬家，除了把主机送到现场，还要带上工具、备件、蓄电池、电缆线等，一样不能少。拖车电站除主机车外，还配有油罐车及工程车等，往返于用户之间。拖车电站通常是露天发电，电缆线又粗又长，笨重的蓄电池组，怕震怕碰还怕水，需经常充电，阴天下雨时需要防雨、平时要防止噪声扰民。

拖电成立后接到的应急发电任务并不多，随着时代的发展，小型移动电源的必要性逐渐下降，有些需要备用电源或是可移动电源的单位，纷纷自备发电设备，如路桥公司、影视企业、大型医院等，它们直接从柴油机厂购买车厢式的移动电源或超快装机。面对现状，拖电在搞好拖车电站的维护保养，保证应急使用的基础上，也搞起多种经营，承包电科院电网所的动态模拟系统安装工程，利用卡车搞运输等。

随着时代的变迁，列电体制发生变化。1983 年，水电部将拖电下放给华北电管局。

五、拖电归宿

1983 年 4 月 15 日，水电部以（83）水电劳字第 37 号文，决定 4 月 30 日列电局停止办公，人员及资产、设备分别移交给部属有关部门和单位。

同年 10 月，拖电由华北电管局机械建筑公司全盘接收。设备、房产清点，人员就地改编。职工除部分留在华北电管局电建集团公司工作外，其余人员调到电科院、国家发改委、卫生部、林业部、水电部、华能集团等单位和部门，都有较满意的归宿。

第八章

专 题

本章从列车电站的管理方式和特殊贡献两个方面，集中展示了列车电站的生产特性、队伍作风和历史功绩。对列车电站的租赁管理及调迁发电，设备技术改造与革新的经历作了专题记述，对列车电站在国防战备、石油开发、大型水利水电工程建设中提供应急电力，所发挥的重要作用作了具体记述。作为历史事件，对列车电站在唐山大地震中的突出表现，也作了真实的记载。

第一节

列车电站的租赁经营与调迁管理

列车（船舶、拖车）电站，属于流动型发电单位，是一支机动电源，为各缺电地区提供应急供电服务。其性质决定了它的经营方式和生产管理方式与固定电厂不同。它采取租赁经营的方式，并加强调迁管理，以适应机动灵活、应急发电的特点，更好地为用户服务。

列车电业局成立前，列车电站的运营沿袭固定电厂自营售电模式，导致列车电站随车管理人员多，建厂费用高，增加了运营成本。因负荷不固定，售电量难以预期，既不利于为用户服务，自身又面临经营风险。列电局成立后，实行列车电站统一管理，改自营制为租赁制，以容量定价，以月计租。这种经营方式既可精简列车电站管理机构，降低运营成本，保证预期的经营收入，又能为列车电站快速调迁创造条件，降低用户负担，列车电站和用户共同受益。租赁制虽然在实行过程中遇到一些阻力，但以其自身的优势，充分发挥列车电站机动灵活、快速调迁的作用，成为列车电站始终如一的经营方式。

列车电站的调迁是为用户服务的开始，也是经营及生产管理的重要环节。一般是根据主管部的指示，由列电局向管区列电基地、列车电站和租用单位下达"准备调迁通知"。列车电站按通知要求，快速启动《列车电站调迁规程》所规定的调迁程序。在列电基地、铁路相关部门的配合下，共同完成调迁任务。特殊情况下也有国家领导人或国务院直接紧急安排的。

列车电站作为战备应急机动电源，30 多年间，足迹遍及全国 29 个省（直辖市、自治区），为我国的国防科技、三线建设、抢险救灾，为石油、水电、煤炭、铁路、钢铁、化工、纺织等各个行业，为严重缺电的城市生活和农业抗旱，应急调迁发电 355 台（次），解决各行业用电之困难，满足各地区用电之急需，发挥了特殊的作用。

一、列车电站租赁制经营

（一）电站租赁制的确立

列电局成立之前的 5 台列车电站，都是采用两部制电价售电自营方式。1956 年 3 月，列电局成立后的第一次厂长工作会议，对原有列车电站的经营效果作了分析，认为自营方式不适应电站机构精简、机动灵活、快速调迁的特点。因此决定对列车电站的经营管理方式进行改革，变自营售电制为电站租赁制。

会议讨论制定了《列车电站暂行管理办法》，并上报电力部。电力部以（56）水电生字 539 号文件予以批准，自 1956 年 4 月 1 日起试行。该办法明确规定，列车电站调迁由电力部决定，按租赁方式出租给使用单位，年租金按照列车电站固定资产重置价值的 10% 计算。列车电站租赁经营制度从此确立。

当年 9 月，列电局举办第一届经营管理研究班。重点研讨列车电站的经营方式和调动拆迁工作。根据《列车电站暂行管理办法》，制定了标准租约和标准协议书，并对列车电站的统一管理、统一核算、统一调度进行了部署。列车电站正式以租赁方式服务于租用单位。

列车电站的租赁经营管理制度，是用标准租约和标准协议书来约束、规范甲（用电单位）、乙（列电局）双方的供求关系。甲乙双方通过签订租赁合同和建厂协议，规定双方责任与义务，组成发电生产统一体。列车电站在租赁期间作为甲方的一个生产单位，服从甲方的电力生产调度，负责随车设备的检修、运行、技术改造和维护保养，按照甲方的生产计划，组织安全经济发电。甲方负责生产用燃煤、燃油和水源的供应，地面辅助设施的检修、运行，以及配备电站人员的生活设施。甲方按月支付列车电站租金。

电站租赁费用以租金方式按月结算，租金由列电局核算，以托收承付方式上缴列电局。列车电站及基地所发生的各种费用由列电局核定。列车电站所需大修或技改等费用由列电局大修基金或技改基金负担，列车电站及基地不列入成本，也不计算利润，实行"收支两条线"的财务管理办法。

（二）电站租赁制的实施

1. 租金的核算

电站租金包含计提的固定资产折旧费、大修费、闲置准备金、列电局管理费等项目，按月以托收承付方式结算。

固定资产折旧费：固定资产使用年限，一般按 25 年计算（考虑闲置期）。

固定资产大修费：为机组设备大修计提费用，以固定资产原值的 75% 计提。

闲置准备金：考虑到列车电站在调迁及大修期间的闲置状态，以 2 个月计提准备金。

列电局管理费：作为列电局对电站管理的提留费用，按固定资产总值的 1% 比例计提。

电站租金标准见表 8–1。

表 8–1 电站租金标准（1956 年 4 月执行）

机组容量（千瓦）	1000	2000	2500	4000
每月租金（万元）	1.6	2.05	3.48	5.3

2. 租金管理的完善

1957 年 9 月，列电局举办第二届经营管理研究班，就实行定额管理，完善经济核算制度，降租金、降成本达成共识。会后，针对 1958 年租金计划，列电局以（57）列电局计字第 885 号文，向电力部提交《关于 1958 年电站租金修订问题的报告》。

之后，几经修改调整，1958 年 1 月 24 日，电力部以（58）电财生耕字 35 号文，同意列电局对电站租金标准和计算方法的最终修改方案。该方案明确，设备折旧按 20 年计提，大修费折旧按固定资产原值 65% 计提，列车电站人员按定额管理可减到 70~80 人。1958、1959 年新增进口设备与国内改装设备一起考虑，平均计算电站固定资产重置完全价值，以此核定每千瓦的租金，两年不变。

1958 年预计各项计提费用见表 8–2。

表 8–2 1958 年预计各项计提费用

计提项目	设备折旧率（%/月）	大修年折旧率（%/月）	闲置期准备金率（%/月）	列电局管理费率（%/月）
计提比例	0.417	0.167	0.037	0.022

为进一步加强对列车电站经济活动的掌控，充分发挥企业管理工作者的积极性，更好地为用户服务，列电局以（58）列电局经字 1385 号文，颁发《关于实行生产固定

费用包干与修改调迁租金收取的规定》。该规定明确，自 1958 年 8 月 1 日起，对各列车电站生产固定费用包干，并将此项费用并入租金内，由甲方向列电局一次性交付，列车电站不再向甲方报销，非固定性费用则仍由列车电站直接向甲方报销。

该规定曾遭到黑龙江电业局的质疑，并要求恢复售电自营制。列电局派工作组到在黑龙江发电的第 1 列车电站，通过调查研究，具体论证、说明租赁制经营优于售电制自营方式，租赁制得以继续实施。

随着租赁制经营逐步完善，电站租金收入已有结余。1959 年 8 月，水电部对电站发生的租金结余作出政策性规定，租金及核算标准继续保持不变，大修费、闲置准备金结余上缴列电局。

3. 租赁合同的变通

"文革"时期，列车电站租赁制被否定，租赁合同曾一度被认为是"资产阶级法权"而失效。鉴于此，1971 年列电局财务会议讨论，将租赁合同更名为生产协议并试行。

1972 年，列车电站生产管理座谈会又对该协议进行了讨论修订，将"租赁合同"改为"生产合同"，将"租金"改为"使用费"。1972 年 12 月 15 日，列电局以（72）列电局革生字第 785 号文，发出《关于颁发电站生产合同的通知》。生产合同并没有改变其租赁制的性质。1975 年前后列车电站租金标准见表 8-3。

表 8-3　　　　　　　　　1975 年前后列车电站租金标准

机组容量（千瓦）	2500	4000	6000	9000
每月租金（万元）	3.95	5.88	7.72	5.30

4. 租金管理体制的调整

1981 年 3 月 17 日，根据列车电站管理体制的调整和列车电站供需形势变化，列电局以（81）列电局财字第 133 号文，颁发《电站租金管理暂行规定》。按照该规定，各列车电站租金由列车电站所属基地代收，租金与电站费用依然是收支两条线，租金上缴，费用由列电局根据定额计划下拨，电站大修费用仍需各电站单独申请，由列电局下拨。各基地每月 25 日前将本月实收租金收入全部上缴列电局。

列车电站实行租赁制经营初期，资产总额为 1000 万元，后期资产总额达 2 亿多元，资产总额增长 20 多倍。1956 至 1982 年，租赁总收入 2.4527 亿元。列电局撤销时，上缴结余租金 3339.29 万元。

二、列车电站调迁管理

（一）调迁管理机构与任务

主管部负责列车电站调迁的部门，先后有计划司、生产司、调度通信局等部门，在比较长的时期内是生产司负责。水电部生产司副司长曾兼任列电局局长。

列电局负责列车电站调迁工作的职能部门，曾在多个部门。如 1958 年 6 月列电局本部组织机构调整，在局长、副局长之下，设行政科、经理科、技术科。其中经理科下设综合、劳资、计财、供应、运输仓管、设备发展、业务调动等 6 个组，当时列车电站调迁业务归经理科。后来调迁业务归口基建计划科（处），由其负责列车电站调迁的具体工作，包括调迁计划的制定、调迁命令的落实、租赁调迁问题的处理等。

对调迁工作的基本要求是必须执行调迁命令，多快好省地完成调迁任务。服从调迁命令是列电职工的共识，除"文革"期间曾发生调令失效的个别情况外，数百次列车电站调动均能正常进行。

（二）列车电站调迁的规程与程序

调迁工作是列车电站完成一地发电任务后，接到主管部的调迁命令，奔赴下一个地点执行新的发电任务的全过程，包括从原址退网、拆卸，主辅车辆运输，人员转移，到新址安装、并网发电等各环节。调迁也包括新机组到发电地的运输、安装、试运、验收，到投产发电；还包括因列车电站恢复性大修、重大技术改造等，需要返回列电基地的调迁。

1955 年 12 月，电力部计划司制订《列车电厂管理暂行办法草案》，其中对调迁工作作出初步规定。1956 年列电局成立后，颁发《列车电站调迁规程》。1958 年、1975 年、1980 年又相继对调迁规程进行了修改完善。

1980 年 7 月，列电局召开调迁规程审定会议。会议分析了列车电站租赁及调迁情况，提出了降低建厂费用等措施，制定了电站代管地面工作的试行办法，要求严格执行调迁规程，加强调迁管理。会后修订实施的《列车电站调迁规程》共 7 章，包括总则、调迁任务与安排程序、选建厂、拆迁与运输、安装与试运行、汇报与总结，并附有电站燃煤、燃油和生产用水的要求。

调迁规程是实施电站调迁管理、进行调迁工作的依据。一般调迁工作包括调迁准备、调迁、安装发电等三个阶段。

1. 调迁准备阶段

用电单位向电力主管部（电力部或水电部）提出租用电站的申请，包括用户基本情况、用电性质、电网状况、缺电程度，申请电站容量及租用时间等。电力主管部门根据全国电站运行情况，决定是否给予安排。如同意申请，即由列电局通知拟调列车电站和相关基地准备调迁。

列车电站接到列电局"准备调迁通知"后，即布置调迁工作，编制调迁工作计划，并传达到全站职工。成立由厂长、技术人员参加的选建厂小组，携带选建厂资料，及时赴新址，与新用户共同商洽调迁建厂事宜。

根据调迁规程和选建厂技术资料，列车电站向用户提供选建厂资料及图纸。双方人员共同选择厂址，并向用户收集选择厂址所需要的当地水文、地质、气象、地震等方面的资料。签订建厂协议及列车电站租用合同，落实调迁费用。

建厂小组驻守工地，跟踪施工进度，检查施工质量，负责建厂工程质量验收，并及时向列电局及基地管区汇报工作进展。

根据建厂进度，与原用户落实停机脱网事宜，拆除主车专线路障，恢复与营业线路连接。适时联系管区基地，安排车辆轴制检。

2. 调迁阶段

电力主管部（电力部或水电部）根据用户租用申请及租赁合同，向列电局及相关部门下达电站调迁通知（惯称"调令"），它是电站调迁的依据。

列车电站可以利用调迁阶段的空余时间，安排设备检修消缺工作，但需事先报请列电局和管区基地同意。根据调令和调迁计划，列车电站采取安全措施和技术措施，开展拆机工作，提倡谁拆谁装的原则。及时向铁路部门申请主车专列运输计划，并提供主车编组顺序图、外形尺寸图、吨位、行车方向，提出严禁溜放、冲撞，轨道最小曲率半径及限速等技术要求。同时申请装运电站设备附件所需车辆的车型、吨位、数量、时间计划。附件装车要检查确认安放无虞，绑扎牢固。主车中汽轮（燃气轮）发电机组转子要用专用顶车装置固定，防止轴系串动。

在调迁过程中，调迁押运人员对主车的运行状况、停靠站点、停驶时间，一一做好记录，轮休交接，全天候值守，遇有重大问题及时报告电站和停靠车站。注意主车到达新址时排列方向是否正确，如发现错误，及时向就近车站反映，要求途中调头调整。

适时做好职工、家属搬家装车工作，办理户籍迁移、职工子女转学手续。成立主车押运小组，明确职责，交代途中注意事项。与原租赁单位进行地面建筑、设施移交等事宜。

3. 安装发电阶段

建厂工程完工，主车专用线经重型机车压道并验收合格后，列车电站主车按生产排列顺序定位，测量、调整车厢水平并固定。定位后，将主车专线铁轨与营业线断开并设置路障，安装停车标志，防止主车遭受意外撞击。

安装动员会后，按安装计划进行车外附件及连接管道、电缆等安装。列车电站接地网的接地电阻测试合格后，配电车受电，检查电压、相序正确后向各车厢送电，分部试运转，联动调试。根据当地电网参数，计算、整定联络线或馈电线路继电保护，核对高压系统相序及同期。签订调度协议，确认通信系统完备，具备启动条件后开机、并网试运行。新机需按规定经 96 小时或 72 小时满负荷连续运行试验合格后，方可正式投运。

正式发电一个月内，与甲方结清调迁费用，向列电局及管区报送调迁总结。

（三）调迁车辆管理与安全措施

列车电站运行时车辆受汽、水、煤、油、灰等侵蚀，为保证调迁途中车辆行走和制动系统功能正常，调迁前必须进行轴检和制动系统检查。

由于专业性强，起初这些工作是委托铁路部门协助完成的。铁路部门对列车电站调迁给予很大的支持。1957 年 10 月 25 日，列电局以（57）列电局计字 1342 号文，转发铁道部车辆局协助列电局检修发电列车的通知。通知要求各铁路管理局、工厂管理局、行车安全监察室，对列电局下达的列车检修任务给予协助，提前对走行、连接、制动等运行部分进行安全检查，安排直达运输计划（即专列运输，不中途编组，不加挂其他车辆）。中途临时发生故障，由铁路车辆段协助处理。

1961 年 1 月 5 日，列电局以（61）列电局站字 0192 号文，就电站列车底架台车检修发布通知，决定建立电站台车维护制度。同年 8 月 1 日，以（61）列电局站字 1439 号文，通知试行《列车电站台车维护暂行制度》。1974 年 7 月 24 日，列电局又以（74）列电局生字第 326 号文，颁发《列车电站车辆养护要点（试行本）》。这些都说明列电局对电站车辆的维护保养是非常重视的。

随着列车电站的发展，保定基地、武汉基地从铁路部门引进专业人才，通过传、帮、带，培养了一支车辆维修检验专业队伍。经铁路部门认可，可以自行开展车辆轴制检及辅修。1963 年后，电站车辆的轴制检一般都由基地派员完成，大大方便电站调迁。如果需要，他们还与电站人员一起押车，以便途中发现问题及时处理。

1964 年 11 月 18 日，28 站从河南鹤壁调往河北邢台途中，发生 3 号炉车厢 5 位轴一端乌金熔化、轴颈划伤事故，经过原地处理后，于 11 月 29 日按故障车限速发运。次年 3 月 24 日，列电局以（65）列电局生字第 0350 号文，发出此次燃轴事故通报，并提出防止此类事故的四项对策。

保定基地车辆车间，从 1977 年至 1980 年 8 月，先后承担了 10 个电站、20 组车辆的检修、押运任务，安全运行 25582 公里，为列车电站安全调迁提供了保障。

（四）职工调迁规定

列车电站职工调迁规定，职工到达新址的日期，必须早于主车到达时间。职工可整批或分批到达新址，每批都指定负责人。

职工、家属户口迁移按照国务院（62）国劳字第 432 号文件规定办理，该文规定列车电站随车人员户籍在全国范围随车迁移落户。

三、调迁台数统计及典型案例

（一）各电站调迁台数统计

列车电站调迁周期平均 1.5~2 年，最短两个月，最长如 11 站，自 1959 年 10 月至 1983 年 4 月下放，在山东枣庄发电达 24 年之久，是在一地发电时间最长的电站。

30 余年间，历经调迁 425 台（次）（含返基地等检修次数 70 台（次））。列车电站调迁发电足迹，北至黑龙江伊春，南达海南岛，西到新疆乌鲁木齐，东抵浙江宁波，遍及全国 29 个省（市、区），调迁总行程四五十万公里。从 1950 至 1983 年，各列车电站调迁台次统计见表 8-4。

表 8-4　　　　　　　1950~1983 年各列车电站调迁台次统计

电站序号	调迁台次	运营年数	电站序号	调迁台次	运营年数	电站序号	调迁台次	运营年数	电站序号	调迁台次	运营年数
1 站	8/3	28	14 站	10/1	25	27 站	7/0	24	40 站	4/2	22
2 站	15/4	24	15 站	5/0	25	28 站	7/2	25	41 站	5/1	21
3 站	7/1	16	16 站	7/2	26	29 站	3/0	24	42 站	6/2	20
4 站	10/1	19	17 站	5/2	27	30 站	2/1	19	43 站	8/2	22
5 站	6/0	19	18 站	7/1	26	31 站	5/1	23	44 站	3/1	22
6 站	6/1	28	19 站	4/2	16	32 站	4/0	24	45 站	7/0	22
7 站	5/0	27	20 站	8/2	16	33 站	7/1	23	46 站	5/0	22
8 站	7/1	26	21 站	6/2	24	34 站	7/0	23	47 站	6/3	26
9 站	11/2	26	22 站	2/0	13	35 站	5/2	23	48 站	3/1	22
10 站	6/2	25	23 站	9/1	22	36 站	4/0	24	49 站	7/1	23
11 站	3/0	26	24 站	4/2	24	37 站	6/1	23	50 站	7/2	16
12 站	6/1	25	25 站	8/2	18	38 站	6/1	23	51 站	4/0	17
13 站	8/1	25	26 站	6/1	24	39 站	4/1	23	52 站	4/2	17

电站序号	调迁台次	运营年数	电站序号	调迁台次	运营年数	电站序号	调迁台次	运营年数	电站序号	调迁台次	运营年数
53 站	2/1	16	58 站	2/0	11	船 1 站	4/3	16	新 19	1/0	7
54 站	5/0	16	59 站	2/0	12	船 2 站	5/3	23	新 20	1/0	7
55 站	2/1	12	60 站	1/0	5	新 3 站	1/0	9	拖电	4/0	5
56 站	2/0	11	61 站	0/0	3	新 4 站	1/0	9	—	—	—
57 站	3/0	11	62 站	1/0	3	新 5 站	3/0	9	—	—	—

注 调迁台次为调迁发电次数／返基地大修次数。

（二）电站调迁典型案例

1. 老 2 站两次应急调迁

1952 年 7 月，在抗美援朝战争中鸭绿江水丰电厂被炸毁，燃料部电业管理总局修建局第四工程队（老 2 站），从石家庄紧急调往安东。列车电站迅速拆迁，一路绿灯前往鸭绿江畔。过分水峰隧道时，锅炉车厢与隧道顶部只差 2.5 厘米，人只能趴在其他车厢顶上，观察着锅炉车厢前行。进入安东后，日夜突击卸车、安装，仅用 9 天时间就开机发电。

1954 年 7 月，长江洪水威胁着武汉市 150 万市民的生命和财产安全，正在山西榆次发电的 50 工程队（老 2 站），接到上级指示，紧急调往武汉抗洪一线。列车电站立刻停炉熄火，全站职工在管道滚烫、蒸汽灼人的状况下快速拆迁，24 小时完成拆迁，32 小时到达武汉，60 小时安装发电，及时为市区排涝提供电力，电站及多名职工立功受奖。

2. 16 站首次调迁到兰考

1958 年 3 月，16 站从捷克斯洛伐克进口后，在保定基地刚刚完成组建安装，就接到调令，紧急赴河南兰考为引黄蓄灌工程发电。在列电局召开的庆祝 16 站成立暨赴兰考发电动员大会上，厂长杨成荣提出"苦干十昼夜，送电黄河边"的口号。

会后，列车电站立即开赴河南兰考夹河滩村。兰考现场条件十分艰苦，职工没有宿舍，就住农民腾出的草屋，甚至是牛棚或猪圈。把猪圈打扫干净后，垫上土，四周加上围挡，装上门，上面盖个顶，就是房子。把行李安置到这个"房子"里，立即赶到现场，进行设备安装。全站上下一心，不分昼夜地进行设备安装和调试工作。起重设备不够用，就人拉肩扛。经过 8 个日夜，终于一次试车成功，提前发电，受到有关部门的表彰。

3. 一次特殊押运调迁

1960年9月，4站从广东河源调往广东坪石，为坪石矿务局发电。坪石镇隶属广东韶关市。电站机组需要由水路运输。电站领导安排陈秉山、张辛酉等几名职工负责押运。

发电列车在河源龙王角紫金渡口装船。船负重大，吃水深，自身没有动力，靠拖轮牵引。渡轮顺东江而下，一天一夜就到惠州东江大桥。这座桥净空（桥下沿距水面距离）不足6米，渡轮过不去，需等海水退潮。半夜潮落，渡轮即刻鸣笛起航，顺流而下，在国庆节前夕到达黄埔港码头。

发电列车用大型拖拉机拉上岸，从黄埔港码头拉到港口编组站待运。机组车辆是用帆布包扎好的，铁路调车员并不清楚，把车辆分别编到不同发车线上。押车人员发现后，要求调车员将7节车辆一起运走，与调度员交涉无果后，他们强行摘钩，让7节发电车留下来。后调车员同意7节车辆一趟运走，并安排调度线路。发电列车当晚顺利到达坪石火车站，调度立即安排车头挂带机组车辆进入矿区专用线。机组车辆到达矿区时已是黎明时分。押车人员历经4昼夜的舟车劳顿，圆满完成押车任务。

4. 25站急调商丘

1964年8月26日晚，25站在吉林朝阳川接到调迁河南商丘的电话通知。厂部当即组成了选厂小组，次日即动身赶往商丘选厂。在当地有关部门大力配合下，只用两天时间，就选定了厂址。与此同时，在接到通知的次日，就与铁道部门联系检修台车，及时为运输做好准备。

1964年9月，25站由朝阳川调到商丘。这次调迁路途2300余公里，从接到电话调令到并网发电，共用15天。装车时，职工们从早干到晚，全部装车工作不到两天完成。主车运输中，由于铁路部门的大力协助，在限速每小时30公里的情况下，只用10天时间就运抵商丘。安装时正赶上连日阴雨，全体职工不分昼夜，分秒必争，只用两天时间就完成安装，一次启动成功。该列车电站创造了当时列车电站调迁的最快纪录，受到列电局的表彰。

5. 54站调迁无锡

1979年8月，54站接到电力部调令，从山西大同调往严重缺电的江苏无锡发电。电站立即派生技组长陆世英带队选厂。选建厂小组精确测量现场位置，给甲方提供了一套完整、精确的选建厂和安装资料，方便了建厂施工。

9月初，机组在大同解列后，利用甲方现场施工的空档时间，将计划在无锡进行的设备大修安排在大同进行。这次调迁任务紧急，54站以衔接紧凑的调迁秩序，有序拆卸、快速安装、快速发电，秩序井然地完成调迁任务。从准备调迁到发电，行程1500公里，历时不到 2 个月，期间还进行了设备大修。主车到达无锡后，立即着手安装、检修、调试，9 月 27 日晚 9 时，一次启动成功，满负荷运行。从安装到发电只用 3 天时间。

6. 26 站调迁株钢

1980 年 8 月，26 站从株洲车辆厂调到株洲钢厂发电。从车辆厂到钢厂只有约 20 公里，这是列车电站调迁最短的距离。8 月 8 日，列车电站开始搬迁。上午 10 点多，铁路局 5 节车厢同时进入车辆厂，要求 24 小时内将生产附属设备和生活物资全部装完。职工们挑灯夜战，连续干到凌晨 3 点，提前完成装车任务。8 月 11 日中午，电站主、辅车厢和铁路车厢进入施工中的株洲钢厂新厂址。当天下午，职工们便乘卡车来到钢厂，冒雨卸车。之后他们每天早出晚归，往返 20 多公里到钢厂卸车、安装。9 月 12 日，机组点火、启动，调试后带厂用电。待现场施工完成后，22 日正式并网发电。

该站本着既满足生产、生活的需要，又节省建厂费用的原则，尽量利用原有设施和建筑，以减轻用户负担。新厂址占地 3000 米 ^{2}，只修了一条 135 米的主车专用线，辅助车则放在一条旧铁路线上，卸煤线利用原来的旧铁路线，煤棚和钢厂共用。电站办公室两大间，由原来只有房架没上瓦的一处房子加顶棚改建而成。各工段维修房，是将一个大库房从中分隔后建成。职工宿舍分为几处，全部是旧库房、旧厂房和旧宿舍改造而成。此次调迁，支出 30.1 万元，是当时电站调迁花费最少的。

7. 57 站调迁首钢

1980 年 3 至 5 月，57 站完成了从河南孟庙到河北迁安首钢矿山公司的调迁任务。这次调迁速度快，投资少，安全优质，一次启动成功。按有关规定，该站得到超计划租金分成款 17600 元。

列车电站 3 月 9 日接到调往迁安首钢的通知后，立即派人赶赴迁安与甲方协商，19 日确定在原 38 站厂址建厂，23 日签订建厂协议书。此后，在甲方组织力量进行施工的同时，电站在孟庙进行设备检修和调迁准备。5 月 5 日主车发出。主车到达之前，电站职工已全部到达迁安首钢矿山公司。5 月 17 日，主车到新址定位，立即组织卸车、安装，25 日一次启动成功，并网发电。

按列电局当时规定，从接到调迁通知到签订建厂协议，期限为 1 个月；从签订建厂协议到并网发电，期限为 4 个月。57 站这次调迁，前项工作用了 15 天，后项工作用了 63 天，均比规定时间缩短二分之一左右。厂区建筑面积 448 米 ^{2}，全部利用原有房屋，进行修缮；主车线和吊车线，也是利用原有铁路改建而成。职工宿舍为简易平房，生活区建筑面积 1669 米 ^{2}，其中部分是修缮后的临建房。总建厂费 38.68 万元，其中厂区建设 22.23 万元，生活区建设 12.97 万元，调迁费用 2.48 万元，大大低于同期电站调迁平均费用。

8. 49 站调迁大雁

1981 年 8 月 3 日，49 站接到列电局电报通知，派员到列电局接受赴大雁矿务局选厂的任务。当晚 23 点，该站党支部连夜召开支部扩大会，研究从内蒙古集宁调到大雁的调迁工作。

8 月 4 日，生技组准备图纸资料，管理组准备买火车票、取粮票，各工段开始检查设备。8 月 5 日早晨，电站选建厂小组在副厂长王龙带领下，出现在局调迁办公室。他们没买上卧铺，到京后，顾不上一夜的疲劳，没吃早饭、没洗脸，就到列电局先谈工作。接受任务后，立即赴保定基地汇报情况。8 月 6 日早晨，选建厂全部人员，乘火车赶赴大雁。

8 月 21 日，该站选建厂小组到京汇报，已选定厂址，签妥建厂协议书，交付施工图纸资料。27 日电力部下达调令。9 月 29 日，主车由集宁发出。10 月 7 日，主车到达大雁矿务局，全站人员已先期到达。10 月 26 日开始安装。10 月 31 日安装完毕。待甲方地面工程完成，11 月 14 日，一次启动成功，并网发电。大雁地处高寒地区，安装发电时已进入寒冬季节，但列车电站经受住严寒带来的各种不利条件的考验，提前完成调迁发电任务。

第二节

列车电站的技术改造与技术进步

列车电站始终坚持"安全第一，预防为主"的安全生产方针。为确保安全生产、降低能耗、改善环境、提高机动性能，列车电站坚持不懈地开展机组设备的技术革新与技术改造，追求科技进步。

我国列车电站除国产电站外，还有捷克斯洛伐克、苏联、英国、美国、瑞士以及加拿大等多国制造的机组。20 世纪中期进口的电站，运行日久，设备老化，原有电站技术也逐渐落后，亟待应用新技术、新材料对旧设备进行更新改造，以适应用户对列电机动性能的更高要求。电站生产运行中的一些问题，也需要技术革新、技术改造来解决。

中试所是列车电业局的技术职能部门，归口负责列电系统的技术管理、技术监督、技术培训和设备技改工作，在各项技改项目中发挥着重要作用。工作在生产第一线的专业技术人员和技术工人，流动在全国各地，与设备长期相随相伴，成为技术改造、技术革新工作中最积极、最活跃的技术力量。

在列电系统众多的技术革新和设备改造项目中，本专题选择各专业比较典型的设备改造、革新项目，以及新设备研发项目等作专题记述，其他一些重点项目则列表说明。

一、制定防雷措施 防止雷害事故

列车电站遍布全国各地，在多雷电地区发电的列车电站，如何避免雷击事故的发生，一度成为突出问题。如1963年，第5、9、44等列车电站，就曾发生机组遭受雷击，造成发电机损坏事故。这引起了列电局及中试所的高度重视。

中试所电气组，经过多年现场调查研究，收集资料，总结经验，在1963年至1964年间，制定了防雷击方案，编写出《列车电站的防雷保护》措施，经过列电局生技部门的审查，明确要求各列车电站贯彻执行。

列车电站发电，几乎都采用直配线供电方式。针对这一情况，该防雷击方案，从电气主系统的三个方面采取防雷击措施，即电站进线、发电机出口母线和发电机中性点三处，都要求采用有效防雷击措施。进线采用长于100米的铠装电缆或有架空地线的输电线，作为进线保护；发电机出口母线加装一套磁吹避雷器和一组静电电容器，用以保护发电机主绝缘和匝间绝缘；在发电机中性点，利用其常态时电压为零的特点，配置放电电压较低、完全与发电机绝缘强度相匹配的避雷器。

中性点避雷器放电电压在8~9.45千伏范围内，即低限值必须高于发电机中心点电压。因系统单相接地时会产生过电压，为避免单相接地运行，造成中性点避雷器击穿而爆炸，高限值必须低于发电机预防性试验电压，以与发电机绝缘强度相匹配。这种放电性能的专用避雷器，国家无定型产品。电气组人员经过反复研究试验，通过调整原装PBC型避雷器火花间隙，达到上述要求。每年雷季到来前，列车电站的中性点避雷器都集中到中试所，进行解体调整。

中试所对列车电站直击雷电保护也作了重大改进。利用列车电站车厢金属外壳，采用集中接地装置，构成列车电站完整的接地网。并规定在少雷电地区的列车电站，可简化直击雷电保护，用具有良好接地性能的车厢外壳进行保护，无需厂区安装多支避雷针，以节省建厂费用。多雷电地区（年雷电日40天以上）仍要求使用避雷针进行直击雷电保护。

自1964年开始，各列车电站均严格按《列车电站的防雷保护》要求，于雷电季节到来之前，完成防雷电检查工作，完善防雷电措施。从此，各电站基本上消灭雷害事故，即使在海南、福建、广东、湖南等多雷电地区长期发电的列车电站，再未发生雷害事故。"文革"中，中试所一度被解散，防雷工作有所放松，仅1971年，就发生两起（25、44站）雷电击穿发电机主绝缘事故，反证了防雷击方案和措施是行之有效的。

《列车电站的防雷保护》要求各列车电站采用的防雷击结线方案，1969年被水电部颁《电力设备过电压保护设计技术规程》采用，推荐为列车电站和直配线小型发电机组使用的防雷击结线方案。

二、燃机试烧原油改造成功

1960年，列电局从瑞士引进两台6200千瓦燃气轮机电站，即31、32站。不久就调往正在开发中的松辽油田，即后来的大庆油田发电。列车电站主机为燃气轮机，机组控制系统采用自动程序控制，属于高自动化程度的列车电站。

燃机电站须燃用重柴油或天然气，但当时大庆油田处于开发初期，当地炼油厂处在建设时期，又不具备采集天然气的条件。柴油全靠内地远途输入，发电成本明显增高，就地利用原油发电的技术改造势在必行。

1962年3月，水电部牵头，由水电部电科院、北京电力中试所、列电局技改所，会同大庆石油专家，以及列车电站人员，组成31站试烧原油课题组。列电局负责组织现场试烧工作，技改所的有关人员负责收集试烧数据、参与试烧方案调整等工作，列车电站负责试烧过程的运行操作、解体检查和设备检修工作。在试烧原油期间，列电局副局长邓致逑多次亲临现场指导。

燃机试烧原油，涉及的技术问题较多，在国内尚属首次。试烧期间遇到的突出问题是喷油嘴严重堵塞，造成机组出力下降甚至停机，油孔堵塞面积最高达到80%，出力不足额定容量的13%。1962年4月25日至5月18日间，因喷嘴堵塞被迫停机达10次，最短时只运转7个小时，便被迫停机清洗喷嘴。

燃气中含碳量很高，造成燃气轮机叶片磨损。为了掌握叶片真实状况，防止发生叶片折断事故，确定在试烧初期的揭缸检查周期，最初为5天，以后延长为10天。由于原油的燃烧状况与柴油差异很大，造成燃烧室锥顶（锥形体）局部过热、变形，被迫提前安排制作备品。

6月初，机组仍然处于频繁开停试烧状态。在调试过程中，参试人员逐一分析存在的问题，总结经验，查找原因，并及时采取应对措施。发现造成喷嘴堵塞的主要原因是原油含水量过高（测定为7%~10%），尽管现场采取临时放水措施，但效果不佳。

为此，由松辽石油局另铺设一条输油管道，改换无水原油后，喷嘴堵塞问题基本得以解决。

参试人员对原油预加热温度和燃油工作压力精细调整，降低黏稠度使其与重柴油接近，提高了喷嘴的雾化质量。调整燃烧室一二次风比例，保持火焰在燃烧室中心位置，力求达到完全燃烧，降低燃气含碳量，以减少各部位的积碳。在燃烧室内不同部位加装热电偶温度测点，加强对燃烧工况及锥顶温度的监视。精细调整燃烧室旋流器位置和二次风门开度，实验效果愈来愈好。

11月12日，机组连续运行641小时（即26.7天），最高负荷6500千瓦，平均负荷4430千瓦，共计发电量284.5万千瓦·时。例行停机进行全面检查，结果为，积碳总量20克，积碳率0.012克/吨原油（试烧初期最高为2.32克/吨原油）。整个燃烧室和燃气轮机叶片均无积碳，燃烧室金属壁表面光洁，锥顶无过热现象，这是试烧原油以来机组运行时间最长、积碳量最少的一次。

燃机逐步适应这种原油，此后便正式改烧原油，并逐渐形成一套燃机电站"月度保养、季度小修、年度大修"的生产制度。两台燃机电站安全、稳定地为大庆油田发供电，大大降低了发电成本。

三、冷却塔改造

在列车电站汽轮发电机组中，凝汽器的循环水冷却系统，均由多台冷却塔车厢构成，几种容量的汽轮发电机组配备冷却塔车厢数量如表8-5所示。

表8-5　　　　　　　　汽轮发电机组配备冷却塔车厢数量

序号	机组类型	机组容量（千瓦）	配备冷却塔车厢数量及车长
1	捷制机组	2500	3节，每节车长16米
2	苏制机组	4000	4节，每节车长16米
3	国产LDQ-Ⅰ型	6000	6节，每节车长16米
4	国产LDQ-Ⅱ型	6000	4节，每节车长24米

列车电站拖带着多节冷却塔车厢调迁、建厂，不仅影响列车电站的机动性能，还因多占生产场地和多敷设铁路专用线，较大幅度地增加列车电站调迁工作量和临建工程及其费用，增加租用单位的负担。列车电站迫切需要对原装的冷却塔进行改进，以提高冷却效率，减少冷却塔数量。

1961年，列电局技改所成立后，热机组人员便开始对进口机组冷却塔的结构、原理以及冷却效率进行研究测试。在70年代初，面对结构不尽合理、效率不高的冷却塔，技改所汽机组单钦贡建议采用国内新技术、新材料。1974年下半年，在47站进行试验，采用斜波纹塑料填料，提高冷却塔效率，初见成效。

1976至1977年，在列电局组织下，中试所汽机组人员，先后以46、53站为试点，进行冷却塔改造。将淋水管改为环形母管布置，加大进风口高度，加装导风片，改进后达到风、水均匀接触的要求；填料改用新型斜坡塑料薄片，减小风阻，增大风、水接触面积；增加两台风机，加装导风筒，增加风量；收水器采用斜波纹填料，收水效果好，消除飞水缺陷。经改造后的新型逆流冷却塔，消除了原有结构存在的缺点，冷却效率提高一倍。该改造项目获1978年全国科学大会奖，中试所文祖国、甘世瑄、单钦贡3人，获列电局颁发的"技术革新奖"。

1978至1981年，中试所又进行"横流式"新型冷却塔的试验工作。

1978年11月，中试所与53站人员合作，开始对Ⅰ型横流式冷却塔进行研究、设计、试验工作。1979年6月，在53站完成改造施工，12月，53站由宁波调迁镇江后，投入运行。试验表明，效果显著提高，一台Ⅰ型塔相当于两台半旧型冷却塔的冷却能力。

1980年6月，在总结鉴定第一台Ⅰ型横流塔后，又进行Ⅱ型横流塔的研究、设计、试验工作。1981年6月，在华东基地完成两台Ⅱ型横流塔的改造施工。8月，一台在湖南衡阳48站安装，另一台在山西长治44站安装。运行试验表明，效果又有提高，一台Ⅱ型横流塔接近3台旧型冷却塔的冷却能力。

1981年8月14~15日，列电局生技处召集华东基地、武汉基地、中试所和53站、48站、27站有关人员，并邀请水科院冷却水研究所、海门冷却设备厂等单位，在衡阳48站对横流Ⅱ型冷却塔进行试验和鉴定。试验鉴定结果表明，横流Ⅱ型冷却塔经济指标是先进的，相当于近三台旧型冷却塔的能力，实现了2500千瓦机组配备一台冷却塔的目标。

Ⅰ、Ⅱ型横流冷却塔，风、水逆向运动，具有水淋密度大、冷却效果好，冬季具有抗冰冻的特点，总冷却效率提高近两倍。2500千瓦列车电站，原配备3台冷却塔，现用1台新型冷却塔，即可满足列车电站满负荷运行要求。

冷却塔的冷却能力、塔用电耗及使用寿命，是衡量冷却塔的效能指标。而用冷却塔的散热能力（单位为兆焦/小时）表示它的冷却效率更为合理、准确。

三种水塔的冷却能力和耗电与逆流旧型塔的比较情况见表8-6。

表 8-6　　　　三种水塔的冷却能力和耗电与逆流旧型塔的比较

水塔类别	投运（试验）时间	车厢长度（米）	水泵容量及台数	冷却水量（吨/小时）	冷却能力（兆焦/小时）	塔用耗电功率（千瓦）	冷却能力（16米车长）（兆焦/小时）	塔用耗电功率/冷却能力
3 台逆流旧型塔（48 站）	1981.8（试验时间）	3×16	3×403吨/小时	1280	40193	162	13398（100%）	0.00403（100%）
逆流改型塔（46 站）	1977.8	1×16	1×550吨/小时	513	26632	79	26632（199%）	0.00297（73.5%）
Ⅰ型横流塔（53 站）	1979.12	1×24	2×550吨/小时	1200	51498	140	34332（256%）	0.00272（67.5%）
Ⅱ型横流塔（48 站）	1981.8	1×16	2×403吨/小时	930	38900	105	38895（290%）	0.00270（66.9%）

　　新型横流式冷却塔在列电局推广，共计可减少冷却塔车厢 80 节。1981 年，列电局授予文祖国、单钦贡和张宝珩等有关人员技术革新奖，中试所汽机专业组被评为技术革新先进集体。

四、新型锅炉设计、制造和应用

　　加大列车电站锅炉单炉容量，可减少锅炉车厢数量，提高机动灵活性，使列车电站调迁、检修工作量和临建费用相对减少，而且锅炉容量增大，降低煤耗，热效率相对提高，这是列电锅炉专业人员多年的愿望。

　　1975 年，列电局任命廖元博工程师为组长，组建由中试所和电站锅炉专业人员路延栋、瞿润炎和潘椿等参加的设计组，在无锡锅炉厂协作配合下，开始设计 UG-17/39-M 型 17 吨/小时新型锅炉（以下简称 17 吨锅炉）。1976 年 2 月，中试所成立设计室，继续进行这项工作。设计人员根据列车电站的特点，将列车电站锅炉长期运行、检修、改进的经验和科研成果，应用于 17 吨锅炉的设计中，经过历时两年多的努力，1977 年完成设计任务。

　　无锡锅炉厂按照此设计，1979 年生产出第一台 17 吨锅炉，装备 6000 千瓦电站，由 4×8.5 吨/小时，或 3×11 吨/小时锅炉，改为 2×17 吨/小时新型锅炉。这为列车电站实现轻装、提高机动性能创造了条件。

　　17 吨/小时锅炉设计主要参数见表 8-7。

表 8-7　　　　　　　　　　　　　17 吨／小时锅炉设计主要参数

序号	参数名称	单位	数据	序号	参数名称	单位	数据
1	过热蒸汽压力	兆帕	3.83	9	辐射受热面积	米^2	42
2	过热蒸汽温度	摄氏度	450	10	对流受热面积	米^2	70.08
3	冷风温度	摄氏度	30	11	过热器受热面积	米^2	97
4	排烟温度	摄氏度	210	12	省煤器受热面积	米^2	158
5	给水温度	摄氏度	105	13	空气预热器受热面积	米^2	247.1
6	炉膛容积	米^3	36.6	14	送风量	米^3（标准状态下）	25300
7	炉排面积	米^2	11.4	15	引风量	米^3（标准状态下）	33060
8	汽包直径与筒长	毫米	1072×4180	16	锅炉效率	%	77.33

　　17 吨锅炉与 11 吨锅炉设计主要参数比较，蒸发受热总面积增加 18.85%，炉膛容积增加 28.24%，炉排面积增加 15.50%，排烟温度提高到 210 摄氏度，提高了 26 摄氏度。

　　1979 年 9 月，17 吨锅炉在西北基地安装完毕。同年 9 月 26 日至 10 月 30 日，在西北基地调试和运行。运行期间进行水循环、出力、过热器热偏差、热效率及热化学试验。

　　同年 10 月 30 日至 11 月 3 日，一机部电工局和列电局在西北基地召开 17 吨锅炉试制安装试运总结会议。上海锅炉研究所、西安交通大学锅炉研究室、无锡锅炉厂、大同机车厂、长春保温材料厂和保定基地、华东基地、西北基地、中试所及部分列车电站共 45 人参加会议。会议除肯定 17 吨锅炉结构紧凑、节省钢材外，对设计、制造安装和调试中存在的问题，如送风机风量不足、汽包内装置不完善、漏风以及热效率偏低等，进行细致的讨论和研究。会议要求相关单位承担修改设计和改造的任务，并落实具体措施。

　　试验初始，锅炉带不上负荷，且跑红火、跑煤现象严重，烟囱浓烟滚滚，飞灰四处飘落。经试验锅炉热效率低，达不到规定出力，除尘设备达不到要求，水循环也存在一定问题等。针对存在的问题，建议对风机和风道、炉排通流面积、炉排配风和二次风、除尘器和水循环系统进行改进。

　　1980 年 4 月 26 日，西北基地在无锡耐火材料厂完成 62 站安装，该列车电站配备的 17 吨炉进行了 20 余项改进试验和试运，锅炉的热效率由出厂时 58% 提高到 72%，出力达到 17 吨／小时。完成试运行后正式并网发电，运行情况良好，达到设计标准。

　　列电局决定，今后新建电站和原有电站的改造，均推广采用 17 吨锅炉。遗憾的是，这一计划，随着 1983 年列电局的撤销而未能实现。

五、两机合并 增容改造

20 世纪 70 年代末，随着国家改革开放，全国电力供应形势严峻。用户多以填补本地电力缺口的理由，要求租用容量较大的 6000 千瓦电站。小容量 2500 千瓦列车电站出现越来越严重的滞租、闲置现象。

面对市场需求的变化，1977 年，列电局以 24 站和 25 站为两机合并改造试点，对原锅炉、水处理、配电以及冷却塔等设备，进行增容改造和机组自动化集中控制改造。

改造分为四个阶段进行：

第一阶段，为改造设计和准备阶段。包括完成设计和设计审查，改造工作分工（主要为三个基地的分工）和所需器材的准备，1977 年 1 至 8 月进行。

第二阶段，为施工阶段。24、25 两站车厢分别运抵保定、武汉和宝鸡 3 个基地，按设计要求和分工对设备进行检修和改造，1978 年 2 至 7 月进行。

第三阶段，为两机合并安装阶段。几经变动，最后选定在湖南株洲车辆厂进行两机合并安装，1978 年 7 月至 1979 年 8 月进行。

第四阶段，为机组总装试运阶段。1979 年 8 月开始，总装工程与地面未完工程齐头并进，全面开工。因涉及厂址选定和场地准备，需要甲方配合，费时较长。9 月 23 日，试运结束，用时 41 天，总装、试运工作比较顺利。

设备主要改造项目是，锅炉炉排加长 632 毫米，增加少量辐射受热面，原过热器高、低温段管改为双组并联，增加一组省煤器管，改装二次风，蒸发量提高到 11 吨 / 小时，两炉车厢打通实行集中控制。汽动泵换成电动给水泵，水塔车冷却装置改用塑料波纹板，并对进风口、风扇、风罩进行改造，提高冷却效率。各车厢设备动力盘、开关、仪表进行更新，更换自动并车装置，在电气车厢内实现两机集中控制运行。

两机合并后的电站，经设备增容和自动化改造，机组总容量由 5000 千瓦增至 6000 千瓦，车厢总数由 16 节减少到 11 节，达到增容轻装的设计要求。

两机合并前后对比情况见表 8-8。

表 8-8　　　　　　　　　　两机合并前后情况对比

项目	容量（兆瓦）	汽机车厢（节）	锅炉车厢（节）	配电车厢（节）	水处理车厢（节）	冷却塔车厢（节）	合计
合并前	2.5×2	2	4	2	2	6	16 节
合并后	3.0×2	2	3	1	1	4	11 节

1979年10月，两机合并增容改造在湖南株洲完成，并网发电，各项参数达到设计标准。工程改进部分投资52万元，与购置新机组相比，可节省固定资产226万元，原两站定员138人，合并后减少到98人。

1980年3月12日，列电局以（80）列电局生字第126号文，将2500千瓦捷制电站两机合并改造工程，作为1979年科技成果项目报送电力部。列电局计划，经过一段时间运行考验后，对合并改造机组进行全面的鉴定试验，进一步完善，对其余24台2500千瓦电站，继续实施两机合并改造计划。此计划随着列电局的撤销未能实现。

六、晶体管技术在继电保护和自动装置中的应用

20世纪70年代，针对捷制机组原装组合式继电保护装置设备老化、技术落后的情况，中试所电气组决定进行技术改造。这项改造得到河北电力学院的支持，以单晶管为起动元件，共同开发研制了G1型晶体管过流保护装置，1978年在3个电站（14、23、36站）安装试用。经1年多投入运行，保护装置正确动作率达到100%，试点获得成功，列电局决定进行推广。

23站电气专业人员周西安，利用晶体管元器件及其电路，对原电磁式继电器同期并列装置进行了改造，1975年成功地应用到23站的并车系统上。自动并车装置，构思巧妙，设计合理，安全性高。在并车操作中，都能安全而快捷地并车。列电局同意由中试所负责，在各列车电站推广自动并车装置，从1978至1979年间，自动并车装置在12个列车电站投入运行。

1977年，周西安又研发了晶体管有功负荷自动调整装置。经两个电站的现场试验成功后，1978年8月在23站正式应用于生产。负荷自动调整装置设计合理，手动与自动可互相切换，采用脉冲式小范围调节负荷，调整精度高，可保证负荷平稳。当甩负荷时，装置自动切换至手动，避免汽轮机超速。在运行中，投入负荷自动调整装置，实现指令智能化操作，既减轻运行人员值班强度，还提高机组运行的稳定、安全性能。这项革新成果得到中试所的认定，并给予大力支持和推广。负荷自动调整装置在25个电站投入运行。

1979年1月，周西安调入中试所电气组后，与电气组车导明、贾汉明、禹成七和朱奇等技术骨干，对该项目进一步改进完善。为在全列电局推广应用，组织了批量生产，制成JBT型晶体管导前相角半自动同期装置和JTF-1型有功负荷自动调整装置各12台。1976年在厦门和西平进行晶体管电子知识的培训。1980年，在保定和衡阳召开的推广会上，对各电站电气人员进行了电子技术和装置组件推广培训。新产品在12个

电站推广使用，性能良好，达到安全稳定运行的要求。在推广应用成功的基础上，中试所计划进行电站电气控制系统"全晶体管化"的普及工作，后因列电局撤销而未能实现。

中试所电气组，1979 年获评水电部科学技术先进集体和列电局技术改造先进集体。组内周西安、贾汉明和车导明获得局级先进个人称号。

七、列车电站一点集控改造工程

列电系统集控运行改造工作，始于 1958 年 9 月，当时在新安江的 7 站利用机组大修机会，对电站设备进行集控技术改造。进入 20 世纪 70 年代后，24、25 站两机合并中，也设计为集控运行方式，57、12 站先后进行集控改造。集控运行对减少运行人员，提高生产效率，增强电站机动性能，起到积极作用。

1975 年年初，列电局将 57 站定为一点集控项目试点单位。集控项目由列电局中试所、武汉水电学院等单位负责设计。电站技术人员、职工负责安装、调试、试运工作。在设计单位的配合下，改造工作于 1976 年 10 月启动，1977 年 4 月顺利完成。

方案设计以电气车厢为集控室，安装 5 面监控一体的立卧式仪表盘，自左至右分别为 1 号炉、2 号炉、3 号炉、电气、汽机（包括水处理）。将机、电、炉各参数的显示、记录、自控、报警仪表及各种操作、切换开关等装置均安装在相应的仪表盘上，而机、电、炉原就地仪表、开关等设备完好保留，具有远方、就地均能监视、操作的功能。

锅炉在汽包玻璃板水位计的位置安装一套电极水位计，它是根据蒸汽电阻远大于炉水电阻原理工作的，可靠性较高，可以将转换后的水位信号远传到集控室，通过一台自制数字仪表，显示水位的变化。加上差压式水位计，集控室有两套水位计，既可显示又能记录水位的变化，基本满足集控运行的要求。

设计自制了 4 种不同的传感器，安装在现场给煤机、播煤机、炉排和煤斗的适当位置，获取机械故障信号并经过自制晶体管放大器将毫伏级的微弱信号放大后，远传到集控室，转化成开关信号驱动报警器报警。

每台炉安装两台套 DTL-Ⅱ型晶体管式自动调节装置（共计 6 台套），用于汽包水位（三冲量）和过热蒸汽压力（单冲量串级调节）参数的自动调节。汽机和水处理安装 4 台套 DTL-Ⅱ型晶体管式单冲量自动调节装置，分别用于汽轮机进汽量负荷、除氧器水位、蒸发器水位和凝汽器水位的自动调节。电气配置一台套晶体管式专用自动调节器，专门用于电功率的调节。

每台锅炉配置4台小型长图记录仪，分别用于汽包水位、主汽温度、主汽压力、给水及蒸汽流量（双针）参数的记录。汽轮机配置4台小长图，分别用于主汽温度、主汽压力、主汽流量和系统真空参数的记录。报警系统配置15台（炉3台、机8台、电4台）8点报警仪表共计120点，具有管理机、电、炉所有重要参数超限报警的功能。另外汽轮机还配置一台数字式39点温度巡测仪表，用于监视汽轮机系统各点温度，电气配置一台数字式12点温度巡测仪表，用于监视发电机系统各点温度。

电动门操作系统，主要配置在锅炉和汽轮机的主汽门、排汽门，锅炉的上水门及事故放水门上，共计14台套，用于在集控室做启停机和事故处理。

现场热力参数测量一次传感器、变送器，执行器、转动机械、电动门等设备与集控室二次仪表、控制装置和操作开关等设备对接，采用各种规格的电缆，通过各自的仪表端子箱连接。据统计全集控系统使用各种电源、信号电缆共2.5万余米。

1980年后，以DDZ–Ⅲ型（标准信号4~20毫安）电动组合仪表，替代DDZ–Ⅱ型（标准信号0~10毫安）电动组合仪表，控制系统更为稳定可靠。

集控完成后，改善了工作环境，锅炉值班员由原来的每班6人减少到3~4人，减人增效显著。但受当时技术水平的局限，没有工业电视，现场的工况（如锅炉水位、机械转动状态等）不能实时提供给集控室。此外，工程使用大量电缆，受环境影响，只能露天放置，易老化，同时给电站调迁、安装增加了工作量。

八、锅炉消烟除尘设备改造

电站锅炉属于燃烧原煤的链条炉。由于受车厢空间的限制，其设计成卧式排列，烟道狭小而且很短（约10米长）。原装的旋风筒式除尘器效率很低，且易被灰尘堵塞，除尘效果差。锅炉在燃烧原煤时，产生大量没有完全燃烧的细小炭粒，严重污染周边的环境，而且对引风机叶轮和外壳的磨损很大。

20世纪50年代末60年代初，一些列车电站就开始锅炉消烟除尘设备的改造工作。1963年至1964年，技改所协同列车电站专业人员，对48站水膜除尘器改造、试验，取得较好的效果，并在各列车电站推广。此后，大部分燃煤列车电站都自制安装水膜除尘器。

20世纪70年代，按照列电局要求，中试所热机组负责电站除尘器改造工作，主要人员有袁振江等。他们先后主持设计、改造和推广的除尘器，有锥形多管式旋风除尘器、平面旋风除尘器和倒锥体水膜除尘器。这几种形式的除尘器先后在18个列车电站的锅炉上安装使用。运行实践表明，新型除尘器的采用，有效降低电站的烟尘排放量，除尘效率可提高约 15%~20%。中试所热机组对 60 年代各列车电站改装的水膜除尘器进行了鉴定和总结，对各列车电站除尘器改装的成功经验进行推广，如 9 站的花岗岩水膜除尘器、24 站的内衬环氧砂浆水膜除尘器等。

在炉膛内加装二次风装置，可以强化燃烧，从源头上减少烟气中的含尘量，有效降低烟气的黑度。技改所锅炉专业贾熙等人员，从 1965 年开始对电站锅炉的二次风进行研究和探讨。10 年间，先后在 13、16 及 25 等电站作多种改进试验。1975 年 2 月，编写了《电站锅炉二次风的改进方案》，该方案经列电局审核小组审定，并得到一致认可。1977 年，二次风改造在 36 站进行实施和试验，效果显著。1978 年至 1979 年，列电局在徐州 56 站和海拉尔 17 站，分别召开南方和北方电站锅炉二次风经验交流现场会，二次风改造项目向全局各电站推广应用。该项目获得 1979 年列电局技术革新奖。

1981 年，《列电》第 6 期，刊登列电局生技处殷国强编写的"水膜除尘器设计中的技术问题"文章，文中阐述了除尘效率、带水量及阻力三者的关系，提出应力求兼顾，并对除尘器台数的选择、筒体内径的确定、除尘器进口截面积及其高宽比、烟气进出气方式，以及除尘器干段与湿段高度比等问题，做了详细的论述及计算，给各列车电站除尘器改造提供理论根据。

各列车电站消烟除尘改造的工作原理、设备构造大同小异，以 57 站消烟除尘改造项目为例简要介绍。

1978 年 7 月，57 站在天津汉沽发电时，锅炉加装二次风装置。在炉膛内加装蒸汽喷嘴，以蒸汽为风源，在炉膛后碹距离炉排面高 300 毫米处，沿炉排宽度水平预制一根直径 32 毫米的无缝钢管，在钢管上每隔 500 毫米距离开孔焊接 1 个不锈钢喷嘴，共焊装 3 个喷嘴。其喷嘴内径为 3 毫米，出口处设有 15 度角的喇叭口。在炉膛后碹翻新时，将此装置预制在后碹内，留出喷嘴口，并将喷射角度调整到仰角 15 度的位置，在装置的入口处引入主蒸汽，压力调整到 30 千帕左右。根据喘流理论，在炉膛前墙距炉排 1.5 米高度，沿炉排宽度相隔 700 毫米位置，水平设置两个俯角为 60 度的喷嘴。这样，前墙喷嘴和后碹喷嘴交叉切线状喷射在炉膛中心区域，形成涡流，使消烟除尘效果进一步提高。

1980 年下半年，57 站落地建造水膜除尘器，砖混结构，内外表面用水泥作防护层，成圆柱形。有效高度为 8 米，内径为 1.5 米，底部设有水封灰尘收集器，入口为 1.0 米 ×0.5 米，出口为 0.8 米 ×0.4 米，均为切线方向安装。

烟气从除尘器下部切线进入，带有灰尘的烟气在惯性的作用下，沿内壁作旋转向上运动，同时在距离水膜除尘器出口 500 毫米位置，沿内壁安装一个环形喷水管（直径 32 毫米的不锈钢管），在环形喷水管上每隔 300 毫米打一个直径 3 毫米的小孔，让小孔的射流方向与烟气旋转方向相反。这样就能有效将灰尘挡住，使其顺内壁冲到水膜除尘器底部密闭收集，通过沟渠排到大灰池。除尘器环形水管的进水压力应根据烟气量大小进行调整，在满负荷情况下，一般调到 0.3 兆帕，耗水量约 0.5 吨 / 小时，可以循环利用。

除尘器经过一段时间运行，证明除尘效果明显，经取样分析，除尘效率可达86%。由于烟气中的二氧化硫与水发生化学反应，产生亚硫酸，而亚硫酸对水膜除尘器的水泥内壁有腐蚀作用，加之水流对内壁的冲刷，使水膜除尘器的水泥内壁破坏严重。为解决这个问题，利用环氧树脂抗酸耐磨的特性，在除尘器的内壁上贴一层环氧树脂材料，从此内壁腐蚀的问题得以解决，平时也很少维护。

九、研制新型汽动给水泵

1967 年，列电局将一台 6000 千瓦电站安装任务交给由西北基地。在组织设备配套时发现，原设计的锅炉汽动给水泵国内没有此类产品，经研究决定，将这项任务交基地汽机分场研制。

汽动给水泵，列电系统具有使用和检修、维护方面的经验，但要设计、制造出这种结构复杂、高转速和高安全性能的汽动给水泵，面临很大的挑战。汽机分厂召开分厂领导、技术人员和工人的三结合会议，讨论如何来完成这一艰巨任务，并决定把新制汽动泵称为汽动红心给水泵，简称为"红心泵"。

汽机分厂组织技术人员和工人，到上海水泵厂、上海汽轮机厂以及上海电力修造厂等单位学习、调研，搜集资料。结合电站的特点和需要，以"结构紧凑体积小、操作简单方便、运行安全稳定"的理念指导设计。与该泵配套的汽轮机采用单级叶轮，水泵亦采用单级水轮，以回流器代替转向叶片。其主要技术参数为水泵扬程 5880 千帕，容量 45 吨 / 小时，入口水压 29.4 至 88.2 千帕，水泵效率 54%，主蒸汽压力 35 绝对大气压，主蒸汽温度 435 摄氏度，额定蒸汽量 0.8 吨 / 小时，排汽压力 0.02~0.12 兆帕，润滑水压力大于 0.5 兆帕，转速 10000 转 / 分。

汽侧部分，根据当时的条件，决定采用主蒸汽经球形阀调节、快速关闭舌型阀，蒸汽进入喷嘴块上的两只缩放喷嘴后，再进入单级叶片作功。采用回流器再作功，使蒸汽再利用，以提高效率。排汽至除氧式蒸发器。这样的结构比较简单，加工方便。

水侧部分，采用诱导轮提高进口压力，防止汽蚀。为减少阻力，要求水道极其光滑。为提高光洁度，未采用一次成型的精密铸造工艺，而采用水轮分体加工工艺。对水道先机械加工，钳工再打磨，然后再焊接而成，达到设计要求。为降低水轮出口的线速度，还要满足压力的要求，采用导向叶轮，水泵出水通过逆止门和阀门接入主给水系统。

转子部分，为缩小体积，将水轮与轴焊为一体，再将汽轮套装在轴的另一端，使轴向尺寸缩短。将汽、水两部分装在同一个壳体内，回流器装在泵的汽侧端盖内，水侧轴瓦装在泵的水侧端盖内，以满足体积小、结构紧凑的要求。

水润滑轴瓦，是给水泵新技术、新材料的应用创新。轴瓦用水来润滑和冷却，既甩掉原汽动泵繁琐、易漏油、难维护的润滑冷油系统，又操作、维修简便。与上海813部队、上海化工厂合作，采用工程塑料聚四氟乙烯水润滑轴瓦烧结的先进技术。自制烧结炉，把细小的铜球与聚四氟乙烯烧结在一起，进行塑料轴瓦烧结试验。经过反复试验，总结改进，确定了合适的烧结温度，塑料轴瓦制造成功，两只塑料水润滑轴瓦，分别装在汽轮和水轮两侧。

为确保给水泵的压力、流量参数，采用调整给水泵转速的办法来满足实际的需要。安全措施方面，为防止超速，加装危急保安器，既能手动操作停机，又能在水泵达到超速定值时，自动关闭蒸汽进口的舌型阀，切断汽源停机。

转动部件的轴向平衡，是利用水轮出水到水轮背面的轴向间隙变化，达到自动调节轴向推力平衡的目的。在水泵叶轮两侧装有推力瓦，在水泵壳体上装有轴封套，以减少汽侧轴承的润滑水量和压力。

对水泵转动部件加工质量，严格把关，材料的热处理达到质量要求，并进行认真全面探伤，以消除缺陷和安全隐患。经过不懈努力，1970年10月初，红心给水泵在42站调试后，达到锅炉给水的要求。

列车电站锅炉单炉启动给水泵原是活塞泵。以小巧的红心泵取代活塞泵，列入电站改造计划。汽机分场接受设计、制造锅炉启动专用给水泵的任务，并决定把锅炉主给水泵命名为红心Ⅰ型给水泵，把锅炉启动给水泵命名为红心Ⅱ型给水泵。有红心Ⅰ型水泵设计、制造成功的基础，他们顺利地完成列电局下达的Ⅱ型给水泵制造任务。Ⅱ型泵投入运行后，反映良好，受到列车电站的欢迎。

据不完全统计，红心Ⅰ型给水泵生产30多台，红心Ⅱ型给水泵生产40多台。其中Ⅰ型泵在1、29、62等多个电站安装使用，Ⅱ型泵在21、29、41、52、57等十几个电站安装使用。

红心汽动给水泵制造成功，荣获陕西省优秀专利奖和陕西省科技进步三等奖。并参加水电部组织的北京新技术展览。1979年，以李全工程师为主的红心泵小组获水电部科学技术先进集体及列电局技术改造先进集体称号。

十、差压计的无汞化技术改造

20 世纪 70 年代，在列车电站热力系统中，用于测量蒸汽、给水流量、汽包水位的汞差压计近 500 台，每台差压计中装有水银近 3 公斤，年流失率约为 3%。每年向大气释放汞 40 余公斤。

汞和汞的化合物多有剧毒，且严重污染大气、水体和土壤，它在常温下易蒸发为水银蒸气，安装使用时有泄露且不易回收。汞通过呼吸或接触进入人体后很难被排出，中毒严重者会发生死亡。大量汞表的使用，严重地威胁着人类的健康和环境的安全，热工人员经常接触水银，中毒事件也时有发生。

根据国务院《关于保护和改善环境的若干规定》，以及水电部环保工作会议要求，列电局将汞差压计技术改造列入 1974 年、1975 年度重大技术改造项目，并成立汞表技术改造试验协助小组，由中试所热工组洪晶元、卜祥发、翟振国，29 站李振东等电站人员组成。本着无汞、节约、保精度的改造原则，首批确定 33、36、47、48、40 站，分别作为捷克机组和国产（苏式）机组的汞差压计技术改造试点。

差压计的功能，是用来测量安装于管道中的节流装置所产生差压的大小，并将差压的变化转变成管道介质的流量变化。当差压计的正压管和负压管分别连接在锅炉汽包的汽水平衡容器时，差压计可测得汽包水位的变化。

差压计，由差压测量部分的一次装置，以及差压传动、记录显示的二次装置组成，测量部分由两个直径不同的容器和一个 U 形管连通组成。正压容器的容积固定不变，里面装有水银，负压容器的尺寸则根据所测差压的范围不同而定。当被测差压施于差压计的正、负压侧时，差压的变化会导致大容器的水银在 U 形连接管内移动，使正压容器的水银面发生位移，并带动漂浮在水银面的浮子上下移动。该移动通过差压计二次装置的连杆传动（放大），使仪表进行流量或水位的指示和记录。改装后的无水银差压计，是利用波纹管或橡胶杯型膜和弹簧构成的测量组件（弹性元件），取代汞差压计测量部分的水银和浮子。

1974 年 3 月，33 和 48 站在湖南衡阳成立三结合改表联合试验小组。1974 年 5 月，列车电站试验小组会同列电局试验协调小组成员，在上海工业仪表自动化研究所的指导下，吸取上海杨树浦发电厂和广州氮肥厂成功改装经验，应用双波纹管和弹簧元件，完成电站捷克机组首台汞高差压流量计的改装工作。经 48 站现场运行检验，改装后的差压计反应灵敏，符合原表设计要求。1974 年 6 月，为保证低差压锅炉水位表的灵敏度，采用橡胶杯型膜和弹簧元件，完成汞低差压水位计的改装，经检验也符合

第八章 专题

原设计要求。

1974 年 12 月，中试所热工组洪晶元编写约 4 万字的《有汞差压计技术改革专刊》，在《列电技术报导》期刊上发表。该专刊还收录其他单位《杯型膜水银差压计技术资料》《有汞差压计改装中的问题》及《流散汞的消除方法》等改装资料约 2 万字，供各电站学习参考。

1975 年 3 月 15 至 23 日，无汞差压计临时鉴定小组，对 36 站 2 号炉在线运行的 6000 毫米水柱蒸汽差压流量计，以及 380 毫米水柱差压水位计进行全面的技术鉴定。鉴定结果，一是改装的差压计经运行检验灵敏、可靠，未发现异常；二是解体前经示值校验，发现精度等级有超差现象，解体后发现，无汞流量计、水位表存在量程弹簧上座松动及杯膜拉长问题，是导致精度等级下降的主要原因，经更换零件重新组装、调整，均达到 1.5 级精度标准。

改装后的无汞差压计具有拆装方便、重量轻、便于维护等特点。但此结构的感压元件波纹管及橡胶杯膜没有抗单向承压能力，操作人员在投入仪表时，一定要按操作程序操作，否则感压元件（弹性组件）极易单向承压而遭到破坏。

1975 年 8 月，7、11、44、56 等 20 个电站完成汞差压计的技术改装，经中试所组织人员抽查检验，新改造的差压计能达到 1.5 级标准。1975 年年末，列电局全部电站实现差压计无汞化目标。

十一、凝汽器的防腐防垢措施

凝汽器是汽轮发电机组的重要辅机设备，它的设计、制造和运行质量的优劣，直接影响汽轮发电机组运行的经济性和安全性。凝汽器的主要作用，一是在汽轮机排汽口建立并保持高度真空；二是回收汽轮机排汽凝结的水作为锅炉给水，构成一个完整的循环。

凝汽器冷却铜管表面脏污或结垢，会导致凝汽器端差增大，换热能力下降，在冷却水量不变的情况下，凝汽器真空会缓慢下降，影响机组出力，降低机组热效率。运行经验表明，凝汽器真空每下降 1 千帕，将使发电机负荷下降 2% 左右。

电站运行环境的多变性，造成循环水品质的差异很大，是导致凝汽器铜管易结垢的一大诱因。因此，凝汽器的防腐与防垢，一直是电站化学专业技术上的难题。从 60 年代初，技改所化学组杨绪飞等专业人员，就采取多种方法和措施不断改进，并取得较好的效果。现就列电系统凝汽器防腐防垢情况及比较成熟的方法以予专记。

1963 年，9 站在四川广元发电，凝汽器铜管腐蚀结垢严重，影响机组正常运行。按照列电局要求，技改所化学组专业人员到该站帮助处理。取样化验表明，结垢为循环水中重碳酸盐分解所致，建议在循环水中加磷酸盐处理。采用这种方法，并经现场较长时间运行监控，找出了极限碳酸盐硬度，凝汽器铜管结垢问题得以控制。

1964 年，针对电站凝汽器结垢问题，按照列电局要求，技改所起草了《电站运行中循环水用硫酸亚铁处理技术措施》，下发各电站执行。该措施包括硫酸亚铁处理循环水的目的、方法、条件及循环水监督等内容。该措施的下发，对缓解凝汽器铜管结垢问题提供了技术保障。

20 世纪 60 年代，酸洗是采用比较普遍的凝汽器除垢的办法。1966 至 1970 年间，技改所化学组对 1、13、41 等 12 个电站的凝汽器进行酸洗，酸洗后经检查除垢效果良好。

1966 至 1968 年间，为防止凝汽器铜管腐蚀，技改所化学组采用国内先进技术，经过小型试验成功后，对 13、29、35 等 10 余个电站凝汽器铜管进行涂铜试剂造膜（有光泽的深褐色膜），达到预期效果，有效防止凝汽器铜管腐蚀。

炉烟处理循环水技术，其化学原理是利用炉烟中废弃的二氧化碳，抑制水中的重碳酸盐分解，达到防止凝汽器结垢的目的。该方法可有效提高凝汽器的真空度，不污染环境，又可降低生产成本。1973 年，中试所化学组吸取国内先进经验，首先在 39 站进行炉烟处理循环水、防止凝汽器结垢的试验，取得良好效果。

1975 年，列电局在 39 站召开现场会予以推广。1973 至 1976 年间，该技术在 11、28、41 站等 6 个电站推广使用，pH 值控制在 7.4~7.9，节省水处理费用 4.68 万元。1977 至 1978 年间，中试所化学组会同 39 站化验人员，完成了 6000 千瓦机组应用炉烟处理循环水技术的图纸设计和设计说明。

1978 年，中试所化学组继续研究和试验硫酸亚铁造膜技术。在实验室用 1、8、39、60 等电站凝汽器的铜管，分 4 次进行模拟试验，找出铜管表面状态、材质、温度、pH 值及时间等对成膜的关系，找到适合电站各种凝汽器铜管成膜的最佳工艺条件。还吸取了成膜时通过胶球擦洗铜管内部附着物的经验。

在试验取得经验的基础上，在 39 站会同电站化学人员进行试验。经割管检查，膜质呈棕红色，具有较强的耐腐蚀性。1978 至 1979 年间，该项技术在 1、15、39、59 等 7 个电站推广。杨绪飞撰写了《第 39 站凝汽器铜管硫酸亚铁一次成膜》总结报告，对推广应用起到指导作用。

历年来，列电系统其他重点技术改造项目简况如表 8–9 所示。

表 8-9 　　　　　　　　其他重点技术改造项目简况

序号	项目名称	改造后效果	单位	年份
1	发电机定子采用环氧粉云母绝缘材料	在 2500 千瓦、6.3 千伏发电机应用环氧粉云母绝缘材料，参数达到标准	保定基地、北京重型电机厂、技改所、37 站	1964
2	汽动给水泵的自控改进	提高安全运行性能	16 站	1978
3	辅助油泵自控改进	提高安全运行性能	7 站	1978
4	汽轮机轴封压力调整器改进	提高安全运行性能	7 站	1978
5	汽轮机调速系统甩负荷性能改进	提高安全运行性能	15 站	1978
6	胶球清洗凝汽器	提高凝汽器清洗效率	11 站	
7	凝结水泵的汽蚀自调节运行	降低凝结水泵能耗，6000 千瓦电站每天节电 25 千瓦·时	56 站	

列电行业始终重视机组设备的技术改造与科技进步工作，实施了大量的技术革新和技术改造项目，同时也造就了众多的技术人才和工匠精神。这对列车电站长期安全、稳定地发供电，节能降耗、改善环境，以及机动灵活地完成调迁任务，提供有力支撑。

第三节

列车电站服务于国防战备应急

列车电站作为国家电力系统中的一支机动电源，在新中国建立之初的 30 余年间，在国家的国防科技、三线建设、战备应急诸方面发挥过重要作用。

中华人民共和国成立，标志着百多年来备受列强欺压的中国人民从此站起来了，中国历史翻开了新的一页。然而，国内外敌对势力并不甘心他们的失败，他们对新中国政治上打压，经济技术上封锁，军事上威胁，进行核讹诈。面对如此严重的形势，为维护国家安全，毛泽东等国家领导人，作出了发展"两弹一星"、实施三线建设、"备战备荒为人民"等一系列重大战略决策，保证了我国社会主义建设的顺利进行。在此过程中，列电充分发挥机动、灵活、快速的优势，为"两弹一星"研制、三线建设项目实施、战备应急需要提供了电力保障。

1952 年抗美援朝时，我国仅有的一台列车电站就开到鸭绿江边，为前线供电。1958 年至 1970 年间，有 10 台列车电站、总计 12 台（次），奉命在湖南、甘肃、青海等地，为铀矿、核工业基地、火箭发射基地提供电力服务。在三线建设中，总计有 23 台（次）列车电站，辗转在云贵川等偏远地区，为贵黔、成昆、贵湘铁路建设，及六盘水特区开发等提供电力服务。在台海和西南战事紧张时期，共有 47 台电站奉命进入战备状态，做好随时开赴前线的战时应急准备。广大列电职工胸怀报国之志，听从国家召唤，以战时服务于战争、平时服务于建设为己任，在频繁调迁中，在各种艰苦环境下，出色地完成了各项供电任务，作出了重要贡献。

一、为国防科技提供电力服务

20 世纪 50 年代初，刚刚诞生的中华人民共和国面临境外敌对势力的军事威胁和核恐吓。为了应对这种形势，1955 年 1 月，中共中央作出了发展原子能事业的战略决策，开始了"两弹一星"的研制工作。

中国的核工业建设，贯彻中央提出的"自力更生为主，争取外援为辅"的方针，在创建初期曾得到苏联的经济支持和技术援助，后来风云骤变，就只能自力更生来实现。依靠自己科技人员的聪明才智和创造精神，依靠各行业的大力协作和全国支持，克服种种困难，突破核工业生产技术，加快研制进程。1964 年 10 月，第一颗原子弹爆炸试验成功，1967 年 6 月，第一颗氢弹爆炸试验成功，1970 年 10 月，第一颗卫星上天。"两弹一星"的成功，提高了我国的国际地位，增强了中华民族的民族自信，为维护世界和平作出了贡献。

由于安全和保密原因，生产、研发"两弹一星"的基地，都设置在戈壁深处、荒无人烟的地方，没有相适应的电网，配套的自备电厂一时又难以建成，电力供应成为制约核工业发展的瓶颈。列车电站坚决服从国家需要，先后有 6 台列车电站，开赴"两弹一星"生产、研发基地，提供电力服务，保证了"两弹一星"研制工作的顺利进行。

1. 5 站为 711 铀矿开采提供电力服务

1955 年，党中央作出了我国要研制原子弹的战略决策后，国家把寻找勘探铀矿资源作为优先考虑的重要任务来抓，调集全国地质队伍和专业人才，大范围开展找矿工作。同年，在湖南郴州马家岭金银寨发现了铀矿床，中央很快批准建矿，对外称 711 矿（也称湖南二矿）。这是当时我国发现最早、品质最好、储藏量最大的铀矿。711 矿位于郴州境内的大山里，环境极其恶劣，被人们戏谑为"船到郴州止，马到郴州死，人到郴州打摆子"的地方。

1958 年 711 矿开始建矿，总部就设在京广线上一个叫许家洞的小镇上。这里没有电力供应，仅靠柴油机发电，只能满足职工生活和建矿准备工作的少量用电。1958 年

10 月，第 5 列车电站奉命赶到许家洞，为 711 矿提供了可靠的电源，该矿才正式进入全面建设阶段。1960 年 9 月，711 矿第一期工程竣工，生产出高品位矿石。从此，矿石源源不断的运出，为国家核工业发展打下基础。

为了将矿石运往衡阳冶炼厂，从许家洞车站修了一条通往矿区的专用线，专用线与电站专用线并行，因场地受限，距电站车厢仅有 40 多米。由于保密，每天运送矿石的专列都是夜间运行，经常要在专用线上停留待命。电站职工面临铀矿石对人体的伤害，想到的只有国家利益，而把个人安危丢在脑后，始终坚守在工作岗位上。

5 站厂址设在许家洞车站附近，电站职工在山坡上开出一小块平地，用竹片编织支撑起来、两面抹上泥巴，盖成茅草房。这里没有一条平整的下山路，最让人难以忍受的是夜间的"五多"，即蛇多、老鼠多、蚂蚁多、蟑螂多、蚊子多。面对如此恶劣的条件，电站职工毫无怨言。

当时电网还没有延伸到 711 矿，5 站长期处于单机运行状态。该站是美国产的快装机，没有负荷自动调整装置，用电负荷波动时，全凭手动操作完成。矿区供电经常出现大功率设备同时启动、负荷瞬间变化很大的情况，加上矿区不允许停电的特殊性，要求值班人员必须聚精会神，依靠频繁的手动调整，来保证发电设备安全运行，值班人员的劳动强度很大。直到 1961 年，湖南电网延伸到许家洞，才缓解了 5 站的供电压力。

1960 年 5 月 1 日 20 时许，电站发生了一次突发事件，水处理给水泵阀门法兰盘的垫子突然被冲破，瞬间高温高压汽水大量喷出，厂房内充满大量的水汽。值班人员李瑞恒和李玉贵，立即带上石棉手套、顶着军用雨衣，准备冲上去倒换备用泵，但冲了几次都没有成功，导致锅炉紧急停炉，停止对外供电。电站厂领导和休班的职工，都快速赶到车间投入抢修。矿区领导及保卫人员也相继来到现场，保卫人员还带着枪，气氛十分紧张。当了解到停电事故非人为破坏，并看到电站职工忘我抢修设备的情景时，他们非常感动，给予高度评价。在电站职工的努力下，不到两个小时，就恢复了供电。

面对艰苦的环境，电站职工们乐观对待，厂领导也想方设法丰富职工业余生活，在宿舍附近山坡上建起了篮球场。矿区总部也十分关心电站职工的安全，对电站建设篮球场所用的碎石，采用核辐射探测仪进行了全面检测，发现有核放射的石块全部清理出去，还定期对电站生产、生活区域，进行放射安全监测。

1964 年 10 月，我国第一颗原子弹爆炸成功。711 矿被誉为中国核工业第一功勋矿，其中也倾注了 5 站人的辛勤劳动和汗水。

2. 1 站、12 站为 404 厂提供电力服务

二机部十四局 404 厂，是我国建设最早、规模最大、政企合一的核工业综合性科研生产基地，设有铀浓缩生产线、核部件加工、核反应堆等，是生产原子弹的关键企

业之一。它于 1958 年开始建设，但当时与它配套的自备电厂 803 厂还在建设中，因此电力供应十分紧张，制约企业的科研和生产。

1962 年，研制进入快速发展阶段，为保证 404 厂的电力供应，当年 5 月，1 站奉命调到 404 厂发电，保证了科研和生产的顺利进行。1963 年，我国原子弹研制进入关键时期，为确保 404 厂的供电，1963 年 12 月又急调 12 站至 404 厂。为了便于开展工作，1964 年 4 月，根据列电局指示两站合并，实行统一领导，对外统称 1 站。两站并网发电，为原子弹按时顺利完成爆炸试验提供了可靠的电力保证。

404 厂地处戈壁深处，人迹罕至，山地裸露，气候恶劣，被称为"天上无飞鸟，地上不长草，百里无炊烟，风吹石头跑"的不毛之地，环境非常艰苦。列车电站厂区距提炼浓缩铀的一分厂不足一公里。电站职工深感责任重大，以为国分忧的无畏精神，不顾辐射带来的危害，克服人员紧张和气候恶劣等困难，恪尽职守，精心维护设备，精心运行值守，始终保持了机组安全稳定供电。

404 厂是国防重要企业，实行军事管理，要求电站职工必须严格遵守保密制度。仅电站生产区就有一个连的部队负责警戒保卫，进出都要出示通行证。电站绝大多数是单身职工，住在生产厂区，生活空间也局限在厂区。为丰富职工生活，电站在生产厂区修建了篮球场，在水塔车旁利用循环水建起了简易游泳池，开展文体活动。由于当地气候变化无常，喝的又是没有经过净化、并有不同程度污染的水，超过 40% 电站职工肝脏出现问题，但仍坚持工作。404 厂厂长周秩、总工程师姜希圣等领导，专程前来看望大家。列电局领导得知后，也十分关心，专门组织患病职工去外地疗养，给予多方面关怀。

两站职工在为 404 厂提供服务前都进行了严格的政审，未通过的转调其他电站，减员未得到及时补充，人员十分紧张。因当时交通条件差，职工探亲路途就需半个月时间，按正常休假无法实行轮换，单身职工就主动放弃一年一次的休假，改为两年探亲一次。严格的保密制度，要求职工不能说出具体工作地址，写信只能用兰州 508 信箱。有的家属误以为列车电站就在兰州市发电，长途跋涉到兰州探亲，来到之后才知道，电站还在离兰州很遥远的地方。而且电站不允许到厂区探亲，只能在兰州通个电话，然后就带着对亲人的思念，遗憾地踏上了归途。也因此，许多未婚职工的恋爱结婚时间，普遍耽误了两三年。

1964 年 10 月 6 日，我国第一颗原子弹爆炸成功，听到这一振奋人心的消息，职工们都激动得流出了热泪，为能够亲自参加为原子弹试验供电，而感到无比光荣和自豪，在当年 404 厂召开的庆功会上，1 站和 12 站分别受到功臣荣誉表彰。

3. 13、35 站为 221 厂提供电力服务

221 厂，也称二机部九局青海机械厂，是西北第一个核武器研制基地。设在青海省

海晏县境内的金银滩草原上。这里平均海拔 3210 米，气压低，氧浓度低，开水只有 80 多摄氏度，煮饭半生半熟，平均气温不到 0 摄氏度，一年有八九个月要穿棉衣。

221 厂设有七个分厂，分别负责核物理及放射性化学研究、铀原件加工、爆炸试验、核武器总装、无线电控制、供电供热等工作。著名的核物理专家邓稼先、王淦昌等一大批顶尖科学家就在这里工作。

1962 年 11 月，二机部党组向中央专委报送以 1964 年爆炸试验第一颗原子弹为总目标的"两年规划"。作为负责研究和总装原子弹的 221 厂，也进入了攻关的关键时期。海晏原有的 1500 千瓦的小电厂已无法满足 221 厂的电力需要。为了确保 221 厂的电力供应，二机部请水电部急调 13 站到青海海晏，为 221 厂供电。

1963 年 3 月，13 站职工先行抵达电站住地，所见是一片新搭建的帐篷，共有 20 多顶，帐篷里没有床铺，毛毡直接铺在冰冻的地面上。总厂为每人配发了防寒四大件：毡子、棉鞋、棉帽和棉猴。因帐篷建在地面上四面漏风，厂领导组织职工利用主机未到的时间，在原帐篷位置向地下挖了一米深，变成了半地窨子式帐篷，解决了透风的问题，取得了很好的保温效果。

电站职工到达海晏后，首先接受保密教育，要求必须做到"知道的不说，不知道的不问。"与外地通信联系不得讲总厂相关情况，发出的信件邮局要检查，进出厂区必须持出入证。通信地址用邮箱代码。严格的保密制度，神秘而特殊的环境，要求职工必须保持高度的责任感和执行力。职工始终不知用电的甲方是谁，用电的工厂在哪里，电站的周边见不到一根电线杆，所有的电缆都埋在地下，不知供电输送到什么地方，但每个人却深感责任重大。

13 站供电后，当地 1500 千瓦电厂停机检修备用，13 站成为唯一电源，承担全部供电任务。为了确保安全供电，厂部要求即使夜间低负荷一台锅炉够用的情况下，也必须保持两台炉运行、两台水塔工作，以防万一影响供电。

1964 年，原子弹研制工作进入决战时期，为了绝对保证供电安全，35 站也奉命调到海晏，与 13 站一起为 221 厂供电。35 站到达后，13 站和 35 站合并，以 35 站名义对外。生产和生活出现了新局面，221 厂给建起了多排平房，13 站职工结束了住帐篷的历史。电站办起了食堂，生活得到了改善。

这期间发生了一件不寻常的事。一天，电站像往常一样正常运行，突然来了许多军人，其中有几位首长进了控制室，锅炉、电气、汽机等车厢门口都有军人站岗。电站领导要求所有值班人员和维修人员严守岗位，做好应急准备。不久，发电机负荷陡然增大，锅炉蒸汽压力降到 13 公斤，这令值班人员的心瞬间提到了嗓子眼儿。以往出现类似情况应立即减负荷或停机，否则可能酿成重大事故。但此时不行，部队首长就在控制室坐镇，任何情况不允许停机。幸亏时间不长，负荷下降，锅炉压力开始缓慢回升，逐渐恢复正常，电站领导和值班人员才松了一口气，部队首长脸上也露出了笑容。

1964年10月，我国第一颗原子弹爆炸成功，举国上下欢腾，221厂因保密需要却没有举行公开的庆功活动。

电站在海晏供电期间，列电局局长俞占鳌、副局长季诚龙，分别到电站慰问、指导工作，俞局长还向电站职工讲述参加两万五千里长征和西征路过海晏的经历。两位领导的慰问和革命经历，激发了职工的工作热情，坚定了战胜困难的信心。

1965年7月，221厂自备电厂二期工程竣工后，13、35站退出运行，分别返回武汉基地、保定基地大修。

4. 49站为酒泉卫星发射中心提供电力服务

1967年12月，在保定基地待命的49站接到列电局紧急调令，命限期赶往"中国人民解放军第20训练基地"（简称20基地）为138工地发电，此基地就是后来的酒泉卫星发射中心。

当时正处"文革"时期，49站受到运动冲击，领导"靠边站"不能行使职权。经过严格政审，全站60余人，仅30人通过政审随车前往。在这种紧急情况下，列电局领导和基地军宣队研究后决定分头行动：一方面组织拆迁设备，一方面协调借调人员。

保定基地立即组织现有人员拆迁装运发电设备，并临时决定由汽机工段长王占兴负责组织调迁工作。为了保证时间从保定装卸公司雇用45名装卸工、两台蒸汽吊车，与基地部分人员连夜拆装设备，苦战三天三夜，车辆按时由保定出发驶向20基地。

列电局办公室主任赵立华、劳资科副科长潘顺高，到河南平顶山协调从29站借调人员，补充49站因政审造成的人员空缺。经29站革委会推荐、列电局同意，从各专业挑选20名生产人员借调到49站。当电气工段程振起专程从北京取回国防科工委的介绍信后，借调一行人员立即启程，赶在主机运到之前到达目的地。

49站到达后，因电站没有领导干部，电站由军代表接管。当时，大雪覆盖的戈壁滩，滴水成冰。职工住在临时搭建的板房内，木板搭建的通铺前摆放着用大油桶改装的火炉，以供取暖。夜里炉火熄灭后，室温骤降，以至靠在板房墙壁的被子冻住扯不开，脸盆中的水冻成冰坨。

20基地8120部队基建部部长韩恩山接见电站职工，介绍138工地的概况。这项工程是由国防科工委决定的，在基地建设新的发射阵地，用来承担远程火箭试验和东方红卫星发射任务。工程核心是新建一个更厚、更坚固的导流槽及几个深埋于地下的发射控制间。基地自备电厂因机组小，无法满足工程用电需求，因此紧急调列车电站前来支援。同时还告诫电站职工，这项任务是经毛主席和周总理亲自批准的，事关国防安全的大事，要求电站职工要团结一致，不折不扣地完成任务。

主机到达，已是 1968 年 1 月下旬，春节已经临近。接到安装命令后，职工立即投入到设备卸车和安装中，20 基地也从各方面予以大力支援。当时正处在风沙寒冷交加的严冬，经过几昼夜的奋战，1 月 29 日除夕夜，机组开始启动。因基地用电非常紧张，提供的厂用电电压很低，尽管锅炉只启动了维持燃烧的引风机、给煤机，但电压仍很低。低电压保护总是动作，锅炉无法升压。迫不得已，只能采取非常手段操作。经过几个小时的努力，电站终于启动成功，在春节钟声敲响之前并网发电。电站并网后，整个基地一片光明，在场的基地领导与值班人员一一握手致谢。激动的心情，胜利的喜悦，让全体职工忘记了疲劳，度过了一个令人难忘的除夕夜。

1 月 30 日，大年初一，20 基地举行了参建人员庆功大会，138 工程组长、部队副司令员张贻祥将军对电站并入基地电网所做的努力，给以充分肯定和表扬，电站职工备受鼓舞。

49 站投入运行后，基地工程建设有了充足的电力保证，基础周围用于降水的所有水泵运转起来，大功率的新型挖掘机开始昼夜不停地工作，建设工地进入了全面正常施工阶段。

1968 年 7 月，钱学森到电站慰问。他来到电站，热情地与值班人员握手，并说："你们辛苦了，你们没有辜负党和国家的重托，保证了工程安全用电，谢谢你们。"

为了感谢参建人员所做的贡献，基地首长特别批准，让所有参建人员观看气象火箭的发射过程，电站职工有幸目睹了火箭拖着长长的火焰飞向天空的震撼场面。

1968 年 11 月，49 站圆满完成为 138 工地发电任务，返回保定基地大修。

列车电站服务于国防科技的情况见表 8-10。

表 8-10　　　　　　　　列车电站服务于国防科技一览

站名	甲方单位	发电地址	发电时间	服务项目
10 站	黑龙江电业局	黑龙江哈尔滨	1958.4~1959.10	为军工企业 101 厂发电
12 站	黑龙江电业局	黑龙江哈尔滨	1958.4~1959.9	
17 站	黑龙江电业局	黑龙江哈尔滨	1958.6~1959.9	
18 站	黑龙江电业局	黑龙江哈尔滨	1958.6~1959.8	
5 站	许家洞 711 矿	湖南郴州	1958.10~1965.12	铀矿
1 站	2 机部 14 局 404 厂	甘肃酒泉	1962.5~1966.6	核科研基地
12 站	2 机部 14 局 404 厂	甘肃酒泉	1963.12~1967.2	

站名	甲方单位	发电地址	发电时间	服务项目
13 站	2 机部 9 局 221 厂	青海海晏	1963.4~1965.11	核科研基地
35 站	2 机部 9 局 221 厂	青海海晏	1964.7~1965.9	核科研基地
1 站	2 机部 113 厂	甘肃陇西	1966.6~1969.8	军工企业
49 站	8120 部队	甘肃酒泉	1967.12~1968.11	卫星发射中心
船舶 2 站	六机部 6214 厂	江西瑞昌	1970.7~1973.3	舰船制造

注　共计 10 台电站 12 台（次）服务于国防科技项目。

二、为三线建设服务

三线建设是 20 世纪 60 年代中期，在我国经济状况开始全面好转，而国际环境日趋恶化，战争危险直接威胁我国安全的情况下，为防止外敌入侵和改变我国生产力布局，由中央作出的一项重大战略决策。三线是御敌入侵和拒敌深入的战略后方，三线建设的重点是西南、西北。当时划定的三线范围是乌鞘岭以东，雁门关以南，京广铁路以西，韶关以北。

从国防考量，三线建设提出要大分散、小集中，国防尖端项目要靠山、分散、隐蔽（简称"山、散、洞"），大多工厂的位置偏僻而分散，交通不便，没有电力保障成为突出问题。列车电站作为电力工业的机动电源，听从国家召唤，充分发挥机动、灵活的优势，在三线建设中特别是为贵昆、成昆、贵湘铁路建设，以及六盘水特区开发建设提供电力服务，作出了突出贡献。

1. 为六盘水特区开发建设提供电力服务

六盘水市位于贵州西部，西与云南曲靖相邻，东南北分别与安顺、黔西毕节地区相连，地处云贵高原向黔中高原过渡的斜坡地带，地势由西北向东南倾斜，境内岩溶发育，是典型的喀斯特地貌区。六盘水市矿产资源丰富，有煤、铁、铅、锌等 30 多个品种。其中煤炭储量 771 亿吨，炼焦煤 95 亿吨，相当于江南九省焦煤储量之和，素有江南"煤都"之称。

1964 年 5 月，中央作出关于三线建设的重大决策后，决定在贵州西部煤藏丰富的六枝、盘县、水城三县境内，建立三线建设的重点煤炭供应基地。设立三个矿区分别进行管理，具有政企合一的特点。1966 年 2 月，三个矿区改为特区，同年 4 月，经中央批准成立六盘水地区工业建设总指挥部。1970 年 12 月，成立六盘水地区革命委员会，1978 年 12 月，六盘水地区改为六盘水市。

六盘水作为三线建设的特区，主要是建设一个为四川攀枝花钢铁工业配套的煤炭工业基地，为其提供足够的能源。从 1964 年起，在"备战、备荒、为人民"方针指引下，"好人、好马、上三线"，全国各地干部、知识分子、解放军官兵等专业队伍，打起背包、跋山涉水，来到崇山峻岭的六盘水。到 1965 年年底，有近 11 万建设者、50 多万吨物资、4000 余台机械设备运抵六盘水。

由于六盘水地处偏僻山区，1964 年贵昆铁路刚刚修到六枝，当地仅有一座 2000 千瓦的小电厂，无法满足建设的需要。为了保证贵昆铁路和各项建设的电力需要，从 1964 年 12 月至 1977 年 10 月，先后有 43、47、48、33、45、35、54 等 7 台列车电站、总计 12 台（次），从全国各地调到六盘水特区，支援特区建设。

1964 年 12 月，作为战备电站的 43 站首先从广东英德调迁到六枝，为修建贵昆铁路的铁路二局一处供电。按当时战备要求，要轻装调迁，不准带家属。到达六枝后，职工才理解为什么这样要求。职工住的是在山坡上用竹子两面抹泥巴盖成的大通房，没有水和电。洗脸要到山下的河里去洗，回来时用脸盆端水做饭，生活上一切都要靠自己动手。当地山区气候变化无常，经常细雨蒙蒙，"出门上下坡，穿鞋需绑绳，走路像滑冰，穿行云雾中"。面对这样的艰苦环境，没有人叫苦，没有人抱怨。生活区的照明和用水设施，都是电站组织职工利用业余时间自己安装的。全站职工努力克服山区气候给电站生产带来的困难，保证设备安全运行。在六枝供电期间 3 次受到通报表扬，1965 年年末，获得贵昆铁路电力系统竞赛固定红旗单位，被评为列电局年度先进电站。

1966 年 1 月，六枝至水城铁路修通后，43 站又随铁路建设大军西迁水城，为铁路二局十三处供电。水城本是一个小县城，随着铁路的修通，多支各行业的建设队伍进入水城，生活物资十分匮乏，每周仅有一次铁路流动货车来，才可采购生活用品。为了改善生活，电站就在住地山坡上开垦荒地，自己种菜、养鱼、养猪来改善生活。

1970 年 4 月，43 站完成了在水城的发电任务，再随铁二局十三处赴野马寨，为修建一条通往保密单位的支线供电。野马寨虽然距水城县城只有 16 公里，却是没有人烟的地方，所需生活物资必须到外地采购，保证职工生活成为大事。厂长和副厂长轮流到食堂当管理员，养猪买不到饲料，只好去外地买牛犊饲养，用来改善生活。

1971 年 3 月，43 站又奉命调迁贵定，再次为修建湘黔铁路的铁二局一处供电。完成发电任务后，于 1972 年 3 月返西北基地大修。

43 站在贵州的七年里，始终伴随铁路建设大军，在极其艰苦的环境下迁徙，为贵昆、湘黔等铁路建设供电。被铁路二局赞誉为最得心应手、最安全可靠、最具军人素质的过硬队伍。因 43 站对铁路建设贡献突出，1967 年厂长张兆义被推荐参加在四川甘洛召开的铁路建设表彰大会。

1965 年 4 月，47 站在武汉基地大修后调至六枝特区。甲方是六枝特区指挥部，为所属六枝煤矿供电。当时正是雨季，列车电站到达后 40 多天没有见过太阳，天气阴沉潮湿。生活用水是从山下的河里抽上来的，许多人水土不服，闹肚子，吃不下饭，但大家带病坚守岗位。就在这样的条件下，电站完成了安装，并保证了安全运行。

同年 8 月，48 站从湖南涟邵也调到六枝。因两站甲方都属六枝特区指挥部，同在一个厂址发电，1965 年 10 月，列电局下令两站合并组成一个领导班子，实行统一领导，对外称 47 站。两站合并后，基层干部和技术人员统一调配，充分调动了职工的积极性。他们利用小修完成两台炉打通、集中值班等多项技术改造，改善了工作环境，提高了设备运行的安全性。

这两台电站在六枝供电期间，很受关注，常有上级领导来检查、视察工作。水电部副部长刘澜波、煤炭部副部长钟子云，以及列电局局长俞占鳌、副局长季诚龙都曾到该电站检查指导工作。

1965 年春夏之交的一个星期天，水电部副部长刘澜波，从昆明去贵阳途经六枝，知道有列车电站在这里发电，就径直来到电站。了解电站供电情况，对职工进行慰问，鼓励职工克服各种困难，保障安全供电，为三线建设作贡献，使在场的职工非常感动。

煤炭部副部长钟子云，也来电站检查指导工作，听取电站领导汇报发供电情况。当听说电站厂区没有围墙，保卫工作不好做时，他鼓励大家要向阿尔巴尼亚学习，"一手拿镐一手拿枪"。还当场指示指挥部保卫部门给电站配备枪支，保证电站厂区安全。

俞占鳌局长来六枝，当时正是冬季。当他看到职工宿舍因冻雨结冰，并了解到六枝煤矿可以取暖的情况后，当即拍板电站可以参照煤矿的做法。这样电站在职工宿舍安装了火炉，解决了冬季取暖问题。

1966 年春季，季诚龙副局长来到电站"蹲点"，与地方派驻电站的工作组一起搞"四清"运动。当时正赶上春旱，与电站结对子的小寨大队要求电站协助抗旱。电站组成了抗旱队伍，由季诚龙亲自带队，除值班和少数人员外，都去参加抗旱活动。

1969 年 4 月，48 站调回武汉基地大修。1969 年年底，47 站完成了在六枝的发电任务后，调往贵定为铁路二局一处发电，支援湘黔铁路建设。

1965 年 7 月，33 站奉命从贵州都匀调六枝特区，与 43 站一起为贵昆铁路建设供电。按照当时"先生产、后生活"的精神，电站到达后生活设施还不配套，除了住竹子编织两面抹泥的茅草房外，连会议室都没有。电站领导动员职工发扬艰苦奋斗的精神，自己动手搭建会议室，改善工作和生活环境。当时正值雨季，就趁着雨小时干，不到一个星期的时间就建好了会议室。不仅开会学习有了场所，又安了乒乓球台等，丰富了职工业余生活。

1966 年 5 月，贵昆铁路修到水城后，33 站又奉命调往水城，支援煤炭生产建设，甲方为水城矿务局。当时六盘水的煤炭会战已经拉开序幕，来自全国各地的多支煤炭专业开采队伍汇集水城。当地只有一台装机 750 千瓦柴油机的小电厂，无法满足会战用电。33 站到来后，就成为这里的主力电源。

水城的生活条件比六枝更艰苦，电站到达水城时宿舍刚刚盖好，竹子两面抹泥的墙还是软的，把蒜瓣儿插进墙里就能长出蒜苗，不久床底下就长出草来。面对如此艰苦的环境，没有一个人叫苦。

1965 年 12 月，45 站从黑龙江友好林业局调至六枝，为六枝特区指挥部供电。从高寒的东北林区来到阴冷潮湿的贵州山区，电站职工克服了气候反差大、水土不服等不利因素，一心扑在工作上，在此发电 8 个月，安全无事故。

1966 年 8 月，45 站调迁到水城。与先期到达的 33 站并网为水城矿务局供电。为了便于工作协调，45 站与 33 站合并，实行统一领导，对外统称 33 站。

45 站在水城的五年里，尽管气候恶劣，工作环境和生活条件很差，但职工克服困难，完成了多项技术革新与技术改造。利用检修机会，对水塔车循环水管道进行了改造，解决了循环水泵跳闸时水塔车大量向外溢水问题，同时也减少了安装工作量；将各车厢之间的立式蒸汽膨胀管道，改为固定式连接膨胀管道，方便了拆迁；将手动龙门吊车改为电动升降，减轻了职工劳动强度。

1966 年 9 月，35 站调迁到贵州水城，甲方是水城钢铁厂。水钢也是三线建设的重要项目，建设规模为年产生铁 50 万吨。1965 年 12 月选址，水钢建在水城县青杠林，距县城数公里的大山中。工程由鞍山钢铁公司援建，1966 年 2 月鞍钢援建队伍进驻。但因电力供应不足，影响工程进度。35 站的到来为工程提供了动力，水钢会战才正式展开。

35 站驻地，生活条件异常艰苦，职工住的是和工棚一样的茅草房，有时被大风掀翻，下班回来还得重新搭建，困难可想而知。但电站职工克服一切困难，一心一意保会战用电。机组一到，迅速组织安装供电，改变了严重缺电的局面。电站坚持安全生产常抓不懈，精心维护和保养设备，在恶劣的山区气候条件下，保证设备安全运行，十年没有返基地大修，为水钢建设提供了可靠的电力保障。

1969 年 11 月，54 站在西北基地安装后，奉命调到贵州水城，承担水城钢铁厂保安电源。54 站到达水钢时，正是会战进入决战的关键时期，1 号高炉安装即将完成，与其配套的烧结、焦化等项目已投产。因缺电严重，电网极不稳定，电站经常在负荷大幅度波动状态下运行，而这些用电单位又要求不能断电，一旦停电就会造成设备损坏和巨大经济损失。54 站投入后，克服当地常年多雨、煤含水量高等困难，保证设备安全运行，满足了钢厂生产用电需求。1971年12月，54站完成在水城钢铁厂的发电任务，调往湖南双峰。

从1964年12月至1977年10月的近13年间，共有7台列车电站在六盘水地区供电。电站职工把参加三线建设看成是党和人民对自己的信任，以苦为乐、以苦为荣，为铁路、煤炭、钢铁等重点工程建设提供电力服务，在六盘水地区的开发和建设中，发挥了不可或缺的电力支撑作用。

2. 为成昆铁路建设提供电力服务

成昆铁路是西南地区乃至我国重要的铁路干线，1958年动工建设，后因线路走向等因素影响停止建设。1964年8月，中央作出三线建设重大决策后，又复工建设并进入建设高潮。

1965年11月，42站在武汉基地安装试运行结束后，奉命调到四川峨眉县，为成昆铁路建设供电，甲方是岷江电厂，地址在峨眉县九里镇。由于当地电力紧张，影响铁路施工进度。为使电站尽快安装投产，按照"先生产、后生活，生产高标准，生活低标准"的要求，生产厂区由铁道兵8815部队承建，生活区由岷江电厂承建。办公室和宿舍都是简易房。

因地质条件和抢时间，电站生产用水取自附近的冷水河，水泵就设在河边。为了提高水位，用河中的鹅卵石堆起了一道简易拦河坝。设备刚刚运行不久就遇到一场大雨，河水猛涨冲垮了拦河坝。电站立即组织干部和维修人员，在激流中摸石头修复水坝，并采用铁丝编网等加固措施，保证了生产用水。生产厂区因受地形限制，六个冷水塔车厢中有两个位于新填土方上，运行一段时间后，这两个水塔车基础出现下沉。由于当时用电紧张，没有停机消除隐患的机会，就采取夜晚低负荷时停运这两台水塔的方式，并随时监视，保证了水塔车厢下沉始终维持在安全可控范围之内。

1967年3月，14站在西北基地大修后，调往四川甘洛，也为成昆铁路建设发电，甲方是铁路二局。甘洛地处大凉山彝族自治州少数民族居住的山区，崇山峻岭、山路陡峭、山谷幽深，生活条件十分艰苦。当时职工宿舍建在两河交汇的牛日河畔，与厂区隔河相望，只有一条铁索桥相连。宿舍是简易房，透风漏雨潮湿阴冷。职工上下班不管风霜雨雪，都要跨桥往返。遇到大风天，吊桥在大风的吹动下宛如荡秋千，职工上下班只能双手紧紧抓住桥板匍匐爬行。

甘洛是彝族聚居地，风俗别样，电站职工尊重当地风俗习惯，与彝民关系处理十分融洽。在彝族火把节时，职工与彝族姑娘和小伙子共同跳舞，吃肉狂欢，建立起深厚的友情。电站注重职工的文化活动，宣传队编排文艺节目，多次参加成昆铁路建设指挥部组织的文艺汇演，受到热烈欢迎。

1969年11月，14站在完成四川甘洛发电任务后，调往陕西阳平关，为修建阳安铁路供电，甲方为铁路一局。厂址设在阳平关火车站，继续为三线铁路建设提供电力服务。

列车电站服务于三线建设的情况见表8-11。

表8-11　　　　　　　　　　列车电站服务于三线建设一览

站名	甲方单位	发电地址	发电时间	服务项目
43站	铁道部二局十三处	贵州六枝、水城、野马寨、贵定	1965.1~1972.3	贵昆、湘黔铁路建设
47站	六枝电厂	贵州六枝	1965.4~1970.12	煤矿建设
47站	铁道部二局一处	贵州贵定	1970.12~1971.12	湘黔铁路建设
48站	六枝电厂	贵州六枝	1965.8~1969.4	煤矿建设
33站	西南铁路局	贵州六枝	1965.7~1966.2	滇黔铁路建设
33站	水城矿务局	贵州水城	1966.2~1971.9	煤矿建设
45站	六枝特区指挥部	贵州六枝	1965.9~1966.8	黔昆铁路建设
船舶2站	四川五通桥电厂	四川乐山	1966.7~1970.7	电厂建设
45站	水城矿务局	贵州水城	1966.8~1971.3	煤矿建设
35站	水城钢铁厂	贵州水城	1966.9~1976.11	钢铁厂建设
54站	水城钢铁厂	贵州水城	1969.11~1971.12	
42站	岷江电厂	四川九里	1966.1~1969.9	成昆铁路建设
14站	铁道部二局	四川甘洛	1967.3~1969.11	成昆铁路建设
23站	铁道部二局	四川甘洛	1966.12~1968.7	成昆铁路建设
9站	铁道部三局五处	山西宁武	1968.5~1970.3	铁路建设
14站	铁道部一局	陕西阳平关	1969.11~1971.5	阳安铁路建设
2站	铁路1101修建指挥部	陕西西乡	1970.11~1971.11	
50站	娘子关160工程	山西娘子关	1970.11~1971.8	电厂建设供电
1站	泸沽铁矿	四川泸沽	1970.12-1972.7	重点企业
55站	中条山有色金属公司	山西垣曲	1971.1~1976.5	重点企业
58站	运城电业局	山西永济	1972.4~1975.4	军工企业

注　共计17台电站24台（次），服务于三线建设。

列车电站作为战备应急电源，适应战备应急需要是对列车电站的根本要求，在战事紧张时，战备应急是必须履行的光荣使命。我国第一台列车电站（老 2 站）执行的首次供电任务就是为抗美援朝前线供电。在列电历史的 30 多年里，有多台列车电站在战事前线供电，有 3 批 39 台（次）接受过战备应急使命。

1. 为战事和战备工程提供电力服务

1952 年 7 月，抗美援朝期间，美国飞机轰炸安东，安东水丰发电厂受损，安东地区全部停电，造成军事设施大面积断电。为保证前线用电急需，调老 2 站急赴安东发电。接到命令后，全站职工立即开始行动，不到 12 小时就做好了各项准备。火车开出石家庄一路绿灯，到达安东后，就开始紧张的安装和防空隐蔽工作。在敌机骚扰下，日夜奋战，完成场地准备和安装任务，开始向前线空军指挥部、雷达、机场等重要军事设施供电。电站职工冒着敌机随时轰炸的危险，坚守工作岗位。为了不让敌机发现，运行中锅炉值班人员精心操作，尽量减轻排烟浓度。晚上整个电站闭灯运行，检查重要表计和操作，都要借助手电灯光。在危险和艰苦的条件下，电站职工不辱使命，保证设备安全运行，为军事设施和市区居民提供了可靠的电力保证。

1958 年年初，11 站在福建南平市投产，为南平造纸厂供电。那时台湾不断派遣特务偷渡或空降过来，并不时派侦察机到南平上空侦察骚扰。电站设在南平后谷大山窝中，山头上有解放军部署的高射机枪保护电站安全。电站采取防空措施，车厢的门、窗都拉起了内红外黑的窗帘布。当防空警报拉响后，各车厢照明全部关掉，只在表盘前留一盏小瓦数的防空灯。秋季的一天晚上，防空警报拉响后，台湾一架侦察机飞临电站上空，解放军的高射炮和高射机枪交叉射向敌机，在电站上空形成了一张火力网，敌机掉头逃窜。当时电站提出的口号是"人在机器在，人和机器共存亡"。电站成立了民兵连，基干民兵人人都持枪参加电站周围的保卫工作。一旦敌机飞过来，就准备抓空降特务，防止破坏。

1960 年前后，福建战备形势严峻。4 月，27 站奉命从三明市调到厦门为福建前线发电。在隆隆的炮声中，电站职工克服各种困难，保证了前沿炮兵阵地、雷达等军事设施的用电。职工还利用休班时间进行军事训练，组织野营拉练，进行实弹射击。女职工彭金荣在福建民兵比赛中获奖，福州军区司令员韩先楚亲自颁奖，发给她一支半自动步枪、两套新军装。电站在备战发电中的表现，获得了当地驻军和政府的表扬与奖励。

1979年2月，在西南战事期间，拖车电站派王庆元、吕赞魁二人，带6160号发电机组，赴广西那坡县，为解放军野战医院担负保障电源，出色地完成任务。那坡县革命委员会专门发来感谢信，机组人员获得了自卫反击战奖章。

列车电站为前线提供电力服务情况见表8-12。

表8-12　　　　　　　　列车电站为前线提供电力服务情况

站名	服务单位	发电地址	发电时间	服务项目
2站	安东电业局	辽宁安东	1952.7~1953.1	抗美援朝前线
11站	南平电厂	福建南平	1958.1~1958.12	福建前线
27站	厦门热电厂	福建厦门	1960.4~1961.8	
15站	厦门电业局	福建厦门	1972.2~1980.12	
拖电	野战医院	广西那坡	1979.2~1979.3	自卫反击战
17站	东方红林业局	黑龙江虎林	1969.8~1974.6	珍宝岛前线

2. 为战备做好应急准备

受台海及周边形势影响，1962年、1979年，列车电站共有3批39台电站，承担战备应急任务。

1962年，台海形势紧张，按照国家有关领导指示，6月10日，经水电部党组、铁道部党组研究，指定第7、8、13、15、18、19、23、27、33、36、41、46等12台列车电站为战备应急电站。要求上述电站立即就地检修，待命外调。由列车电站所在地省（区）党委负责组织实施，设备及台车行走部分分别由所在省（区）的水利电力厅（局）和铁路局负责。并在技术力量及器材方面优先予以解决，力争在6月20日以前检修完毕，处于良好状态，随时准备外迁。与此同时，水电部党组专电提请有关省委，对此项工作要加强领导，对列车电站现有人员进行审查调整，审查的条件是，政治可靠、具有一定的技术业务水平、身体健康。

7月6日，水电部党组、铁道部党组又指定第二批，包括第2、14、26、34、35、37、40、50等8台列车电站为战备应急电站。

由于战备应急的迫切和保密需要，两部下达命令都是通过地方省委机要部门，直接发到所在地的相关部门。列车电站领导没有收到列电局电报和正式文件的，要到省机要部门阅读电文，或由相关部门传达。列车电站领导和职工深感责任重大，自觉服从领导，勇敢面对，在当地省委和有关部门的领导下，积极做好各项准备工作。到7月20日，第一批战备应急电站有10台检修完毕，停机待命，两批20台电站有15台设备检修完毕，可适应任何地方发电的要求，得到了国家有关部门的肯定。

1971年7月，10站奉命调到山东济宁，为国防战备工程供电。济宁地区进行战备机场山洞机窝工程的紧急施工。当时济宁电厂工程尚未完成，电力供应严重不足，施工的战士们只能打着马灯手动施工。根据国防科委和国家计委的要求，水电部列电局急调10站到济宁，为战备机场以及新建电厂施工发电。经过紧张安装调试，10站于1971年8月并网发电，有力地支援了工程建设。电站在此发电3年，累计发电量5828.5万千瓦·时，为战备机场建设作出特殊贡献。

1979年2月，因西南战事，根据上级指示，列电局分别以（79）生字第067号文下发《关于做好战备工作的紧急通知》和（79）生字第072号文下发《关于做好战备工作的几项具体要求》，确定8、9、12、16、17、18、21、23、27、34、38、40、42、43、47、49、52、59、60站，作为战时第一批战备应急电站，尽快做好准备，一旦需要时保证做到"调得快、发得出、靠得住"。

要求各列车电站，一是依照当地党委布置把队伍组织好，积极做好政治思想工作，进行战备教育，把各项工作做扎实。二是待调电站即27、40、42、43、60站，要抓紧消除设备缺陷就地待命，有关选厂事宜可照常进行。即将退网的8、38站，要立刻拆卸管道、附件，做好轻装、快速调迁的一切准备，紧急待命。在黑龙江、内蒙古边境地区的列车电站，要坚守岗位，继续坚持发电，对职工进行护厂、消防、防寒等战时知识教育，做好应急调动准备，保持发电待命状态。三是检查启动电源，做到可随时启动。请当地铁路部门协助，对行走部分进行一次彻底检修。铁路出车专用线不能使用或拆除的，要立即商请有关部门抓紧恢复。四是基地要组织精干抢修队伍，准备必要的备品、器材，负责战时电站的抢修，做好后勤支援工作。五是立即开展一次设备大检查，摸清设备缺陷底数，组织力量尽快消除，对必要的备品备件和必需的主要材料、工具等，进行一次清点补充。对影响战备行动的问题及解决情况，每5日报告一次。

两个通知下达后，各战备应急电站坚决执行两个通知精神，立即行动，积极做好战备应急准备工作，并向当地党委进行汇报，得到了当地党委和铁路部门的大力支持。

12站当时为内蒙古扎赉诺尔矿务局供电，距边境近在咫尺，站在附近山头上就能观察到对方的坦克、装甲车、直升机在军演。矿区周边已经挖好战壕，基干民兵进入战备值班，战争气氛笼罩着这个边陲煤城，当地居民纷纷转移内地。接到战备应急文件后，电站党支部立即召开战备动员会，要求全体职工必须按照列电局的指示，坚守岗位，确保安全发供电，同时做好战备应急准备工作。职工表示坚决服从指挥，一定做到人在设备在，决不当逃兵。全站上下人心稳定，回家探亲的职工按时或提前返回电站。电站支部书记乔勤感慨地说："我们列电人是逆潮流而行，人家往内地撤，我们却向边疆赶。"电站在战备期间的表现得到当地党委的高度评价。

59 站所在地黑龙江佳木斯地处战备前线。在收到列电局两个文件后，电站党支部立即组织党员和中层干部讨论，通过了坚决拥护上级指示，服从当地统一领导，坚守工作岗位，努力搞好生产，听从组织调遣的决定。为防止可能出现的突然袭击，保卫电站安全，在做好设备应急准备的同时，成立了基干民兵班，地方给配备了半自动步枪、轻机枪和 40 火箭筒。基干民兵利用倒班休息时间，进行训练和实弹射击。全站职工斗志昂扬，纷纷向党支部写决心书。有的职工在给父母的信中写道："国难当头，匹夫有责，是我中华民族之优秀传统，在必要时我也能持枪杀敌，为国捐躯。"一位爱好写作的青年职工在听反击战文件传达时奋笔写下了《自卫反击战初闻》："闻敌欺人甚，怒发冲冠落。我欲跃青骢，挥刀斩阎罗……"并当场吟诵引起共鸣，被赞代表了全站职工的心声。

16、18、38 站等多台列车电站在做好战备应急准备工作后，主动向列电局党组请战，请求在有战事紧急任务时调到国家最需要、最危险的地方，坚决完成任务。

第四节

列车电站助力中国石油崛起

中华人民共和国成立初期，石油工业落后，开采范围小、产油量低，国内所需的石油及其产品主要依靠进口，严重影响国民经济建设。国家决定重点发展石油工业。在我国石油工业发展中，列车电站相伴相随，结下了不解之缘，发挥了不可替代的作用。

1957 年 7 月，第 8 列车电站调往甘肃为玉门油矿发电，是最早服务于石油工业的电站。1958 年至 1969 年间，先后有 6 台列车电站调往广东茂名，参与茂名开发页岩油会战，总容量达 1.5 万千瓦。1960 年至 1972 年间，先后有 4 台列车电站调往大庆，总容量 1.74 万千瓦，成为大庆油田会战、建设初期的主要电源。列车电站还曾为湖南长岭炼油厂、山东胜利油田等石油企业的建设发供电。

一、8 站急赴玉门油矿

甘肃玉门是新中国诞生后建成的第一个石油基地，1957 年原油年产量达 75.54 万吨，占全国石油年产量的 87.78%。当时主要依靠柴油发电机组供电。

第 8 列车电站，1956 年 12 月组建。设备从捷克斯洛伐克进口之后，直接运抵山东省淄川洪山煤矿安装。1957 年 4 月下旬，安装基本完成，尚未发电，水电部急调 8 站赴玉门油矿。肩负特殊使命的 8 站立即拆迁，率先进军大西北，5 月抵达玉门。玉门油矿坐落在嘉峪关外的戈壁腹地，海拔约 1800 米，气候干燥，风沙很大，初次到来的内地人很不适应。为迎接列车电站到来，当地政府特意举行了隆重的欢迎仪式和文艺晚会。7 月初，机组投产发电，单机运行，经常带满负荷。

设备新、人员新是 8 站的突出特点。起初，由于设备处于磨合期，故障时有发生，特别是锅炉输煤机、给煤机、炉排等设备故障率较高。当地燃煤中鹅卵石多，不时造成给煤机卡死，中断供煤，致使汽压下降，甚至被迫拉闸限电，一度被冠以"事故大王"的帽子。列车电站只要一发生故障，市长杨拯民（杨虎城将军之子）就出现在电站。新到任的厂长王阿根，几乎是吃住在现场，发现问题及时处理。在处理输煤机链轮故障时，组织人工上煤，以维持机组正常发电。为了解决炉排边条卡涩，维修人员分工合作，有人加工配件，有人冒着寒风在车厢下抢装。经过几个月的努力，设备逐渐完善，生产被动局面终于得以扭转。

8 站在玉门油矿供电 1 年零 2 个月，累计运行近 7000 小时，设备利用率达 70% 以上，为油矿生产建设作出了突出贡献。多次受到市委书记刘长亮、市长杨拯民的赞扬和表彰。1958 年 3 月，在玉门市动力系统开展的夺标竞赛中，夺得标杆丝绒大锦旗一面，被树为标杆单位。

1958 年 9 月，当地中罗（罗马尼亚）友好热电站建成投产，8 站调迁酒泉。

二、6 台电站先后支援茂名

茂名，又称"油城"，位于中国南海之滨，隶属广东省的地级市，是我国华南地区最大的石化基地。

1955 年 5 月 12 日，国务院批准成立茂名页岩油厂筹建处，在茂名建设年产 100 万吨的页岩油炼油厂。茂名页岩油开发被列入国家"一五"计划，是 156 个重点项目之一。1964 年更名为石油工业部茂名石油公司。

1958~1969 年，石油部先后向水电部租用 6 台列车发电站到茂名发电，总容量 1.5 万千瓦，成为石油会战的主力电源，累计发电 23902 万千瓦·时。这是列电史上一次汇聚电站最多的电站群。

1958 年 12 月，6 站接水电部紧急调令，开赴茂名。1960 年 5 月和 1962 年 2 月，21 站、46 站又先后调到茂名，与 6 站一起成为这里的主力电源。

茂名热电厂位于茂名市区西侧，1961 年 3 月，2.5 万千瓦 1 号机组建成发电。1962 年，由于国民经济调整，炼油厂缓建，负荷只有几千千瓦，1 号机组被迫暂停发电。为此，茂名只靠列车电站供电。

1963 年 3 月，21 站返保定基地大修，15 站调茂名。随着生产的恢复，用电负荷增加，8、9 站也奉命陆续抵达茂名。1964 年 3 月，在武汉基地大修后的 8 站，为了早日到达茂名，列电专列首次提高行车速度，由 45 公里 / 小时提速到 70 公里 / 小时。

1965 年 9 月，茂名热电厂 1 号机组复产。1968 年 3 月，茂名热电厂 2.5 万千瓦 2 号机组投产。到 1969 年 3 月，列车电站全部撤离茂名。

1963 年年底，根据列电局指示，在茂名的 3 台电站合并为一个单位，统一管理，对外统称第 6 列车电站。

6 站抵达，职工居住分散，宿舍都是临时搭建，食宿都很困难。8 站到达茂名时，职工、家属都搬到文冲口，虽然房子简陋，但有了永久性的土木建筑。这片房屋是季诚龙副局长联系建工部，由建工部无偿调拨的，列电职工居住环境有了很大改善。

茂名一年中的台风、雷电灾害期超过 300 天。每年都有电力设施和人畜遭受雷电伤害。各电站重视设备防雷检查工作，制定了防雷击方案，严格落实《电站防雷击保护》措施，均没有发生雷击事故，经受住了台风、雷电等自然灾害的考验。

1966 年 3 月，8 站正在检修，6 站、15 站处于冷备用状态，46 站临时停机作防雷检查。这时，茂名热电厂厂用电系统突然发生故障，导致紧急停机，致使茂名全市停电。46 站立即启动厂用柴油发电机发电，但启动柴油机的气瓶压力不足，职工们果断采用人工打气法。由于天气炎热，激烈运动，不到 3 分钟就有职工出现休克现象。终于成功送电，茂名又恢复供电。

三、34 站率先支援松辽石油会战

1960 年 1 月，石油工业部党组召开扩大会议，决定加快松辽地区石油勘探、开发速度，集中力量搞石油大会战。同年 2 月 13 日，石油部向中央提交了《关于东北松辽地区石油勘探情况和今后工作部署问题的报告》。2 月 20 日得到中央批准。3、4 月间，萨 66 井（原名萨 1 井）、杏 66 井（杏树岗）和喇 72 井（喇嘛甸）相继喷出高产原油。

在党中央、国务院高度重视下，全国 37 个石油厂矿、科研院校 1 万多名各类专业人员，3.3 万名解放军转业官兵，迅速云集百里荒原。同时，5 个钻井大队的数千部大中型钻机，还有数万吨各类物资，调集到位。

4 月 29 日，石油指挥部在萨尔图草原上举行万人誓师大会，松辽石油大会战在国家最困难的时期、最困难的地区、最艰苦的条件下拉开了序幕。此时，逢新中国诞辰十周年，因而松辽油田又称为大庆油田。

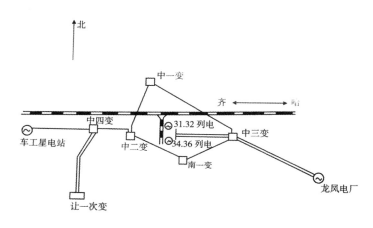

图8-1 列车电站在大庆油田供电位置

当时，电力成为制约油田开发的主要瓶颈。1953年，萨尔图安装第一台柴油发电机组，容量仅4.5千瓦。1958年"大跃进"时期建起萨尔图机修厂，安装一台250千瓦汽轮发电机组。1959年3月，松辽石油勘探局又安装了两台柴油发电机组，容量分别为100千瓦和150千瓦，与当地原有发电机组并联运行。这就是会战初期的电源状况。

为满足石油会战需求，石油部紧急向水电部求援。1960年6月23日，34站从黑龙江省南岔率先抵达萨尔图。列车电站在大庆油田供电位置见图8-1。

34站主车停置在萨尔图火车站货场。此时小小的火车站内货车聚集，数万吨物资堆积如山，一派繁忙景象。时任会战指挥部总指挥、石油部副部长康世恩亲自迎接列车电站。他热切地希望列电职工以最快的速度，完成设备安装和机组调试，尽早发电。

夜幕降临后，火车站周围是看不到边的荒原，远处有星星点点的土房、窝棚、干打垒、地窖子。来自全国各地参加会战的人源源不断，为御寒的简陋场所早已满足不了需要。列电职工用草袋子、稻草等搭起大通铺，铺上被褥，和衣而息。"天当房地当床，棉衣当被草当墙，野菜包子黄花汤，一杯盐水分外香，五两三餐保会战，为革命吃苦心欢畅！"这首流传于油田内的歌谣，就是松辽会战初期石油人工作、生活的真实写照。

发电列车就位后，列电职工立即投入紧张的工作。石油会战大事记记载，1960年6月25日，大庆油田宣布第二战役开始。同日，34站正式向油田供电，并与萨尔图原有的500千瓦发电机组联成一个小电网。

这个期间，因为铁路调度员违规指挥，引发一次撞车停电事故。7月16日8时19分，正在运行的发电列车被正在货场内调转的矿石列车突然撞击，列电车厢移位3米多，又弹回1.5米，电站紧急停机。水塔车厢之间循环水连接管道伸缩节全部压扁变形，生水及补充水管道断裂，部分动力电缆压断，汽轮机轴向移位，锅炉炉墙严重损坏。

油田相关单位领导第一时间聚集事故现场，松辽石油勘探局局长张文彬召集紧急会议，决定成立临时抢修指挥部。为防止原油在输油管道内凝固，要求 7 天之内恢复供电。油田选派精干维修队，抢修主蒸汽管道、炉墙及循环水管道伸缩节。伸缩节属于耐用件，没有备件，而重新制作从选择厂家到做出新品，所需时间难以预料。抢修人员就采用喷灯加热整形的办法，将所有受损件逐一复原。

汽轮机轴向移位 0.11 厘米，对于高速运转的机械影响如何，人们心中没底，列电局汽机专业工程师杨志超赶赴现场指导。通常需要揭开汽缸盖检查，鉴于时间紧迫，专业人员对各部位进行仔细测量、缜密研判后，决定对推力轴承等外部件进行适当调整。经手动盘车后的 3 次试车冲转，证明汽轮机仍然处于正常状态。

抢修期间，检修人员实行轮换作业，他们风餐露宿，每天工作十五六个小时。经过 4 天 3 夜的联合奋战，7 月 20 日 22 时 22 分，恢复正常发电。

1960 年 11 月下旬，一台锅炉的炉排在运行中卡死。按常规需要等到炉膛温度降下来，才能进入炉膛，待故障消除后再重新点火，这样至少需要四五个小时。检修期间停一台炉，发电负荷要减半。为给油田多供电，检修人员抢时间，冒着七八十摄氏度的高温钻进炉膛抢修。他们将石棉布、草袋子浇湿后，披在身上轮流钻进炉膛抢修。技术熟练的老职工陶开友，第一个钻进炉膛，并迅速找到了卡在炉排片之间的铁轨道钉。他钻出来的时候，竟变成了浑身黢黑、眉毛焦化的"老包公"。仅用 1 小时，炉排修复，锅炉恢复正常运行。

34 站绝大部分职工来自安徽淮南地区，对东北生活极不适应。松辽地区的冬季，蔬菜经常冻成冰坨，大碴子、高粱米实在难以下咽。大部分职工营养不良，浑身浮肿。职工们在极其恶劣的条件下，与石油人同甘共苦、会战松辽。一年后列电局决定，17 站与 34 站实施全员替换。1961 年 6 月的一天，17 站厂长周国吉带领全站职工到达萨尔图，午夜 12 时，正式进行了运行交接。

尽管 17 站东北籍职工居多，习惯当地水土、气候，但当时食品供应十分困难，一些职工用喂牲口的豆饼煮熟充饥。他们始终坚守岗位，确保为石油会战安全稳定发供电。周国吉经常亲临现场，发现问题及时处理。当年冬天，一台锅炉播煤机轴承突然发生故障。电站职工人工上煤，维持锅炉正常运行，奋战 3 小时，更换了新轴承，播煤机恢复运转。

在油田召开的年终总结大会上，为石油大会战作出特殊贡献的列电职工受到石油部领导的高度赞扬，周国吉代表列电人与石油"铁人"王进喜并排坐在主席台上，受到石油部及松辽会战指挥部领导的表彰，并骑上高头大马，身披彩带、胸佩大红花，在会战中心区绕行，受到众人的交口称赞。

四、36 站在大庆应急组合发电

1960 年大庆原油产量达 97 万吨，比预定计划超产 10 万吨。会战规模的急剧扩大，电力供给显得越来越重要，即需要供电安全可靠，又要求增加供电量。可是，当时的电源状况与会战开始时一样，而 34 站又面临年度大修。

1960 年 10 月组建的 36 站，原定计划到山西晋城煤矿发电。1961 年年初，36 站主机专列经停萨尔图。经油田申请，水电部同意 36 站主设备留驻大庆，并与从捷克进口、经停萨尔图的同类机组 44 站的辅助设备重新组合。新组合的 36 站并在 34 站旁边安营扎寨，安装发电解决油田会战用电之急。

1961 年春节前，已经到山西晋城的 36 站职工紧急赶赴萨尔图。御寒准备不足的电站职工在哈尔滨转车，个个冻得打哆嗦。到了萨尔图，只见一个个用土压实的围墙，大约 2 米多高，却没有顶子，当地人称谓"干打垒"。把帐篷搭在这"干打垒"土墙上，便成了屋子，"屋"里搭着大通铺，就成了列电人的宿舍。为了御寒，俩人睡在一起，两套棉被、棉衣覆盖身上。36 站职工稍作休整，就冒着零下近 40 摄氏度的严寒，投入到紧张的机组安装工作中，3 月投产发电。36 站的投产，解决了油田冬季取暖、石油加热问题，也给 34 站机组大修创造了条件。

1962 年 6 月，36 站检修中，发现发电机 6 个出线套管爆裂 4 个，意外故障一时间难以处置，便向油田内的其他列车电站求助。当时，正在 31 站指导工作的列电局副局长邓致逮，立即指派 32 站电气工段长傅相海帮助处理爆管故障。傅相海实践经验较为丰富，很快就消除了故障。后来，傅相海调入 36 站任电气工段长。

1961 年春节期间，会战指挥部特意给 36 站送来 2 只小牛崽、5 只小羊羔，尽管是出生后冻死的幼崽，也是很难得的。1961 年 8 月 7 日，国家主席刘少奇视察大庆，会战指挥部发给每人 2 斤大豆、1 条毛巾，这也成为参加会战的列电职工难忘的记忆之一。

五、两台燃机列车电站增援大庆

1960 年 9 月从瑞士进口的两台燃气轮机列车电站，单机容量 6200 千瓦，编号为第 31、32 列车电站。这是当时国内仅有的装备最先进、单机容量最大的燃油发电机组。1961 年 5 月和 12 月，31、32 站先后开到萨尔图。两台燃机电站停放在一起，对外称 31 站（内部称 1、2 号机）。

两台燃机电站在大庆石油会战及以后的开发中，发挥了重要作用，但在投运初期攻克了很多技术难关。

1961 年 9 月下旬，31 站机组启动时，发现随机引进的整套大容量碱性蓄电池组严重损坏报废。该蓄电池是燃气轮机的驱动电源，没有它，机组就无法启动。

列电局得知后，局生技科周良彦会同有关技术人员，拟定出以高压交流电动机带动直流发电机作为启动电源的应急方案。12 月 31 日，委派工程师陈士土和车导明、赵国桢、孙诗圣等技术人员奔赴大庆指导，实施该项工作。在计划经济年代，大型设备购置比较困难，此事得到水电部、石油部、一机部主要领导的关注，设备供应问题很快得以解决。严寒时节土建工程无法进行，就临时用大型槽钢抢制成发电机组的基础，焊接在列电专用线的铁轨上。厂长张静鹗带领电站职工敷设高压线，奋战 10 余天，在 1962 年春节前夕，完成了该项紧急改造任务，受到油田指挥部的表彰。

当时，以上方案发挥了救急作用。但是对于流动的列车电站，这种方法显然还不适用。31 站生技组长赵占廷思考着新的革新方案。他先后赴山东淄博、湖南长沙等地调研，多次到列电局汇报、商洽，最后确定以 220 千瓦（300 马力）柴油机拖动 250 千瓦直流发电机组合，安装在 60 吨铁路篷车内，作为启动电源。一个自行设计、采购、施工、调试的新方案付诸实施。他会同杨代甫、侯照星、黄建润（水电指挥部焊工）等人，承担了机组基础加固，柴油箱、供油系统制作安装，冷却水箱制作，水管道、电气控制系统安装，以及整机调试等工作。两台柴油发电机组安装调试耗时一年多，于 1966 年年末全部完成，从根本上解决了燃机电站的启动电源问题。

31 站职工都来自燃煤电站，对燃气轮机很陌生，机组在重庆试运行发电仅仅 300 小时左右。抵达大庆后，曾赴瑞士接机的列电局副局长邓致逵亲临电站传授操作技能。1961 年 9 月 9 日，31 站启动试运行成功。按照厂家设计，机组燃用柴油和天然气。当时，因外运柴油经常供不应求，所以机组不得不间断性地燃用原油，以维持发电。

在间断性燃烧原油期间，喷油嘴经常堵塞，致使机组处于频繁开停机的状态。停机检查发现，燃烧室、燃机叶片局部积炭结焦及燃烧室锥顶过热变形等严重问题。

10 月下旬，松辽石油勘探局以（61）松生陈字第 23 号文呈报石油部和水电部，报告针对"列电局暂不同意再以原油作燃料试车的意见"。该意见主要是针对燃烧原油中存在的问题，强调保护进口设备安全，油田方则提出 31 站试烧原油已基本成功，应继续试验，以便早日投产。

1962 年 3 月下旬，由列电局牵头，松辽石油局、水电部电科院、上海汽轮机厂、哈尔滨汽轮机厂、列电技改所等诸多单位组成试烧原油小组，二三十人齐聚萨尔图，进行原油试烧工作。

试烧工作经历了初试期、调整期、微调稳定期。

试烧期间遇到的突出问题是，喷油嘴频繁严重堵塞，造成机组出力下降；燃气中的含碳量大，造成积炭结焦、叶片磨损；燃烧室锥顶局部过热、变形严重。

试烧人员针对发生的问题，采取相应措施，如改烧无水原油；在燃烧室内加装热电偶温度测点，加强对锥顶温度的监视；对原油预加热温度和燃油压力进行调整，提高喷嘴的雾化质量；调整燃烧室旋流器位置（上下）和二次风门（双排共 12 个）开度，改善燃烧室的工作状况等。

11 月 12 日，机组连续运行 641 小时，最高负荷 6500 千瓦，平均负荷 4430 千瓦。停机检查发现：整个燃烧室和燃气轮机叶片均无积炭，燃烧室金属壁表面光洁发亮，锥顶无过热现象。至此，耗时 7 个多月的改烧原油项目即告结束，在国外尚无成功先例的情况下，实现历史性突破。

试烧原油在三四月期间，天气非常寒冷，做喷油实验时，观察原油的雾化状况，弄得满身都是油，人们手冻裂了、脸都冻破了。4 月 21 日晚，在进行设备解体后的回装时，厂长张静鹗和恒东立在车厢顶上指挥吊装车厢盖，突如其来的狂风把张静鹗连同车厢盖卷到地面上，人倒卧在龙门吊车的轨道上，头部摔伤血流不止，急送医院疗伤。

列电局工程师谢芳庭一直坚守在试烧现场，长期在外，顾不上回家和照顾家人。4 月 22 日，他在给列电局副局长邓致逮的汇报信结尾时写到，请代我给家汇款 100 元，来人时顺便带条蓝布裤及汗衫、衬裤、袜子。这些都彰显着列电人的爱岗敬业、甘于奉献的精神。

六、为胜利油田建设发电

1971 年 5 月至 1974 年 3 月，41、51 站先后在山东，为胜利油田发电，单机容量分别为 4000 千瓦、6000 千瓦。

41 站是燃煤蒸汽发电机组，从河南平顶山调山东东营后，根据油田要求改烧渣油和落地原油。在既没有内行、又缺少经验的情况下，锅炉工段研究制定方案，试制喷油嘴、油泵、燃油加热过滤及管道系统，经过反复试验，终于改造成功。安全发电 4 年，多次受到油田水电指挥部的表彰。

1974 年 8 月，胜利油田东黄（东营—黄岛）输油管道开工建设，41 站从东营迁移到昌邑，发电 3 年多。当时 51 站也调山东胶县，为东黄输油管道及黄岛石油储运基地发电，确保输油工程如期投产。51 站是燃气轮机机组，启动速度比较快，主要承担调峰任务。电站职工住地距离厂区 2 公里，运行值班员上下班不方便，尤其是夜班道路漆黑。韩仁龙等人利用一台闲置的 3.2 马力汽油机做动力，改制成一台机动三轮车，从而解决了运行人员上下班的困难。

1975 年 11 月，51 站离开胶县。1978 年 4 月，41 站调迁湖北。

列车电站服务石油工业情况见表 8-13。

表 8-13　　　　　　　　列车电站服务石油工业情况一览

电站编号	设备容量（千瓦）	发电时间	发电量（万千瓦·时）	服务对象
8	2500	1957.7~1958.9	1624.58	甘肃玉门油矿
6	2500	1958.12~1966.10	8017	广东茂名石油公司
21	2500	1960.5~1963.3	2140.8	
46	2500	1962.2~1966.6	4783.4	
15	2500	1963.3~1969.4	5248	
8	2500	1964.4~1968.12	3211	
9	2500	1964.9~1965.4	501.32	
34	2500	1960.6~1962.10	1868.9	黑龙江大庆油田
36	2500	1961.1~1962.11	678	
31	6200	1961.5~1972.8	24964.6	
32	6200	1961.12~1968.12	12985	
46	2500	1966.6~1971.8	3539	湖南长岭炼油厂
41	4000	1971.5~1978.3	8246	山东胜利油田
51	6000	1974.4~1975.10	2586	

列车电站为支援甘肃玉门、广东茂名、黑龙江大庆、山东胜利油田，以及湖南长岭炼油厂等 5 省的 5 个地区的石油工业发电，投入 14 台（次），总容量 4.76 万千瓦，累计发电 8.0394 亿千瓦·时，为国家石油工业的开发、建设和发展作出历史性贡献。

第五节

列车电站服务于大型水利水电工程建设

大型水利水电工程是国家基础设施建设的重要组成部分，在防洪安全、电能供给、水资源合理利用，推动国民经济发展等方面，发挥着不可替代的作用。

从 1957 年至 1982 年间，列车（船舶）电站，先后参与三门峡、新安江、新丰江、青铜峡、丹江口、葛洲坝等大型水利水电工程建设，共计调动21台（次），总容量5.67万千瓦。所支援的这些工程，水电装机总容量达509.2万千瓦（增容后552.7万千瓦）。其中丹江口水利枢纽为南水北调中线工程奠定了基础，葛洲坝工程为三峡工程建设积累了经验，成为三峡水利枢纽的反调节水库。

大型水利水电工程多建在大江大河流经的深山峡谷，以及地理位置偏僻的地方，建设时期电网没有延伸到，或是电网容量不足，电力匮乏。利用列车电站为工程建设提供电力，与新建电厂、架设输电线路、改造原有电网相比，具有供电快速、成本低、不受制于电网供电质量及负荷分配等优势。

这些工程施工配置各种大功率电动机械设备，其特点是单台容量大，荷载变化大，开停频繁，使用数量不定。列车电站作为建设工地的主要电源或者保障电源，以单机、组网或并入当地电网等方式，为工程提供动力和生活用电，发供电时间短则几个月，长则近12年。

一、列车电站首赴黄河三门峡

三门峡，位于黄河中游下段，中条山和崤山之间。1955年7月，第一届全国人民代表大会第二次会议，通过《关于根治黄河水害和开发黄河水利的综合规划的决议》，决定修建黄河上首座大型水利水电工程——三门峡水利枢纽。

该工程列入国家"一五"计划，属苏联援建项目，设计总装机容量为25万千瓦。工程于1957年4月正式开工，1960年基本建成，后经多次改造，为我国水电开发积累了经验。

工程建设配置施工机械设备7000多台套，开工初期由一条10千伏线路，供照明及小型动力设备用电，施工电力严重不足。

1957年5月，从捷克斯洛伐克引进的首台列车电站——第6列车电站，在列电局保定修配厂安装调试后，开赴河南三门峡。5月7日，在保定举行隆重的出征仪式，河北省委书记、省长林铁亲临现场剪彩。6站成为首台为水利水电工程建设发供电的列车电站。

6站抵达黄河边上的马家河底村附近，距建设工地8公里，6月13日正式供电。6站的投运，使大型电动机械得以投入使用，保证了工程按计划施工。电站设备运转正常，但是施工负荷很不稳定，负荷表指针大幅摆动。当时大坝施工，主要使用2台苏制单台容量400千瓦的4米³电铲，以及3台3米³电铲。列车电站2500千瓦容量，难以承受几台电铲同时启动的冲击。经过多次与调度协商，请电铲司机到列车电站了解机组运行情况，并制定相应的操作规程，解决了负荷不平衡的矛盾。机组逐渐平稳运行，满足工程用电需求，促进了主体工程基础岩石开挖有序推进。

那时工地没有宿舍，电站家属留在保定，职工全部单身赴任。职工住在黄河边刚搭起的工棚里，啃的是窝窝头，生活十分艰苦。人们感叹地说，住在工棚里，发电黄河边，为建新中国，虽苦心里甜。

1957年11月，三门峡电网与郑州、洛阳联网，工程施工有了可靠的电源，6站调离三门峡，到新开发的平顶山煤矿。

二、在新安江水电站建设中立功受奖

新安江水电站，位于浙江省建德县，钱塘江支流新安江上，坝址地处铜官峡谷。该水电站是我国首座自己设计、施工、自制设备和自行安装的大型水电工程，总装机容量66.25万千瓦，为国家"一五"计划的重点项目。工程于1957年4月正式开工，1960年4月首台机组发电，1965年全部竣工。

在准备工程开工后的几个月内，工地没有电源，晚上赶工用火把，照明用煤油灯。1956年12月至1957年10月，工地先后安装7台柴油发电机，总容量2380千瓦，但施工用电预计最高负荷为1.1万千瓦，电力缺口依然很大。

1957年11月和1958年1月，第3、7列车电站，先后调到了新安江水电站建设工地，电站厂区设在朱家埠渔坞的江边处。先是3站单机运行，后与7站组网供电。3站、7站合设一套管理机构，统称为"三七站"，以3站名义对外，又称为"新安江水力发电工程局机械化站列车电站"。

新安江水力发电工程局，施工队伍有1.5万多人，各类施工机械设备上千台。施工、生活照明等由两台列车电站供电。平常负荷有3000千瓦左右，但随着大型用电机械启停，负荷上下波动幅度很大，高时达3000千瓦以上，低时至500千瓦以下。运行人员不断调整机组的运行状态，努力做到平稳供电，满足工程用电要求。一次，发电用煤一时供应不上，造成负荷下降，电站全体职工都主动到煤场去扫煤上煤，齐心协力，保证列车电站不降负荷、不停机。事后得到工程局领导高度评价。

在建设工地发供电期间，电站职工认真负责，克服困难，精心操作，从未发生事故，圆满完成发供电任务，多次受到工程局表彰。1959年，电站被评为浙江省先进集体，出席浙江省群英会，并被评为全国先进集体，参加在北京人民大会堂召开的全国群英会，荣膺"英雄电站"的光荣称号。7站副厂长孙书信代表电站出席，列电局发专电致贺。

1957 年 11 月至 1958 年 7 月，水电站建设主要由列车电站供给施工用电。之后，黄坛口水电站首台 7500 千瓦机组投产，与列电并列向工地供电。1960 年 4 月，新安江水电站首台机组投产。同年 6 月、9 月，3、7 站完成发电任务后，先后调往宁波、杭州。

三、为新丰江水电站建设发电

新丰江水电站，位于广东省河源县，东江支流新丰江下游亚婆山峡谷出口处，距河源市约 6 公里，是国家"一五计划"重点建设项目。1958 年 7 月 15 日开工，1960 年 8 月 16 日首台机组发电，1962 年基本建成。以发电为主，装机容量 29.25 万千瓦。

1958 年 6 月，第 4 列车电站从江苏浦口南下广州。在广州铁路南站上铁路轮渡船，由拖轮拖行，沿东江逆水而上，运抵 200 多公里外的河源县龙王角，为新丰江水电站建设工地供电。

电站就位后，经过 4 天的紧张安装，机组启动发电。在这之前，有几台小容量的柴油发电机，作为工地电源。4 站投运后，水电站建设工地的施工、生活照明用电，主要由 4 站供给。

1959 年 2 月，河源地区进入雨季且暴雨连连，河水猛涨。装在岸边小艇上的循环水泵，因电机绝缘被击穿而停泵，电站被迫停机。工地险情不断，新丰江工程局要求 24 小时内修复，总工程师打来电话，要求尽快供电。全站职工昼夜坚守岗位，准备随时开机送电。当时乌云滚滚，电闪雷鸣，凉飕飕的江风裹着冰冷的江水，吹打着抢修的电站职工。没有人叫苦、喊冷，只有一个念头，修好电机，赶快送电。水泵修复后机组启动，提前送电。

1959 年 6 月，大坝日夜连续浇筑混凝土，在这关键时刻，锅炉给水泵出水出现异常。工程局调度室不同意停机抢修，并强调大坝浇筑不能停止，电站水泵什么时候坏了，就什么时候停下来。这样，一直坚持到给水泵不能转动，被迫停机。经过一天多紧张抢修，给水泵修复后投入运行，机组恢复供电。

大坝浇筑时，坝块之间均留有热胀冷缩的间隙缝，需要在缝中预埋直径 50 毫米紫铜棒并填充沥青，还需要安装加热溶化沥青的蒸汽管道。为搞好这项工程，工程局特请 4 站派员参加指导，列车职工直接参与到工程建设中。

1960 年 8 月，4 站完成了在河源的发电任务，10 月调到韶关坪石。

四、扎营宁夏十载奉献青铜峡

1955 年 7 月，第一届全国人民代表大会第二次会议通过决议，确定宁夏青铜峡水利枢纽工程为黄河第一期开发建设项目。

该工程位于高寒、荒凉的黄河中游青铜峡峡谷出口，以灌溉为主，兼有发电、防凌等综合利用功能，属低水头发电，装机容量 27.2 万千瓦。工程于 1958 年 8 月开工，1967 年 12 月首台机组发电，1978 年全面竣工。

1959 年 3 月至 1968 年 10 月间，第 24、46、8、14、26 等 5 台列车电站，先后调到青铜峡建设工地，单机或并网运行，持续供电近 10 年之久。

工程开工时只有 191 千瓦发电设备。1959 年年初，工程施工进入紧张时刻，因为无法解决电力问题，基坑开挖等多项施工都受到影响。

24 站是 1959 年从捷克斯洛伐克引进的 2500 千瓦机组，3 月 23 日直接拉到青铜峡，现场进行安装。为节省时间，在没有起重机、吊车和卡车装运的情况下，电站职工靠着肩膀和双手，将 8 节车一寸一寸推到工地，把排气筒从修配厂一步一步抬到工地，最终提前完成安装任务，4 月 15 日向施工工地送电。

24 站单机运行时，高峰负荷带到 2700~2800 千瓦，处于超载工况，且负荷大幅度快速变动，风机响声时而尖叫，时而低吟。值班人员聚精会神地监视仪表，认真细心操作。燃煤里的石头多，一个班次要从链条给煤机口拣出一大桶。煤中的道钉、卵石等杂物常将炉排片卡断，使框架变形，把炉膛的后碰砖打得坑洼不平、残缺不齐。给煤机卡顿频繁发生，最严重的一次几乎熄火。46 站运行时，也发生过类似情况。

24 站职工住的是土坯砌的窑洞，黄土铺地泥抹墙，抬头碰到顶。窑洞后面挖几个沙坑，用木板和油毡搭建成简便厕所。为改善职工生活，电站发动职工开荒，种上二三十亩水稻和大片菜地。组织职工开展各种业余文体活动，成立文艺宣传队，在工程局大礼堂举办专场文艺演出，获得好评。

1960 年 2 月 24 日，青铜峡水电站大坝合龙庆功大会上，24 站被授予"截断黄河锁蛟龙，征服自然称英雄"锦旗，荣记大坝建设集体一等功。

1962 年 12 月，为顶替 24 站大修，8 站进入河东新厂址发电。8 站也是 2500 千瓦捷制机组。两台电站，隔河相望。1963 年 4 月，24 站大修完工。4 月 29 日，工程局和两电站领导召开拆装会议，决定 5 月 1 日 24 点前，8 站停机，退出河东厂址，5 月 2 日，24 站进入河东厂址，安装发电。两站拆装工作量大，但工程局只给 72 小时停电时间。

8 站周密安排，各工段按项目、时间、人力排好工作进度，提前把能做的工作做完，如装满能运行 8 小时的煤斗，将输煤机拆下移走。同时做好各项技术措施，保证停炉后迅速降压、降温等。1 日 16 时，8 站机组停机，全站职工及工程局支援人员约 100 人，立即投入到紧张有序的拆卸工作中，直到次日早 6 时，提前完成机组撤出任务。许多职工连续工作超过 24 小时。

5 月 2 日，天还没亮，24 站主辅车拉出河西。很多职工就在车厢里过夜。天一亮，主辅车进入河东定位，全站职工立即投入到紧张的安装工作中。午餐后，锅炉开始上水。当晚 12 点之前，成功开机送电。不到 32 小时，两个电站一出一进，配合默契，创造电站拆迁史上的奇迹，受到青铜峡工程局和列电局褒奖，并颁发"调迁快"的奖牌。

46 站也是 2500 千瓦捷制机组，1961 年 4 月进口后在青铜峡组建。该站大部分职工从在广东的 4 站调来。在 24 站支援下，仅用 10 天，他们就完成机组安装、试运行，投产发电。当时，46 站职工住在简易废旧的厂房，以及农民看管蔬菜的窝棚里，地面潮湿，屋顶透风雪、漏细沙。吃的是陕北小米和"钢丝面"，喝的是黄河水。1962 年 2 月，46 站调往广东茂名。

1964 年 9 月，14 站从黑龙江省牡丹江调到青铜峡，1964 年 12 月，退出电网。

1965 年 3 月，26 站从内蒙古赤峰调到青铜峡发电。1967 年 7 月底，一场暴雨引发山洪，泥沙漫过 26 站机组车轮，机组被迫停止发电，年底返武汉基地大修。

26 站到青铜峡不久，新任列电局局长俞占鳌来电站巡查，并在 26 站给电站职工讲红军长征的故事，进行革命传统教育。

1968 年 10 月，24 站返西北基地大修。至此，列车电站完成了为青铜峡工程建设服务近 10 年的任务。

五、在丹江口供电 12 年

1952 年，毛泽东主席在视察黄河时提出："南方水多，北方水少，如有可能，借点水来也是可以的。"首次提出南水北调的构想。

丹江口水利枢纽位于湖北均县境内的汉江干流，坝址地处汉江上游峡谷河段的出口。电站装机容量 90 万千瓦，工程具有综合效益。丹江口水库横跨鄂豫两省，是南水北调中线工程的水源地。

1958 年 9 月 1 日，工程正式开工，因基建计划调整，以及解决施工中出现的质量问题，1962 年停工，1964 年复工。1968 年 10 月 1 日首台机组发电，1973 年年底竣工。

在开工后近 4 个月里，工地先后装有 3 台容量共 85 千瓦的柴油发电机，供夜间生活照明用电。1958 年 12 月至 1959 年 5 月，又安装 4 台容量共 1050 千瓦的柴油发电机，施工用电缺口仍然很大。1959 年 6 月至 1970 年 11 月间，先后有跃进 1 号船舶电站，第 2、3 列车电站调到丹江口发电，其中船舶 1 站两度到丹江口，为工程建设持续供电近 12 年。

1959 年 6 月，船舶 1 站在丹江口工地首次投产发电，成为当时唯一的主力电源。在 1961 年前工地的自发电供电量中占 41.4% 的比重，在施工中发挥着重要作用。

电站到达工地后，停泊在汉江右岸坝下游约 800 米的柳林沟口，那里河床地势较缓，但离岸较远，燃煤要靠民工肩挑送煤，达不到发电供煤要求，影响电站安全生产。后来指挥部调来两台皮带输送机供煤，情况有所好转。但汛期汉江水涨，电站船体又得往岸边挪，煤场时常被淹没，安全生产仍得不到保障。经过勘察发现，左岸下游约 3 公里的王家营地势较好，坡高且陡，水涨水落，对电站停泊影响小，水的深度也达到船舶电站固定停靠的要求。指挥部同意电站意见，1959 年 12 月将电站移至左岸发电。在这里利用坡度与电站高低之差，架设钢缆溜索，挂上翻斗，解决了上煤难的问题。

1960 年 9 月 4 至 8 日，工地遭受汉江 50 年未遇的特大洪水，流量最高达 2.89 万米³/秒。在船舶电站前面的汉江钢索大桥，6 座桥墩被洪水冲倒 3 座，3 孔钢架亦被洪水卷走。电站船体随洪水波涛剧烈晃动，船上大部分人都晕船，一度船上人员无法上岸，岸上的人无法上船。在这危急的时候，为了电站的安全，船上人员抱着人在船在的信念，克服晕船、吃不好饭、几天几夜不能安歇等困难，坚守工作岗位。

7 日上午，原来船头系着的五根钢缆，被上游冲下来的挖泥船、砂驳机输沙趸船撞断三根半，剩下一根半牵引着在风浪中颠簸的船身。兄弟单位及时送来钢缆，将船重新加固，危机得以解除。下午 2 时多，上游有几艘砂驳船同时冲下来，直撞船头，撞断 2 根钢缆，撞破左船头，江水灌入船舱。船上人员立即将棉被拆开，用棉花堵住裂口，掏干船舱的进水。全站职工奋战 4 天 4 夜，船上的主要设备未遭损伤，电站得以幸存。洪水退后，电站立即恢复运行，保证丹江口工地用电需要。

为表彰电站全体职工，在汉江特大洪水面前，不顾个人安危，全力保护国家财产，保证电站安全的事迹，电站被评为丹江口工程局抗洪先进集体，水手杜小毛被评为先进个人。当年 9 月 24 日，列电局以（60）列电局站字第 2220 号文件通报表彰船舶 1 站。

1962 年 6 月船舶 1 站返武汉基地检修，1963 年 6 月重回到工地，1965 年 9 月，到武汉晴川阁船厂检修。

丹江口水利枢纽主体工程恢复施工后，工地用电负荷急剧增加，襄樊电厂难以满足丹江口工地用电。1965 年 3 月和 11 月，2 站、3 站先后调到丹江口工地，也在左岸下游的王家营选定厂址，与工地上其他电源联网发电，当时两站承担工程用电 80%~90% 的负荷，在大坝建设的高峰期发挥了很大的作用。

1968 年 7 月，3 站厂用变压器短路，击穿外壳漏油造成火灾，因厂用电中断而停机。工程局领导赶到电站，了解事故原因和抢修情况。3 站职工连夜抢修，从 2 站接来厂用电源，第 2 天就开机投入运行，保证工程施工不受影响。

1968 年 10 月，丹江口水电站首台机组投产发电。3 站 1970 年 5 月调离，下放到陕西韩城。同年 11 月，2 站调迁到陕西阳平关。

近 12 年间，列车电站和船舶电站携手，圆满完成丹江口枢纽工程的供电任务。

六、列车电站会战葛洲坝

葛洲坝水利枢纽工程被称为"万里长江第一坝"，位于湖北宜昌长江三峡的西陵峡出口，南津关以下 2300 米处，是三峡水利枢纽的先期工程。为纪念毛泽东主席 1958 年 3 月 30 日视察长江三峡，工程代号为"330 工程"。

1970 年 12 月 30 日工程动工，1981 年 1 月 4 日大江截流，7 月 30 日第 1 台 17 万千瓦机组并网发电，1988 年 12 月完工。装机总容量 271.5 万千瓦，具有巨大的社会、经济和综合利用效益。

1975 年 8 月 30 日，330 工程局给水电部的报告中，反映施工用电不足的情况。该报告披露，虽然列为全省保电重点工程，但用电最高负荷时，远不能满足工程建设需要，同时电网周波不稳，无法保证大型电动机械正常使用，甚至无法启动。9 月开始主体工程混凝土浇筑，施工用电量大增，最高负荷将达到 2 万千瓦左右，对供电质量的要求也越来越高。330 工程局有 3 万多人的施工队伍，5828 台施工设备，总动力近 43.4 万千瓦。施工用电最高负荷为 2.5 万千瓦，电力成为卡脖子问题，直接影响工程 1980 年截流，影响第一期工程按计划完成。在这紧要关头，330 工程局向水电部申请调列车电站前来支援。

1976 年 6 月至 1978 年 7 月间，32、45、35、51 站，先后调到宜昌望州岗，在鸦宜线铁路两侧安营扎寨，并网为葛洲坝工地发供电。1978 年 4 月，41 站调到荆门，为 330 水泥厂发电。5 台电站总容量达 2.12 万千瓦。

1976 年 6 月 20 日，32 站职工首先到达宜昌，电站领导即组织察看基建情况，在厂区还不具备列车进入和生活区还不适宜职工居住的情况下，便组织全体职工自己动手，与施工单位一起完成基建工作。

32 站专列就位后，按厂部布置，各工段、专业人员各负其责，卸车、搬运、检查仪表、安装设备等工作紧张进行，一直忙到天黑。次日，天刚亮又开始忙碌，至下午三四点钟，机组安装、调试顺利完成，一次启动成功。330 工程局及工程局水电厂的领导到电站祝贺并慰问职工。

32 站到建设工地发电后，机组经常处于满负荷、超负荷运行状态，造成润滑油超温，威胁设备安全和运行安全。厂部确定加装润滑油冷油器，但购买不到合适的设备，决定自己制作。气机工段派员在工地找到一台旧热交换器，利用其外壳，经加工、装配零部件，制作完成冷油器，投入到机组润滑油冷却系统运行，使超温问题得以解决。电站在保证设备安全的前提下，提高燃气轮机进口燃气温度，采取喷水降温控制送电变压器的温升等措施，确保机组满发、多发。

1978 年秋，32 站按计划进行设备小修。停机第一天，电气集控盘、燃烧室等许多设备都已拆卸。晚上近 12 点，突然接到工程局通知，由于系统供电线路故障，影响大坝施工，要求次日下午 6 点并网发电。电站连夜动员，组织人员抢修回装，在下午 3 点多提前并网发电。

32 站自 1979 年担负调峰任务，机组平均负荷经常在小于 2000 千瓦的工况下运行，有时还要长时间空载和备用，严重影响发电任务和其他各项技术经济指标的完成。但是他们顾全大局，满足调峰发电的需要。1979 年，逆功率保护动作 34 次，开机 99 次，主开关跳合闸各 193 次。

1977 年 7 月，45 站从湖南株洲调到宜昌葛洲坝工地。在保证安全发电的同时，电站坚持以节煤、节电为目标，苦练基本功，提高操作技术水平，开展反事故演习活动。发电原煤煤耗率下降到 706 克 /（千瓦·时），厂用电率下降到 5.2%，这两项指标达到同类机组的领先水平。

1977 年 9 月，35 站在武汉基地完成大修后调到葛洲坝工地。电站领导和全站职工，吃住在现场，经过几天昼夜紧张工作，仅用 82 个小时完成安装，并网发电，比要求提前了 14 个小时。35 站坚持安全、经济、稳发满供。从 1977 年至 1980 年共进行 8 次小修。对锅炉备用水箱、烟囱、汽轮机轴封调节器、电气蓄电池组等 16 个项目进行检修改造。设备完好率，1978 年为 97%，1979 年为 99.2%，一类设备达 80% 以上。开展百日无事故活动，每月进行技术讲座、技术问答、技术考核等。机组大修间隔时间延长至 3 年，创造了安全运行 1000 天纪录，受到列电局表彰。

1978 年 7 月，51 站从新疆乌鲁木齐调到宜昌葛洲坝工地。作为燃气轮机电站，为适应大坝工地用电要求，发挥其启停机、加减负荷操作简便快捷的特点，担负电网调峰任务。从 1978 年 7 月至 1980 年 12 月，51 站启停 429 次。

1978 年春节期间，水电部部长钱正英和湖北省委领导，在 330 工程局、列电局领导陪同下，来到正在葛洲坝发电的 32、35、45 等 3 个电站，巡视生产车间，看望电站职工，并和大家合影留念。她赞扬列电职工工作勤奋、干事认真，认为水电部有这样一支机动的电站和能打硬仗的队伍十分重要，并强调保证工程急需是电站的核心任务。

荆门 330 水泥厂，专为建设葛洲坝水利枢纽工程而建，年产高标号水泥 75 万吨。1978 年年初因电力供应不足，经常造成停产，直接影响了葛洲坝工程的水泥供应。同年 2 月，水利电力部部长钱正英视察葛洲坝工程工地，指示调派列车电站到荆门发电，解决水泥生产用电问题。5 月，基建工程还在紧张施工，41 站从山东昌邑抵达荆门水泥厂。6 月下旬机组完成安装，7 月 1 日开机发电，从而满足水泥厂连续 24 小时生产用电需求。水泥供应充足，解决了葛洲坝工程建设中的一大难题。

对于列电支援葛洲坝工程建设，时任 330 工程局党委书记、后任水利部副部长的刘书田，曾撰文指出，可以肯定地讲，由于列车电站及时大力的支援，才能使葛洲坝一期工程大大提前，如期完成万里长江第一次截流的伟大壮举。无可置疑，列车电站在葛洲坝水电站建设中功不可没。

列电会战葛洲坝 6 年余，获得多项荣誉：

32 站 1978 年被评为全国电力工业大庆式企业。1979 年被湖北省命名为大庆式企业。45 站 1978 年被评为全国电力工业大庆式企业、全年无事故运行电站。51 站被评为 1979 年 330 工程局先进单位。35 站 1980 年被列电局授予"精心维护设备，安全经济满发先进集体"称号。刘书田副部长在撰文中特别赞扬 41 站发挥的作用。

从 1957 年至 1978 年，列车电站参与我国水利水电工程建设共达 21 台（次），具体情况见表 8-14。

表 8-14　　　　　列车电站参与我国水利水电工程建设情况

水利水电工程名称	参与电站	发供电时间	电站容量（千瓦）	累计发电量（万千瓦·时）	水电站装机容量（万千瓦）（增容后）	水库容量（亿米³）
三门峡水利枢纽	6 站	1957.5~1957.11	2500	354.5	25（40）	162
新安江水电站	3 站	1957.11~1960.9	2500	2967.5	66.25（85.5）	208.9
	7 站	1958.1~1960.6	2500	2044.5		
新丰江水电站	4 站	1958.6~1960.10	2000	1825.2	29.25（35.5）	139
青铜峡水利枢纽	24 站	1959.3~1968.10	2500	9483.8	27.2（30.2）	5.65
	46 站	1961.4~1962.2	2500	306.5		
	8 站	1962.12~1963.7	2500	276.8		
	14 站	1964.9~1965.3	2500	375		
	26 站	1965.3~1967.12	2500	1457		

续表

水利水电 工程名称	参与 电站	发供电 时间	电站容量 （千瓦）	累计发电量 （万千瓦·时）	水电站装机容量 （万千瓦） （增容后）	水库容量 （亿米³）
兰考引黄 蓄灌工程	16 站	1958.3~1958.7	2500	271.5		
开原清河 水库	23 站	1959.3~1960.1	2500	902.1		9.68
	25 站	1959.3~1959.10	2500	811.2		
丹江口 水利枢纽	船舶 1 站	1959.4~1962.6 1963.6~1965.9	1000	1173.9	90	209.7
	2 站	1965.3~1970.11	2500	2416.2		
	3 站	1965.11~1970.5	2500	5559.1		
葛洲坝 水利枢纽	32 站	1976.6~1982.12	6200	13858.7	271.5	15.8
	45 站	1977.7~1982.12	2500	8424.2		
	35 站	1977.9~1982.12	2500	10434.1		
	41 站	1978.4~1982.12	4000	2497.1		
	51 站	1978.7~1982.12	6000	4083		
合计	21 台 （次）		56700	69521.7	509.2 （552.7）	611.73

第六节

唐山大地震中的列车电站

一、灾情惨重的唐山大地震

1976 年 7 月 28 日 3 点 42 分 53.8 秒，河北省唐山市发生了里氏 7.8 级地震，震源深度 12 公里，地震烈度 11 度。在华夏大地，北至黑龙江哈尔滨市，南至安徽蚌埠、江苏靖江一线，西至内蒙古磴口、宁夏吴忠一线，东至渤海湾岛屿和东北国境线，这一广大地区的人们都感到了异乎寻常的摇撼。强烈的地震将百万人口的唐山市瞬间夷为平地。

根据十大排名网《世界上损失最大的十次大地震排名》的介绍，在世界上损失最大的十次大地震排名中，唐山大地震是仅次于1556年发生在我国陕西省的关中大地震，相当于400颗广岛原子弹的威力。由于事前没有预报且发生在深夜，又处于京津唐城市圈人口稠密区，北京、天津都有波及，造成的损失极其严重。据震后统计，这次地震造成242769人死亡，435556人受伤，其中重伤164851人，4204个儿童成为孤儿。损坏发电设备110万千瓦，输配电线路128条1724公里。地震造成京津唐电网解列，26台发电机跳闸，负荷从225万千瓦降至94万千瓦。唐山地区电力、通信中断，除在迁安水厂矿区的第42列车电站还在发电外，其余发电厂均被震停机，断电断水，一片漆黑。

二、地处震区的列车电站

当时正在唐山以及周边的列车电站，有在唐山市区华新纺织厂的52站，在首钢迁安矿区大石河铁矿的38站、水厂铁矿的42站，在天津汉沽区的57站，它们都不同程度地遭受到了地震的破坏。

当时，52站完成了在华新纺织厂发电任务，准备返回陕西宝鸡西北列车电站基地大修，正处于停机调迁准备阶段。地震造成电站铁路弯曲，其中两处断裂，路基下沉，车厢倾斜，5节车厢脱轨，车厢纵向移位1米，130多吨重的锅炉车厢被地震抛起，落下时把铁轨切为两段。职工宿舍和办公室等房屋建筑，都是二四砖墙、水泥预制板盖顶的平房。为了保温，在预制板上面加了一层厚厚的、由电站锅炉灰渣同石灰、水泥混合而成的隔热层，地震中所有房屋全部倒塌。

地震前该站有12名职工外出学习，还有5人出差或探亲，全站在现场的职工及家属共156人。地震中死亡104人，重伤28人，死亡率超过60%。

迁安大石河矿的38站，地震时有两位炊事员正在食堂准备早餐，看到地光，立即跑了出来，食堂房屋随即倒塌。职工宿舍和家属宿舍墙壁倾斜位移，全部成为危房，但没有人员伤亡。发电机组因生产水源泵站在地震中断电、管道在地震中断裂而被迫停机。

迁安水厂铁矿的42站，地震时宿舍房屋墙壁开裂，成为危房，有4人因在地震时跳窗逃生等原因而受轻伤。发电设备没有遭受严重破坏，加之运行人员处置比较得当，所以保住了厂用电，并及时恢复了对水厂矿区供电，恢复了电站生产水源，成为地震时唐山地区唯一没有被震停的电站。

在天津汉沽的57站，地震时带6000千瓦负荷运行，瞬间负荷甩至零，锅炉安全门起爆，全厂一片漆黑。汽机司机打危急保安器紧急停机，司炉紧急停炉。剧烈的震动使车厢间的运行平台坍塌，汽机车厢脱轨，轮对掉落到枕木上，车厢之间的主蒸汽

第八章 专题

管道扭曲撕裂，435 摄氏度的过热蒸汽喷射而出，发出刺耳的啸叫。锅炉煤斗从车厢顶部甩落到地面的灰坑里，电站铁路钢轨扭曲，车厢倾斜，七扭八歪……职工宿舍部分墙体开裂，屋顶水泥预制板严重错位，部分房屋下陷约半米，成为危房。所幸无人员伤亡。

三、52 站顽强自救

地震时，52 站党支部书记安民因工伤在秦皇岛老家休养，副厂长陈德义遇难，震后电站已经没有厂级领导。

由于设备正在拆迁中，没有运行人员，当时厂区只有 3 名负责安全保卫的值班人员。他们除了不定期地巡视设备和现场外，一般就驻守在门卫室，那里有值班电话，以保持对外联系。

突然，地面抖动，房屋摇晃，室外一片刺眼的亮光，地声轰鸣，值保卫班的安海书意识到可能是发生了地震，就急忙向门外跑，结果被倒塌的门卫室水泥梁砸在了下面（后因伤势较重而高位截瘫），郝玉琪等两人跑出，得以幸免。

职工袁国英被地震从前排屋子里甩到室外，郝云生、周彩芳和汽车司机李玉升等人通过自救从废墟中爬了出来，身体都不同程度受伤。他们看到房屋倒塌，听到一片呼救声，意识到这是发生了大地震。于是，顾不得家人安危和伤痛，不约而同地都向呼喊"救命"的地方奔去，开始了电站自救。

袁国英几个人和值保卫班的郝玉琪等，很快就自发地形成了一个抢救小组，开始自救。没有照明，只有郝玉琪一个手电筒；没有工具，全靠两只手扒开瓦砾，掀起压在职工和家属身上的混凝土预制板施救，人人都抠得五指流血。周彩芳是光着脚逃出来的，脚被碎玻璃扎得血流不止，顾不上包扎，也没有东西包扎，只能忍痛继续挖。被救出来的人，伤势较轻的，也立即加入到救援队伍中。

有人提出由于现在没有厂领导，应该有个临时组织。于是大伙商量，成立了由郝云生、孟祥瑞、袁广福、李玉升、袁国英等人组成的临时领导小组，统一负责震后自救工作。

安颖三根肋骨折断，大家劝他休息，但他坚持和大家一起参加救援。

周彩芳在救别人，而她的两个女儿还埋在废墟中。袁国英、侯春长和刘香果把她的小女儿救了出来，大女儿不幸遇难。

王兆增、颜桂芬夫妇，家住市区，家中包括子女共 4 位亲人遇难，夫妻俩忍着失去亲人的悲痛，第二天就赶到电站，参加救灾工作。

刘福生一家 4 口，3 人当场遇难。他被压在下面出不来，看到外面正下着雨，就把自己的衬衣递给郝云生说，你在外边救人，衣服你穿吧。后来他被救出来，送到辽宁兴城伤员救治点，几天后也去世了。他本来按列电局的调令要调保定基地，行李都已打包好，还没有来得及走就遇难了。

梁江龙、马秋芝夫妇，曾在西北基地工作过，对西北基地熟悉。电站派他们提前去西北基地打前站，已经买好 7 月 27 日的火车票，但同事们热情挽留，就改签到 28 日，结果一家 5 口两人遇难。

秦怀信一家 4 口，地震时他跑出来了，他妻子正在坐月子，大姨姐特地从邢台来唐山照顾生孩子的妹妹，3 口人遇难。

岳洪恩出差了，他的爱人带两个孩子从邯郸赶来唐山探亲，3 口人都遇难了。

电气工段长姜世忠，震后被救出来时精神还好，就是腿部伤重，腿肚朝前。不停地喊口渴，要喝水。哪里有干净的饮用水啊，大家只能到附近水沟舀点水给他，不久因伤势过重去世。他和妻子徐玉敏，还有一个儿子及老母亲 4 人皆遇难，只留下一个孤儿……

从地震发生一直抢救到早上 5 点多。天刚发亮，一阵大雨，紧接着又一次大的余震，从此，再也听不到呼救的声音了。

自救工作一直坚持到天黑，每个人都累得筋疲力尽，患有高血压的袁国英累得晕倒在现场，大家又忙着救醒他。

地震中，大部分人，都是因为平房墙体单薄，屋顶水泥预制板加上保温灰渣厚重，被屋顶砸压而死伤的。只有少部分人处于衣箱等架起的空隙处，才幸免于难。

地震后清点，包括被甩出来的，自己跑出来的，自救爬出来的，以及通过互救生还的共 35 人。他们集中在一个墙壁已经坍塌、被架在半空中的铁皮顶棚子里。其中 4 人还来不及外送抢救就走了，剩余 31 人中有 8 名重伤员奄奄一息。经过大家商议，重伤员必须紧急外送治疗。汽车司机李玉升忍着失去九岁儿子的悲痛，拖着被砸伤的腿，开着一辆解放牌卡车，拉着 8 名重伤员，于当晚 9 点多出发，送往秦皇岛，途中又有两名重伤员不幸去世。

四、列电局组织救援 52 站

地震当天，水电部部长钱正英参加中央紧急会议回部后，要求部直属单位凡有机构在唐山的，都要立即派人出去摸清情况。列电局派出由杨义杰、周良彦、孙玉泰和司机张国栋等人组成的先遣调查小组，到地震区域列车电站了解情况。

他们乘吉普车 28 日即地震当天傍晚从北京出发，本来计划先到天津 57 站，然后到唐山 52 站，由于通往天津的公路桥梁被震垮，只好驱车直奔唐山 52 站。因为余震不断，道路损坏严重，到达 52 站时已经是 29 日上午 10 点左右了。电站职工、家属看到局机关来人，十分感动。先遣调查组看到 52 站的灾情相当严重，伤员缺医少药，一天多没吃没喝，就把随身携带的水和干粮留给了伤员，中午立即离开唐山返回北京，向局领导汇报。

列电局领导听取汇报后，决定派副局长刘冠三带队立即出发，前往就近的 38 和 42 站抽调力量，去 52 站帮助掩埋遇难的职工及家属，并给 52 站送去急需的食品、饮用水和药品，派杨文章副局长带队，到汉沽 57 站慰问，组织自救。同时对局机关接待灾区职工及家属工作做了具体安排。之后，又决定组织保定基地和就近电站支援 52 站恢复生产。不仅要自救以减少社会救助的负担，还要抢修设备尽早发电，支援灾区震后救灾用电。

7 月 29 日下午，副局长刘冠三、办公室副主任郭俊峰、生产技术科负责人张增友，以及医生蔡丽珍、服务人员郎化文等，携带急需物资从北京出发。同行的有 52 站 7 月 27 日外出到山东枣庄 28 站学习的 12 名职工。得知唐山地震的消息后，他们马上决定返回唐山，但因铁路瘫痪无法回唐山，就来到北京局本部，这时跟随车队一起返回电站。车队中还有一辆大客车，是专为转运伤员准备的。

道路受损难行。傍晚，刘冠三副局长一行到达迁安大石河矿区 38 站，看望、慰问了全站职工。由于交通、通信、邮政都瘫痪了，就叫电站职工简单写几句平安家信，交由他们带回北京代为寄出。随后刘副局长和 38 站领导，研究组织去 52 站的救援力量，张增友等人到 42 站去组织救援人员。

本想在 38 站组织 30 名年轻力壮的男职工去 52 站，由于要带去 3 大桶饮用水（因为没电，没有自来水，这些水都是从附近鸽子窝村的水井里人工提上来的）车里坐不下，就去了 20 个人。电站党支部书记张鸿夫带队，并进行动员，要求大家在挖掘遗体时一定要轻，起运时要仔细再仔细，绝对不能再受到任何损伤。遗体要用被单包裹好，让遇难的同胞带着尊严走……

张增友等赶到 42 站，看到这里一片光明，知道 42 站通过努力，维持了正常运行，向水厂矿区继续供电后，十分高兴。同样，慰问职工以后，也叫他们写了平安家信。42 站因为正常发电，要维持运行，抽不出更多的人员，就组织了 15 名精壮男职工，由副厂长罗法舜带队，自带工具，用行军水壶自带饮用水，乘解放牌卡车，赶到 38 站集合。

集合后已经是 30 日后夜时分，4 辆车组成的车队立即出发，拂晓前到达 52 站。电站的幸存者看到局领导带来这么多人，这么多食品、水及药品，人人悲喜交加，热泪盈眶。

刘冠三副局长首先主持成立临时领导小组，52 站汽机工段长张道芳任组长，随后立即分组开展救援：蔡丽珍医生对所有伤员进行检查，伤口消毒包扎，每人都打了破伤风针，8 点钟伤员乘大客车外送治疗。其他人有的负责安抚家属，有的负责治安保卫，大部分人投入到挖掘、处理遇难者遗体工作中，挖坑、包裹、掩埋、树立墓志牌。由于天热，人人汗流浃背，许多人受惨烈场面的影响，午饭也吃不下，呕吐不止，只能喝水，喝水也吐。经过一天的艰苦努力，到下午四五点钟，任务基本完成，但核对名单时发现缺少一位单身职工，于是又把一栋单身职工居住的平房重翻一遍，终于在一张铁床下找到了这位年轻的遇难者，一直到傍晚才完成掩埋遇难者遗体的任务。

38 和 42 两个电站的救援职工，依依告别 52 站幸存的同事，连夜返回各自电站。52 站幸存者恋恋不舍，挥泪相送。

7 月 29 日，杨文章副局长等来到 57 站慰问职工、家属。

8 月 2 日，列电局派杨义杰、赵文图、曹振宇，由司机郑军开一辆吉普车，去寻找、慰问转移在各地的电站伤员。他们首先到河北宽城县地震伤员接待站，找到 3 位电站的伤员，伤势不重，慰问以后，连夜赶往山海关。山路崎岖，河流阻挡，一夜奔波，8 月 3 日拂晓前到达山海关。这里没有见到电站伤员，就继续前行，进辽宁，过绥中，到达兴城。在这里的伤员救治站看到安海书、刘福生和杨玉洁等电站伤员。安海书伤势较重，后来高位截瘫；刘福生伤势严重，精神还好，可两天后不幸去世了；杨玉洁后来经过治疗康复。每到一处，慰问组给每位伤员送上 20 元慰问金，那个时期，相当于半个月的工资。

五、为地震灾区送"救命水"

52 站主机一时难以发电，灾区急需水和电。救援部队得知 52 站是一列发电车后，立即派一个班担任电站保卫，并将师部和临时医院迁到电站附近。

在解放军的大力支持下，电站紧急对 85 千瓦柴油发电机，以及深井水泵进行抢修。两台深井泵中 1 台水泵损坏，另 1 台电机损坏，就两台拼凑成 1 台。安装水泵，铺设水管，立电杆，架外线，抢修工作有序进行。抢修缺少器材，部队战士就从废墟中找来水管、阀门、电缆、电线等，协助电站尽快修复供水设备。连续战斗 38 个小时，铺设了 3500 米长供水管道。8 月 1 日发电供水，水管出水瞬间，现场一片欢呼。酷暑饥渴见甘露，一时间，人们用盆端、用桶提，前来打水的队伍络绎不绝，汽车、消防车也改做送水车，给酷暑煎熬的灾民送去清凉的井水，解决了唐山路北区十几万灾民的饮水和一个师部、一座医院的抗震救灾用电。

列车电站及时送水的消息，救灾指挥部的宣传车以"特大喜讯"巡行报道。在中央抗震救灾指挥部的水电部副部长李锡铭，听到这个喜讯时，为电力系统有这样一支队伍感到骄傲。他与北京电管局负责人李鹏到52站看望列电职工，询问有何困难。他还特意叮嘱，如果需要部里帮忙，可以到陡河电厂找他，他在那里指挥救灾抢修。

水电部部长钱正英得到消息后，号召全国水电系统都要学习这种精神。8月3日，水电部《抗震救灾简报》第十五期以"一个震不倒的列车电站"为题，将此消息发布到全国水电系统（见图8-2），并报党中央、国务院。

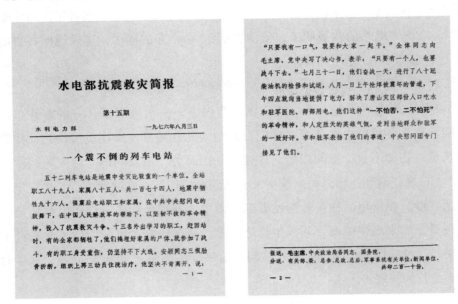

图8-2　水电部抗震救灾简报（第十五期）

唐山市人民政府授予52站"震不垮的列车电站"荣誉称号。职工归荣力代表52站，参加了华国锋总理率领的中央慰问团在唐山钢铁厂的接见。电站部分人员参加了中央新闻电影记录制片厂，关于唐山抗震救灾新闻片的拍摄。

六、一方有难八方支援

在列电局的统一部署下，支援52站灾后恢复工作紧张有序展开。保定基地、中试所，以及1、5、6、11、18、28、38、39、42、54、57等电站，纷纷派出精干力量前往支援。

1976年7月31日，正在北京长辛店31站实习的武汉基地"七二一"工人大学的学员，接到列电局通知，要求他们将一批帐篷等救灾物资，从北京送往唐山52站。学校领导亲自带领年轻学员搬运装车，送到52站后，立即投入到安装帐篷的工作中。

8月2日，1站厂长谢希宗带领8名职工，从北京赶运来两栋木板房的材料，一边安抚慰问，一边立即安装木板房，改善幸存职工、家属的居住条件。

52站来28站参观学习的队伍返回后，28站的领导和职工一直放心不下。当时，28站停机备用。8月2日，打听到去唐山的公路能通车后，立即组织40人的救灾队伍，领导亲自带队，乘两辆解放牌卡车，从山东省枣庄市陶庄煤矿赶往52站，当晚在天津留宿，次日下午赶到52站。他们与保定基地车辆班的师傅，以及18站人员，一起复位发电列车。将100多吨重的脱轨车辆重新抬升，复位到轨道上是十分艰难的任务。在基地车辆班师傅的指导和解放军的支援下，他们运用千斤顶、撬杠等工具，绳拉人推，终于使脱轨的车厢入轨。8月13日晚上，将列车拖离。此后，平整地基，更换断裂、变形的钢轨，将各车厢按照正常安装要求定位；安装车厢之间的管道、电缆，锅炉煤斗，烟囱，汽轮机排汽管和其他附件、设备等。

抢修工作中，不时有喷洒消毒药粉的飞机飞过，他们冒着余震的危险，在车顶上工作，飞机每来一次身上就一层药粉。经过半个多月的日夜苦战，8月18日，抢修工作结束，机组具备开机运行的技术条件，当日21点并网发电。

8月19日，电站召开现场庆祝会，庆祝在各方支援下电站恢复发电。列电局局长俞占鳌参加会议，8月25日，《列电简报》第37期转发了52站党支部和全体职工的报喜书。水电部《抗震救灾简报》第三十六期也报道了52站恢复生产并网发电的消息（见图8-3）。

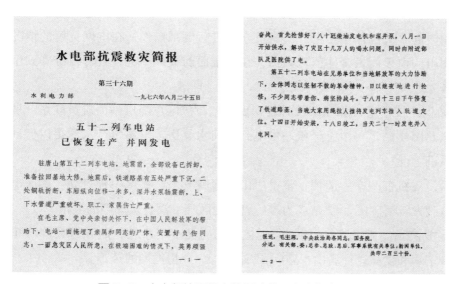

图8-3　水电部抗震救灾简报（第三十六期）

8月13日，57站在自身受到严重地震创伤的情况下，由党支部书记吴国栋带队，带着兄弟单位慰问他们的各种食品，开车到52站慰问。

8月中旬，11站厂长胡德望与职工代表，开一辆大卡车，从山东枣庄到52站慰问，经过一天一夜的长途颠簸到达唐山。他在52站工作的大女儿和外孙女、小女儿都在地震中遇难。

列电局密云农场，装满一汽车自己种植的苹果，到唐山慰问52站职工。24站、船舶2站、54站等兄弟电站，纷纷发来慰问信。24站的慰问信说，我们虽然相隔数千里，但始终和你们战斗在一起。54站的慰问信说，我们已向部、局请战，请求到灾区去和你们并肩战斗。

唐山陡河电厂在地震中受到严重破坏，人员伤亡惨重，180米的烟囱在132.6米处折断，75吨重的桥式起重机高空坠落，80%建筑物夷为废墟。为保证陡河电厂震后恢复建设，根据水电部的安排，52站又承担了陡河电厂冬季施工和设备保养供热任务。

七、大地震中唯一保住的电源

地震时，42站运行丙班当值，3台炉运行，负荷4300千瓦。由于系统故障，联络线开关跳闸甩负荷，锅炉安全门动作而水位降低，电动给水泵因厂用电中断而停运。司炉立即启动备用活塞泵，用备用水箱给锅炉上水，保持了锅炉水位，维持了运行。强震中，汽机司机罗致华立即打掉危急保安器，随后又视情况果断合上。此举对42站保住厂用电起了关键作用。电气值班员立即进行倒闸操作，在电网瓦解的情况下，恢复了厂用电。由于丙班全体值班人员，在灾难面前临危不乱，处理得准确到位，成为唐山地区大地震中唯一保住的电源。

42站生产技术组长陈光荣及时赶到现场，与矿区总降压站值班员联系，从电站供电到矿区总降压站，再由总降压站供电到滦河水泵房，电站生产水源得以保证，带矿区负荷单机运行。

震后，飞机夜间空中巡视，整个唐山地区只有水厂矿区一片灯光。矿区电网修复后，送电到大石河矿区。42站成为震后唐山地区唯一没有被震停的电站。

为支援52站，42站职工用钢板焊接，临时做一个水箱，放在解放牌汽车的车厢里，将自来水和食品送往唐山，慰问52站职工，分担他们的苦难。

首钢矿山公司授予42站抗震救灾先进单位，授予42站运行丙班为先进集体。并派员参加9月1日在北京召开的"唐山丰南地震抗震救灾模范人物和先进集体代表会议"，以及首钢公司抗震救灾表彰大会。

八、38 站、57 站震后恢复发电

地震时，38 站机组以 4000 千瓦满负荷运行，地震引起系统故障，导致电站联络开关跳闸，甩负荷引起锅炉安全门动作，瞬间自带厂用电。由于车厢和机组剧烈的振动，汽机司机为保障机组安全，打掉危急保安器紧急停机，随即厂用电中断。司机和电气值班员试图恢复机组运行，但因水源中断，锅炉水位计已经看不到水位，被迫紧急停炉停机。

地震后，大石河矿区没有电，没有水，38 站千方百计想把发电机组重开起来。电站有两台 50 千瓦的柴油发电机，1 台在电动吊车上，1 台在配电车上。他们决定启动 3 号炉，由吊车上的柴油发电机专供 3 号炉引风机，配电车的柴油发电机供其他厂用负荷。矿上调来两台蒸汽机车头，用机车里的存水补充锅炉给水。冷水塔里的循环水不够，矿区机关干部排队，用脸盆将水塔附近排水沟里的积水，以及水膜除尘器的污水补充到冷水塔的水箱里。7 月 28 日上午，终于启动成功，机组带厂用电运行约 6 个小时。后终因矿区电网电杆倒塌、短时无法修复，不能向 5 公里外的张官营水泵站供电，加之一次强烈的余震，车厢横向晃动达 30 多度，被迫再次停机。

矿区电网修复后，20 公里外的 42 站供电到大石河矿变电站，大石河矿张官营水泵站恢复运行。水和启动电源具备后，38 站立即开机，于 7 月 31 日并网发电，大石河矿区生活、生产秩序恢复正常。

地震中，57 站因车轮脱轨、车厢错位、管道等设备损坏，紧急停机。电站领导在安顿好职工及家属的同时，立即组织职工，前往救助附近受灾居民。天津市汉沽区委书记张玉和在灾后庆功大会上，表扬了 57 站这种顾全大局的精神。

57 站由于车厢移位，铁路损坏严重，保定基地派车辆专业队伍更换、修复了铁轨，扶正脱轨的车厢。因天津地区电力供应正常，电站在修复地震创伤后，按计划进行了集中控制设备改造，完工后于 1977 年 4 月在原地汉沽并网发电。

九、新 5 站急调秦皇岛

为解决抗震救灾对电力的需求，水电部 1976 年急调在大连的燃气轮机列车电站，到秦皇岛发电。

新 4 站、新 5 站，是 1974 年 12 月从加拿大进口的两台 9000 千瓦燃气轮机电站，在大连接收后，就地安装调试。对外统称 4 站。该机组是当时技术最先进，自动化程度最高的电站。由于车厢少，机动性高，最适宜紧急调迁。

7 月 28 日下午，旅大电力局电话转达水电部紧急调迁通知，拟调 4 站 1 台机组紧急抗震救灾，要求立即做好准备。电站立即召开紧急会议，确定新 5 站去执行这一任务，并组成以副指导员刘建明、汽机工段长刘兆明和汽机技术员朱若虹 3 人组成的选建厂小组。

7 月 30 日上午，选建厂人员乘火车出发，赶赴秦皇岛。到山海关车站货场，火车不能前行。他们十分焦急，找货场负责人说明身负的紧急使命，请求提供帮助。正逢车站震后第一趟开往灾区的货运列车，便安排他们上了该列车的守车。由于列车长忘记在秦皇岛停车，只得在滦县急忙下车。31 日拂晓，他们赶到公路边，拦截一辆去东北方向的汽车，中午赶到秦皇岛市。秦皇岛发电厂副厂长王凤鸣，带他们到市委机关大院，在大客车上办公的市委副书记高良璧，带他们立即去选择厂址。

8 月 1 日，进行选建厂技术交底。为减少灾区负担，电站决定随车家属留在大连，职工立即过来，自己搭建临时"帐篷宿舍"。电站主车除更换机车时稍作停留外，一路绿灯行驶。8 月 8 日，机组在秦皇岛河东南李庄村南就位安装，8 月 10 日并网发电。为灾区震后救灾，恢复建设提供电力支持。

8 月 15 日，该电站组织职工去唐山慰问受灾深重的 52 站。

1980 年 5 月，新 5 站返回大连。

十、对逝者永恒的追思

震灾无情人有情。唐山大地震，使不少家庭家破人亡，许多孩子成为孤儿。地震后，52 站许多家庭重组。他们都是朝夕相处、知根知底的同事，怀念逝去的亲人，更要面对今天和明天。孤儿，或由亲友收养，或由政府抚养，现在他们都已壮年，都有自己的生活和事业。

震后，一座生气勃勃、繁荣美丽的新唐山拔地而起，让唐山人自豪。那恢宏肃穆的地震墙，寄托着人们对逝去同胞的缅怀和悼念。52 站遇难者的名字也镌刻在地震墙上，是对逝者永恒的追思。

安息吧，遇难的同胞们。

相信随着科技的进步，人们虽不能完全消灭自然灾害，但一定可以预防，并把损失降到最小。

机动灵活，招之即来，来之能战的列车电站，不辱使命，在抢险救灾中发挥了它重要的、不可替代的特殊作用。

唐山大地震中 52 站遇难职工及家属名单

遇难职工

陈德义　于金兰（女）　姜世忠　徐玉敏（女）　张　杰　张立安　刘永宗

胡　英（女）　梁江龙　孟庆芬（女）　冉秀田（女）　王新英　高成贤

马承鳌　魏宝生　宋艳玲（女）　刘福生　李春仙（女）　田　发　刘景乱

邢成仁　宋孟娥　张维军　毛连杰　刘福元　曹炳忠　马连启　刘瑞芝（女）

张阿斌（女）　宋桂英（女）　高建州　杨金贵　袁继堂　杨凤山　程懋爱

林竟彬　陆邦才　赵敬熙（计 38 人）

遇难家属

陈德义之岳母，之侄（于国彪）、之长女（陈国伟）、之次女

姜世忠之母，之子

张　杰之次子、之女

张立安之子、次女

刘永宗之妻（李翠花），之次女（刘瑞敏）、之三女（刘瑞君）

胡　英（女）之三妹（胡霞），之女（熊小玉）

梁江龙之长子

孟庆芬（女）之子、之女

冉秀田（女）之长女、之次女、之三女、之四女

王新英之女（尹杰红）、之女（尹丛蓉）、之小姑（尹运秋）

高成贤之女

马承鳌之妻，之子、之长女、之次女

魏宝生之 2 个子女

刘福生之女（刘燕）、之子（刘东）

田　发之 2 个子女

郝云生之妻（王作琴），之子（郝玉强）、之女（郝玉娟）

岳洪恩之妻（马献芳），之 2 个子女

王兆增之母，之子、之女、之外甥女

张书忠之妻（刁艳玲）、之岳父，之子、之女、之侄

李玉升之子

周彩芳之长女（吴淑慧）

杨学忠之女

张贵奇之妻

秦怀信之妻，之子、之内姐（大姨姐）

胡绍彦之妻（吴玉华）（怀孕）

吴继和之母，之二妹（吴玉珍）

王志俊之妻，之长女、之次女

漏登两人（计66人）

共计104人

大事记

1950 年

1950 年 10 月，燃料工业部电业管理总局修建工程局，接收一台英制 2500 千瓦流动型发电设备，正式组建我国第一台列车电站，编为第四工程队。这套设备是 1946年扬子电气公司从英国订购的，次年 11 月在江苏戚墅堰发电所投入运行。1949年 12 月拆迁至无锡双河尖第二发电所。1956 年列车电业局成立后编为第 2 列车电站，俗称"老 2 站"。

1952 年

1952 年 7 月，因鸭绿江水丰电站被炸，安东供电告急，第四工程队奉命从石家庄紧急开赴安东，为空军机场、防空雷达等重要军事设施和保卫鸭绿江大桥高炮部队供电，同时满足安东市市政用电需求。安东电源恢复后，翌年 1 月调回石家庄第一发电厂整修。为表彰全队职工的特殊贡献，燃料工业部特制颁"抗美援朝纪念章"，作为纪念。

1953 年

1953 年 10 月下旬，50 工程队在陕西咸阳拟退出运行，机组解列后由于调速汽门和汽轮机主汽门结垢严重而不能关闭，导致汽轮机超速飞车，汽轮机本体严重损坏，转子第 4 级叶轮叶片全部脱落。当年年底，机组返回石家庄修复，但出力降低。吸取这次事故教训，机组添置了水处理设备。因此次事故被错误处理的职工在 1980年落实了政策。

1954 年

1954 年 7 月初，武汉防汛关键时期，50 工程队奉中央指示，从山西榆次紧急调武汉防汛抗洪。经过紧张的 72 小时安装，于 10 日准时投产发电。电站职工不仅发电排水，而且积极参加堤防抢险。因表现突出，电站在武汉市第一次防汛抗洪表彰会上获得二等红旗奖。孙玉泰等 4 人荣膺二等功，陈孟权等 12 人荣膺三等功。

1955 年

1955 年 1 月，上海电业管理局所属列车发电厂（4106 工程处）开赴河北邯郸发电。时任上海电管局局长李代耕前往车站送行。发电机组是浦东电气股份有限公司1946 年 10 月从英商安利洋行购买的，容量 2500 千瓦。1954 年 9 月从上海张家浜电厂拆卸组装而成。1956年编为列车电业局第3列车电站。

1955年6月1日，佳木斯列车发电厂完成安装调试，在佳木斯正式投入运行。6月12日举行隆重的剪彩典礼，黑龙江省委书记欧阳钦、省长韩光等出席。佳木斯列车发电厂组建于1954年10月，是苏联进口的4000千瓦汽轮发电机组，总造价703.3万元。列车电业局成立时，因其容量最大，从苏联进口，而命名为第1列车电站。

1955年7月，武汉冶电业局从上海南市电厂拆迁两台美制快装机组，在武昌赵家墩安装在平板列车上，组装成列车电站。这两台机组容量均为2000千瓦，先后于当年12月、翌年1月并网发电。不久开赴河南洛阳发电。1956年列车电业局成立后，分别编为第4、第5列车电站。

1955年11月27日，太原电业管理局根据列车发电厂（老2站）厂长郝森林与北京电业管理局计划处处长袁联面谈意见，召开电站移交会议。会议确定，从1956年1月1日起，列车发电厂由太原电管局正式移交北京电管局领导，并就移交有关事项作了安排。

1955年12月，电力工业部制定《列车电厂管理暂行办法草案》，共20条。该办法规定，列车电厂由电力部编订厂号，指定电业管理局领导，独立经济核算；列车电厂的调迁和供电期限由电力部决定；列车电厂的售电单价原则上实行两部制电价；职工家属不能随车流动，但给予职工每年不超过15天的休假。

○ 1956 年

1956年1月14日，电力工业部（56）电生高字第004号文，发布《关于成立列车电业局统一管理全国列车电站的决定》。该文件明确列电局的主要任务是组织领导全国列车电站及其他流动电站设备的生产及基建工作，培养训练后备列车发电人员，随时以列车电站及其他流动电站设备，供应缺电地区的电力需要。要求北京电管局按部（55）劳组高字第28号批复办理。

1956年1月，筹建中的列车电业局部署1956年工作。确定了建局第一年的工作方针，并就列电局的生产任务、基建任务、技术管理、经营管理、劳动组织与工资制度、培训工作、思想政治教育作了安排。同时制订了各电站包括各项经济技术指标在内的计划任务表。

1956年2月16日，电力工业部（56）电计基刘字第79号文，发送北京电业管理局，批准列车电业局计划任务书。该任务书披露，当时我国有列车电厂5台，总容量13000千瓦，职工678人。1955年已向国外订购4台2500千瓦列车发电设备，并计划增订20套设备共65000千瓦。列车电业局机关暂定60人，办公地点设于北京，指定北京电管局领导。

1956 年 2 月 29 日，北京电业管理局（56）电京劳字第 1413 号文通知，列车电业局 3 月 1 日正式成立，并颁发列电局铜质印章一枚。负责筹备工作的淮南电业局局长康保良担任列电局首任局长。局机关临时办公地点在南营房北京电管局。当年 8 月，迁到保定红星路，12 月正式迁入保定前屯新建办公楼。

1956 年 3 月，列车电业局发布 1956 年第一次厂长会议决议。该决议涉及加强技术管理、电站接交、调整劳动组织、培训工作、签订合同、生产任务、工资福利制度、报告制度等。当时设备问题不仅多且严重，因此加强技术管理首当其冲。培训工作中，列有接收南京电校毕业生 32 名，培养学员 210 名的计划。

1956 年 3 月，电力工业部批准《列车电站暂行管理办法》。该办法共 15 条，自 1956 年 4 月 1 日起试行。办法明确，列车电站调动由电力部决定，列车电站按租赁形式出租给使用单位，年租金按照电站固定资产重置价值的 10% 计算。该办法还明确了列电局与北京电管局、与列车电站，以及甲方的职责及关系。

1956 年 4 月 9 日，电力工业部计生字第 6 号文，披露进口列车电站计划。该文称，我国向苏联订购 3 台 4000 千瓦列车电站，计划 1957 年 2 至 3 季度交货；向捷克斯洛伐克订购 5 台 2500 千瓦列车电站，其中 1 台 1956 年 4 季度交货，3 台 1957 年 1 季度交货，1 台 1958 年 1 季度交货。

1956 年 4 月 14 日，列车电业局（56）列电人字第 135 号文，奉上级命令，调八公山电厂孙明珮等 54 人至列电局工作。其中孙明珮等 15 人去佳木斯 1 站协助检修，胡德望等 34 人协助阜阳电厂拆迁，孙玉成等 4 人去洛阳 5 站协助化验工作。

1956 年 5 月 29 日，列车电业局收到武汉电业管理局报送电力工业部的第 5 列车电站移交报告。该报告称，武汉电管局代管的第 5 列车电站移交工作已于 5 月 25 日正式办毕，并就有关遗留问题提出解决意见。

1956 年 6 月 26 日，列车电业局发出干部管理暂行规定和后备干部管理的指示。该指示称，1956、1957 两年新增列车电站 8 台，仅仅电站领导，生产技术、经营管理干部和车间骨干就需要 136 人。对后备干部的选拔、培养提出了具体要求。

1956 年 7 月 2 日，列车电业局机关及基地建设在保定市西南郊正式开工。此前，列电局派韩国栋、谢芳庭等到保定选址，在市西南郊的清水河沿岸、前屯村附近先期征地 48247.7 米^2。列电局和基地的基本建设同步进行。1956 年年底，完成建筑面积 17170 米^2，修建铁路 1500 米，建设工程基本竣工。

1956 年 7 月 31 日，列车电业局党组第一次扩大会议，讨论干部、教育、劳动组织奖和福利制度、大修改建工程方针、职工政治思想教育，以及搬迁保定前的准备工作、开展局本部先进生产者运动等。决定开办化验、场主任、人事劳动工薪员训练班，开展接收新机人员培训。

1956 年 9 月 10 日，列车电业局以急件通知局属单位，局已迁保定正式办公，并公布各科科长名单：生产技术科科长孙明佩，运行监察工程师王再兴，计划科科长丁树敏，人事科科长田润，教育科科长安守仁，劳动工资科科长王永华，财务科科长金克昌，材料科科长萧玉堂，基建科科长韩国栋、负责工程师谢芳庭。

1956 年 12 月 4 日，中央以中发亥 29 部号（中工）43 号电，致河北省委并各省、市委，自治区党委（不发新疆、青海、云南、西藏），同意列车电业局成立党委会。该文称，由于流动性质较强，可以在列车电业局成立党委会，统一领导所属各列车电站党的工作。该党委会及列车电站的党组织同时受当地党委领导。

1956 年 12 月 20 日，列车电业局保定修配厂在保定新建生产区成立，修配厂主任为段成玉。翌年该厂完成了列电局首台进口列车电站的安装和试运。1957 年 5 月，保定修配厂易名保定装配厂，由修配厂人员和列电局基建科人员合并组成。刘晓森任厂长，段成玉任副厂长。

1956 年 12 月 30 日，列车电业局发布（56）列电局人字第 1230 号文，任命第 1 到第 9 列车电站厂长、副厂长。王桂林为 1 站厂长；李生惠为 2 站第一副厂长，李德为 2 站第二副厂长；王阿根为 3 站副厂长；孙品英为 4 站厂长；邵晋贤为 5 站厂长；陶瑞平为 6 站厂长；郝森林为 7 站厂长；杜树荣为 8 站厂长；刘晓森为 9 站厂长。

○ 1957 年

1957 年 4 月 8 日，电力部就调拨快装设备改装为流动电站发文，安排 1957 年内第一批改装的设备，其中有南京电业局所属双河尖电厂 2000 千瓦设备一套，郑州电业局 1000 千瓦设备一套，焦作电厂 1000 千瓦设备两套，徐州电业局贾汪电厂 1000 千瓦设备一套。后因设备老化等原因，郑州、焦作两台机组没有落实。

1957 年 5 月 7 日，第 6 列车电站从保定修配厂出厂，开赴河南三门峡水电工地。河北省省长林铁为电站剪彩。全套设备从捷克斯洛伐克进口，是我国首台捷制 2500 千瓦列车电站（出厂编号 601），2 月 17 日到达保定基地，在捷克专家指导下完成了安装任务，于 4 月初采取"水抵抗"方式，通过 72 小时满负荷试运。6 月 13 日，在三门峡马家河投产发电。

1957 年 5 月 22 日，列车电业局以（57）列电局办字第 531 号文，发出关于改革本部组织机构的通知。该通知主要内容是，成立办公室，将教育科、人事科、劳动工资科合并为人事科，仍设计划科和生产技术科，取消基本建设科，在原修配厂的基础上成立装配厂，财务科和材料科不变。

1957 年 7 月 31 日，电力工业部（57）电计综王字第 295 号文发第一机械工业部，提出"二五"期间需要国内制造的列车电站数量和型号的初步意见。该意见称，1959 年需 2500 千瓦机组 2 台，1960 年需 6000 千瓦机组 1 台、2500 千瓦机组 2 台，1961 年、1962 年各需 6000 千瓦机组 3 台、2500 千瓦机组 2 台。

1957 年 7 月，第 7 列车电站在甘肃永登首次发电。该电站于 1956 年 12 月组建，队伍以老 2 站人员为骨干组成，是第 4 台捷制列车电站（出厂编号 604）。1957 年 2 月机组进口后，直接到甘肃永登水泥厂安装调试，7 月投产发电。

1957 年 7 月，第 8 列车电站在甘肃玉门市投产发电。该电站于 1956 年 12 月组建，职工主要由 3 站人员组成，是第 2 台捷制列车电站（出厂编号 602）。1957 年 4 月，机组在山东淄川安装即将结束时接调令，紧急调往玉门，7 月初向外送电，单机运行。

1957 年 9 月，第 9 列车电站在四川成都投产发电。该电站于 1956 年 12 月组建，主要由 4 站、5 站抽调人员组成，是第 3 台捷制列车电站（出厂编号 603）。1957 年 2 月从捷克进口后，即拉到成都安装调试，并网发电。

1957 年 9 月，煤炭部第 1 列车电站在山东枣庄投产发电。该电站于当年 5 月由煤炭部组建，由列车电业局 4 站配备人员，是第 5 台捷制列车电站（出厂编号 605）。进口后即调枣庄陶庄煤矿，经过 29 个昼夜安装调试，提前投产发电。1962 年 7 月移交列电局，编为第 47 列车电站。

1957 年 9 月 3 至 29 日，列车电业局开办经营管理研究班，就经营管理的 24 项内容逐次进行了研讨。涉及生产材料消耗定额、物资供应办法、运输费用定额、流动资金定额、管理费定额、奖励基金管理、内部劳动规划、人事管理制度、考勤制度、公休假制度、安全奖励制度，以及调迁费用计算方法等。

1957 年 9 月 18 日，列车电业局以（57）列电局人字第 1144 号文，发布任免干部的命令。任命李恩柏为 1 站副厂长，韩国栋为 2 站第一副厂长，邵晋贤为 4 站厂长，杨成荣为 5 站厂长，安守仁为 9 站副厂长，王桂林为 10 站厂长，田润为 11 站厂长，李生惠为 11 站副厂长，郭广范为 12 站副厂长，刘晓森调局分配工作。

1957 年 10 月 25 日，列车电业局以（57）列电局计字 1342 号文，转发铁道部车辆局协助列电局检修发电列车的通知，要求有关单位给予协作，并提出了具体要求。此前的 7 月 16 日，铁道部车辆局发出通知，对列车电站的车辆检修工作做出 5 项规定。

1957 年 11 月 8 日，列车电业局以（57）列电局人字第 1356 号文，就颁布内部劳动规则发出通知。该通知称，根据政务院及燃料工业部颁布的《企业内部劳动规则纲要》，结合我局具体情况，制定《列车电业局内部劳动规则》，要求各单位执行，并进行一次遵守劳动纪律的教育。

1957 年 11 月 15 日，电力工业部以（57）电供成字第 447 号文，通知北京电业管理局，称国务院已批准派押运员赴捷克斯洛伐克押运列车电站，要求列车电业局速按有关规定办理手续。此前，为节省费用，列电局曾向北京电管局呈送接机报告。

1957 年 11 月 21 日，第一机械工业部、电力工业部和电机制造工业部以（57）机景技字第 178 号文、（57）电技程字第 134 号文、电机技鞫字第 296 号文，发布《关于列车电站设计与试制工作的联合决定》。三部同意在北京成立列车电站设计试制委员会，在上海成立列车电站设计试制工作组，并明确了设计试制工作分工，1959 年年末试制出第一台列车电站。

1957 年 11 月 21 日，列车电业局以（57）列电局材字第 1465 号文，颁发列电局物资技术供应办法。此办法根据列车电站暂行管理办法，为简化手续、厉行节约而制定。办法共 21 条，明确了物资技术供应部门的业务范围、供应办法及业务程序，自 1958 年 1 月起施行。

1957 年 11 月和 1958 年 1 月，第 3、7 列车电站，先后调迁到浙江新安江水电站建设工地，成为水电站建设的主要电源。3、7 站一套管理机构，对外统称"三七站"。由于贡献突出，1959 年 10 月作为先进单位，先后参加浙江省和全国群英会。7 站副厂长孙书信代表电站出席群英会，列车电业局发专电致贺。

1957 年 12 月 17 日，煤炭工业部以（57）煤生机字第 650 号文发出通知，决定新汶矿务局孙村电厂 3 号汽轮发电机和 4 号锅炉改装为列车电站。1958 年 9 月 10 日，这台由美制快装机改装的 1000 千瓦列车电站在江西萍乡投产。该电站即煤炭部第 2 列车电站，1962 年归属列车电业局后编为第 50 列车电站。

○ 1958 年

1958 年 1 月 3 日，国务院批复电力工业管理体制改革方案。根据国务院《关于改进工业管理体制的决定》精神，电力系统成立 15 个电力局和一个列车电业局。随着各省电力局的建立，原北京、沈阳、上海、武汉、西安和成都的地区管理局即行撤销。自此，明确列电局直属电力部领导。

1958 年 1 月 24 日，电力工业部以（58）电财生耕字第 35 号文，批复列车电业局关于修改列车电站租金标准和计算方法的报告，同意将 1958、1959 两年新增进口设备与国内改装设备一起考虑，平均计算列车电站固定资产重置完全价值，核定每千瓦的租金额，两年内不予变动。

1958 年 3 月 19 日，第 11 列车电站在福建南平投产发电。该站组建于 1957 年 6 月，由 1、2、5、6 等电站抽调职工组成，其中近一半为青工及实习生。该电站是同批从苏联进口的 3 台 4000 千瓦电站中首台投产的。1957 年 9 月，设备从苏联运抵保定装配厂，在苏联专家帮助下于 12 月完成安装。翌年年初从保定调迁南平发电，甲方为南平电厂。

1958 年 3 月 25 日，列车电业局以（58）列电局人字第 0472 号文，向水利电力部报送《列车电业局组织机构与随车人员定员方案》。该方案强调机动灵活，提倡一工多艺，尽量减少随车流动人员，加强临时工培训。同时提出了 4000 千瓦苏联机、2500 千瓦捷克机和 2000~2500 千瓦快装机 3 类电站的机构设置，以及两种定员方案。

1958年4月、5月，第10、12列车电站相继在黑龙江哈尔滨安装发电。这两台电站以1站接机人员为骨干，于1957年6月组建。设备是1958年年初从苏联进口的4000千瓦汽轮发电机组。在哈尔滨平房区安装调试，先后于4月5日、5月8日并网发电。

1958年4月11日，第16列车电站在河南兰考首次安装发电。该电站是1958年1月在保定以5站接机人员为主组建的。设备是捷制2500千瓦汽轮发电机组（出厂编号609）。当年3月进口后，即紧急开赴河南兰考夹河滩村安装，为"引黄蓄灌工程"发电。

1958年6月3日，第15列车电站在湖南衡阳投产发电。该电站1958年2月组建，人员主要由衡阳电厂派员组建。设备是捷制2500千瓦汽轮发电机组（出厂编号607）。当年4月，机组抵湖南衡阳玄碧塘，由衡阳电厂负责修建路基和安装。6月初并入电网，为衡阳发电厂建设供电。

1958年6月7日，第14列车电站在四川成都投产发电。该电站1958年2月组建，由淮南田家庵电厂人员成建制组成。设备是捷制2500千瓦汽轮发电机组（出厂编号608）。1958年5月，在四川成都跳蹬河安装调试，为四川省电力局发电。

1958年6月9日，列车电业局发出（58）列电局行字第0976号文，要求在"两参一改"运动中，以革命精神改革局本部组织机构。新机构在局长副局长之下，只设行政科、经理科、技术科。其中经理科下设综合、劳资、计财、供应、运输仓管、设备发展、电站调动等业务组。

1958年6月14日，水利电力部以（58）水电计年字第2052号文，致函第一机械工业部，请增加订购20台6000千瓦列车电站。该函称，原列计划订购10台，报纸报道此产品试制后，各地对6000千瓦列车电站提出了大量要求，因此计划再增加20台，并请尽可能在1960年分批供应。

1958年6月20日，水利电力部根据两年增加15台列车电站的需要，除分配230名技校毕业生外，以水电劳字第286号文批复列车电业局，同意列电局在北京、河北地区招收学员300名。7月10日，又根据电站流动特性，以水电劳字第324号文，改为在河北、江苏、浙江、四川各招收学员100名。

1958年6月25日，第19列车电站在四川江油二郎庙投产发电。该电站于1958年年初组建，机组是1957年从湖南杨家桥发电所拆迁的美制快装机组，容量1000千瓦，由保定装配厂改装成简易电站，杨家桥发电所及保定装配厂配备骨干人员。电站没有启动电源，靠人工灌水，点火升压，首次开机发电。

1958年6月30日，列车电业局以（58）列电局办字第1636号文，向水利电力部及保定市报送关于开办动力学院的报告。动力学院计划先设预科和动力系，第二年设电机系、机械制造系和冶炼系。学制为预科2年、本科4年，学习方法为勤工俭学、半工半读。翌年5月动力学院进行了改制调整。

1958年7月9日、8月9日，第17、18列车电站相继在黑龙江哈尔滨投产发电。这两个电站1957年10月组建，人员以10站中心站配置为主。设备是当年进口的两台捷制2500千瓦汽轮发电机组（出厂编号610、611），1958年6月，在哈尔滨平房安装，投产后与先期在这里发电的10站、12站，共同为军工企业供电。

1958年7月21日，第13列车电站在河南新乡投产发电。该电站1958年年初组建，人员主要来自2站、7站等。设备是捷制2500千瓦汽轮发电机组（出厂编号606）。同年5月，在河南新乡760厂安装，7月下旬开始为新乡市工业局发电。

1958年7月，为适应"大跃进"形势，列车电业局成立新机办公室，保定装配厂扩展为包括锅炉制造、汽轮机制造、发电机制造以及辅机设备制造的7个厂，主要任务是制造列车电站。1960年5月，新机办公室下属七厂合一，成立保定制造厂，工作重点逐步转移到电站与备品备件制造及检修安装并重。

1958年7月28日，列车电业局以（58）列电局新字第1355号文，向水利电力部呈送关于所属装配厂及电机制造厂制造力量的报告。根据部领导关于列车电站发展到300台的指示，决定立即开始自制列车电站，并提出列车电站制造的高指标。

1958年8月1日起，根据列车电业局关于实行生产费用包干与修改调迁租金收取办法的规定，对各电站生产固定费用采用包干方式，将此项费用并入租金内，由甲方向列车电业局每月缴付一次，电站不再向甲方报销。各项非固定性费用，仍由电站直接向甲方报销。

1958年9月15日，水利电力部以（58）水电生程字第97号文，批准列车电业局在武汉市成立装配厂。该文称，原则同意在武汉地区建厂，厂址以武昌白沙洲为宜。装配厂的主要任务是制造船舶电站，并可能装配列车电站，作为流动电站基地。

1958年9月27日，列车电业局人民公社成立。同年5月，列电局曾向保定市委报告，根据市委成立以大厂为主体、以生产为中心、厂带农业生产队城市人民公社的意见，决定试办列车电业局人民公社，并制订了公社规划、试行简章、半供给半工资制试行方案等。翌年8月2日，根据上级指示，撤销列电局人民公社试点。

1958年10月23日，列车电业局就更改职能部门和制造厂的组织机构，发布（58）列电局办字第1078号文。该文称，为适应生产大跃进的需要，进行机构的扩大和改组，明确了局机关10个科室、保定装配厂等10个厂、22个电站，以及动力学院等机构及主要岗位任职。

1958年11月6日，第22列车电站在广西柳州投产发电。该电站于1958年4月组建，设备是从江苏无锡双河尖发电所拆迁的美制2000千瓦快装汽轮发电机组，由保定装配厂改装成列车电站。同年10月从保定调迁柳州，厂址在柳北区柳江东岸柳州贮木厂厂区内，甲方是广西柳州发电厂。

1958年12月，第6列车电站赶赴广东茂名，参加了茂名石油大会战。此后，21、

46、15、8、9等电站，先后于1960年5月、1962年2月、1963年3月、1964年3月、1964年9月陆续调迁到茂名。这是列车电站集中最多的一次联合供电。1963年年底，为便于管理，几个电站合编为一，对外统称第6列车电站。

1958年12月11日，第20列车电站在山西临汾投产发电。该电站1958年7月以2站、11站接机人员为主组建，设备是从徐州贾汪电厂拆迁的1000千瓦美制快装机组，由保定装配厂改装成简易电站。同年9月，在山西省临汾市塔儿山钢铁厂安装，12月投产，为临汾钢铁厂建设和生产发电。

○ 1959年

1959年1月29日，水利电力部以（59）水电财生字第025号文批复列车电业局，列车电站租金收入在工商统一税试行后，按财政部税务总局（59）税政字第14号文精神仍可给予免税照顾。同年2月1日，列电局以（59）列电局财字第0152号文，通知所属各列车电站。

1959年3月23日，列车电业局以（59）列电局办字0396号文，向局属有关单位发出1959年制造工作的指示，提出了当年自制2500千瓦机组2台、配置进口机组3台，以及组装国产6000千瓦机组等任务。要求坚决贯彻自力更生、土洋并举的方针，充分发挥现有设备潜力，加强技术管理，大搞协作，保证完成制造任务。

1959年4月13日，第23列车电站在辽宁开原投产发电。该电站1959年1月10日组建，人员主要来自15站。设备是捷制2500千瓦汽轮发电机组（出厂编号613）。同年3月，在辽宁开原安装，4月开始为清河水库施工供电。

1959年4月15日，第24列车电站在宁夏青铜峡投产发电。该电站于1959年1月组建，人员以11站接机人员为主，从青铜峡工程局补充部分人员。设备是捷制2500千瓦汽轮发电机组（出厂编号612）。1959年3月，在青铜峡安装，投产后为水电站建设供电。

1959年5月13日，第25列车电站在辽宁开原投产发电。该电站1959年3月组建，职工主要来自8站，另有3站等电站接机人员作为补充。设备是捷制2500千瓦汽轮发电机组（出厂编号614）。当年3月在辽宁开原电厂安装，5月投产，与23站共同为清河水库施工发电。

1959年5月22日，保定电力学校向列车电业局报告。根据中央关于整顿新建学校的精神和水电部（59）水电教字第022号批示，原动力学院改为四年制全日制中等专业学校，校名为保定电力学校。4月中旬进行了调整工作，原动力学院学生562名，分配工作的341名，留校学习的212名，退学的9名。

1959年5月21日，第26列车电站在内蒙古赤峰投产发电。该电站1959年3月17日组建，职工以16站接机人员为主。设备是捷制2500千瓦汽轮发电机组（出厂编号615）。同年4月，在赤峰安装，5月投产，为赤峰电厂的建设供电。

1959年6月9日，跃进1号船舶电站在湖北丹江口投产发电，成为丹江口水利枢纽工程的主力电源。该电站1958年7月筹建，人员以15站和7站接机人员为主。发电设备是从西安第一发电厂拆迁的1000千瓦美制快装汽轮发电机组。电站由上海708所设计，船体由上海江南造船厂制造，整机在江南造船厂完成组装。

1959年6月13日，水利电力部以（59）水电劳字第126号文，就福州发电厂技工训练班陈水棠反映第11列车电站厂长胡德望扣留委培人员一事，要求列电局认真处理；列电局于6月18日电报通知11站做好思想政治工作，将全部委培人员送回原单位。

1959年6月15日，列车电业局以（59）局办第0921号文公布，列车电业局保定中心试验所成立。该所主要负责列车电站制造中的各项试验。1961年10月，与局设计科合并，更名技术改进所，为列车电站技术监督和技术改进机构。"文革"中一度撤销，合并到保定基地，1972年9月恢复建制，更名列车电业局保定基地试验所。

1959年7月16日，水利电力部发布（59）水电干字第100号文，任命李尚春为列车电业局局长，原局长康保良的工作安排待检查结束后再行决定。7月22、23日，列车电业局分别以（59）列电局人字1202、1203号文，通告局内外。李尚春局长7月23日到职工作。

1959年7月17日，中共保定市委以干任字00337号文，批复列车电业局党委，同意李尚春任列车电业局党委书记，免去康保良原任党委书记职务。同年10月12日，中共保定市委以干任字00421号文，批复列电局党委，同意李子芳任列电局党委副书记。10月20日，（59）列电党组发字第98号文，任命李子芳为列电局党委副书记。

1959年7月19日，列车电业局以（59）列电局技字1150号文（最速件）向所属电站发布《关于提高出力的规定》，强调各电站提高出力工作应该积极而慎重，既要有干劲又要有科学分析，并要留有余地，要求苏联进口电站早日进行电机温升试验。此前曾有6、15、17等电站进行了提高出力试验。

1959年7月22日，水利电力部以（59）水电生字第087号文，批复列车电业局1959年制造计划。根据电业生产部门制造工作"检修为主、制造为辅"的原则，要求列电局所属制造厂、修造厂应首先保证现有电站的检修、电站设备的安装及备品备件的制造，如有余力再进行成套列车发电设备的制造。

1959年8月1日，第27列车电站在福建三明投产发电。该电站1959年3月组建，以15站为主配备领导班子和技术骨干。设备是捷制2500千瓦汽轮发电机组（出厂编号616）。当年5月，机组进口后在三明市安装，7月投运，为三明热电厂建设供电。

1959年10月15日，第21列车电站在保定并网投运。这是列车电业局保定制造厂自制的第一台发电机组，也是第一台国产2500千瓦列车电站。机组安装在8节车厢上。从 1958 年 8 月开始筹划，采取边练兵、边设计、边备料、边制造的方针，发扬协作精神，克服重重困难而制造成功。

1959 年 11 月 28 日，水电部以（59）水电计字第 526 号文，发布 1960 年新增列车电站和船舶电站计划任务通知。该通知称，1960 年，除 1959 年结转的国产列车电站、船舶电站和进口的燃机、煤机共 11 台 46400 千瓦外，决定再增加 9 台共 31500 千瓦。

○ 1960 年

1960 年 1 月 13 日，列车电业局以（60）列电局办字第 0115 号文，向水电部及有关司局报送列电局第二个五年计划规划和第三个五年计划设想专题报告。该报告提出，第二个五年计划期末列车电站发展到 100 台，容量 365400 千瓦；第三个五年计划期末，列车电站达到 300 台，容量达到 1167400 千瓦。

1960 年 3 月 16 日，第 29 列车电站在湖北黄石并网发电。该电站是首台国产 LDQ-I 型 6000 千瓦汽轮机组列车电站。1959 年 1 月，以老 2 站、13 站人员为主组建。设备由上海汽轮机厂、电机厂和锅炉厂于上年 12 月制造完成。1960 年 1 月，机组在大冶钢铁厂安装调试，甲方是黄石电厂。

1960 年 3 月 19 日，列车电业局以（60）列电局技字第 0674 号文，发布《关于解决捷克 2500 千瓦列车电站电气设备提高出力卡脖子的技术措施》，希望这类电站利用检修机会贯彻实施。同年 3 月 19 日，列电局又以（60）列电局技字第 1231 号文，发布《关于快装列车提高出力的意见》。

1960 年 4 月，列车电业局召开厂长会议，总结 1959 年工作，安排部署 1960 年的工作。1959 年全局发电 2874.9 万千瓦·时，比上年增长了 55%。到 1959 年年末，列车电站达到 28 台，总容量 7 万千瓦，分别比上年增长 30% 和 33.3%。李尚春局长在总结报告中提出工作要求。

1960 年 4 月，在厂长会议就干部管理权限问题讨论基础上，局党委制订了《列车电业局干部管理制度（草案）》，对局系统干部管理权限、干部任免、干部奖惩等问题作出规定，并于 6 月 6 日以（60）列电局人字 1318 号文，下发关于干部管理范围的几项规定。

1960 年 4 月 28 日，第 34 列车电站在黑龙江南岔投产发电。该电站组建于 1960 年年初，由 6 站 50 多名职工组成。设备是捷制 2500 千瓦汽轮发电机组（出厂编号 618）。同年 3 月，机组在南岔县安装调试，4 月投产。次年 6 月，在大庆与 17 站职工进行了成建制对换。

1960 年 4 月 29 日，第 33 列车电站在贵州贵阳投产发电。该电站于 1959 年年底，以 3 站、7 站接机人员为骨干组建。设备是捷制 2500 千瓦汽轮发电机组（出厂编号 617）。同年 3 月在贵阳市郊赤马殿贵阳发电厂安装调试，4 月与贵阳发电厂并网发电。

1960年4月下旬，第31、32列车电站机组从满洲里口岸入关，经过轮对调距及试运转，分别运抵重庆九龙坡507电厂和上海汽轮机厂，进行解体检查或解体测绘。这两台机组均是1956年7月向瑞士BBC公司订购的6200千瓦燃气轮发电机组，也是当时国内单机容量最大、自动化程度较高的燃气轮发电机组。

1960年4月29日，列车电业局以（60）列电局财字第0939号文，就实行《电站大修费用及四项费用管理的几项规定（草案）》发出通知。该规定明确了大修费用的概念和使用原则，以及技术组织措施费用、劳动安全保护措施费用、零星固定资产购置费用和试制新种类产品费用等四项费用的开支使用办法。

1960年5月11日，根据厂长会议关于加强电站管理组织协作的精神，列车电业局决定成立中心电站，并调整了一批电站领导干部。其中10站厂长张增友兼任第一区中心站站长，曹德华调任8站厂长兼任第二区中心站站长，陶晓虹调任9站厂长兼任第三区中心站站长，赵廷泽调任15站厂长兼任第四区中心站站长。

1960年5月12日，第35列车电站在新疆哈密投产发电。该电站于1960年3月组建，接机人员以22站为主，并从其他各电站选配。设备是捷制2500千瓦汽轮发电机组（出厂编号619）。机组进口后，4月在哈密安装，5月正式投产，为哈密发电厂基建发电。

1960年6月，第34列车电站奉命，率先调往萨尔图，为大庆石油会战供电。翌年1月，36站进口后即在萨尔图安装调试，3月16日发电。31、32站也先后于1961年5月、12月到达萨尔图，且试烧原油成功。4台电站总容量1.74万千瓦，担负起了石油大会战供电重任。其中31站在大庆服务达12年之久。

1960年7月1日，煤炭工业部第3列车电站在湖南双峰投产发电。该电站于1960年年初组建，接机人员来自华东等地的技术骨干。设备是捷制2500千瓦汽轮发电机组（出厂编号625）。引进后在双峰洪山殿安装投产，为涟邵矿务局供电。1962年归入列车电业局，编为第48列车电站。

1960年8月2日，第37列车电站在内蒙古乌达投产发电。该电站于当年4月组建，设备是保定基地制造的第二台汽轮发电机组，容量2500千瓦，属于仿制捷克机组产品。该电站艰苦奋斗，坚持设备改造改进，曾创造安全生产1000天的纪录。1978年被水利电力部授予全国电力工业大庆式企业标兵称号。

1960年9月24日，列车电业局以（60）列电局站字第2220号文，通报表彰跃进1号船舶电站职工战胜汉江特大洪水和第10列车电站职工抢修被洪水淹没的设备，积极维护国家资财，保证电站安全。8月下旬到9月上旬，汉江遭遇40年来特大洪水，船舶1站数次陷于危险境地，10站因江口决堤遭洪水侵袭。

1960年10月12日，根据水利电力部关于确保中央指定重点厂矿安全发供电通知精神，列车电业局作出具体部署。中央列出的 125 个重点厂矿包括 5 站和 16 站供电的资兴煤矿、12 站供电的淮北煤矿、13 站供电的鹤壁煤矿、14 站供电的荣昌洗煤厂、29 站供电的大冶钢厂、39 站供电的平庄煤矿。

1960 年 11 月 23 日，列车电业局以（60）列电局站字第 2679 号文，转发水电部《关于加强继电保护工作，消灭继电保护事故的补充指示》，并提出具体贯彻落实要求，补充继电保护反事故措施。

1960 年 11 月，列车电业局在浙江宁波召开会议，并发布人事管理工作文件。主要有列车电站组织机构改革与定员定编的意见、列电局与下属单位人事工作职权划分的暂行规定、对今后接机方式的几点意见，以及 1961 年新接机组初步意见，并附有 6 站、2 站组织机构调整的总结报告。

○ 1961 年

1961 年 1 月 5 日，列车电业局以（61）列电局站字 0192 号文，就各电站列车底架台车检修问题发布通知，要求各电站根据铁道部关于车辆检修的有关规定做好相关工作，并决定建立列车电站台车维护制度。同年 8 月 1 日，列电局以（61）列电局站字 1439 号文，通知试行《列车电站台车维护暂行制度》。

1961 年 1 月 12 日，第 39 列车电站在内蒙古平庄投产发电。该电站于 1960 年 6 月组建，主要人员来自 1 站和 6 站。设备是苏制汽轮发电机组，容量 4000 千瓦。同年 12 月，机组进口后在平庄矿务局安装调试，翌年 1 月投产，为煤矿生产供电。

1961 年 2 月 23 日，中共保定市委批复列车电业局党委，同意王桂林等同志任免职的报告。免去王桂林列车电业局党委副书记、免去陶瑞平列车电业局工会主席职务，任命郝森林为列电局工会主席。

1961 年 3 月 2 日，列车电业局以（61）列电局站字 0433 号文，颁发《安全工作规程（化学部分）》，要求各电站组织有关人员进行学习、考试。该规程共 6 章 21 节，涉及药品管理及使用中的安全事项、检修及安装中的安全规程、油务工作、化验室安全工作规程，以及消防制度及一般紧急救护法。

1961 年 3 月，水利电力部以（61）水电生字第 243 号文，发布《关于加强列车电站领导的规定》，同意在电站比较集中的地区设立驻省工作组。1962 年 3 月，第一区中心电站撤销，在牡丹江第 10 列车电站成立第一工作组。1968 年 4 月 5 日，根据列车电业局抓革命促生产联合委员会（68）列电联劳字第 091 号文，第一工作组撤销。

1961 年 3 月 16 日，第 36 列车电站在黑龙江萨尔图投产发电。该电站 1960 年 10 月以 13 站接机人员为主组建。设备是捷制 2500 千瓦汽轮发电机组（出厂编号 620）。经水利电力部同意，原计划在晋城安装的 36 站主机与 44 站辅机组合，改在大庆油田安装，并于 1961 年 3 月并网发电。

1961 年 3 月 22 日，第 43 列车电站在广东英德投产发电。该电站于 1961 年 1 月组建，主要由 25 站接机人员组成。设备是捷制 2500 千瓦汽轮发电机组（出厂编号 621）。进口后即在英德冬瓜铺安装调试，当年 3 月首次开机发电，为英德硫铁矿供电。

1961 年 3 月，第 45 列车电站在黑龙江勃利首次发电。该电站于 1961 年 1 月组建，主要由 18 站接机人员组成。设备是捷制 2500 千瓦汽轮发电机组（出厂编号 623）。1961 年 1 月，设备从满洲里进关，即发运勃利县七台河矿务局安装，3 月投产。因水质问题，4 月被迫停机待命。

1961 年 4 月 15 日，列车电业局以（61）列电局站字 0790 号文，发布《关于电站撞车掉轨问题的通报》，其中有：1960 年 6 月 2 日，1 站 3 节生产车厢遭受严重撞击；1960 年 7 月 16 日，34 站在大庆运行中被油车撞击被迫停机；1961 年 2 月 8 日，5 站在许家洞专用线上遭机车及挂车撞击；1961 年 3 月，9 站在安家湾车站调车中因路基问题造成 3 个车厢掉轨。

1961 年 5 月，第 38 列车电站在山西运城首次发电。该电站于 1960 年 9 月组建，主要由 11 站接机人员组成。设备是苏制 4000 千瓦汽轮发电机组，同年 10 月由苏联进口，1961 年 3 月在运城安装调试，5 月投产，支援晋南地区农业抗旱用电。

1961 年 6 月 20 日，第 46 列车电站在宁夏青铜峡投产发电。该电站组建于 1961 年 1 月，接机人员以 4 站为主。设备是捷制 2500 千瓦汽轮发电机组（出厂编号 624）。机组在青铜峡顺利完成安装调试，与 24 站并网发电，为水电站建设服务。

1961 年 6 月 30 日，列车电业局以（61）列电局厂字第 1137 号文，转发《关于列车电站低周波运行事故处理的规定》。该规定是根据水利电力部有关规定，结合列车电站设备条件制订的。要求各电站与当地电力系统联系，按水电部禁止低周波运行的指示，允许补订本站现场运行规程。

1961 年 7 月 21 日，煤炭部第 4 列车电站在内蒙古海勃湾投产发电。该电站于 1961 年春组建，人员主要由煤炭部 1 站抽调。设备是捷制 2500 千瓦汽轮发电机组（出厂编号 626）。进口后即调海勃湾卡布其矿区安装，1961 年 7 月首次发电。1962 年归入列车电业局，编为第 49 列车电站。

1961 年 7 月 26 日，列车电业局以（61）列电局人字 1412 号文，转发水电部厅局长会议《关于列车电站管理方面若干问题的意见（草稿）》。这个文件涉及列车电站党的领导关系、与省电力厅（局）的关系、人员和财务管理权、职工工资奖励待遇、列车电站基地，以及列车电站编制定员等问题。

1961 年 7 月 26 日，列车电业局在对自制 21 列车电站鉴定基础上，以（61）列电局厂字第 1103 号文，发布了对列车电站设计制造方面总结出的几项意见。这些意见涉及车厢排列问题、刮板上煤机问题、除灰问题、锅炉车厢超高问题、给水泵问题，以及锅炉、汽轮机方面的问题。

1961 年 8 月，第 44 列车电站在山西晋城首次投产发电。该电站于 1961 年 1 月组建，主要由 29 站接机人员组成。设备是捷制 2500 千瓦汽轮发电机组（出厂编号 622）。经水利电力部同意，原计划在茂名安装的 44 站主机与 36 站辅机组合，并改在晋城安装，代替原计划在晋城发电的 36 站。

1961 年 9 月 11 至 23 日，列车电业局召开厂长座谈会。会议传达水电部厅局长座谈会精神，学习《国营企业工作条例（草案）》和《电力工业企业管理若干问题的规定》，以整风的精神，检查总结列车电站一年多来的工作，讨论研究了列车电站领导体制、安全生产、经营管理及职工生活福利等问题。

1961 年 10 月 15 日，第 40 列车电站在甘肃永昌投产发电。该电站于 1960 年 10 月组建，人员主要来自 9 站、24 站。设备为 2500 千瓦的汽轮发电机组，是列车电业局保定制造厂制造安装的第 3 台发电机组。由于当时条件所限，出厂没有经过 72 小时试运，设备先天不足。次年 5 月即返厂大修。

1961 年 12 月 28 日，列车电业局以（61）列电局站字第 2213 号文，转发《列车电站技术管理手册》第二分册。该分册有工作票、操作票、培训考核、交接班、巡回检查、设备维护专责、生产会议制度等 14 项制度的参考草案，要求各电站依据这些参考草案，结合本站实际，建立健全 21 种基本生产制度。

○ 1962 年

1962 年 1 月 18 日，列车电业局以（62）列电局办字第 0123 号文，向水利电力部报送《关于〈国营企业工作条例（草案）〉学习与试点情况报告》。列电局以 13 站为试点，提出了列车电站实行定设备综合出力、人员机构、消耗定额、固定资产和流动资金、协作关系，保安全生产、生产设备良好、五项指标完成、工资总额不超、培训工作经常化等 "五定五保" 管理意见。

1962 年 1 月 25 日，在贯彻执行中央经济调整 "八字方针" 和学习试点 "工业七十条" 中，列车电业局党委会以（62）列电局党委字第 001 号文，向水利电力部党组报告《关于设立政治部和恢复党组的意见》。该报告分析了列电局思想政治工作、领导工作的情况和存在的问题。列电局迁京后，同年 11 月 30 日，再次向部党组报请成立列电局党组。

1962 年 2 月 27 日，列车电业局分别以（62）列电局人字第 0314、0315、0316、0317、0318、0319、0320 号文，任命籍砚书为 44 站副厂长，张广笙为 22 站副厂长，陈启明为 15 站副厂长，王福钧为 24 站副厂长，张宗卷为 46 站副厂长，何世雄为 9 站副厂长，吴国良为 33 站副厂长。

1962 年 4 月 2 日，列车电业局以（62）列电局站字第 0548 号文，转发水利电力部《发电厂燃煤管理工作条例》和《发电厂煤耗计算办法》，并提出列车电站燃煤管理工作补充意见。要求加强燃煤管理，解决列车电站燃煤管理存在的 "配煤工作不善、煤炭收支不清、取样化验不准、煤耗计算不确和来煤亏损不少"等"五不"现象。

1962年4月16至25日，列车电业局召开电站工作会议。传达中央和水利电力部的指示，提出1962年工作要点，介绍13站贯彻试行《国营工业企业条例（草案）》试点情况，印发了13站试点"五定五保"管理的报告，以及《列车电站干部职责条例（草案）》，同时明确列车电站实行双重管理体制。

1962年4月11日，根据水利电力部有关批复，列车电业局以（62）列电局劳字第0616号文，发出驻省工作组编制和改中心站为工作组的通知。工作组在列电局和所在省（区）电力厅（局）共同领导下开展工作。此前，列电局已经通知将第一区中心站改为第一区工作组。

1962年5月4日，第28列车电站在河南鹤壁首次发电。该电站于1959年1月组建，人员以2站及淮南电厂支援职工为主，设备为LDQ-I型汽轮发电机组。1961年7月在保定基地安装试运完毕，调河南鹤壁矿务局。由于现场安装时冷却水塔着火，推迟到翌年5月发电。

1962年5月18日，煤炭工业部和水利电力部以（62）煤机动钟字第120号文、水电计年字第160号文发出联合指示。煤炭部所属4台列车电站，总容量8500千瓦，随车职工300名，自1962年7月1日起，全部移交水电部列车电业局统一管理。同年6月30日，列电局发文，将这4台列车电站分别编为第47、48、49、50列车电站。

1962年5月，第1列车电站奉命调迁甘肃酒泉，为低窝铺404厂供电。翌年12月，12站也调迁酒泉，两站并网，统一对外。1963年4月，13站调迁青海海晏，为综合机械厂供电。次年7月，35站也调迁海晏，两站并网，统一对外。为我国第一颗原子弹爆炸试验成功，4台列车电站共同作出了贡献。

1962年6月11日，根据水利电力部党组指示，列车电业局确定了第一批战备电站12台（7、8、13、15、18、19、23、27、33、36、41、46站）；7月6日，又确定了第二批战备电站8台（2、14、26、34、37、35、40、50站）。并落实水电部和铁道部联合指示，于7月底前开展了发电设备和台车行走部分检修，进行了电站人员的审查调整。

1962年6月28日，水利电力部行文国家经委，并抄送国家计委、劳动部、北京市人委，为适应战备需要，将列车电业局机构从保定迁回北京，同时在马连道建立仓库。编制力求精简，从原来办事处编制34人增至44人，保定基地后勤留守人员100人，合计144人。10月3日，列电局在德胜门外六铺炕三区正式办公，后相继迁东绒线胡同、三里河路二里沟。

1962年8月10日，水利电力部党组对有关省电力主管部门发文，并抄送有关部委和地方党委，对战备列车电站做出几项规定，要求20台战备机动电站，要做好相关工作，抓紧职工培训，保持设备经常处于良好状态，继续发电的电站保证可以随时调出。

1962 年 9 月 1 日，列车电业局以（62）列电局劳字第 1991 号文，向局属各单位转发关于《国务院关于精简职工安置办法的若干规定》的问题解答，要求参照执行。同年 4 月 12 日，水利电力部精简小组发文明确部属各单位精简小组及办公室的任务。截至 6 月 20 日，列电局全局已经精简 285 人。

1962 年 9 月 20 日，列车电业局以（62）列电局站字第 2307 号文，颁发四项费用暂行管理办法。四项费用指技术组织措施、劳动安全保护措施、新种类产品试制、零星固定资产购置所需费用。该办法是对水电部直属企业四项费用暂行管理办法补充后形成的。1957、1959 年印发的改进工程管理办法随即作废。

1962 年 11 月 17 日，列车电业局局务会通过了 1962 年农副业生产分配的几项规定。该规定提出，根据电站等局属单位分布地区和定量高低等因素，对职工和家属分配不同的品种和数量。当年商都农场和东北农场总播种面积 3516 亩，收获粮食 27.4 万斤、油料 2 万斤。计划 1963 年播种面积增加到 5000 亩。

1962 年 11 月 23 日，列车电业局党委以（62）列电局党字第 011 号文，向中共保定市委上报列电局党委结束工作的报告。该报告称，因列电局迁京办公，经保定市委批准，列电局党委已正式撤销，并附列电局党委 1958 年 11 月成立以来的工作总结。局机关迁京后，局属保定制造厂和保定基地分别成立党总支和党支部，由保定市委领导。

○ 1963 年

1963 年 2 月 11 日，水电部以（63）水电党字 37 号文，批复列车电业局党组，同意列车电业局党组由李尚春、邓致逵、王桂林、丁树敏、王明喜五同志组成，李尚春担任党组书记。

1963 年 3 月，列车电业局在保定召开厂长会议，总结建局以来的工作，提出了 1963 年的主要任务，讨论了站际开展增产节约"五好企业"劳动竞赛的意见。"五好"指政治思想作风好、安全经济质量好、企业管理好、学习技术业务文化好、生活安排好。会议还讨论了安全生产、财务、供应等工作。

1963 年 3 月 19 日，列车电业局向水利电力部报送清仓核资工作总结。该项工作从 1962 年 4 月开始，到 1962 年年底基本结束，共清查全局 58 个单位，全部经过复查，验收合格。全局核定后的流动资金总额为 901.89 万元。

1963 年 4 月 15 日，水利电力部（63）水电干行字第 58 号文发送列车电业局，任命李岩兼列电局局长，季诚龙为列电局副局长。免去李尚春的列电局局长职务。同日，水电部（63）水电干行字第 57 号文，调李尚春到部另行分配工作。李岩时任水电部生产司副司长，为"使列电局与生产司更好联系"，而兼任列电局局长。

1963年5月8日，列车电业局（63）列电局干字第0470号文，对一批厂级干部进行调整。杜玉杰调18站任副厂长，张门芝调40站任副厂长，张广笙调19站任副厂长，赵学增调49站任厂长，黄耀津调17站工作。芦焕禹调1站任厂长，宫振祥调1站任副厂长，周墨林调26站任副厂长，刘润轩调31站任副厂长，蔡俊善调48站任厂长。范世荣、邵晋贤、孙品英、唐存勖等另行安排。

1963年5月9日，根据水利电力部（63）水电劳字第324号文关于调整列电局驻省（区）工作组设置的批复，列电局发出干字第0480号文，对各工作组人员进行调整。张增友、孙玉泰、陶晓虹、杨文章、张静鹗分别任第一至第五工作组组长。各工作组均设组长、工程师、秘书、办事员。

1963年5月17日，列车电业局以（63）列电局生字第0524号文，发布《列车电站电气反事故措施》。该措施包括发电机反事故措施、继电保护反事故措施、电动机反事故措施和消灭误操作反事故措施。

1963年6月25日，国务院以国劳字432号文，批转水利电力部关于部直属单位职工调剂问题的报告，同意水电部报告中所请，即列车电站随车职工等，50人以上的跨省调动，可由水电部直接审批，不再经劳动部批准。该文件解决了电站调迁中，随车职工及家属户口、粮食关系转移问题，为快速调迁创造了条件。

1963年7月10至18日，列车电业局在京召开人事工资会议。主要讨论工资调整方案、工资标准，以及奖励办法及解决托儿问题的意见。这次调资有40%左右升级面，是"文革"前的最后一次调资。会议还讨论了干部工资、参加劳动和培训工作，以及职工队伍的思想状况等。

1963年8月3至9日，河北保定地区连降大雨，保定市被淹，列车电业局保定修造厂厂区和局仓库进水，被迫停产3天。列电职工抗洪抢险，保护国家财产，努力减少损失。据统计共造成损失163025元，其中主要损失包括仓库损失38761元，停产损失17822元，设备损失25460元，模型损失22142元。

1963年10月14日，列车电业局以（63）列电局生字第1481号文，通报表扬一批长期安全生产的电站和工段。其中6站、31站、32站、34站、43站、48站等6个电站创造了1年以上的安全生产纪录，2站汽机工段等10个工段创造了1000天以上的安全生产纪录。

1963年11月21日，第41列车电站在黑龙江省七台河投产发电。这是国产第1台4000千瓦列车电站，主要设备均由保定基地制造。该电站于1961年11月组建，主要由保定基地装配车间人员组成。当年9月出厂，调七台河矿务局安装调试，11月投产发电。

1963年11月中旬，列车电业局召开18个单位参加的大练基本功工作会议，传达贯彻水电部电力生产基本功经验交流会精神，部署列电系统大练基本功工作，并发布《列车电站大练基本功考试办法（草案）》。新任局长李岩在讲话中提出列车电站练基本功除安全经济外，还应考虑机动性，满足流动的要求。

1963年11月19日，水利电力部以（63）水电劳组字第947号文，同意列电局将生产技术科改为处的建制，将保定修造厂与保定基地合并为列车电业局保定列车电站基地。据此，列电局于12月26日作出合并决定，任命王桂林等5人为正副主任，同时明确了基地的6项任务。武汉修造厂也更名武汉列车电站基地。

1963年12月28日，跃进2号船舶电站在福州投产发电。该电站1959年9月组建，人员主要来自5站、15站等。设备容量4000千瓦，除汽轮机从捷克斯洛伐克进口外，发电机、锅炉及附属设备均由保定基地制造或配套。上海708所设计，江南造船厂造船组装。1963年9月奉命调福建战备应急。

○ 1964年

1964年1月10日，水利电力部以（64）水电劳组字第40号文，批复列车电业局关于在京人员编制的报告，确定列电局在京单位总编制为160人，包括密云农场、训练班、北京仓库等，其中局机关120人。次年2月18日，水电部又以（65）水电组字第24号文批复列电局，同意局机关按99人配备，可暂保留原定120人的编制。

1964年1月13日，中国水利电力工会全国委员会以（64）电会字第4号文批复列车电业局，经请示全总书记处，同意列电局建立工会组织。水电工会向全总书记处的报告，明确列电局一级可建立局工会委员会，会名是"中国水利电力工会列车电业局工会"，同时明确了列电工会的主要任务。

1964年4月上旬，列车电业局召开工作会议，贯彻全国电力工业和全国水利电力政治工作会议精神，表彰34、43等先进企业及各项先进，部署全年工作。会议提出，要突出政治，以大庆为榜样，实现企业革命化，做到开得动、送得出、顶得住，成为能应付任何紧急任务的电业突击队。程明陞副部长到会作指示。

1964年4月8日，第30列车电站在吉林延边龙井镇投产。该电站1963年9月组建，人员由吉林二道江发电厂、抚顺发电厂支援人员及28、29站同类型机组人员组成。设备为国产6000千瓦LDQ-Ⅰ型汽轮发电机组，1964年2月在武汉基地安装试运。1964年4月奉命调往吉林延边龙井电厂发电。

1964年4月25日，列车电业局转发《中共中央军委扩大会议关于加强军队政治思想工作的决议》等5个文件，要求全体职工特别是领导干部认真学习，结合实际情况坚决贯彻，切实加强列车电业职工政治思想工作。

1964年7月2日，列车电业局以（64）列电局干字第0884号文，调动、任免一批干部。其中周国吉免34站厂长、任35站厂长，钟其东任34站厂长，31站副厂长刘润轩调任35站副厂长，31站米淑琴任35站副指导员，唐存勘免18站副厂长，调武汉基地分配工作。孟庆友任31站厂长、孙旭文任34站副厂长、孙品英任武汉基地基建科副科长。

1964 年 7 月 2 日，列车电业局以（64）列电局供字第 0892 号文，转发部颁《仓库管理暂行办法》，要求贯彻执行。该办法共 11 章 80 条，自 1964 年 6 月 1 日起试行。根据部颁仓库管理办法，将对 1963 年局颁物资管理制度草案进行修订。同年 9 月局发文，开展五好仓库竞赛评比活动。

1964 年 7 月 16 日，水利电力部发布《关于各级政治机构设置办法的试行意见》，明确列车电业局建立政治部，保定基地、武汉基地建立政治处。该意见是根据中央加强思想政治工作、建立各级政治工作机构的决定，结合水利电力系统的情况提出的。

1964 年 8 月 15 日，列车电业局以（64）列电局生字第 1150 号文，发出关于调整列车电站 21 种基本制度的通知。这是在 1961 年 9 月厂长会议决定建立 21 种基本制度之后进一步的调整完善。其中有基础工作管理制度 8 项、责任制管理制度 2 项、日常生产管理制度 6 项、其他管理制度 5 项。

1964 年 11 月 18 日，第 28 列车电站从河南鹤壁调往河北邢台途中，3 号锅炉车厢 5 位轴一端发生乌金熔化、轴颈划伤事故，经过原地处理后，于 11 月 29 日按故障车限速发运。次年 3 月 24 日，列车电业局以（65）列电局生字第 0350 号文，发布此次燃轴事故通报，并提出防止此类事故的四项对策。

1964 年 12 月 24 日，水利电力部党组批示，由李岩、季诚龙、邓致逵、张子芳组成列车电业局党组，王桂林、丁树敏、王明喜不再参加局党组。

○ 1965 年

1965 年 1 月 4 日，水利电力部（65）水电干行字第 010 号文，决定调电力建设总局天津电力工程公司刘国权任列车电业局副局长。3 月 2 日，水电部政治部发文，经部党组批准，刘国权参加列车电业局党组。部领导同时决定，暂不设副书记，局党组书记李岩蹲点期间，仍由季诚龙主持日常工作。

1965 年 1 月 18 日，列车电业局以（65）列电局办字 0056 号文，向水利电力部提交 1964 年农副业生产产品安排使用情况的报告。1964 年全局经营 3 个农场，耕地 13064 亩，收获粮食 90.4 万斤、花生等油料 9500 斤、土豆 6.4 万斤，相比上年有较大幅度增长。1963 年，种地 5500 亩，收获粮食 30 万斤，油料 2.5 万斤。

1965 年 3 月 4 日，水利电力部以（65）水电劳组字第 31 号文批复列车电业局，同意在陕西设立电站基地，定名为"水利电力部列车电业局西北基地"，编制为 150 人，负责西北、西南地区现有列车电站的检修、新建电站的安装和制造电站备品备件，以及培训电站职工。

1965 年 5 月 15 日，列车电业局和水利电力工会列车电业局筹备委员会联合发布《关于开展站际竞赛的几点意见》。该意见包括竞赛目的、组织领导、总结评比等内容。站际竞赛的条件包括政治思想好、完成任务好、企业管理好、"三八"作风好、生活管理好。站际竞赛共分 18 个赛区。

1965 年 6 月 7 日，列车电业局以（65）列电局劳字第 0640 号文，批复跃进 1 号船舶电站、第 2 列车电站的报告，同意两个电站自 7 月 1 日起正式合并，对外和对局统一用"跃进 1 号船舶电站"的名称和印章。其背景是 2 站从广东调到湖北丹江口，与船舶 1 站一起为丹江口水利枢纽工程建设供电。

1965 年 6 月 12 日，列车电业局以（65）列电局办字 0665 号文，向局属单位发布局党组向水利电力部报送的关于讨论水电部党组指示和当前工作安排的报告。该报告对下半年工作进行了全面安排，指定在 18、24、44 等电站进行由工段改为运行班的试点。

1965 年 7 月 2 日，水利电力部以（65）水电干行字第 105 号文，任命俞占鳌为列车电业局局长，免去李岩列车电业局局长职务。

1965 年 7 月 7 日，列车电业局以（65）列电局劳字第 0791 号文，发出关于改进列车电站经营管理工作的通知。主要措施是取消秘书岗位，由厂长或副厂长直接领导电站经营管理工作。并明确了人事、财务、材料、总务等电站管理干部的职数和分工。

1965 年 8 月 18 日，列车电业局以（65）列电局办字第 0917 号文，报送《关于我局 1965 年农副业生产产品分配意见的报告》。该报告称，克山农场播种面积 9964 亩，由于干旱约减产 50%，估算收获粮豆 80 万斤。拟交售国家 5 万斤，交部调剂 5 万斤，还嫩江局 5 万斤，留再生产用粮 20 万斤，职工补助粮 40 万斤。

1965 年 9 月 9 日，列车电业局以（65）列电局计字第 1015 号文，颁发《关于武汉基地代局管理部分电站试行方案》，于 10 月 1 日起试行。8 月上旬，曾召开代管区内电站厂长会议，讨论制定了方案实施细则（试行草案）。这是列电发展的需要，但因形势变化而没有贯彻实施，10 年后才实行电站分区管理。

1965 年 10 月 22 日，第一机械工业部、铁道部和水利电力部联合发文，批准 6000 千瓦蒸汽列车电站（LDQ–II 型）设计总任务书。要求上海第一机电工业局到 1966 年四季度完成 1–2 台汽轮发电机、1 台汽轮机的制造任务和 1 套 3 台锅炉的试制任务。

1965 年 11 月 13 日，水利电力部党委以（65）水电党字第 224 号文批复列车电业局党组，同意列电局党组 10 月 11 日关于党组改为党委的报告。党委会由原党组成员俞占鳌、季诚龙、邓致遂、刘国权、张子芳五人组成，党委书记由俞占鳌担任，副书记由刘国权担任。

1965 年 12 月 8 日，列车电业局以（65）列电局计供字第 1265 号文，转发水利电力部"开展清产核资工作、充分发挥物资和资金潜力"的指示，部署局属单位清产核资工作，并成立清产核资领导小组。1966 年 4 月，列电局又发文部署开展反浪费

"三查"节约运动互查工作。

1965 年 12 月，中国水利电力工会列车电业局筹备委员会以（65）列电工字第 90 号文，就全局开展五好总评有关问题发出通知。评选结果显示，部先进企业为第 34、43 站，先进个人为 48 站郭跃彩；局先进企业为 34、43 站，单项标兵为 14、36 站，先进班组为 6 站 2 区锅炉工段、34 站锅炉工段、44 站第一运行班，局级先进个人有白乃玺等 31 人。

○ 1966 年

1966 年 1 月 3 日，列车电业局（66）列电局财字第 0009 号文，颁发《关于局、基地、电站财务管理权限划分的若干规定（草案）》《电站专用基金管理办法（草案）》《电站流动资金管理办法（草案）》和《电站会计核算办法（草案）》，自 1966 年 1 月 1 日起实行。同年 9 月，列电局还下发了列车电站财务制度几项改革意见。

1966 年 1 月 13 日，列车电业局以（66）列电局生字第 0049 号文，颁发《列车电站事故和障碍计算的暂行规定》。自 1966 年 1 月 1 日起，事故统计按部颁文件执行，局不再另行制订规定；障碍统计按局新编《列车电站障碍统计的暂行规定》执行。1963 年 12 月颁发的《列车电站事故和障碍计算的暂行规定》同时作废。

1966 年 1 月，第 42 列车电站在四川乐山峨眉投产发电。该电站 1963 年 10 月组建，接机人员主要来自 29 站和 28 站，属国产 LDQ–Ⅰ型 6000 千瓦汽轮发电机组。1959 年出厂，因淮南地区电力短缺，借给淮南电厂发电。1964 年 1 月，返还列车电业局。1965 年 10 月在武汉完成安装调试。翌年 1 月调迁四川峨眉九里镇发电，为成昆铁路建设供电。

1966 年 2 月 2 日，列车电业局向国家经济委员会、水利电力部有关司局报送 1965 年度列车（船舶）电站生产情况综合表。1965 年，发电量 60764.4 万千瓦·时，比上年增长 20.48%；厂用电率 8.50%，比上年降低 8.9%；标准煤耗 0.805 千克 /（千瓦·时），比上年降低 6.5%。

1966 年 3 月 29 日，中共水利电力部委员会以（66）水电党字第 50 号文批复列电局党委，根据列电局党字第 010 号文的建议，经研究同意贾格林为列电局党委委员。

1966 年 4 月、5 月，列车电业局机关开展突出政治大辩论。局党委组织中层以上干部开展了多次讨论，不仅围绕什么叫突出政治、怎样突出政治等普遍问题，而且紧密联系列电工作和局机关实际，涉及局党委的民主作风、机关革命化和作风建设、列电为用户服务的思想、备战工作的落实等广泛内容。

1966 年 4 月 5 日，列车电业局（66）列电局财字第 0279 号文，下达修订后的固定（闲置）费用试行定额。要求固定（闲置）费用执行情况按月考核，年度终了进行总考核。各列车电站按局颁发的会计核算办法，将固定（闲置）费用与小修、维护费用严格区分，不得互相挪用。

1966 年 8 月 3 日，列车电业局机关选举了文化革命小组，由俞占鳌任组长、赵廷泽任副组长，成员有王春彦、韩志林、王元敏、王荆州、周作桃、刘洪恩、戴耀基。此前成立有文化革命办公室，由 3 名局党委委员和王春彦、崔瑛、易云、杨文章等 7 人组成，因崔瑛有"错误言行"被免，由赵廷泽替补。

1966 年 8 月 22 日，列车电业局转发水利电力部（急件）（66）水电生字第 72 号文，即《关于在无产阶级文化大革命中抓好安全生产和设备检修的通知》。10 月 15 日，又根据水电部的有关通知，向所属单位发出《关于抓革命、促生产搞好安全经济生产的通知》。

1966 年 9 月 21 日，列车电业局党委以（66）列电局党字第 028 号文，提出克山农场农副产品分配方案。该方案称，我局克山农场小麦收获 124 万斤，加上秋收作物总产量将达到 200 万斤。拟留再生产粮 33 万斤，还嫩江电业局欠粮 10 万斤，上交部调剂 50 万斤，储备粮 30 万斤，上缴国库粮 77 万斤。

○ 1967 年

1967 年 1 月 28 日，列车电业局向国家经济委员会、水利电力部有关司局报送 1966 年列车（船舶）电站生产情况综合表。该表披露，1966 年发电量 65871 万千瓦·时，比上年增长 8.4%；厂用电率 7.85%，比上年下降 7.6%；标准煤耗率 0.765 千克/（千瓦·时），比上年下降 5%。

1967 年 4 月 6 日，根据列车电业局机关群众要求，列电局党委决定自 4 月 7 日起，暂停俞占鳌党内外一切工作。4 月 29 日，局党委支持革命群众要求，决定停止季诚龙党内外一切工作。5 月 24 日，根据揪斗"大叛徒"贾格林大会主席团提议，局党委研究决定，自 5 月 23 日起，将贾格林清出局党委，停止党内外一切工作。

1967 年 5 月 29 日，列车电业局党委会研究"四清"和干部问题。当时列电局系统已经完成"四清"的有 1、5、11、12、19、20、21、28、31、32、38、45、船舶 2 站和保定基地等 14 个单位，正在进行的有 3、4、7、16、23、29、33、36、40、42、44、47、48、49 站和武汉基地。不包括局机关和农场，没有开展的还有 28 个单位。

1967 年 5 月，第 52 电站从西北列电基地出厂，奉命调往湖北襄樊发电。该电站以 34 站接机人员为主，于 1966 年 11 月组建。设备属国产 6000 千瓦 LDQ-Ⅰ型汽轮发电机组。当年 9 月在西北基地完成安装试运。翌年 5 月调襄樊，因工矿停产，无用电需求，电站安装调试完毕后，一直没有正常发电。

1967 年 8 月 30 日，列车电业局党委以（67）列电革行字第 0102 号文，向水利电力部军管会提交关于克山农场农副产品分配问题的报告。当年克山农场生产粮食估计在 200 万斤以上，其中小麦已收获 150 万斤。鉴于上年在粮食部还有存粮指标 26 万斤，所以当年收获除留再生产用粮外，全部上缴国家。

1967 年 11 月 28 日，第 49 列车电站奉紧急调令，调迁甘肃酒泉卫星发射基地。正值"文革"时期，"当权派"及政审不合格的职工不能参加，缺员由 29 站补充，电站到达后由军代表接管。职工们克服各种困难，保证安全生产，为卫星发射工程施工供电。至 1968 年 10 月，圆满完成了这项特殊发电任务。

1967 年 12 月 8 日，列车电业局以（67）列电革供字第 0325 号文，转发水利电力部军事管制委员会关于印发"节约闹革命"的通知，要求局属单位以"斗私批修"为纲，对 1967 年的增产节约情况进行总结，进一步贯彻毛主席和党中央有关节约闹革命的指示。

1968 年

1968 年 1 月 3 日，列车电业局革委会以（68）列电革行字第 0001 号文通知局属单位，经请示水利电力部同意，决定自即日起撤销克山农场，移交沈阳空军第 3707 部队。相关文件称，列电局响应中央号召，1961 年开始兴办农副业生产，取得一定成绩，但不符合"五七"指示精神。

1968 年 2 月 2 日，水利电力部军事管制委员会以（68）水电列字第 006 号文致函铁道部，为使列车电站适应用户需要，防止发电设备积压、腐蚀和损坏，除将 1967 年未完成的 30 台电站车辆转入 1968 年完成外，请另增加列车电站车辆 52 台。

1968 年 4 月 10 日，水利电力部军事管制委员会以（68）水电军字第 48 号文，批复列车电业局抓革命促生产联合委员会的报告，同意成立列电局革命委员会，由俞占鳌、刘国权、赵廷泽、瞿献高、秦永生、冯景凯、郑贤、陈冠忠、白乃玺、张增厚、刘洪恩等 11 人组成，俞占鳌任主任，刘国权任副主任。

1968 年 4 月 17 日，列车电业局革命委员会发布第一号通告。通告称，列车电业局革命委员会于 4 月 15 日正式成立，列电局党政财文一切权力统归列电局革命委员会。局属各单位的无产阶级文化大革命运动和"抓革命、促生产"工作，统一由当地革命委员会、军事管制委员会领导，生产业务工作问题仍由局解决。

1968 年 8 月上旬，第 51 列车电站在山东济南钢铁厂投产发电。该电站 1965 年 11 月组建，是我国自制第一台 6000 千瓦燃气轮机列车电站，由上海汽轮机厂以瑞士进口 32 站为原型仿制。因设备、车辆等问题，出厂准备历时两年半时间。1968 年年初，由华东电力安装公司负责安装，同年 7 月，接水电部调令调迁济南。

1969 年

1969 年 2 月 21 日，列车电业局革委会以（69）列电革字第 021 号文，向水利电力部军管会生产指挥部报送列电局 1968 年电站生产情况综合表。1968 年，期末发电设备容量 16.68 万千瓦，全局累计发电 32710 万千瓦·时，厂用电率 8.71%，标准煤耗 0.798 千克 /（千瓦·时）。其中发电量比上年的 24695.4 万千瓦·时有较大增长，1967 年是发电量下降最大的一年。

1969 年 9 月 6 日，水利电力部军事管制委员会以（69）水电军电综字第 429 号文，决定调跃进 1 号、2 号船舶电站，到浙江台州、温州地区发电，支援当地工农业生产和战备工作。年底，船舶 1 站通过东海，逆灵江而上到达台州临海，投产发电。翌年 5 月，船舶 2 站改调江西瑞昌，支援 6214 国防工程建设。

1969 年 11 月，第 54 列车电站在贵州水城首次发电。该电站于 1968 年 11 月在西北基地组建，人员主要来自 24、29、30 等电站，以及当年分配的电校毕业生。设备属国产 LDQ–Ⅱ 型 6000 千瓦汽轮发电机组。1969 年 10 月，在西北基地完成安装调试后，调往贵州水城，承担水城钢厂保安电源任务。

○ 1970 年

1970 年 4 月 16 日，水利电力部军事管制委员会以（70）水电军生综字第 31 号文，同意第 3 列车电站从丹江口调陕西韩城，下放使用。运行检修人员由列车电业局负责配齐，车辆由列电局安排使用。当年 5 月，机组和人员下放给陕西韩城煤矿。1977 年以后该站又先后调河南西平、江苏昆山，1988 年淘汰。

1970 年 4 月 24 日，第 53 列车电站在浙江宁波投产发电。该电站 1968 年 6 月筹建，由 3、41、48 等电站接机人员组成。设备属首台国产 LDQ–Ⅱ 型汽轮发电机组，由北京电力工程公司在北京热电厂安装。1969 年 11 月，电站奉命调往宁波。翌年 4 月完成试运，并网发电。

1970 年 4 月 25 日，列车电业局革委会发文给第 53 列车电站筹备处，请代列电局与宁波电力公司革委会签订电站生产协议。该文明确自电站完成 72 小时试运之日，列电局按月向用户托收电站租金 60000 元，电站固定费用 22200 元，共计 82200 元。

1970 年 6 月 10 日，水利电力部军事管制委员会以（70）水电军生综字第 63 号文，向国务院业务组报送《关于列车电站管理体制改革的报告》。该报告称列车电站管理权过分集中，不能起到机动灵活的战斗作用，拟将 56 台电站下放各省区。余秋里同志批示，建议列车电站暂不放为宜。李先念副总理批示：建议不呈总理，同意秋里同志的意见。

1970 年 8 月 21 日，根据水利电力部（69）水电军综字第 525 号文指示，列车电业局革委会发出（70）列电局革生字第 116 号文，决定调在广西桂林发电的第 16 列车电站，到河池地区宜山县发电。在新的租用办法没有颁布前，费用暂按原规定收取，建议以会议纪要或协议代替原租用合同。

1970 年 9 月 5 日，水利电力部军事管制委员会以（70）水电综字第 60 号文，向国务院业务组再次报送撤销列车电业局、电站下放地方的报告。报告称列车电站管理是"独家办电、条条专政"，遵照"认真搞好斗批改"的教导，建议撤销列车电业局，列车电站分别划归各省区领导和管理。

1970 年 9 月 15 日，水利电力部党的核心小组批复列车电业局整建党领导小组和革委会的报告，同意列车电业局成立党的核心小组，俞占鳌任组长，王汉臣、刘国权任副组长，赵福增、崔瑛、瞿献高、王荆州为党的核心小组成员。王汉臣为革委会副主任，赵福增、崔瑛、王荆州为革委会委员。

1970年11月4日，根据国务院和中央军委指示，为保证湘黔铁路工程用电，水利电力部以（70）水电电字第54号文，调第43、47列车电站到贵州贵定发电。同年12月，47站奉命从六枝调到贵定。翌年3月，从水城西随铁路大军迁移野马寨不到一年的43站，又从野马寨调迁到贵定，为湘黔铁路工程继续发电。

○ 1971年

1971年2月22日，第51列车电站燃气轮机主减速箱内推力盘轴承在运行中突然断裂，上齿轮冲破壳体飞出车外，机组被迫停止运行。除主减速箱损坏外，压气机低压端的轴头弯曲达0.74毫米。列车电业局、上海汽轮机厂和山东电力局积极协调，组织有关单位进行修复。机组于1971年7月9日重新投入运行。

1971年3月26日，第55列车电站在山西垣曲首次并网发电。该电站1969年10月组建，以44站、52站接机人员为主。设备为LDQ-Ⅱ型6000千瓦汽轮发电机组，同年8月在北京电建公司修配厂组装并增容改造。1971年1月奉命调到垣曲县，为三线重点工程中条山有色金属公司供电。

1971年4月6日，水利电力部（71）水电电字第41号文，就第22列车电站下放海南致函广东省革委会。7月21日，列车电业局革委会与海南铁矿革委会签署移交纪要，明确电站租用关系至1971年7月底，8月1日正式由海南铁矿管理。

1971年4月29日，列车电业局以（71）列电局革劳字第128号文通知局属各单位，根据水利电力部有关文件精神，在当年增加固定职工指标内，招收部分户口在电站、基地的职工子女参加列电工作，要求在6月中旬前报送符合条件的职工子女名单。

1971年5月22日，第56列车电站在江苏徐州首次发电。该电站于1970年12月组建，主要由11、21、43、53、54等电站接机人员组成。设备属国产LDQ-Ⅱ型6000千瓦汽轮发电机组。1969年12月在西北基地安装，翌年10月试运成功。1971年3月奉命调往徐州。

1971年9月6日，列车电业局以（71）列电局革字第272号文，转发水电部《对汽轮机提高出力改造中的一点意见》，要求各电站提高出力改造一定要通过"三结合"讨论，经过必要的科学计算和试验，对于不能恢复的改造更应持慎重态度。11月16日，又发布《列车电站提高出力调查报告》，总结经验，提出指导意见。

1971年9月14日，根据水利电力部要求，列车电业局以（71）列电局革劳字第293号文，报送1972年和"四五"劳动工资计划。考虑到老职工的安置和5套6000千瓦机组的安装投运，计划在5年内增加职工3500人，其中1972年1740人。

1972 年

1972 年 1 月 27 日，水利电力部以（72）水电综字第 18 号文，批复列车电业局革委会，同意各电站职工工资的调整，由所在地区革委会统一领导下进行。需调整工资的职工，由列电局审批后执行。

1972 年 4 月 8 日，列车电业局以（72）列电局革字第 142 号文，颁发了《列车电站返基地检修管理试行办法》。该办法是贯彻国家计划会议关于加强企业管理的要求，总结各基地十多年的实践经验，经过 3 月 27 日至 4 月 2 日基地座谈会讨论而制订的。

1972 年 7 月 12 日，水利电力部以（72）水电党字第 27 号文，批复列车电业局党的核心小组关于增补党的核心小组成员和革命委员会委员的报告，同意增补刘冠三同志为局党的核心小组成员，并增补为局革委会委员。

1972 年 7 月 14 日，列车电业局以（72）列电局革劳字第 323 号文，就 1972 年增加新职工指标发出通知，并附分配方案（总计 500 人）。通知称，新增职工来源和在增人指标内解决电站职工子女就业问题，由电站直接请示省革委会批准。之后，列电局就招工条件进行了明确，对加强学员培训提出了要求。

1972 年 10 月中旬，列车电业局在保定召开列车电站生产管理座谈会，局属 60 个单位的领导干部和技术人员共 119 人参加会议。会议以批林整风为纲，批判极"左"思潮和无政府主义，总结交流生产管理上存在的问题，研究提出了列车电站加强生产管理的意见。部领导刘向三出席会议并讲话。

1972 年 10 月下旬，为落实中央《关于加强安全生产管理的通知》的要求，列车电业局委托局中心试验所，制订了《列车电业局化学监督工作条例（讨论稿）》，包括总则、化学监督工作的任务和组织、各级化学监督机构的职责等章节。同时还制订了《列车电业局油务管理制度（讨论稿）》。

1972 年 10 月下旬，为落实中央《关于加强安全生产管理的通知》要求，列车电业局委托局中心试验所，总结实际工作经验，制订了《列车电业局热工监督工作条例（讨论稿）》，包括总则、监督机构及职责、试验室管理、现场设备管理、技术管理共 16 条。

1972 年 11 月，水电部以（72）水电综字第 303 号文批复列车电业局，同意恢复保定电力技工学校，由列电局直接领导，暂设机、电、炉、热工专业，学制二年。
1973 年 12 月，从河北、山东、湖北、天津 4 省市，首次招收工农兵学员 176 名，设锅炉、汽机、电气 3 个专业，于 1974 年 2 月 25 日正式开学。

1972 年 11 月 20 日，列车电业局以（72）列电局革字第 718 号文，发出关于颁发《列车电站检修规程（试行本）》的通知，并附《列车电站检修规程（试行本）》。这个试行本是列电局结合 13 站大修，在原列车电站设备检修管理办法基础上组织修订，并经局生产管理座谈会进一步讨论修改形成的。

1972年12月1日，第58列车电站调迁山西永济发电。该电站组建于1971年8月，以落地的22站人员为主组成。设备为LDQ-Ⅱ型6000千瓦汽轮发电机组。1971年6月开始在西北基地安装调试，1972年4月奉命调迁山西永济县，12月并网发电。

1972年12月15日，列车电业局以（72）列电局革生字第785号文，发出《关于颁发列车电站生产合同的通知》。针对列车电站租用合同执行中的问题，经1971年列电局财务会议讨论，形成了《列车电站生产协议》并试行。1972年列车电站生产管理座谈会又对该协议进行讨论修订，形成了《列车电站生产合同》。

1972年12月29日，水利电力部（72）水电计字第347号文通知，将英国进口的3台2.3万千瓦燃气轮发电机组，分配给列车电业局等3个单位。据此，列电局抽调32、51等电站人员，于翌年3月组建第3列车电站，代替退役的"老3站"，并确定西北基地负责该电站的设计与安装。

1972年12月30日，列车电业局以（72）列电革政字第273号文，发布关于提拔任命干部的决定。决定称，为了充实加强电站领导班子，经局党的核心小组研究决定，任命宋智等30人为电站厂长、副厂长，政治指导员、副政治指导员。这是"文革"开展以来，列电局首次任命电站领导干部。

1972年12月，第57列车电站在天津汉沽投产发电。该电站1971年12月组建，人员来自53、54、56等十几个电站。设备为国产LDQ-Ⅱ型6000千瓦汽轮发电机组。根据水电部安排，1972年2月，该电站在天津化工厂由北京电建公司开始安装，年底并网发电。

○ 1973年

1973年1月1日，根据列车电业局决定，列车电业局保定基地试验所改为局直属单位，恢复原来的名称，即列车电业局保定中心试验所。该所为列电局管理电站技术监督、技术调试（鉴定与试验）、技术革新和技术情报的职能派出机构，同时负责各基地试验室的业务指导。

1973年6月17日，列车电业局以（73）列电局劳字第396号文，发布《关于加强劳动管理的几点意见》。其中包括严格执行劳动计划、进一步压缩非生产人员、提高出勤率和工时利用率等8项内容。此前，列电局召开劳动工资学习班，贯彻全国劳动力节约挖潜工作经验交流会精神，提出了加强劳动管理的意见。

1973年7月23日，根据国家计委批复，水利电力部以（73）水电生字第67号文通知，同意将第2、4、5、19、20、50列车电站和1号船舶电站下放地方使用，由列车电业局负责代部与地方联系，具体办理下放工作。原则上只将发电设备下放地方使用，下放职工由列电局统一安排。

1973 年 10 月 25 日，根据（73）水电生字第 67 号文精神，水利电力部下发（73）水电生字第 93 号文，同意第 4 列车电站下放到河南省。翌年 4 月 1 日，列电局与信阳地区签订交接协议，电站设备与人员原地下放给河南信阳地区电业局，并于 6 月完成交接，自此老 4 站退役，编制撤销。

1973 年 11 月 8 至 16 日，列车电业局在山西运城、朔县召开北方电站抓革命促生产经验交流会，28 个电站 45 名代表参加。与会代表参观了 44 站和 25 站现场，一些电站介绍了加强路线教育、开展批林整风、发挥党支部战斗堡垒作用、搞好安全经济生产的经验。

1973 年 12 月 31 日，根据国家计划委员会（73）计生字 240 号文和水利电力部（73）水电生字第 67 号文的指示精神，以及浙江省有关文件，列车电业局与浙江临海电业局签订跃进 1 号船舶电站交接协议。固定资产、流动资金无偿调拨，电站职工自愿选择去留。自签订协议起，船舶 1 站建制撤销。

〇 1974 年

1974 年 6 月 3 日，根据国家计划委员会（73）计生字 240 号文和水利电力部（73）水电生字第 67 号文的指示精神，列车电业局与山西省电业局签订第 19、50 列车电站交接协议书。根据该协议，电站职工由列电局统一安排，分两批撤完。从签订协议之日起，列电局撤销第 19、50 电站建制。

1974 年 7 月 1 日，根据国家计划委员会（73）计生字 240 号和水利电力部（73）水电生字第 67 号文，以及湖南省（73）湘计办字第 461 号文精神，列车电业局与湖南煤炭工业局就第 2、第 5 列车电站交接签订协议，明确电站设备和人员去留等事宜。自协议签订之日起，第 2、第 5 列车电站建制撤销。

1974 年 7 月 24 日，列车电业局以（74）列电局生字第 326 号文，颁发《列车电站车辆养护要点（试行本）》。这是在当年 6 月电站车辆安全大检查试点会广泛讨论基础上形成的。同年 3 月 19 日，铁道部机车车辆局发布《列车电站进入铁路营业线的规定》。5 月 24 日，列电局发布《关于车辆检修问题的规定》。

1974 年 8 月 28 日，列车电业局与西安交通大学签订"关于 20 站交接协议书"，自此第 20 列车电站建制撤销。该协议是根据水利电力部（73）水电生字第 95 号文关于 20 站下放到陕西电业局的决定签订的，水利电力部同意将 20 站下放到陕西省。陕西电力局以陕电革生字（74）22 号文，同意 20 站调拨给西安交通大学供教学实习使用。

1974 年 10 月下旬，列车电业局在武汉召开备品工作会议，电站、基地代表 67 人参加会议。会议交流了备品和双革经验，座谈了备品管理工作经验教训，修订了《备品管理办法》，组织了备品的订货和调剂工作。会议强调备品基础工作重要，基地要做好技术后方工作。

1974 年 12 月 10 日至 1975 年 2 月底，列车电业局举办第四期领导干部培训班。这是列电局规模最大的一次以培养、提高领导干部为目的的培训班，60 多人参加，主要学习毛泽东主席"文化大革命已经八年，现在以安定团结为好"的指示，以及《关于正确处理人民内部矛盾的问题》等内容，并分组到列车电站调研。

○ 1975 年

1975 年 1 月 8 日，水利电力部以（75）水电计字第 4 号文，向国家计划委员会报送列车电站 1975 年至 1985 年发展规划。初步设想，到 1985 年发展到 100 万千瓦，新增列车电站 109 台、81.8 万千瓦。其中，蒸汽轮机 65 台、42 万千瓦，燃气轮机 44 台、39.8 万千瓦。主要发展 6000、12000 千瓦蒸汽轮机和 6000、12000、20000 千瓦燃气轮机。

1975 年 4 月 22 日，国家计划委员会以（75）计字第 208 号文，向国务院上报《关于列车电站十年规划意见的报告》。该报告称，接到李（先念）副总理关于列车电站的两次批示后，会同水电、一机和铁道部进行了研究。今后十年列车电站拟增加 80 万千瓦，其中"五五"增加 30 万千瓦，燃煤凝汽式机组和燃气轮机组各占一半，还准备发展一些汽车拖车电站和内河船舶电站。

1975 年 6 月 17 日，水利电力部以（75）水电党字第 26 号文，发出关于刘冠三等任职通知。根据工作需要和老中青三结合原则，经研究决定，提任刘冠三为局党的核心小组副组长、革委会副主任，提任杨文章为局党的核心小组成员、革委会副主任，任命贾格林为局革委会副主任，增补杨义杰为局党的核心小组成员。

1975 年 7 月 3 日，水利电力部以（75）水电计字第 161 号文，转发国务院批准的国家计委《关于列车电站十年规划意见的报告》。要求列车电业局迅速组织力量，按照十年规划指标编制规划，"五五"规划细一些，明年计划要具体。当前应着重落实"五五"要增加的 30 万千瓦列车电站的主机、配套、车辆等条件。

1975 年 7 月 21 日，列车电业局以（75）列电局基字第 275 号文，向水利电力部报送"五五"计划期间列车电站发电设备和车辆的意见。该意见提出，"五五"期间发电设备初定为 61 套、43.5 万千瓦。需要解决燃气轮机性能、专用车辆和船舶供应、1.2 万千瓦蒸汽轮机品种等 3 个突出问题。

1975 年 8 月上旬，河南中部地区连降暴雨，板桥、石漫滩水库溃坝，在遂平发电的第 40 列车电站遭遇灭顶之灾。所幸转移及时，没有严重伤亡。列车电业局及时组织，各基地和兄弟电站大力支援，地方政府热情支持，电站克服种种困难，重建家园，在 30 多天内完成设备大修，具备了发电生产的条件。

1975 年 8 月 23 日，在保定列电基地领导班子进行整顿的基础上，列车电业局党的核心小组，以（75）列电党字第 012 号文，致函中共保定市委，就调整充实保定基地领导班子提出建议。陶晓虹等 7 人组成保定基地党政领导班子。次年 3 月 13

日，在"反击右倾翻案风"中，发生夺权事件。

1975 年 10 月 1 日，新第 4、新第 5 列车电站在辽宁旅大并网发电。根据（73）水电计字第 86 号文通知，新 4 站、新 5 站于 1974 年 10 月组建，人员主要来自 31、32、51 站，负责接收加拿大进口的两台 9000 千瓦燃气轮发电机组。翌年 5 月，两台机组在旅大交接，6 月开始调试，10 月正式并网发电。

1975 年 10 月 24 日，水利电力部以（75）水电生字第 86 号文，致函南京市革委会，决定新第 3 列车电站在南京汽轮机厂安装后在南京地区发电。该站是从英国进口的 23000 千瓦燃机电站，在南京汽轮机厂测绘，曾作为列车电站发展的主要品种之一。1977 年 6 月，该电站在南京市正式投产，承担电网调峰任务。

1975 年 11 月 20 日，水利电力部以（75）水电计字第 291 号文批复列车电业局，同意"列车电业局密云五七干校"名称，作为职工培训场所，编制暂定 35 人。1981 年 1 月 24 日，电力工业部以（81）电劳字第 5 号文，就密云五七干校隶属关系作出批复，密云五七干校由部办公厅接管，作为部机关农副业基地。

1975 年 12 月 11 日，列车电业局以（75）列电革劳字第 532 号文，发出关于调整局、基地、电站主要职责划分的通知。通知称，1975 年列电工作会议研究确定，适当扩大各基地的职责。从 1976 年 1 月 1 日起，基地在地方党委和局党的核心小组领导下，直接领导管理管区内的列车（船舶）电站。

1975 年 12 月 18 日，列车电业局以（75）列电局劳字第 553 号文通知有关单位，抓紧抓好新机电站人员培训工作。该通知称，根据多年经验，新增 200 名职工，由基地负责领导，在接机电站集中培训，有接机任务时配套成建制输送，并作出了具体安排。

○ 1976 年

1976 年 1 月 5 日，新第 19 列车电站首台机组在湖南衡阳投产发电。另一台机组当年 10 月投产。新 19、20 两电站 1975 年 4 月组建，人员来自 11、39、53 等电站及保定电校分配毕业生，对外统称 19 列车电站。机组容量均为 6000 千瓦，汽轮机、发电机为保定基地制造。1975 年 8 月初，列电局在衡阳冶金机械厂组织就地安装会战，12 月底机组总装成功。

1976 年 1 月 17 日，水利电力部以（76）水电计字第 14 号文，批复列车电业局关于华东基地基本建设地址和规模。同意建设规模按每年新组装列车电站 2 套、大修 2 套，专用车辆段、辅修 50 辆，备品备件及非标准设备制造 80 吨安排，并有 2~3 套列车电站存储设施，职工总数按 500 人规模考虑。

1976 年 3 月 1 日，列车电业局以（76）列电局基字第 60 号文，向大同机车厂通报 1976~1985 十年规划中列车电站所需车辆的设计和生产情况。中央领导在列车电站百万规划批示中已明确车辆由大同机车厂负责，希望尽快安排机组特种车和辅助车的生产。

1976 年 6 月，第 32 列车电站根据水利电力部（75）水电计生字第 84 号文，从广州调宜昌为葛洲坝工程建设发电。此后，45 站、35 站、41 站、51 站又先后于 1977 年 7 月、9 月，1978 年 4 月、7 月，奉命调迁宜昌和荆门，机组总容量 2.12 万千瓦，为葛洲坝工程建设服务。时任 330 工程局党委书记刘书田称赞列车电站是"葛洲坝工程的保障"。

1976 年 7 月 28 日凌晨，河北唐山地区发生 7.8 级强烈地震，在唐山准备调西北基地大修的 52 站，有 104 名职工、家属不幸遇难。在列车电业局及所属保定基地、中试所、各电站，以及解放军支援下，52 站职工不顾巨大创伤，奋力自救，并抢修柴油机和水泵，为十余万灾民送上救命水。在迁安首钢矿山发电的 42 站保持了厂用电，成为灾区唯一保持发电的电源。

1976 年 8 月 10 日，新第 5 列车电站在河北秦皇岛并网发电，为唐山抗震救灾提供电力支持。地震当日下午，新 5 站接到水利电力部抗震救灾、紧急调迁的通知后，随即确定选建厂小组从大连奔赴秦皇岛选建厂，并做好组织动员。8 月 8 日，主车在秦皇岛河东南李庄村南就位，第 3 天送电。

1976 年 9 月 5 日，列车电业局以（76）列电局生字第 314 号文，下发《水利电力部生产司对发供电设备防震的几点意见》《列车电站防震组织措施》和《列车电站防震技术措施》。其中《列车电站防震技术措施（草稿）》是 52 站在 1975 年 4 月制订的。

1976 年 9 月 23 日，水利电力部以（76）水电计字第 241 号文，下发《关于华东列车电站基地总体初步设计的审核意见》。原则同意列车电业局编报的总体初步设计和汇报意见。基地应以列车电站的检修、安装和备品备件生产为主，同意在镇江西郊七里甸建厂，建设投资控制在 900 万元，争取三年建成。

○ 1977 年

1977 年 1 月 3 日，河北省与水电部联合工作组正式进驻保定基地，协助基地党委开展工作。主要任务是调查研究，团结广大职工，消除派性，恢复生产。工作组在保定市委直接领导下开展工作，省部领导均给以明确的工作指示。3 月保定基地基本结束一年多的混乱状态，恢复正常的生产秩序。

1977 年 4 月，第 57 列车电站集中控制改造试点项目完成。这是燃煤机组中唯一实现机电炉一点集控运行的列车电站。1975 年，列车电业局确定 57 站为一点集控项目试点单位，局中试所、武汉水电学院等单位负责设计，57 站负责安装调试。改造从 1976 年 10 月开始，历时半年完成。

1977 年 5 月 3 日，在旅大市发电的新第 4 列车电站（9000 千瓦燃气轮机）发生重大设备损坏事故，动静叶片及通流部分其他部件完全打坏或打断。事故分析会认为，事故系第一级动叶和第二级静叶高温腐蚀造成叶片断落所致。为汲取教训，列车电业局安排对新 5 站燃气轮机揭盖检查。

1977 年 6 月 23 日，列车电业局以（77）列电局基字第 162 号文，向水利电力部报告列电局"五五"发展规划执行情况。主要问题是"主机安排少，车辆不落实"，希望有关方面支持解决车辆问题，抓紧各类电站总体设计等前期工作，"五五"后 3 年力争投产新机 12 台、容量 10.5 万千瓦。

1977 年 9 月 14 日，水利电力部以（77）水电生字第 72 号文，回复南京市计委，同意将南京汽轮机厂试制的首台 23000 千瓦燃气轮机组（新 2 站），与新 3 站一起试车发电，争取 1978 年上半年投产。此前的 9 月 10 日，列车电业局已向西北基地下达新 2 站设计任务书。

1977 年 11 月，列车电业局与西安交通大学在西安交大联合举办汽机专业经验总结交流会（研究班），68 个单位的 120 名汽机专业人员参加，为期近一个月。内容涉及提高汽轮机出力、提高机组热经济性、汽轮机及燃气轮机叶片事故、调速系统及自动装置、汽轮机震动、给水泵运行检修和汽缸裂纹事故等 7 个专题。

1977 年 12 月 3 日，水利电力部以（77）水电计字第 259 号文批复列车电业局，同意在京成立拖车电站保养站，负责拖车电站维护保养工作。站址设在沙河农场旧址，编制不超过 30 人。唐山地震后，根据中央抗震救灾指挥部指示精神，装配了一批汽车拖车电站。

1977 年 12 月 28 日，列车电业局以（77）列电局基字第 454 号文，就保定基地生产的发电机质量问题提出要求。保定基地生产的 602、603 发电机分别安装在新 20、59 列车电站，59 站在静子绕组匝间耐压试验时发生击穿、主绝缘损坏。此前，负责安装的西北列电基地就 59 站耐压试验击穿事故有专门报告。

○ 1978 年

1978 年 2 月 10 日，水电部部长钱正英及湖北省领导，看望为葛洲坝工程发电的 32、35、45 电站职工，称赞列车电站是"电力尖兵"。钱正英等巡视了 3 个电站的生产车间，听取了 3 个电站的汇报，分别与三个电站职工合影。列车电业局副局长刘冠三等陪同看望。

1978 年 3 月 2 日，第 59 列车电站在黑龙江佳木斯投产发电。该电站 1977 年 5 月组建，主要由第 10、25、39、56 等电站接机人员组成。设备为 LDQ-II 型 6000 千瓦汽轮发电机组。1977 年 5 月在西北基地完成安装，1978 年 1 月奉命调迁佳木斯纺织厂发电。2 月 23 日开始安装，提前 8 天于 3 月 2 日发电。

1978 年 3 月 18 日，全国科技大会召开，列车电站逆流式冷水塔改造获全国科技进步三等奖。该项改进首先在 46 站进行，冷却效率显著提高。46 站冷水塔改进小组被水电部评为"科学技术先进集体"。之后，该项改造在列车电站广泛推广，并相继组织了横流式 I 型、II 型的改造，进一步提高了冷却效率，提高了电站机动性能。

1978 年 5 月 15 日，列车电业局以（78）列电局供字第 194 号文，印发物资管理制度。这套制度以岗位责任制为主要内容，包括职责条例、计划统计、领退料、库存物资盘点、物资验收、物资保管保养、废旧物资管理、工具管理发放等 8 项，是同年 4 月下旬在大同物资管理工作学大庆会议上讨论制定的。

1978 年 6 月 6 日，水利电力部以（78）水电计字第 230 号文，批复列车电业局调整组织机构的报告，同意组织机构和定员作适当调整和充实。机构设政治部（下设组干科、宣传科），办公室，计划基建处，生技处，劳资处，财务处，供应处，工业学大庆办公室包括在宣传科内。人员编制控制在 140 人以内。

1978 年 6 月 10 日，刘国权副局长在局务会宣布，根据 1978 年 5 月 7 日部党组讨论意见，列电局党的核心小组改为党组，由 6 人组成，党组书记俞占鳌，副书记刘国权、刘冠三，成员杨文章、贾格林、张子芳。列电局革委会自行撤销，行政职能机构调整，机关设党总支。

1978 年 6 月 24 日，列车电业局以（78）列电局生字第 270 号文，颁发《红旗设备管理办法（试行）》和重新颁发《发电及车辆设备鉴定评级标准》，此前的鉴定评级标准随即作废。同年 4 月，组织保定、武汉、西北 3 个基地及部分电站，在 37 站进行设备安全检查复查时，讨论制定或修改了上述办法和标准。

1978 年 8 月 30 日，水利电力部以（78）水电列字第 001 号文，向国家计划委员会报送《关于发展列车电站当前存在问题的报告》。该报告披露，影响列车电站发展的主要原因是车辆制造、燃油供应和发电设备投产问题。建议车辆生产要适应电站建设需要，尽早落实燃气轮机列车电站燃油供应问题。

1978 年 11 月 13 日，列车电业局以（78）列电局政字第 492 号文，向局属各电站及拖车保养站，发出颁发《关于加强列车电站管理的初步意见》和《列车电站厂长职责条例》的通知。同年 9 月，列电局在密云干校召开电站厂长座谈会，根据《工业三十条》和列车电站实际，讨论制定了这两份文件。

○ 1979 年

1979 年 1 月 6 日，列车电业局以（79）列电局生字第 012 号文，就正式颁发《列车电站安全监察员职责条例》发出通知，并附条例。该条例是根据水利电力部安全生产会议要求，为了进一步加强安全监察工作而修订的，内容有安全监察员的素质要求、岗位职责，以及工作权限等。

1979 年 1 月 13 日，列车电业局以（78）列电局生字第 615 号文，印发《列车电业安全工作规程》，自 1979 年 1 月开始执行，原安全工作规程同时作废。该规程是在广泛征求意见的基础上，经过反复讨论修改而成的。

1979 年 2 月 19 日，列车电业局以（79）列电局生字第 067 号文，就做好战备工作发出紧急通知，要求第 8、9、12、16、17、18、21、23、27、34、38、40、42、

43、47、49、52、59、60 等 19 台电站，作为第一批机动电站，做好思想动员和设备准备等工作。2 月 21 日，又以（79）列电局生字第 072 号文，对做好战备工作提出具体要求。

1979 年 3 月 31 日，列车电业局以（79）列电局生字第 159 号文，向水利电力部报送 1978 年度技术革新成果。其中包括列车电站锅炉强化燃烧、捷制列车电站汽轮机轴封压力调整装置改造和捷制列车电站汽轮机调速系统改进。第一项由西安交通大学、中试所和第 56 列车电站完成，后 2 项由第 7 列车电站完成。

1979 年 4 月 14 日、1979 年 12 月 5 日，列车电业局先后以（79）列电局生字第 185 号和 669 号文，发布表扬、奖励两批技术革新成果项目。其中第一批有冷水塔技术改造等 12 项，第二批有无级变速链轮生产等 15 项。

1979 年 6 月 20 至 26 日，列车电业局在密云干校召开工作会议。会议提出了列电局贯彻"调整、改革、整顿、提高"方针的意见，明确了三年调整的主要任务，即在调整中促进列电发展，改进电站分区管理体制，整顿好现有企业。会议表彰了全国电力工业大庆式企业标兵、全国电力工业大庆式企业等各类先进集体和先进个人。

1979 年 7 月 28 日，列电系统内部综合刊物《列电》第一期出版。发刊词明确，《列电》在局党组领导下，由政治部具体负责，实行全员办刊的方针。面向职工群众，围绕生产中心，全面反映列电情况、各项工作。《列电》共出版 20 期，随着列电局的调整于 1982 年 6 月停刊。

1979 年 8 月 2 日，列车电业局以（79）列电局计字第 409 号文，向电力工业部报送 1980 年、1981 年基建计划（草案）。根据国民经济调整的精神及电力部"尽可能多装机"的要求，该计划提出，列电局 1979 年至 1981 年三年间，装机 8 台、4.87 万千瓦，总投资 6120 万元。编制说明称，新机投产的关键问题是车辆供应，并提出 2 万千瓦燃机应该停建。

1979 年 8 月 8 日，列车电业局以（79）列电局清字第 438 号文，发出关于修订电站固定费用定额的通知。通知称，根据密云工作会议精神，为了加强经济核算、增收节支，由 4 个基地分别提出不同类型机组的固定费用，由局研究后确定。固定费用修订后实行定额考核、全年包干、结余提成的办法。

1979 年 9 月 5 日，电力工业部以（特急件）（79）电计字第 127 号文向国家计划委员会报告。该报告称，列车电业局系管理全国战备、应急用电源的生产和建设单位。国务院批准的《关于列车电站十年发展规划的报告》是一个长期建设的总项目。今年下达的 1600 万元投资不是停缓建项目，不应停止拨款。

1979 年 9 月 23 日，两台捷制机组合并改造安装调试在湖南株洲结束。24、25 两站合并后，车厢由原来的 16 节减少到 11 节，人员减少 1/4，综合出力可达 6000 千瓦。两机合并是列电局重点技改项目，由各基地、中试所等 20 多个单位参与，历时两年零八个月，经历了准备、施工、选厂、总装调试等阶段。

1979 年 11 月 5 日，列车电业局以（79）列电局计清字第 611 号文，向局属各单位印发《列车电站清产核资工作验收标准》。该标准涉及固定资产、库存物资、利库工作、财务资金管理等七个方面。全局共有 65 个单位开展这项工作。根据部、局要求，要在 1979 年年底前完成，并验收合格。

1979 年 11 月 22 日，第 61 列车电站完成 72 小时试运行。该电站 1979 年 6 月组建，主要由 6、37、57 等电站人员组成，是最后一台 LDQ-Ⅱ型 6000 千瓦汽轮发电机组，其中汽轮机、发电机为保定基地制造。机组在保定基地安装调试，达到设计参数。待命 3 年，是列车电业局唯一没有出租发电的列车电站。

○ 1980 年

1980 年 3 月 10 日，列车电业局以（80）列电局生字第 120 号文，发出《关于 1979 年安全情况的通报》。该通报称，1979 年，全局发生事故 76 次，有 11 个电站全年无事故，12、31、36、45 等 4 个电站安全无事故纪录达到 600 天以上。但恶性事故多、人为事故多，误操作误处理事故多。

1980 年 4 月下旬，列车电业局召开基地工作座谈会。会议分析了全局经营形势，明确基地要以增产节约为中心，广开生产门路，提高企业管理水平。当年 10 月中旬，再次召开基地座谈会，提出电站管理要分类施策，强调基地生产要广开门路，组织落实，措施具体，奖励制度跟上。

1980 年 4 月 26 日，第 62 列车电站在江苏无锡投产发电。该电站 1979 年 5 月组建，人员从 14、28、56 等电站调配。设备为国产 LDQ-Ⅲ型 6000 千瓦汽轮发电机组，装备两台 17 蒸吨新型锅炉。根据电力部决定，在无锡耐火材料厂就地安装。1979 年 10 月开始安装，1980 年 4 月试运、发电。次年 6 月 22 日正式并网发电。

1980 年 6 月 26 日，列车电业局党组以（80）列电局党字第 002 号文通知，张子芳任列车电业局党组纪律检查组组长。1979 年 11 月，根据电力工业部指示精神，列电局决定成立纪检组，并向部纪律检查委员会报送任职人选。电力部党组以（80）电党字第 35 号文批复，同意列电局报告所请。

1980 年 7 月 8 日，第 60 列车电站在浙江海宁并网发电。该电站 1978 年 4 月组建，人员主要来自 10、25、58 等电站。设备为国产 LDQ-Ⅱ型 6000 千瓦汽轮发电机组，其中汽轮机、发电机为保定基地制造。1980 年 6 月，奉命从保定基地调迁浙江海宁县。

1980 年 7 月 26 日，电力工业部以（80）电生字第 88 号文通知湖南省电力局，根据该局申请，决定调第 26 列车电站从株洲车辆厂到株洲钢厂发电。9 月 22 日，26 站在株洲钢厂新址并网发电。在列电租赁不景气的形势下，26 站转变经营作风，主动寻找用户，千方百计降低建厂费用，树立了典型。

1980 年 7 月下旬，列车电业局召开调迁规程审定会议。会议结合调迁工作，重点就改善列电经营管理、更好地为用户服务进行了研讨。会议分析了电站租赁及调迁情况，提出了降低建厂费用的措施，制定了电站代管地面工作的试行办法，要求严格执行调迁规程，加强调迁管理。

1980 年 9 月 15 日，列车电业局党组以（80）列电局党字第 008 号文，向电力工业部干部司报送局机关干部提任报告。其中有张子芳兼任干部处处长，周良彦提为局副总工程师，应书光提为生技处副处长兼主任工程师，刘书灿提为干部处副处长，韩志林提为劳资处副处长，王春彦提为副处级。

1980 年 10 月 6 日，电力工业部以（80）电劳字第 91 号文批复列车电业局，同意列电局撤销政治部，成立干部处和建立总工程师制。9 月 18 日，列电局向电力部报送局机关组织机构的报告。同年 10 月 22 日和 31 日，列车电业局成立教育科和行政科，并向部劳资司备案。

1980 年 10 月 21 日，电力工业部副部长李鹏到列车电业局，听取局党组汇报，分析电力工业发展及列电供需形势。他认为，从长远看，列电属于改造范畴；调整加强、保留一部分，淘汰、下放一部分，这个方针是正确的；减少一些流动职工，一定要采取办法妥善安置。同时认为列电问题是综合性问题，要做综合性的分析和反映，不应采取一刀切的办法。

1980 年 10 月，西北基地完成两台底开门输煤车试制任务，并准备批量生产。此项工作从调研、设计改进，到试制和组装、发往淮南电厂运行检验，历时半年。12 月 25 日，在淮南召开试制总结会，定型为 K18DG。翌年，西基调整生产组织，加强计划管理，批量生产 50 辆，供应淮北电厂。

1980 年 11 月 28 日，列车电业局以（80）列电局生字第 739 号文，颁发《列车电站煤耗和厂用电率计算方法》。该办法是根据《电力工业部电力网和火电厂省煤节电工作条例》，结合列车电站具体情况重新修订的，自 1982 年 1 月开始实行。

1980 年 12 月 20 日，列车电业局以（80）列电局财字第 800 号文，下发关于核定局属各单位流动资金定额的通知。12 月 8 日，电力工业部下发（急件）（80）电清盈字第 197 号文，核定列电局流动资金定额 2000 万元。据此，列电局对所属各单位清产核资中报审的流动资金定额进行了综合平衡和核定。

○ 1981 年

1981 年 3 月 16 日，列车电业局以（81）列电局财字第 133 号文，颁发《列车电站租金管理暂行规定》，自 1981 年 4 月 1 日起执行。该规定为贯彻增收节支、扭亏增盈的原则而制定，强调电站租金是本局财务计划的重要经济指标，要求各基地电管处要专人负责办理。

1981 年 4 月 22 日，列车电业局以（82）列电局财字第 212 号文，颁发《列车电站基地实行亏损包干、减亏提成的暂行规定》。为加强基地管理，有利扭亏为盈，促进增产节约，自 1981 年 1 月 1 日起，各基地实行亏损包干、减亏提成暂行规定。该规定适用拖车保养站，中试所可参照实行。

1981 年 5 月 6 日，列车电业局以（81）列电局劳字第 241 号文，发出《关于成立电力工业部列车电业局东北列车电站管理处的通知》。根据列车电站调整的需要，撤销电力工业部列车电业局东北列车电站基地筹备处，成立东北列车电站管理处，负责东北境内列车电站的调整和管理工作。

1981 年 5 月 12 日，电力工业部以（81）电生字第 57 号文批复列车电业局，原则上同意列车电站调整的意见，要求按照该意见与有关单位具体联系，分期分批办理。列电局于 1 月 13 日以（81）列电办字第 100 号文，向部报送了《关于列车电站调整工作的报告》。李鹏部长与列电局领导进行研究。5 月 12 日部长办公会通过。

1981 年 6 月 5 日，电力工业部以（81）电财字第 87 号文批复，同意列电局关于第 23、9、34、30 等 4 台列车电站无偿调拨地方的意见，原随车人员在不造成夫妻分居的情况下，原则上随车调转。列电局报告，这 4 台电站拟分别调拨新疆吐鲁番县、黑龙江嫩江县、庆安县和伊春电业局。

1981 年 6 月 2 至 9 日，列车电业局工作会议召开，150 人参加会议。会议传达了电力部关于列电调整的批复意见，统一了列电调整势在必行的认识，明确了减少电站数量、精干职工队伍、增强机动性能、降低能源消耗、提高工作水平的调整任务。强调必须加强调整中的思想政治工作。

1981 年 6 月 17 日，列车电业局以（81）列电局财字第 344 号文，发布《列车电站固定费用定额全年包干结余提成试行办法》修改补充规定。该办法自 1980 年实行后效果明显，53 台电站实际开支比上年节约 12.5%。补充规定强调在保证设备健康水平、安全运行的前提下节约开支、降低费用。

1981 年 8 月 19 日，第 23 列车电站从内蒙古临河火车站发往新疆，8 月 28 日到达吐鲁番大河沿车站。根据电力工业部（81）电财字第 87 号文件，该站成套发电机组无偿调拨新疆吐鲁番市工交局，电站人员由西北基地分配工作。该电站在吐鲁番发电至 1991 年。

1981 年 10 月 16 至 22 日，列车电业局在华东基地召开教育工作会议，贯彻中央八号文件及全国及电力部职工教育会议精神。局属各单位分管领导 70 多人参加。会议研究部署了列电调整期的职工教育工作，要求提高对职工教育的认识，实行以干部和骨干为主、全员培训的方针。

1981 年 12 月 24 日，列车电业局技术职称评定委员会会议，通过安林等 108 人为工程师职称。至此，加上 1980 年评定的工程师（技师）157 人，列电局共评定工程师（技师）265 人，助理工程师 143 人、技术员 182 人。此前还进行了 6 级工程师套改高级工程师工作。

1981年12月25日，列车电业局党组以（81）列电局党字第001号文，向中共电力部党组报送《关于请求电力部对保留的列车电站采取保护性措施的报告》。该报告分析了列车电业局的严峻经营形势，请求电力部在发电用煤计划、调度支持、平均电价、专项投资、闲置补贴等方面给予支持。

○ 1982年

1982年2月3日至5日，列车电业局召开电站职工安置工作会议。讨论通过了电站职工安置试行办法，并提出机组有价调拨、基地自筹资金等工作建议。2月20日，以局劳字第056号文发出《关于调整安置流动职工的试行办法》的通知。明确了基地安置主要对象以及安置方法、措施，要求在1983年前将符合安置条件的职工安置完。

1982年2月22日，列车电业局以（82）列电局供字第75号文，颁发《仓库管理制度》，其中包括仓库管理人员职责条例和仓库管理制度两部分，并附常用物资保管保养办法。管理制度包括物资验收、保管与保养、发料和退货、物资盘点和盈亏报销、储备定额管理与器材核算、废旧物资管理、仓库防护与保护等。

1982年5月25日至6月1日，列车电业局在京召开工作会议，局机关及所属各单位主要领导近80人参加。中心议题是列电调整。5月29日，水利电力部副部长李代耕到会讲话，他肯定了列车电站30年的突出贡献，传达了列车电业局、机械制造局合并的决定，表示水电部对大家负责，安置好流动职工。

1982年6月30日，水利电力部以（83）水电财字第61号文批复列车电业局，鉴于列电局在国民经济调整时期出租电站减少、收入下降，基地任务不足、亏损增加的情况，为促进企业改善经营管理，同意对列电局实行亏损包干责任制。核定亏损包干基数为300万元，减亏分成比例为25%。

1982年7月17日，列车电业局与机械局合并后召开第一次会议。会议传达水电部党组指示精神，列电局与机械局合并，任务是既管修造企业，又管列车电站。局党组由李瑞生、刘国权、马松涛、林清森组成，正式任命为公司经理、副经理。会议通报了列电情况及调整进展，介绍了机械局情况和经营方针。

1982年9月13日，水利电力部（82）水电讯字第26号文，决定将新第3列车电站23000千瓦燃气发电机组及随机人员成建制无偿调拨给南京市。同年12月，新3站调拨南京市经委的工作完成，改称为南京市自备电厂（后为南京市调峰电厂），新3站建制撤销。

1982年10月15日，水利电力部（82）水电讯字第34号文复函林业部，同意将第15、46两台2500千瓦发电设备无偿调拨给内蒙古阿尔山林业局。1983年4月，根据水电部（83）水电劳字第43号文，列车电业局与厦门电业局签订协议，15站人员由厦门电业局安置，46站人员由华东基地安置。

1982年10月29日，水利电力部（82）水电讯字第37号文，复函无锡市政府，同意按照该市与列车电业局达成的第62列车电站交接协议实行。该协议明确，62站全部设备、流动资金无偿划拨无锡市，电站人员87人成建制调无锡市。1982年年底，交接工作完成，62站建制撤销。

1982年11月3日，水利电力部以（82）水电劳字第85号文，发布关于进一步调整下放列车电站管理体制的决定。同意列车电业局进一步调整的方案，即在武汉、保定、镇江基地电站管理处基础上，分别成立华中、华北、华东列车电业管理处，由华中、华北电管局和江苏电力局领导，西北基地继续由机械制造局领导。

1982年12月20日，依据水利电力部（82）水电讯字第43号文，第61列车电站设备驶离保定基地，无偿调拨伊敏河矿区，人员并入保定基地，第61站建制撤销。翌年4月，电站剩余人员以及基地补充人员组成安装发电队伍，奔赴伊敏河矿区履行交接协议，发电一年，完成任务后返回保定基地。

1982年12月25日，列车电业局以（82）列电局劳字第778号文，通知1、新3、新19、新20、30列车电站，依据水利电力部相关文件，1站设备无偿调拨煤炭部煤矿机械厂，新3站设备调拨南京市，新19、新20站设备调拨给衡阳冶金机械厂，30站设备调拨给伊春林业局，决定撤销第1、新3、新19、新20、30站建制。

1982年12月25日，列车电业局以（82）列电局劳字第779号文致函西北列车电站基地，依据水利电力部（82）水电讯字第32号文，55站设备无偿调拨给扎赉诺尔矿务局，为此决定撤销第55站建制，人员全部并入西北基地。机组交接安装等工作按协议由西北基地协助进行。

○ 1983年

1983年1月25日，水利电力部副部长李代耕在北京主持召开列车电站交接问题座谈会，参加会议的有华北、东北、华东、华中4个电管局和山东等9个省电力局的领导。会议要求抓紧做好列车电站交接工作，除华北地区外，原则上在哪个省的列车电站由哪个省电力局负责接收或协助就地安置。水电部以（急件）（83）水电劳字第17号文转发了会议纪要。

1983年2月11日，列车电业局以（83）列电局劳字第18号文，请水利电力部从1983年1月1日起，将西北基地全部职工783人（另计划外用工52人），工资总额594900元，划拨水电部机械制造局。根据水电部（82）水电劳字第108号文，西北基地已改为"水利电力部宝鸡车辆修造厂"。

1983年2月下旬，水利电力部发出（急件）（83）水电劳字第18号、19号、20号、21号文，分别就江西境内的27站，山东境内的11、28、39站，湖南境内的24、26、48站和船舶2站，江苏境内的镇江基地和7、14、38、42、52、54、56站的交接和安置工作作出决定，明确自1983年1月1日起移交相关省电力局，要求抓紧办理，3月底前办理完毕。

1983年4月15日，水利电力部以（83）水电劳字第37号文，发布关于列车电业局在京单位管理体制改变的决定。该决定明确，列电局于4月30日停止办公，人员及资产、设备分别移交给部有关部门和部属单位。在部内设立列电管理处，自5月1日办公，负责列车电站移交及职工安置未了事宜。

1983年4月21日，水利电力部以（83）水电劳字第44号文，同意第40列车电站调拨给广东韶关凡口铅锌矿。4月9日，列车电业局与广东冶金工业厅签订了将40站调拨广东冶金厅所属凡口铅锌矿管理的协议。按此协议，电站57名职工的劳动工资指标自5月1日起划拨凡口铅锌矿。

1983年7月4日，水利电力部（83）水电财字101号文决定，将第33列车电站设备无偿调拨给内蒙古朱日和白乃庙铜矿。电站职工除各种途经调离外，其余由华北电管局负责安置。电站下放后在朱日和发电到1988年，又迁移到山西忻州发电。

1983年7月19日，水利电力部以（83）水电财字第120号文，批复华北电管局关于第17列车电站调拨的报告，同意将第17站调拨给海拉尔市造纸厂，其中电站固定资产无偿调拨，随机备件及材料按有偿调拨处理。

1983年8月，武汉列电基地生产的首台ZFJ-100型翻车机在辽宁锦州电厂投运。翻车机是武汉基地广开门路的主选项目，1980年在部局支持下开始试制。1987年该产品先后获"部优产品""省优质产品"称号，为扭亏增盈和企业发展奠定了基础。38年间为各行业累计生产翻车机设备520多台（套）。

1983年8月16日，水利电力部以（83）水电财字第142号文，批复华北电管局关于第47列车电站调拨的报告，同意将第47站资产全部无偿调拨给新疆维吾尔自治区电力局。电站资产按部文要求调拨，电站人员在华北局及保定基地的协调下均得到妥善安置。

1983年9月17日，水利电力部（83）水电财字162号文决定，第37列车电站发电设备调拨给新疆电力局，人员由华北电管局安排工作。据此，电站下放吐鲁番七泉湖发电厂继续发电，电站人员除留保定列电基地或61站外，其余大部分安置到河北电力系统。

1983年10月7日，水利电力部以（83）水电财字第173号文，致函华东列电基地，同意将第60列车电站全套设备调拨冶金部海南铁矿。此前曾同意电站设备移交浙江海宁。翌年2月23日，又以（84）水电劳字第42号文批复华东基地，原则同意与海宁达成的50名电站职工安置海宁的会商纪要。

1983年10月10日，水利电力部以（83）水电劳字第126号文，就列车电站职工落户问题，致函河北、山西省人民政府，请批转有关部门准予办理落户手续。由华北电管局接管的12个电站，职工共计675人，随电站调出251人，其余424人分别安排在河北和山西，请两省安排职工工作、随迁家属落户。

1983 年 11 月 5 日，根据水电部（83）水电财字第 195 号文通知，第 7 列车电站成套发电设备及备件、材料无偿调拨内蒙古乌达矿务局。电站派员组成技术指导队伍，指导矿务局水电厂人员对电站设备安装调试，直到发电后撤回。同年 12 月，电站人员由华东基地安置。

1983 年 11 月 23 日，水利电力部以（83）水电财字第 216 号文，批复华东列电基地，同意 52 站发电设备无偿调拨给新疆电力局。此前，（83）水电财字第 194 号文，曾同意 52 站发电设备调拨内蒙古大雁矿务局。翌年 1 月 9 日，华东基地向水电部列电管理处报告，52 站 95 名职工全部在（江苏）吴县就地安置。

1983 年 12 月 3 日，水利电力部（83）水电劳字第 155 号文，决定撤销华东列电基地由江苏省电力局领导的通知，改由部机械制造局领导。此决定主要考虑新建机组辅机制造任务日益繁重，而华东列电基地已具备承担某些辅机制造的基础。同时明确尚未下放的列车电站，仍由机械局及华东基地管理。

1984 年

1984 年 2 月 14 日，水利电力部以（84）水电财字第 10 号文，批复华中电管局关于第 16 列车电站发电机组调拨的报告，同意将第 16 列车电站全套设备和随机备品、材料，无偿调拨给新疆维吾尔自治区电力局。该机组固定资产原值 550.6 万元，净值 42.4 万元，流动资金 8 万元。

1984 年 2 月 23 日，水电部以（84）水电计字第 75 号文，复函广东海南行政区公署，为解决海南电网枯水期缺电问题，加快海南开发，除已调拨第 11、28 两台列车电站外，同意将 53 站设备也调拨给海南行政区，请与华东列电基地办理调拨手续。

1984 年 3 月 1 日，水利电力部以（84）水电财字第 12 号文，批复华中电管局关于第 13 列车电站发电机组调拨的报告，同意将 13 站发电机组按协议条款，无偿调拨给内蒙古查干诺尔碱矿。此前以（84）水电劳字第 17 号文通知河南省电力局，13 站已决定调拨给内蒙古，职工由河南电力局管理分配。

1986 年

1986 年 5 月，第 59 列车电站从黑龙江佳木斯调迁河北涿州。此前，根据水电部（85）水电劳字第 27 号文，该电站已划归水电部机械局。1989 年 3 月，机械局将电站人员设备成建制下放给涿州市电力局，电站更名为涿州市发电厂，继续运行发电至 2005 年。

1986 年 6 月 6 日，水利电力部以（86）水电财字第 59 号文，批复华中电管局，同意将葛洲坝水电厂两台闲置列车电站设备，无偿调拨重庆市经委，以解决重庆钢铁公司电力严重不足问题。这两台闲置电站为 32、51 两台燃气轮机电站。

○ 1987 年

1987 年 1 月 21 日，中国水利电力企业管理协会以（87）水电企字第 9 号文，通知列车电站企业管理协会，为推进管理现代化，根据当前列车电站的迫切需要，同意接受该会为团体会员，同时拟请挂靠华东列车电站基地管理处，并筹组协会日常办事机构。

1987 年 2 月 13 日，水利电力部（84）水电劳字第 11 号文称，为了适应体制改革要求，决定将部属华东列车电站基地划归江苏省电力局领导和管理。财务（包括债务）、劳资指标从 1987 年 1 月 1 日起划转。江苏省内列车电站仍由该基地管理，电站调度仍由部调度通信局归口管理。

1987 年 12 月 31 日，水利电力部、国家经济委员以（1987）水电迅字第 45 号文，发出《关于继续发挥现有列车电站作用的通知》。根据国务院代总理李鹏对水电部简报《对现有列车电站加强管理仍可继续发挥作用》所做批示，要求加强对列车电站的管理和调度工作，更加合理地利用现有列电设备，为局部严重缺电地区和特殊用户提供应急服务。

附　录

附录 1

关于成立列车电业局统一管理全国列车电站的决定

（56）电生高字第 004 号

沈阳、北京、上海、武汉、重庆、西安电业管理局：

一、列车电站在我国目前虽然数量不多，但在过去对抗美援朝、救灾治水、支援缺电地区基本建设及工矿企业用电，均曾起了一定的作用。随着国家大规模的经济建设的发展，列车电站的数量，将逐步增加，其所需基地，亦需逐步进行建设，以机动地满足缺电地区的电力供应，及准备非常时期的紧急电力需要。目前列车电站虽已由北京电管局统一领导，但由于缺乏专责的管理机构，已不能满足工作发展的要求。兹决定在北京电业管理局下成立"列车电业局"，负责统一管理全国列车电站，及其他流动电站的设备、生产和基本建设工作。关于组织机构及人员配备问题，希北京电管局按部（55）劳组高字第 28 号批复办理，并限于二月底以前正式组织成立。

二、列车电业局的任务，是组织领导全国列车电站及其他流动电站设备的生产，及基本建设工作，培养训练后备的列车发电人员，随时以列车电站及其他流动电站设备，供应缺电地区的电力需要。该电业局设于北京地区，应即选择适当地址，建设办公处所、宿舍及列车电站的第一基地。希北京电管局即行提出计划任务书报部批准后执行，该项工程必须于 1956 年第四季度建设完成。

三、各管理局对列车电站现有人员、设备及流动资金不准调动，听候列车电业局接管，并做好移交准备工作，目前列车电站职工及其家属所居住的原有房屋可继续使用，其他福利和待遇，在未统一筹划前，各管理局仍应给予妥善的照顾。

四、列车电业局成立及接管各列车电站后，应与当地电业局或用户建立甲乙方关系，实行合同制，由列车电业局与当地电业局或用户签订合同，双方应严格履行合同所定的权利与义务。合同条文，由部另行颁发。

五、关于列车电厂的具体管理办法，由北京电管局拟订，报部批准执行。

中华人民共和国电力工业部
一九五六年一月十四日

抄送机关：国务院第三办公室、国家计划委员会、中国电业工会全国委员会、中共中央工业交通部。

附录 2

转发国家计委《关于列车电站十年规划意见的报告》的通知

（75）水电计字第 161 号

列车电业局：

国家计委《关于列车电站十年规划意见的报告》已经国务院领导同志批准。现将报告转发你局。请迅速组织力量，按照国家计委提出的列车电站十年规划指标编制十年规划。"五五"规划细一些，明年计划要具体。当前应着重落实"五五"时期要增加的 30 万千瓦列车电站的主机、配套、车辆等条件，并提出相应的基地建设方案。请于 7 月中旬将"五五"规划和明年计划初稿报部。

附件：国家计委《关于列车电站十年规划意见的报告》

水利电力部
一九七五年七月三日

抄送：一机部、六机部、铁道部、国家计委物资局、北京市计委、本部科学研究所，成套设备公司

附件：

关于列车电站十年规划意见的报告

（75）计计字 208 号

国务院：

接到李副总理关于列车电站的两次批示后，我们会同水电、一机和铁道部进行了研究。现将有关情况和十年规划初步意见报告如下：

1950 年为适应抗美援朝急需，我国开始有第一台列车电站。20 多年来新建和改装列车电站 60 台，共 20.4 万千瓦。1971、1972 年将设备过于陈旧、配套车辆不全，不能应急调动的九台共 1.5 万千瓦下放给地方就地生产。现有 51 台，18.9 万千瓦，都由水电部集中管理和调度。

实践证明，列车电站对解决临时性的用电，如抗旱排涝，电网枯水时保证特殊用

户的连续生产，偏远地区大型工程施工等有很大作用，在战时更是不可缺少的机动电源。无论平时或战时，国家拥有一定数量的列车电站作为机动电源都是十分必要的。目前列车电站只占全国发电设备容量的千分之五，比重太小，应该有一个较大的发展。

在今后十年规划中，列车电站拟增加 80 万千瓦，其中"五五"增加 30 万千瓦。1980 年全国列车电站将达到 50 万千瓦，1985 年达到 100 万千瓦，争取超过。在设备制造上，则按十年增加 100 万千瓦（其中："五五"40 万千瓦）作安排。增加的列车电站中大致上烧煤的凝汽式机组和烧油的燃气轮机组各占一半，主要是 6000 千瓦和 2.3 万千瓦两个品种。

根据以上规划，目前列电机组和各种车辆生产能力不能适应，拟充分利用南京、四川绵竹两个汽轮机厂和大同机车厂现有基础，采取技术措施和改建、扩建，增加一些能力。这些在"五五"规划方案中已作了考虑。

除了列车电站外，我们还准备发展一些汽车拖车电站和内河船舶电站。拟请有关部门抓紧试制工作。

以上报告，妥否，请批示。

国家计划委员会

一九七五年四月二十二日

抄：水电部、一机部、铁道部

关于进一步调整下放列车电站管理体制的决定

（82）水电劳字第 85 号

机械制造局（列车电业局），各电业管理局，山东、黑龙江、江苏、浙江、陕西、山西、河北省电力局，内蒙古自治区电力局，福建省水电厅：

在今年两部合并、机构改革过程中，我部于五月间已经正式宣布列车电业局与机械制造局合并。几个月来，经过调查研究，多方协商，该局提出了列车电业进一步调整方案，我部原则上同意这个方案（见附件），并决定如下：

一、在列电武汉基地电管处基础上成立华中列车电业管理处，由华中电管局领导，负责管理和处理现在华中地区各列车电站。

二、在列电保定基地电管处基础上成立华北列车电业管理处，由华北电管局领导，负责管理和处理现在华北、东北地区各列车电站。现在保定的其他列车电业局所属单位（包括列电中试所及列电技工学校），均移交华北电管局管理。

三、在列电镇江基地的基础上成立华东列车电业管理处，由江苏省电力局领导，负责管理和处理现在江苏的各列车电站，并在山东省电力局和华东电业管理局协助下，负责处理现在山东、浙江、福建的列车电站的下放问题。

四、列电西北基地继续由机械制造局领导。

五、列车电业局（机械制造局）应即与上述电业管理局、省电力局办理交接，力争在 11 月间交接完毕。

六、列车电业局本身及在京流动电站的安排，另案研究决定。

在办理交接过程中，交接双方应加强思想政治工作，采取一切措施，保持正常安全生产，保证国家设备、物资财产不受到损失，人员要妥善安排，务使各得其所。

附件：列车电业局所属单位调整方案

水利电力部

一九八二年十一月三日

附件：

列车电业局所属单位调整方案

为了加快列电调整步伐，稳妥地完成列电调整工作，根据部领导多次指示精神和列电实际情况，现将列电局所属单位的调整提出如下方案。

一、指导思想和调整原则

鉴于国家的能源政策，列车电站的供求关系，以及列电管理中存在的问题，列电局要在总结经验的基础上加以调整；但列电调整不是简单地取消，而应着眼于管理体制的改革。

从这样一个指导思想出发，列电局所属单位的调整，拟基本采取分片下放的办法，移交网局（省局）。列车电站下放后，实行以网局（省局）为主，部为辅的双重领导。各网局（省局）可在基地电管处的基础上成立县团级的电站管理机构，部生产司设列电处。

二、具体调整意见

1. 武汉管区

该管区包括武汉基地和中南地区 17 台电站（不包括已下放的 19、20 站），容量 6 万千瓦。共有职工 2064 人，其中基地 978 人，电站 1086 人。全管区固定资产原值 10999.9 万元，其中基地 2321.7 万元，电站 8678.2 万元；净值 3401.1 万元，其中基地 1827.4 万元，电站 1573.7 万元（详见附表 1、4）。

调整意见：

（1）武汉基地和 17 台电站全部移交华中网局。

（2）建议把第 32、35、41、45、51 等 5 台列车电站的职工固定在葛洲坝水电厂。

（3）建议 32、51 两台燃机配备适当人员后，调入武汉作调峰或者调相使用。

（4）第 27、40、船二 3 台电站，地方已经初步表示接收，究竟怎样处理，由华中网局确定。

2. 华东管区

该管区包括镇江基地和 15 台电站（不包括已经下放的 3 站），容量 7 万千瓦，共有职工约 1464 人，其中基地 265 人，电站 1199 人。固定资产原值 8125.9 万元，其中基地 324.2 万元，电站 7801.7 万元；净值 3014.4 万元，其中基地 283.6 万元，电站 2730.8 万元（详见附表 2、4）。

调整意见

（1）镇江华东基地和江苏省的 9 台电站，及在库的一台两万燃机机组，移交江苏省电力局。华东基地可负责江苏省内列车电站的管理和设备检修。

（2）浙江、福建的3台电站，建议由华东电管局出面，与两省商定下放及人员安置工作。其中15、46两站机组可考虑调拨给内蒙古阿尔山林业局。

（3）山东的39站移交山东省电力局，人员安排在附近新建电厂；11、28两站机组拟移交枣庄矿务局，电站职工除愿随机下放的以外，请省电力局也在附近电厂安置。

3．保定管区

该管区包括保定基地、保定技工学校、保定中试所及华北、东北地区的20台电站（不包括已下放的1、23、30三台电站），容量8.2万千瓦。此外，在黑龙江双城还有停建的一个基地摊子。全管区职工2814人，其中固定单位1497人，电站1317人。固定资产原值12311万元，其中固定单位1711万元，电站10600万元；净值4640.6万元，其中固定单位1053.4万元，电站3587.2万元（详见附表3、4）。

调整意见：

（1）保定基地、中试所、电力技校，以及管区内未下放地方的电站全部移交华北网局。

（2）黑龙江双城停建基地和省内21、59两个电站，移交黑龙江省电力局。

（3）辽宁大连的4、5两站请大连电业局接收。

（4）河北迁安的57站，拟下放首钢矿山公司。

（5）北京31站的职工调入二七车辆厂或拖车保养站，机组拉保定基地。如果华中网局愿意接收31站机组，可与32、51两站一起接入武汉。

（6）9站机组下放黑龙江嫩江县协议已经签订，电站人员年前在列电系统内安排。

4．西北基地

西北基地现有职工635人，固定资产原值1223.3万元，净值803万元。近几年来，该基地已由主要为列车电站服务，转为生产电厂用煤炭漏斗车，考虑归机械制造局为宜。在西北基地内的55站（容量6000千瓦，职工63人），机组准备调拨给内蒙古扎赉诺尔矿务局，电站职工留西北基地。

三、有关人员安置的几个问题

妥善安置流动职工，是顺利进行调整的关键。在前一段工作的基础上，对下一步调整中的人员安置提出如下意见：

（1）内蒙古电站职工约450人，其中多数为河北一带的人；华中、华东电站中的原籍河北、生活困难，确需调整的也有100人左右。这部分职工，无论电站移交华北网局，还是下放地方，都应逐步在关内河北一带予以安置。

（2）在有关网局（省局）接收基地、电站后，考虑到管区之间、南北电站之间，仍有部分职工需要调整，因此拟请网局（省局）同意，在移交后的一段时间内，仍然允许继续进行职工的调配。

（3）基地缺少职工宿舍，影响了职工安置，请部给予一定数量的投资，建造宿舍，以解决流动职工调入基地的住房问题。

（4）目前，一些边远电站发电生产和职工调配的矛盾比较突出。为了保证正常生产，而又不影响流动职工的安置，打算由甲方补充一定数量的人员，边培训，边顶岗担负发电任务。

四、时间安排

列电调整工作争取在今年年底基本就绪，基地和电站的移交基本完成。为此，列电局原处室工作人员和各基地电管处，一方面要在部的支持下，抓紧办理分片移交；另一方面要抓紧完成已下放电站的收尾工作。

建议部尽快召开有关网局（省局）参加的会议，具体布置研究列电所属单位的划拨。

一九八二年十月

附表 1

武汉管区列车电站一览表

单位 （站）	容量 （千瓦）	固定资产（万元）		职工人数	现在地址	备注
		原值	净值			
10	4000	727.6	73.2	42	湖北武昌	
32	6200	348.4	−73.8	58	湖北宜昌	燃机
35	2500	555.6	99.9	49	湖北宜昌	
41	4000	353.3	110.5	64	湖北荆门	燃油
45	2500	349.7	149.3	39	湖北宜昌	
51	6000	447.0	219.1	49	湖北宜昌	燃机
24	2×2500	872.8	121	100	湖南株洲	
26	2500	522.9	74.2	79	湖南株洲	
48	2500	546.6	101.8	74	湖南衡阳	
船2	4000	431.5	136.4	82	湖南衡阳	
13	2500	562.7	62.0	57	河南商水	
29	6000	395.4	68.6	103	河南明港	
36	2500	534.0	113.0	47	河南西平	
27	2500	514.8	76.3	66	江西安福	
40	2500	364.2	80.9	76	广东仁化	
8、43	2×2500	1151.7	161.8	101	北京	此站为两台电站，户粮关系在武汉基地

附表 2

华东管区列车电站一览表

单位（站）	容量（千瓦）	固定资产（万元）		职工人数	现在地址	备注
		原值	净值			
11	4000	682.1	66.5	91	山东枣庄	
28	6000	551.0	141.0	102	山东枣庄	
39	4000	658.8	135.2	77	山东滕县	
14	2500	543.1	58.1	71	江苏徐州	
38	4000	656.8	97.3	77	江苏昆山	
42	6000	424.3	155.6	84	江苏苏州	
52	6000	393.8	198	86	江苏吴县	
53	6000	484.0	260.4	89	江苏镇江	
54	6000	418.7	231.8	84	江苏无锡	
56	6000	393.8	235.4	103	江苏徐州	
62	6000	448.3	439.5	87	江苏无锡	
7	2500	557.7	40.2	52	江苏镇江	已调华东基地
60	6000	501.7	486.8	97	浙江海宁	
15	2500	537.8	57.5	44	福建厦门	
46	2500	549.8	121.5	55	福建漳州	

附表 3

保定管区列车电站一览表

单位 （站）	容量 （千瓦）	固定资产（万元）		职工 人数	现在 地址	备注
		原值	净值			
12	4000	707.0	71.2	84	内蒙古扎赉诺尔	
16	2500	550.6	55.4	68	内蒙古丰镇	
17	2500	545.6	60.1	84	内蒙古海拉尔	
18	2500	555.1	62.9	65	内蒙古伊敏河	
33	2500	553.9	97.8	73	内蒙古朱日和	
34	2500	534.5	94.4	63	内蒙古大雁	
49	2500	552.3	123.9	73	内蒙古大雁	
9	2500	567.6	40.7	48	黑龙江嫩江	机组交嫩江，人员年底前调出
21	2500	294.2	34.6	48	黑龙江牡丹江	
59	6000	436.5	371.5	105	黑龙江佳木斯	
4、5	2×9000	1716.7	1215.5	35	辽宁大连	燃机
6	2500	574.5	41.5	84	河北沧州	
37	2500	260.4	49.3	73	河北沧州	燃油
47	2500	573.8	45.0	64	河北保定	在保定基地内
57	6000	487.8	317.9	91	河北迁安	
61	6000	471.5	471.5	79	河北保定	在保定基地内
44	2500	531.7	132.5	70	山西长治	
58	6000	384.9	233.8	101	山西晋城	
31	6200	301.4	67.7	9	北京	燃机

附表4

列电基地、中试所、电校一览表

单位（站）	职工人数	占地面积（亩）	建筑面积（米²）	固定资产原值（万元）	固定资产净值（万元）	流动资金（万元）	备注
保定基地	1181	704.89	85838	1341	873.4	265.7	
武汉基地	978	554.6	64467	2321.7	1827.4	290	
西北基地	635	185	50607	1223.3	803	290	
华东基地	265	346	26280	324.2	283.6	30	
电校	195	150	16695	190			
停建的东北基地	27	270	3800	180	180		
中试所	94	占地面积、建筑面积、固定资产（机器设备除外），包括在保定基地栏中					

关于列车电业局在京单位管理体制改变的决定

（83）水电劳字第 37 号

各电管局、省（市、自治区）电力局，列车电业局，水利水电学院研究生部：

关于列车电站的管理，我部去年曾以（82）水电劳字第 85 号文下达了《关于进一步调整下放列车电站管理体制的决定》，并在今年 1 月全国电力工作会议之后，以（83）水电劳字第 17 号文下达了《关于列车电站交接问题商谈纪要》。现在，各地列车电站、基地、试验所、技校等的交接工作，正在顺利进行，不久即可告一段落。现就列车电业局机关及在京的流动电站的管理体制改变进一步决定于下，望即遵照执行。

一、在部内设立列电管理处，自 5 月 1 日起开始办公。其职责是：负责处理前列车电业局交接过程中未了事宜；闲置电站跨网区的调动和调迁中的职工落户；以及处理职工历史遗留问题等事项。部内各司局现在所负责的有关列车电业的工作仍然不变，在各自所负责的范围内协助列电管理处继续处理好有关列车电业的问题。

二、列车电业局于 4 月 30 日停止办公，机关大院包括行政、福利设施和生活建筑等构筑物，全部移交水利电力出版社。机关职工按部干部司（83）干字第 23 号文件统一分配。为了减少新单位添置办公用具，干部调动时，可随身带走自用的办公桌、椅子及文件柜各一件，其余交行政司。

三、列车电业局机关的文书档案、图书资料移交办公厅档案处；交通运输车辆、行政事务用具、用品、财务等移交给部行政司。为了有利于继续办理移交下放电站事宜，有关图纸技术档案移交给列电管理处。

四、列电招待所的人员和财物，全部划归部行政司，房产交水利水电学院研究生部。

五、列电仓库的人员、房产和财物，全部划归机械制造局。仓库院内土地，由于使用方案未定，由部暂时保留使用权。

六、清河拖车电站保养站下放给华北电业管理局。有关固定资产、流动资金和职工及工资基金，自 1983 年 1 月 1 日起，划拨给华北电业管理局。

列车电业局应抓紧与上述单位造册办理交接手续，务须于 4 月间交接完毕。4 月 30 日撤销建制，公章上交部办公厅。

附件：列车电业局机关及在京流动电站交接明细表（略）

水利电力部

一九八三年四月十五日

附录 5

列车电站调迁规程

（1980 年 10 月）

目录

第一章　总则

第 1 条　列车电站是电力工业的一个组成部分，是一支机动电源。主要任务是战备、应急和支援工农业生产建设用电。

第 2 条　电站必须坚决执行电力工业部调迁命令，哪里需要就到哪里去。并与租用单位紧密配合，多快好省地完成调迁发电任务。

第 3 条　待调迁电站必须保持发电设备和车辆的完好状态，随时准备执行调迁命令。

第 4 条　各级领导，要加强对电站调迁中的组织领导工作。在调迁前做好安排，以保证顺利调迁。在调迁过程中，应模范地遵纪守法，对行动迟怠或违反规程造成工作损失者要追究责任。

第 5 条　本规程根据国家有关部门规定，参照设备制造厂设计要求，并结合列车电站调迁工作多年来的实践经验而制定。在执行中如与国家有关部门新颁的规定不符时，应以新规定为准。

第6条　本规程适用于列车电站一般调迁工作（船舶、拖车电站可参照执行）。关于电站紧急调迁按上级领导机关的指示执行。

第二章　调迁任务安排程序

第7条　列车电站的调迁，根据电力工业部的指示由列车电业局向管区基地、电站和租用单位先下达"准备调迁通知"。

第8条　电站接到"准备调迁通知"后，即成立由电站领导干部负责的选建厂小组，在管区基地领导下，携带选建厂资料及时赴新租用单位了解情况，选择厂址，商洽调迁建厂等事宜。整个建厂方案要报局一份备案。

第9条　厂址选定后即应和租用单位签订建厂协议书和租用合同，明确双方责任。同时与当地电力调度制订调度规则。根据租用申请及合同报部下达"调迁通知"。以电力工业部下达的"调迁通知"作为电站调迁根据。终止或变更调迁计划，需经部、局批准。

第10条　在建厂中，选建厂小组成员必须进驻现场，协助建厂。并及时向管区基地、局汇报工作。

第三章　选建厂

第一节　原则

第11条　选建厂工作是一项政策性、技术性很强的工作，必须全面的认真作好调查研究。如因种种原因建厂工期在半年内不能完成，电站选建厂小组应向局、管区基地提出报告。

第12条　电站选建厂应从安全经济生产实际需要出发，要尽量使用厂区附近原有建筑设施。要因地制宜、厉行节约、力求不占或少占农田。不准擅自提出超过生产需要和规程规定的额外要求。

第13条　签订建厂协议书应有下列条件：

1. 场地符合电站生产要求，建厂工程计划项目和资金能落实。

2. 厂址土地占用手续能办妥。

3. 电站专用线能与铁路营业线或厂矿专用线接轨。

4. 能满足发电用水、燃料质量和数量要求。

5. 有并网或直供电力条件。

6. 建厂规模、标准符合本规程的规定。

7. 水文、地质、气象情况应能满足电站生产要求。

第二节　厂址要求

第14条　厂址应选择在地势平坦、地下水位不高的地方。避免大量挖方、填方。

如因条件限制，不得不在淤泥、洼地及填方上建厂时，铁路及房屋基础应采取相应安全技术措施。地面标高应高于当地洪水水位 0.5 米。

厂址不应建在山坡或陡坡下。如因条件限制，不得不建时，应修建排洪沟道，采取护坡防塌技术措施。

燃气轮机尚要求厂区空气清洁，含尘量小。

第 15 条　厂址应靠近负荷中心或馈电线联结方便的地方。铁路引入线应尽量缩短。

第 16 条　厂址应设在居民区主导风向的下方，亦不受其他工厂有害气体的污染。电站排烟尘排灰和噪音不干扰、不污染其他厂矿和居民区。

第 17 条　厂区布置应能满足安全生产实际需要，并妥善安排储煤（油）、出灰场地。

第 18 条　厂址附近应有足够的和符合质量要求的水源。不能采用污染性水源。

第三节　建厂规模

第 19 条　建厂工程项目和技术要求，按照建厂典型资料和管区基地、局批准的本站现场设计进行。

第 20 条　一般厂区占地及铁路长度：

项目		单位	机组类型					
			蒸汽轮机组			燃气轮机组		
			2500千瓦	4000千瓦	6000千瓦	6000千瓦	2×9000千瓦	20000千瓦
厂区面积		公尺²	8000	10500	11400	10000	10000	10000
铁路长度		公尺²	396	514	570	360	520	340
其中包括	主辅车停放线	公尺²	238	262	585	200	280	140
	吊车作业及卸煤线	公尺²	100	252	285	100	120	200
	龙门吊车线	公尺²	58			60	120	

第21条 一般生产、生活区建筑面积

项目	单位	机组类型					
		蒸汽轮机组			燃气轮机组		
		2500 千瓦	4000 千瓦	6000 千瓦	6000 千瓦	2×9000 千瓦	20000 千瓦
生产区用房	米²	≤ 415	≤ 415	≤ 415	≤ 415	≤ 415	≤ 415
宿舍用房 家属（户）		≤ 25	≤ 28	≤ 30	≤ 20	≤ 20	≤ 20
单身（人）		≤ 40	≤ 41	≤ 42	≤ 20	≤ 20	≤ 20

注　1. 职工宿舍按当地标准建造，需超过上述规模及标准时，要经管区基地批准。
　　2. 根据职工及家属人数建设相应的公共、生活福利设施。如食堂、茶炉房、厕所等，其面积不得超过235米²。
　　3. 要尽量利用现场附近原有建筑设施。

第四章　拆迁与运输

第22条 电站接到调迁通知后，应作好组织安排及调迁准备工作。联系管区基地安排车辆轴制检。基地应按电站提出的调迁进度及时做好车辆轴制检，认真做好发运准备。

第23条 根据铁道部《铁路货物运输规程》、《铁路超限货物运输规则》的要求和建厂进度，及时向铁路部门报送车辆运输计划。

第24条 如需在调迁前进行设备检修，应事先与局、管区基地联系，经同意以后再进行安排。

第25条 拆卸设备和装车应事先做好周密安排，有专人统一指挥，实行谁拆谁装谁负责的原则。

第26条 电站根据建厂工程进度，与原租用单位确定停机退网时间。在铁路工程、生产辅助设施基本完工，食宿条件基本具备时，应向铁路部门联系发运主车。

第27条 主车的运输，应向铁路部门申请"直达列车"，在运输途中禁止发生溜放冲击现象。并不得任意变更车辆的排列顺序。若需要限速运行应以铁路部门承认为准。

第28条 主车行驶方向如与新厂址定位方向相反时，电站应事先向铁路部门报主车调头计划。

第29条 主车运输期间，基地、电站应派人随车押运。押运人员在押运途中对列车的安全负责，不得发生漏乘。并负责主车的保卫及调头联系。如发现台车或车厢有故障时，应与当地铁路部门联系设法消除。

第30条 押运人员在押运期间，应有交接班制度，并作好沿途运输记录。

第31条 电站危险品装车应符合铁道部《危险货物运输规则》的规定。

第五章　职工调迁

第 32 条　在电站调迁中，应做好职工调迁的组织工作。在原址和新址都要有厂级负责人指挥和接应。每批在途人员都要指定负责人带队。

第 33 条　做好电站调迁中的后勤工作。接应人员应把每批到达人员的食宿提前安排好，随车职工子女的转学也要提前联系，以缩短误学时间。

第 34 条　对职工调迁在途天数，电站要有明确规定。除经领导批准或另有任务者外，全部人员应在主车未到之前到达新址。

第 35 条　职工和家属在调迁中应遵守有关财务规定。按直达最短路程报销旅差费，未经电站上级批准不得绕道或乘坐飞机。

第六章　安装与试运行

第 36 条　设备安装前应作好组织分工、安全教育和设备检查等工作。并严格考核局规定的从定位安装到具备整体启动条件的天数。

机组类型	燃气轮机组	蒸汽轮机组			
		2500 千瓦	4000 千瓦	6000 千瓦 I 型	6000 千瓦 II 型
天数	2	4	4	6	5

第 37 条　安装完毕后，机组应进行分部及整体试运行。整体试运行带负荷试验时间应为 48 小时。新出厂电站试运时间应为 72 小时。

第七章　汇报与总结

第 38 条　电站应按下列要求向局、管区基地汇报和总结：

一、汇报

序号	汇报时间	方式
1	电站接到"准备调迁通知"与租用单位联系后	口头或书面
2	选厂和商订建厂协议后	口头或书面
3	与原租用单位商定停机退网后	电报
4	主车在运输途中发生事故或遇特殊情况时	电报
5	主车到达新厂址时	电报
6	主车就位开始安装时	电报
7	试运结束，投入正式运行时	电报

二、总结

电站在新地点正式发电一个月内，与租用单位结清调迁费用，作出调迁总结报管区基地、局。

返基地电站到基地一个月内也要作好调迁总结报管区基地、局。

列车电站调迁工作总结格式另见附册。

附表 1

煤质要求

项目	单位	2500 千瓦机组	4000 千瓦机组	6000 千瓦 II 型机组
低位发热量	大卡／公斤	3700~6500	5107	5107
水分	%	10~15	10	10
挥发分	%	25~40	32	32
灰分	%	12~14	18.45	18.45
颗粒度	毫米	最大不超过 30 5 以下 < 50% 2 以下 < 50%	最大不超过 30 5 以下 < 50% 2 以下 < 50%	最大不超过 30 5 以下 < 50% 2 以下 < 50%
标准煤耗率	公斤／度	0.67		

注　上述煤质系锅炉设计要求，当实际燃用煤质变化时，可能影响锅炉效率。

附表 2

燃油油质要求

项目	单位	#10 轻柴油	#20 重柴油	#20 重油	#60 重油	原油
恩氏粘度（20℃） 运动粘度	^{0}E m^2/s	1.2~1.67 3~8	< 20.5 （50℃）	< 5 （80℃）	< 11 （80℃）	< 4 （50℃）
闪点（开口）	℃		> 80	> 80	> 100	
闪点（闭口）	℃	> 65				
凝点	℃	< 10	< 20	< 15	< 20	< 28
灰分	%	< 0.025	< 0.06	< 0.3	< 0.3	< 0.3
水分	%	0.1	< 1.0	< 1.0	< 1.5	< 1.0
机械杂质	%	无	< 0.1	< 1.0	< 1.5	
含硫量	%	< 0.2	< 0.5	< 0.5	< 0.5	< 0.5
水溶性酸和碱		无	无			
残碳	%	< 0.4	< 0.5			
Na+K V Pb	PPM	< 5 < 2 < 5				

注　燃气轮机电站应注意不能使用在储存温度下即易生碳的油类。

附表3

电站生产用水一般要求

项目	单位	2500千瓦	4000千瓦	6000千瓦	6000千瓦及6200千瓦燃气轮机	9000千瓦燃气轮机	20000千瓦燃气轮机
二次循环用水量	吨/时	60	90	120	20	20	20
一次循环用水量	吨/时	750	1200	1835			
总硬度	毫克当量/升	< 9.0	< 9.0	< 9.0	< 9.0	< 9.0	< 9.0
含盐量	毫克/升	< 400 < 800	< 400 < 800	< 400 < 800	< 400 < 800	< 400 < 800	< 400 < 800
pH 值		7~7.8	7~7.8	7~7.8	7~7.8	7~7.8	7~7.8
$C^u + F^e$	毫克/升	< 0.5	< 0.5	< 0.5	< 0.5	< 0.5	< 0.5
可滤性悬浮物	毫克/升	< 180	< 180	< 180	< 180	< 180	< 180
含油量	毫克/升	< 1	< 1	< 1	< 1	< 1	< 1
含氨量	毫克/升	< 20	< 20	< 20	< 20	< 20	< 20
耗氧量	毫克/升	< 15	< 15	< 15	< 15	< 15	< 15

注 1. 铜管采用 Hsn68、Hsn70-1，含盐量 < 800 毫克/升。铜管采用 H68、H62，含盐量 < 400 毫克/升。

　　2. 含氨量标准系指采用二次循环时循环水含量。

列车（船舶）电站组建与首次发电时间统计

站号	容量（千瓦）	机组来源	组建时间	首次发电时间	首次发电地点	备注
1	4000	苏联	1954.10	1955.6	黑龙江佳木斯	原哈尔滨电业局列车发电厂
2	2500	英制移动机组（拆自常州戚墅堰发电厂双河尖发电所）	1950.10	1952.7	辽宁安东	原华北电管局列车发电厂
3	2500	英制移动机组（拆自上海浦东电气公司张家浜发电所）	1954.9	1955.2	河北邯郸	原上海电管局列车发电厂
4	2000	美制快装机（拆自上海南市发电厂）	1955.7	1956.1	湖北武汉	原武汉冶电业局列车发电厂
5	2000	美制快装机（拆自上海南市发电厂）	1955.07	1955.12	湖北武汉	原武汉冶电业局列车发电厂
6	2500	捷克斯洛伐克	1956.5	1957.6	河南三门峡	出厂编号 601
7	2500	捷克斯洛伐克	1956.12	1957.7	甘肃永登	出厂编号 604
8	2500	捷克斯洛伐克	1956.12	1957.7	甘肃玉门	出厂编号 602
9	2500	捷克斯洛伐克	1956.12	1957.9	四川成都	出厂编号 603
10	4000	苏联	1957.6	1958.4	黑龙江哈尔滨	
11	4000	苏联	1957.6	1958.3	福建南平	
12	4000	苏联	1957.6	1958.5	黑龙江哈尔滨	
13	2500	捷克斯洛伐克	1958.1	1958.7	河南新乡	出厂编号 606
14	2500	捷克斯洛伐克	1958.2	1958.6	四川成都	出厂编号 608
15	2500	捷克斯洛伐克	1958.2	1958.6	湖南衡阳	出厂编号 607
16	2500	捷克斯洛伐克	1958.1	1958.4	河南兰考	出厂编号 609
17	2500	捷克斯洛伐克	1957.10	1958.7	黑龙江哈尔滨	出厂编号 610
18	2500	捷克斯洛伐克	1957.10	1958.8	黑龙江哈尔滨	出厂编号 611
19	1000	美制快装机（拆自湘潭杨家桥发电所）	1958 年春	1958.6	四川江油	
20	1000	美制快装机（拆自徐州贾汪发电厂）	1958.7	1858.12	山西临汾	
21	2500	国产（列电局制）	1959.1	1959.10	河北保定	
22	2000	美制快装机（拆自常州戚墅堰发电厂双河尖发电所）	1958.4	1958.11	广西柳州	
23	2500	捷克斯洛伐克	1959.1	1959.4	辽宁开原	出厂编号 613

站号	容量（千瓦）	机组来源	组建时间	首次发电时间	首次发电地点	备注
24	2500	捷克斯洛伐克	1959.1	1959.4	宁夏青铜峡	出厂编号612
25	2500	捷克斯洛伐克	1959.3	1959.5	辽宁开原	出厂编号614
26	2500	捷克斯洛伐克	1959.3	1959.5	内蒙古赤峰	出厂编号615
27	2500	捷克斯洛伐克	1959.3	1959.8	福建三明	出厂编号616
28	6000	国产	1959.1	1962.5	河南鹤壁	
29	6000	国产	1959.1	1960.3	湖北黄石	
30	6000	国产	1963.9	1964.4	吉林龙井	
31	6200	瑞士	1959.6	1960.9	重庆荣昌	马可号燃气轮机
32	6200	瑞士	1959.6	1961.12	黑龙江萨尔图	波罗号燃气轮机
33	2500	捷克斯洛伐克	1959.12	1960.4	贵州贵阳	出厂编号617
34	2500	捷克斯洛伐克	1960.1	1960.4	黑龙江伊春	出厂编号618
35	2500	捷克斯洛伐克	1960.3	1960.5	新疆哈密	出厂编号619
36	2500	捷克斯洛伐克	1960.10	1961.3	黑龙江萨尔图	出厂编号620
37	2500	国产（列电局制）	1960.4	1960.8	内蒙古乌海	
38	4000	苏联	1960.9	1961.5	山西运城	
39	4000	苏联	1960.6	1961.1	内蒙古赤峰	
40	2500	国产（列电局制）	1960.10	1961.10	甘肃永昌	
41	4000	国产（列电局制）	1961.11	1963.11	黑龙江勃利	
42	6000	国产	1963.10	1966.1	四川峨眉	
43	2500	捷克斯洛伐克	1961.1	1961.3	广东英德	出厂编号621
44	2500	捷克斯洛伐克	1961.1	1961.8	山西晋城	出厂编号622
45	2500	捷克斯洛伐克	1961.1	1961.3	黑龙江勃利	出厂编号623
46	2500	捷克斯洛伐克	1961.1	1961.6	宁夏青铜峡	出厂编号624
47	2500	捷克斯洛伐克	1957.5	1957.9	山东枣庄	出厂编号605，原煤炭部1站
48	2500	捷克斯洛伐克	1960.1	1960.7	湖南双峰	出厂编号625，原煤炭部3站
49	2500	捷克斯洛伐克	1961.3	1961.7	内蒙古海勃湾	出厂编号626，原煤部4站
50	1000	美制快装机（拆自新汶煤矿自备电厂）	1958.6	1958.9	江西萍乡	原煤炭部2站
51	6000	国产	1965.11	1968.8	山东济南	燃气轮机

站号	容量 （千瓦）	机组 来源	组建 时间	首次发电 时间	首次发电 地点	备注
52	6000	国产	1966.11	1967.5	湖北襄樊	
53	6000	国产	1968.6	1970.4	浙江宁波	
54	6000	国产	1968.11	1969.11	贵州水城	
55	6000	国产	1969.10	1971.3	山西垣曲	
56	6000	国产	1970.12	1971.5	江苏徐州	
57	6000	国产	1971.12	1972.12	天津汉沽	
58	6000	国产	1971.8	1972.12	山西永济	
59	6000	国产	1977.5	1978.3	黑龙江佳木斯	
60	6000	国产	1978.4	1980.7	浙江海宁	
61	6000	国产	1979.8	1983.8	内蒙古伊敏	无租赁单位
62	6000	国产	1979.5	1980.4	江苏无锡	
船舶 1	1000	美制快装机 （拆自西安第一发电厂）	1958.7	1959.6	湖北丹江口	
船舶 2	4000	国产（列电局组装）	1959.9	1963.12	福建福州	
新 3	23000	英国	1973.3	1977.6	江苏南京	燃气轮机
新 4	9000	加拿大	1974.10	1975.10	辽宁旅大	燃气轮机出厂 编号 2521
新 5	9000	加拿大	1974.10	1975.10	辽宁旅大	燃气轮机出厂 编号 2522
新 19	6000	国产	1975.4	1976.1	湖南衡阳	新 19、新 20 站
新 20	6000			1976.10		

注　1. 拖车电站 13 台，在 1976 年 9 月至 1982 年 12 月间，曾在北京、广西、江苏、山西等地执行发电任务。

　　2. 没有备注的均为蒸汽轮机组。

附录 7

列车（船舶）电站调迁发电统计

站号	调迁时间	调迁地点	甲方或供电对象	发电量（万千瓦·时）	备注
1站	1955.6	黑龙江佳木斯	哈尔滨电业局	1552	
	1957.4	河北通县	北京电业局	2141.5	
	1958.5	河北保定	保定电力局	3892	
	1960.5	甘肃酒泉	酒泉钢铁公司	721.5	
	1961.7	湖北武汉			返武汉基地大修
	1962.5	甘肃酒泉	二机部十四局404厂	4359	
	1967.1	甘肃陇西	冶金部113铝合金加工厂	1921.4	
	1970.8	陕西宝鸡			返西北基地大修
	1970.12	四川冕宁	泸沽铁矿	187.6	
	1972.7	河北保定			返保定基地大修
	1973.9	北京房山	北京煤矿机械厂	20531.7	
				累计 35306.7	
2站	1949.12	江苏无锡	属戚墅堰发电厂		
	1950.12	河北石家庄	电业管理总局		整修
	1952.7	辽宁安东	抗美援朝	351.0	
	1953.1	河北石家庄			整修
	1953.3	陕西咸阳	西北国棉一厂	1100	
	1953.12	河北石家庄			整修
	1954.3	山西榆次	经纬纺织机械厂	374	
	1954.7	湖北武汉	抗洪抢险	400	
	1954.11	山西榆次	经纬纺织机械厂	1000	
	1955.4	山西阳泉	阳泉发电厂	1100	
	1956.2	江西萍乡	高坑煤矿	1900	
	1957.1	江苏常州	戚墅堰发电厂	257.1	
	1957.7	江苏新海连	新海发电厂	606.7	
	1958.9	广东曲江	曲仁煤矿	1949.9	
	1963.2	广东曲江	韶关发电厂	1096.6	
	1965.3	湖北丹江口	丹江口工程局	2416.2	
	1970.11	陕西西乡	1101修建指挥部	282	
	1971.11	湖南株洲	株洲车辆厂	2021	
	1974.5	湖南耒阳	白沙煤矿		
				累计 14503.5	

站号	调迁时间	调迁地点	甲方或供电对象	发电量（万千瓦·时）	备注
3 站	1954.9	上海	属上海电业管理局		
	1955.1	河北邯郸	峰峰发电厂	1066.7	
	1955.8	河南焦作	焦作发电厂	500.3	
	1956.2	陕西西安	西安第一发电厂	525.4	
	1956.6	河南焦作	焦作电厂	1592	
	1957.11	浙江建德	新安江工程局	2967.5	
	1960.6	浙江宁波	永耀电力公司	7706.84	
	1965.11	湖北丹江口	丹江口工程局	5559.1	
				累计 19917.84	
4 站	1955.7	湖北武昌	武汉冶电业局	432	
	1956.5	河南洛阳	洛阳热电厂	140	
	1956.6	安徽蚌埠	紧急防汛	240	
	1956.9	江苏南京	南京电业局	1351.9	
	1958.6	广东河源	新丰江工程局	1825.2	
	1960.10	广东韶关	坪石矿务局	760.2	
	1962.1	广东韶关	火烧坪煤矿	963.8	
	1962.9	河南新乡	新乡市经委	4260.3	
	1966.9	河南信阳	信阳地区电业局	4876.6	
	1972.10	湖北武汉			返武汉基地大修
	1973.4	河南信阳	信阳地区电业局	302	
				累计 15152	
5 站	1955.7	湖北武昌	武汉冶电业局	220	
	1956.3	河南洛阳	洛阳热电厂	1118.9	
	1957.8	河北保定	保定电厂	240.94	
	1958.10	湖南郴州	许家洞 711 矿	3324	
	1965.12	广东韶关	曲仁煤矿	2764.1	
	1967.10	湖南耒阳	白沙煤矿	4781	
				累计 12448.94	
6 站	1957.5	河南三门峡	三门峡工程局	354.5	
	1957.11	河南平顶山	平顶山矿务局	1014.1	
	1958.12	广东茂名	茂名石油公司	8017	
	1966.10	湖南衡阳	衡阳电业局	852	
	1967.5	新疆哈密	雅满苏铁矿	1417.9	
	1972.10	陕西宝鸡			返西北基地大修
	1973.10	河北沧州	沧州电力局	11231.1	
				累计 22886.6	

站号	调迁时间	调迁地点	甲方或供电对象	发电量 （万千瓦·时）	备注
7站	1957.7	甘肃永登	永登水泥厂	259.3	
	1958.1	浙江新安江	新安江工程局	2044.5	
	1960.6	浙江杭州	杭州电业局	433.9	
	1960.10	浙江宁波	宁波重工业局	2594.24	
	1965.12	福建漳平	漳平电厂	11638.9	
				累计 16970.84	
8站	1957.5	甘肃玉门	玉门油矿	1624.58	
	1958.10	甘肃酒泉	酒泉钢铁公司	2882.9	
	1962.12	宁夏青铜峡	青铜峡工程局	276.8	
	1963.7	武汉基地			返武汉基地大修
	1964.4	广东茂名	茂名石油公司	3211	
	1968.12	河北衡水	衡水电力局	15899.4	
	1979.4	湖北武汉	第二棉纺织厂	4769	与43站合并后两机发电量
	1981.11	北京清河	北京新型建材厂	2385	
				累计 31048.68	
9站	1957.8	四川成都	成都电业局	54.2	
	1958.1	四川金堂	四川肥料厂	544	
	1958.10	四川德阳	建工部一局	263.4	
	1959.3	四川江油	江油钢铁厂	1035.8	
	1961.2	四川广元	荣山煤矿	1697.3	
	1964.1	湖北武汉			返武汉基地大修
	1964.9	广东茂名	茂名石油公司	501.32	
	1965.4	广东湛江	湛江化工厂	3404.9	
	1968.5	山西宁武	铁道部三局五处	811	
	1970.3	河北保定			返保定基地大修
	1970.12	山东莱芜	莱芜钢铁厂指挥部	3581.2	
	1973.9	山东烟台	烟台机械工业局	4527.25	
	1978.9	内蒙古呼伦贝尔	扎赉诺尔矿务局	1778	
	1981.5	黑龙江嫩江	嫩江电业局		
				累计 18198.37	
10站	1958.4	黑龙江哈尔滨	黑龙江电业局	4522.5	
	1959.10	黑龙江牡丹江	牡丹江电业局	5633.29	
	1963.2	吉林蛟河	蛟河煤矿	6460.3	
	1967.5	河北保定			返保定基地大修
	1971.7	山东济宁	济宁电力局	5828.5	
	1974.7	山西大同	大同矿务局	11958.7	
	1979.2	湖北武汉			返武汉基地大修
	1980.2	湖北安陆	五七纺织厂	6652	
				累计 41055.29	

站号	调迁时间	调迁地点	甲方或供电对象	发电量（万千瓦·时）	备注
11 站	1957.9	河北保定			保定基地安装试运
	1958.1	福建南平	南平电厂	2225	
	1958.12	福建三明	三明热电厂筹备处	362.5	
	1959.9	山东官桥	枣庄矿务局	58864.8	
				累计 61452.3	
12 站	1958.4	黑龙江哈尔滨	黑龙江电业局	4502.3	
	1959.10	安徽合肥	安徽电力厅电业局	2400	
	1960.10	安徽濉溪	濉溪矿务局	3701.44	
	1963.12	甘肃酒泉	二机部十四局（404 厂）	4291	
	1967.2	陕西宝鸡			返西北基地大修
	1967.4	内蒙古平庄	平庄矿务局	8400	
	1971.12	黑龙江扎赉诺尔	扎赉诺尔矿务局	23326	
				累计 46620.74	
13 站	1958.5	河南新乡	新乡工业局	1181.27	
	1959.5	河南鹤壁	鹤壁矿务局	2809.4	
	1963.4	青海海晏	二机部九局（221 厂）	1221.7	
	1965.11	湖北武汉			返武汉基地大修
	1965.12	广东广州	广州供电公司	2185.9	
	1969.7	云南妥安	十四冶十二井巷公司	949.2	
	1972.9	广东韶关	韶关电业局	1609.33	
	1974.4	山西大同	铁道部大同机车厂	1866.42	
	1975.12	河南商水	商水电业局	3866.3	
				累计 15689.52	
14 站	1958.5	四川成都	四川电业局	525	
	1958.10	四川荣昌	永荣矿务局	2065.3	
	1963.5	内蒙古平庄	平庄矿务局	260.5	
	1963.12	黑龙江牡丹江	牡丹江电业局	666.9	
	1964.9	宁夏青铜峡	青铜峡工程局	375	
	1965.3	甘肃酒泉	三九公司	2098.67	
	1966.11	陕西宝鸡			返西北基地大修
	1967.3	四川甘洛	铁道部二局	203	
	1969.11	陕西阳平关	铁道部一局	1285	
	1971.5	河北保定			返保定基地大修
	1971.12	江苏徐州	徐州电业局	5000.4	驻双楼港煤矿
	1974.2	北京门头沟	京西发电厂		一台炉供热数月
	1976.1	江苏徐州	徐州矿务局	9947.3	驻旗山煤矿
				累计 22427.07	

站号	调迁时间	调迁地点	甲方或供电对象	发电量（万千瓦·时）	备注
15 站	1958.4	湖南衡阳	衡阳电厂	5199.8	
	1961.10	湖南鲤鱼江	鲤鱼江电厂	883.9	
	1963.3	广东茂名	茂名石油公司	5248	
	1969.4	陕西略阳	略阳钢厂	1253.5	
	1972.1	福建厦门	厦门电业局	13701.6	
				累计 26286.8	
16 站	1958.3	河南兰考	引黄蓄灌工程指挥部	271.5	
	1958.7	湖南鲤鱼江	鲤鱼江电厂	2493.3	
	1960.11	湖南邵阳	邵阳电厂	826.1	
	1962.9	内蒙古乌达	乌达矿务局	1220.4	
	1964.5	河北保定			返保定基地大修
	1965.5	广西桂林	桂林电厂	3369	
	1970.8	广西宜山	宜山电厂	1780	
	1973.3	湖北武汉			返武汉基地大修
	1973.10	内蒙古丰镇	丰镇水电局	17805.4	
				累计 27765.7	
17 站	1958.6	黑龙江哈尔滨	黑龙江电业局	2157.7	
	1959.9	黑龙江双鸭山	合江电业局	7684	
	1966.9	河北保定			返保定基地大修
	1967.2	河北邯郸	冶金矿山公司	2232.5	
	1969.8	黑龙江虎林	东方红林业局	3784.5	
	1974.8	陕西宝鸡			返西北基地大修
	1975.5	黑龙江海拉尔	市革委会	11637.8	
				累计 27496.6	
18 站	1958.6	黑龙江哈尔滨	黑龙江电业局	2057.5	
	1959.9	江西新余	新余电厂筹备处	451.8	
	1960.4	江西泉江	萍乡电厂	872.8	
	1961.8	江西鹰潭	鹰潭电厂	239.8	
	1963.5	黑龙江伊春	伊春林业管理局	14503.5	
	1975.11	河北保定			返保定基地大修
	1977.10	黑龙江牡丹江	牡丹江林业局	3806.1	
	1980.9	内蒙古伊敏河	煤矿建设指挥部	2085.5	
				累计 24017	
19 站	1958.6	四川江油	建工部西南五公司	158.3	
	1959.6	四川广元	广元电厂	1003.4	
	1962.11	湖北武汉			返武汉基地大修
	1963.6	四川广元	荣山煤矿	2697.7	
	1970.3	湖北武汉			返武汉基地大修
	1971.8	山西临汾	临汾钢铁厂	806	
				累计 4665.4	

站号	调迁时间	调迁地点	甲方或供电对象	发电量（万千瓦·时）	备注
20 站	1958.9	山西临汾	临汾钢铁厂	395.3	
	1959.11	青海西宁	青海电业局	597.7	
	1960.4	四川绵阳	天池煤矿	152.1	
	1962.8	湖北武汉			返武汉基地大修
	1963.8	河北静海	天津紧急防汛	62.8	
	1963.10	河北衡水	衡水电厂	125.5	
	1964.2	四川广元	荣山煤矿	1798.4	
	1967.6	甘肃甘谷	电厂工程指挥部	497	
	1969.10	陕西宝鸡			返西北基地大修
	1971.2	陕西韩城	煤矿建设指挥部	702	
				累计 4330.8	
21 站	1959.10	河北保定	保定电力局	294.2	
	1960.5	广东茂名	茂名石油公司	2140.8	
	1963.3	河北保定			返保定基地大修
	1964.6	黑龙江克山	北安电业局	3867.4	
	1967.10	河北保定			返保定基地大修
	1970.5	内蒙古集宁	集宁肉类加工厂	690.6	
	1971.8	江苏徐州	徐州电业局	4323	
	1977.7	黑龙江牡丹江	木材综合加工厂	3735	
				累计 15051	
22 站	1958.10	广西柳州	柳州电厂	2282.2	
	1962.1	海南昌江	海南铁矿	1383.1	
				累计 3665.3	
23 站	1959.3	辽宁开原	清河水库工程局	902.1	
	1960.1	辽宁瓦房店	旅大电业局	1066.9	
	1961.10	四川荣昌	永荣矿务局	7931	
	1966.12	四川甘洛	西南铁路第二工程局	2600	
	1968.7	陕西宝鸡			返西北基地大修
	1969.3	山西风陵渡	铁道部三局三处	800	
	1969.9	山西大同	大同热电厂	2082	
	1973.6	山西大同	铁道部大同机车厂	3301	
	1976.1	云南昆明	昆明水泥厂	243.4	
	1977.5	内蒙古临河	临河电厂	3339.8	
				累计 22266.2	
24 站	1959.3	宁夏青铜峡	青铜峡工程局	9483.8	
	1968.10	陕西宝鸡			返西北基地大修
	1970.11	湖南耒阳	鲤鱼江电厂	202	
	1972.1	湖南湘潭	湘潭纺织印染厂	4338.6	
	1978.2	保定、武汉、宝鸡			返 3 基地进行机组合并设备改造
	1979.8	湖南株洲	株洲车辆厂	9428.3	与 25 站两机合并
				累计 23452.7	

站号	调迁时间	调迁地点	甲方或供电对象	发电量（万千瓦·时）	备注
25站	1959.3	辽宁开原	清河水库工程局	811.2	
	1959.10	吉林通化	通化电业局	1335.1	
	1960.10	吉林延吉	延边电业局	479.4	
	1961.3	吉林蛟河	蛟河煤矿	3517.6	
	1963.12	吉林延吉	延边电业局	767.9	
	1964.9	河南商丘	商丘市人委	868.4	
	1965.4	吉林蛟河	蛟河电厂	2353.5	
	1968.1	河北保定			返保定基地大修
	1968.6	山西朔县	朔县革委会	11608.4	
	1977.8	河北保定			返保定基地大修
	1978.7				与24站合并撤销建制
				累计 21741.5	
26站	1959.4	内蒙古赤峰	赤峰电厂	8758.9	
	1965.3	宁夏青铜峡	吴忠电厂	1457	
	1967.12	湖北武汉			返武汉基地大修
	1968.10	内蒙古通辽	哲里木盟建设指挥部	2567	
	1971.12	湖南湘潭	湘潭锰矿	2098	
	1974.10	湖南株洲	铁道部株洲车辆厂	4068.2	
	1980.8	湖南株洲	株洲钢厂	3915.4	
				累计 22864.5	
27站	1959.7	福建三明	三明热电厂	646	
	1960.4	福建厦门	厦门发电厂	1209.8	
	1961.8	福建邵武	晒口电厂	991.8	
	1964.1	福建三明	三明热电厂	3867.5	
	1967.9	福建邵武	邵武电厂	6089	
	1975.7	甘肃山丹	山丹焦化厂	2278.5	
	1979.1	江西安福	大光山煤矿	2545.2	
				累计 17627.8	
28站	1961.8	河南鹤壁	鹤壁矿务局	6436.6	
	1964.10	河北邢台	邯峰安电业局	1058.6	
	1965.4	河南开封	开封化肥厂	2149.4	
	1966.1	河北保定			返保定基地大修
	1966.7	云南昆明	马街普坪村电厂	3379.25	
	1968.11	山东济宁	山东电力局	16350.4	
	1973.5	山东潍坊	山东电力局	1951.4	
	1975.1	湖北武汉			返武汉基地大修
	1975.12	山东枣庄	枣庄矿务局	28057	
				累计 59382.65	

站号	调迁时间	调迁地点	甲方或供电对象	发电量 （万千瓦·时）	备注
29 站	1960.3	湖北黄石	黄石发电厂	610	
	1962.5	河南平顶山	平顶山矿务局	30735.7	
	1971.7	河南明港	信阳地区电业局	34632	
				累计 65977.7	
30 站	1964.4	吉林龙井	延边电业局	20905.4	
	1973.9	河北保定			返保定基地大修
	1975.8	黑龙江伊春	伊春电业局	18598.8	
				累计 39504.2	
31 站	1960.5	四川重庆	重庆电业局		
	1960.9	四川荣昌	永荣矿务局		
	1961.5	黑龙江萨尔图	松辽石油勘探局	24964.6	
	1972.8	湖南湘乡	湖南铁合金厂	848.6	
	1973.1	北京长辛店	北京二七机车车辆厂	11509.1	
	1983.3	河北保定			返保定基地待命
				累计 37322.3	
32 站	1961.12	黑龙江萨尔图	松辽石油勘探局	12985	
	1968.12	山东济南	山东电力局	5630.6	
	1972.5	广东广州	广州供电公司	9525.7	
	1976.6	湖北宜昌	330 工程局	10210.25	
				累计 38351.55	
33 站	1960.3	贵州贵阳	贵州电业局	46.1	
	1960.8	贵州都匀	都匀电厂	2298	
	1965.7	贵州六枝	西南铁路工程局	253.3	
	1966.2	贵州水城	水城矿务局	2056.1	
	1971.9	湖北武汉			返武汉基地大修
	1972.4	湖南衡阳	冶金机械修造厂	2686.6	
	1977.5	山西运城	运城盐化局	1809.4	
	1980.9	内蒙古朱日和	白乃庙铜矿	2157.8	
				累计 11307.3	
34 站	1960.3	黑龙江伊春	南岔木材水解厂	142.5	
	1960.6	黑龙江萨尔图	松辽石油勘探局	1868.9	
	1962.10	内蒙古扎赉诺尔	扎赉诺尔矿务局	5482.5	
	1966.9	山东德州	德州电厂	11280.5	
	1976.1	河北衡水	衡水供电局	1087	
	1977.3	黑龙江柴河	柴河林业局	4687	
	1982.1	内蒙古大雁	大雁矿务局	1635.6	
				累计 26184	

站号	调迁时间	调迁地点	甲方或供电对象	发电量（万千瓦·时）	备注
35 站	1960.4	新疆哈密	哈密电厂	915.2	
	1961.9	新疆三道岭	三道岭电厂	1137.4	
	1964.7	青海海晏	二机部九局	531.4	
	1965.9	河北保定			返保定基地大修
	1966.9	贵州水城	水城钢铁厂	6181.9	
	1976.11	湖北武汉			返武汉基地大修
	1977.9	湖北宜昌	330 工程局	5023.69	
				累计 13789.59	
36 站	1961.1	黑龙江萨尔图	松辽石油勘探局	678	
	1962.10	吉林敦化	敦化林业局	6382.8	
	1967.4	河南商丘	商丘电厂	7746	
	1974.3	河南西平	西平电业局	9725.7	
				累计 24532.5	
37 站	1960.7	内蒙古乌达	乌达矿务局	1363.1	
	1963.11	河北保定			返保定基地大修
	1964.12	河南新乡	新乡市经委	1607.4	
	1966.1	广东广州	广州供电公司	3054	
	1969.8	湖南临湘	临湘长岭炼油厂	1823	
	1971.9	福建福州	福州市重工业局	2670	
	1975.4	河北沧州	沧州电力局	13175.3	
				累计 23692.8	
38 站	1961.3	山西运城	晋南电业局	153	
	1962.3	甘肃永昌	金川有色金属公司	4357.9	
	1966.1	广东韶关	韶关电厂	4245	
	1970.12	江西九江	九江电厂	3069	
	1973.1	河北保定			返保定基地大修
	1973.4	河北迁安	首钢矿山公司	17310.5	
	1979.8	江苏昆山	昆山县经委	1876	
				累计 31011.4	
39 站	1960.12	内蒙古平庄	平庄矿务局	9593.8	
	1966.10	湖南衡阳	湘南电业局	1287.6	
	1967.5	湖北武汉			返武汉基地大修
	1968.8	河北束鹿	石家庄电业局	4023.8	
	1971.9	山东滕县	鲁南化肥厂	32872.65	
				累计 47777.85	
40 站	1961.10	甘肃永昌	金川有色金属公司		
	1962.5	河北保定			返保定基地大修
	1964.3	山西晋城	晋城矿务局	2315.6	
	1970.3	河南遂平	遂平县政府	9256.8	
	1978.5	陕西宝鸡			返西北基地大修
	1980.5	广东仁化	凡口铅锌矿	2453.6	
				累计 14026	

站号	调迁时间	调迁地点	甲方或供电对象	发电量（万千瓦·时）	备注
41 站	1963.9	黑龙江勃利	勃利矿务局	1924.8	
	1965.11	河北保定			返保定基地大修
	1966.2	河南平顶山	平顶山矿务局	11743	
	1971.5	山东东营	东营 923 厂	4733.16	
	1974.8	山东昌邑	胜利油田会战指挥部	4727.7	
	1978.4	湖北荆门	330 水泥厂	2845	
				累计 25973.66	
42 站	1959.9	安徽淮南	淮南电业局		暂借至 1964 年 1 月
	1965.8	湖北武汉			在武汉基地安装、试运
	1966.1	四川九里	岷江电厂	9720.4	
	1969.9	陕西略阳	略阳钢铁厂	2247.2	
	1971.10	湖南株洲	株洲冶炼厂	4368.1	
	1973.2	河北迁安	首钢矿山公司	15203.1	
	1977.12	北京	第二热电厂		一台炉供热
	1978.3	湖北武汉			返武汉基地大修
	1979.3	江苏苏州	苏州市经委	4839	
				累计 36377.8	
43 站	1961.3	广东英德	英德硫铁厂	1840.2	
	1965.1	贵州六枝	铁道部二局十三处	1083	
	1966.3	贵州水城	铁道部二局十三处	4107.9	
	1970.4	贵州野马寨	铁道部二局十三处	103	
	1971.3	贵州贵定	铁道部二局一处	196	
	1972.3	陕西宝鸡			返西北基地大修
	1972.11	广东仁化	凡口铅锌矿	4312	
	1978.12	湖北武汉			返武汉基地大修
	1979.6	湖北武汉	武汉国棉二厂		与 8 站合并后发电量见 8 站
				累计 11642.1	
44 站	1961.8	山西晋城	晋城矿务局	10268	
	1971.1	山西运城	运城盐化局	7592	
	1976.1	陕西宝鸡			返西北基地大修
	1976.7	山西长治	惠丰机械制造厂	8291.3	
				累计 26151.3	
45 站	1961.3	黑龙江勃利	勃利矿务局		因水质差未发电
	1962.8	黑龙江伊春	伊春林业管理局	3487.8	
	1966.1	贵州六枝	矿区指挥部	1520	
	1966.8	贵州水城	水城矿务局	1554	
	1971.3	吉林长春	长春电业局		因水压低未发电
	1972.9	湖南株洲	株洲市洗选厂	4503.3	
	1977.7	湖北宜昌	330 工程局	4470.7	
				累计 15535.8	

站号	调迁时间	调迁地点	甲方或供电对象	发电量 （万千瓦·时）	备注
46 站	1961.4	宁夏青铜峡	青铜峡工程局	306.5	
	1962.2	广东茂名	茂名石油公司	4783.4	
	1966.6	湖南临湘	长岭炼油厂	3539	
	1971.8	福建福州	第二化工厂	1633.3	
	1972.12	福建漳州	漳州供电所	9479	
				累计 19741.2	
47 站	1957.6	山东枣庄	陶庄煤矿	569.9	时为煤炭部 1 站
	1958.8	内蒙古平庄	平庄矿务局	6357.6	
	1964.10	湖北武汉			返武汉基地大修
	1965.4	贵州六枝	六枝电厂	4471	
	1970.12	贵州贵定	铁道部二局一处	1025	
	1971.12	河北保定			返保定基地大修
	1972.7	广西玉林	玉林地区电业公司	4862.8	
	1977.10	黑龙江海林	海林县政府	3990.2	
	1980.12	保定基地			返保定基地整修待命
				累计 21276.5	
48 站	1960.7	湖南洪山殿	涟邵矿务局	4564.3	
	1965.8	贵州六枝	六枝电厂	2859	
	1969.4	湖北武汉			返武汉基地大修
	1970.9	湖南衡阳	湘南电业局	10584.4	
				累计 18007.7	
49 站	1961.7	内蒙古海勃湾	棹子山矿务局	4040.2	
	1966.12	河北保定			返保定基地大修
	1967.12	甘肃酒泉	20 基地	2010	
	1968.11	河北保定		1100	返保定基地待命抗旱 发电
	1970.11	山东莱芜	701 工程指挥部	3589.5	
	1973.9	山东烟台	重工业局	1358	
	1976.4	内蒙古集宁	乌兰察布盟水电局	7147	
	1981.8	内蒙古大雁	大雁矿务局	1757.3	
				累计 21002	
50 站	1958.9	江西萍乡	萍乡煤矿	583.2	
	1959.11	广东坪石	坪石矿务局	476.5	
	1963.2	湖北武汉			返武汉基地大修
	1964.7	湖南金竹山	涟邵矿务局	1876.8	
	1968.8	湖北武汉			返武汉基地大修
	1970.3	河南漯河	漯河电厂	103	
	1970.11	山西娘子关	娘子关 160 工程		供热
	1971.9	山西闻喜	闻喜县革委会	804	
	1973.11	山西朔县	神头电厂	258.5	
				累计 4102	

站号	调迁时间	调迁地点	甲方或供电对象	发电量 （万千瓦·时）	备注
51 站	1968.8	山东济南	山东电力局	9255	
	1974.3	山东胶县	胜利油田会战指挥部	2586	
	1975.11	新疆乌鲁木齐	乌鲁木齐市化工厂	3637.4	
	1978.7	湖北宜昌	330 工程局	5844.4	
				累计 21322.8	
52 站	1967.5	湖北襄樊	襄樊电力公司		
	1968.9	河北邢台	邯峰安电业局	13775	
	1973.7	河北唐山	华新纺织厂	10028.4	
	1977.4	陕西宝鸡			返西北基地大修
	1978.5	河北保定	保定棉纺厂		停放保定基地
	1979.11	江苏吴县	吴县经委	2428	
				累计 26231.4	
53 站	1969.11	浙江宁波	宁波电力公司	27537.3	
	1979.10	江苏镇江	镇江市经委	5568.7	
	1982.5	江苏镇江	华东基地		待命
				累计 33106	
54 站	1969.11	贵州水城	水城钢铁厂	3600	
	1971.12	湖南双峰	洪山殿煤矿	1794.8	
	1972.9	湖南湘潭	湘潭钢铁厂	853.6	
	1973.4	山西大同	大同矿务局	20312.3	
	1979.9	江苏无锡县	无锡县化肥厂	4958	
				累计 31518.7	
55 站	1971.1	山西垣曲	中条山有色金属公司	17272	
	1976.5	山西长治	长治钢铁厂	11105.1	
	1979.6	陕西宝鸡			返西北基地大修
				累计 28377.1	
56 站	1971.5	江苏徐州	徐州电业局	31385	
	1978.11	江苏徐州	徐州大黄山煤矿	18482	
				累计 49867	
57 站	1972.12	天津汉沽	天津电业局	17173.1	
	1978.12	河南鄢城	鄢城电业局	1966	
	1980.5	河北迁安	首钢矿山公司	11490.6	
				累计 30629.7	
58 站	1972.4	山西永济	运城电业局	5767	
	1975.4	山西晋城	晋城矿务局	29553.8	
				累计 35320.8	
59 站	1978.1	黑龙江佳木斯	佳木斯纺织印染厂	23292.5	
	1986.5	河北涿州	涿州电力局		归水电部机械局
				累计 23292.5	
60 站	1978.4	河北保定			保定基地制造
	1980.6	浙江海宁	海宁电业局	1065.7	
				累计 1065.7	

中国列电——新中国建设开路先锋丛书 一

列电志略

686

站号	调迁时间	调迁地点	甲方或供电对象	发电量 （万千瓦·时）	备注
61 站	1979.6	河北保定			保定基地制造
	1982.12	内蒙古伊敏			无租赁单位
62 站	1979.10	江苏无锡	无锡市经委	累计 927	
船舶 1 站	1959.4	湖北丹江口	丹江口工程局	852.6	
	1962.6	湖北武汉			返武汉基地大修
	1963.6	湖北丹江口	丹江口工程局	321.3	
	1965.9	湖北汉阳			晴川阁船厂检修
	1965.12	湖北宜都	枝城大桥工程局	513.8	
	1968.1	上海			返江南造船厂检修
	1969.12	浙江临海	临海县革委会	1042.2	
				累计 2729.9	
船舶 2 站	1963.11	福建福州	福州电厂	1511.3	战备应急
	1965.11	上海江南造船厂			返船厂检修
	1966.7	四川乐山	五通桥电厂	1549	
	1970.7	江西瑞昌	六机部 6214 工程	484	
	1973.3	上海江南造船厂			返船厂检修
	1973.11	江西瑞昌	黄沙大队海军码头		待调
	1975.4	湖南衡阳	湘南电业局	11868.7	
	1979.11	湖南衡阳	水口山矿务局	6832.42	
				累计 21761.42	
新 3 站	1977.6	江苏南京	南京市经委	累计 11903.1	
新 4 站	1975.5	辽宁旅大	旅大电力局	累计 10811.3	
新 5 站	1975.5	辽宁旅大	旅大电力局	3434	
	1976.8	河北秦皇岛	秦皇岛电厂	923.2	
	1980.5	辽宁旅大	旅大电力局		
				累计 4357.2	
新 19 站	1975.8	湖南衡阳	衡阳冶金机械厂	累计 14803.5	1976.1 投产
新 20 站	1975.12	湖南衡阳	衡阳冶金机械厂	累计 10366.1	1976.10 投产
拖车 电站	1977.7	北京清河	清河公路大桥		
	1979.2	广西那坡	边陲军医所		
	1979.4	江苏镇江	谏壁电厂建筑工地		
	1980.6	山西保德	天桥水电站工地		

注　列车电站、船舶电站及拖车电站合计 70 台，历经调迁 425 台（次）[含返基地检修等次数 70 台（次）]，总计发
电量 157.6（1576083.52）亿千瓦·时。

附录 8

列车（船舶）电站归宿统计

站号	设备下放单位	人员归宿	文件依据
1	北京煤矿机械厂	煤矿机械厂等	水电部（82）电生字第 4 号《关于将 4000 千瓦列车电站调拨给北京煤矿机械厂的复函》（1982.1.20）
2	湖南煤炭工业局白沙矿务局	列电局安置	水电部（73）水电生字第 67 号《关于将一部分列车电站下放落地使用的通知》（1973.7.23）
3	陕西韩城煤矿	韩城煤矿等	水电部军事管制委员会（70）水电军生综字第 31 号《关于第 3 列车电站划归韩城煤炭建设指挥部的意见》（1970.4.16）
4	河南信阳地区电业局	列电局安置	水电部（73）水电生字第 67 号《关于将一部分列车电站下放落地使用的通知》（1973.7.23） 水电部（73）水电生字第 93 号《关于第 4 列车电站下放河南信阳地区电业局的通知》（1973.10.25）
5	湖南煤炭工业局白沙矿务局	列电局安置	水电部（73）水电生字第 67 号《关于将一部分列车电站下放落地使用的通知》（1973.7.23）
6	新疆电力局	沧州供电局、沧州电厂、河北电建公司等	水电部（83）水电财字 162 号《关于将第 6 和第 37 列车电站无偿调拨给新疆维吾尔自治区电力局的批复》（1983.9.17） 水电部（83）水电劳字 126 号《关于列车电站职工落户问题的函》（1983.10.10）
7	内蒙古乌达矿务局	华东基地等	水电部（83）水电财字第 195 号《关于将第 7 列车电站调拨给乌达矿务局的通知》（1983.11.5）
8	北京新型建筑材料厂	北京新型建筑材料厂等	水电部（83）水电劳字第 27 号《关于改变第 8 列车电站隶属关系的通知》（1983.3.14）
9	黑龙江嫩江	东北电管局安置	电力部（81）电财字第 87 号《关于 4 台列车电站无偿调拨给外单位的批复》（1981.6.5）
10	煤炭部伊敏河矿区	华中电管局、武汉基地安置	水电部（83）水电劳字第 17 号《转发〈关于列车电站交接问题商谈纪要〉的函》（1983.1.25） 水电部（83）水电财字第 137 号《关于将第 10 列车电站调拨给煤炭部伊敏河矿区的批复》（1983.8.11）
11	山东电力局	邹县电厂、十里泉电厂等	水电部（83）水电劳字第 19 号《关于抓紧办理列车电站交接问题的决定》（1983.2.26）
12	内蒙古扎赉诺尔矿务局	锦州电厂、下花园电厂等	水电部（83）水电财字 101 号《关于无偿调出第 33、12 列车电站的批复》（1983.7.4） 水电部（83）水电劳字 126 号《关于列车电站职工落户问题的函》（1983.10.10）
13	内蒙古查干诺尔碱矿	河南电力局安置	水电部（84）水电劳字第 17 号《关于将第 13 列车电站全部职工移交河南省电力局管理的通知》（1984.2.25） 水电部（84）水电财字第 12 号《关于第 13 列车电站发电机组调拨问题的批复》（1984.3.1）

站号	设备下放单位	人员归宿	文件依据
14	内蒙古乌达矿务局	仪征化纤联合公司等	（82）列电局劳字第 682 号《同意第 14 列车电站职工成建制调给仪征化纤工业联合公司的批复》（1982.11.9） 水电部（83）水电讯字第 17 号《关于将第 14 列车电站无偿调拨给内蒙古乌达矿务局的复函》（1983.3.29）
15	内蒙古阿尔山林业局	厦门供电局等	水电部（82）水电讯字第 34 号《关于将第 15、46 两台列车电站调拨给阿尔山林业局的复函》（1982.10.15） 水电部以（急件）（83）水电劳字第 43 号文，《关于 15 站人员移交福建省电力局决定》（1983.4.27）
16	新疆电力局	华北电管局安置	水电部（84）水电财字第 10 号《关于将第 16 列车电站无偿调拨给新疆维吾尔自治区电力局的批复》（1984.2.14）
17	海拉尔市造纸厂	锦州电厂、下花园电厂、沙岭子电厂等	水电部（83）水电财字第 120 号《关于将第 17 列车电站调拨给海拉尔造纸厂的批复》（1983.7.19）
18	内蒙古伊敏河煤矿	山西电建三公司、晋城列车电站、漳泽电厂、娘子关电厂等	水电部财务司（84）财生字第 48 号《关于同意将第 18 列车电站全套设备无偿调拨给伊敏河矿的批复》（1984.4.6） 水电部（83）水电劳字 126 号《关于列车电站职工落户问题的函》（1983.10.10）
19	山西电力局	列电局安置	水电部（73）水电生字第 67 号《关于将一部分列车电站下放落地使用的通知》（1973.7.23） 水电部（73）水电生字第 94 号文，《关于 19 站下放到山西省电力局决定》（1973.10.25）
20	西安交大	列电局安置	水电部（73）水电生字第 67 号《关于将一部分列车电站下放落地使用的通知》（1973.7.23） 水电部（73）水电生字第 95 号文，《关于 20 站下放到陕西省电业局的通知》（1973.10.25）
21	黑龙江饶河	华北电管局安置	水电部（83）水电劳字第 17 号《转发〈关于列车电站交接问题商谈纪要〉的函》（1983.1.25）
22	广东海南铁矿	列电局安置	水电部（71）水电电字第 41 号《关于将我部第 22 列车电站下放给你省的函》（1971.4.6）
23	新疆吐鲁番	西北基地安置	电力部（81）电财字第 87 号《关于 4 台列车电站无偿调拨给外单位的批复》（1981.6.5）
24	湖南株洲电业局	长沙重型机器厂等	水电部（83）水电劳字第 20 号《关于抓紧办理列车电站交接问题的决定》（1983.2.26）
25	湖南株洲电业局	长沙重型机器厂等	列电局（79）列电局劳字第 715 号《关于 24、25 列车到站两机合并后，撤销 25 站建制的通知》（1979.12.24）
26	株洲钢厂	株洲钢厂等	水电部（83）水电劳字第 20 号《关于抓紧办理列车电站交接问题的决定》（1983.2.25）
27	江西电力局	福建安福、仪征化纤公司等	水电部（83）水电办字第 40 号《关于将第 27 列车电站无偿调拨给江西省安福县人民政府的批复》（1983.6.18）
28	山东电力局	邹县电厂、十里泉电厂等	水电部（83）水电劳字第 19 号《关于抓紧办理列车电站交接问题的决定》（1983.2.26）

站号	设备下放单位	人员归宿	文件依据
29	河南信阳电业局	信阳电业局安置	水电部（83）水电劳字第 17 号《转发〈关于列车电站交接问题商谈纪要〉的函》（1983.1.25）
30	黑龙江伊春林业局	列电局安置	电力部（81）电财字第 87 号《关于 4 台列车电站无偿调拨给外单位的批复》（1981.6.5）
31	重庆西南铝加工厂	二七车辆厂等	水电部（83）水电劳字第 17 号《转发〈关于列车电站交接问题商谈纪要〉的函》（1983.1.25）
32	重庆钢铁厂	葛洲坝水电厂等	水电部（83）水电劳字第 17 号《转发〈关于列车电站交接问题商谈纪要〉的函》（1983.1.25） 水电部（急件）（86）水电财字第 59 号《关于葛洲坝水力发电厂闲置的两台列车到站设备无偿调给重庆市经委的批复》（1986.6.7）
33	内蒙古朱日和	华北电管局安置	水电部（83）水电财字 101 号《关于无偿调出第 33、12 列车电站的批复》（1983.7.4） 水电部（83）水电劳字 126 号《关于列车电站职工落户问题的函》（1983.10.10）
34	内蒙古大雁矿务局	神头发电厂等	电力部（81）电财字第 87 号《关于 4 台列车电站无偿调拨给外单位的批复》（1981.6.5） 水电部（83）水电财字 160 号《关于将第 34、49 列车电站调拨给大雁矿务局的批复》（1983.10.7）
35	湖北葛洲坝水电厂	葛洲坝水电厂等	水电部（83）水电劳字第 17 号《转发〈关于列车电站交接问题商谈纪要〉的函》（1983.1.25） 水电部（84）水电办字第 24 号《关于两套列车电站调迁和过海问题的函》（1984.11.8）
36	河南巩县	巩县电厂等	水电部（83）水电劳字第 95 号《关于第 36 列车电站无偿调拨给河南省巩县人民政府的批复》（1983.8.10）
37	新疆吐鲁番	河北电建公司、邯郸电厂、河北正定纬编厂等	水电部（83）水电财字 162 号《关于将第 6 和第 37 列车电站无偿调拨给新疆维吾尔自治区电力局的批复》（1983.9.17） 水电部（83）水电劳字 126 号《关于列车电站职工落户问题的函》（1983.10.10）
38	江苏昆山	昆山等	水电部（83）水电劳字第 21 号《关于抓紧办理列车电站交接问题的决定》（1983.2.26）
39	内蒙古大雁矿务局	邹县电厂、十里泉电厂等	水电部（83）水电讯字第 10 号《关于将第 39 列车电站无偿调拨给大雁矿务局的复函》（1983.2.7） 水电部（83）水电劳字第 19 号《关于抓紧办理列车电站交接问题的决定》（1983.2.26）
40	广东仁化凡口铅锌矿	铅锌矿等	水电部（83）水电劳字 44 号《关于 40 站调拨给凡口铅锌矿的复函》（1983.4.22）
41	新疆哈密	华中电管局安置	水电部(82)水电劳字第 85 号《41 站交给华中电管局管理》（1982.12.31） 水电部财务司（84）财生字第 64 号《关于第 41 列车电站调拨报告的批复》（1984.4.20）

站号	设备下放单位	人员归宿	文件依据
42	大雁矿务局	苏州市等	水电部以（83）水电劳字第 21 号《关于抓紧办理列车电站交接问题的决定》（1983.2.26） 水电部（83）水电财字第 194 号《关于将第 42 列车电站无偿调拨给大雁矿务局的批复》（1983.11.3）
43	与 8 站合并	北京新型建材厂等	电力部列电局（80）列电局劳字第 508 号《关于第 8 第 43 列车电站合并的通知》（1980.9.1）
44	山西长治惠丰机械厂	长治惠丰机械厂等	水电部（83）水电财字 84 号《关于将第 44 列车电站无偿移交给惠丰机械厂的批复》（1983.6.6）
45	海南三亚	葛洲坝水电厂等	水电部（83）水电劳字第 17 号《转发〈关于列车电站交接问题商谈纪要〉的函》（1983.1.25） 水电部（84）水电办字第 24 号《关于两套列车电站调迁和过海问题的函》（1984.11.8）
46	内蒙古阿尔山林业局	随机组、漳州供电局等	水电部（82）水电讯字第 34 号《关于将第 15、46 两台列车电站调拨给阿尔山林业局的复函》（1982.10.15）
47	新疆电力局	河北电力局安置	水电部（83）水电财字第 142 号《关于将第 47 列车电站无偿调拨给新疆维吾尔自治区电力局的批复》（1983.8.16）
48	湖南电力局	湘南电业局安置	水电部（83）水电劳字第 20 号《关于抓紧办理列车电站交接问题的决定》（1983.2.26）
49	内蒙古大雁矿务局	山西电管局安置	水电部（83）水电财字第 160 号《关于将第 34、49 列车电站调拨给大雁矿务局的批复》（1983.10.7） 水电部（83）水电劳字 126 号《关于列车电站职工落户问题的函》（1983.10.10）
50	山西电力局	列电局安置或随机组等	水电部（73）水电生字第 67 号《关于将一部分列车电站下放落地使用的通知》（1973.7.23）
51	华中电管局	葛洲坝水电厂等	水电部（83）水电劳字第 17 号《转发〈关于列车电站交接问题商谈纪要〉的函》（1983.1.25） 水电部（急件）（86）水电财字第 59 号《关于葛洲坝水力发电厂闲置的两台列车到站设备无偿调给重庆市经委的批复》（1986.6.7）
52	新疆吐鲁番	江苏吴县等	水电部（83）水电财字第 216 号《关于将第 52 列车电站调拨给新疆电力局的批复》（1983.11.25）
53	海南行政区	华东基地安置	水电部（84）水电计字第 75 号《关于将第 53 列车电站调给海南行政区的复函》（1984.2.23）
54	江苏无锡县	无锡县新苑公司等	水电部（83）水电劳字第 17 号《转发〈关于列车电站交接问题商谈纪要〉的函》（1983.1.25）
55	内蒙古扎赉诺尔矿务局	西北基地安置	水电部（82）水电讯字第 32 号《关于将第 55 列车电站无偿调拨给扎赉诺尔矿务局的复函》（1982.10.21）
56	江苏镇江	徐州热电公司、轻工局等	水电部以（83）水电劳字第 21 号《关于抓紧办理列车电站交接问题的决定》（1983.2.26） 水电部（83）水电劳字第 155 号《关于华东列电基地划归机械制造局领导的通知》（1983.12.3）

站号	设备下放单位	人员归宿	文件依据
57	河北迁安	首钢矿业公司安置	水电部（83）水电财字第 146 号《关于第 57 站划归首钢的批复》（1983.8.29）
58	晋城矿务局	保定基地安置或随机组	水电部（83）水电劳字第 17 号《转发〈关于列车电站交接问题商谈纪要〉的函》（1983.1.25）
59	河北涿州	留佳木斯纺织厂或调往涿州电力局	水电部（84）水电机字第 43 号《关于同意租用第 59 列车电站的复函》（1984.11.19）
60	海南石碌铁矿	海宁县等	水电部（83）水电劳字第 42 号《请抓紧办理列车电站交接事宜的函》（1983.4.17） 水电部（83）水电财字第 173 号《关于调拨一套 6000 千瓦列车电站设备的函》（1983.10.17）
61	内蒙古伊敏	保定基地等	水电部（82）水电讯字第 43 号《关于将 61 站设备无偿调拨给内蒙古海拉尔伊敏矿区的函》（1982.12）
62	江苏无锡	无锡市安置	水电部（82）水电讯字第 37 号《关于无偿调拨第 62 列车电站的复函》（1982.10.29）
船舶 1	浙江临海电业局	武汉基地等	水电部（73）水电生字第 67 号《关于将一部分列车电站下放落地使用的通知》（1973.7.23）
船舶 2	湖南电力局	湖南电力局安置	水电部（83）水电劳字第 20 号《关于抓紧办理列车电站交接问题的决定》（1983.2.26）
新 3	江苏南京	南京市安置	水电部（82）水电讯字第 26 号《关于将第 3 列车电站无偿调拨给南京市的复函》（1982.9.13）
新 4	辽宁大连电力局	大连电力局安置	水电部（83）水电劳字第 17 号《转发〈关于列车电站交接问题商谈纪要〉的函》（1983.1.25）
新 5	辽宁大连电力局	大连电力局安置	水电部（83）水电劳字第 17 号《转发〈关于列车电站交接问题商谈纪要〉的函》（1983.1.25）
新 19 新 20	湖南衡阳冶金机械厂	衡阳冶金机械厂等	水电部（82）水电讯字第 16 号《关于将 19、20 列车电站调拨给衡阳冶金机械厂的复函》（1982.6.23）
拖车电站	华北电管局	华北电管局安置	水电部（83）水电劳字第 37 号《关于列车电业局在京单位管理体制改变的决定》（1983.4.15）

注　1．拖车电站共 13 台，在 1976 年 9 月至 1982 年 12 月间，曾在北京、广西、江苏、山西等地执行发电任务。

　　2．新 3、4、5、19、20 列车电站是在原编号列车电站下放后递补的，因此编号前加一个"新"字以示区别。

　　3．设备调拨和人员安置，以电力部、水电部首次文件为依据。后列车电业局时期的情况，在本书各电站介绍中有提及。人员安置和去向，具有多样性，这里是指负责安置的主管部门或主要下放单位等。

索　引

索
引

695

后　记

　　《列电志略》作为《中国列电》丛书的第一册，经过全体编纂人员的艰苦努力，历经3年余，终于完成编纂。这是列电人自己完成的中国列电志略，是共同努力的结晶。在共和国70华诞之际出版面世，是对曾经为共和国作出特殊贡献的列电事业最好的纪念。

　　2016年10月，《中国列电》丛书编纂工作正式启动。在启动会上，讨论通过了由赵文图主编起草的编纂大纲，其中《列电志略》分册共计86篇。对我们而言，既无现成的版本模式，又缺少实际编纂经验，面对这项艰巨、复杂、高难度的系统工程，必须以创新的理念、虚心学习的态度，认真地做好队伍组织、资料搜集、文稿编撰等各项工作。

　　编写之初，我们以互联网微信及公众号为媒，将分散久远的列电人互联互通起来，通过多方联络、广泛交流，寻觅了百余位列电人，作为初稿撰写人。这些撰写者，年轻的也已年逾花甲，近半数步入古稀或耄耋之年。他们克服种种困难，多方搜集资料，钩沉记忆，竭尽全力完成撰写任务，为完成本书的编纂奠定了基础。

　　编纂工作全面展开后，编委会调整充实编辑部力量，明确各自工作职责；以《列电志略》为主，制定了6个阶段推进计划，并实行月度工作计划制度，做到每个阶段有总结、有部署，每个月度有重点、有安排；建立并坚持工作例会等工作制度，及时研究解决工作中的问题，避免了大的失误；强调分工负责、守土有责，统筹兼顾、提高效率，保证了工作进度的总体可控。

　　列电单位分述是《列电志略》的主要组成部分。为了避免体例杂乱，遗漏重要内容，使撰稿人有所遵循，我们制定了编写方案，采用模式化的设计，并形成范文，同时设置"电站记忆"，记载特殊的经历和故事，突出各自的特点。而有关共性内容，如列电的经营模式、管理制度、组织形式等，纳入本书的概述，以及相关专题中记述，尽量减少内容重复。

　　我们强调资料的重要性，做到言之有据。广泛搜集和精心处理各种资料，仅参阅、利用国网档案馆列电资料就不下3000件，搜集社会有关列电资料600多件。反复核实，汇总完成了基础资料统计，不仅构成了本书的重要内容，而且为丛书相关内容的一致性奠定了基础。我们以档案资料为依据，尊重列电人的回忆，参考地方志中有关列电的记载，相互印证，去伪存真，真实地还原列电的本来面貌。

在编纂过程中，我们始终坚持实事求是的原则。对列电系统曾经发生的人身伤亡、重大设备事故，以及"文革"期间发生的不执行上级调令等非正常事件，坚持秉笔直书，不回避、不渲染。为了真实客观地反映列电的历史原貌，提倡"述而不作，寓论于述"，要求笔者对事物及过程只作客观记述，慎作褒贬评论，而寓观点于记述之中。

为保证编撰质量，我们整理编发了学习参考资料，讨论形成了《编写说明》，制定了《列电丛书行文规范》《列电丛书文稿会审办法》等工作规范。强调学习规范，改变习惯，适应编纂要求；坚持在工作中学习、在实践中提高，在自我否定中前进；提倡严谨细致、精益求精的工作作风。所有文稿都经过网上初审、集体会审等环节。会审中对每一篇文稿，从内容到文字，都逐字逐句地推敲、考证、核实，最后形成修改意见。

《列电志略》的编纂，有幸得到众多列电人和各方面朋友的关心与支持。特别难以忘怀的是，编委会各位顾问，不顾年迈体弱，不仅认真指导，当好顾问，并主动承担重任，广泛搜集提供资料，参与文稿的撰写、修改及审议，起到了难以替代的作用。对此我们表示由衷的感谢。

《列电志略》编纂是一项抢救性的工程，因时空跨距久远，历史资料缺失，也因缺少经验，水平有限，加之工程浩繁、工作量大，书中遗漏之处必然存在，不足和错讹之处在所难免，诚请各方专家和广大读者给予指正。

编　者

2019 年 10 月

《列电志略》文稿主要参与编写人员名单

（按姓氏笔画排列）

丁正武	万　馨	马清祥	马惠斌	王玉刚	王有民	王兴彦	王树山
王荷生	王敏桂	车导明	牛　义	孔繁寅	艾志泉	卢志明	叶经斌
叶　钧	白建中	冯士峰	邢守良	朱玉华	任清波	刘乃器	刘世燕
刘丙军	刘建明	刘振伶	刘恩禄	闫瑞泉	米明森	孙秀菊	芦起云
苏保义	杜尔滨	杜惠明	李　光	李　刚	李武超	李战平	李家骅
杨万昌	杨文贵	杨文章	杨　信	吴炳均	邱子政	何自治	何浩波
佟继业	辛永利	宋世昌	宋连城	张天虎	张文法	张纪锁	张作强
张忠乐	张宗卷	张建宇	张淑云	张增友	陈　云	陈光荣	陈松根
陈秉山	陈孟权	苗文彬	周仁萱	周西安	周　密	郑　旗	孟炳君
赵文图	赵泮增	郝群峰	胡慧敏	段宗秀	施文江	姚全喜	原世久
倪世绥	倪诗勇	徐竹生	高文纯	高吉泉	高鸿翔	唐行礼	唐莉萍
黄　杰	曹　山	常　儒	崔树伦	曾庆鑫	游振邦	褚国荣	管予兵
谭亚利	霍福岭	戴亚平	魏建国				

《列电志略》图片资料提供人员

（按姓氏笔画排列）

于天维	马福祥	王加增	王有民	王行俊	王志义	王怀林	王树山
王桂如	白乃玺	冬渤仓	朱一聪	刘运芬	刘建明	刘桂云	孙正繁
孙伯源	阴法海	杜尔滨	李竹云	李　冲	李　恩	李基成	李慕寒
邱子政	张宝珩	张　莹	陈士平	陈光荣	陈松根	陈国庆	周贵朴
周殊敏	周　密	孟炳君	赵文图	胡德宣	柴淑贞	高建英	高鸿翔
郭孟寅	席乃玲	姬慧芬	梅继宏	隋树兰	韩　英	韩　林	韩　萍
程洁敏	谢兴年	裘东平	蔡保根	管予兵	谭亚利	霍福岭	魏建国